LE GAZ NATUREL

De la production aux marchés

Image de couverture : photo reproduite avec l'aimable autorisation de GDF SUEZ (© Jan Inge Haga).
Vue de la plate-forme de Gjoa-Norvège.

▶ **ALEXANDRE ROJEY**

En collaboration avec :

▶ **SYLVIE CORNOT-GANDOLPHE**

▶ **JEAN-MARIE JOST**

▶ **BERNARD DURAND**

▶ **JEAN-CHARLES DE HEMPTINNE**

LE GAZ NATUREL

De la production aux marchés

Préface de
Georges BOUCHARD, Délégué Général de l'AFG

2013

t Editions TECHNIP 25 rue Ginoux, 75015 PARIS, FRANCE

L'éditeur tient à remercier pour leur aimable collaboration les sociétés GTT, GDF SUEZ, PROSERNAT, TOTAL et l'agence McCANN.

Direction éditoriale : Alexandra Lepinay
Suivi éditorial : Sarah Funel
Couverture : Cécile Hébrard
Maquette et mise en page : STDI

ISBN 978-2-7108-1013-1

Préface

GOLDEN AGE OF GAS !

La formule de l'Agence Internationale de l'Énergie fait florès et c'est amplement mérité.

Alors que nous devons relever simultanément les deux défis que nous posent la crise financière et le réchauffement climatique, le gaz naturel s'impose plus que jamais comme une solution conciliant au mieux les trois critères de la performance énergétique : la disponibilité, la compétitivité, la préservation de l'environnement.

Le gaz naturel est disponible.

Les ressources sont abondantes : elles représentent un siècle environ pour le gaz conventionnel au rythme de consommation actuel, deux siècles si on ajoute le gaz non conventionnel, peut-être plus de trois siècles si on prend en compte les hydrates de méthane, auxquels la technique nous permettra de recourir demain ou après-demain. Elles sont aussi bien réparties, les ressources en gaz non conventionnel apportant une diversification géographique sans précédent. Ces ressources sont de plus en plus accessibles, grâce au développement des gazoducs sur tous les continents et des chaînes de gaz naturel liquéfié sur les mers ainsi qu'à la diversification des formes d'achat (contrats à long terme, transaction sur les marchés de court terme).

Le gaz naturel est compétitif.

Le prix de la molécule est modéré et ses techniques modernes d'utilisation permettent des rendements thermodynamiques sans égal, réduisant ainsi le coût.

Le gaz protège l'environnement.

Il contribue efficacement à la lutte contre le réchauffement climatique, le basculement d'une autre énergie fossile vers le gaz étant souvent la manière la moins coûteuse de réduire les émissions de CO_2. Il protège aussi l'environnement local, par l'absence totale ou le niveau extrêmement bas des émissions de polluants générées. De son côté, le biométhane, réalité en émergence, est un gaz « renouvelable » au sens plein et usuel du terme.

GAS GOLDEN RULES

Cette autre expression de l'Agence internationale de l'énergie, qui a décidément le sens de la formule, nous rappelle une autre réalité : la performance suppose le professionnalisme, la combinaison d'un bon concept et d'une bonne exécution, d'un bon produit et de sa bonne utilisation. Elle repose donc sur une compétence adaptée, dosage pertinent de connaissances théoriques et opératoires.

Et c'est là que le livre rédigé par Alexandre Rojey et ses collègues trouve toute sa place.

Balayant tous les aspects du gaz naturel, cet ouvrage constitue une « somme » qui permettra au gazier, quelle que soit sa spécialité, de disposer des connaissances de base lui permettant de maîtriser son sujet et de communiquer avec ses collèges experts d'autres spécialités à partir d'une bonne compréhension de la chaîne gazière du réservoir à l'utilisateur final.

Bonne lecture !

Georges BOUCHARD
Délégué Général de l'AFG

Présentations des auteurs

Alexandre ROJEY anime, au sein de la Fondation Tuck, le *think tank* « IDées » dont le but est de promouvoir un avenir durable dans le domaine de l'énergie, à partir d'une réflexion prospective et pluridisciplinaire. Il enseigne à IFP School les Nouvelles Technologies de l'Énergie et le traitement du gaz naturel Il a été précédemment Directeur Gaz naturel à l'IFPEN, Président de CEDIGAZ, association internationale qui intervient dans le domaine du gaz naturel et Président d'ECRIN Énergie. Il est l'auteur ou le co-auteur de plus d'une centaine de publications, ainsi que de nombreux ouvrages concernant l'énergie et le gaz naturel, parmi lesquels *Énergie et climat – Comment réussir la transition énergétique*, ouvrage publié en 2008 aux Éditions Technip.

Sylvie CORNOT-GANDOLPHE est consultante en énergie, spécialiste des questions internationales. Depuis 2012, elle collabore avec le centre énergie de l'Institut Français des Relations Internationales (IFRI) en tant que chercheur associé et avec CyclOpe, la publication de référence sur les matières premières. Elle est l'auteur de plusieurs publications sur les marchés gaziers et charbonniers et est diplômée de l'École Nationale Supérieure du Pétrole et des Moteurs (ENSPM).

Jean-Marie JOST, ingénieur ECL, a effectué toute sa carrière à Gaz de France. Il a participé aux travaux de conversion des réseaux de distribution du gaz manufacturé en gaz naturel, puis à la conception, construction, exploitation, maintenance des réseaux et gestion de la clientèle. Il a ainsi suivi toutes les évolutions réglementaires et normatives liées à la distribution et aux utilisations du gaz naturel, de manière à en améliorer l'efficacité et la sécurité. Enfin, comme conseiller technique auprès du directeur général adjoint de Gaz de France, il est intervenu en tant qu'expert chargé de toutes les questions impactant la sécurité des personnes et des biens dans les domaines de la distribution et des utilisations du gaz naturel.

Bernard DURAND, géologue et géochimiste, est un spécialiste des mécanismes de la formation des gisements de pétrole et de gaz. Il a dirigé la Division Géologie-Géochimie de l'IFPEN ainsi que l'École nationale supérieure de géologie (ENSG) et a été président du comité scientifique de l'EAGE. Il a été l'éditeur de l'ouvrage *Kerogen, insoluble organic matter from sedimentary rocks* (Éditions Technip, 1980) et a publié aux éditions EDP Sciences, *Énergie et environnement, les risques et les enjeux d'une crise annoncée* (2007) et *La crise pétrolière, analyse des mesures d'urgence* (2009).

Jean-Charles de HEMPTINNE est diplômé de l'Université catholique de Louvain (KUL) et détient un PhD du MIT. Il a obtenu une habilitation à diriger des recherches, à l'Université Claude Bernard Lyon Lyon 1. Dans le cadre de l'IFPEN, il est responsable de l'enseignement de la thermodynamique à IFP School. Il est également titulaire d'une Chaire de « Thermodynamique pour les biocarburants » de la Fondation Tuck. Il est l'auteur ou le co-auteur de plus de 30 publications dans des journaux à comité de lecture ainsi que d'un ouvrage intitulé *Select thermodynamic models for process simulation – A Practical Guide using a Three Steps Methodology*, publié aux Éditions Technip en 2012.

Remerciements

Le présent ouvrage prend la suite d'une version plus ancienne, à présent épuisée. Il ne s'agit pas toutefois d'une simple réédition, ni même d'une actualisation, mais d'une véritable refonte, ayant abouti à la rédaction d'un nouvel ouvrage, lequel prend en compte les nombreuses transformations intervenues dans l'industrie gazière depuis une vingtaine d'années.

Ceci a été rendu possible grâce à un travail d'équipe qui s'est passé dans des conditions remarquables. Je remercie pour cela l'ensemble des co-auteurs et en particulier ceux qui ont rédigé de nouveaux chapitres, Sylvie Cornot-Gandolphe, pour les Chapitres 1 et 11 ainsi que Jean-Marie Jost pour le Chapitre 10. Élargi aux secteurs de la distribution et des nouveaux marchés du gaz naturel, l'ouvrage englobe à présent l'ensemble des thématiques gazières.

Je remercie également tous mes collègues d'IFPEN, de CEDIGAZ et tous ceux qui dans le cadre du Groupe de réflexion IDées, ont contribué à alimenter cette réflexion, ont fourni des documents et prêté des ouvrages. Je remercie en particulier Marie-Françoise Chabrelie pour l'ensemble de sa contribution ainsi que Yannick Peysson pour sa relecture du Chapitre 5 sur la Production. Ces remerciements s'étendent à tous nos collègues de l'industrie pour leurs contributions et crédits photographiques, en particulier GDF-SUEZ, GTT, PROSERNAT et TOTAL. Un grand merci également à Georges Bouchard, pour avoir accepté de rédiger la préface de l'ouvrage et permis la contribution de l'AFG.

Je souhaite enfin remercier l'Éditeur et en particulier l'équipe des Éditions Technip, pour avoir initié le projet et l'avoir réalisé avec compétence et professionnalisme.

Alexandre Rojey

Les données statistiques sur l'industrie gazière utilisées dans ce livre sont issues de CEDIGAZ, la référence dans l'industrie internationale du gaz, et en particulier de son étude annuelle « Natural Gas in the World, 2012 Edition ».

Je remercie Daniel Champlon, Président, et Geoffroy Hureau, Secrétaire Général, de m'avoir donné accès à la base de données statistiques de CEDIGAZ. Mes remerciements chaleureux sont également adressés à Armelle Lecarpentier, Économiste et auteure de l'étude sur le gaz naturel dans le monde, pour ses commentaires sur les Chapitres 1 et 11 de ce livre. Je souhaite moi aussi remercier Marie-Françoise Chabrelie, Chef de Département, IFPEN, des informations qu'elle m'a transmises.

Sylvie Cornot-Gandolphe

Abréviations

AA	Anti agglomérant	**DIPA**	Disopropanolamine
AFG	Association Française du Gaz	**DLN**	Dry Low NOx
AFNOR	Association française de normalisation	**DME**	Dimethylether
		DMR	Dual Mixed Refrigerant
AGA	American Gas Association	**DOE**	Department of Energy (États-Unis)
AIE	Agence Internationale de l'Énergie	**DSP**	Délégation de service public
API	American Petroleum Institute	**DT/DICT**	Demande de Travaux/ Déclaration d'intention de commencement de travaux
ASTM	American Society for Testing and Materials	**EAO**	Enseignement assisté par ordinateur
ATG	Association des Techniciens du Gaz (à présent AFG)	**EIA**	U.S. Energy Information Agency (États-Unis)
ATR	Autothermal Reactor	**ELD**	Entreprises locales de distribution
BP	Basse pression		
BPV	Back-Pressure Valve	**EPA**	U.S. Environmental Protection Agency (États-Unis)
BTX	Benzène, toluène, xylène		
CBM	Coal Bed Methane		
CCGT	Combined Cycle Gas Turbine	**E&P**	Exploration-production
CEI	Communauté des États Indépendants	**FPSO**	Floating, Production Storage and Offloading
CFBP	Comité français Butane Propane	**FT**	Fischer-Tropsch
		GERG	European Gas Research Group
CHP	Combined Heat and Power		
CMM	Coal Mine Methane	**GES**	Gaz à effet de serre
CNG	Compressed Natural Gas	**GHR**	Gas Heated Reformer
COV	Composés organiques volatils	**GIEC**	Groupe d'experts intergouvernemental sur l'étude du climat
CSC	Captage et stockage de CO_2		
DEA	Diéthanolamine	**GNL**	Gaz naturel liquéfié
DEG	Diéthylèneglycol	**GNV**	Gaz naturel pour véhicules
DGA	Diglycolamine	**GOR**	Gas Oil Ratio

GPA	Gas Processors Association		**ORSEC**	Organisation de la Réponse de Sécurité Civile
GPL	Gaz de Pétrole Liquéfiés		**PCI**	Pouvoir calorifique inférieur
GPSA	Gas Processors Suppliers Association		**PCS**	Pouvoir calorifique supérieur
GRI	Gas Research Institute		**PE**	Polyéthylène
GTL	Gas to Liquid		**PEHD**	Polyéthylène haute densité
HETP	Height Equivalent to a Theoretical Plate		**PMS**	Pression maximale de service
HP	Haute pression		**POX**	Partial Oxydation
ISO	Organisation internationale de normalisation		**PPSPS**	Plan particulier de protection de la santé
KHI	Kinetic hydrate inhibitor		**PSV**	Profil sismique vertical
LDHI	Low dosage hydrates inhibitor		**PVT**	Pression, volume, température
LGN	Liquides de gaz naturel		**RMN**	Résonance Magnétique Nucléaire
MBTU	Million de BTU (British Thermal Unit)		**RSF**	recherche systématique de fuites
MCR	Multicomponent Refrigerant		**RVP**	Reid Vapor Pressure
MDEA	Méthyldiéthanolamine		**SCR**	Selective Catalytic Removal
MEA	Monoéthanolamine		**SCSSV**	Surface-controlled subsurface safety valve
MP	Moyenne pression		**SPE**	Society of Petroleum Engineers
MPA	Moyenne pression A		**SPS**	Sécurité et protection de la santé
MPB	Moyenne pression B		**TAG**	Turbine à gaz
MPC	Moyenne pression C		**TAV**	Turbine à vapeur
MTBE	Methyltertiobutylether		**TEA**	Triéthanolamine
MTG	Methanol to Gasoline		**TEG**	Triéthylène glycol
MWD	Monitoring While Drilling		**TLP**	Tension Leg Platform
NF	Norme française		**TOC**	Total Organic Carbon
NIST	National Institute of Standards and Technology		**UIG**	Union Internationale du Gaz
OCDE	Organisation de coopération et de développement économiques		**URSS**	Union des Républiques Socialistes Soviétiques
OMI	Organisation Maritime Internationale		**USGS**	US Geological Survey
OPEP	Organisation des pays exportateurs de pétrole		**VSR**	Véhicule de Surveillance Réseau

Table des matières

Chapitre 1

Le gaz naturel, une énergie d'utilisation récente

Chapitre 2

Le gaz non conventionnel

Chapitre 3

Formation du gaz naturel

Chapitre 4

Propriétés physico-chimiques du gaz naturel

Chapitre 5
Modélisation des propriétés thermodynamiques

Chapitre 6
Production du gaz naturel

Chapitre 7

Les hydrates

Chapitre 8

Traitement du gaz naturel

Chapitre 9

Transport et stockage du gaz naturel

Chapitre 10

La distribution du gaz naturel

Chapitre 11

Les marchés du gaz naturel

1 | Le gaz naturel, une énergie d'utilisation récente

1.1 LES FONDAMENTAUX DU GAZ NATUREL

1.1.1 Historique : un essor récent

Le XIXe siècle est considéré comme le point de départ de l'industrie du gaz. Tout d'abord gaz « manufacturé » obtenu à partir du charbon, le gaz est principalement utilisé pour l'éclairage. Le gaz, formé d'un mélange d'oxyde de carbone et d'hydrogène est produit par gazéification du charbon en présence de vapeur d'eau. Le « gaz de ville » ou « gaz à l'eau » est encore utilisé en France au lendemain de la seconde guerre mondiale.

L'exploitation à grande échelle du gaz naturel présent dans le sous-sol est relativement récente. Son essor a suivi celui du pétrole, car la valorisation d'un « gaz » s'avérait plus difficile que celui d'une « huile », du fait notamment d'une plus grande difficulté de transport.

Encadré 1.1. Unités de mesure du gaz naturel

Produit directement à partir de gisements dans le sous-sol, le gaz naturel est formé principalement d'un hydrocarbure, le méthane. Les quantités de gaz naturel produites sont comptabilisées par des compteurs volumétriques et sont donc exprimées en m^3. Pour pouvoir déterminer la quantité d'énergie correspondant à un m^3 de gaz naturel, il faut bien sûr, indiquer les conditions de température et de pression, dans lesquelles ce volume de gaz est mesuré. On se réfère soit à des conditions dites « normales » (0 °C et 101,325 kPa), soit à des conditions dites « standards » : température : 15 °C ; pression : 1 atm = 101 325 Pa (en unités anglo-saxonnes 60 °F et 14,73 psia).

Dans les conditions standards, le pouvoir calorifique du gaz naturel dépend de sa composition. Pour de simples estimations, on utilise généralement l'équivalence approchée : 1 000 m^3 = 0,9 tonne d'équivalent pétrole (tep). Dans ces conditions, on est amené à utiliser fréquemment les préfixes M (10^6), G (10^9) et même T (10^{12}), pour évaluer des ressources gazières ou des quantités de gaz produites.

Le démarrage de la production de gaz naturel remonte à 1821, avec le premier puits foré à huit mètres de profondeur près de Fredonia dans l'État de New York. Ce gaz a d'abord été utilisé pour l'éclairage et ce n'est que 20 ans plus tard, qu'a commencé sa première application industrielle. La première entreprise connue pour l'utilisation du gaz naturel, Fredonia Gas Light, a été créée en 1858. Les premiers développements importants ont lieu aux États-Unis, avec la construction en 1891 d'un gazoduc de 160 km reliant Chicago à un gisement situé dans l'Indiana.

En 1950, les États-Unis dominent encore largement le secteur. Selon les statistiques disponibles, ils produisent 240 milliards de mètres cubes (Gm^3) et consomment 170 Gm^3, soit 80 et 90 % respectivement du total mondial. Il faut attendre la fin des années 1950 pour que le gaz naturel commence à susciter un intérêt mondial ou, tout au moins, à franchir les limites de l'Amérique du Nord. Ainsi ses réserves et ressources, voire même sa production, sont mal connues en dehors des États-Unis jusque vers la fin des années 1960. Au milieu des années 1950, des pays comme le Venezuela, l'ex-Union soviétique, la Roumanie, l'Iran et l'Arabie saoudite commencent à produire du gaz naturel, souvent associé à du pétrole. Cette production, faute de marchés, est en partie réinjectée et le plus souvent brûlée. Face au pétrole, son concurrent sur les marchés des combustibles, le gaz naturel apparaît comme une forme d'énergie difficile à mettre en œuvre, tout particulièrement en raison du poids des investissements et des coûts de transport jusqu'au consommateur final. Ceci explique son développement tardif et lent à l'origine. On peut rappeler que son commerce intercontinental par navire, sous forme liquéfiée (GNL), n'a commencé qu'en 1964 avec des volumes très modestes.

Avec les années soixante, les découvertes de gaz et la multiplication des projets gaziers entraînent un véritable décollage de la production mondiale. Au bout de dix ans de croissance, à la fois de la production et des réserves prouvées, le gaz naturel quitte sa place d'énergie de second ordre, sa production approchant dès 1970 le seuil du milliard de tonnes équivalent pétrole (tep) et ses réserves atteignant alors environ la moitié des réserves pétrolières prouvées.

En Europe, la production de gaz naturel a commencé avec les découvertes réalisées en Italie (plaine du Pô), en France (Lacq en 1957) et aux Pays-Bas (Groningue en 1959). Elles ont été suivies par les découvertes en mer du Nord : British West Sole développé en 1967, suivi par Cod et, en 1968, Ekofisk dans la zone norvégienne.

Les crises pétrolières de 1973 et 1979 ont entraîné une forte contraction de la demande mondiale de pétrole brut, mais seulement un ralentissement de la croissance en ce qui concerne la demande de gaz naturel. Progressivement, la position du gaz par rapport au pétrole ne cesse de se conforter ; en équivalence énergétique, la production gazière mondiale passe de 39 % à 57 % de la production pétrolière de 1970 à 1990 (Figure 1.1).

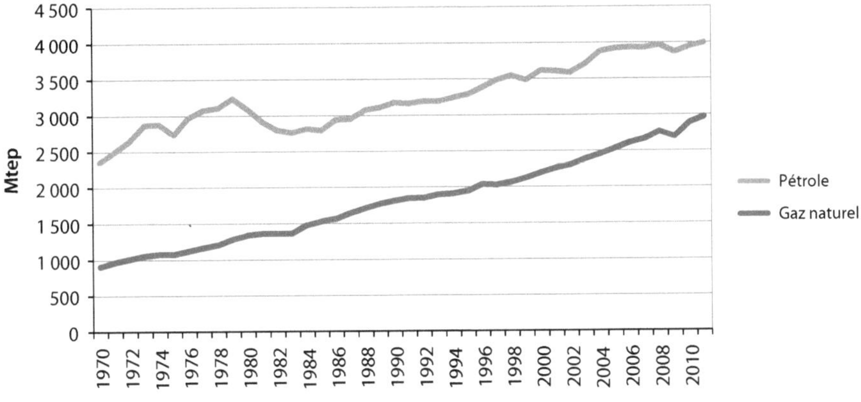

Figure 1.1

Évolution des productions d'énergie primaire de pétrole et de gaz naturel (1970-2011).
Sources : BP Statistical Review (pétrole), CEDIGAZ (gaz naturel)

Dans le même temps, les réserves prouvées de gaz poursuivent une trajectoire de croissance sensiblement plus rapide que celle du marché gazier mondial. De fait, leur durée de vie ne cesse de s'accroître, passant de 32 ans à près de 63 ans de 1970 à 1990. Cette même année, les réserves gazières mondiales rejoignent pratiquement le niveau des réserves pétrolières. Cependant, la réévaluation soudaine et massive des réserves de pétrole brut des pays de l'OPEP en 1990 retarde un rattrapage prédit par la plupart des experts (Figure 1.2). Par la suite, l'inclusion dans les réserves prouvées pétrolières d'une partie des ressources de pétrole non conventionnel, constituées par les sables bitumineux canadiens et les huiles extra-lourdes de la ceinture de l'Orénoque au Venezuela, va contribuer à accroître largement leur niveau.

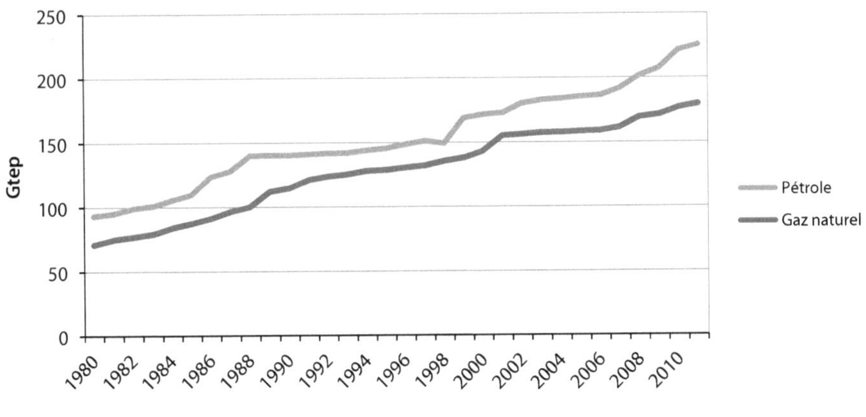

Figure 1.2

Évolution des réserves prouvées de pétrole et de gaz naturel (1980-2011).
Sources : BP Statistical Review (pétrole), CEDIGAZ (gaz naturel)

Au cours des deux dernières décennies, le rôle du gaz naturel a progressé rapidement en raison de ses atouts en termes de protection de l'environnement et de souplesse d'utilisation. Les réductions substantielles de coûts obtenues grâce au progrès technologique ont permis son transport sur de plus longues distances. Les progrès réalisés dans l'industrie du GNL ont également favorisé cette tendance. L'utilisation du gaz naturel dans les centrales à cycle combiné, où le rendement dépasse largement celui des énergies concurrentes et où les émissions de CO_2 sont deux fois moins élevées que celle d'une centrale thermique charbon, a permis un véritable essor de la demande de gaz naturel. Ainsi, la part du gaz naturel dans la consommation mondiale d'énergie primaire a augmenté de 18 % en 1970 à 23 % en 2000 et 24 % en 2011 (Figure 1.3).

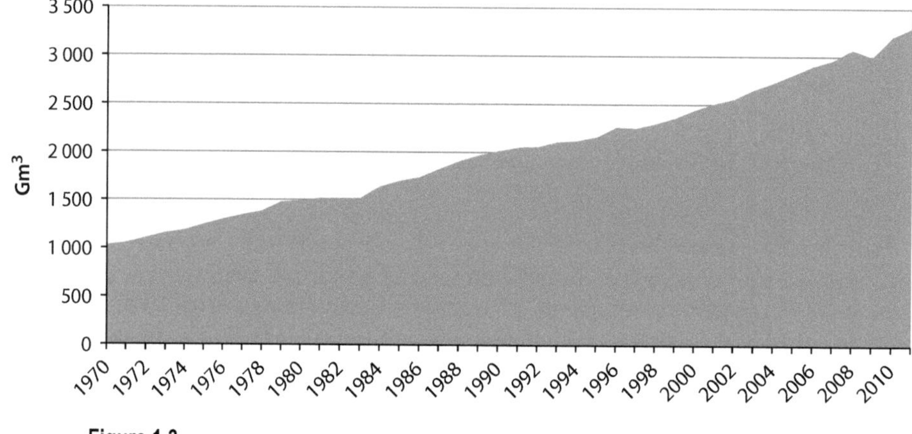

Figure 1.3

Évolution de la demande de gaz naturel dans le monde (1970-2011).
Source : CEDIGAZ

De même, alors qu'au début des années 2000, la durée de vie des réserves de gaz naturel commençait à décliner et faisait craindre un pic gazier à l'instar du pétrole, des découvertes majeures de gisements géants dans des régions et horizons peu explorés ont entraîné une forte hausse des réserves (200 Tm^3 au 1.1.2012, CEDIGAZ) et leur durée de vie a repris sa tendance à la hausse (60 années en 2011). Cette tendance est renforcée par la prise en compte de l'immense potentiel des gaz non conventionnels (331 Tm^3, AIE, 2012c).

1.1.2 L'origine du gaz naturel

Le gaz naturel est formé par la dégradation de la matière organique accumulée au cours des millions d'années passées. Deux mécanismes principaux sont responsables de cette dégradation :

- le « gaz bactérien » ou biochimique a été formé par l'action des bactéries sur les débris organiques qui s'accumulent dans les sédiments. Un tel gaz est produit à des profondeurs qui, généralement, n'excèdent pas quelques centaines de mètres et comprend du méthane relativement pur. Le méthane bactérien représente environ 20 % des réserves actuellement connues ;

– le « gaz thermique » est formé par la dégradation de la matière organique, appelée « kérogène », accumulée dans les sédiments fins, en particulier les argiles. Cette dégradation se produit sous l'effet combiné de la température et de la pression. Les hydrocarbures gazeux sont produits soit directement à partir du kérogène par craquage thermique primaire soit à partir de l'huile formée dans les étapes précédentes par craquage thermique secondaire. La proportion de gaz par rapport à celle de pétrole tend à augmenter avec le temps de maturation du kérogène et la température, qui est liée à la profondeur.

Au sens large, toute substance naturelle présente sous terre à l'état gazeux est un gaz naturel. Outre des hydrocarbures saturés légers, le gaz naturel peut comprendre du dioxyde de carbone, de l'azote, de l'hydrogène sulfuré, de l'hydrogène, de l'hélium et de l'argon. Dans la pratique, c'est seulement lorsque le gaz contient une proportion importante de méthane qu'il sera considéré comme du gaz naturel dans le sens utilisé ici. Les conditions de formation du gaz naturel sont examinées dans le chapitre 3.

Dans le cas d'un gisement de gaz conventionnel, ce gaz est piégé dans un réservoir naturel formé par une roche sédimentaire poreuse située en dessous d'une roche couverture qui assure l'étanchéité. En l'absence d'hydrocarbures, le milieu poreux est occupé par une phase aqueuse formée par une saumure, c'est-à-dire de l'eau en général fortement salée. Le gaz peut coexister avec une phase « huile » formée d'hydrocarbures liquides. Les hydrocarbures liquides dans les conditions du réservoir forment un gisement de pétrole et le gaz naturel est qualifié dans ce cas de « gaz associé ». Comme on le verra dans le chapitre 3, les hydrocarbures sont formés à partir d'une matière organique appelée kérogène dans des roches poreuses, qualifiées de « roches-mères ». Dans le cas d'un gisement d'hydrocarbures conventionnels (pétrole ou gaz naturel), les hydrocarbures migrent jusqu'à une roche poreuse, qui, en raison de sa structure géologique peut les piéger et qui est qualifiée de « roche-réservoir ».w

Les propriétés du gaz naturel sont présentées dans le chapitre 4 et la production de gaz naturel à partir d'un gisement, dans le chapitre 6.

1.1.3 Les différents types de gaz naturel et leur composition

Alors que le gaz conventionnel peut être produit avec des moyens de production classiques, le gaz non conventionnel nécessite des technologies plus élaborées, afin de stimuler la roche dans laquelle il est piégé et ceci dès la première phase d'exploitation pour obtenir une production commerciale [IFPEN, 2011].

Que ce soit une production de gaz conventionnel ou non conventionnel, il s'agit dans la grande majorité de méthane (CH_4), qui provient de la transformation d'une roche riche en matière organique (la roche-mère) par augmentation de la température et de la pression lors de l'enfouissement au cours des temps géologiques.

On distingue différents types de gaz qui sont décrits ci-dessous.

1.1.3.1 Gaz conventionnels

La proportion d'hydrocarbures plus lourds que le méthane détermine les différents types de gaz naturel conventionnel :

- **le gaz sec** (non associé) ne forme pas de phase liquide et contient une proportion élevée de méthane ;
- **le gaz humide** forme une phase liquide dans les conditions de production ;
- **le gaz à condensat** forme une phase liquide dans le réservoir lors de la production ;
- **le gaz associé** coexiste dans le réservoir avec une phase huileuse.

On notera que cette classification cache parfois des situations qui peuvent être très diverses à l'intérieur d'une même catégorie de gaz :

- certains gisements de gaz associé sont relativement marginaux, tandis que d'autres représentent, en équivalence énergétique, des réserves en gaz supérieures à celles de l'huile couverte ;
- le gas/oil ratio (ou GOR, rapport du volume de gaz au volume d'huile dans les conditions normales ou standards de température et de pression) des gisements d'huile peut varier dans des proportions considérables, depuis quelques fractions de mètre cube à plus de 150 m^3 de gaz associé par mètre cube d'huile au séparateur.

1.1.3.2 Gaz non conventionnels

Les gaz non conventionnels comprennent le gaz provenant de réservoirs de faible perméabilité (*tight gas* en anglais), le gaz de schiste, le gaz de houille et le gaz contenu dans des gisements d'hydrates. Le chapitre 2 est consacré à ces gaz non conventionnels. Ces derniers ont pris une grande importance sur le plan économique, en raison des développements importants intervenus aux États-Unis, grâce à la mise en œuvre de nouvelles technologies de production, faisant appel au forage horizontal et à la fracturation hydraulique.

Les gisements de gaz de faible perméabilité sont à présent considérés le plus souvent comme des gisements de gaz conventionnel. En effet, ils ne se distinguent que par la faible perméabilité de la roche-réservoir. La fracturation hydraulique permet d'augmenter la productivité, rendant de tels gisements exploitables dans de bonnes conditions économiques.

Le « gaz de houille », contenu dans des veines de charbon inexploitées, est communément appelé « grisou ». Il est produit depuis de nombreuses années déjà, notamment aux États-Unis.

Le « gaz de schiste » (*shale gas* en anglais) est formé par du gaz, contenu dans une roche-mère, qui n'a pas migré jusqu'à une roche-réservoir. La production de ce gaz aux États-Unis, qui a démarré beaucoup plus récemment, a bouleversé la situation énergétique et constitué ce que l'on a parfois appelé « la révolution du gaz de schiste » [Bros, 2012].

Les hydrates sont des composés solides formés par des molécules de méthane enfermées à l'intérieur de cages constituées par des molécules d'eau. Les quantités de gaz concernées sont potentiellement très élevées, mais les difficultés d'exploitation sont telles, qu'il n'existe pas pour le moment d'exploitation de gaz naturel à partir d'hydrates.

1.1.4 Composition du gaz naturel

Plus que le type du gaz naturel et les caractéristiques de l'huile avec laquelle il peut être associé, c'est la composition chimique du gaz qui est la plus importante puisqu'elle conditionne les traitements qu'il devra subir afin de répondre aux spécifications de son transport par gazoduc ou sous forme de GNL.

Assez peu d'informations systématiques concernant la composition des gaz naturels sont disponibles. Alors qu'un certain nombre d'études ont été réalisées, dans ce domaine, pour le pétrole : classes de pétrole brut (densité, teneur en soufre, KUOP, etc.), répartition des ressources par classe, rien de comparable n'existe pour le gaz naturel. Cela tient essentiellement au fait qu'en raison de la facilité de son transport et de l'importance du commerce international qui en résulte, le pétrole brut fait intervenir de nombreux acquéreurs et de ce fait, on dispose souvent d'analyses exhaustives de ses caractéristiques. En revanche, le gaz naturel brut n'alimente généralement qu'un centre de traitement avant d'entrer dans les réseaux de distribution et perd toutes ses caractéristiques initiales au cours des opérations d'épuration et d'extraction des fractions lourdes. Les tableaux 1.1 et 1.2 montrent la grande diversité de composition des gaz naturels bruts. Ceci tient en partie aux différences de composition entre gaz associé et gaz non associé ; ainsi, un gaz associé peut contenir jusqu'à dix fois plus de fractions lourdes (éthane et hydrocarbures supérieurs) qu'un gaz non associé « sec » typique. Toutefois, il faut noter qu'une proportion notable de gisements de gaz non associé mais « humide », ou gaz à condensat, se montrent tout aussi riches en éthane, GPL (gaz de pétrole liquéfié : propane et butane) et autres hydrocarbures liquides.

Outre le méthane, le gaz naturel peut contenir d'autres composants comme l'illustre la figure 1.4.

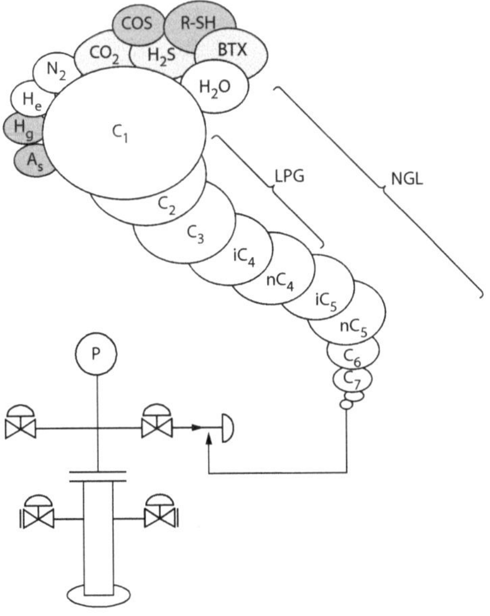

Figure 1.4

Les composants du gaz naturel.

                    Le gaz naturel

Tableau 1.1. Composition de quelques gaz non associés (% volume)

	Groningue (Pays-Bas)	Lacq (France)	Frigg (Norvège)	Hassi R'Mel (Algérie)	Ourengoï (Russie)	Uch (Pakistan)	Kapuni (Nouvelle-Zélande)	Moyennes typiques[a]
Méthane	81,3	69	95,7	83,7	85,3	27,3	45,6	95 à 98
Éthane	2,9	3	3,6	6,8	5,8	0,7	5,8	1 à 3
Propane	0,4	0,9	ε	2,1	5,3	0,3	2,9	0,5 − 1
Butanes	0,1	0,5	ε	0,8	2,1	0,3	1,1	0,2 − 0,5
C_{5+}	0,1	0,5	ε	0,4	0,2	−	0,8	0,2 − 0,5
Azote	14,3	1,5	0,4	5,8	0,9	25,2	−	−
H_2S	−	15,3	−	−	−	−	−	−
CO_2	0,9	9,3	0,3	0,2	0,4	46,2	43,8	−

a. Proportions pour un gaz sec sans impuretés.

Source : IFP (Valais), 1983

Tableau 1.2. Composition de quelques gaz associés (% volume)

	Parentis (France)	Ekofisk (Norvège)	Maracaibo (Venezuela)	Uthmaniyah (Arabie Saoudite)	Burgan (Koweït)	Kirkouk (Irak)	Ardjuna (Indonésie)	Moyennes typiques[a]
Méthane	73,6	83,3	82	55,5	74,3	56,9	65,7	60 à 80
Éthane	10,2	8,5	10	18	14	21,2	8,5	10 à 20
Propane	7,6	3,4	3,7	9,8	5,8	6	14,5	5 à 12
Butanes	5	1,5	1,9	4,5	2	3,7	5	2 à 5
C_{5+}	3,6	1	0,7	1,6	0,9	1,6	0,8	1 à 3
Azote	−	0,3	1,5	0,2	2,9	−	1,3	−
H_2S	−	−	−	1,5	0,1	3,5	−	−
CO_2	−	2	0,2	8,9	−	7,1	4,1	−

a. Proportions pour un gaz sans impuretés ; les proportions dépendent de la pression au séparateur.

Source : IFP (Valais), 1983

L'hydrogène sulfuré pose les problèmes les plus critiques. Toutefois, les gaz qui en possèdent des proportions supérieures à 10 %, comme ceux de Lacq, Pécorade, Barenburg (Allemagne) et Astrakhan (CEI) sont relativement rares et de nombreux gaz sont pratiquement dénués d'hydrogène sulfuré.

L'azote et le dioxyde de carbone constituent des impuretés usuelles de tous les gaz naturels, avec des proportions moyennes de l'ordre de 0,5 à 5 % pour l'azote (et des maxima qui peuvent dépasser 25 %) et de 0,5 à 10 % pour le dioxyde de carbone (avec des maxima qui peuvent atteindre 70 % pour certains gisements commerciaux).

Certains composés aromatiques (BTX : benzène, toluène, xylènes) peuvent être présents, posant des questions de sécurité en raison de leur toxicité.

Des contaminants acides, tels que les mercaptans : R-SH, le sulfure de carbonyle (COS), le disulfure de carbone (CS_2), peuvent être présents en petites quantités. Le mercure peut également être présent soit sous forme de métal en phase vapeur ou d'un composé organométallique en fractions liquides. Les niveaux de concentration sont généralement très faibles, mais même à des niveaux de concentration très faibles, le mercure peut être préjudiciable en raison de sa toxicité et de ses propriétés corrosives (réaction avec des alliages d'aluminium).

1.2　LES RÉSERVES ET RESSOURCES DE GAZ NATUREL

1.2.1　Définition des réserves et ressources

On distingue les réserves (quantités de gaz récupérables dans des bassins identifiés) et les ressources (quantités de gaz dans le sol) (Figure 1.5). Cette distinction s'applique aussi bien au gaz conventionnel qu'au gaz non conventionnel :

- **les réserves prouvées** sont les quantités de gaz situées dans des réservoirs bien identifiés par des puits déjà en exploitation ou prêts à être exploités et qui sont récupérables dans les conditions techniques et économiques actuelles. Les réserves probables correspondent à une probabilité de production de 50 % et les réserves possibles à une probabilité inférieures à 10 % [1] ;
- **les ressources** sont les quantités de gaz, soit géologiquement prouvées, mais qui ne peuvent pas être exploitées de façon rentable aux prix du gaz d'aujourd'hui, soit les quantités de gaz, pas encore identifiées mais qui peuvent être escomptées pour des raisons géologiques dans la zone concernée. Seuls les montants attendus et potentiellement économiquement récupérables des ressources sont pris en compte ;
- **les ressources ultimes** correspondent à la quantité totale de gaz extractible, c'est-à-dire à la somme des quantités extraites jusqu'à présent (production cumulée), ainsi que des réserves et des ressources. Le potentiel restant est le montant des quantités extractibles, c'est-à-dire la somme des réserves et des ressources ;
- **le gaz en place** est le volume de gaz contenu dans un réservoir, sans tenir compte de la faisabilité économique ou technique de le produire.

---

1. La distinction entre réserves prouvées, probables et possibles n'est réellement opérationnelle que pour les compagnies pétrolières. Au niveau mondial, il est plus intéressant de se référer à la notion de réserves ultimes restantes.

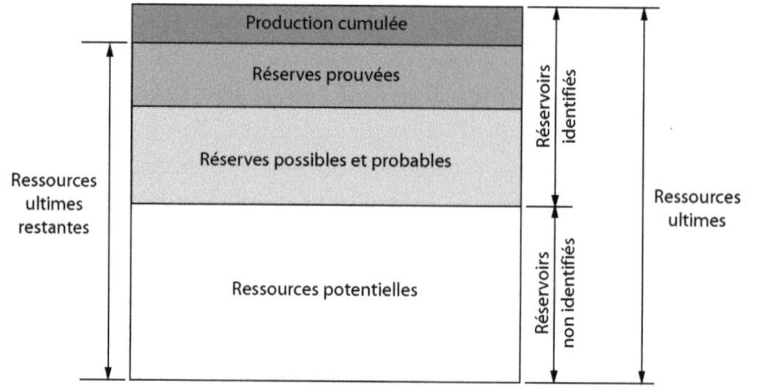

Figure 1.5

Classification des réserves et ressources de gaz naturel.
Source : CEDIGAZ

La définition des réserves prouvées signifie que leur montant dépend du niveau de connaissances géologiques du réservoir, du prix du gaz naturel et de l'état actuel de la technologie [2]. La dépendance à l'égard du prix implique que le montant des réserves prouvées va varier selon le prix du gaz. Des ressources seront converties en réserves si le prix du gaz augmente. Si cette donnée est vraie pour un certain nombre de pays, les réserves prouvées de nombreux pays restent insensibles au prix du gaz. Deux explications principales peuvent être mentionnées :

- ces pays produisent pour leur marché domestique ou pour un marché régional caractérisé par des prix régulés et stables ;
- leurs réserves n'ont jamais été auditées de manière indépendante et les niveaux de réserves et leurs réévaluations ne sont que des annonces politiques sans véritable justification économique.

1.2.2 Les réserves et ressources mondiales

Les réserves prouvées de gaz naturel conventionnel s'élèvent à 200 Tm^3 au 01.01.2012 (CEDIGAZ, 2012) et représentent plus de 60 ans de consommation au niveau actuel. Le renouvellement des réserves prouvées a été beaucoup plus rapide que leur production. En 1970, les réserves prouvées s'élevaient à 40 Tm^3 seulement. Ainsi, alors que durant les quarante dernières années 83 Tm^3 ont été consommés, des réserves supplémentaires, représentant 240 Tm^3, ont été identifiées. Il n'existe actuellement aucune indication d'une inversion significative de cette tendance. Au contraire, les nouvelles découvertes de gisements géants réalisées au cours de la dernière décennie (Afrique de l'Est, bassin du Levant, Golfe de Guinée, offshore du Brésil) et l'inclusion des réserves de gaz non conventionnel, actuellement limitée aux seuls pays où ces gaz sont exploités commercialement (Amérique du Nord, Australie), renforcent la tendance à la hausse des réserves et leur durée de vie.

---

2. Contrairement au pétrole, on ne peut pas parler d'une augmentation du taux de récupération qui permettrait une augmentation des réserves : en effet les taux de récupération pour les gaz conventionnels sont déjà en moyenne de 80 %.

Les ressources restantes récupérables de gaz sont estimées à 752 Tm^3, dont 421 Tm^3 pour le gaz conventionnel et 331 Tm^3 pour le gaz non conventionnel [AIE, 2012c]. Ce potentiel représente 250 ans de production actuelle. Les ressources ultimes (incluant la production cumulée, environ 100 Tm^3) s'élèvent à près de 850 Tm^3.

Selon les évaluations actuelles, les ressources de gaz de schiste s'élèvent à 208 Tm^3, celles de *tight gas* à 76 Tm^3 et celles de gaz de houille à 47 Tm^3. Les hydrates de gaz représentent une ressource supplémentaire mais elles sont encore très mal connues (cf. Chapitre 2). Bien que l'estimation des ressources de gaz non conventionnels soit encore incertaine puisque peu de travaux exploratoires n'ont encore été réalisés en dehors de l'Amérique du Nord, la révolution des gaz de schiste aux États-Unis montre que des ressources qui sont complètement négligées aujourd'hui, pourraient être monétisées à l'avenir.

1.2.3　Répartition géographique des réserves prouvées

Les découvertes gazières se sont étendues progressivement à la totalité des continents. Elles concernent actuellement plus de 100 pays. On peut même noter que les pays disposant de réserves significatives sont plus nombreux dans le domaine du gaz naturel que dans celui du pétrole.

Il convient de souligner toutefois que cette prolifération intercontinentale des découvertes gazières a beaucoup plus profité aux nouvelles provinces, régions nouvellement ouvertes à l'exploration qu'aux zones ou pays dont les ressources avaient déjà été largement inventoriées. Cette évolution a donc bouleversé considérablement la répartition géographique des réserves qui prévalait jusque vers la fin des années 1960. Deux zones aujourd'hui concentrent 72 % des réserves mondiales : la CEI et le Moyen-Orient (Figure 1.6), alors qu'elles ne détenaient que 47 % des réserves en 1970. La prise en compte des gaz non conventionnels devrait à terme modifier la répartition géographique des réserves mondiales et la géopolitique du gaz, puisque toutes les régions en sont bien dotées, contrairement au gaz conventionnel, et qu'à l'instar des États-Unis des pays importateurs de gaz pourraient devenir auto-suffisants, voire exportateurs (cf. Chapitre 11).

Quatre pays détiennent les deux tiers des réserves mondiales : la Russie, l'Iran, le Qatar et le Turkménistan.

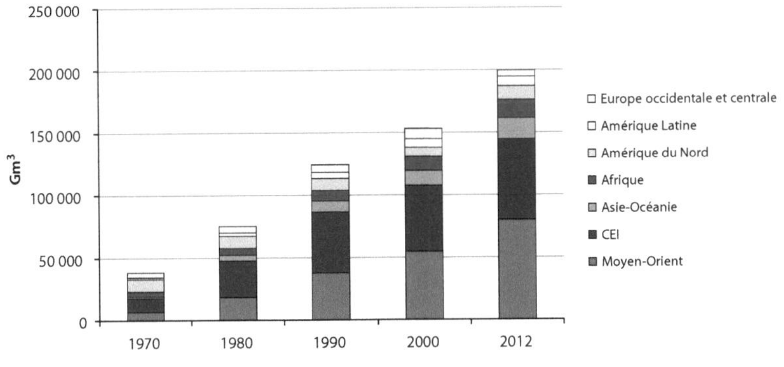

Figure 1.6

Évolution des réserves prouvées de gaz naturel par zone géographique au 1er janvier 2011.
Source : CEDIGAZ

L'Amérique du Nord (y compris Mexique), qui concentrait encore la moitié des réserves mondiales en 1960 (et même les deux tiers en 1950), avait vu le volume de ses réserves prouvées plafonner, puis progressivement décroître dans les années 80-90. Ce phénomène était d'autant plus sensible que, pour une part importante, l'exploration était orientée vers des zones « frontières » arctique et offshore, à plus haut risque et aussi beaucoup plus coûteuses, ou vers des gisements de plus en plus petits dans les zones traditionnelles, dont la rentabilité était douteuse dans les conditions économiques qui prévalaient. Depuis, le milieu des années 2000, les réserves du continent croissent de manière spectaculaire et, elles représentent maintenant 5 % du total mondial. Alors que les réserves déclinaient aux États-Unis et ne représentaient plus que 10 ans de production au début des années 2000, les additions aux réserves depuis le milieu des années 2000 enregistrent des niveaux records. Le facteur déterminant de ces hausses est l'application généralisée du forage horizontal et de la fracturation hydraulique dans les schistes et autres formations à très faible perméabilité. Ainsi, depuis le milieu des années 2000, les réserves ont augmenté de façon spectaculaire, en phase avec l'intensification des programmes de forage horizontal. Au 1.1.2011, elles atteignent 8 993 Gm^3 (Figure 1.7) et représentent 14 années de production actuelle. Les hydrocarbures non conventionnels jouent maintenant un rôle croissant dans la production américaine. Si le phénomène est moins marqué au Canada, il n'en demeure pas moins que la tendance baissière des réserves observée depuis 1986 a également été inversée grâce à l'inclusion des gaz non conventionnels.

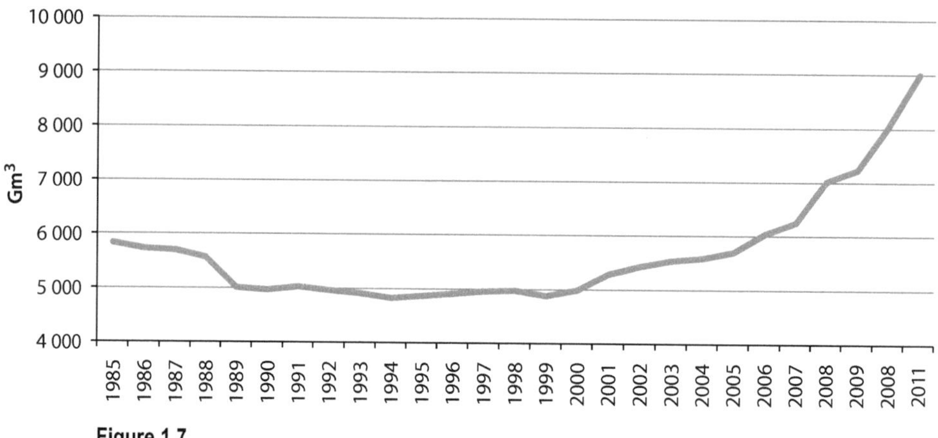

Figure 1.7

Évolution des réserves prouvées américaines, 1985-2011.
Source : DOE/EIA, 2012

Les réserves de l'Amérique latine, relativement stables entre 1965 et 1975 (autour de 2 000 Gm^3), ont connu depuis un développement très rapide. Grâce aux découvertes de l'Argentine, de Trinidad, du Chili, et du Pérou mais surtout du Brésil et du Venezuela, l'Amérique latine émerge progressivement comme une grande région gazière dont le potentiel reste encore mal appréhendé, principalement en ce qui concerne les gaz non conventionnels et les horizons en mers très profondes. Les découvertes récentes dans plusieurs bassins brésiliens (découvertes sous-marines à travers des couches de sel) et argentins (gaz de schiste) en sont une démonstration éloquente. Avec 7 527 Gm^3 de réserves prouvées, l'Amérique latine représente actuellement 4 % de l'ensemble des réserves mondiales.

L'expansion des réserves prouvées de l'Europe occidentale et centrale avait été particulièrement rapide entre 1965 et 1973, avec les découvertes des gisements des Pays-Bas et de la mer du Nord britannique, puis avec la première génération de découvertes en offshore norvégien. En revanche, la période 1974-1980 a été marquée par une stagnation des réserves européennes, les découvertes, de taille unitaire plus modeste, ne compensant qu'à peine les volumes produits. Les gisements géants mis à jour par la Norvège depuis 1980 (Troll, Ormen Lange, Snohvit) ont permis une hausse des réserves de la zone. Toutefois, l'épuisement rapide des réserves britanniques, de celles des Pays-Bas et de la Roumanie entraîne une baisse significative des réserves de la zone à un niveau de 4 994 Gm^3, moins de 3 % du total mondial. En revanche, l'activité d'exploration soutenue pratiquée en Méditerranée au large de Chypre, dans le bassin du Levant contigu aux découvertes réalisées au large d'Israël, a donné lieu à une découverte significative (champ d'Aphrodite comprenant des réserves estimées à 200 Gm^3) qui, sur la base des évaluations actuelles, pourrait modifier sensiblement les perspectives des ressources gazières de l'Europe et son approvisionnement gazier (cf. Chapitre 11).

Le développement spectaculaire des réserves de la CEI [3] est très certainement l'un des phénomènes majeurs de l'histoire de l'industrie du gaz des cinq dernières décennies. Les réserves prouvées de la Russie n'étaient que de l'ordre de 2 000 Gm^3 en 1960, alors qu'elles peuvent être évaluées à 44 600 Gm^3 au début de 2012. L'essentiel de cette progression a résulté des découvertes de Sibérie à partir de la seconde moitié des années 1960, avec la mise à jour des plus importants gisements du globe, dont Ourengoï (10,2 Tm^3), Yambourg (6,1 Tm^3), Medvezhye (2 Tm^3), Bovanenko (4,4 Tm^3) et Zapolyarnoe (3,5 Tm^3) parmi les gisements de la presqu'île de Yamal [Sandrea R, 2006 et AIE, 2011a]. Dans le même temps, d'autres régions ont aussi conduit à des découvertes intéressantes, particulièrement en Asie centrale et dans la région de la mer Caspienne, alors que les réserves des zones traditionnelles occidentales sont entrées dans un déclin qui paraît irréversible. Au nord de la Sibérie, de nouveaux gisements supergéants ont été découverts en mer de Barents et en mer de Kara. En mer de Barents, les réserves du champ de Shtokman sont estimées à 3,8 Tm^3 et, en mer de Kara, elles s'élèveraient pour le champ de Russanovskoye à 4 Tm^3. Les réserves du Turkménistan ont connu un accroissement spectaculaire au cours des années 2000 et plus particulièrement depuis qu'un audit en 2011 a conduit à une réévaluation majeure du champ super-géant de South Yolotan-Osman, dont les réserves sont maintenant estimées entre 13,1 et 21,2 Tm^3, faisant de ce gisement le deuxième au monde après le champ de North Field/South Pars, Qatar/Iran (Lecarpentier Armelle, 2012). Avec les réserves significatives (1 000 à 2 000 Gm^3) du Kazakhstan, de l'Azerbaïdjan et de l'Ouzbékistan, les réserves de la CEI totalisent plus de 64,7 Tm^3 et représentent 32 % des réserves mondiales.

Avec les découvertes gazières en Algérie, puis au Nigeria et en Libye, le volume des réserves de l'Afrique avait pratiquement décuplé entre 1960 et 1973 ; il s'était stabilisé depuis, entre 7 000 et 8 000 Gm^3. Les dernières réévaluations majeures ont concerné l'Égypte (principalement à l'ouest du delta du Nil) et surtout le Nigeria, dont le large potentiel commence à

---

3. La CEI (Communauté des États Indépendants) comprend 11 des 15 anciennes républiques soviétiques et réunit l'essentiel des ressources gazières de l'ex-URSS.

être mieux appréhendé. Des découvertes récentes dans une dizaine d'autres pays d'Afrique, notamment dans le golfe de Guinée et au large de l'Afrique de l'Est (Mozambique et Tanzanie), laissent entrevoir une nouvelle progression des réserves prouvées africaines, estimées actuellement à 14 689 Gm^3, soit 7 % des réserves mondiales. Les découvertes géantes réalisées au large du Mozambique et de la Tanzanie pourraient transformer l'Afrique de l'Est en nouvel eldorado gazier. Les réserves en place du Mozambique sont estimées à 2 000 Gm^3 et les annonces de nouvelles découvertes se multiplient. En Tanzanie, les réserves en place sont estimées à près de 400 Gm^3.

Les réserves du Moyen-Orient sont considérables et représentent 80 Tm^3, 40 % des réserves mondiales, avec une forte proportion de gisements géants, dont le plus gros champ gazier au monde, le North Field/South Pars partagé entre le Qatar et l'Iran. Jusqu'au début des années 1970, l'essentiel des découvertes du Moyen-Orient est à mettre à l'actif d'une exploration à vocation plus pétrolière que gazière. Une période de stagnation des réserves prouvées a suivi, qui a pris fin avec les découvertes prolifiques de gaz en Iran et dans de nombreux pays du golfe Persique, particulièrement dans la couche géologique du Khuff. Le Qatar, les Émirats (surtout Abu Dhabi) et l'Arabie saoudite sont les grands bénéficiaires de cette exploration plus spécifiquement gazière. Plus récemment les découvertes réalisées au large d'Israël (champ de Tamar en 2009, 238 Gm^3, et de Levathian en 2010, 450 Gm^3, et cinq nouvelles découvertes depuis dans le bassin du Levant) portent les réserves en place du pays à plus de 1 000 Gm^3, susceptibles de le transformer en exportateur de gaz.

Enfin, l'Asie et l'Océanie apparaissent progressivement comme des zones gazières prometteuses, alors qu'une proportion considérable de leur sous-sol demeure peu explorée. Les estimations de la fin des années 1970 ont été totalement dépassées grâce aux découvertes de la période récente, qui ont hissé l'ensemble de ces deux zones en troisième position, derrière le Moyen-Orient et la CEI. L'Australie, la Chine, l'Indonésie, la Malaisie, pour les pays les mieux pourvus, mais aussi le Pakistan, l'Inde, le Bangladesh et la Thaïlande ont multiplié par deux à quatre le volume de leurs réserves prouvées au cours des vingt dernières années. L'ensemble de la région Asie/Océanie dispose maintenant de près de 17 000 Gm^3 de réserves prouvées, 9 % des réserves mondiales.

1.2.4 Évolution de la nature des réserves

1.2.4.1 Éloignement des réserves

Comme on le voit, les découvertes de gaz conventionnel ont favorisé les pays de l'Amérique latine, de l'Afrique, du Moyen-Orient et de l'Asie, ainsi que la CEI, beaucoup plus que les pays industrialisés occidentaux, où le marché du gaz naturel a connu pourtant les premiers et les plus larges développements. L'ensemble des pays industrialisés occidentaux ne dispose plus que de 9 % des réserves prouvées mondiales, contre près de la moitié en 1960, alors qu'il assure encore 36 % de la production mondiale et absorbe 48 % de la consommation de gaz naturel dans le monde.

Les évolutions régionales font apparaître un éloignement croissant des ressources par rapport aux grands marchés consommateurs, un déséquilibre grandissant entre offre et demande dans les différentes zones géographiques et, en conséquence, un bouleversement géopolitique de l'industrie du gaz dans le monde. Les gaz non conventionnels sont susceptibles de transformer radicalement cette donne, mais les ressources doivent encore être converties en réserves.

La délocalisation des réserves de gaz conventionnel par rapport aux marchés se répète aussi à l'intérieur de chacune des grandes régions du globe ; en Amérique du Nord avec les découvertes en zone arctique et en offshore, en CEI où l'essentiel des ressources se situe maintenant en Sibérie ; en Europe occidentale avec le poids croissant de la mer du Nord ; en Australie avec le gaz du plateau continental du nord-ouest, etc. Cette liste non exhaustive montre aussi que l'éloignement progressif des réserves va de pair avec des conditions d'exploitation de plus en plus sévères.

1.2.4.2 Conditions d'exploitation de plus en plus difficiles

L'ère de la production « facile » est terminée. Alors qu'en 1970, près de 70 % des réserves de gaz étaient accessibles et exploitables facilement, ce pourcentage s'est inversé aujourd'hui. Les réserves de gaz situées dans des zones difficiles (offshore, voire offshore très profond, Arctique ou Sibérie, gaz acides, gaz enfouis profondément) représentent à présent près de 70 % des réserves prouvées mondiales (Figure 1.8). Ainsi, le défi majeur actuel de l'exploration des gaz conventionnels est d'être capable de produire et d'acheminer du gaz exploité dans des conditions de plus en plus difficiles à un coût économique. L'industrie pétrolière et para-pétrolière répond à ce défi avec des technologies toujours plus innovantes capables de s'adapter à des conditions extrêmes et monétiser des ressources que les moyens classiques ne permettent pas de produire commercialement (« stranded gas »). Mais ces développements ont des coûts colossaux (cf. § 1.5.3).

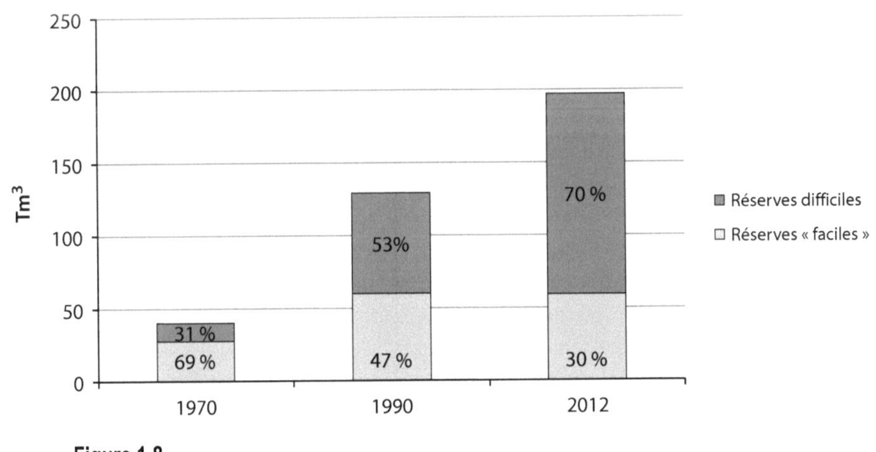

Figure 1.8

Répartition des réserves prouvées de gaz selon leur difficulté d'exploitation.
Source : pour 1970 et 1990 [Valais, 1990] et pour 2012 : estimations

Une part importante des réserves de gaz conventionnel est constituée de **gaz acides**. Près de 40 % des réserves restantes inexploitées sont acides, environ 10 Gm³ contenant plus de

10 % d'hydrogène sulfuré (H_2S) et au moins 20 Gm^3 recelant plus de 10 % de dioxyde de carbone (CO_2) (TOTAL, 2007a). Ces gisements se répartissent entre l'Europe, l'Afrique, l'Amérique du Nord et du Sud et l'Extrême Orient, mais ce sont surtout le Moyen-Orient et les pays de l'Asie qui en recèlent les volumes les plus importants. Ces champs requièrent des techniques et matériaux permettant de traiter en toute sécurité les gaz agressifs.

Une part croissante des réserves de gaz naturel, 28 % des réserves restantes [Serbutoviez Sylvain, 2012], se trouve au **large des côtes**. La production est bien maîtrisée pour des profondeurs « classiques » (jusqu'à 1 000 m). En 2010, la production offshore de gaz représentait 32 % de la production totale, avec une proportion grandissante de champs situés à une profondeur de plus de 1 000 m. Au-delà, c'est l'offshore ultra-profond qui présente aujourd'hui de nouveaux relais de croissance – mais aussi de nombreux défis – à l'E&P gazière. Les ressources des mers profondes représenteraient quelques 5 % des ressources mondiales d'hydrocarbures (TOTAL, 2011) et 2 % seulement de la production mondiale de gaz. Les progrès technologiques en matière d'exploration, notamment l'imagerie sous des formations qui généralement font écran (sel, basalte, etc.), ou en géologie complexe, ont rendu possible la mise à jour de nouvelles réserves offshore, en particulier en Afrique de l'Ouest, et plus récemment celles de l'offshore profond sous d'épaisses couches de sel au Brésil, les découvertes en mer Méditerranée au large d'Israël et celles encore plus récentes au large du Mozambique et de la Tanzanie. Ces développements sont prometteurs mais présentent des défis technologiques et environnementaux majeurs, compte tenu des profondeurs d'eau et des hautes pressions rencontrées. L'offshore profond requiert des investissements particulièrement lourds, et les coûts d'exploitation sont importants. Les campagnes de forage, qui peuvent s'étirer sur plusieurs années, nécessitent des plates-formes de forage flottantes spécifiques dont le coût de fonctionnement peut atteindre 1 million de dollars par jour.

De la même façon, les travaux d'exploration-production (E&P) se focalisent également sur les **réservoirs profondément enfouis** (plus de 5 000 m) à haute pression et haute température. Entre 1999 et 2007, c'est dans ces grandes profondeurs de la terre que plus de 20 % des nouvelles réserves mondiales (à terre ou en mer) ont été découvertes [TOTAL, 2007b]. Les températures voisines de 300 °C au-delà de 6 000 mètres d'enfouissement, et les pressions supérieures à 1 500 bar, nécessitent le développement de nouvelles techniques et outils de forage, et de nouveaux matériaux susceptibles de garantir, dans la durée, la résistance des puits.

L'Arctique recèle 51 Tm^3 de ressources gazières encore à découvrir [USGS, 2008]. Avec un tel potentiel, la région compte parmi les nouveaux territoires qui contribueront à répondre à la croissance de la demande mondiale en énergie. Mais en ouvrir l'accès suppose de relever des défis complexes. Le froid extrême implique de redéfinir l'ensemble des modes opératoires de l'exploration-production [TOTAL, 2010]. Produire le gaz présent dans l'Arctique va donc demander des technologies innovantes et d'énormes investissements. Ces difficultés sont illustrées par le gel du projet russe de Shtokman, suite à l'escalade des coûts du projet.

1.2.4.3 Concentration dans un petit nombre de champs géants

Les réserves sont également concentrées dans un petit nombre de champs géants et supergéants. Les dix premiers (Tableau 1.3) possèdent encore plus d'un tiers des réserves prouvées totales [AIE, 2009]. Ces dix champs représentent 20 % de la production mondiale bien que certains d'entre eux aient été développés dans les années 60.

Tableau 1.3. Les dix premiers champs de gaz conventionnel dans le monde

		Année de découverte	Année de mise en production	Réserves initiales (Tm3)
North Field	Qatar	1971	1988	28
South Yolotan/Osman	Turkmenistan	2006	–	16,4 [a]
South Pars	Iran	1993	2002	14
Urengoy	Russie	1966	1976	10,2
Yambourg	Russie	1969	1983	6,1
Bovanenko	Russie	1971	2012	4,4
Ghawar	Arabie Saoudite	1948	1962	4,2
Shtokman	Russie	1988	–	3,8
Zapolyarnoye	Russie	1965	1999	3,5
Hassi R'Mel	Algérie	1957	1961	3,1

a. Tient compte de la réévaluation récente des réserves du champ.

Source : AIE, 2009 et World Gas Intelligence

1.2.5 Répartition géographique des ressources de gaz

Le potentiel gazier est immense : 752 Tm^3 de ressources restantes (Tableau 1.4) et les progrès technologiques réalisés dans le domaine de l'exploration-production (E&P) permettent maintenant d'identifier et produire de nouvelles ressources commercialement. Les travaux d'E&P dans le monde se focalisent sur les gisements en eau profonde, les gaz non conventionnels et les gaz acides. Les gaz non conventionnels retiennent toute l'attention des pays importateurs étant donné leur distribution géographique très favorable.

Tableau 1.4. Ressources restantes techniquement récupérables de gaz naturel par type et région, 1er janvier 2012

	Gaz conventionnel		Gaz non conventionnel		TOTAL	
	Tm^3	% par région	Tm^3	% par région	Tm^3	% par région
Europe de l'Est/CEI	131	31 %	43	13 %	174	23 %
Moyen-Orient	125	30 %	12	4 %	137	18 %
Amérique du Nord	45	11 %	77	23 %	122	16 %
Asie/Pacifique	35	8 %	93	28 %	128	17 %
Afrique	27	6 %	37	11 %	64	9 %
Europe de l'Ouest	24	6 %	21	6 %	45	6 %
Amérique Latine	23	5 %	48	15 %	71	9 %
MONDE	**421**	100 %	**331**	100 %	**752**	100 %

Source : AIE 2012c

1.2.5.1 Ressources de gaz conventionnel

Les ressources restantes de gaz conventionnel ne sont pas également réparties sur la planète. La CEI et le Moyen-Orient en détiennent 61 %. La CEI avec la Sibérie occidentale et le Moyen-Orient sont en effet les régions du monde qui présentent le plus d'accumulations nombreuses et géantes de gaz naturel. Toutefois, la comparaison entre les densités de forage dans ces différentes régions et le nombre des découvertes gazières que l'on peut leur associer incitent à une certaine prudence. Il existe manifestement un certain degré de correspondance entre la densité de forage et le nombre de gisements découverts pour une zone donnée. Ainsi, certaines zones se sont avérées prometteuses au cours des dix dernières années : le Sud-Est asiatique qui a surpris de nombreux experts, le golfe de Guinée, la mer de Barents, l'offshore brésilien, l'Afrique de l'Est, etc.

On peut noter aussi que pendant longtemps l'exploration et les découvertes de gaz naturel sont restées étroitement liées à celles du pétrole. Toutefois, avec la découverte de gaz à des profondeurs importantes ou dans des zones géographiques jugées moins prometteuses sur le plan du pétrole brut, une forme d'exploration plus spécifiquement gazière est en plein développement. Visant des périmètres et des horizons géologiques de plus en plus différents de ceux de l'exploration pétrolière, ce nouveau type d'exploration conduit à la découverte de nouvelles régions gazières et à des révisions substantielles des potentialités des zones ou horizons géologiques déjà pourvus, mais peu explorés. Le forage à très grande profondeur devrait être, à cet égard, un facteur essentiel de révision, particulièrement dans les zones jugées, inconsidérément, comme « matures ».

À partir de ces appréciations, des progrès de la géologie et de la géochimie, il paraît acquis que l'exploration gazière a encore beaucoup à découvrir dans le sous-sol terrestre. Les évaluations actuelles font apparaître un volume de ressources ultimes mondiales restantes de 421 Tm^3, correspondant à environ 130 ans de production actuelle. De ce potentiel ultime 197 Tm^3, environ 47 % auraient déjà été identifiés (réserves prouvées). À l'opposé, il resterait un peu plus de 220 Tm^3 de ressources à découvrir ou à transformer en réserves commerciales.

Toutefois, au-delà des volumes mondiaux des ressources disponibles, l'analyse régionale des ressources de gaz conventionnel fait apparaître une grande diversité de situations.

Les États-Unis représentent à cet égard un cas particulier dans ce panorama mondial. Le pays a déjà consommé près de la moitié de ses ressources ultimes de gaz conventionnel (Tableau 1.5). Ses ressources restantes paraissent encore importantes mais elles correspondent pour une très large part à des zones peu explorées et à coûts élevés (Alaska, à terre et en mer, et zones en mer éloignées des côtes). Leur intérêt par rapport aux gaz de schiste apparaît limité étant donné les coûts associés à l'exploitation de ces ressources.

Au Canada, des conditions d'accès difficiles caractérisent environ les deux tiers des ressources ultimes évaluées par les experts (mer de Beaufort, îles de l'Arctique et côte Est) ; toutefois, son potentiel gazier est encore peu entamé.

La surface totale des bassins sédimentaires de l'Europe limite fatalement la part que représente son potentiel ultime par rapport à celui des autres zones du globe. Les ressources ultimes restantes sont évaluées à 24 Tm^3. L'Europe a utilisé environ un tiers de son potentiel ultime originel. Toutefois, une très large part de ses bassins est déjà raisonnablement bien explorée : 80 à 90 % des découvertes futures de gaz conventionnel devraient se situer en mer du Nord ; plus probablement dans l'offshore norvégien où les zones septentrionales/arctiques pourraient encore réserver des découvertes majeures.

Tableau 1.5. Les ressources ultimes de gaz conventionnel en 2011 (Tm3)

	Production cumulée	Réserves prouvées	Ressources ultimes		Potentiel utilisé [a]
			restantes	initiales	
Amérique du Nord	38	11	45	83	46 %
Amérique Latine	3	8	23	26	12 %
Europe occidentale et centrale	11	5	24	35	32 %
CEI	26	62	131	157	17 %
Afrique	3	15	27	30	11 %
Moyen-Orient	6	80	125	131	5 %
Asie-Océanie	8	17	35	43	18 %
MONDE	**96**	**197**	**421**	**517**	**19 %**

a. Rapport Production cumulée/ressources ultimes initiales.

Source : AIE, 2012a, 2012c ; BGR, 2012

En dehors de l'Amérique du Nord et de l'Europe, l'épuisement des ressources ultimes par zone est largement moins avancé ; les productions cumulées n'atteignent que 5 à 20 % des potentiels ultimes originels.

L'immensité du territoire de la CEI laisse espérer un potentiel non découvert considérable, particulièrement dans les zones septentrionales. Toutefois, l'éloignement et la sévérité des conditions d'exploitation constituent un véritable défi en termes de technologie et encore plus en termes d'investissement et de coûts. Ceci concerne tout particulièrement les ressources de l'Arctique. Évaluées à 51 Tm^3 et situées à 70 % en Russie [USGS, 2008], l'Arctique apparaît donc comme une zone particulièrement intéressante pour ses réserves en gaz. Mais l'on s'interroge sur le potentiel économique réel de ces zones arctiques. La rentabilité des gisements est encore incertaine. Les forages en conditions extrêmes pour exploiter ces hydrocarbures nécessitent des investissements colossaux. Ils ne seront justifiés que par la découverte de champs géants. Surtout, le développement de l'Arctique ne sera rentable que dans un contexte de prix élevé des hydrocarbures. Actuellement, il se heurte à l'essor des gaz non conventionnels beaucoup plus attractifs. Le gel récent du développement du gisement géant de Shtokman illustre ces difficultés.

Deuxième zone gazière mondiale par ses ressources, le Moyen-Orient a converti des ressources en réserves grâce aux forages d'exploration à des profondeurs plus importantes, favorables au gaz (les réservoirs du Khuff). La poursuite de l'exploration orientée vers le gaz devrait entraîner une révision en hausse de ses potentiels prouvés et ultimes au cours des prochaines décennies. Les découvertes de gaz au large d'Israël et de l'Égypte relancent l'exploration offshore dans la partie est de la mer Méditerranée et plus particulièrement au large du Liban et de la Syrie.

En Amérique latine, certaines zones demeurent encore largement sous-explorées. Les découvertes récentes au Venezuela, en Argentine, au Pérou et surtout au Brésil sont là pour justifier un niveau de ressources ultimes restantes de 23 Tm^3.

L'Afrique, pourtant largement pourvue en bassins sédimentaires, représente encore le continent le moins exploré du globe. Toutefois l'exploration en mer a abouti à des résultats très positifs avec les découvertes réalisées dans le Golfe de Guinée, au large de l'Afrique de l'Est et au large de l'Égypte. Ces découvertes vont entraîner une activité d'exploration plus soutenue et une réévaluation du potentiel gazier du continent.

Les potentialités de l'Asie/Océanie ont été largement revues en hausse au cours des dix dernières années, à la suite de la multiplication des découvertes dans pratiquement tous les pays de l'Asie du Sud-Est. Ici encore, l'importance des bassins sédimentaires et le stade relativement modeste de l'exploration particulièrement dans certaines zones en mer pourraient réserver encore des surprises de taille (notamment au large des côtes chinoises).

1.2.5.2 Ressources de gaz non conventionnel

Les ressources de gaz non conventionnel ont fait l'objet d'une recherche plus poussée au cours des deux dernières années, et principalement depuis la publication par le DOE d'une étude montrant que les ressources de gaz de schiste existent partout dans le monde, et pas seulement en Amérique du Nord [DOE/EIA, 2011]. Cette étude a permis de mieux cerner le potentiel des gaz non conventionnels qui est maintenant estimé à 331 Tm^3, dont une majorité est constituée de gaz de schiste (208 Tm^3). Bien que ces ressources représentent une véritable révolution, il faut souligner que l'on parle de ressources techniquement récupérables. Le coût économique de ces ressources, en dehors de l'Amérique du Nord, n'est pas encore connu, étant donné la jeunesse de l'industrie : seulement 25 puits ont été forés en Europe entre 2005 et 2010.

La Figure 1.9 donne la répartition des ressources de gaz de schiste par principaux pays telle qu'elle a pu être estimée par le DOE/EIA. L'étude des ressources de gaz non conventionnel et de leurs conditions d'exploitation est détaillée au chapitre 2.

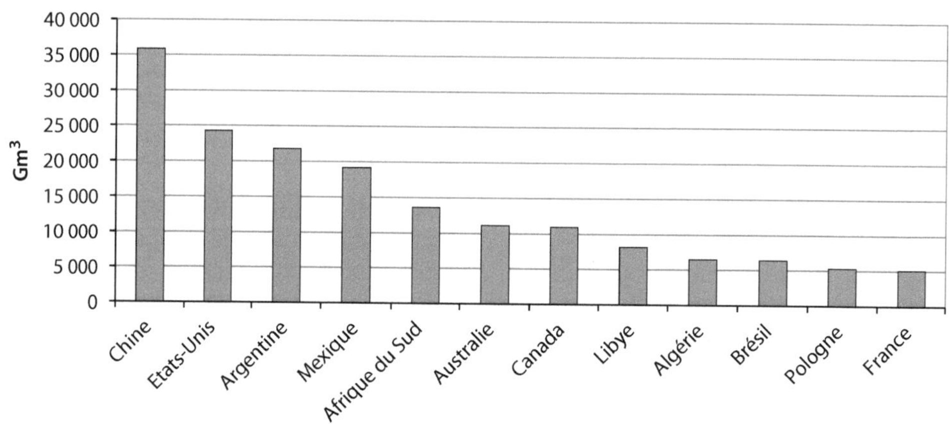

Figure 1.9

Ressources techniquement récupérables de gaz de schiste par principaux pays, 1er janvier 2012.
Source : DOE/EIA, 2011

1.3 LA PART DU GAZ DANS LES RÉSERVES D'ÉNERGIES NON RENOUVELABLES

Il est naturel d'établir un parallèle entre gaz naturel et pétrole brut, puisque ceux-ci ont des origines et des localisations très voisines. Selon les dernières estimations du Bundesanstalt für Geowissenschaften und Rohstoffe [BGR, 2012], les réserves prouvées de pétrole conventionnel s'élèvent à 169 Gtep au 1er janvier 2011. Les réserves de gaz conventionnel à la même date s'élevaient à 171 Gtep. Ainsi, les réserves de gaz conventionnel sont maintenant équivalentes aux réserves de pétrole.

Il est également nécessaire de replacer le potentiel gazier vis-à-vis de celui que représentent les autres énergies primaires, non seulement en termes de réserves prouvées mais également de ressources ultimes. Les réserves et ressources des quatre sources d'énergies primaires non renouvelables (gaz naturel, pétrole, combustibles solides, uranium) sont présentées dans le tableau 1.6. Le potentiel total des réserves s'élève à 941 Gtep ; celui des ressources à 14 101 Gtep.

Tableau 1.6. Réserves prouvées et ressources ultimes d'énergie au 1er janvier 2011

	Réserves prouvées (Gtep)	Ressources ultimes restantes (Gtep)
Pétrole	**217**	**409**
dont pétrole conventionnel	169	143
dont pétrole non conventionnel	48	266
Gaz naturel	**174**	**2 117**
dont gaz naturel conventionnel	171	283
dont gaz naturel non conventionnel	3	1 833
Combustibles solides (houille et lignite)	**507**	**11 379**
Combustibles nucléaires (uranium et thorium)	**43**	**196**
TOTAL	**941**	**14 101**

Gaz naturel : données originales en m^3 converties en tep (1 000 m^3 = 0,9 tep).
Les ressources de gaz naturel incluent les hydrates (1 000 Tm^3) et les gaz d'aquifères (800 Tm^3).
Uranium : 1 tU = $0,5.10^{15}$ J (réserves jusqu'à 80 $/kgU, ressources plus de 80 $ et jusqu'à 260 $/t).

Source : BGR, 2012

Dans le classement des quatre sources d'énergies primaires, le gaz naturel se situe en troisième position au niveau des réserves totales (conventionnel et non conventionnel), à un niveau comparable à celui du pétrole, largement supérieur à celui de l'uranium et, par contre, très inférieur à celui des combustibles solides.

Les réserves d'uranium (ramenées en tep d'énergie primaire), avec les filières technologiques actuelles, sont 4 fois moins importantes que les réserves de gaz naturel. La filière surgénération aboutirait à des valeurs considérables ; toutefois, au stade actuel de son développement, ce calcul de ressources paraît tout à fait théorique.

En revanche, le charbon représente un potentiel particulièrement impressionnant, trois fois plus important que celui du gaz naturel en termes de réserves prouvées et de l'ordre de cinq fois en ce qui concerne les ressources ultimes (ressources géologiques).

1.4   LA PRODUCTION GAZIÈRE

1.4.1   La production gazière dans le monde

La production commercialisée mondiale de gaz naturel atteint 3,3 Gm^3 en 2011. Elle a triplé depuis 1970 et n'a connu qu'une année de décroissance, en 2009, lors de la crise économique et financière, qui a réduit la demande des producteurs d'électricité et des industriels (Figure 1.10).

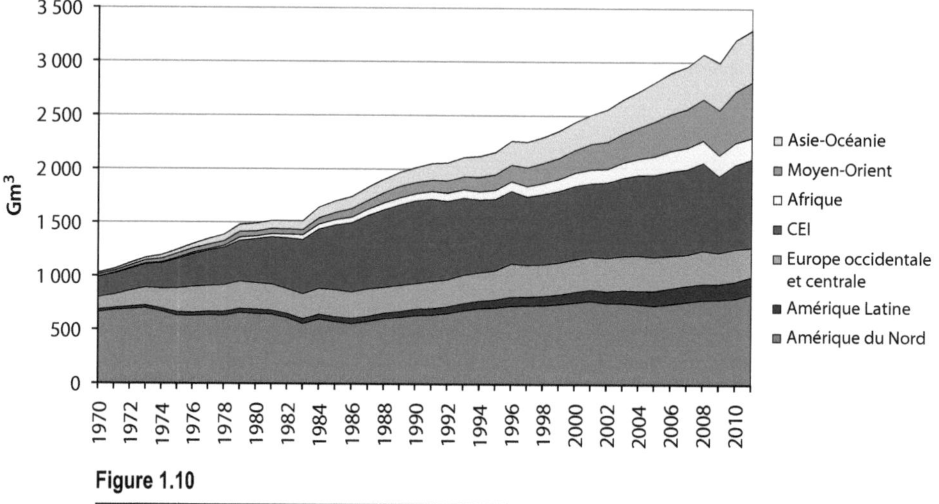

Figure 1.10

Production de gaz naturel dans le monde par grande région, 1970-2011.
Source : CEDIGAZ

La majeure partie de l'accroissement observé depuis 2000 (environ 900 Gm^3) provient du Moyen-Orient, de l'Asie-Océanie, de la CEI et depuis le milieu des années 2000 des États-Unis. Grâce aux gaz non conventionnels, et en particulier aux gaz de schiste, les États-Unis sont devenus le premier producteur mondial de gaz en 2009, dépassant la Russie.

1.4.2   La production gazière par région

L'Amérique du Nord (Mexique inclus), avec près de 964 Gm^3 en 2011, soit 26 % du total mondial, voit sa production croître rapidement depuis 2005 grâce au développement du gaz non conventionnel aux États-Unis. Cette production a débuté dans les années 80, mais n'a réellement décollé qu'au milieu des années 2000 (Figure 1.11). La production des États-Unis s'est accrue de 140 Gm^3 entre 2005 et 2011. Les gaz non conventionnels ont représenté plus de 60 % de la production américaine de gaz en 2011 [EIA, 2012]. Ce phénomène est moins marqué au Canada, dont la production est en déclin depuis 2006, mais à l'avenir le développement de la production de gaz non conventionnel pourrait changer la donne.

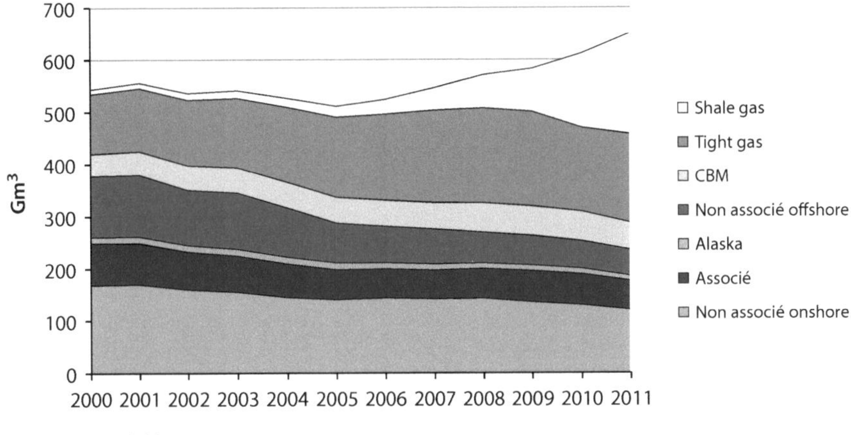

Figure 1.11

Production de gaz aux États-Unis.
Source : DOE/EIA, 2012

La CEI est la deuxième grande zone de production. Avec 825 Gm^3, elle assure 25 % de la production mondiale. La production russe domine avec 607 Gm^3 en 2011, retrouvant une tendance à la hausse après sa chute en 2009 lors de la crise économique, qui avait fortement réduit la demande de gaz des principaux acheteurs de gaz russe. L'essentiel de l'accroissement de la production russe provient de la production des producteurs indépendants. Deuxième producteur de la zone, le Turkménistan accroît sa production, près de 60 Gm^3 en 2011, pour répondre aux besoins en importations de la Chine et de l'Iran.

La production du Moyen-Orient, 516 Gm^3, a plus que doublé au cours des dix dernières années et représente maintenant 16 % du total mondial. L'Iran développe ses ressources gazières afin de répondre aux besoins croissants de son marché intérieur et aux besoins en réinjection des gisements pétroliers. Les gisements de South Pars (jouxtant le North Field) et de North Pars sont activement développés. Le Qatar, premier exportateur mondial de GNL, augmente également sa production de façon spectaculaire (+ 26 % en 2011 à 147 Gm^3), pour répondre à la demande des nouveaux trains de liquéfaction et de l'unité de Pearl GTL.

L'Asie et l'Océanie ont produit 482 Gm^3 en 2011, 15 % du total mondial. La Chine est devenue le premier producteur de la zone avec un peu plus de 100 Gm^3 produits en 2011. L'Indonésie, la Malaisie, l'Australie, l'Inde et le Pakistan sont les autres gros producteurs de la zone, qui a vu sa production croître de près de 80 % depuis 2000. Mais dans ces pays, sauf en Australie, la production a du mal à satisfaire la hausse des besoins domestiques. Ainsi l'Indonésie et la Malaisie sont en train de construire des terminaux pour importer du GNL. L'Inde a également de plus en plus recours aux importations pour compenser l'insuffisance de sa production.

L'Europe occidentale et centrale, avec 274 Gm^3 produits en 2011, n'assure plus que 8 % de la production mondiale. La production décline depuis 2006, suite au déclin rapide de la production britannique et à l'épuisement des réserves allemandes, italiennes et roumaines. L'accroissement de la production norvégienne, qui a doublé depuis 2000 et atteint 100 Gm^3 en 2011, ne suffit pas à compenser le déclin dans les autres pays.

L'Afrique a produit 202 Gm^3 en 2011 (5 % du total mondial), en baisse de 5 % par rapport à 2010, suite à l'arrêt de la production libyenne pendant le Printemps arabe. Toutefois, la production de la zone a augmenté de plus de 50 % depuis 2000, sous l'impulsion des productions de l'Égypte et du Nigeria. La production algérienne stagne toujours aux environs de 80 Gm^3.

L'Amérique latine a produit 159 Gm^3 en 2011. En hausse de 67 % depuis 2000, la production de la zone représente 5 % du total mondial. Trinidad et Tobago est le premier producteur et a plus que triplé sa production au cours de la dernière décennie pour répondre aux besoins croissants des exportations GNL et de son propre marché, industriel en particulier. La production des deux autres grands producteurs de la zone, Argentine et Venezuela, a du mal à répondre aux besoins croissants de leur marché intérieur. Enfin, la production des nouveaux pays gaziers de la zone, Bolivie, Brésil, Colombie et Pérou, s'accroît rapidement.

Le gaz conventionnel assure l'essentiel de la production mondiale. La production des gaz non conventionnels est toutefois en forte hausse et atteint 550 Gm^3 en 2011, 16 % de la production totale (Figure 1.12). La moitié de cette production provient des *tight gas*. Les gaz de schiste représentent 38 % et le CBM 12 % de la production mondiale de gaz non conventionnels. La majeure partie de cette production provient des États-Unis (Figure 1.13).

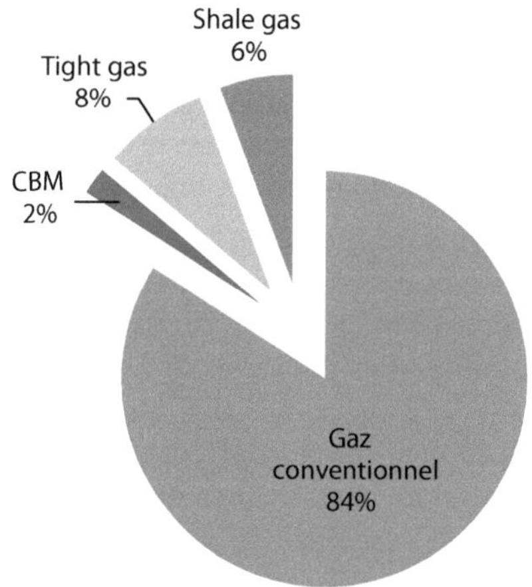

Figure 1.12

Production de gaz naturel dans le monde en 2011 par type de gaz.
Source : AIE, 2012b

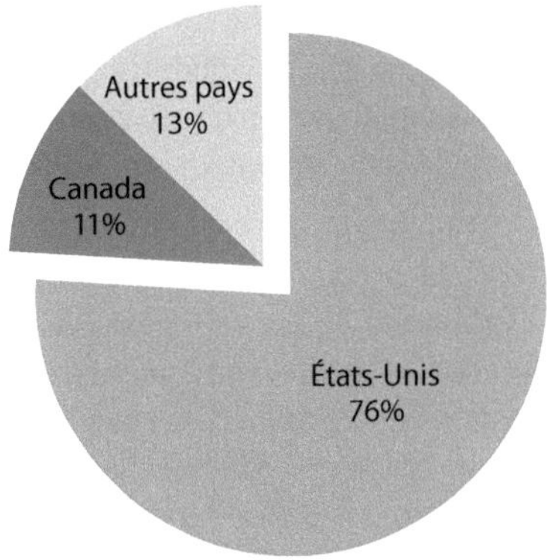

Figure 1.13

Production de gaz non conventionnel dans le monde en 2011.
Source : AIE, 2012b

1.4.3 Les perspectives de la production gazière mondiale

La production future de gaz dépend principalement de l'évolution de la demande en liaison avec les politiques gazières, énergétiques et environnementales adoptées par les pays consommateurs, des investissements à consentir tout au long de la chaîne, de l'état des réserves actuelles, leur renouvellement et leur accessibilité et de la confirmation du potentiel des gaz de schiste/gaz non conventionnels en dehors de l'Amérique du Nord.

La plupart des scénarios s'accordent sur le rôle croissant du gaz naturel dans le bilan énergétique mondial (cf. Chapitre 11). L'AIE prévoit une demande annuelle de l'ordre de 5 000 Gm^3 à l'horizon 2035 [AIE, 2011a]. En l'état actuel des réserves et ressources, la production peut répondre à cet accroissement de la demande et même au-delà. Les limites à l'augmentation de la production gazière (et de sa consommation), au moins à cet horizon, ne proviendront sans doute pas de l'épuisement des ressources mais plutôt de la volonté de décarboner la consommation d'énergie.

L'AIE [AIE, 2011a] a développé trois scénarios montrant des trajectoires possibles de l'offre et de la demande d'énergie à l'horizon 2035 :

– *New Policies Scenario* : scénario central de l'AIE, ce scénario prend en compte les engagements annoncés des pays en matière de sécurité de l'approvisionnement énergétique et de protection de l'environnement ;

– *Current Policies Scenario* (auparavant scénario de référence dans le WEO 2010). Ce scénario, « business as usual », prend en compte les politiques énergétiques et environnementales mises en place et adoptées à la mi-2011 et leur poursuite sans changement jusqu'à l'horizon 2035 ;

– *450 Scenario* : ce scénario présente une trajectoire énergétique compatible avec l'objectif de limiter les émissions de gaz à effet de serre à 450 ppm dans l'atmosphère et donc le réchauffement climatique à 2 °C par rapport à l'ère préindustrielle.

L'AIE [AIE, 2012c] a également développé un scénario intitulé « l'âge d'or du gaz », *GAS Scenario*. Celui-ci fait l'hypothèse que les conditions requises pour une expansion mondiale de l'offre de gaz non conventionnel sont mises en place. Ceci permet un développement important du gaz non conventionnel, non seulement en Amérique du Nord, mais également dans les autres pays possédant des ressources de gaz non conventionnel.

Selon les scénarios de l'AIE, la production mondiale de gaz naturel pourrait atteindre 4 750 à 5 113 Gm^3 en 2035 (Tableau 1.7). Le *450 Scenario* aboutit à une production beaucoup plus faible. Des changements majeurs vont intervenir dans la contribution des différentes régions à l'accroissement de la production mondiale. Dans le scénario central de l'AIE (*New Policies Scenario*), les pays non-OCDE devraient fournir la majeure partie de cet accroissement : 92 % pour seulement 8 % pour les pays de l'OCDE. La part des pays industrialisés occidentaux, qui assurent encore 36 % de la production mondiale n'en représenterait plus que 27 % en 2035. Dans le *GAS Scenario*, la contribution des pays de l'OCDE est beaucoup plus importante (20 % de l'accroissement). De même la contribution des gaz non conventionnels atteint 32 % de la production totale en 2035, contre seulement 22 % dans le scénario central.

Tableau 1.7. Production de gaz naturel en 2020/2035, par scénario et type de gaz, Gm^3

	2010	New Policies Scenario		Current Policies Scenario		450 Scenario		GAS Scenario	
		2020	2035	2020	2035	2020	2035	2020	2035
OCDE	1 183	1 223	1 296	1 221	1 308	1 161	1 157	1 347	1 546
Non-OCDE	2 094	2 666	3 454	2 708	3 780	2 504	2 719	2 635	3 567
Monde	**3 277**	**3 889**	**4 750**	**3 929**	**5 088**	**3 665**	**3 876**	**3 982**	**5 113**
Part des pays non-OCDE	64 %	69 %	73 %	69 %	74 %	68 %	70 %	66 %	70 %
Part de gaz non conventionnel	14 %	15 %	22 %	nd	nd	nd	nd	21 %	32 %

Source : AIE, 2011a et 2012c

1.4.4 Évolutions potentielles de la production par région

1.4.4.1 Tendances générales

La répartition des réserves, et à plus long terme des ressources, va inévitablement conduire à des bouleversements profonds dans la hiérarchie des zones de production (Tableau 1.8). Les progrès de la production mondiale se localiseront essentiellement en CEI, au Moyen-Orient et en Afrique, en Australie, en Asie hors OCDE et en Amérique Latine et par l'apport du gaz non conventionnel principalement en Amérique du Nord dans le scénario central, mais également en Chine, Argentine, Australie, voire même Pologne dans le GAS Scenario. Le déclin de la production de l'Europe occidentale devrait se poursuivre malgré le potentiel en gaz non conventionnel de la zone, qui pourrait toutefois permettre de freiner cette baisse.

Tableau 1.8. Production de gaz naturel en 2020/2035, par région et scénario, Gm^3

	2010	New Policies Scenario		Gas Scenario	
		2020	**2035**	**2020**	**2035**
OCDE	**1 183**	**1 227**	**1 297**	**1 347**	**1 546**
Amérique	821	840	932	954	1 089
dont États-Unis	609	616	696	726	821
Europe	304	259	204	272	285
Asie/Océanie	58	124	159	121	172
dont Australie	49	120	158	115	170
Non-OCDE	**2 094**	**2 661**	**3 452**	**2 635**	**3 567**
CEI	826	957	1 197	922	1 123
dont Russie	637	692	858	718	784
Asie	431	581	773	643	984
dont Chine	97	176	290	246	473
dont Inde	52	78	120	75	111
Moyen-Orient	474	580	773	581	776
Afrique	202	320	442	264	397
Amérique Latine	159	228	269	226	286
TOTAL MONDE	**3 276**	**3 888**	**4 750**	**3 982**	**5 112**

Source : AIE, 2011a et 2012c

1.4.4.2 Diminution de la part relative de l'OCDE

Comme indiqué précédemment, la production de l'OCDE, bien qu'en hausse sur la période sauf en Europe, ne représente plus que 27 % à 30 % de la production mondiale, contre 36 % en 2011. La baisse de la production européenne devrait se poursuivre. La production britannique va poursuivre son déclin rapide et celle des Pays-Bas va entrer dans sa phase de déclin. L'apport de gaz norvégien deviendra essentiel pour assurer une part croissante de l'approvisionnement européen. Le pays devrait accroître substantiellement sa production grâce à la mise en production des nouvelles découvertes réalisées en Norvège septentrionale et dans l'Arctique.

La production de l'Amérique du Nord poursuit sa hausse grâce au gaz non conventionnel (cf. § 1.4.5). Le gaz de l'Alaska (champ de North Slope), trop éloigné des marchés, n'est pas développé à l'horizon 2035.

Dans les pays de l'OCDE asiatique, l'essentiel de l'augmentation de la production est dû au développement des gaz conventionnels et non conventionnels en Australie. Le pays compte en effet trois méga projets d'exportation de GNL basés sur les immenses ressources de gaz de houille (CBM) de l'est du pays. Le pays possède également d'abondantes ressources de gaz conventionnel et est train de développer de nouveaux champs afin d'alimenter la demande croissante en GNL des pays du bassin Pacifique.

1.4.4.3 Rôle toujours prépondérant de la CEI et du Moyen-Orient

La CEI et le Moyen-Orient (principalement Qatar et Iran) pourraient fournir environ la moitié de l'accroissement de la production mondiale de gaz naturel à l'horizon 2035. Au-delà de la poursuite du développement du gisement North Field/South Pars, il faut souligner qu'une majeure partie des gisements super-géants découverts dans ces deux régions ne sont pas encore en production ou seulement dans leur première phase de développement (North Pars en Iran). Les réservoirs du Khuff recèlent des quantités considérables de gaz non associés acides. Ainsi, la production de gaz non associé de l'Arabie Saoudite est appelée à se développer fortement, impliquant d'énormes moyens technologiques de traitement ainsi que des mesures particulières en matière de sécurité et de protection de l'environnement.

On observera également un déplacement des grands bassins de production à l'intérieur de la Russie et une montée en puissance des producteurs indépendants russes. En Sibérie occidentale, la montée en production du champ géant de Zapolyarnoe, considéré comme le dernier champ « facile », va permettre de compenser le déclin naturel de production des champs super-géants d'Ourengoï, Yambourg et Medvezhye, fournisseurs de l'Europe. Toutefois, la mise en production de nouveaux gisements dans la péninsule de Yamal, Bovanenkovo dès 2012, va devenir nécessaire pour compenser le déclin. Le développement du champ de Shtokman dans la mer de Barents est plus incertain suite au coût élevé de l'infrastructure nécessaire à sa production et son transport dans des conditions extrêmes. Par ailleurs, l'incertitude concernant la demande gazière européenne, a conduit Gazprom à revoir sa stratégie et se focaliser sur le développement des réserves immenses de la Sibérie orientale et de l'île de Sakhaline afin d'alimenter la demande croissante asiatique. Le champ géant de Kovykta en Sibérie orientale, dont les réserves sont estimées à 2 000 Gm^3, pourrait être développé par Gazprom qui l'a racheté en 2011, comme source d'approvisionnement des exportations de gaz vers la Chine et d'autres pays asiatiques. Plus au nord, le producteur indépendant Novatek prévoit le développement du champ de Tambei afin d'alimenter une usine de liquéfaction.

Compte tenu de leur fort potentiel gazier, les pays d'Asie centrale (Azerbaïdjan, Kazakhstan et Turkménistan) sont appelés à jouer un rôle majeur sur le marché international, soit par voie d'exportation directe, soit par transit *via* le réseau russe. C'est le cas en particulier du Turkménistan qui construit de nouvelles routes d'évacuation de son gaz vers le marché prometteur de la Chine et développe le champ super-géant de South Yolotan.

1.4.4.4 Montée en puissance de la Chine et de l'Inde

La Chine devrait connaître un développement spectaculaire de sa production gazière : un triplement d'ici 2035, principalement basé sur le développement du gaz non conventionnel (gaz de schiste et CBM). L'Inde devrait également augmenter fortement sa production de gaz, grâce également aux gaz non conventionnels (pour ces deux pays, cf. § 1.5.2).

1.4.4.5 Arrivée de nouveaux producteurs/nouvelles zones de production

Le tiers du volume produit proviendrait de gisements situés dans des pays aujourd'hui pas ou peu producteurs mais dont le niveau de ressources potentiellement disponibles est élevé. Parmi ces nouvelles zones, l'Afrique apparaît comme une zone très prometteuse. Les découvertes réalisées en Afrique de l'Est au large du Mozambique et de la Tanzanie devraient permettre à ces pays de développer leur consommation locale et même les exportations de GNL. Le Golfe de Guinée apparaît également comme une nouvelle province gazière avec des champs de taille toutefois plus modeste. On devrait également observer une meilleure valorisation du gaz associé à destination d'usines de liquéfaction (Angola, Guinée Équatoriale, Nigeria).

L'offshore brésilien apparaît également comme une nouvelle zone importante de production grâce aux découvertes de pétrole et de gaz naturel dans le bassin de Santos situées sous d'épaisses couches de sel. Une grande partie de ce gaz naturel se trouve loin des côtes, et en raison du manque d'infrastructures, la production de gaz naturel associé pourrait tout d'abord être réinjectée. À plus long terme, la production pourrait être transportée par pipeline vers la côte ou sous forme de GNL, avec une usine de liquéfaction en mer à partir de laquelle le GNL pourrait être transporté vers les terminaux de regazéification existants sur la côte du pays.

Autre zone prometteuse, le bassin du Levant en mer Méditerranée, va permettre à Israël de devenir autosuffisant et même exportateur de gaz. Les deux plus gros champs du bassin, Tamar et Levathian, au large d'Israël, devraient être mis en production au cours de cette décennie, tout comme le champ d'Aphrodite au large de Chypre. Plusieurs options sont à l'étude pour l'évacuation du gaz, gazoduc et GNL. Ces développements restent toutefois sensibles à la géopolitique de la région et ont réactivé les disputes concernant les frontières maritimes entre les différents États concernés.

1.4.4.6 Incertitude sur les développements en Arctique

Le développement des ressources colossales de l'Arctique pourrait être retardé, et dans certains cas abandonné, suite au développement des gaz non conventionnels. Sa part dans la production mondiale pourrait ainsi décliner [Lindholt Lars *et al.*, 2012]. Ce recul s'explique tout d'abord par l'essor des gaz non conventionnels et par le développement de la production de gaz conventionnel au Moyen-Orient, deux sources bien moins onéreuses à exploiter que le gaz de l'Arctique. Les conditions extrêmes, les risques environnementaux et l'éloignement des gisements par rapport aux zones de consommation rendent extrêmement difficile la mise en production des gisements de l'Arctique. Ces difficultés sont illustrées par le gel du projet de développement du champ de Shtokman, dans les eaux russes de la mer de Barents, près de vingt-cinq ans après sa découverte. Gazprom et ses partenaires, Total et Statoil n'ont pas réussi à trouver un accord qui permettrait de développer de manière viable ce gisement possédant des réserves de $3,8\ Tm^3$ de gaz. De même, en Alaska, le développement du champ de North Slope ne devrait pas intervenir à l'horizon 2035, suite à son coût et son éloignement par rapport aux marchés, qui rendent le développement des gaz non conventionnels plus attractif. Il en est de même pour le développement des ressources du delta de Mackenzie au Canada, fortement tributaire de la construction du pipeline Mackenzie Valley, permettant l'évacuation du gaz vers l'Alberta.

L'exception est la Norvège, où le développement du champ de Snovhit en mer de Barents devrait permettre d'accroître la production arctique de gaz. Par ailleurs, la signature d'un traité entre la Russie et la Norvège sur le tracé des frontières sur une zone de $175\ 000\ km^2$ en mer de Barents devrait également favoriser l'exploration de nouvelles zones. En juin 2011, le gouvernement norvégien a lancé un appel d'offres pour l'attribution de 12 permis dans l'offshore profond de la mer de Norvège et 12 autres permis en mer de Barents. L'exploration au large du Groënland est également poursuivie activement par Statoil, Shell, ExxonMobil et Chevron.

1.5 LA PRODUCTION DE GAZ NON CONVENTIONNEL

1.5.1 Développement dans le monde

L'exploitation des gaz non conventionnels va s'étendre à un nombre de pays de plus en plus important, modifiant la scène internationale gazière. La répartition des ressources de gaz non conventionnels est en effet beaucoup plus favorable que celle des gaz conventionnels. Toutefois, cette évolution sera progressive, le potentiel de gaz de schiste en dehors de l'Amérique du Nord est encore à certifier.

Les récents progrès technologiques et l'exemple américain ont suscité un regain d'intérêt pour les gaz non conventionnels. L'Argentine, la Chine, le Canada, et l'Australie ont également commencé à produire des gaz non conventionnels. Et l'exploration est en cours dans de nombreux autres pays, en particulier en Pologne, où les ressources seraient considérables. Les gaz non conventionnels sont donc amenés à jouer un rôle croissant dans l'offre gazière mondiale, à condition, toutefois, de pouvoir être exploités dans des conditions environnementales acceptables.

Ainsi, alors que la production de gaz non conventionnel est actuellement un phénomène nord-américain, elle devrait s'étendre à un plus grand nombre de pays. Selon l'AIE [AIE, 2012c], elle pourrait atteindre plus de 1 600 Gm^3 en 2035 et contribuer à hauteur de 32 % à la production mondiale de gaz à cet horizon (Figure 1.14). Les gaz non conventionnels représenteraient les deux tiers de l'accroissement de la production mondiale prévue sur la période 2010-2035. L'AIE a également développé un scénario moins favorable, tenant compte des entraves au développement des gaz de schiste (*Low unconventionnal case*) qui aboutit à une production beaucoup plus modeste : 550 Gm^3 en 2035 [AIE, 2012c].

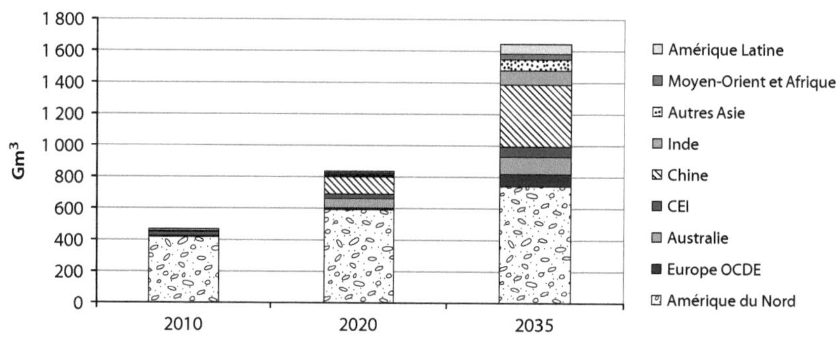

Figure 1.14

Production de gaz non conventionnel, *GAS Scenario*.
Source : AIE, 2012c

Ces larges différences traduisent toute la difficulté de prévoir aujourd'hui la production en dehors des États-Unis et la possibilité – ou non – de dupliquer l'expérience américaine à d'autres pays. Les principales incertitudes portent sur l'acceptabilité des méthodes de production (cf. Chapitre 2) et sur les conditions économiques qui risquent dans de nombreux pays d'être moins favorables qu'aux États-Unis. En Europe, la densité de population au km^2 est beaucoup plus élevée qu'aux États-Unis, rendant plus difficile l'exploitation des larges surfaces nécessaires à la production de gaz de schiste. La géologie en dehors des États-Unis est souvent moins propice à l'exploitation du gaz de schiste, avec des roches-mères plus profondes (Pologne) ou plus sismiques (Chine). Le réseau de transport aux États-Unis est le plus dense au monde, facilitant l'évacuation du gaz de schiste. Ce n'est pas le cas dans un certain nombre de bassins recelant d'importantes ressources, mais éloignés du réseau de transport. Enfin, aux États-Unis, l'industrie de service pétrolier est très dynamique, suite à la culture pétrolière développée du pays. Ceci permet une disponibilité élevée des appareils de forage. Ce n'est pas le cas dans la plupart des pays potentiellement producteurs.

Le coût de production des gaz de schiste est particulièrement bas aux États-Unis, grâce à cet ensemble de facteurs favorables. Le coût de production estimé pour les autres pays serait environ du double.

Toutefois, si cette industrie se développe, elle est susceptible de modifier la scène gazière internationale avec un repositionnement des pays importateurs. Les premiers effets de cette révolution sont déjà visibles aux États-Unis et sur le marché international du GNL. À terme, ils pourraient être beaucoup plus restructurants vue la localisation des ressources de gaz non conventionnels par rapport à celle de gaz conventionnels.

1.5.2　Production par pays

Aux États-Unis, la production de gaz non conventionnels, principalement gaz de schiste, pourrait atteindre 600 Gm^3 à l'horizon 2035, dont près de 400 Gm^3 pour les gaz de schiste (Figure 1.15), [EIA, 2012].

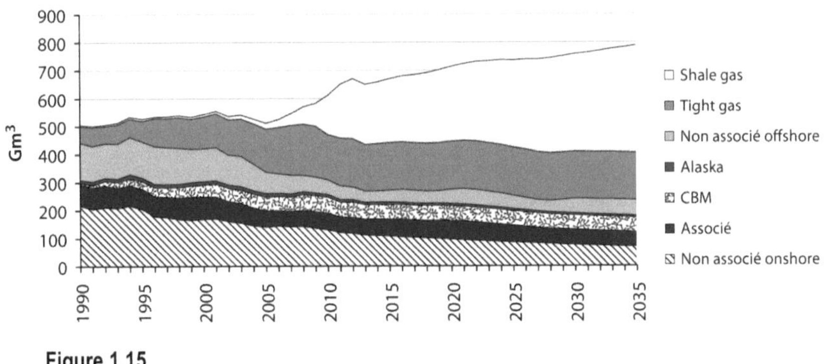

Figure 1.15

Production de gaz à l'horizon 2035 aux États-Unis par type de gaz.
Source : EIA, 2012

Comme indiqué, le pays présente des facteurs très favorables à l'exploitation des gaz non conventionnels. La production de gaz de schiste rencontre toutefois une opposition publique dans certains États. Le débat est focalisé sur les risques de pollution de l'eau, les additifs chimiques, etc. Toutefois, les retombées de l'essor des gaz de schiste sont telles (baisse des prix du gaz et donc de la facture des consommateurs, compétitivité et réindustrialisation du pays, indépendance gazière limitant la facture énergétique du pays et contribuant au redressement du déficit commercial) que l'opposition est relativement limitée. Les réglementations évoluent afin de permettre une exploitation durable et responsable des gaz : en 2012, l'EPA a introduit une nouvelle réglementation sur la qualité de l'air visant directement la production de gaz de schiste, l'objectif étant de réduire les émissions de CH_4 et de CO_2 du secteur (cf. Chapitre 11). De nombreux États ont rendu obligatoire le retraitement des eaux avant leur déversement dans les cours d'eau avoisinants. Ces nouvelles réglementations, qui seront vraisemblablement complétées par d'autres sur les additifs, la qualité de l'eau, etc, devraient permettre aux gaz de schiste américain de continuer leur essor.

Le Canada est le deuxième producteur de gaz non conventionnels, avec une forte production de tight gas (50 Gm^3 en 2011). Le potentiel de gaz non conventionnel est moins important qu'aux États-Unis, mais il est stratégique pour le pays puisque 80 % des ressources gazières sont constituées de gaz non conventionnel (principalement gaz de schiste). Toutefois, l'opposition publique a entravé le développement des ressources du Québec et une étude environnementale est en cours avant tout développement dans cette province. L'AIE [AIE, 2012c] prévoit une production de 120 Gm^3 de gaz non conventionnel en 2035. Ce développement permettrait ainsi de compenser le déclin de la production de gaz conventionnel.

En Australie, les gaz non conventionnels sont appelés à se développer fortement : c'est notamment sur des réserves de gaz de houille que s'appuient les trois projets d'exportation de GNL du Queensland (cf. Chapitre 11). L'Australie, premier exportateur mondial de charbon, dispose en effet d'importantes réserves de CBM (930 Gm3 fin 2011). L'Australie dispose également de ressources de gaz de schiste importantes (11 000 Gm^3) que le pays est en train d'évaluer. L'AIE prévoit une production de gaz non conventionnel de 110 Gm^3 en 2035.

Concernant l'Europe, des études préliminaires ont montré la présence potentielle de gaz de schiste en Allemagne, en France, au Royaume-Uni, en Pologne, et en Turquie. Plusieurs permis d'exploration ont été accordés, particulièrement en Pologne. Une cartographie détaillée des ressources européennes en gaz de schiste, en préparation actuellement, devrait permettre une connaissance beaucoup plus fine des ressources. Le développement des gaz de schiste en Europe est néanmoins encore embryonnaire, seuls quelques forages d'exploration ont été effectués en Pologne, en Allemagne, au Royaume-Uni et en Suède. L'impact environnemental de l'exploitation des gaz non conventionnels reste un point de vigilance et de débat. Un moratoire sur l'exploration et la production des gaz de schiste par fracturation hydraulique a été décidé en France et en Bulgarie.

Les efforts sont concentrés actuellement sur la Pologne. De nombreuses compagnies internationales et nationales évaluent activement les ressources de gaz de schiste. L'opposition publique y est moins marquée que dans le reste de l'Europe du fait du niveau élevé de dépendance aux importations de gaz russe. Une production importante permettrait au pays de réduire cette dépendance. Mais les ressources sont encore incertaines. Alors que l'EIA les évalue à 5 300 Gm^3, les évaluations polonaises avancent des ressources beaucoup plus basses : 346 à 768 Gm^3. Les travaux d'exploration en cours permettront de mieux évaluer le potentiel réel. L'AIE prévoit une production de 30 Gm^3 en 2035.

Les ressources, estimées à 5 100 Gm^3, placent la France au deuxième rang européen. Elles sont situées dans le bassin parisien et le sud-ouest du pays. Malgré ce potentiel important, l'opposition publique au développement des gaz de schiste, a conduit à l'interdiction de l'exploration et de la production de gaz de schiste avec la technologie de fracturation hydraulique. Il est difficile d'estimer si et quand cette position sera revue. L'AIE prévoit une production potentielle de 8 Gm^3 en 2035.

La Chine est le premier détenteur de gaz non conventionnel. Son potentiel est estimé à 50 000 Gm^3, principalement du gaz de schiste (36 Tm^3) et du CBM (9 Tm^3), alors que ses réserves de gaz conventionnel ne sont que de 3,1 Tm^3. Les deux principaux bassins sont ceux de Tarim au nord-ouest du pays et le bassin d'Ordos au centre. Vue l'importance des ressources, le gouvernement chinois encourage son développement. Selon le 12e plan quinquennal, la production de gaz de schiste pourrait atteindre 60 à 100 Gm^3 d'ici 2020. L'évaluation de ce potentiel est en cours : le gouvernement chinois a octroyé des licences d'exploration à plusieurs compagnies chinoises et étrangères et quelques puits ont été forés. Les compagnies chinoises investissent également dans les gaz de schiste américains afin de maîtriser la technologie. Le facteur limitatif de la production des gaz de schiste en Chine pourrait être les besoins importants en eau nécessaires à la production (en particulier pour le bassin de Tarim). De même, la Chine est un petit producteur de CBM et pourrait développer ce potentiel, qui jusqu'à présent n'a pas fourni les résultats escomptés. L'AIE prévoit une production de près de 400 Gm^3 en 2035. Ce niveau aurait des répercussions importantes sur la scène gazière internationale. À l'instar des États-Unis, la Chine limiterait ses importations au minimum contractuel, privant les exportateurs (australiens et russes en particulier) d'un débouché très prometteur jusqu'à présent. Les prix internationaux du gaz, bien qu'en augmentation, seraient moins élevés dans un tel scénario. La Chine serait susceptible de réduire ses importations de pétrole en développant le GNV (il y a déjà 1 million de véhicules au gaz naturel dans le pays) et celles de charbon (en substituant le charbon par du gaz dans les centrales thermiques). Cette hypothèse est encore spéculative, vu le degré d'incertitude sur le développement des gaz de schiste dans le pays. Mais il mérite d'être attentivement suivi au cours des prochaines années.

L'Inde produit déjà du CBM et s'intéresse de près au gaz de schiste. L'évaluation des ressources a commencé dans le pays où plusieurs puits ont été forés. Les premiers résultats semblent positifs. Toutefois le potentiel de gaz de schiste est très mal connu. L'AIE prévoit une production de 89 Gm^3 en 2035.

En Amérique Latine, l'Argentine est le pays le plus prometteur, avec des ressources de 19 000 Gm^3. La compagnie nationale YPF a récemment annoncé des découvertes majeures de gaz de schiste dans la province de Mendoza et de nombreuses compagnies internationales sont en train d'évaluer le potentiel du pays. L'AIE prévoit une production de 35 Gm^3 en 2035.

1.5.3 L'investissement nécessaire

L'investissement requis pour le développement des gaz conventionnels et non conventionnels est colossal : l'AIE l'estime à 6 900 milliards de dollars ($ 2010) sur la période 2012-2035, dont 2 800 milliards pour les gaz non conventionnels [AIE, 2012c, Gas Scenario]. Une part croissante sera destinée à la production de gaz non conventionnel au fur et à mesure que les zones traditionnelles arrivent à maturité : environ 36 % de l'investissement sur la période 2012-2020, puis 44 % après 2020. La majeure partie de l'investissement dans les gaz non conventionnels est réalisée par les pays actuellement importateurs nets de gaz (États-Unis, Chine, Europe, Inde). Sur la période, les États-Unis investissent plus du double que tous les autres pays dans l'exploitation des gaz non conventionnels, afin de maintenir leur production. Les pays exportateurs continuent d'investir massivement dans le développement des gaz conventionnels, à la fois pour compenser le déclin naturel de la production des champs et développer les champs de l'extrême (gaz acides, offshore très profond, Arctique).

1.6 CONCLUSION

L'abondance de ses réserves et ressources est un atout pour le gaz naturel et permet d'assurer la progression de cette énergie dans le bilan énergétique mondial. La progression du gaz dans le monde ne sera donc pas freinée par la limitation de ses réserves. La contrainte prédominante dans le développement du gaz naturel conventionnel proviendra des investissements à consentir pour produire et transporter le gaz, dans des zones toujours plus difficiles et éloignées des marchés. Le gaz non conventionnel pourrait changer cette donne. Les ressources de gaz de schiste plus particulièrement sont abondantes et surtout mieux distribuées que celles de gaz conventionnel. Leur développement permettrait aux pays importateurs de gaz et disposant de cette ressource de devenir auto-suffisants, voire exportateurs. La révolution des gaz de schiste aux États-Unis illustre les retombées possibles de ce développement : baisse des prix du gaz, compétitivité et réindustrialisation, indépendance gazière, exportations de gaz. Aujourd'hui, le potentiel des gaz de schiste en dehors de l'Amérique du Nord reste encore mal connu. Les forages en cours dans un nombre grandissant de pays permettront de mieux l'évaluer. Le respect de règles d'exploitation très strictes et l'application des meilleures techniques disponibles permettent une production durable et soutenable.

BIBLIOGRAPHIE

AIE (Agence Internationale De L'Énergie) (2012a) *Natural Gas Information 2012*, OCDE/AIE, Paris. www.iea.org

AIE (2012b) *Medium-Term Gas Market Report 2012*, OCDE/AIE, Paris.

AIE (2012c) *Golden Rules for a Golden Age of Gas*, OCDE/AIE, Paris.

AIE (2011a) *World Energy Outlook 2011*, OCDE/AIE, Paris.

AIE (2011b) *Are we Entering a Golden Age of Gas ?*, OCDE/AIE, Paris.

AIE (2009) *World Energy Outlook 2009*, OCDE/AIE, Paris.

BP (2012) *Statistical Review of World Energy*, BP, Juin 2012. www.bp.com

BGR (Bundesanstalt Für Geowissenschaften Und Rohstoffe) (2012) *Annual Report Reserves, Resources and Availability of Energy Resources 2011*, DERA Rohstoffinformationen, Hannovre, Février. www.bgr.bund.de

BREE (Bureau of Resources and Energy Economics, Australian Government) (2012) *Gas Market Report 2012*, BREE, Canberra, Mai. www.bree.gov.au

Bros Thierry (2012) *After the US Shale Gas Revolution*, Éditions Technip, Paris.

CEDIGAZ (2012) *Natural Gas in the World, 2012 Edition*, Centre International D'Information Sur Le Gaz Naturel, Rueil-Malmaison, Octobre. www.cedigaz.org

Deutsche Bank (2011) *European Gas : A First Look At EU Shale-Gas Prospect*s, Deutsche Bank, 20 Octobre.

DOE/EIA (Department of Energy/Energy Information Administration) (2012) *Annual Energy Outlook 2012*, US DOE/EIA, Washington DC. www.eia.gov

DOE/EIA (US Department of Energy/Energy Information Administration) (2011) World Shale Gas Resources : An Initial Assessment of 14 Regions Outside the United States, US DOE/EIA, Washington, DC.

Lecarpentier Armelle (2012) *Perspectives à court terme de l'industrie gazière*, Panorama 2012, IFPEN, janvier. www.ifpenergiesnouvelles.fr

Lindholt Lars, Glomsrøda Solveig (2012) *The Arctic : No Big Bonanza for the Global Petroleum Industry*, Energy Economics 34 (2012), p. 1465-1474.

Sandrea R (2006) *Global Natural Gas Reserves – A Heuristic Viewpoint*, Middle East Economic Survey, Vol. 49 - n° 11, March 13.

Serbutoviez S (2012) *Les hydrocarbures offshore*, Panorama IFPEN 2012, Rueil-Malmaison.

Stevens P (2012) *The "Shale Gas Revolution" : Developments and Changes*, Chatham House Report, London. www.chathamhouse.org.uk

TOTAL (2011) *Offshore Profond*, Collection Savoir-Faire, TOTAL, Paris, Novembre. www.total.com

TOTAL (2010) *L'exploration Production en conditions de froid extrême*, TOTAL, Paris, décembre.

TOTAL (2007a) *Gaz acides : une expertise historique*, Collection Savoir-Faire, TOTAL, Paris.

TOTAL (2007b) *Réservoirs très enfouis*, Collection Savoir-Faire, TOTAL, Paris.

UIG (Union Internationale Du Gaz) (2012) *Shale Gas. The Facts about the Environmental Concerns*, IGU. www.igu.org

UIG (Union Internationale Du Gaz) (2010) *Natural Gas Unlocking the Low Carbon Future*, IGU, Septembre.

USGS (US Geological Survey) (2008) *USGS Circum-Arctic Resource Appraisal*, U.S. Department of the Interior, USGS, Reston, VA. www.usgs.gov

Valais M (1990) *Natural Gas and Crude Oil Parallel Outlooks or Complementary Destinies*, 17th International Energy Conference on the Oil-Gas Relationship, Boulder, Co, May 1-3, p. 105-115.

Vially Roland (2012) *Les hydrocarbures non conventionnels : évolution ou révolution ?* IFPEN Panorama 2012, Rueil-Malmaison.

WEC (World Energy Council) (2012) *Survey of Energy Resources : Shale Gas – What'S New*, London. www.worldenergy.org

WEC (2010) *2010 Survey of Energy Resources*, WEC, London.

2 | Le gaz non conventionnel

2.1 INTRODUCTION

Le gaz non conventionnel a pris une grande importance au cours des récentes années. Il existe quatre sources principales de gaz non conventionnels [Boyer *et al.*, 2007] :

- gisements de faible perméabilité (*tight gas*) ;
- gaz de schiste (*shale gas*) ;
- gaz de houille (*Coal Bed Methane-CBM*) ;
- hydrates.

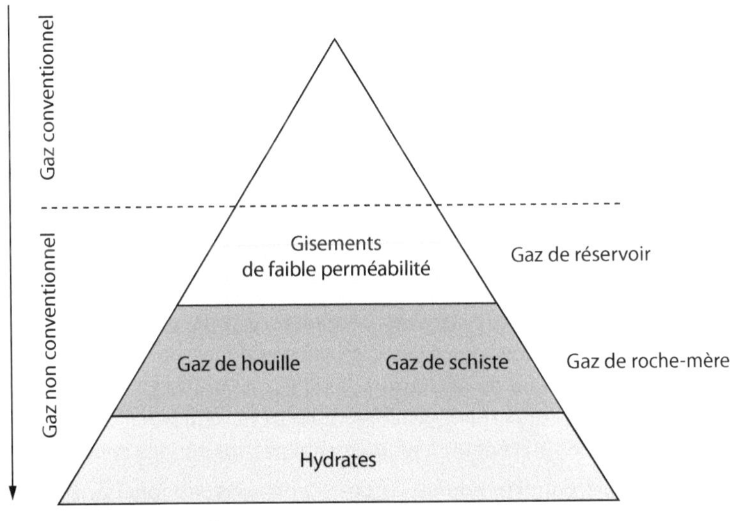

Figure 2.1

Les différents types de gaz non conventionnel.

Ces quatre catégories de gaz non conventionnels peuvent être représentées sur un diagramme tel que celui qui est représenté sur la figure 2.1. Au fur et à mesure que l'on va du sommet vers la base du triangle représenté sur la figure 2.1, on augmente les ressources disponibles, mais on se heurte à des difficultés croissantes de production, une fraction de plus en plus faible de la quantité de gaz en place pouvant être exploitée dans les conditions techniques et, *a fortiori*, économiques actuelles.

Les gisements de faible perméabilité sont très comparables aux gisements de gaz conventionnel. En particulier, les techniques d'exploration utilisées pour les rechercher sont les mêmes que dans le cas des gisements de gaz conventionnel. Les techniques de production doivent par contre être adaptées pour tenir compte de la faible perméabilité des gisements. On utilise des techniques de fracturation hydraulique destinées à augmenter la perméabilité de la roche-réservoir et des techniques de forage horizontal pour améliorer le drainage des gisements.

Les gaz non conventionnels constituent une véritable révolution dans le monde du gaz naturel, du fait du développement spectaculaire de la production de gaz de houille et de gaz de schiste, comme cela a été signalé dans le chapitre 1. Le réservoir poreux contenant le gaz naturel est dans ce cas de nature différente de celui qui contient un gaz conventionnel. Il s'agit, dans le cas du gaz de schiste, de la roche-mère au sein de laquelle s'est formé le gaz naturel, qui n'a pas migré vers une roche-réservoir. Dans le cas du gaz de houille, le gaz s'est formé en même temps que la houille et n'a pas non plus migré. Dans ces deux cas, les méthodes utilisées pour identifier ces gisements et les exploiter diffèrent de celles qui sont employées pour les gisements de gaz conventionnel.

Dans le cas des hydrates, des quantités très importantes de gaz naturel se trouvent piégées dans une phase solide formée par des molécules d'eau formant des « cages » qui enferment des molécules de méthane. Les propriétés des hydrates de gaz naturel sont présentées de manière plus détaillée dans le chapitre 7. La formation d'hydrates est favorisée par des températures basses et des pressions élevées. On en trouve dans les régions à permafrost du nord du Canada et de la Sibérie, ainsi qu'au fond des océans.

Il existe également d'autres sources de gaz non conventionnel. Il s'agit notamment du gaz très profond (> 6 000 m), de gisements géopressurisés, de gaz dissout dans des aquifères profonds, de gaz contenu dans des roches métamorphiques ou magmatiques fissurées, de gaz de fermentation provenant de décharges ou de gaz de tourbe. Toutefois, compte tenu des difficultés d'exploitation concernant de telles ressources, seules les quatre catégories de gaz non conventionnel, citées précédemment, concentrent l'intérêt des acteurs gaziers.

Enfin, il existe une dernière source de gaz « non conventionnel ». Il s'agit du méthane produit à partir de biomasse par fermentation (biogaz) ou éventuellement par synthèse (Bio-SNG pour *Synthetic Natural Gas* en anglais). Le méthane est alors produit dans des réacteurs. Moyennant certaines précautions et après traitement, il peut être utilisé dans un réseau de distribution de gaz naturel, et peut donc être considéré comme un type particulier de gaz « non-conventionnel ».

Différentes études ont été publiées concernant les ressources en gaz non conventionnel, notamment par Kuuskraa et Stevens (2009), Rogner (1997) et Nederlof (1988).

Le tableau 2.1 présente les ressources globales en gaz non conventionnel (hors hydrates) techniquement récupérables selon l'AIE à fin 2011 [AIE, 2012]. Elles sont chiffrées à 331 Tm^3. Ce chiffre est à comparer aux réserves prouvées, qui sont actuellement estimées à 200 Tm^3 [CEDIGAZ, 2012] et aux ressources conventionnelles techniquement récupérables (421 Tm^3). Les ressources globales de gaz en place ont été chiffrées à 921 Tm^3 [Perry et Lee, 2007]. Toutefois, il s'agit là d'une estimation globale qui doit être considérée avec prudence en raison de toutes les incertitudes qui pèsent sur de telles estimations.

La quantité totale de gaz naturel stockée sous forme d'hydrates a été estimée à 10^5 Tcf, soit environ 2 800 Tm^3 [Boswell et Colett, 2011]. Sur ce total, la quantité de gaz présente sous une forme suffisamment dense pour être potentiellement exploitable a été estimée à 10 % de ce total, soit 280 Tm^3. La plus grande partie de ce gaz serait contenue dans les hydrates de sédiments océaniques, 1 % environ dans les hydrates associés au permafrost. Il faut noter toutefois les très grandes incertitudes concernant la quantité totale de gaz en place et les incertitudes encore plus grandes concernant le gaz « techniquement récupérable ».

Les quantités de gaz non conventionnel stockées sous d'autres formes sont encore mal connues. C'est en particulier le cas du gaz très profond, en raison de la difficulté d'effectuer des forages à des profondeurs dépassant 6 000 m. Aux grandes profondeurs, les températures sont trop élevées pour permettre la présence d'hydrocarbures liquides et les seuls hydrocarbures potentiellement présents sont sous forme de gaz naturel. La présence dans les couches profondes de la croûte terrestre d'importantes quantités de méthane, qui ne serait pas d'origine organique, a été envisagée par différents auteurs [Gold, 1985]. Cette théorie n'est pas retenue par la plus grande partie de la communauté scientifique [Glasby, 2006]. Toutefois, comme cela a été indiqué, on n'a pas pu jusqu'à présent étudier une éventuelle présence de gaz très profond.

Tableau 2.1. Ressources en gaz non conventionnel techniquement récupérables (Tm^3)

	« Tight gas »	**« Shale gas »**	**CBM**
Europe de l'Est/ex-URSS	10	12	20
Moyen-Orient	8	14	–
Asie/Pacifique	20	57	16
Amérique du Nord	12	56	9
Afrique	7	30	0
Amérique latine	15	33	–
Europe de l'Ouest	3	16	2
Monde	**76**	**208**	**47**

Source : AIE, 2012

2.2 GISEMENTS DE GAZ DE FAIBLE PERMÉABILITÉ

2.2.1 Réservoirs gréseux

D'importantes quantités de gaz naturel existent dans des **réservoirs gréseux** « très peu perméables » (*tight sandstones*), caractérisés par une perméabilité inférieure à 30 µD et une faible porosité (7 à 12 %). On considère généralement qu'au-dessous de 0,1 millidarcy de perméabilité, la formation est « compacte ». La saturation en gaz dans le milieu poreux est en général de l'ordre de 50 % au lieu d'environ 80 % dans les gisements habituels. La combinaison de ces différents facteurs conduit à une productivité faible des puits. Un cas de figure similaire se rencontre lorsque la pression dans le gisement est relativement basse (3 à 4 MPa), la perméabilité se situant dans la gamme de 30 à 100 µD.

Une faible perméabilité peut être liée notamment à deux facteurs différents :

– la composition minéralogique du milieu poreux : ainsi la présence d'un mélange d'argiles et de sédiments fins conduit à la formation d'un milieu dense et peu poreux ;

– la profondeur du gisement qui entraîne un compactage du milieu poreux.

Sur la figure 2.2, l'évolution de la perméabilité et de la porosité est représentée en fonction de la profondeur [Kuuskraa et Meyers, 1983].

Cette évolution peut varier considérablement selon la nature du milieu poreux et dans ces conditions, le diagramme de la figure 2.2 ne peut représenter que des tendances générales.

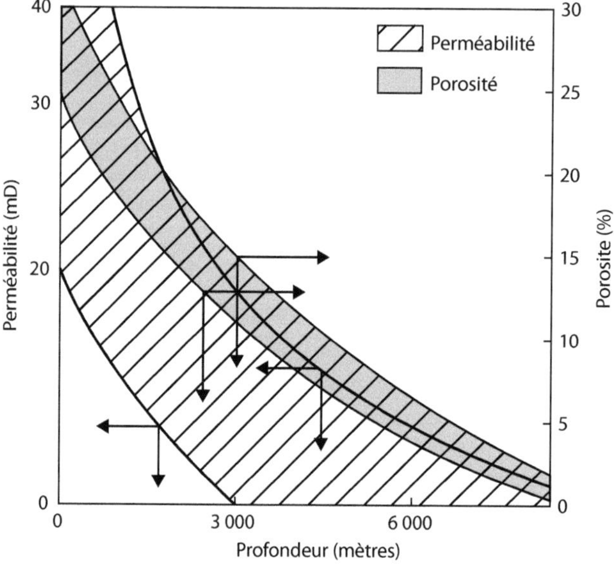

Figure 2.2

Évolution de la perméabilité et de la porosité avec la profondeur.
Source : Kuuskraa et Meyers, 1983

La stabilité du méthane dans les conditions de température et de pression qu'implique une très grande profondeur a été étudiée par Takach *et al.* (1987). Il en est arrivé à la conclusion que le méthane reste stable jusqu'à une profondeur d'au moins douze kilomètres, mais qu'en présence de carbonates et d'eau, la teneur en dioxyde de carbone risque d'augmenter.

2.2.2 Répartition géographique

Les principaux gisements de *tight gas* ont été recensés aux États-Unis et au Canada. Les réservoirs étant de même nature que dans le cas du gaz conventionnel, les méthodes d'exploration utilisées sont les mêmes [Weymuller, 2010].

Aux États-Unis, un vaste ensemble de tels gisements se situe dans une ceinture allant du sud-ouest du Nouveau Mexique, au nord des États-Unis en passant par les Montagnes Rocheuses.

Cette ceinture comporte 18 bassins de gaz profond à faible perméabilité représentant une surface de 65 000 km^2. En outre, il existe une vaste zone occupant 300 000 km^2 où se situent des gisements de faible perméabilité disposés en couches peu profondes.

Aux États-Unis, la production de gaz à partir de gisements de faible perméabilité a atteint en 2011 environ 170 Gm^3 pour une production totale de gaz non conventionnel de 415 Gm^3, qui a représenté 64 % de la production totale de gaz naturel [AIE, 2012].

Au Canada, il existe un gisement profond et très peu perméable dans l'Alberta, appelé Deep Basin, s'étendant sur 52 000 km^2. Il semble que dans ce cas, le gaz n'a pas pu être déplacé par l'eau en raison du faible diamètre des pores et de la pression capillaire résultante. Un autre bassin important est celui de Medecine Hat.

Des quantités significatives de gaz naturel pourraient être piégées dans des gisements de même nature en dehors de l'Amérique du Nord.

Dans certains pays européens, où il existe un marché important pour le gaz naturel et des réserves limitées, l'exploitation de ces ressources peut être envisagée. De tels gisements pourraient être localisés dans les bancs gréseux associés aux bassins houillers du Carbonifère en Allemagne, Hollande et Grande-Bretagne. En dehors de l'Europe, le même type de configuration se présente en Chine continentale [Nederlof, 1988].

Des gisements de gaz à faible perméabilité existent également en Russie (notamment dans les régions de Tyumen et Orenbourg).

2.2.3 Exploitation

L'exploitation des gisements de faible perméabilité nécessite la mise en œuvre de techniques relativement complexes et coûteuses. La profondeur de certains gisements représente également une difficulté et augmente le coût des opérations de forage.

La principale solution employée pour améliorer la productivité consiste à réaliser une **fracturation hydraulique**. La fracturation hydraulique permet de fissurer le milieu poreux et d'augmenter la productivité des puits qui communiquent avec les fissures ainsi créées.

Une autre technique prometteuse pour améliorer la productivité des puits est le **forage horizontal**. Il permet en effet d'augmenter de manière importante la longueur de drainage et de multiplier ainsi la production du puits par un facteur pouvant aller dans les cas favorables jusqu'à 4 ou 5 (cf. Chapitre 6).

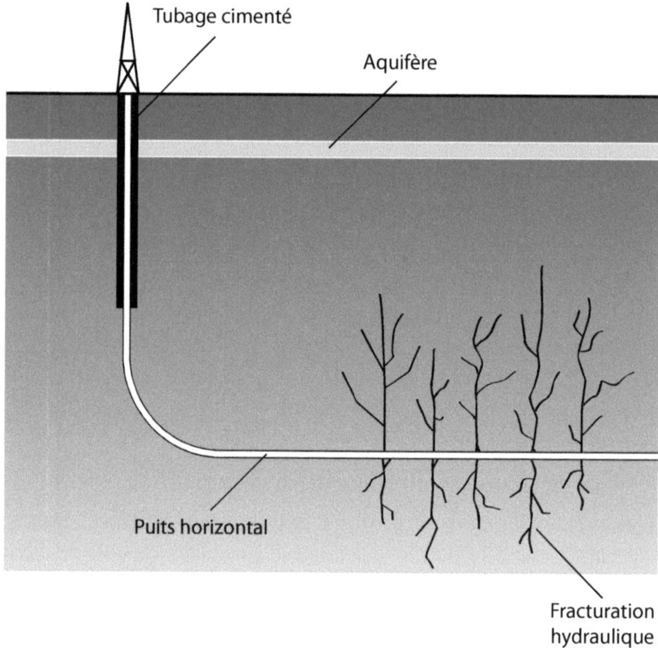

Figure 2.3

Drainage par puits horizontal, avec fracturation hydraulique.

La fracturation hydraulique est réalisée en injectant un fluide hydraulique à haute pression (Figure 2.3). La fracture, une fois formée, tend à se propager dans la roche [Fjaer, 2008]. Le fluide hydraulique utilisé, formé par une phase aqueuse, contient des particules solides en suspension, qui se bloquent dans les fractures et les empêchent de se refermer. Ces particules, désignées par le terme anglais de « *proppants* », sont formées de sable fin ou de grains de céramiques frittées, très résistants à la pression. Pour les maintenir en suspension, on ajoute dans le fluide hydraulique un agent gélifiant. Un autre additif, oxydant ou enzyme, est ajouté, pour casser le gel, après fracturation et éviter d'entraîner les particules qui se sont logées dans les fissures. Des agents antifriction à base de polymères, ainsi que d'autres additifs sont ajoutés pour optimiser les propriétés du fluide hydraulique. On réalise de 5 à 10 fracturations par puits, parfois plus (jusqu'à 15).

2.3　GAZ DE SCHISTE

2.3.1　Réservoirs de roche-mère

Le « gaz de schiste » ou *shale gas* en anglais, est contenu dans une roche sédimentaire de nature principalement argileuse, formant une roche-mère. Des teneurs relativement élevées en matière organique présentes à l'origine, ont conduit à la formation de gaz naturel contenu dans les fissures naturelles de la roche. En général, la roche contient également du quartz et des carbonates. Le terme de « schiste » pour la désigner est donc approximatif [Weymuller, 2010].

À la différence du gaz naturel conventionnel qui a migré vers des roches-réservoirs (cf. Chapitre 3), le gaz de schiste est resté dans la roche-mère. La couche argileuse assure par son imperméabilité une étanchéité suffisante pour piéger le gaz et la présence d'une couche de couverture étanche n'est pas nécessaire pour maintenir le gaz en place. L'épaisseur de la couche varie selon les bassins de quelques dizaines à quelques centaines de mètres. Contrairement aux gisements de gaz conventionnel qui se présentent sous forme d'accumulations relativement concentrées, l'extension géographique de la couche contenant le gaz de schiste est en général très importante. Le potentiel gazier peut varier sensiblement d'un point à un autre. Le potentiel gazier est lié à la teneur en matière organique de la roche, qui est mesurée par le « contenu carbone » (*Total Organic Carbon* ou TOC en anglais). On s'intéresse à des couches pour lesquelles le TOC est compris entre 2 et 5 %. Il peut être parfois plus élevé et atteindre 10 %. Pour disposer de bonnes conditions de productivité, il est important de repérer les zones les plus favorables, qualifiées de « *sweet spots* » en anglais [Weymuller, 2010].

Il existe aux États-Unis au moins 21 bassins de « gaz de schiste » [Andrews *et al.*, 2009]. Le premier bassin à avoir été exploité avec succès se situe dans le sud-est au Texas (*Barnett Shale*). Dans le nord-est, un autre bassin, celui de Marcellus, dans le Dévonien, s'est avéré très prometteur. Le bassin s'étend sur une superficie considérable, notamment en Virginie et en Pennsylvanie. Il pourrait représenter un potentiel de 12 Tcf (340 Gm^3). Toutefois, une partie seulement du gaz serait récupérable dans des conditions économiquement acceptables.

D'autres bassins se situent selon un arc à l'ouest des États-Unis, le long des Rocheuses.

Le premier forage ayant produit du gaz naturel aux États-Unis a été réalisé en 1821 dans une formation schisteuse. En 2011, la production de gaz de schiste aux États-Unis a été de 193 Gm^3 [EIA, 2012]. La production de gaz non conventionnel, et en particulier de gaz de schiste, a permis de faire repartir à la hausse une production de gaz naturel qui commençait à décliner, évitant ainsi les importations de GNL qui étaient prévues. Sur un plan géopolitique, elle a sensiblement renforcé la position des États-Unis en termes d'indépendance énergétique [Medlock *et al.*, 2011]. La production de gaz de schiste a représenté 30 % de la production de gaz naturel aux États-Unis en 2011 et pourrait atteindre près de 50 % de cette production en 2035.

Le développement des gaz de schiste aux États-Unis est unique au monde, du fait que de nombreux facteurs favorables sont réunis : un tissu très dense de sociétés spécialisées dans le secteur pétrolier, un régime juridique et fiscal favorable aux producteurs et aux particuliers (les propriétaires de terrains détiennent la propriété du sous-sol), des infrastructures déjà présentes dans les zones de production et une forte demande de gaz naturel.

Des gisements de même nature existent dans le reste du monde, au Canada, mais aussi en Chine, en Russie, en Europe, en Amérique Latine et en Afrique du Nord. Les ressources en gaz de schiste sont particulièrement élevées en Chine. Elles seraient les plus importantes au monde et représenteraient 5 100 Tcf (144,4 Tm^3), dont 1275 Tcf (36,1 Tm^3) seraient techniquement exploitables, soit 50 % de plus qu'aux États-Unis (862 Tcf), [EIA, 2011]. Toutefois les conditions en Chine diffèrent beaucoup de celles qui existent aux États-Unis et le décollage de la production de gaz de schiste y sera sans doute très progressif [Gao, 2012].

En Europe, il existe des ressources appréciables, bien que nettement inférieures : 639 Tcf (5,3 Tm^3) qui seraient techniquement exploitables, dont 187 Tcf (5,3 Tm^3) en Pologne et 180 Tcf (5,1 Tm^3) en France. En Europe, et notamment en France, l'exploitation du gaz de schiste rencontre de nombreux obstacles, liés notamment à des craintes pour l'environnement [Leteurtrois *et al.*, 2011]. La Pologne prévoit une production commerciale de gaz de schiste à fin 2014.

2.3.2   Production de gaz de schiste par fracturation hydraulique

La production de gaz de schiste soulève des difficultés particulièrement importantes. La perméabilité de la roche est en général très inférieure au millidarcy. Comme dans le cas des gisements gréseux de faible perméabilité, l'association des technologies de **forage horizontal** et de **fracturation hydraulique** représente la façon la plus efficace d'améliorer la productivité de ces gisements.

Ces technologies, qui ont permis le décollage de la production de gaz de schiste aux États-Unis, sont maintenant systématiquement employées. Le recours à la technologie des puits horizontaux permet de réduire très significativement le nombre de puits requis. Alors qu'il fallait jusqu'à 16 puits verticaux (et autant de plates-formes de forage), pour une zone de 1 mile carré (environ 3 km^2), il ne faut que 6 à 8 puits horizontaux, localisés sur une seule plate-forme de forage, pour produire sur la même zone ou une zone plus étendue [Vially, 2011].

La gestion de l'eau nécessaire pour assurer la fracturation représente la principale préoccupation environnementale. La quantité d'eau nécessaire est de 10 000 à 15 000 m^3 par puits. Une partie de cette eau est récupérée et peut être recyclée, mais elle est généralement chargée en sel et doit être traitée avant d'être recyclée. Il faut veiller à ce que le fluide de fracturation ne puisse venir polluer une nappe phréatique, se situant au-dessus de la couche renfermant le gaz de schiste. Le puits doit être étanche, ce qui peut être assuré par les techniques de complétion, et le réseau de fractures ne doit pas rejoindre une nappe phréatique. Il est en particulier important d'assurer une bonne étanchéité du puits par cimentation au niveau de la traversée de nappes phréatiques. Ces technologies sont pratiquées depuis longtemps et bien connues des exploitants pétroliers.

Comme pour toute opération d'exploitation d'un gisement de gaz naturel, il faut également éviter toutes les contaminations qui pourraient provenir du gaz produit (gaz acides, méthane). L'AIE a édité un certain nombre de recommandations, pour réaliser une exploitation satisfaisante du gaz non conventionnel, qualifiées de « règles d'or » [AIE, 2012].

2.4 GAZ DE HOUILLE

2.4.1 Origine

Au cours du processus de **carbonification**, le charbon s'enrichit en carbone. Cette évolution s'effectue avec production de méthane. C'est ainsi que la transformation de tourbe en anthracite génère environ 140 m^3 de méthane par tonne de charbon [Kuuskraa et Brandenburg, 1989]. Ce méthane est à l'origine du « **grisou** » (dont la traduction anglaise est : *firedamp*, le terme de *coalbed methane* étant utilisé pour désigner la ressource que représente ce gaz), qui a été souvent à la source d'accidents au cours de l'exploitation des mines de charbon. Le gaz est retenu soit dans les veines de charbon, soit dans des lentilles de sable adjacentes.

Dans le charbon, il est piégé essentiellement par **adsorption** sur la surface microporeuse, qui est de l'ordre de 50 millions de mètres carrés par tonne de charbon. La quantité de méthane retenu par adsorption peut atteindre ainsi 15 à 20 m^3 par tonne de charbon. Le charbon peut stocker six à sept fois plus de gaz par unité de volume de roche que les gisements classiques [Maisonnier, 2008].

La figure 2.4 présente la teneur en méthane adsorbé en fonction de la profondeur, dont dépend la pression, pour différents types de charbon. La teneur en eau résiduelle joue un rôle significatif dans l'interprétation des résultats. Elle aurait en particulier pour effet de réduire la quantité de méthane adsorbé dans le cas d'une houille « grasse » [Kim, 1977].

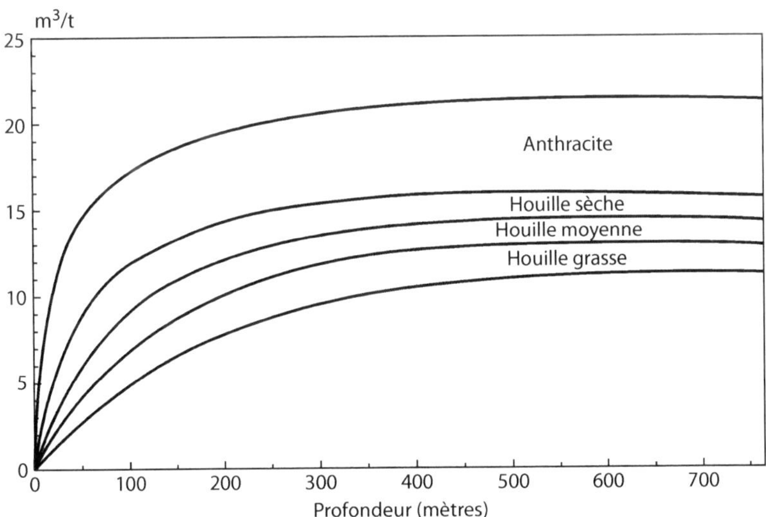

Figure 2.4

Quantité de gaz adsorbé en fonction de la profondeur pour différents types de charbon.
Source : Kim, 1977

En raison de l'allure des courbes représentées sur la figure 2.4, la variation de la quantité de méthane adsorbé n'est pas proportionnelle à la variation de pression. En pratique, il est nécessaire de descendre à une pression très basse, voisine de la pression atmosphérique pour récupérer la majeure partie du méthane adsorbé.

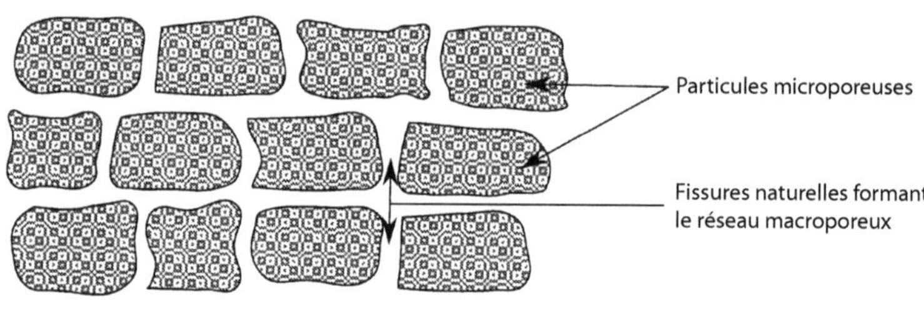

Figure 2.5

Réseaux poreux du charbon.

Le charbon est caractérisé par une double porosité (Figure 2.5) :
- une microporosité des particules de charbon ;
- une macroporosité résultant des fissures naturelles dans la veine de charbon. Ces fissures ne sont pas isotropes et tendent à être dirigées parallèlement au plan de clivage du charbon.

Avant la mise en production, le réseau de fissures est occupé par de la saumure. Au démarrage de la production, dans un premier temps, le puits ne produit que de l'eau. Dans un deuxième temps, du gaz est produit en même temps que l'eau et le débit est contrôlé par la perméabilité du réseau naturel de fissures. Enfin, à un stade ultérieur, le débit de gaz est contrôlé par la cinétique de diffusion du méthane dans les particules de charbon.

Pour que le charbon contienne une quantité suffisante de gaz il faut qu'il ait atteint le bon niveau de maturité, c'est-à-dire que ce soit un charbon bitumineux. Cela signifie, qu'il s'est trouvé dans le passé géologique à une profondeur suffisante, en général supérieure à 3 000 m, pour atteindre la température nécessaire à une telle transformation de la matière organique (catagenèse). Il doit par ailleurs être fissuré et avoir une porosité suffisante, ce qui signifie qu'en règle générale la profondeur de la couche ne doit pas dépasser 1 200 m. Il faut donc qu'au cours du passé géologique la couche de charbon se soit d'abord trouvée enterrée à grande profondeur puis ait été remontée [Boyer *et al.*, 2007].

La durée de désorption du gaz contenu dans une particule varie comme le rapport $\tau = a^2/D$, D étant le coefficient de diffusion et a le diamètre moyen des particules. Elle est donc très sensible à la dimension des particules. En pratique, le temps τ de désorption peut varier entre un jour et plus de cent jours, ce qui correspond à des dimensions de particules se situant dans une gamme allant d'une centaine de microns à quelques millimètres.

Les ressources en gaz de houille techniquement récupérables dans le monde ont été chiffrées par l'AIE à 47 Tm^3 [AIE, 2012]. Les plus importantes se situent en Russie, en Chine, aux États-Unis, au Canada et en Australie.

2.4.2 Exploitation

Depuis longtemps, le gaz a été récupéré au cours de l'exploitation des mines de charbon et utilisé au moins en partie. Il existe plusieurs raisons pour récupérer ce gaz de houille (*Coal Mine Methane* - CMM). La plus importante est d'assurer la sécurité des mineurs en évacuant un gaz potentiellement explosif (grisou). Il est nécessaire également d'éviter les émissions de méthane dans l'atmosphère. Enfin, le méthane ainsi récupéré peut être utilisé pour produire de l'énergie.

La plus grande partie du méthane est toutefois produite en exploitant directement les veines de charbon et en extrayant le gaz par des technologies comparables à celles qui sont utilisées pour produire du gaz naturel conventionnel. Les États-Unis ont été les premiers à viser spécifiquement la production de gaz à partir de veines de charbon en introduisant des incitations fiscales au niveau de la production de 1980 à 1992 et/ou de la vente de 1980 à 2002 (Maisonnier, 2008). La production de gaz de houille (CBM) est à présent répartie entre six pays qui concentrent 80 % environ de la production mondiale : Chine (39 %), États-Unis (19 %), Inde (7 %), Australie (7 %), Russie (5 %) et Indonésie (4 %).

Le gaz naturel est produit en dépressurisant la couche de charbon, ce qui est obtenu en pompant l'eau contenue dans la porosité et les fractures de la couche. Pour améliorer la productivité, on agrandit le plus souvent les fractures par une injection hydraulique. Ceci provoque aussi une propagation des fissures, qui permet de les rendre interconnectées entre elles. On injecte pour cela, comme dans le cas des gisements à faible perméabilité, une phase aqueuse chargée en particules solides. On utilise également des mousses, en injectant du dioxyde de carbone ou de l'azote, en mélange avec la phase aqueuse et en présence d'un agent tensio-actif [EPA, 2004] ainsi que des gels de polymères. On opère le plus souvent à l'aide de puits verticaux, les couches de charbon s'avérant souvent trop instables pour forer des puits horizontaux [Al-Jubori *et al.*, 2009].

L'exploitation du gaz associé au charbon soulève de nombreux problèmes :

- au stade du **forage**, des précautions importantes doivent être adoptées. Le foreur doit choisir le fluide de forage approprié pour éviter d'endommager la formation de charbon, dont le caractère plastique et friable rend le forage difficile ;
- la **stimulation** des puits fait appel essentiellement aux techniques de fracturation hydraulique. Dans le cas d'un charbon de perméabilité relativement élevée, supérieure à 20 mD, la fissure a surtout pour rôle de relier le puits au réseau de fissures naturelles. Au contraire, si la perméabilité est faible (inférieure à 1 mD), il est nécessaire de réaliser de longues fissures, ce qui est souvent difficile [Ely et Holditch, 1990]. Pour réduire la durée de diffusion, il a été également proposé de favoriser la formation d'un réseau dense de courtes fissures. La solution préconisée consiste à provoquer un affaissement de la veine de charbon en réalisant une cavité, ce qui conduit à la formation d'un réseau étendu de fissures [Alain et Deves, 1984] ;
- des techniques visant à améliorer la récupération de gaz au cours de l'exploitation d'une mine de charbon ont été également proposées. Une des méthodes envisagées consiste à collecter le gaz au moyen d'un drain horizontal foré au-dessus de la mine de charbon exploitée [Carter, 1990] ;

— au stade de la production, les principales difficultés consistent à pouvoir séparer l'eau produite avec le gaz et à assurer de bonnes conditions de sécurité ; sur le plan environnemental, le traitement et la gestion de l'eau constituent une sérieuse contrainte [EPA, 2010].

Pour améliorer la récupération de méthane à partir de la veine de charbon, il est possible d'injecter du CO_2. Le dioxyde de carbone déplace le méthane adsorbé à la surface du charbon, ce qui permet de récupérer davantage de méthane, tout en stockant le CO_2 dans le sous-sol [Maisonnier, 2008].

2.5 HYDRATES

2.5.1 Formation des hydrates à l'état naturel

Dans l'introduction de ce chapitre, il a été indiqué que des quantités considérables de méthane se trouveraient stockées sous forme d'**hydrates**. Les hydrates sont encore peu exploités, pour des raisons économiques, mais de très nombreuses informations ont été réunies concernant les ressources en hydrates et la façon de récupérer le gaz naturel ainsi piégé. Les travaux menés dans ce domaine, en particulier à partir de 2000, sont recensés notamment dans les publications de Colett *et al.* (2009) et de Ruppel (2011).

Pour que les hydrates puissent se former à l'état naturel, il est nécessaire de réunir des conditions appropriées de température et de pression.

Le diagramme représenté sur la figure 2.6 montre que si la pression est suffisante, des hydrates de méthane peuvent se former au-dessus de 0 °C, jusqu'à une température de 30 °C. Au fond des océans règne en permanence une température d'environ 4 °C. Dans ces conditions, une pression suffisante pour que les hydrates puissent se former dans les sédiments océaniques est atteinte à partir d'une profondeur d'environ quatre cents mètres. Connaissant la profondeur de l'océan et le gradient géothermique, il est possible de déterminer l'épaisseur de la couche de sédiments poreux dans laquelle les hydrates peuvent se former et subsister. Pour une profondeur d'océan de mille mètres, par exemple, les sédiments étant hydropressurisés et le gradient géothermique de 30 °C/km, il apparaît sur la figure 2.6 que l'épaisseur de la couche de sédiments pouvant contenir des hydrates atteint près de cinq cents mètres.

En dehors du cas où la pression est imposée par une hauteur d'eau importante, les hydrates ne peuvent subsister que dans les zones où la température est suffisamment basse, comme le montre le diagramme de la figure 2.6.

En pratique, ces conditions sont réunies dans les zones à **permafrost** où le sol est gelé jusqu'à des profondeurs atteignant six cents mètres. De ce fait, les hydrates peuvent former une couche d'épaisseur importante, comprise entre 200 et plus de 1 000 m. L'influence sur l'épaisseur de la couche d'hydrates de différents paramètres tels que la composition du gaz naturel a été étudiée notamment par Holder *et al.* (1987). La présence de propane et de gaz acides tend à élargir le domaine de stabilité des hydrates.

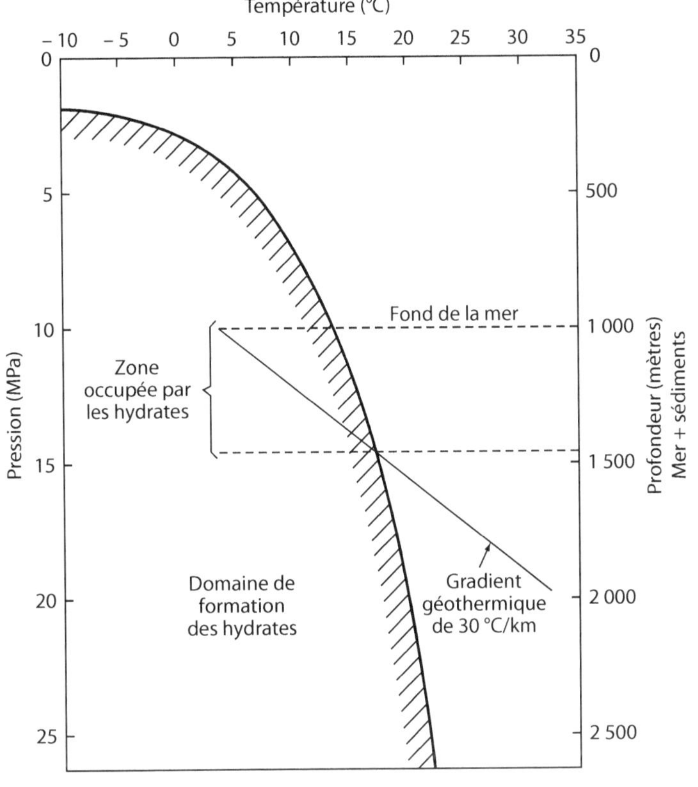

Figure 2.6

Domaine de formation des hydrates dans le cas du méthane pur.
Source : Mc Donald, 1990

La quantité de méthane stocké par mètre cube d'hydrates est plus importante que dans le cas d'autres sources non classiques de gaz naturel, telles que les aquifères profonds. Pour du méthane pur, elle est de 170,7 m^3 de méthane pur par mètre cube d'hydrate, lorsque toutes les « cages » sont occupées. Un mètre cube d'hydrate contient ainsi 122 kg de méthane et 789 kg d'eau [McDonald, 1990].

Compte tenu de la porosité du milieu dans lequel se forment les hydrates, une densité de stockage de 30 à 50 m^3 de méthane (st.) par mètre cube de milieu poreux peut être escomptée en pratique.

2.5.2 Localisation des gisements d'hydrates

Les dépôts d'hydrates peuvent être étudiés soit par forage et prélèvement de **carottes**, soit de manière indirecte par des méthodes **sismiques** [Sloan et Koh, 2008 ; McDonald, 1990].

Différents programmes ont été menés aux États-Unis [Paull *et al.*, 2010 ; Doyle *et al.*, 2004], au Japon [Tsuji *et al.*, 2009], Canada [Dallimore *et al.*, 2008], Inde [Collett *et al.*, 2008], Corée [Park *et al.*, 2008], Chine [Wu *et al.*, 2008], Malaisie [Hadley *et al.*, 2008].

Le gisement d'hydrates de Messoyakha, découvert en 1967, situé dans une zone à permafrost, en Sibérie [Makogon, 1987], permit de produire plus de 5 Tm^3 de gaz naturel pendant une dizaine d'années. Un peu plus tard, des hydrates furent découverts en Alaska à Prudhoe Bay et au Canada dans le delta du Mackenzie. À partir des années 80, différentes campagnes d'exploration en mer furent menées pour étudier les gisements d'hydrates, en utilisant des méthodes géophysiques et en prélevant des carottes.

C'est ainsi qu'en 1982, des hydrates ont pu être prélevés au large du Guatemala, à une profondeur de 1 718 m (218 m à l'intérieur des sédiments), puis étudiés à terre, dans le cadre du programme de forage en mer profonde intitulé « *Deep Sea Drilling Project (DSDP)* » [Kvenvolden *et al.*, 1984].

La principale méthode sismique de mise en évidence des dépôts d'hydrates est basée sur leur pouvoir réflecteur, dû à une vitesse de propagation acoustique plus élevée dans les couches d'hydrates que dans les sédiments situés de part et d'autre. La réflexion sismique enregistrée est similaire à celle qui marque le fond de l'océan, d'où le terme de « *bottom-simulation reflection (BSR)* » utilisé en anglais.

La présence d'une couche d'hydrates peut être également détectée à partir de **diagraphies**. Les méthodes utilisées sont décrites par Ruppel (2011) et Collett (1983).

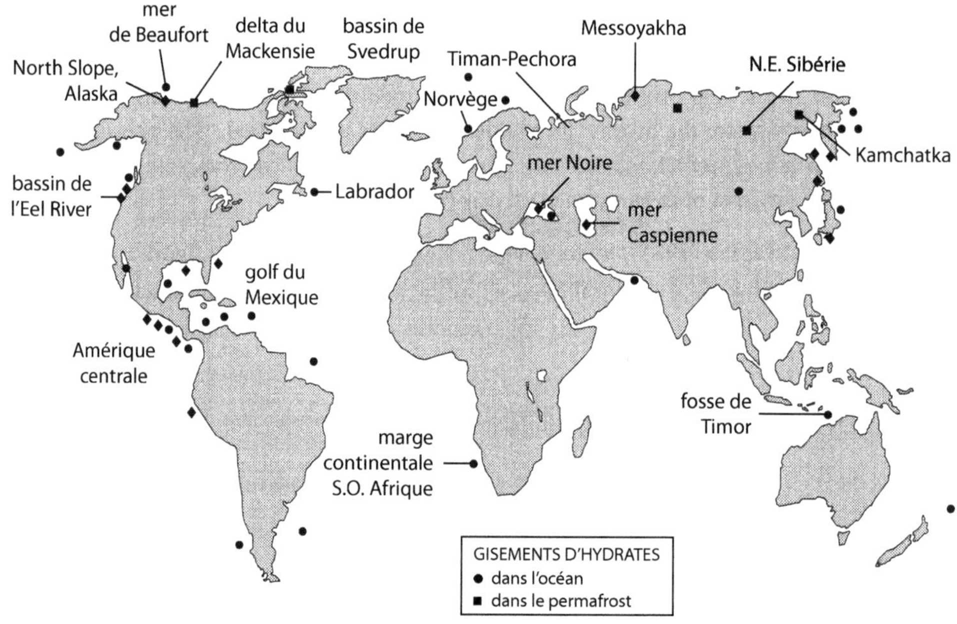

Figure 2.7

Gisements d'hydrates.
Source : Kvenvolden, 1988

Sur la figure 2.7 sont représentés les principaux gisements d'hydrates connus ou supposés [Kvenvolden, 1988].

Les gisements situés dans les zones à permafrost se trouvent essentiellement dans le nord de la Sibérie (champ de Messoyakha, région de Timan-Pechora, nord-est de la Sibérie, Kamchatka), en Alaska (Prudhoe Bay), au Canada (delta du Mackenzie). Les champs de Messoyakha, de Mallik (delta du Mackenzie) et de Prudhoe Bay, qui ont fait l'objet d'études géologiques et géochimiques approfondies, sont les plus connus [Collett, 1992].

Dans les zones océaniques, les gisements identifiés sont mieux répartis à la surface du globe. Il est intéressant de noter que de nombreux gisements sont situés au voisinage de l'équateur, en particulier dans le golfe du Mexique, ainsi qu'au large du Guatemala et du Nicaragua. Certains gisements se trouvent dans des zones septentrionales (Norvège, Labrador, mer de Beaufort, bassin de Sverdrup au Canada), mais d'autres ont été localisés à des latitudes très variées : marge continentale du sud-ouest de l'Afrique, fosse de Timor (Australie), faille du Pérou, bassin de l'Eel River au large de la Californie, mer Caspienne, mer Noire.

Des réserves importantes de gaz bactérien (cf. Chapitre 3) sont stockées sous forme d'hydrates. Le gaz peut être également d'origine thermique, ayant été formé pendant la catagenèse ou par craquage secondaire à la fin de la catagenèse et pendant la métagenèse [Sloan et Koh, 2008]. Les conditions de formation de ces deux types de gaz sont présentées dans le chapitre 3. Ils se différencient notamment par la composition isotopique $^{13}C/^{12}C$ [Sloan et Koh, 2008 ; Tissot et Bessereau, 1982].

Par ailleurs, les teneurs en éthane et propane sont généralement beaucoup plus faibles dans le gaz d'origine biochimique que dans celui qui est d'origine thermique.

Lorsque le gaz est d'origine thermique, le méthane est formé en profondeur et doit migrer jusqu'aux couches sédimentaires où les conditions de formation des hydrates sont réunies.

La présence d'une couverture relativement imperméable est nécessaire pour que le gaz soit retenu. Ce rôle de couverture peut être également assuré par le permafrost ou même par une couche supérieure d'hydrates.

Selon Malone (1985), les gisements d'hydrates se présentent selon quatre configurations principales : formations massives, nodules, couches alternant avec de fines couches de sédiments et hydrates finement disséminés.

Les gisements d'hydrates ont été représentés sous la forme d'une pyramide, dont la pointe est constituée par les hydrates associés au permafrost, qui sont les plus facilement exploitables. En allant vers la base de la pyramide, on trouve des hydrates de plus en plus difficilement exploitables : hydrates océaniques contenus dans des sédiments gréseux, puis hydrates contenus dans des gisements marins non gréseux, de plus faible perméabilité, puis « hydrates de schistes » contenus dans des roches argileuses de faible perméabilité (*marine shales*), [Boswell et Collett, 2006]. Plus les hydrates sont dispersés, plus il est difficile de les exploiter dans des conditions économiquement acceptables.

Une raison supplémentaire pour étudier les gisements d'hydrates est liée aux risques qu'ils représentent pour le réchauffement climatique. En effet l'élévation de la température à la surface du globe pourrait entraîner la destruction d'une partie des hydrates présents, notamment dans les zones à permafrost, ce qui conduirait à des émissions massives de méthane dans l'atmosphère. Comme le méthane est un puissant gaz à effet de serre, il pourrait en résulter une accélération du réchauffement climatique, par un effet de rétroaction positive. La destruction des hydrates peut avoir aussi des conséquences sur la tenue mécanique d'ouvrages implantés au fond des mers (notamment les plates-formes pétrolières), [Paull et Dillon, 2001].

2.5.3 Exploitation des gisements d'hydrates

Pour produire du gaz à partir de gisements d'hydrates, trois méthodes de base sont envisagées :

- **stimulation thermique**, pour dissocier les hydrates par chauffage ; la chaleur à fournir pour dissocier les hydrates ne représente qu'environ 10 % du pouvoir calorifique du gaz produit, mais il faut prendre en compte l'ensemble des pertes thermiques qui peuvent être importantes ;
- **dépressurisation**, la chaleur de dissociation des hydrates étant fournie par un refroidissement du milieu poreux ; dans ce cas, la pression doit être inférieure à la pression d'équilibre des hydrates à la température au voisinage de l'interface entre les hydrates solides et la phase gazeuse ;
- **injection d'un inhibiteur**, tel que le méthanol ; en raison des quantités très importantes d'inhibiteur requises, cette méthode est coûteuse. L'inhibiteur joue le rôle d' « antigel ». En se mélangeant avec l'eau, il abaisse la température de formation des hydrates (cf. Chapitre 7).

La dépressurisation et l'injection d'eau chaude sont les solutions le plus souvent retenues. D'autres modes de chauffage ont été également envisagés : injection de vapeur, combustion *in situ*, micro-ondes. Il a été également proposé d'injecter une saumure chaude, de manière à combiner les effets d'élévation de température et d'inhibition [Kamath et Godbole, 1987]. La mise en œuvre d'une méthode de fracturation hydraulique combinée avec l'injection d'un liquide chaud (saumure ou eau additionnée de méthanol) a été proposée par Iseux (1991). Ces différentes solutions ont été étudiées essentiellement au moyen de modèles de calcul et il existe peu de confirmations expérimentales.

Une nouvelle méthode de production consiste à déplacer le méthane par du CO_2. On obtient des hydrates de CO_2 qui remplacent les hydrates de méthane [Farrell *et al.*, 2010]. Ceci permet de récupérer le méthane, tout en stockant le CO_2 dans le sous-sol. Cette méthode a été testée avec succès sur le gisement d'hydrates de Prudhoe Bay, en injectant un mélange d'azote et de CO_2.

La dépressurisation constitue la technique la plus simple. Elle se présente de manière favorable lorsque du gaz « libre » est présent. Il existe dans ce cas une interface hydrates/gaz, qui remonte progressivement au fur et à mesure que les hydrates sont dissociés.

Le champ de Messoyakha représente le seul exemple de production de gaz en quantités importantes à partir d'hydrates. Le champ a produit du gaz « libre » dans une première phase ; les hydrates ont contribué à la production de gaz pendant une seconde phase et au cours d'une dernière phase, toute la production a été assurée à partir des hydrates, mais à un niveau réduit. La production de gaz a nécessité une injection d'inhibiteur (méthanol, chlorure de calcium), une dépressurisation ou une combinaison de ces deux méthodes. Plus récemment des essais de production ont été entrepris sur le champ de Mallik. Une campagne prolongée a été notamment menée en 2002, en collaboration, par une équipe japonaise et une équipe canadienne. Le but était de tester les différentes techniques disponibles pour exploiter un tel gisement et d'en démontrer la faisabilité. Des techniques de production par dépressurisation et par injection d'eau chaude ont été testées [Dallimore et Collett, 2005].

2.6 AQUIFÈRES PROFONDS

Bien que la solubilité du méthane dans l'eau soit faible, elle peut devenir significative à des pressions élevées. Les aquifères, qui ont été traversés par le gaz au cours de sa migration vers la roche-réservoir, sont en grande partie saturés en méthane et peuvent de ce fait, à des pressions élevées, contenir des quantités de gaz relativement importantes.

La teneur en gaz est influencée par la pression, la salinité et la température.

La **pression** représente le paramètre essentiel. Elle augmente avec la profondeur en fonction du poids de la colonne d'eau dans le cas des aquifères hydropressurisés (10 kPa/m). Dans le cas des aquifères géopressurisés, le gradient de pression peut être jusqu'à deux fois et demie supérieur.

À une profondeur de 3 500 m, la quantité de méthane dissous est comprise dans le cas d'un aquifère géopressurisé, entre 2 et 4 m^3 (n)/m^3 d'eau suivant la salinité [Bonham, 1982]. Les essais de production effectués au Texas sur un puits expérimental (Gulf Coast, Pleasant Bayou N° 2) ont montré qu'à une profondeur de 4 500 m la quantité de gaz en dissolution se situe entre environ 3,8 et 5 m^3 (n)/m^3 d'eau pour une pression de 78,6 MPa, une température de 150 °C et une teneur en sel (chlorure de sodium) de 132 g/l [Morton, 1983].

Des ressources notables en méthane dissous dans les aquifères profonds existent dans différentes régions du monde.

En Afrique orientale, dans le lac Kivu, des quantités relativement importantes de méthane (environ 63 Gm^3) sont retenues dans les eaux profondes du lac. Du fait que la profondeur du lac n'excède pas cinq cents mètres, la teneur en gaz reste limitée à environ 0,3 - 0,4 m^3 (n)/m^3 d'eau.

L'exploitation du gaz dans un tel cas présente l'avantage de ne pas nécessiter d'opération de forage. Néanmoins, elle n'a pas été entreprise jusqu'à présent en raison de l'ensemble des coûts associés à la collecte et au traitement de l'eau, ainsi qu'au transport de gaz.

De manière générale, les quantités de gaz dissous les plus importantes se situent dans les aquifères souterrains en présence de fortes pressions.

Les zones les plus favorables, où des gradients de pression particulièrement élevés ont été relevés, sont les suivantes [Kuuskraa et Meyers, 1983] :
- aux États-Unis, où les études les plus approfondies ont été menées, mettant en évidence de telles ressources, notamment au Texas et en Louisiane ; les ressources totales de gaz dissous aux États-Unis seraient de l'ordre de 170 Tm^3 ;
- en Europe : dans le Bassin aquitain en France, dans le contrefort des Alpes en Allemagne (bassin de Rolanse), dans la plaine du Pô en Italie et dans le bassin de Transylvanie en Hongrie ;

- dans la CEI, où dans certaines régions (Ingouchie) des gradients de pression de l'ordre de 20 kPa/m ont été relevés ;
- en Afrique, dans le delta du Nil et au Nigeria ;
- en Nouvelle-Zélande ;
- dans la mer de Chine près de Taïwan et dans la plaine de Nagaoba au Japon.

Bien que des ressources potentielles considérables aient pu être citées, de l'ordre de 800 Tm^3 [Gerling, 2004], l'exploitation à grande échelle du gaz dissous dans les aquifères profonds paraît encore assez lointaine et incertaine. Elle nécessite des forages profonds et donc coûteux. La production de gaz implique le traitement de quantités d'eau considérables. Enfin, le volume des lentilles d'aquifère d'un seul tenant est généralement trop réduit pour assurer une production suffisante de gaz.

2.7 BIOGAZ

La production de biogaz a fortement augmenté en Europe, atteignant 8,3 Mtep en 2009 (soit 9, 2 Gm^3). En France, la production de biogaz a été de 0,53 Mtep en 2009, provenant principalement de déchets organiques [Eurobserver, 2010]. Il paraît particulièrement avantageux d'exploiter le biogaz obtenu à partir de déchets organiques et notamment celui qui est produit dans les décharges. En effet, outre la contribution à la fourniture d'énergie, on évite ainsi d'envoyer à l'atmosphère un gaz à effet de serre.

Le biogaz est généralement produit par fermentation anaérobie dans des réacteurs, qui sont qualifiés de « méthaniseurs » ou de « digesteurs », en présence de bactéries méthanogènes. La méthanisation s'effectue en quatre étapes [Guignard, 2011 ; Deublein et Steinhauser, 2011 ; Labeyrie, 2007] :

- hydrolyse des macromolécules carbonées ;
- acidogénèse, au cours de laquelle les produits de l'hydrolyse sont dégradés par des bactéries acidogènes en acides organiques, ammoniaque, alcools, CO_2, H_2 ;
- acétogénèse : transformation par des bactéries acétogènes, strictement anaérobies, en acide acétique, CO_2 et H_2 ;
- méthanogénèse : transformation de l'acide acétique en méthane :

$$CH_3OH \rightarrow CH_4 + CO_2 \tag{2.1}$$

La réaction (2.1) produit 70 % du méthane. Les 30 % restants sont obtenus par la réaction :

$$CO_2 + 4H_2 \rightarrow CH_4 + 2H_2O \tag{2.2}$$

Le biogaz produit contient une proportion relativement importante de CO_2 (20 à 50 %) et peut contenir de l'H_2S (0 à 1,5 %). L'H_2S peut être éliminé par oxydation, en introduisant de l'air, ou par fixation sur une phase solide d'oxyde de fer ou de sulfure de fer. Le pouvoir calorifique du biogaz est environ la moitié de celui du gaz naturel.

En France, on estime que le potentiel de production est de 1 à 2 Mtep. Ce gaz peut servir à produire de l'énergie (électricité, chaleur, cogénération) par combustion dans une installation stationnaire. Après épuration, il peut également être envoyé dans le réseau gaz, ou être utilisé comme carburant sous forme de GNV, gaz comprimé à une pression de l'ordre de 200 bars. La production de biogaz à partir de déchets organiques provenant d'exploitations d'élevage agricole est particulièrement intéressante, car elle permet de produire du biogaz, tout en limitant la pollution occasionnée par les déchets organiques. Géotexia, la plus grande unité de méthanisation en France, produit du biogaz à partir de 75 000 tonnes de lisier par an. Elle a été inaugurée en juin 2011 à Saint-Gilles-du-Mené dans les Côtes-d'Armor.

En raison d'incitations particulièrement fortes, la production de biogaz est très importante en Allemagne (4,2 Mtep/an en 2009), où il est produit principalement à partir de maïs. Le biogaz est produit à partir de maïs ensilé, récolté avant la période de maturité du maïs grain, qui sert à l'alimentation du bétail ; l'ensilage est une méthode de conservation en présence d'humidité et en conditions anaérobies.

Le biogaz produit à partir de maïs ne contient pas d'H_2S, ce qui évite d'avoir à le traiter. Par contre, cette production de biogaz consomme une part croissante du maïs cultivé en Allemagne, ce qui peut entraîner une compétition avec les usages alimentaires ainsi qu'un impact négatif sur l'environnement (consommation d'eau, d'engrais, de pesticides et de combustibles fossiles). Ceci montre, qu'une progression très rapide de la production de biogaz peut présenter des inconvénients. Comme dans le cas des biocarburants, il paraît préférable de privilégier les matières premières non alimentaires.

Une option potentiellement intéressante, mais qui reste à étudier au stade de la R&D, consiste à produire du biogaz à partir de biomasse lignocellulosique, soit par fermentation [Chandra *et al.*, 2012], soit en passant par une gazéification de la biomasse [Van der Meijden *et al.*, 2011]. Il est également envisageable de produire du méthane de synthèse à partir d'un mélange de CO_2 et d'hydrogène. C'est en particulier une voie envisagée pour stocker de l'énergie, le méthane pouvant être plus facile à stocker et à utiliser que l'hydrogène.

En se limitant à l'utilisation de déchets, même s'il existe un potentiel de développement important, il paraît difficile actuellement de développer massivement la production de biogaz, principalement pour des raisons de disponibilités en déchets organiques à transformer, le traitement du biogaz produit représentant une difficulté supplémentaire. Le biogaz peut toutefois fournir un complément à l'approvisionnement gazier, tout en permettant d'augmenter la part d'énergie renouvelable dans le mix énergétique.

2.8　CONCLUSION

Les ressources non classiques de gaz naturel sont, comme cela a été montré, considérables. Le gaz non conventionnel représente donc un enjeu très important.

Actuellement l'exploitation du gaz non conventionnel est surtout développée aux États-Unis, où la mise en production du gaz de schiste par les technologies de la fracturation hydraulique et du forage horizontal a constitué une véritable révolution.

De nombreuses incertitudes demeurent néanmoins quant à la possibilité d'observer un essor comparable dans d'autres régions du monde au cours des prochaines années.

Par ailleurs, des ressources très importantes de gaz naturel sous forme d'hydrates ou en dissolution dans les aquifères restent pour le moment presque totalement inexploitées.

La production de biogaz par fermentation et, à plus long terme, la production de méthane de synthèse pourraient jouer un rôle croissant dans l'avenir.

2.9 NOTATIONS

a diamètre moyen des particules

D coefficient de diffusion

τ temps de désorption

BIBLIOGRAPHIE

AIE (2012) *IEA, Golden Rules for a Golden Age of Gas – World Energy Outlook*, Special Report on Unconventional Gas.

AIE (2011) *World Energy Outlook 2011*.

AIE (2009) *World Energy Outlook 2009*.

Alain AK, Denes GM (1984) Cavity Stress Relief Method to Stimulate Methanation Boreholes, *Proceedings of the SPE/DOE/GRI Unconventional Gas Recovery Symposium*, Pittsburgh, Pa, May 13-15, Paper n° SPE/DOE/GRI 12843, p. 115-122.

Al-Jubori A, Johnston P, Boyer C, Lambert SW, Burlos OA, Pashin JC, Wray A (2009) Coalbed Methane : Clean Energy for the World, *Oilfield Review*, p. 4-13.

Bonham LC (1982) The Future of Unconventional Natural Gas as an Alternative Energy Source, *Proceedings of the Indonesian Petroleum Association 11th Annual Convention*, June, p. 307-322.

Boswell R and Collett TS (2011) Current Perspectives on Gas Hydrate Resources. *Energy and Environmental Science* (4) 1206-1215.

Boswell R, Collett TS (2006) *The Gas Hydrate Resource Pyramid*, Fire in the Ice, US Department of Energy, Office of Fossil Energy, National Energy Technology Laboratory, **6**, 3, p. 5-7.

Boyer CM, Frantz JH, Jenkins CD (2007) *Non-Conventional Gas*, Encyclopedia of Hydrocarbons, ENI Vol. 3, Istituto Della Enciclopedia Italiana.

BP (2012) *Statistical Review*.

Carter RA (1990) Underground Developments in Methane Recovery, *Coal*, **95**, n° 12, December, p. 55-59.

Chandra A, Takeuchi H, Hasegawa T (2012) Methane Production from Lignocellulosic Agricultural Crop Wastes : A Review in Context to Second Generation of Biofuel Production, *Journal Renewable and Sustainable Energy Reviews*, **16**, 3, p. 1462-1476.

Collett TS, Johnson AH, Knapp CC, Boswell R (2009) *Natural Gas Hydrates : A Review*, in Collett T, Johnson A, Knapp R, Eds., Natural Gas Hydrates – Energy Resource Potential and Associated Geologic Hazards : AAPG Memoir 89, p. 146-219.

Collett T, Riedel M, Cochran JR, Boswell R, Kumar P, Sathe AV (2008) Indian Continental Margin Gas Hydrate Prospects : Results of the Indian National Gas Hydrate Program (NGHP) Expedition 01, *Proc. 6th Int. Conf. Gas Hydrates*, Vancouver.

Collett TS (1992) Potential of Gas Hydrates Outlined, *Oil and Gas J.*, **90**, n° 25, June 22, p. 84-87.

Collett TS (1983) *Detection and Evaluation of Natural Gas Hydrates from Well Logs, Prudhoe Bay, Alaska*, MS Thesis, University of Alaska, Fairbanks, Al, n° MA132177, 314 p.

Dallimore SR, Collett TS, (Eds.) (2005) in *Scientific Results from the Mallik 2002 Gas Hydrate Production Research Well Program*, Mackensie Delta, Northwest Territories, Canada, Geological Survey of Canada Bulletin 585, Including CD.

Dallimore SR, Wright JF, Nixon FM, Kurihara M, Yamamoto K, Fujii T, Fujii K, Numasawa M, Yasuda M, Imasoto Y (2008) Geologic and Porous Media Factors Affecting the 2007 Production Response Characteristics of the JOGMEC/NRCAN/AURORA Mallik Gas Hydrate Production Research Well, Proceedings of the 6th International Conference on Gas Hydrates, 10 p.

Deublein D, Steinhauser A (2011) *Biogas from Waste and Renewable Resources - An Introduction –* Second Revised and Expanded Edition, Wiley – VCH, 578 p.

Doyle EH, Dallimore SR, Fine RA, Nur AM, Pilson MEQ, Reeburgh WS, Sloan Jr. ED, Tréhu AM, Bintz J, Merrill J, Caputo N (2004) *Charting the Future of Methane Hydrate Research in the United States*, National Academic Press, Washington, D.C., 192 p.

EIA US Energy Information Administration (2011) *World Shale Gas Resources : An Initial Assessment of 14 Regions Outside the United States*, April, US Department of Energy, Washington D.C.

Ely JW, Holditch SA (1990) Fracturing Techniques Depend on Coal Seam Characteristics, *Oil and Gas J.*, **88**, n° 30, July 23, p. 33-37.

EPA (2010) *Coalbed Extraction Report - Detailed Study Report*, US Environmental Protection Agency Office of Water, EPA-820-R-10-022.

EPA (2004) *Evaluation of Impacts to Underground Sources of Drinking Water by Hydraulic Fracturing of Coalbed Methane Reservoirs –* Ch. 3, Hydraulic Fracturing Fluids, EPA 816-R-04-003.

Eurobserv'ER (2010) *Baromètre biogaz.*

Farrell H, Boswell R, Howard J, Baker R (2010) $CO_2 - CH_4$ *Exchange in Natural Gas Hydrate Reservoirs : Potential and Challenges*, Fire in the Ice, US Department of Energy, Office of Fossil Energy, National Energy Technology Laboratory, **10**, 1, p. 19-21.

Glasby GP (2006) Abiogenic Origin of Hydrocarbons - Review, *Resource Geology*, **56**, 1, p. 85-98

Faer E (2008) *Petroleum Related Rock Mechanics*, Elsevier.

Gao F (2012) Will There Be a Shale Gas Revolution in China, by 2020 ?, *The Oxford Institute for Energy Studies*, NG 61, April.

Gerling JP (2004) *Future Gas Potentiel : Where – What – How Much*, BGR.

Gold T (1985) The Origin of Natural Gas and Petroleum and the Prognosis for Future Supplies, *Ann. Rev. Energy*, **10**, p. 53-77.

Guignard JC (2011) *L'énergie de la biomasse : biocarburants, biogaz*, dans Les énergies renouvelables aujourd'hui et demain, sous la direction de Jean Hladik, Ellipses.

Hadley C, Peters D, Vaughan A (2008) *Gumusut-Kakap Project : Geohazard Characterization and Impact on Field Development Plans*, International Petroleum Technology Conference 12554, 15p.

Holditch SA, Madani HAD (2010) Global Unconventional Gas – It is There, But is It Profitable ?, *JPT*, December, p. 42-49.

Holder GD, Malone RD, Lawson WF (1987) Effects of Gas Composition and Geothermal Properties on the Thickness and Depth of Natural Gas Hydrate Zones, *J. Pet. Technol.*, **39**, n° 9, September, p. 1147-1152.

Iseux J-C (1991) Gas Hydrates : Occurrence, Production, and Economics, *Proceedings of SPE Production Operations Symposium*, Oklahoma City, Ok, April 7-9, Paper n° SPE 21682, p. 467-486.

Kamath VA, Godbole SP (1987) Evaluation of Hot-Brine Stimulation Technique for Gas Production from Natural Gas Hydrates, *J. Pet. Technol.*, **39**, n° 11, November, p. 1379-1388.

Kim AG (1977) Estimating Methane Content of Bituminous Coalbeds from Adsorption Data, *Bureau of Mines Report of Investigation*, n° 8245, Washington, DC, 22 p.

Kuuskraa VA, Stevens SH (2009) World Wide Gas Shales and Unconventional Gas : A Status Report, *Advanced Resources International*, JAF29167, Copenhagen, December.

Kuuskraa VA, Meyers RF (1983) Review of World Resources of Unconventional Gas, in *Conventional and Unconventional World Natural Gas Resources*, Proceedings of the 5th IIASA Conference on Energy Resources, June 1980, Edits. : Delahaye C, Grenon M, International Institute for Applied Systems Analysis, Laxenburg, Austria, **CP-83**-S4, p. 409-458.

Kvenvolden KA (1988) Methane Hydrate – A Major Reservoir of Carbon in the Shallow Geosphere ?, *Chemical Geology*, **71**, n° 1-3, December 15, p. 41-51.

Kvenvolden KA, Claypool GE, Threlkeld CN, Sloan ED (1984) Geochemistry of a Naturally Occurring Massive Marine Gas Hydrate, *Organic Geochemistry*, **6**, p. 703-713.

Labeyrie P (2007) *Le biogaz* dans Nouvelles technologies de l'énergie vol. 3 – géothermie et énergies de la biomasse, sous la direction de Jean-Claude Sabonnadière, Lavoisier.

Leteurtrois JP, Durville JL, Pillet D, Gazeau JC (2011) *Les hydrocarbures de roche mère en France – Rapport provisoire*, Avril, Conseil Général de l'industrie, de l'énergie et des technologies CGIET n° 2011-04-G, Conseil Général de l'environnement et du développement durable, CGEDD n° 007318-01.

Makogon YF (1987) Les hydrates de gaz : de l'énergie congelée, *La Recherche*, **18**, 192, p. 1196-1200.

Maisonnier G (2008) *CBM : bilan et perspectives*, IFPEN Panorama 2008.

Malone RD (1985) *Gas Hydrates Topical Report*, Document DOE/METC/SP-218(DE85001986), US Department of Energy (*DOE*), Washington, DC, April, 31 p.

Medlock III KB, Jaffe AM, Hartley PR (2011) *Shale Gas and US. National Security*, James A. Baker III Institute for Public Policy Rice University.

Morton RA (1983) Methane Entrained in Geopressured Aquifers, Texas Gulf Coast, in *Conventional and Unconventional World Natural Gas Resources*, Proceedings of the 5th IIASA Conference on Energy Resources, June 1980, Edits. : Delahaye C, Grenon M, International Institute for Applied Systems Analysis, Laxenburg, Austria, **CP-83**-S4, p. 391.

Nederlof MH (1988) The Scope for Natural Gas Supplies from Unconventional Sources, *Ann. Rev. Energy*, **13**, p. 95-117.

Park KP, Bahk JJ, *et al.* (2008) *Korean National Program Expedition Confirms Rich Gas Hydrate Deposits in the Ulleung Basin, East Sea*, Fire in the Ice, US Department of Energy, Office of Fossil Energy, National Energy Technology Laboratory, **8**, 2°, p. 6-9.

Paull C, Reeburgh WS, Dallimore SR, Enciso G, Green S, Koh CA, Kvenholden KAA, Mankin C, Riedel M (2010) *Realizing the Energy Potential of Methane Hydrate for the United States*, National Council Research Council Report.

Paull CK, Dillon WP (2001) *Natural Gas Hydrates : Occurence, Distribution and Detection*, American Geophysical Union Monograph 124.

Perry K, Lee J (2007) *Unconventional Gas Reservoirs – Tight Gas, Coal Seams and Shales*, Topic Paper 29 Unconventional Gas, Team Leader Holditch, S.A, Working Document of the NPC Global Oil & Gas Study.

Rogner H H (1997) An Assessment of World Hydrocarbon Resources, *Annual Review of Energy and Environment.*

Ruppel C (2011) *Methane Hydrates and the Future of Natural Gas*, MITEI Natural Gas Report, Supplementary Paper on Methane Hydrates.

Sloan ED, Koh CA (2008) *Clathrate Hydrates of Natural Gases*, 3rd Edition, CRC Press, 721 p.

Takach NE, Barker, C,, Kemp MK (1987) Stability of Natural Gas in the Deep Subsurface : Thermodynamic Calculation of Equilibrium Compositions, *Bull. Am. Assoc. Pet. Geol.*, **71**, n° 3, p. 322-333.

Tissot B, Bessereau G (1982) Géochimie des gaz naturels et origine des gisements de gaz en Europe occidentale, *Revue de l'Institut Français du Pétrole*, **37**, n° 1, janvier - février, p. 63-77.

Tsuji Y, Fujii T, Hayashi M, Kitamura R, Nakamizu M, Ohbi K, Saeki T, Yamamoto K, Namikawa T, Inamori T, Oikawa N, Shimizu S, Kawasaki M, Nagakubo S, Matsushima J, Ochiai K, Okui T (2009) *Methane-Hydrate Occurrence and Distribution in the Eastern Nankai Trough, Japan : Findings of the Tokai-Oki to Kumano-Nada Methane-Hydrate Drilling Program*, in : Collett T, Johnson A, Knapp C, Boswell R, Eds., Natural Gas Hydrates – Energy Resource Potential and Associated Geologic Hazards : AAPG Memoirs 89, p. 228-249.

Van Der Meijden CM, Rabou LPL.M, Van De Drift A, Vreugdenhill BJ, Smit R (2011) Large Scale Production of Bio-Methane from Wood, Internationak Gas Union Research Conference IGRC, Seoul, South Korea, 19-21 Octobre, ECN –M – 11 - 098.

Vially R (2011) *Les gaz non conventionnels et l'eau*, IFPEN Panorama 2011.

Weymuller B (2010) Les perspectives du *shale gas* dans le monde, *Note de l'IFFRI*.

3 | Formation du gaz naturel

3.1 INTRODUCTION

3.1.1 Le gaz naturel dans les conditions géologiques

Au sens large, toute substance naturelle qui est à l'état gazeux dans les conditions normales de température et de pression est un gaz naturel. Ces substances sont en nombre réduit et celles que l'on trouve dans l'écorce terrestre sont en nombre encore plus limité : il s'agit pour l'essentiel des hydrocarbures saturés d'un nombre de carbone inférieur à cinq (méthane, éthane, propane, butane et isobutane), du dioxyde de carbone, de l'azote, de l'hydrogène sulfuré, de l'hydrogène, de l'hélium et de l'argon.

Leurs propriétés physiques font que le plus souvent elles se trouvent soit à l'état supercritique, soit à l'état dissout dans l'**eau**, fluide omniprésent dans les roches, soit encore à l'état dissout dans l'**huile**. L'« huile » est constituée par les hydrocarbures dans lesquels prédominent ceux dont le nombre d'atomes de carbone est supérieur ou égal à cinq : ceux-ci sont liquides dans les conditions normales de température et de pression.

Lorsque la profondeur augmente, la température s'élève en moyenne de 30 °C/km (dans une fourchette d'environ 20 à 80 °C/km selon le flux géothermique local et la conductivité thermique des roches traversées).

La figure 3.1 présente un exemple de variation de la température avec la profondeur dans un bassin sédimentaire. Dans cet exemple, la température atteinte à 5 km de profondeur est supérieure à la température critique de tous les gaz naturels présents en quantité notable dans l'écorce terrestre, butane excepté.

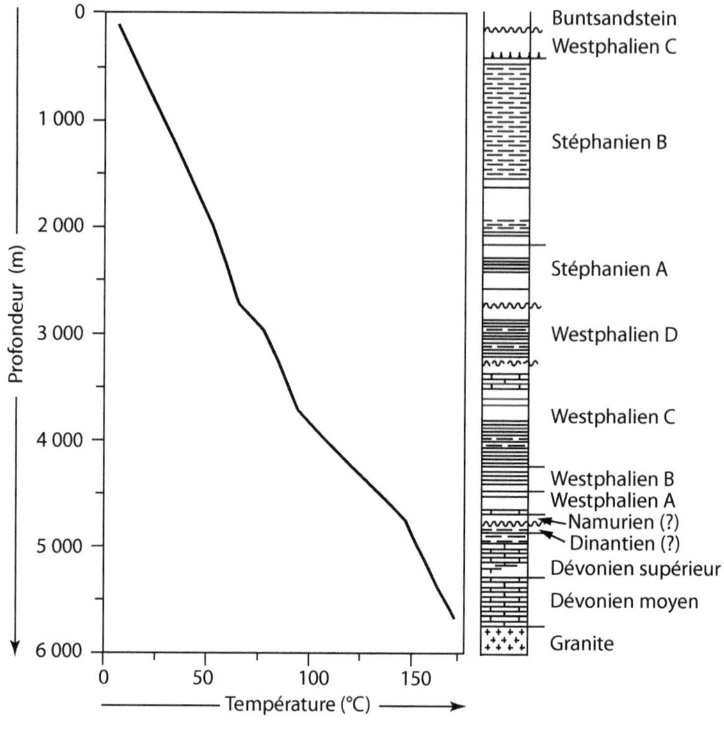

Figure 3.1

Exemple de variation de la température avec la profondeur dans un bassin sédimentaire.
Source : Tissot et Welte, 1984

La pression des fluides contenus dans la porosité des roches augmente de 10 MPa environ par kilomètre s'ils sont en régime hydrostatique, c'est-à-dire ne supportent que le poids de la colonne de fluides, essentiellement de l'eau, située au-dessus d'eux, et jusqu'à 25 MPa par kilomètre s'ils sont en régime géostatique, c'est-à-dire s'ils supportent aussi tout ou partie du poids de la colonne de roche. La figure 3.2 montre un exemple de la variation de pression des fluides dans un bassin argilo-gréseux à sédimentation rapide (delta de la Mahakam, Kalimatan, Indonésie). Dans cet exemple, la pression devient proche de la pression géostatique à partir de 5 km de profondeur environ.

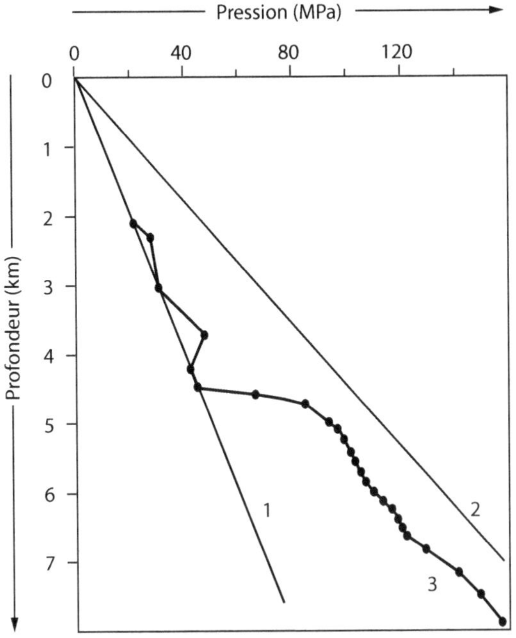

Figure 3.2

Exemple de variation selon la profondeur, de la pression des fluides contenus dans la porosité des sédiments, (1 : régime hydrostatique, 2 : régime géostatique, 3 : pression du fluide mesurée).

La solubilité dans l'eau de beaucoup des gaz naturels du sous-sol est déjà notable dans les conditions normales. Elle augmente rapidement avec la pression et passe par un minimum avec la température aux environs de 60 °C (cf. Chapitre 7 et Figure 7.1). Le bilan de ces effets dans les conditions géologiques se traduit par une augmentation sensible de la solubilité avec la profondeur. La figure 3.3 montre par exemple, l'augmentation avec la profondeur de la solubilité du méthane, gaz relativement peu soluble dans les conditions normales, pour différentes conditions géologiques rencontrées dans les sédiments de la Gulf Coast, aux États-Unis ; la pression dans les fluides interstitiels est ici souvent proche de la pression géostatique à partir d'une certaine profondeur, comme cela est montré sur la figure 3.2.

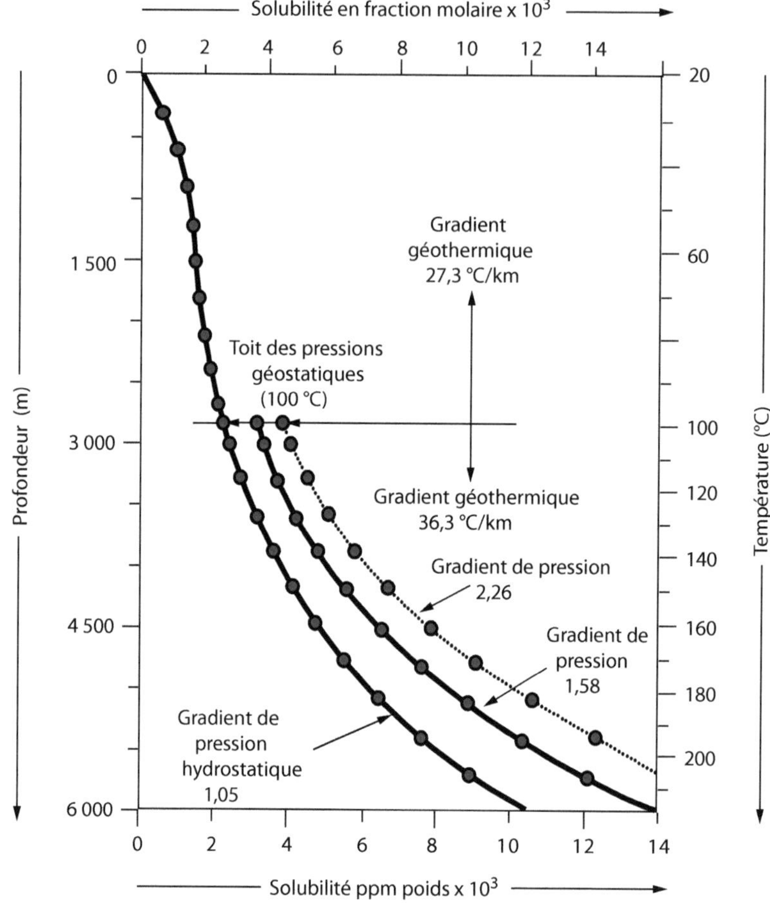

Figure 3.3

Solubilité du méthane dans l'eau.
Source : Bonham, 1978

Les quantités dissoutes dans l'eau pure peuvent atteindre dans ces conditions 10 milli-moles de méthane par mole d'eau, soit environ 15 m³ de méthane dans les conditions normales par mètre cube d'eau. La salinité fait décroître cette solubilité (cf. Chapitre 7).

La miscibilité des gaz naturels, en particulier des gaz hydrocarbures, avec l'huile peut être élevée et augmente considérablement avec la température et la pression. La figure 3.4 montre par exemple l'augmentation de la solubilité de l'huile dans le gaz pour une gamme de température et de pression représentative de celle qui existe dans les bassins sédimentaires.

Dans les conditions du sous-sol, la notion de gaz naturel n'est pas toujours facile à préciser : les gaz naturels que l'on peut en extraire dans des conditions économiques proviennent certes le plus souvent d'un gisement dans lequel les fluides se trouvent à l'état gazeux au sens physique du terme et plus précisément à l'état supercritique ; un tel gisement est formé par une accumulation locale de fluides dans lesquels dominent des espèces chimiques qui sont à l'état gazeux dans les conditions normales de température et de pression.

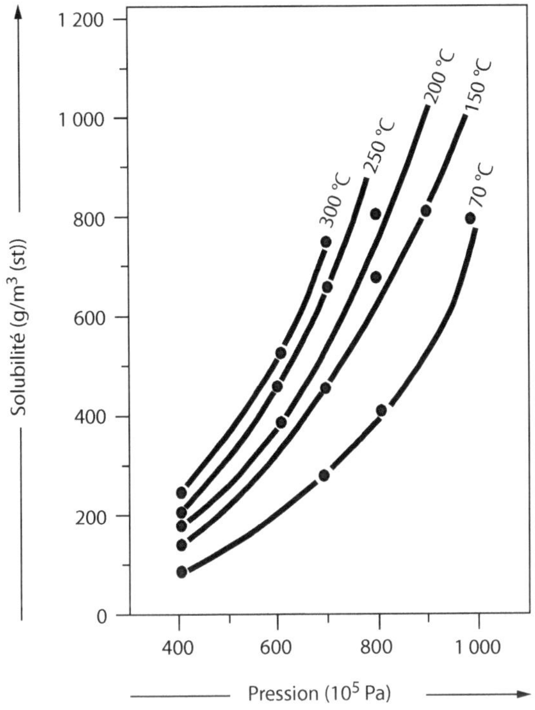

Figure 3.4

Solubilité de l'huile dans le gaz en fonction de la température et de la pression.
Source : Zhuse *et al.*, 1963

Mais il est également possible d'extraire une grande quantité de gaz naturel de gisements d'huile ou d'aquifères contenant du gaz dissout.

D'autre part, les gaz naturels provenant de gisements « conventionnels » déjà trouvés ou encore à trouver, dans lesquels le méthane est présent concentré sous forme d'une accumulation gazeuse dans les conditions de réservoir, ne constituent qu'une petite partie (0,5 à 10 % selon les estimations de Hunt, 1979) des gaz contenus dans l'écorce terrestre. Une autre petite partie se trouve à l'état dissout dans des gisements d'huile ou dans des aquifères. Mais l'essentiel se trouve à l'état **dispersé** dans les sédiments et les roches, dans des conditions excluant la plupart du temps une récupération économique, à l'exception de gaz non conventionnels, tels que ceux qui sont contenus dans des réservoirs à très faible perméabilité (*tight gas*), dans des argiles imperméables (*shale gas*), et dans les veines de charbon (*Coal Bed Methane* (CBM)), que les progrès technologiques permettent maintenant dans certains cas d'extraire en grandes quantités. En outre, des quantités très importantes de gaz naturel se trouvent sous forme d'hydrates (cf. Chapitre 2).

3.1.2 Diversité de la composition des gisements de gaz naturel

Comme cela a déjà été indiqué au chapitre 1, la composition des gisements conventionnels de gaz naturel est très variable (Tableaux 1.1 et 1.2). Les exemples présentés sur le tableau 3.1 montrent la diversité des compositions ; pour chaque gisement, l'époque de formation est indiquée.

Tableau 3.1. Composition de gisements de gaz naturel

Gisements	Âge	CH_4	$C_2 - C_6$	CO_2	N_2	H_2	H_2S	He
Kane (Ca, États-Unis)	Cénozoïque	99,30	0,40	–	0,10	0,10	–	0,15
Sweetwater (Wyoming, États-Unis)	Carbonifère	75,60	1,30	2,70	20,20	–	–	0,75
Newago (Michigan, États-Unis)	Carbonifère	85,50	1,60	0,40	12,40	–	–	1,10
Spence (In, États-Unis)	Carbonifère	91,00	4,80	0,10	3,60	–	–	0,14
Bassin de Transylvanie (Roumanie)	Miocène	98-99	0,80	0,50	1-2	–	–	–
Krecsegopan (Hongrie)	Miocène	42-47	–	45-83	3-6	0,90	–	–
Slochteren (Pays-Bas)	Permien/	81,30	3,50	0,80	14,40	–	–	–
Lacq (France)	Carbonifère Jurassique	74,00	2,00	9,00	–	–	15,0	–
Plaine d'Allemagne du Nord	Permien/ Carbonifère	jusq. 95,00	0,3-12	jusq. 60,00	jusq. 99,00	jusq. 70,00	0-8	–
Cumato, Sakada et autres gisements de gaz du Japon	Quaternaire	42-98	0,10	0,5-4,5	4-53	–	–	–
Angleterre orientale	Permien/ Carbonifère	90,00	–	–	10,00	–	–	–
Weedhorff (Allemagne)	Permien/ Carbonifère	92,50	1,70	1,60	4,20	–	–	–
Baden (Allemagne)	Permien/ Carbonifère	82,10	0,80	10,30	6,80	–	–	–
Touïmazy (Volga-Oural, CEI)	Dévonien	39,50	49,80	0,10	10,60	–	–	–
Sokovka (Sub-Caucase occid., CEI)	Crétacé	76,00	17,00	5,00	1,00	–	–	–
Plaine du Pô (Italie)	Pliocène	99,00	1,00	–	–	–	–	–
Plaine du Pô (Italie)	supérieur Miocène	90,00	jusq. 8,00	–	–	–	–	–
Hassi R'Mel (Algérie)	Trias	80,00	15,00	–	5,00	–	–	–
Piaui (Birmanie)	Trias	88,10	2,60	0,70	8,00	–	–	0,003
Ourengoï (Sibérie occid., CEI)	Crétacé	98,50	0,10	0,20	1,10	–	–	0,01

Source : Sokolov, 1974

Dans la majorité des cas, il s'agit de mélanges. Cependant le méthane, le dioxyde de carbone et l'azote se rencontrent assez fréquemment à l'état pur ou presque pur. L'hydrogène sulfuré est parfois un constituant majeur, mais très rares sont les gisements où il constitue le constituant majoritaire (Tableau 3.2).

Tableau 3.2. Gisements de gaz naturel à haute teneur en H_2S

Régions	Âge	Lithologie	Profondeur (m)	Teneur en % H_2S
Lacq (France)	Jurassique super. et Crétacé super.	Dolomie et calcaire	3100-4500	15
Pont d'As-Meillon (France)	Jurassique super.	Dolomie	4300-5000	6
Weser-Ems (Allemagne)	Permien	Dolomie	3 500	10
Asman-Bandar Shipur (Iran)	(Zechstein) Jurassique	Calcaire	3600-4800	26
Oural-Volga (CEI)	Carbonifère super.	Calcaire	1500-2000	6
Irkoutsk (CEI)	Cambrien super.	Dolomie	2 540	42
Alberta (Canada)	Mississippien	Calcaire	3 506	13
Alberta (Canada)	Dévonien	Calcaire	3 800	87
Sud-Texas (États-Unis)	Crétacé super.	Calcaire	3 354	8
Sud-Texas (États-Unis)	(Edwards) Jurassique super.	Calcaire	5793-6098	98
Texas-Est (États-Unis)	(Smackover) Jurassique super.	Calcaire	3683-3757	14
Mississippi (États-Unis)	(Smackover) Jurassique super.	Calcaire	5793-6098	78
Wyoming (États-Unis)	(Smackover) Permien (Embar)	Calcaire	3 049	42

Source : Hunt, 1979

La proportion d'hydrocarbures gazeux autres que le méthane est extrêmement variable et généralement faible, mais peut atteindre exceptionnellement 60 %. L'hydrogène, l'hélium et l'argon représentent presque toujours des constituants mineurs. Cependant, des proportions d'hydrogène pouvant atteindre 30 à 40 % ont été observées dans de petits gisements en CEI [Sokolov, 1974 ; Hunt, 1979] et même jusqu'à 70 % en Allemagne [Sokolov, 1974]. Les teneurs maximales citées pour l'hélium sont d'environ 10 %, pour des gisements situés aux États-Unis [Tiratsoo, 1979]. L'argon est le plus souvent à l'état de traces. Des teneurs allant jusqu'à environ 1 % ont cependant été signalées [Sokolov, 1974].

On trouve aussi dans les gisements de gaz naturels des traces d'ammoniac, de mercure et d'arsenic. Outre l'hélium et l'argon, le gaz naturel peut également contenir des traces d'autres gaz rares : krypton, néon, xénon et radon.

N'ont véritablement d'intérêt économique, exception faite de quelques gisements de dioxyde de carbone ou de gisements très riches en hélium, que les accumulations d'une certaine taille contenant des proportions notables de gaz d'hydrocarbures. Ce sont les gisements de gaz naturel *stricto sensu*. Ces gisements ne se rencontrent que dans des bassins sédimentaires.

C'est à eux que nous allons maintenant pour l'essentiel nous intéresser ici. Le lecteur souhaitant une vue plus générale sur les gaz naturels pourra, par exemple, consulter l'ouvrage de Sokolov, 1974.

La figure 3.5 représente de manière simplifiée différents cas de gisements d'hydrocarbures. Les gisements de gaz naturels *stricto sensu* tels qu'ils viennent être définis, correspondent aux exemples 4, 5 et 6. Dans le cas de l'exemple 6, il s'agit de gaz dit « sec », ne contenant d'hydrocarbures autres que le méthane qu'en très faibles proportions (moins de 2 % de la quantité de méthane), mais pouvant renfermer des proportions notables d'autres gaz, azote ou dioxyde de carbone par exemple.

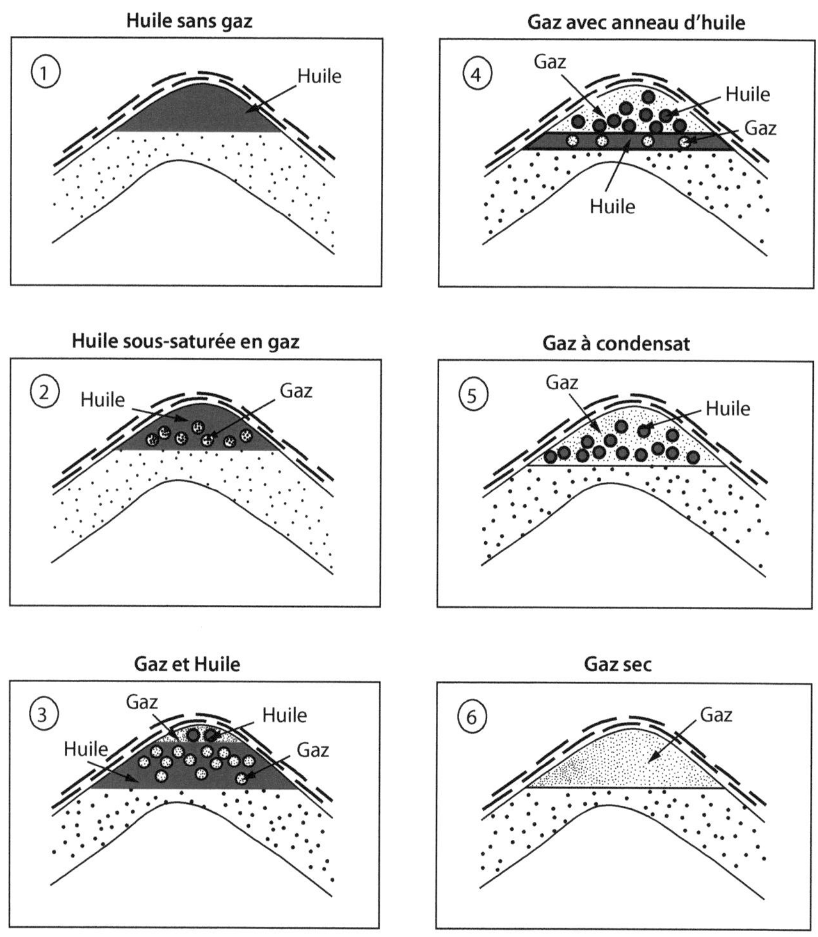

Figure 3.5

Exemple de relations entre huile et gaz dans les gisements d'hydrocarbures.

Comme cela a été expliqué plus haut, la phase « gaz » a de fortes chances d'être à l'état supercritique et sa densité est de 0,1 à 0,2, plus proche de celle d'un liquide que de celle d'un gaz (la densité du méthane dans les conditions normales est de $7 \cdot 10^{-4}$). Cette densité reste toutefois beaucoup plus faible que celle de l'eau et, dans la structure anticlinale représentée sur la figure 3.5, la phase « gaz » se trouve donc située au-dessus de la phase « eau » qui remplit les pores de la roche-réservoir et exerce une poussée d'Archimède sur le toit de la structure, en raison de sa hauteur et de la différence de densité avec la phase « eau ».

L'exemple 5 est celui d'un gaz à condensat. Le gisement contient des hydrocarbures liquides en proportion importante et ceux-ci sont dissous dans la phase « gaz ». La densité d'une telle phase « gaz » peut atteindre 0,4.

Dans le cas de l'exemple 4, la proportion d'hydrocarbures liquides est suffisamment importante pour que, dans les conditions thermodynamiques du gisement, deux phases coexistent : une phase « gaz » contenant des hydrocarbures dissous et une phase « huile » contenant du gaz dissous, dont la densité (0,6 à 0,9) est intermédiaire entre celle de la phase « gaz » et celle de la phase « eau ». Cette phase, ici assez peu importante quantitativement, forme un « anneau d'huile » entre gaz et eau.

Dans l'exemple 3, les constituants liquides deviennent majoritaires. Il s'agit d'un gisement d'huile contenant du gaz dissous, surmonté d'un *gas cap* qui contient de l'huile dissoute. Dans l'exemple 2, les quantités d'hydrocarbures sont trop faibles pour faire apparaître une phase « gaz ». Le gaz est à l'état dissous dans l'huile (gaz associé). Enfin, l'exemple 1 représente un gisement d'huile sans gaz associé.

Une mesure pragmatique des quantités de gaz dissoutes dans l'huile, utilisée par les producteurs, est le GOR (*gas/oil ratio*). Un GOR de 1 correspond à une quantité d'un mètre cube de gaz récupéré au séparateur, dans des conditions normales de température et de pression, par mètre cube d'huile extraite.

La classification des différents types de gaz, selon la nature des phases présentes dans le réservoir ou en surface, est reprise dans le chapitre 4 sur la base de considérations thermodynamiques.

3.2 ORIGINE DES CONSTITUANTS DU GAZ NATUREL

3.2.1 Hydrocarbures

Il existe trois modes possibles pour la formation des hydrocarbures gazeux naturels : un mode « bactérien », un mode « thermique » et un mode « inorganique ». Toutefois, les deux premiers modes sont seuls responsables de la formation des hydrocarbures des gisements commerciaux actuellement connus.

3.2.1.1 Gaz bactérien

Le mode **bactérien** est dû à l'action de bactéries sur les débris organiques qui s'accumulent dans les sédiments. Le gaz ainsi formé est appelé gaz bactérien ou gaz biochimique. L'action de ces bactéries, dites méthanogènes, a lieu au cours du dépôt des sédiments et au début de leur enfouissement. Un exemple bien connu est la formation de gaz des marais ou des cimetières qui se signalent parfois à l'attention par des feux spontanés, les feux follets. C'est aussi de cette façon qu'est produit le « biogaz » à partir de déchets organiques dans les fermenteurs industriels.

La source du carbone est le plus souvent l'un des anions CO_3^{--} ou CH_3COO^- bien que d'autres substrats puissent intervenir. La formation de méthane résulte de la réaction globale :

$$4H_2 + CO_2 \rightarrow CH_4 + 2H_2O \tag{3.1}$$

Les substrats doivent donc exister à l'état dissous dans l'eau du milieu de sédimentation. L'hydrogène nécessaire est fourni par d'autres bactéries participant à l'écosystème bactérien.

Le méthane est le seul hydrocarbure formé. La température doit rester inférieure à une température limite qui varie selon les auteurs entre 65 °C et 80 °C, ce qui correspond à des profondeurs de 2 000 à 2 500 m sous la surface du sol en conditions moyennes. La production d'hydrocarbures est aussi limitée par l'espace disponible : le sédiment doit rester suffisamment poreux. En pratique, il est peu probable que la méthanogenèse puisse avoir lieu à des profondeurs supérieures à quelques centaines de mètres. Mais on peut trouver des gisements de gaz bactérien à des profondeurs beaucoup plus grandes, parce qu'ils ont été enfouis à ces profondeurs après leur formation.

La formation de gaz bactérien n'est donc pas un sous-produit obligatoire de la sédimentation des débris organiques.

3.2.1.2 Gaz thermique

Le mode **thermique** conduit à la formation de « gaz thermique » à partir de la matière organique présente dans les niveaux sédimentaires. Cette matière organique s'y est incorporée au moment du dépôt : les débris d'organismes qui s'accumulent à l'interface eau/sédiment sont dégradés par les organismes vivants (macro et micro-organismes). En milieu aérobie, donc en présence d'oxygène libre dissous dans l'eau, cette dégradation est rapide et presque complète et le carbone contenu initialement dans les débris organiques est transformé presque intégralement en dioxyde de carbone. Celui-ci se dissout dans l'eau ou gagne l'atmosphère. En revanche, en milieu anaérobie, la dégradation est lente et incomplète. Les résidus s'accumulent dans les sédiments sous forme d'édifices macromoléculaires complexes (Figure 3.6) et de débris ayant résisté à la biodégradation ; l'ensemble est insoluble dans les solvants organiques et constitue le **kérogène**.

L'accumulation de kérogène a lieu presque exclusivement dans les sédiments à grains fins, argiles en particulier, et cela pour deux raisons : d'une part, les propriétés hydrodynamiques des débris organiques sont voisines de celles des minéraux à grain fin. D'autre part dans ces sédiments, il est facile de créer des conditions anaérobies : même si l'eau des pores du sédiment contient initialement de l'oxygène dissous, cet oxygène, une fois consommé par les organismes vivant dans le sédiment ou par oxydation des débris organiques, n'est pas facilement renouvelé car le milieu est peu perméable et la circulation de l'eau est donc difficile, sauf en cas de remaniement constant par des organismes fouisseurs.

Au cours de l'évolution des bassins sédimentaires, les sédiments sont enfouis progressivement et donc portés à des températures et pressions croissantes. Bien que les températures restent en général inférieures à 200 °C, les durées au cours desquelles ce processus se poursuit sont telles que le kérogène, qui constitue au début de l'enfouissement l'essentiel du contenu organique des sédiments, est finalement dégradé thermiquement jusqu'à perdre la majeure partie de sa masse initiale sous forme de substances diverses.

Cette dégradation thermique produit des hydrocarbures, pétrole (huile) et gaz, et en moindre quantité des molécules contenant aussi de l'oxygène, de l'azote et du soufre, dites pour cette raison hétéroatomiques. Il s'agit surtout de molécules de haut poids moléculaire solubles dans les solvants organiques usuels, appelées résines et asphaltènes.

Elle produit aussi des composés non hydrocarbonés : CO_2, H_2O, H_2, H_2S, N_2 et un résidu très riche en carbone, analogue au coke produit en raffinerie par le craquage thermique du pétrole, appelé **pyrobitume**.

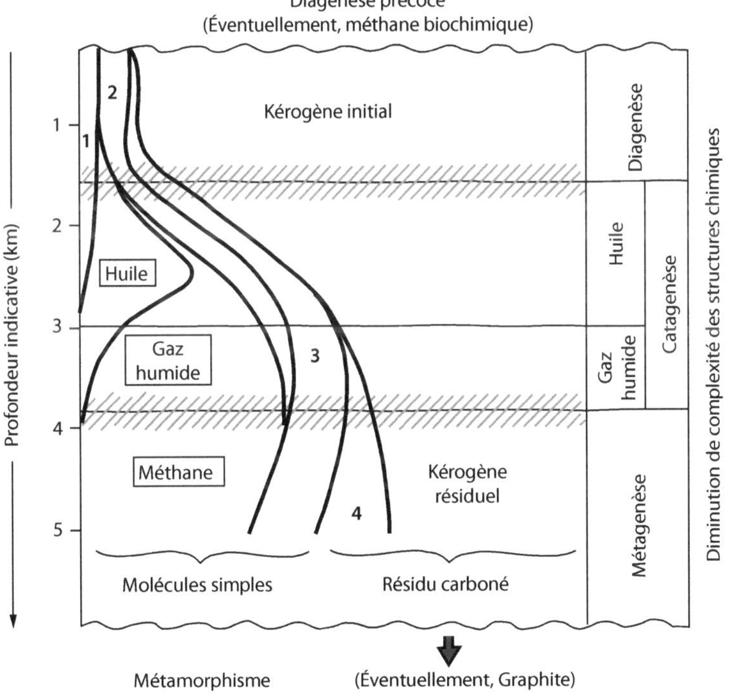

Figure 3.6

Schéma général de la dégradation des matières organiques sédimentaires.

Sur la figure 3.6, on peut observer le schéma général de la dégradation des matières organiques sédimentaires au cours de l'enfouissement des sédiments, à partir des courbes indiquant l'évolution des quantités de différents constituants ou fractions, qui sont formées au bout d'une durée déterminée : hydrocarbures sous forme d'huile et de gaz, mais aussi biomarqueurs (courbe 1), résines et asphaltènes (courbe 2), dioxyde de carbone et eau (courbe 3) et pyrobitume (courbe 4). Les biomarqueurs sont des molécules qui dérivent indiscutablement de molécules biologiques.

La formation des hydrocarbures, ainsi que celle des gaz non hydrocarbonés produits au cours de cette dégradation se décrit en termes de cinétique chimique. Elle est surtout liée à l'histoire thermique des sédiments : quand un sédiment s'enfouit, la température augmente progressivement, à raison de 0,1 à 10 °C environ par million d'années selon les bassins sédimentaires et les périodes de l'histoire de ces bassins. La quantité d'hydrocarbures produits augmente jusqu'à ce que le kérogène ne puisse plus être dégradé.

Il a été montré [Ungerer et Pelet, 1987 ; Tissot et Espitalié, 1975 ; Tissot, 1969] que la formation des hydrocarbures « thermiques » dans les bassins sédimentaires en fonction de l'histoire thermique de ces bassins peut être décrite par un jeu d'équations cinétiques d'ordre 1 et par des constantes de vitesse obéissant au formalisme d'Arrhenius. Les valeurs des énergies d'activation utilisées sont de l'ordre de 200 à 250 kJ/mol, c'est-à-dire voisines de celles des énergies de rupture des liaisons C–C. La figure 3.7 présente le schéma cinétique de dégradation du kérogène en fonction de l'augmentation de température accompagnant l'enfouissement des sédiments.

Le fait que cette formation obéisse à des règles de cinétique chimique explique que la production d'hydrocarbures reste insignifiante tant qu'une température minimale n'est pas atteinte, température d'autant plus importante que le bassin sédimentaire est jeune. Cette température varie d'environ 50 °C pour les bassins très anciens à 110 °C pour les bassins très jeunes, ce qui correspond, pour un gradient géothermique moyen de 30 °C à une profondeur minimale de 1 500 à 3 500 m environ. Au fur et à mesure de la formation des hydrocarbures, leur poids moléculaire décroît progressivement. Autrement dit, le rapport gaz/huile augmente constamment.

Les hydrocarbures gazeux sont produits soit directement à partir du kérogène restant par craquage thermique primaire, soit à partir de l'huile formée aux étapes précédentes, par craquage thermique secondaire, suivant le schéma de la figure 3.7.

a - Schéma de dégradation du kérogéne :

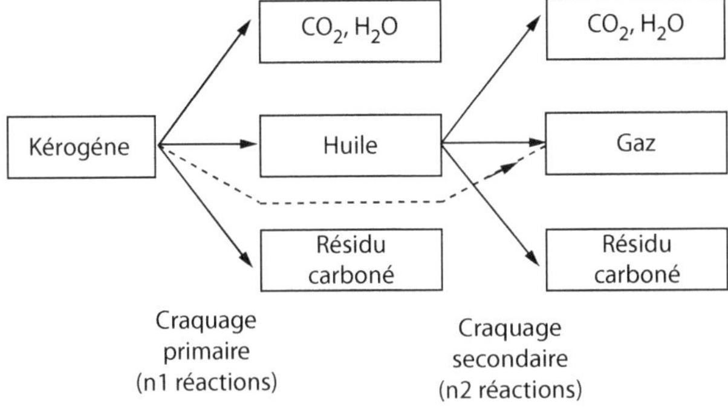

b - Formalisme pour chaque réaction *i* :

$$\frac{dX_i}{dt} = -K_i X_i \text{ (cinétique du premier ordre)}$$

$$K_i = A_i e^{-E_i/RT} \text{ (Arrhenius)}$$

Avec X_i : Potentiel résiduel au temps *t*
   E_i : Energie d'activation
   A_i : Facteur de fréquence
   R : Constante des gaz parfaits
   T : Température (K)

Figure 3.7

Schéma cinétique de dégradation du kérogène.
Source : Tissot et Welte, 1984

Les roches-mères d'hydrocarbures sont des sédiments à grains fins puisque seuls ceux-ci peuvent contenir du kérogène. Sauf exception (voir le Chapitre 2 sur les gisements de gaz non conventionnel), la perméabilité de la roche est trop faible pour que les hydrocarbures qui y restent après leur formation puissent être exploités. Fort heureusement, une grande partie de ces hydrocarbures en est expulsée par un mécanisme naturel appelé **migration** et va ensuite se rassembler dans des roches-réservoirs perméables pour y former des gisements exploitables.

L'époque et l'ampleur de cette expulsion ont une grande influence sur la quantité et la composition des hydrocarbures qui finalement sortent des roches-mères pour alimenter les roches-réservoirs.

Pour mieux comprendre ce phénomène, on comparera les deux cas représentés sur la figure 3.8. Cette figure décrit schématiquement la formation des hydrocarbures et du pyrobitume dans une roche-mère en fonction de l'enfouissement. Les quantités d'hydrocarbures représentées sont des **quantités cumulées** et sont exprimées en pourcentage du carbone contenu dans le kérogène initial. Les profondeurs ne sont qu'indicatives : elles correspondent à des conditions moyennes de gradient géothermique et de vitesse d'enfouissement.

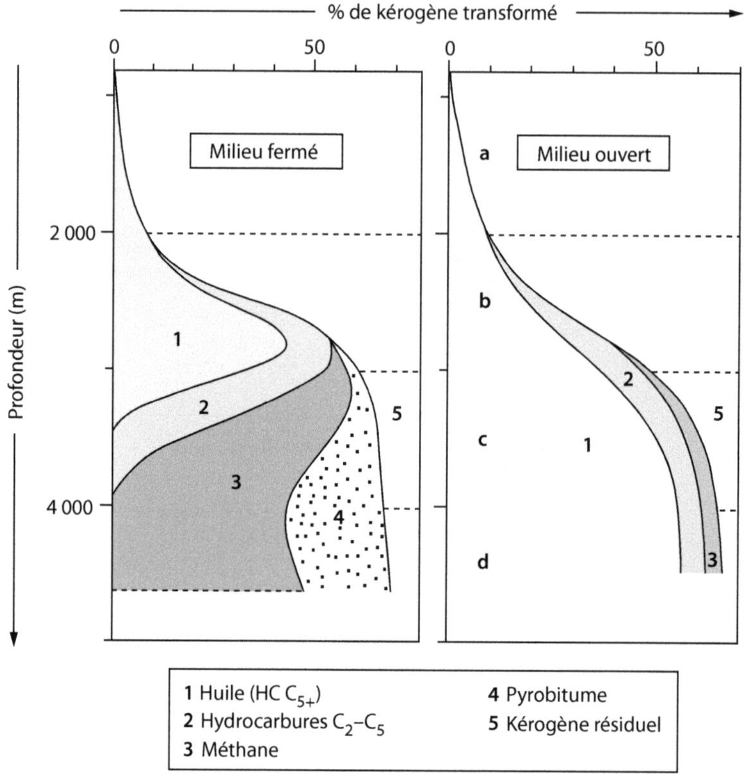

Figure 3.8

Description schématique de la formation des hydrocarbures et du pyrobitume
dans une roche-mère.

Dans le cas représenté sur le schéma de gauche de la figure 3.8, tous les produits formés
dans la roche-mère sont conservés dans celle-ci (milieu fermé), tandis que dans celui qui est
représenté sur le schéma de droite, ils sont complètement expulsés au fur et à mesure de leur
formation (milieu ouvert), en s'accumulant immédiatement dans un piège froid (réservoir
proche de la surface). On constate que la quantité de gaz produit est beaucoup plus importante dans le premier cas. Analysons les différentes étapes de la formation du gaz en considérant le premier cas (schéma de gauche).

Au début de l'enfouissement, jusqu'à une profondeur d'environ 2 000 m en conditions
moyennes, il n'y a pas d'hydrocarbures formés (zone *a* sur la figure 3.8). C'est la zone dite
« immature », appelée zone de **diagenèse**, dans laquelle le kérogène perd essentiellement des
fonctions oxygénées et produit des fluides oxygénés : CO_2, H_2O, etc. [Tissot et Welte, 1984 ;
Durand et Espitalié 1973]. Puis des résines et des asphaltènes, et surtout des hydrocarbures
liquides (huile) commencent à se former par craquage thermique du kérogène (**craquage
primaire**). Des hydrocarbures gazeux se forment ensuite par craquage primaire, mais surtout
par **craquage secondaire** à partir de l'huile déjà formée.

C'est la zone dite de **catagenèse**, où le rapport gaz/huile augmente très rapidement. On la subdivise en zone à huile, où l'huile est majoritaire (zone *b* sur la figure 3.8) et en zone à gaz à condensat, où le gaz est majoritaire (zone *c* sur la figure 3.8).

La formation du gaz à partir de l'huile s'accompagne d'une diminution des quantités d'huile présentes, et de la formation de pyrobitume. Ce pyrobitume immobilise du carbone (et aussi de l'hydrogène car il est relativement riche en ce constituant) et donc la quantité totale de carbone sous forme hydrocarbure décroît.

Sur la figure 3.9 qui représente l'évolution concomitante de la structure des kérogènes, le passage de la structure *a* à la structure *b* correspond à la zone de diagenèse et le passage de la structure *b* à la structure *c* à la zone à huile. Cette figure est à rapprocher des figures 3.6 et 3.8. Notons que ces structures ne sont qu'une représentation des principaux éléments structuraux des kérogènes proportionnellement à leurs quantités présentes à différents stades de leur dégradation thermique, telles qu'on peut les déduire d'une variété de méthodes d'études, et non une représentation de la diversité de leurs composants, impossible à connaître.

Dans la zone de **métagenèse**, appelée aussi zone à gaz sec, coexistent le kérogène résiduel, le pyrobitume et le plus léger des hydrocarbures gazeux, le méthane. De petites quantités de méthane continuent de se former par craquage du kérogène résiduel et du pyrobitume et donc la quantité totale cumulée de méthane croît légèrement (zone *d* sur la figure 3.8). Peuvent ensuite se former de l'hydrogène par craquage du méthane ainsi que des résidus carbonés, kérogène résiduel et pyrobitume. Le méthane finit donc lui-même par être détruit, mais à beaucoup plus grande profondeur.

Lorsque tous les hydrocarbures formés sont expulsés au moment même de leur formation en s'accumulant rapidement dans un réservoir froid, c'est-à-dire un gisement situé très au-dessus de la roche-mère, les réactions de craquage secondaire sont très ralenties. Dans ces conditions, très peu de gaz et de pyrobitume sont formés. La nature des hydrocarbures sortant de la roche-mère dépend ainsi de la cinétique de l'expulsion.

La quantité et la composition du gaz thermique qui sortent d'une roche-mère pour approvisionner un réservoir ne s'appréhendent donc pas simplement. Elles sont difficilement prédictives en l'état actuel des techniques. Les progrès réalisés dans la modélisation mathématique des phénomènes de formation et de migration du pétrole donnent cependant des résultats très encourageants.

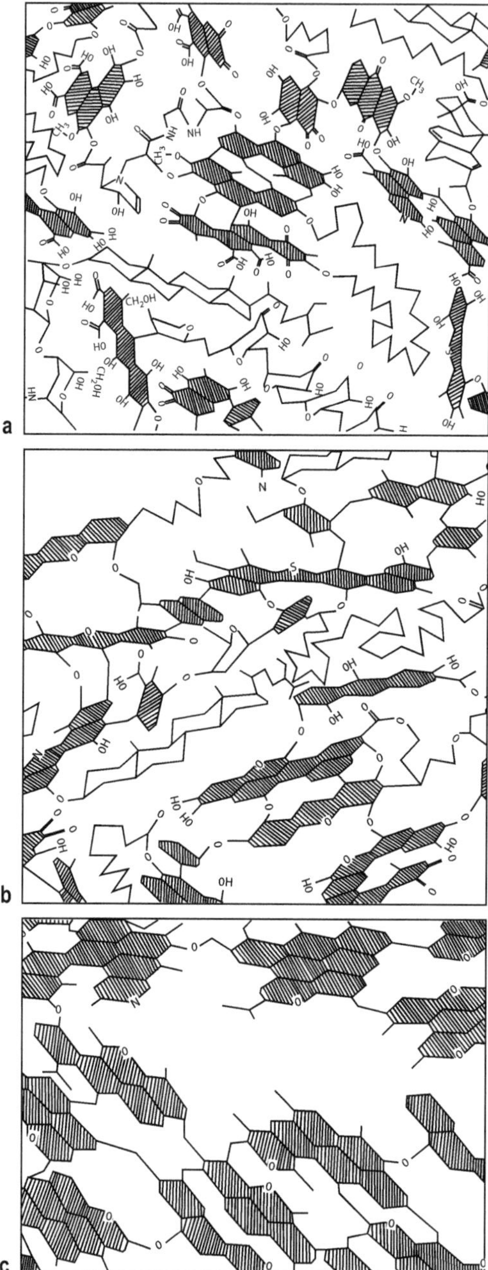

Figure 3.9

Évolution de la structure des kérogènes au cours de l'enfouissement des sédiments.
Source : Béhar et Vandenbroucke, 1986

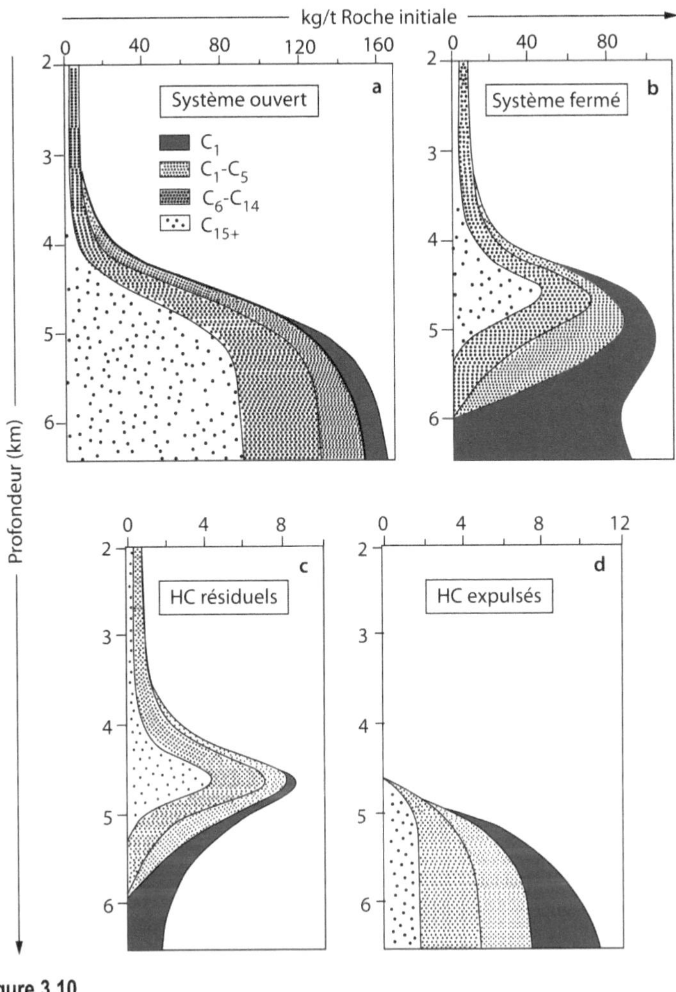

Figure 3.10

Simulation sur ordinateur de la formation des hydrocarbures dans une roche-mère.
Source : Ungerer *et al.*, 1988

La figure 3.10 représente le résultat d'une simulation de la formation des hydrocarbures dans une roche-mère, pour un enfouissement de vitesse constante et un gradient géothermique moyen, réalisée par Ungerer *et al.* (1988). Le cas *a* correspond à une formation suivie d'une expulsion rapide et complète. Les quantités sont des quantités cumulées (dans un réservoir froid). Le cas *b* correspond à la formation dans une roche-mère d'où toute expulsion est impossible. Le cas *c* correspond à un cas intermédiaire plus proche de la réalité, où une partie des hydrocarbures est expulsée au cours de la formation. La simulation permet de calculer les quantités et les compositions des hydrocarbures expulsés au cours de l'enfouissement (courbes de droite sur la figure 3.10), ainsi que celles des hydrocarbures restant dans la roche-mère (courbes de gauche sur la figure 3.10). Cette simulation est basée sur un modèle analogue à celui qui a été décrit schématiquement sur la figure 3.7, mais en tenant compte de quatre classes d'hydrocarbures formés, regroupés par nombre d'atomes de carbone. Il est possible en outre de simuler à chaque instant une fuite représentant la migration. On peut ainsi tester différents scénarios en fonction des informations disponibles sur l'histoire thermique de la roche-mère et des possibilités d'expulsion des hydrocarbures. Ceci permet d'estimer la composition approximative des hydrocarbures ainsi que les quantités expulsées et les quantités qui restent dans la roche-mère.

Le processus de transformation du kérogène qui conduit à la formation d'huile, puis de gaz thermique est souvent appelé **maturation**. On le qualifie parfois de métamorphisme organique, mais il n'a lieu que dans le domaine sédimentaire *stricto sensu*. Ce n'est qu'ensuite, à des températures et des pressions plus élevées, que se produisent les transformations minérales importantes qui constituent le métamorphisme.

La maturation est une cuisson douce, pendant des temps très longs, en l'absence d'oxygène. On sait en reproduire les principales étapes au laboratoire par pyrolyse du kérogène. Les températures minimales nécessaires pour observer la formation d'hydrocarbures à l'échelle du laboratoire doivent cependant être de l'ordre de 300 °C.

Les quantités de gaz produites *in fine*, en absence d'expulsion hors de la roche-mère (Figures 3.9 et 3.10) varient selon la nature du kérogène initial. Elles sont de 10 à 15 % du poids du kérogène initial quand celui-ci est d'origine « continentale », encore appelé de type III [Durand et Espitalié 1973], c'est-à-dire formé essentiellement du résidu de la dégradation biochimique de débris de plantes supérieures terrestres entraînées dans le bassin de sédimentation par les fleuves et peuvent atteindre 30 à 40 % de ce poids quand le kérogène est d'origine marine (Type II) ou lacustre (Type I), c'est-à-dire formé du résidu de la dégradation biochimique de plancton marin ou lacustre. Les quantités de gaz formé dépendent de la teneur initiale en hydrogène lié au carbone dans ces différents types de kérogène, qui croît du type III au type I.

La distinction entre gaz thermique et gaz bactérien est importante pour l'exploration pétrolière car leur habitat est très différent et leur exploration doit donc être conçue différemment. D'autre part, si le gaz trouvé dans un bassin est du gaz thermique, il a fallu que se forme d'abord de l'huile, ce qui constitue une incitation à en chercher. Au contraire, la formation de gaz bactérien ne s'accompagne pas de formation d'huile. Les critères utilisables pour effectuer cette distinction sont peu nombreux, car les molécules du gaz ont des structures simples qui ne recèlent que peu d'information : il s'agit de la proportion de méthane dans les hydrocarbures gazeux, ainsi que de la composition en isotopes stables du carbone et de l'hydrogène contenu dans le méthane [Schoell, 1980].

En effet, le gaz bactérien est isotopiquement plus léger que le gaz thermique. D'autre part, c'est toujours un gaz « sec », c'est-à-dire qu'il ne contient pratiquement pas d'hydrocarbures autres que le méthane, contrairement au gaz thermique qui peut contenir de fortes proportions d'autres hydrocarbures gazeux.

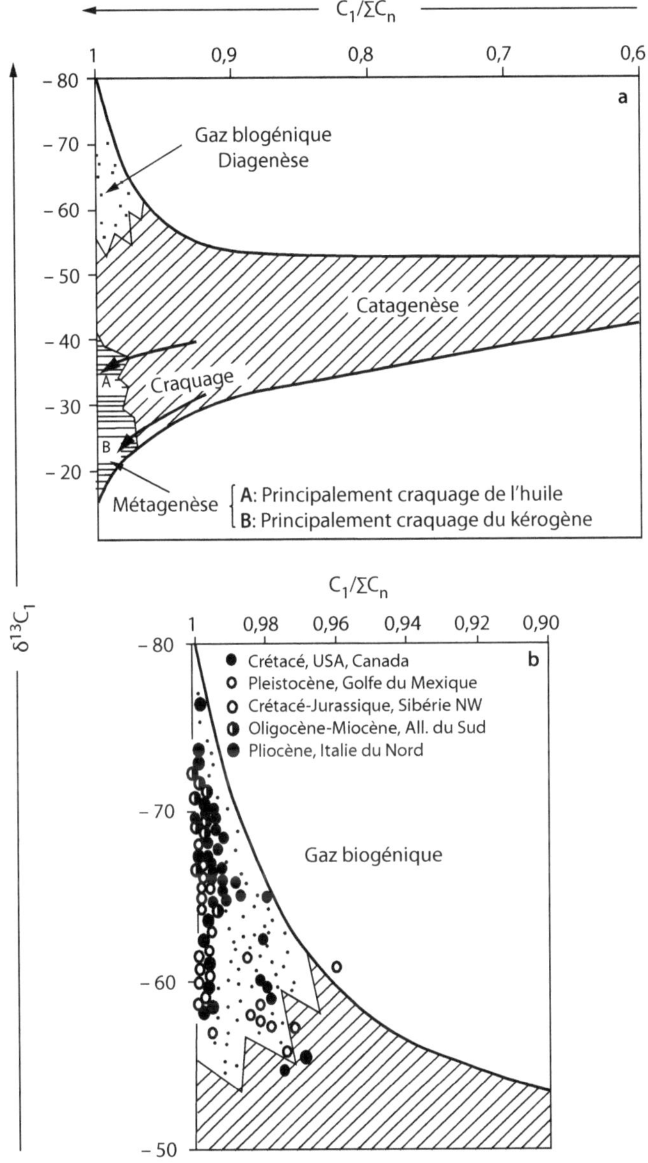

Figure 3.11

Composition pondérale du méthane dans les gisements d'hydrocarbures gazeux
en fonction de l'écart isotopique $\delta^{13}C$ du méthane.
Source : Tissot et Bessereau, 1982

Sur la figure 3.11, les proportions pondérales de méthane dans les gisements d'hydrocarbures gazeux sont portées en fonction de l'écart isotopique $\delta^{13}C$ du carbone du méthane. L'écart

isotopique $\delta^{13}C$ mesure l'écart du rapport isotopique $^{13}C/^{12}C$ par rapport à un standard dit PDB standard (carbonates des rostres de Bélemnite de la formation PD en Floride) :

$$\delta^{13}c = \left(\frac{^{13}c/^{12}c_{\text{échantillon}}}{^{13}c/^{12}c_{\text{standard}}} - 1 \right) 1\,000 \tag{3.2}$$

L'abondance moyenne de l'isotope ^{13}C est de 1,11 % du carbone total.

On utilise aussi de la même façon le δD, qui mesure l'écart de la proportion de deutérium dans l'hydrogène, ici celui du méthane, à un standard qui est la proportion de deutérium dans un échantillon standard d'eau de mer, le SMOW (*Standard Mean Ocean Water*). L'abondance moyenne du deutérium est de 0,015 % de l'hydrogène total.

Il arrive cependant que gaz d'origine biochimique et gaz d'origine thermique soient mélangés dans un gisement. Ce serait, par exemple, le cas des niveaux supérieurs du gisement géant sibérien d'Ourengoï.

De grandes quantités d'un gaz bactérien appelé « secondaire » par opposition au gaz bactérien classique appelé « primaire », peuvent être formées par dégradation du pétrole dans ses gisements par des bactéries [Milkov 2010], phénomène bien connu responsable en particulier de la formation d'huiles extra-lourdes et de bitumes [Huc et Vially 2011]. Ce gaz bactérien secondaire est un gaz « sec » comme le primaire, contenant très peu d'hydrocarbures autres que le méthane, mais le $\delta^{13}C$ de son méthane est voisin de celui du gaz thermique. Gaz bactérien primaire, gaz bactérien secondaire et gaz thermique peuvent être distingués dans un diagramme dont les coordonnées sont d'une part le $\delta^{13}C$ du gaz carbonique qu'ils contiennent, et d'autre part le $\delta^{13}C$ de leur méthane. Sur la figure 3.12 sont présentés des points expérimentaux obtenus d'après des mesures réalisées sur quelques gisements [Huc et Vially, 2011, Milkov, 2010].

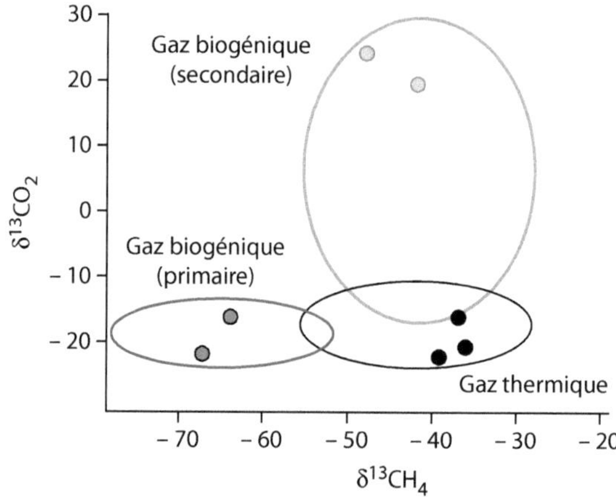

Figure 3.12

Distinction entre gaz bactérien primaire, gaz bactérien secondaire et gaz thermique d'après le $\delta^{13}C$ du carbone de leur gaz carbonique et de leur méthane.
Source : Huc et Vially, 2011, d'après Milkov, 2010

3.2.1.3   Gaz inorganique

Le mode **inorganique** de formation des gaz hydrocarbures reste très secondaire et on ne connaît pas actuellement de gisement de gaz de cette origine qui soit exploité industriellement. Les gaz volcaniques ou les sources hydrothermales contiennent parfois du méthane et les inclusions fluides des minéraux des roches métamorphiques ou magmatiques renferment assez souvent des hydrocarbures légers, méthane principalement. Ces hydrocarbures trouvent probablement leur origine dans une synthèse inorganique directe à partir de composés simples : C, CO, CO_2, H_2, H_2O par des réactions du type Fischer-Tropsch :

$$2CO + 2H_2 \rightarrow CH_4 + CO_2 \tag{3.3}$$

Ce type de synthèse peut aussi produire des hydrocarbures plus lourds. Les composés simples initiaux proviennent de réactions minérales, mais une partie résulte sans doute de la dégradation ultime du kérogène.

Gold (1979) a repris à son compte une théorie formulée initialement par Porfiriev [*in* Sokolov, 1974] sur l'origine inorganique des hydrocarbures gazeux, qui a eu beaucoup de succès dans les médias et dans certains milieux scientifiques peu familiers de la géologie des hydrocarbures. Selon lui, il existerait, enfouies dans les profondeurs de l'écorce terrestre, de grandes quantités de méthane « primordial », qui sont soit un reliquat d'une atmosphère primitive comme il en existe encore à la surface de certaines planètes (par exemple Titan, satellite de Jupiter), soit un produit de la transformation de bitumes comme il en existe dans les météorites carbonées. Ce méthane remonterait vers la surface à la faveur des tremblements de terre et serait selon Gold à l'origine de l'essentiel des gisements de gaz. Cette théorie au caractère très spéculatif, et même miraculeux – il suffirait de forer à une profondeur suffisante, et dans les boucliers cristallins plutôt que dans les bassins sédimentaires, pour trouver de quoi satisfaire les besoins énergétiques de l'humanité pendant des siècles – doit être considérée avec prudence. Il n'existe jusqu'à présent aucune donnée expérimentale tendant à l'accréditer. Un forage qui a été effectué dans la région du lac Siljan en Suède, sur les indications de Gold, s'est avéré un échec [Jeffrey et Kaplan, 1988]. Cette théorie n'intéresse plus à l'heure actuelle les professionnels de l'exploration pétrolière.

D'une manière générale, les conditions régnant dans les roches magmatiques et métamorphiques et dans les profondeurs de l'écorce terrestre ne sont pas favorables à la stabilité des hydrocarbures [Sokolov, 1974]. Il peut cependant exister localement des conditions se prêtant à leur formation.

3.2.2   Constituants non hydrocarbures

Les origines et les modes de formation des constituants non hydrocarbonés trouvés dans les gisements de gaz naturel ont été moins étudiés que ceux des hydrocarbures, car ces constituants ne présentent guère d'intérêt économique. Leur composition isotopique, qui est une information essentielle, est rarement mesurée malgré son faible coût d'accès. Les connaissances dans ce domaine sont donc mal assurées. On sait toutefois que leurs origines et leurs modes de formation sont plus variés que ceux des hydrocarbures.

3.2.2.1 Constituants majeurs

Le **dioxyde de carbone** peut se former, comme on l'a vu, dans les sédiments récents par dégradation aérobie des débris organiques en cours de sédimentation.

Il peut également se former par dégradation thermique des kérogènes au cours de l'enfouissement dans la zone de diagenèse principalement mais aussi au cours des étapes ultérieures.

Les kérogènes d'origine continentale (type III) sont ceux qui produisent par dégradation thermique le plus de dioxyde de carbone par unité de poids, parce qu'ils sont initialement les plus riches en oxygène et les moins riches en hydrogène.

Le dioxyde de carbone est formé selon un mode mi-organique, mi-inorganique, par réaction des hydrocarbures et des résidus carbonés de la dégradation du kérogène avec l'eau aux fortes profondeurs (réactions inverses des réactions de Fischer-Tropsch). Il peut s'en produire à forte profondeur au cours de la réduction des sulfates par les hydrocarbures, qui fait partie des mécanismes de production de l'hydrogène sulfuré décrits plus loin.

Des modes purement inorganiques, comme la décomposition thermique des carbonates à des températures dépassant 200 °C, peuvent intervenir [Hunt, 1979]. Il existe aussi du dioxyde de carbone d'origine volcanique ou magmatique [Tiratsoo, 1979], dont la formation nécessite également des températures élevées, supérieures à 200 °C.

L'**hydrogène sulfuré**, tout comme le dioxyde de carbone et le méthane, peut se former par voie biochimique dans les sédiments récents. Les bactéries responsables de ce phénomène réduisent les sulfates dissous dans l'eau et sont donc appelées sulfatoréductrices. Il se forme aussi par dégradation thermique des kérogènes [Le Tran *et al.*, 1974] et des huiles riches en soufre dans les zones de catagenèse et de métagenèse. Il peut aussi être obtenu si la température, qui doit être supérieure à 150 °C, et donc la profondeur sont suffisantes, par réduction des sulfates souvent présents dans les réservoirs carbonatés, par les hydrocarbures, avec pour contrepartie une oxydation des hydrocarbures qui produit du dioxyde de carbone. C'est ainsi que l'on explique l'abondance de l'hydrogène sulfuré dans certains gisements, tels celui de Lacq en France. Le tableau 3.2 rassemble un certain nombre de ces gisements, dont on observe qu'ils se trouvent effectivement à forte profondeur dans des formations carbonatées.

L'**azote** peut lui aussi être produit par voie bactérienne dans les sédiments et les sols. L'étape initiale est la réduction des nitrates dissous dans les eaux. Cette réduction produit de l'ammoniac qui peut à son tour être transformé en azote. Toutefois, dans les sédiments récents, la source principale d'azote est probablement le piégeage de l'air. L'oxygène contenu dans l'air piégé est consommé par les bactéries et seuls restent les gaz inertes : azote, mais aussi argon, krypton, néon et xénon. L'azote peut être également produit par la dégradation thermique de la matière organique. Dans ce mode de formation, l'azote est produit principalement en fin de catagenèse et pendant la métagenèse [Boudou *et al.*, 1984, Figure 3.13]. Enfin, il peut avoir une origine magmatique ou volcanique.

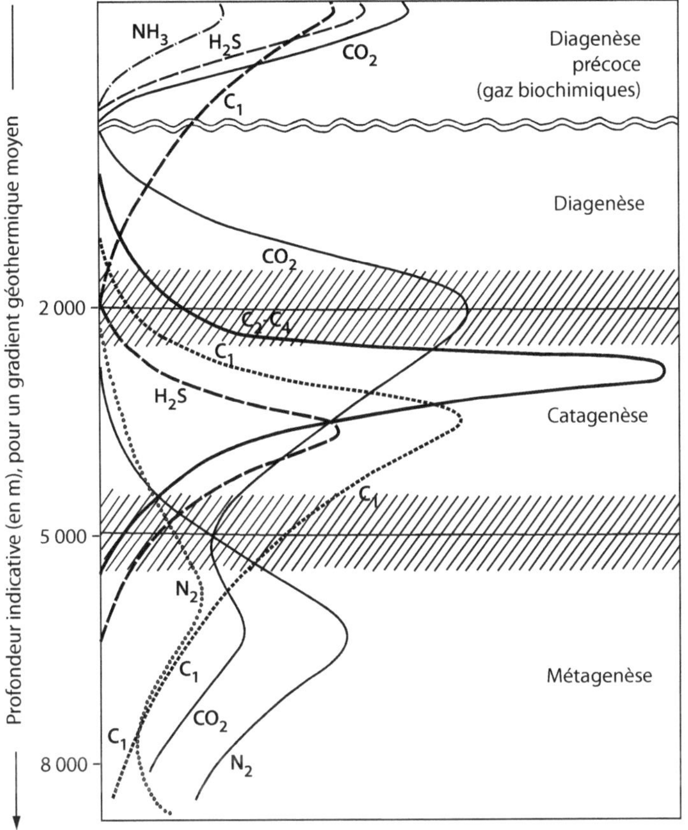

Figure 3.13

Formation des gaz naturels à partir de la matière organique en fonction de l'enfouissement.

Sur la figure 3.13, les quantités des différents gaz formés à partir de la matière organique ont été portées en fonction de l'enfouissement, pour des valeurs moyennes du gradient géothermique et de la vitesse d'enfouissement. La formation d'ammoniac (NH_3) en faible quantité dans les sédiments récents ou dans les sédiments faiblement enfouis résulte de processus biochimiques (réduction des nitrates), mais aussi sans doute physicochimiques (destruction des fonctions aminées du kérogène). Le méthane (C_1), le dioxyde de carbone (CO_2) et l'hydrogène sulfuré (H_2S) formés au début de l'enfouissement le sont par des processus biochimiques. Cette figure n'est que très approximative et représente une synthèse d'observations naturelles [Burchill et Welch, 1988 ; Boudou *et al.*, 1984 ; Le Tran *et al.*, 1974 ; Suggate, 1959] et de résultats de pyrolyse en laboratoire [Boudou *et al.*, 1990 ; Durand-Souron *et al.*, 1982 ; Souron *et al.*, 1977 ; Juntgen et Klein, 1975]. Il faut bien noter qu'il ne s'agit pas là, comme sur les figures 3.7, 3.9 et 3.10, de quantités cumulées mais de **production instantanée**.

3.2.2.2 Constituants mineurs

L'hydrogène trouve très probablement son origine dans le craquage thermique des kérogènes et des pyrobitumes. L'énergie nécessaire est supérieure à celle de la formation du méthane et ce phénomène ne peut donc avoir lieu qu'à forte profondeur (dans la zone du métamorphisme minéral).

L'hélium a une origine inorganique. Il possède deux isotopes, ^{3}He et ^{4}He, dont le premier est un hélium « primordial » formé à l'origine du système solaire, et le deuxième le produit de la désintégration de l'uranium et du thorium et de leurs éléments-fils. Les proportions ^{3}He/^{4}He dans l'atmosphère sont actuellement dans un rapport de $1,4 \cdot 10^{-6}$. Les sources de l'hélium sont profondes et on observe en effet une augmentation avec la profondeur de la moyenne des quantités d'hélium contenues dans les sédiments : ^{4}He se forme par la désintégration des minéraux radioactifs contenus dans la croûte terrestre, tandis que ^{3}He serait le produit du dégazage du manteau, situé sous la croûte terrestre.

Notons qu'hydrogène et hélium diffusent très facilement dans les sédiments. Leur présence dans un gisement ne signifie donc pas que leur source est proche, ou alors elle est encore très active, mais plutôt que la couverture du gisement est très efficace.

Les gisements riches en hélium sont souvent riches en azote. Selon Sokolov (1974), cela est dû au fait que ces deux gaz ont des propriétés voisines au cours de la migration, en particulier du fait de leur inertie chimique. Mais il se pourrait plutôt que ce phénomène soit lié aux particularités des gisements riches en hélium. Les gisements cités par Sokolov sont en effet des gisements situés dans des roches anciennes (Permien) possédant une couverture de sel. Seul en effet, le sel est suffisamment étanche pour stocker de l'hélium sur une période aussi longue. La forte teneur en azote signifierait que dans les roches-mères anciennes ayant alimenté les gisements, la matière organique était à un stade de dégradation thermique avancé. Une étude d'une centaine de gisements de gaz situés en Chine [Xu *et al.*, 1982] montre qu'il n'y a pas dans ces cas de corrélation entre les teneurs d'azote et d'hélium.

L'argon peut être constitué soit à partir d'un reliquat d'air piégé (il contient alors les trois isotopes ^{36}Ar, ^{38}Ar et ^{40}Ar dans les mêmes proportions que dans l'atmosphère), soit par désintégration du potassium 40 (il s'agit alors de l'isotope ^{40}Ar), soit par un mélange provenant de ces deux sources.

3.2.2.3 Constituants en traces

On trouve parfois dans les gisements des traces de gaz « rares » : **krypton**, **néon** et **xénon** ne pouvant provenir que d'air initialement piégé. Du **radon** (^{222}Ra) est associé à l'hélium dans quelques cas. Il ne peut guère s'agir que du produit de la désintégration du radium dans les roches avoisinantes.

Le gaz naturel peut également contenir des traces de **mercure**, généralement sous forme élémentaire, dont l'origine n'est pas connue. Ce mercure a pu se former par décomposition thermique ou réduction au contact des hydrocarbures à partir de sulfure de mercure (cinabre), composé relativement instable. La concentration en mercure peut varier dans la gamme de 1 à 75 μg/m^3 (n). La présence de ces traces de mercure, si elle est ignorée par les exploitants, peut avoir des conséquences graves car le mercure corrode certains matériaux tels que l'aluminium.

L'arsenic est souvent associé au mercure, et se trouve plutôt sous forme AsH_3. Dans les condensats de gaz naturels, les concentrations se situent dans la gamme de 10 à 3 000 ppb pour le mercure et de 10 à 150 ppb pour l'arsenic [Sarrazin *et al.*, 1992].

Le tableau 3.3 résume, selon Hunt (1979), les principales sources des constituants non hydrocarbonés des gaz naturels.

Ces sources sont classées par ordre d'importance décroissante (1 à 4). La dégradation thermique de la matière organique dans les sédiments et la maturation des charbons sont à considérer comme deux aspects d'un même phénomène, dont relève également l'altération thermique des huiles et des asphaltes. Il apparaît ainsi que sauf pour l'hélium, la première source des constituants non hydrocarbonés des gisements de gaz naturel est la dégradation thermique de la matière organique.

Tableau 3.3. Sources des constituants du gaz naturel trouvés dans les gisements

Source	Ordre d'importance probable pour chaque source					
	CH_4	CO_2	N_2	H_2S	He	H_2
Dégradation thermique de la matière organique dans les sédiments	1	1	1	1		1
Dégradation microbienne de la matière organique dans les sédiments	2	4				
Maturation des charbons	4	3	2			
Altération thermique des gisements d'huile et d'asphalte	3			2		
Diffusion des roches ignées et métamorphiques			3		1	
Dégradation thermique des carbonates		2				
Air piégé			4			

Le chiffre 1 marque l'importance la plus grande, et 4 la plus faible.

Source : Hunt, 1979

La figure 3.13, synthèse d'observations naturelles et de résultats d'expériences de pyrolyse, montre par ailleurs quelles sont les profondeurs d'enfouissement moyennes auxquelles se forment ces constituants. Dans l'état actuel des connaissances, cette figure n'est qu'indicative. L'ammoniac, du fait de sa grande sensibilité à l'eau, ne peut guère s'accumuler dans les gisements. Il en est de même la plupart du temps pour le dioxyde de carbone formé à faible profondeur, car non seulement il est fort soluble dans l'eau, mais il peut aussi se combiner pour former des carbonates.

Dioxyde de carbone excepté, les constituants non hydrocarbonés produits par cette dégradation thermique sont formés à des températures et donc à des profondeurs importantes. En règle générale, les gisements riches en ces constituants sont par conséquent des gisements profonds. Il ne faut pas oublier cependant que les gaz migrent facilement vers la surface et aussi que l'érosion des sédiments peut amener près de la surface des gisements qui étaient initialement profonds.

3.3   FORMATION DES GISEMENTS DE GAZ NATUREL

3.3.1 Généralités

Un gisement de gaz naturel occupe l'espace poreux intergranulaire ou les fissures d'une roche que l'on appelle roche-magasin, roche-réservoir ou plus simplement **réservoir**. La perméabilité de cette roche doit être suffisante pour obtenir un débit de gaz permettant une exploitation rentable. Les gisements de gaz sont classés en gisements « conventionnels » ou « classiques », formés par des accumulations de gaz et pouvant être exploités avec les techniques actuelles et en gisements « non conventionnels » ou « non classiques », dans lesquels le gaz est stocké dans des conditions spécifiques et dont la mise en exploitation nécessite généralement des techniques particulières et coûteuses (cf. Chapitre 2).

Le réservoir qui contient le gaz contient aussi de l'eau, fluide omniprésent dans les sédiments et très fréquemment de l'huile. Tout ou partie du gaz peut être dissous dans l'eau ou dans l'huile, en fonction des conditions thermodynamiques régnant dans le gisement et des espèces chimiques présentes.

Si une phase « gaz » est présente, sa densité est plus faible que celle de l'eau ou de l'huile et elle a tendance à se déplacer vers le haut sous l'effet de la poussée d'Archimède ; elle ne reste donc dans le réservoir que parce qu'elle est arrêtée par une barrière.

Cette barrière est soit une barrière de perméabilité, roche argileuse ou sel le plus souvent, soit une barrière hydrodynamique, le mouvement de l'eau contrariant alors la poussée d'Archimède. L'ensemble réservoir/barrière constitue un **piège**. La figure 3.14 schématise quelques exemples de pièges classiques.

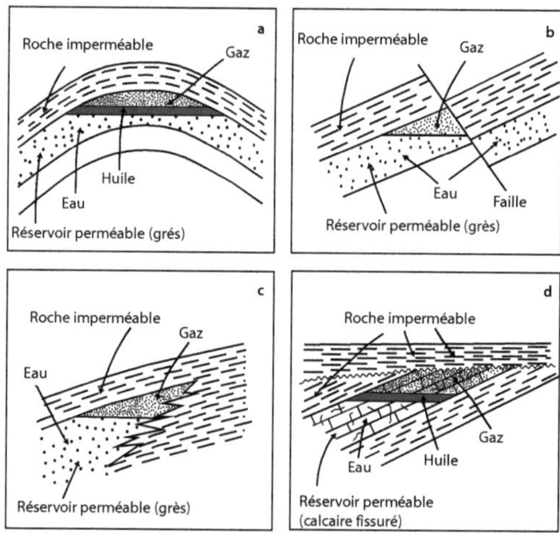

Figure 3.14

Exemples de pièges classiques d'hydrocarbures
(a : anticlinal, b : fermeture contre faille, c : piège non structurel par variation latérale de perméabilité, d : piège sous discordance).

La figure 3.15 représente un exemple de piège non classique où le gaz, formé dans les parties profondes d'un bassin (Deep Basin de l'Alberta, Canada), progresse vers le haut sous l'effet de la poussée d'Archimède. Cependant, la perméabilité du milieu dans lequel progresse le gaz est très faible et le mouvement du gaz est très lent du fait de l'existence d'importantes forces de capillarité qui s'opposent au mouvement. Sur cette figure, l'échelle marquée en % R_m correspond à l'accroissement du pouvoir réflecteur de la vitrinite en fonction de la profondeur. On considère que le gaz commence à se former en quantités importantes à partir d'un R_m de 1,3 %. Le gaz situé au-dessus de cette limite est donc de toute évidence un gaz qui s'est formé plus profondément dans le bassin.

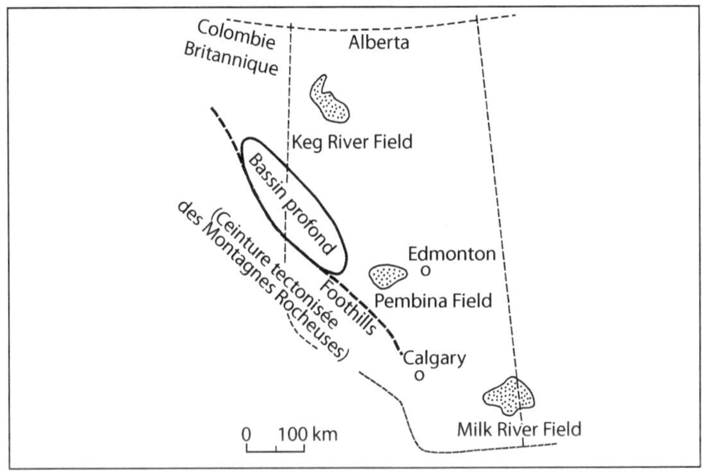

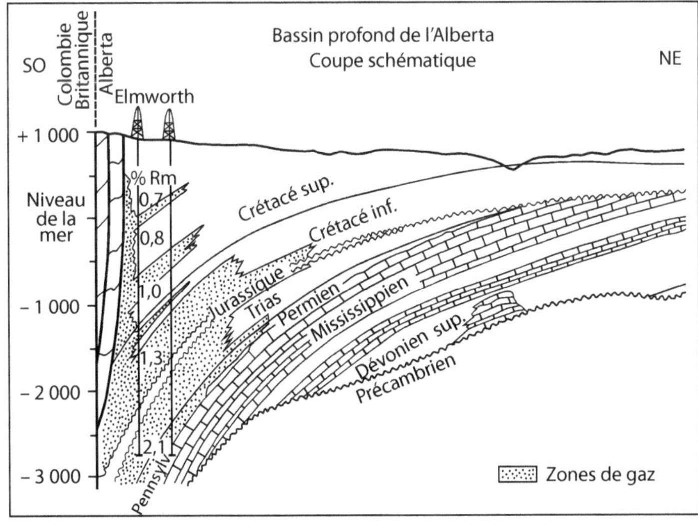

Figure 3.15

Gisement de gaz du bassin profond de l'Alberta.
Source : Tissot et Welte, 1984

La plupart des barrières, sel excepté, ne sont pas assez efficaces pour arrêter complètement la progression du gaz vers le haut. Il existe donc des fuites, phénomène que l'on appelle **dismigration**. Bien sûr, la dismigration est rarement perceptible à l'échelle de temps humaine. Néanmoins, à l'échelle de temps géologique, un gisement de gaz apparaît comme un stockage souterrain provisoire qui ne dure que tant que l'approvisionnement est supérieur aux fuites.

La roche-réservoir participe à l'évolution géologique du bassin. Elle peut s'enfoncer ou remonter vers la surface, ce qui provoque une modification des conditions thermodynamiques qui y règnent. Elle peut aussi être déformée par la tectonique, cimentée par des recristallisations minérales, ou même détruite par érosion si elle se retrouve à la surface. Les gisements de gaz naturel sont donc des objets complexes. Chacun d'entre eux a une histoire qui lui est propre.

3.3.2 Gisements de gaz thermique

Les figures 3.16 et 3.17 représentent des gisements d'hydrocarbures « thermiques » classiques, dont des gisements de gaz, pour diverses situations géologiques.

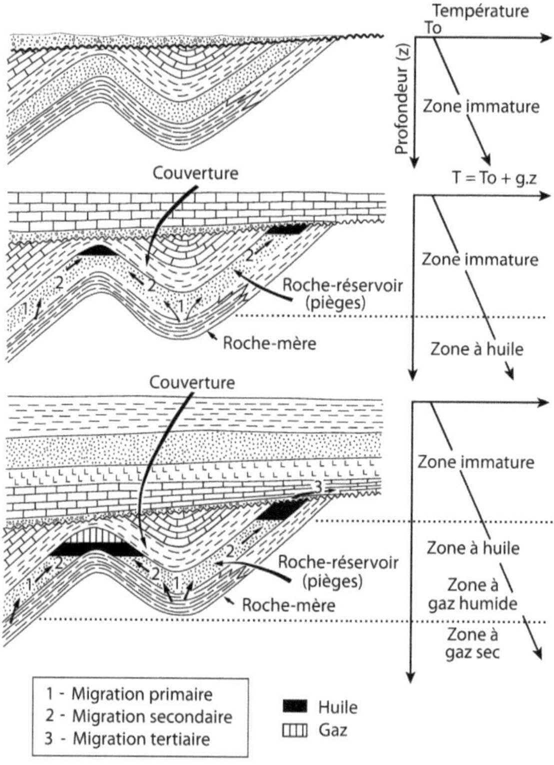

Figure 3.16

Étapes successives de l'enfouissement d'un bassin sédimentaire et formation progressive de l'huile et du gaz.

La figure 3.16 schématise trois étapes successives de l'évolution d'un bassin sédimentaire. Les hydrocarbures se forment dans un niveau argileux riche en kérogène, au fur et à mesure de l'enfouissement de ce niveau. Dans une première étape, la température et la durée de maturation ne sont pas suffisantes pour que se forment des hydrocarbures. C'est l'étape immature (diagenèse). Dans la deuxième étape, sous l'effet d'un gradient géothermique g, supposé ici constant avec la profondeur, température et durée sont devenues suffisantes pour que l'huile commence à se former (début de la catagenèse). L'huile est expulsée sous l'effet de la pression vers les drains perméables avoisinants : c'est la **migration primaire**. Elle progresse ensuite sous l'effet de la poussée d'Archimède dans les drains pour atteindre les pièges, au cours de la **migration secondaire**. Des gisements d'huile se constituent ainsi. Dans la troisième étape, température et durée sont devenues suffisantes pour que se forme du gaz dans la partie la plus profonde de la roche-mère. La migration alimente le piège de type anticlinal (représenté à gauche sur la figure 3.16). Une phase gazeuse se retrouve donc située au-dessus de la phase « huile ».

Dans le piège sous discordance (représenté à droite sur la figure 3.16), la phase « huile » continue de se développer ; la poussée d'Archimède qui en résulte est devenue suffisamment importante pour que des fuites se produisent à travers la barrière : c'est la dismigration, appelée aussi **migration tertiaire**.

On peut imaginer des étapes ultérieures à ce scénario : si le bassin s'enfonce encore, la production de gaz dans la roche-mère augmente et les gisements s'enrichissent donc en gaz. Il arrive aussi que l'huile contenue dans les gisements soit à son tour convertie en gaz. Dans le cas du piège sous discordance, les fuites peuvent devenir telles que le gisement se vide complètement.

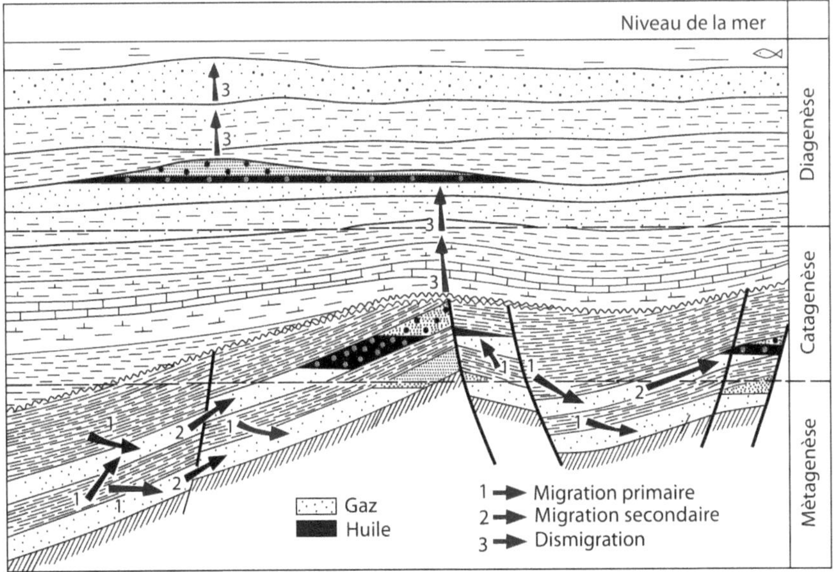

Figure 3.17

Exemples de répartition de gisements d'huile et de gaz dans un bassin sédimentaire.
Source : Durand, 1987

La figure 3.17 présente un exemple de répartition de gisements d'huile et de gaz thermiques dans un bassin sédimentaire et en explique la logique.

Les roches-mères sont deux niveaux argileux situés sous une discordance et au contact immédiat de deux niveaux gréseux.

L'ensemble roches-mères/drains gréseux est formé de blocs séparés par des failles, et il est situé sous un empilement régulier de niveaux sédimentaires, dont certains sont des roches perméables (grès).

Les parties les plus profondes des roches-mères produisent du gaz, tandis que les parties les moins profondes donnent naissance à de l'huile.

La répartition de l'huile et du gaz dans les pièges dépend des possibilités d'approvisionnement permises par la géométrie du système. C'est ainsi que le gisement le plus profond à droite de la figure ne contient que du gaz, car il ne peut être approvisionné que par du gaz. Le petit gisement situé au centre ne contient que de l'huile. Dans les autres, huile et gaz sont associés ; la phase « huile » contient du gaz dissout, et vice-versa. Un de ces gisements laisse fuir du gaz contenant de l'huile dissoute, qui gagne par dismigration un des niveaux gréseux situés au-dessus. Dans ce niveau moins profond, la température et la pression sont plus faibles et il s'ensuit une séparation entre une phase « huile » contenant encore un peu de gaz dissout, et une phase « gaz » renfermant encore un peu d'huile dissoute.

Dans cet exemple, le gaz fuit à nouveau à travers la couverture pour gagner la surface où il constitue un indice. Le gaz de cet indice est alors du gaz à peu près sec, les hydrocarbures les plus lourds étant séparés par condensation rétrograde. Le phénomène de condensation rétrograde, c'est-à-dire l'apparition d'une phase liquide par abaissement de la pression, est discuté dans le chapitre 4.

On comprend, d'après cet exemple, que les situations puissent être diverses d'un bassin sédimentaire à l'autre, en fonction de la géométrie du bassin, de son histoire géologique ainsi que de la localisation des roches-mères et des roches perméables. Ce n'est que dans le cas où les phénomènes de migration secondaire et tertiaire sont d'ampleur très limitée que la répartition des gisements d'huile et de gaz sera conforme à la zonéographie de formation des hydrocarbures : les gisements de gaz sont alors tous situés à des profondeurs supérieures aux gisements d'huile. Si au contraire, les migrations secondaire et tertiaire sont de grande ampleur, des gisements de gaz vont se situer loin de leur zone de formation (c'est le cas par exemple du gisement géant de Troll en mer du Nord) et la répartition des gisements d'huile et de gaz n'est plus reliée à la zonéographie de formation des hydrocarbures.

3.3.3 Gisements de gaz non conventionnels

Tous les gisements représentés sur les figures précédentes sont des gisements de gaz conventionnel, car ils sont situés dans des roches de forte perméabilité, et leur extraction est donc facile.

Les gisements de gaz non conventionnels ne se distinguent que par leur configuration particulière. Leur formation relève quant à elle des mêmes principes. Les principaux types de gaz non conventionnel ont été présentés dans le chapitre précédent (Chapitre 2). Ils comprennent :

- les gisements de « ***tight-sands*** » ou grès très peu perméables (compacts) : il s'agit de grès dont la perméabilité est si faible qu'il n'est pas possible d'obtenir un débit de gaz suffisant par simple forage. Les principaux gisements de *tight-sands*, rencontrés aux États-Unis et au Canada, contiennent du gaz sans huile associée ;
- les **schistes fissurés** : il s'agit de schistes hachés de fissures millimétriques qui sont remplies de gaz. Les fissures sont approvisionnées par le schiste encaissant, mais à vitesse très lente à l'échelle humaine. Ces schistes sont en fait des roches-mères contenant encore une partie du gaz qui s'y est formé. Il s'agit en général de gisements de gaz sans huile associée ; ce gaz de schiste (cf. Chapitre 2), est en fait du gaz thermique qui n'a pas pu sortir de sa roche-mère du fait de sa grande imperméabilité, mais aussi de l'absence dans le voisinage de formations poreuses qui auraient permis sa migration [Huc et Vially, 2011]. Aux États-Unis les roches-mères sont des formations carbonifères riches en kérogène, d'âge Mississipien (Marcellus Shale, Barnett Shale...) Elles ont atteint la fin de la fenêtre à huile (Figure 3.8, milieu fermé, fin de la zone c) et ne contiennent plus d'huile, mais du méthane et une quantité non négligeable d'hydrocarbures C_2-C_4, valorisés sous forme de gaz de pétrole liquéfiés (GPL). Le gaz de schiste était connu depuis longtemps dans ces formations et faisait l'objet de petites exploitations, mais les progrès récents du forage horizontal et de la fracturation hydraulique ont permis récemment de l'extraire de la roche-mère en grande quantité dans de bonnes conditions économiques. Pour l'instant, l'estimation de ses réserves à l'échelle mondiale est spéculative. La composition du gaz de schistes est importante pour la rentabilité de l'exploitation ; aux États-Unis, les hydrocarbures C_2-C_4 qu'il contient lui donnent une importante valeur ajoutée. Il n'en sera pas automatiquement de même partout dans le monde. On peut s'attendre à ce qu'il contienne parfois de l'hydrogène sulfuré, et, en particulier dans les séries houillères, de l'azote et du gaz carbonique ainsi que très peu d'hydrocarbures autres que du méthane ;
- le **gaz de houille** : il est bien connu que l'on trouve du gaz, le « **grisou** », associé à beaucoup de veines de charbons. Ce gaz est riche en méthane et contient souvent de fortes proportions de dioxyde de carbone et d'azote. Il s'est formé au cours de l'enfouissement du charbon, qui est sa roche-mère et s'y trouve encore. Il est libéré par la décompression provoquée par la mise en exploitation. On cherche en général à l'éliminer par ventilation, mais il peut parfois être rentable de le récupérer. On peut aussi, en dehors de toute exploitation minière, l'exploiter pour lui-même. Ce gaz de houille ou *Coal Bed Methane* (CBM) est produit en abondance aux États-Unis, et maintenant en Chine (cf. Chapitre 2) ;
- le gaz des **aquifères profonds** : il s'agit de gisements où le gaz ne forme pas de phase individualisée, mais se trouve à l'état dissous dans l'eau. Un exemple est celui des aquifères profonds de la Gulf Coast aux États-Unis déjà cités. Le gaz est du méthane pur, dont les quantités dissoutes sont de l'ordre de 10 à 20 m^3 (n) par mètre cube d'eau. Dans cette région, il existe des projets d'exploitation géothermique des aquifères profonds et la récupération du méthane contenu dans l'eau est considérée comme un élément important de la rentabilité de l'opération.

3.3.4 Gisements de gaz bactérien

Contrairement au gaz thermique, le gaz bactérien se forme dans les sédiments récents et à faible profondeur. La plupart des types de piège, tels que ceux qui sont représentés sur les figures précédentes, ne se forment qu'assez tardivement dans l'histoire des bassins sédimentaires. En effet, il faut le temps que se dépose une roche suffisamment peu perméable pour arrêter la progression des hydrocarbures vers la surface et que l'ensemble roche-mère/roche-réservoir soit déformé par la tectonique en faisant apparaître des points hauts où le gaz peut s'accumuler.

Les gisements « classiques » de gaz bactérien sont donc relativement rares. Les plus connus sont ceux de la plaine du Pô en Italie [Matavelli et Novelli, 1988]. Ce bassin est très subsident, c'est-à-dire que l'enfouissement des sédiments y est très rapide à l'échelle géologique (il est de l'ordre du kilomètre par million d'années). Le gaz s'est formé dans des turbidites, c'est-à-dire dans des sédiments provenant de l'accumulation de coulées de vases marines dues à l'éboulement de zones instables des pentes continentales. Elles comprennent des alternances de lentilles sableuses emballées dans des argiles qui empêchent le gaz formé de s'échapper. Ce type de formation se retrouve sur plusieurs kilomètres d'épaisseur, témoignant de la permanence du système pendant la subsidence du bassin. Les niveaux sédimentaires ont été légèrement plissés par une tectonique postérieure à leur dépôt, et le gaz s'est accumulé dans des points hauts (Figure 3.15). La profondeur jusqu'à laquelle s'est prolongée la formation de gaz bactérien n'est pas très bien connue, mais pourrait atteindre 2 000 m.

Certains de ces gisements ont été entraînés par la subsidence jusqu'à des profondeurs considérables. C'est ainsi que le gisement d'Antonella, situé à 4 500 m de profondeur, est le plus profond des gisements de gaz bactérien actuellement connus.

Des formations très analogues existent aussi en Pologne [Kotarba *et al.*, 1987] et sans doute en bien d'autres endroits.

Il existe bien d'autres « styles » de gisements « classiques » de gaz bactérien, en particulier dans les grandes plaines du Canada et du nord des États-Unis et en Sibérie [Rice et Claypool, 1981].

Assez souvent, les pièges dans lesquels on trouve ces gisements de gaz bactérien servent aussi de réceptacle à du gaz thermique venant des profondeurs du bassin.

C'est, par exemple, le cas des niveaux supérieurs du gisement d'Ourengoï, en Sibérie, ainsi que du champ de Candela présenté sur la figure 3.18.

Cette invasion par du gaz thermique se traduit par une augmentation du $\delta^{13}C$ ou du δD, ainsi que par la présence d'hydrocarbures gazeux autres que le méthane.

Il existe aussi des gisements non classiques de gaz bactérien : ce sont tout d'abord les gisements d'**hydrates** de méthane qui constituent une phase solide, et se présentent sous forme de couches discontinues et de faible épaisseur dans les sédiments hôtes. Les conditions de formation des hydrates sont discutées dans le chapitre 7. L'apparition des hydrates est favorisée par l'abaissement de la température et l'augmentation de pression.

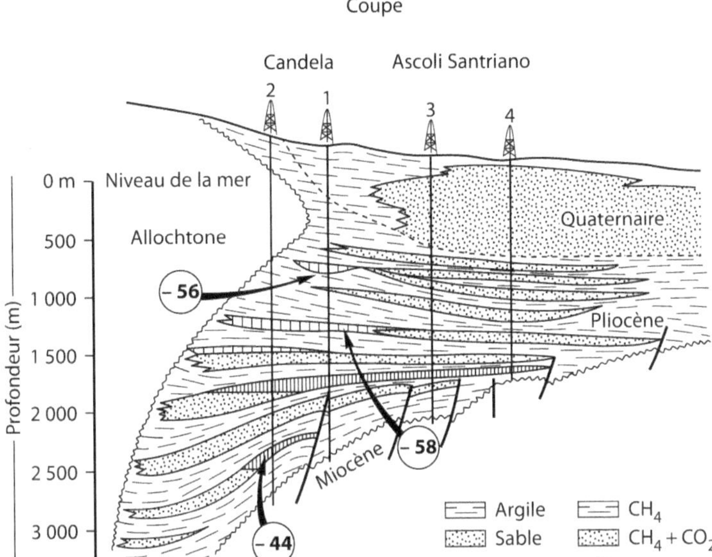

Figure 3.18

Coupe schématique du champ de gaz de Candela (Italie centrale).
Source : Matavelli et Novelli, 1988

On trouve des gisements d'hydrates soit dans les zones de pergélisols (zones arctiques du Canada et de l'ex-URSS, par exemple), soit dans les sédiments marins récents recouverts par d'importantes profondeurs d'eau, au pied des pentes continentales [Makogon, 1987 ; Hunt, 1979]. Dans le deuxième cas, la couche d'hydrates peut souvent être détectée par des méthodes sismiques, parce qu'elle constitue un réflecteur sismique. Celui-ci est appelé « *Bottom Simulator Reflector* (BSR) » parce qu'on peut le confondre avec l'interface eau/sédiment.

Sous la couche d'hydrate de méthane qui sert alors de barrière, s'accumule éventuellement du méthane gazeux.

Les quantités de méthane piégées sous forme d'hydrates sont considérables et probablement supérieures à celles qui sont contenues dans les gisements classiques de gaz, mais malgré de nombreux efforts, aucune méthode d'exploitation industrielle n'a encore pu être mise au point. Tant que cela ne sera pas possible, on ne peut donc les considérer comme des réserves.

De tels gisements ont peu de chances de perdurer au cours des temps géologiques car il suffit pour les détruire que les conditions de stabilité des hydrates ne soient plus réunies.

Il existe aussi des accumulations de gaz bactérien dans les sédiments du fond de certains lacs, ou même à l'état dissout dans les eaux du fond. C'est ainsi que les eaux du lac Kivu en Afrique orientale contiennent de grandes quantités de méthane, qui fait l'objet d'une utilisation locale. Le méthane de ce lac a une composition isotopique anormale pour du méthane bactérien. Ceci est dû au fait que les bactéries utilisent comme substrat du dioxyde de carbone d'origine volcanique profonde, au lieu du dioxyde de carbone provenant des sédiments récents. La composition isotopique de ces deux types de gaz est différente. L'origine actuelle, donc bactérienne, du méthane est cependant démontrée par la présence de carbone 14 radioactif, dont la période, 5 730 ans environ, est extrêmement courte à l'échelle de temps géologique [Schoell *et al.*, 1985].

3.4 RÉSERVES DE GAZ EN FONCTION DE L'ÂGE GÉOLOGIQUE DES GISEMENTS

L'évaluation des quantités d'hydrocarbures pouvant être extraites des bassins sédimentaires est l'une des questions que les économistes posent le plus fréquemment aux géologues. Des recherches considérables ont été effectuées sur ce thème après les chocs pétroliers, et ont conduit à effectuer la synthèse des données géologiques existantes.

Il a été dressé en particulier un état des réserves de gaz en fonction des époques géologiques [Bois *et al.*, 1982].

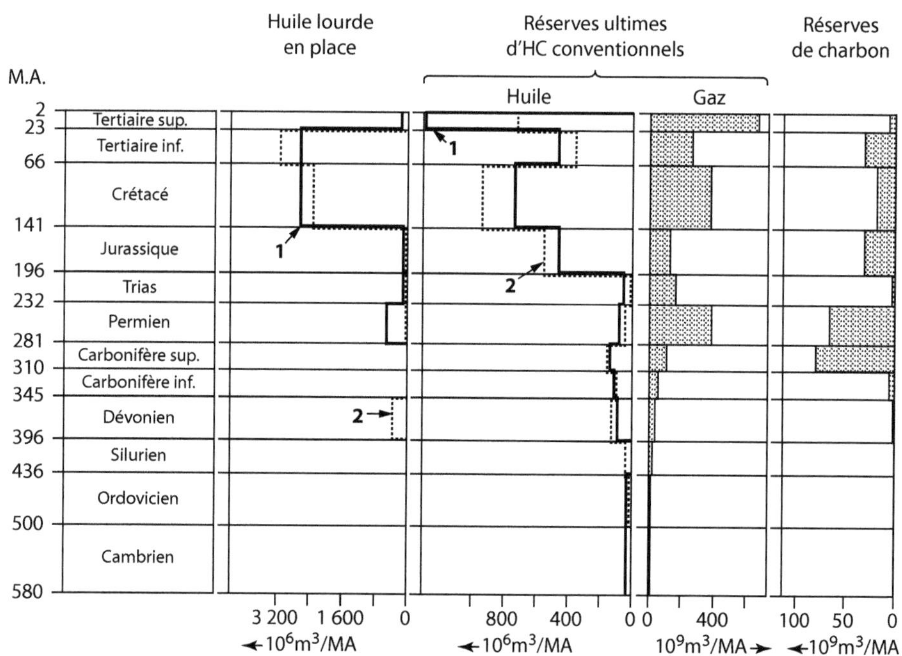

Figure 3.19

Réserves ultimes de combustibles fossiles en fonction de l'âge géologique.
Source : Bois *et al.*, 1982

Sur la figure 3.19, les courbes notées *1* indiquent une répartition en fonction de l'âge du réservoir, et les courbes notées *2* à une répartition en fonction de l'âge de la roche-mère. Les quantités cumulées sont de l'ordre de 10^{12} t pour l'ensemble de l'huile lourde en place et des réserves ultimes récupérables d'huile et de gaz (chaque catégorie représentant environ 1/3 du total). Les réserves ultimes de charbon sont estimées à 10^{13} t au total. On observe une décroissance des réserves de gaz avec l'âge géologique des séries dans lesquelles elles se trouvent. Cette diminution ne s'interprète pas par une décroissance des quantités de matière organique contenue dans les sédiments avec l'âge géologique. On n'observe en effet aucune tendance de ce genre, du moins pour les derniers 500 millions d'années. En fait, la cause de cette décroissance doit être recherchée dans d'autres phénomènes : dissipation des hydrocarbures à travers les couvertures, diminution de porosité tendant à chasser les hydrocarbures en place, mais aussi, destruction du gaz, tous phénomènes qui prennent d'autant plus d'importance que la formation des gisements est ancienne. Cependant, l'époque de cette formation des gisements ne coïncide pas forcément avec l'âge des sédiments roches-mères. En effet, il faut un enfouissement de plusieurs milliers de mètres pour que le gaz puisse se former, et cet enfouissement peut durer très longtemps. Il est donc possible que par exemple du gaz trouvé dans des séries paléozoïques se soit formé au mésozoïque. C'est le cas, entre autres, du gaz de certains gisements algériens tels que celui de Hassi R'mel.

Un décalage important entre âge des séries et âge de formation pourra donc expliquer des exceptions locales à cette tendance à la décroissance des ressources de gaz en fonction de l'âge géologique. Mais cela n'explique pas les tendances globales observées pour le Crétacé et le Permien, époques auxquelles correspondent des ressources considérables de gaz. L'anomalie du Crétacé semble s'expliquer par un développement exceptionnel à cette époque des dépôts de sédiments riches en matière organique devenus ensuite des roches-mères d'hydrocarbures. Quant aux ressources du Permien, elles consistent essentiellement en quelques gisements géants dont la couverture est une couche de sel. Le sel forme des couvertures particulièrement étanches, qui ont probablement empêché la dissipation des gisements.

La répartition géographique des réserves de gaz a été déjà discutée au chapitre 1. Les trois régions les plus riches en réserves prouvées de gaz sont depuis longtemps par ordre d'importance, la Sibérie Occidentale, le Moyen-Orient et l'Amérique du Nord. Elles contiennent encore à elles seules les 3/4 des réserves mondiales restantes de gaz conventionnel. C'est également dans ces régions que l'on pense trouver l'essentiel des réserves futures.

En Sibérie Occidentale, les réserves sont situées principalement dans des réservoirs d'âge Crétacé. Au Moyen-Orient, l'essentiel du gaz se trouve d'une part en Iran dans des réservoirs d'âge Permien, d'autre part, au Qatar, en Iran et en Arabie Saoudite, dans des réservoirs d'âge Jurassique, Crétacé et Tertiaire. La moitié environ des réserves prouvées du continent nord-américain sont situées dans le golfe du Mexique, qui produit surtout dans des réservoirs d'âge Tertiaire.

En Europe, les régions où se situent les réserves prouvées les plus importantes sont constituées par des réservoirs d'âge Permien, dans la partie méridionale de la mer du Nord, en Hollande (gisement de Groningue, en particulier) et en Allemagne du Nord, ainsi que par des réservoirs d'âge Jurassique et Crétacé situés en mer du Nord, où a été découvert en 1979 au large de Bergen le gisement géant de Troll.

Dans ces statistiques, la distinction n'est pas faite entre gaz bactérien et gaz thermique, car les analyses nécessaires à cette distinction sont rarement accessibles. Les réserves de gaz bactérien ne peuvent guère se trouver que dans des formations assez récentes. La fragilité de la plupart des gisements de gaz bactérien en rend en effet improbable leur conservation sur de très longues périodes de temps. Il y a 30 ans, on estimait cependant que globalement, le gaz bactérien représentait environ 20 % des réserves mondiales alors connues [Rice et Claypool, 1981]. Mais les découvertes faites depuis consistent essentiellement en gaz thermique.

L'état des lieux n'a pas fondamentalement changé avec les découvertes récentes. Cependant s'est affirmée ces derniers temps l'importance des réserves en gaz des pays de l'ex-URSS riverains de la Mer Caspienne, en particulier le Turkménistan, avec la découverte en 2006 dans des carbonates du Jurassique du gisement supergéant de Yolotan-Osman, qui pourrait être le deuxième plus grand gisement de gaz du monde après celui de North-Dome/South Pars, ce dernier se trouvant dans des réservoirs d'âge Crétacé partagés entre le Qatar et l'Iran. D'autre part, on observe l'importance croissante des réserves en gaz de schiste, particulièrement aux États-Unis, ce qui permet actuellement à ce pays de rivaliser avec la Russie pour la première place dans la production mondiale de gaz. On ne sait pas encore s'il s'agit là d'une révolution durable, ni si d'autres régions du Monde connaîtront les mêmes développements qu'aux États-Unis.

3.5 CONCLUSION

À partir d'études géochimiques, il est possible de mieux comprendre les facteurs qui influencent la composition et la localisation des gisements de gaz naturel. Les modèles de formation et de migration du pétrole et du gaz naturel, qui ont été développés ces dernières années, constituent un outil de prévision de plus en plus précis. Ces modèles sont maintenant intégrés dans ce qu'on appelle des simulateurs de bassin, qui font en 3D la synthèse des connaissances géologiques et géochimiques acquises sur les bassins et reconstituent l'histoire de leur évolution au cours des temps géologiques, ainsi que de la formation du pétrole et du gaz et de leurs gisements [Hantschel et Kauerauf 2009 ; Durand B. 2003 ; Ungerer *et al.*, 1990]. L'ensemble des connaissances acquises dans ce domaine permet ainsi d'orienter les travaux d'**exploration** et de réduire les risques d'échec au cours des forages de découverte.

3.6 NOTATIONS

$\delta^{13}C$ mesure de l'écart du rapport isotopique $^{13}C/^{12}C$ par rapport à un standard

δD mesure de l'écart du rapport isotopique D/H par rapport à un standard

PDB standard (carbonates des rostres de Bélemnite de la formation PD en Floride)

R_m pouvoir réflecteur de la vitrinite

BIBLIOGRAPHIE

Behar F, Vandenbroucke M (1986) Représentation chimique de la structure des kérogènes et des asphaltènes en fonction de leur origine et de leur degré d'évolution, *Revue de l'Institut Français du Pétrole*, **41**, n° 2, mars-avril, p. 173-188.

Bois C, Bouché P, Pelet R (1982) Global Geologic History and Distribution of Hydrocarbon Reserves, *Am. Assoc. Petrol. Geol. Bull.*, **66**, n° 12, September, p. 1248-1270.

Bonham LC (1978) Solubility of Methane in Water at Elevated Temperatures and Pressures, *Am. Assoc. Petrol. Geol. Bull.*, **62,** n° 12, December, p. 2478-2488.

Boudou JP, Espitalié J, Marquis F (1990) Continuous Gas Detection During Heating of Coal and Kerogen, in *Coal Science and Technology 15 – New Methodologies for Coal Characterization*, (Edit. H. Charcosset), Elsevier, Amsterdam, Netherlands, p. 285-310.

Boudou JP, Mariotti A, Oudin JL (1984) Unexpected Enrichment of Nitrogen During the Diagenetic Evolution of Sedimentary Organic Matter, *Fuel*, **63,** n° 11, November, p. 1508-1510.

Burchill P, Welch LS (1988) Variation of Nitrogen Content and Functionality with Rank of Some UK Bituminous Coals, *Fuel*, **68**, n° 1, January, p. 100-104.

Durand B (2003) A History of Organic Geochemistry, *Oil & Gas Science and Technology - Rev. IFP*, **58**, n° 2, Mars-Avril.

Durand B (1987) Du kérogène au pétrole et au charbon : les voies et les mécanismes des transformations des matières organiques sédimentaires au cours de l'enfouissement, *Mém. soc. géol., France, NS*, n° 157, p. 77-95.

Durand B, Valais M (1983) Le gaz naturel, *La Recherche*, **14**, n° 146, juillet-août, p. 920-933.

Durand B et Espitalié J (1973) Évolution de la matière organique au cours de l'enfouissement des sédiments, *C.R. Acad. Sci. Ser. D 276, 2253-2255 (1973)*.

Durand-Souron C, Boulet R, Durand B (1982) Formation of Methane and Hydrocarbons by Pyrolysis of Immature Kerogens, *Geochemica Et Cosmochimica Acta*, **46**, n° 7, July, p. 1193-1202.

Gold T (1979) Terrestrial Sources of Carbon and Earth Quake Outgasing, *J. of Petroleum Geology*, 1, n° 3, p. 1-19.

Hantschel T, Kauerauf AI (2009) Fundamentals of Basin and Petroleum Systems Modeling, Springer-Verlag Berlin Heidelberg 2009, 469 p.

Huc, A-Y, Vially R (2011), New Perspectives for Fossil Fuels : Hydrocarbons in Unconventionnal Settings. IFP Énergies Nouvelles, Geology-Geochemistry-Geophysics Division. Reference 61823, Feb. 2011.

Hunt JM (1979) Chapter 5 - How Gas Forms, in *Petroleum Geochemistry and Geology*, WH Freeman and Co., San Francisco, Ca, p. 150-185.

Jeffrey AWA, Kaplan IR (1988) Hydrocarbons and Inorganic Gases in the Gravberg-1 Well, Siljan Ring, Sweden, *Chemical Geology*, **71**, n° 1-3, p. 237-257.

Juntgen H, Klein J (1975) Entstehung Von Erdgas Aus Hohligen Sedimenten (Origin of Natural Gas from Coaly Sediments), *Erdoel Kohle-Erdgas-Petrochem*, **28**, n° 2, p. 63-75.

Kotarba M, Szafran S, Espitalié J (1987) A Study of Organic Matter and Natural Gases of the Miocene Sediments in the Polish Part of the Carpathian Foredeep, *Chemical Geology*, **64**, n° 3/4, Oct. 30, p. 197-207.

Le Tran K, Connan J, van der Weide B (1974) Problèmes relatifs à la formation d'hydrocarbures et d'hydrogène sulfuré dans le Bassin sud-ouest aquitain, in *Advances in Organic Geochemistry 1973*, (Edit. B. Tissot et F. Bienner), Éditions Technip, Paris, p. 761-789.

Makogon Y (1987) Les hydrates de gaz : de l'énergie congelée, *La Recherche*, 18, n° 192, p. 1196-1200.

Matavelli L, Novelli L (1988) Geochemistry and Habitat of Natural Gases in Italy, in *Advances in Organic Geochemistry 1987*, (Edit. L. Matavelli and L. Novelli), *Org. Geochemistiy*, **13**, n° 13, p. 1-13.

Milkov AV (2010) Worldwide Occurrences and Significance of Secondary Microbial Methane During Petroleum Biodegradation. *AAPG Annual Convention and Exhibition, New Orleans, USA, 11-14 April 2010*.

Rice DD, Claypool GE (1981) Generation, Accumulation and Resource Potential of Biogenic Gas, *Am. Assoc. Petrol. Geol. Bull.*, 65, n° 1, January, p. 5-25.

Sarrazin P, Cameron CJ, Barthel Y, Morrison ME (1992) Arsenic and Mercury Removal from Hydrocarbons Streams, *AIChE 1992 Spring National Meeting*, New Orleans, La, March 29-April 2, 14 p.

Schoell M, Tietze K, Schoberth SM (1985) Origin of Methane in Lake Kivu (East-Central Africa), *Chemical Geology*, **71**, p. 257-265.

Schoell M (1980) Hydrogen and Carbon Isotopic Composition of Methane from Natural Gases of Various Origins, *Geochemica Et Cosmochimica Acta*, **44**, n° 5, May, p. 649-661.

Sokolov V (1974) *Géochimie des gaz naturels*, traduction française, Éditions Mir, Moscou, 365 p.

Souron C, Boulet R, Espitalié J (1977) Étude par spectrométrie de masse de la décomposition thermique de roches sédimentaires contenant de la matière organique de deux types différents et comparaison avec les kérogènes correspondants, in *Advances in Organic Geochemistry 1975*, (Edit. R. Campos and J. Goni), Empresa Nacional Adaro de Investigaciones Mineras, S.A., Madrid, p. 797-820.

Suggate RP (1959) New Zealand Coals. Their Geological Setting and its Influence on Their Properties, *New Zealand Department of Scientific and Industrial Research Bulletin* 134.

Tiratsoo EN (1979) Chapter 2. The Origin of Natural Gas, in *Natural Gas*, 3nd ed., Scientific Press Ltd, Beaconsfield, England, p. 30-52.

Tissot BP, Welte JH (1984) *Petroleum Formation and Occurrence*, 2nd Rev. ed., Springer-Verlag, Berlin, D, 699 p.

Tissot BP, Bessereau G (1982) Géochimie des gaz naturels et origine des gisements de gaz en Europe occidentale, *Revue de l'Institut Français du Pétrole*, 37, n° 1, janvier février, p. 63-77.

Tissot BP, Espitalié J (1975) L'évolution thermique de la matière organique des sédiments applications d'une simulation mathématique. Potentiel pétrolier des bassins sédimentaires et reconstitution de l'histoire thermique, *Revue de l'Institut Français du Pétrole*, 30, n° 5, septembre-octobre, p. 743-778.

Tissot BP (1969) Premières données sur le mécanisme et la cinétique de formation du pétrole dans les sédiments. Simulation d'un schéma réactionnel sur ordinateur, *Revue de l'Institut Français du Pétrole*, 24, n° 4, avril, p. 470-501.

Ungerer P, Burrus J, Doligez B, Chenet PY, and Bessis F (1990) Basin Evaluation by Integrated Two-Dimensional Modelling of Heat Transfer, Fluid Flow, Hydrocarbon Generation and Migration. *Bull.Am.Ass. of Petrol.Geol.*, 74, p. 309-335.

Ungerer Ph, Espitalié J, Behar F, Eggen S (1988) Modélisation mathématique des interactions entre craquage thermique et migration lors de la formation du pétrole et du gaz, *C.R. Acad. Sci. Paris, Série II*, **307**, n° 8, p. 927-934.

Ungerer Ph, Pelet R (1987) Extrapolation of the Kinetics of Oil and Gas Formation from Laboratory Experiments to Sedimentary Basins, *Nature*, **327**, n° 6117, May 7, p. 50-54.

Xu Y, Wang X, Wu R, Shen P, Wang Y, He Y (1982) Rare Gas Isotopic Composition of Natural Gases, *Geochemistry*, **11**, n° 2, p. 218-232.

Zhuse TP, Iushkevitch GN, Ushakova GS (1963) Some General Regularities in the Behaviour of Gas-Oil Systems at Great Depths, *Doklady Akademii Nauk SSSR*, **152**, n° 3, 713-716.

4 | Propriétés physico-chimiques du gaz naturel

4.1 INTRODUCTION

L'une des premières informations requises pour exploiter un gisement de gaz naturel concerne **le diagramme de phases**. Selon qu'une phase liquide d'hydrocarbures coexiste ou non avec la phase vapeur à un certain stade de la production, le gaz est dit **sec**, **associé** ou **à condensat**.

La détermination expérimentale des propriétés d'un gaz naturel nécessite la prise d'un **échantillon**, qui est souvent délicate et qui peut être la cause d'erreurs importantes. Après un examen des techniques de prise d'échantillon, les différentes méthodes utilisées pour déterminer le diagramme des phases ainsi que les propriétés volumiques des phases en présence (études PVT) sont présentées dans ce chapitre.

La **modélisation** des propriétés thermodynamiques est discutée dans le chapitre 5. Les modèles thermodynamiques permettent de calculer les différentes fonctions thermodynamiques (en particulier l'enthalpie) et de prévoir les équilibres entre phases.

Outre les propriétés thermodynamiques, il est nécessaire de connaître les **propriétés de transport** du gaz naturel (viscosité, conductivité thermique) et son **pouvoir calorifique**. Les principales méthodes utilisées pour déterminer expérimentalement ces différentes propriétés physiques, ainsi que les corrélations employées pour les estimer en l'absence de données expérimentales, sont présentées à la fin de ce chapitre.

Des informations générales concernant les propriétés physico-chimiques du gaz naturel sont disponibles dans un certain nombre d'ouvrages de base [GPA, 2004 ; Katz et Lee, 1990 ; Campbell, 1981]. Les méthodes de calcul des propriétés physicochimiques des gaz et des liquides sont également présentées dans les ouvrages de référence de Polling *et al.* (2000), Reid *et al.* (1987), ainsi que dans la monographie éditée par la *Society of Petroleum Engineers* (SPE), [Whitson et Brulé, 2000].

4.2 NATURE ET CARACTÉRISATION DES DIFFÉRENTS TYPES DE GAZ

4.2.1 Définitions

Les différents types de gaz sont classés selon la nature des phases en présence dans les conditions du gisement et de surface.

Considérons le diagramme de phases du fluide de réservoir (Figure 4.1).

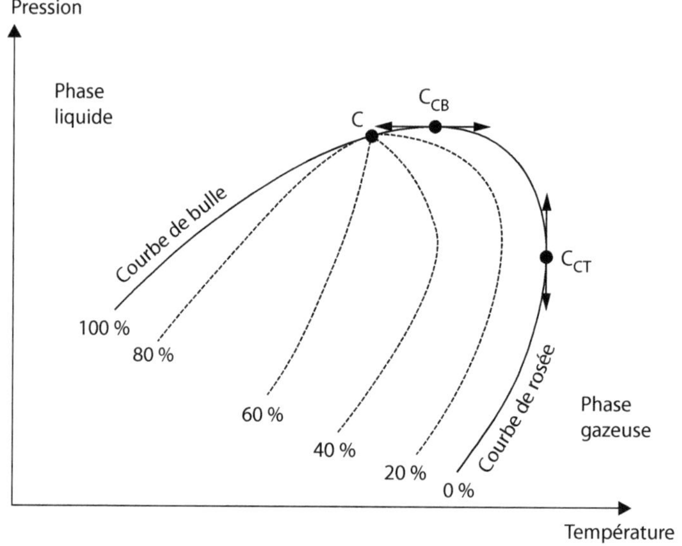

Figure 4.1

Diagramme de phases.

Sur ce diagramme, le domaine d'équilibre liquide-vapeur se situe entre la courbe de bulle et la courbe de rosée, qui représentent respectivement les conditions de saturation lorsque le mélange est entièrement liquide (100 % de phase liquide) et entièrement gazeux (0 % de phase liquide).

La courbe de bulle et la courbe de rosée se rejoignent au **point critique** C.

Le **cricondentherme** C_{CT} désigne le point de l'enveloppe du domaine diphasique (courbe de bulle + courbe de rosée) qui correspond à la température maximale d'existence d'un équilibre diphasique.

Le **cricondenbar** C_{CB} désigne le point de l'enveloppe du domaine diphasique pour lequel la pression est maximale.

Les courbes tracées en pointillés représentent les courbes d'équilibre correspondant à différentes proportions molaires de phase liquide.

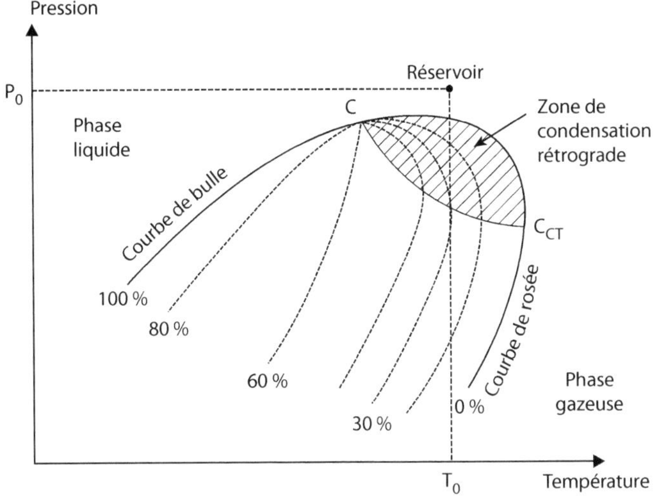

Figure 4.2

Condensation rétrograde.

La région hachurée sur la figure 4.2 est qualifiée de zone de **condensation rétrograde**. Dans cette zone, l'abaissement de pression conduit à la formation d'une phase liquide.

En effet, considérons une décompression isotherme à la température T_0 traversant la zone de condensation rétrograde. Lorsque la pression est abaissée à partir d'une valeur initiale P_0, la première goutte de liquide apparaît au moment où l'isotherme traverse la courbe de rosée, puis la proportion de liquide augmente avec l'abaissement de pression : c'est le phénomène de condensation rétrograde. Sur l'exemple représenté sur la figure 4.2, la fraction liquide atteint une valeur maximale de 30 %. Cette valeur maximale de la fraction liquide déposée marque la fin du phénomène de condensation rétrograde.

L'abaissement de pression conduit alors à une vaporisation progressive de la fraction liquide, jusqu'au moment où la courbe de rosée est à nouveau traversée. Le mélange redevient alors entièrement gazeux.

La forme de l'enveloppe du domaine diphasique dépend de la composition du gaz naturel. Si le gaz est formé de méthane presque pur, le domaine diphasique est étroit et se réduit à une courbe unique pour du méthane pur (courbe d'équilibre liquide-vapeur du méthane).

Lorsque la proportion d'hydrocarbures plus lourds augmente, le domaine diphasique s'élargit et une phase liquide peut apparaître dans les conditions de production.

L'apparition d'une phase liquide dépend des conditions de température et de pression dans le réservoir et en surface.

Ceci conduit à distinguer les cas suivants :

— **gaz sec** ne formant pas de phase liquide dans les conditions de production ;
— **gaz humide**, formant une phase liquide en cours de production dans les conditions de surface ;

- **gaz à condensat**, formant une phase liquide dans le réservoir en cours de production ;
- **gaz associé**, coexistant dans le réservoir avec une phase « huile » (gisement de pétrole). Le gaz associé comprend le gaz de couverture (phase gazeuse présente dans le réservoir) et le gaz dissous.

Une analyse de ces différents cas passe par l'examen du diagramme de phases [McCain, 1990].

4.2.2   Gaz sec et gaz humide

Un **gaz sec** ne forme pas de phase liquide dans les conditions de production, c'est-à-dire que les points représentant les conditions dans le réservoir et en surface se trouvent tous deux en dehors du domaine diphasique (Figure 4.3).

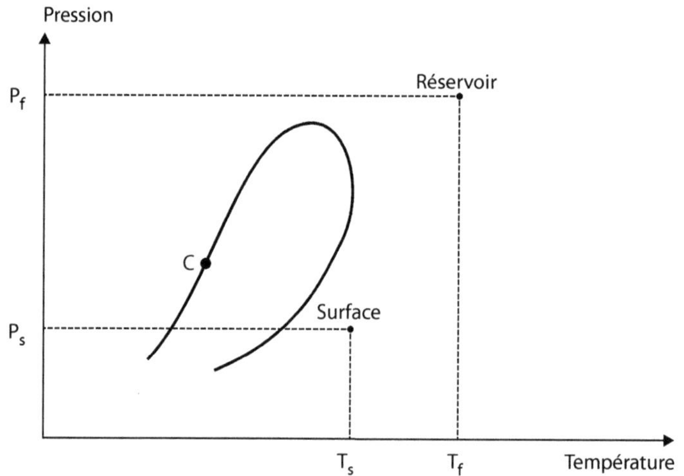

Figure 4.3

Diagramme de phases d'un gaz sec.

Au cours de la production d'un tel gaz, il ne se forme jamais de phase liquide. Ceci reste vrai lorsque la pression dans le réservoir décroît avec le temps, pendant l'exploitation du gisement. Cette situation implique un domaine diphasique relativement étroit. Le gaz doit être concentré en méthane et contenir très peu d'hydrocarbures plus lourds que l'éthane.

Un gaz est dit **humide** s'il y a production de phase liquide en surface, sans qu'il y ait condensation rétrograde dans le gisement (Figure 4.4).

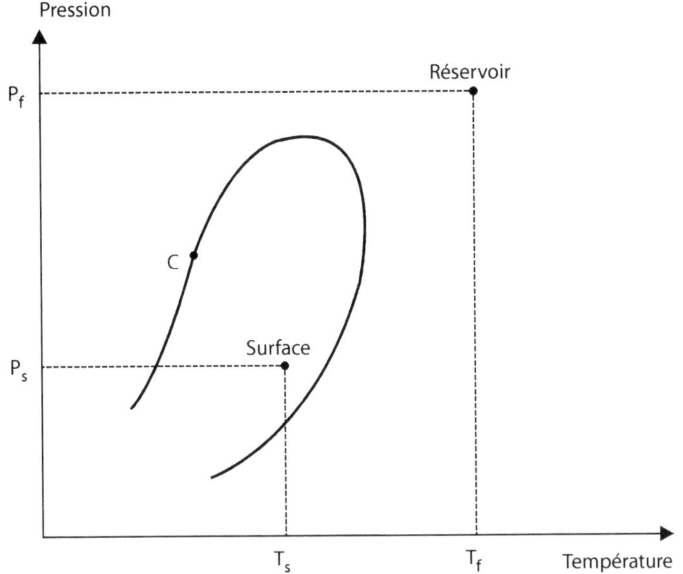

Figure 4.4

Diagramme de phases d'un gaz humide.

Dans le cas d'un gaz humide, la température du réservoir est supérieure à la température du cricondentherme et l'isotherme qui correspond à la température du réservoir ne traverse pas la zone diphasique : il n'apparaît pas de phase liquide dans le réservoir lorsque la pression baisse en cours de production (« déplétion » du gisement).

Par contre, il se forme une phase liquide en surface, le point de coordonnées P_S, T_S qui représente les conditions de surface, étant situé dans le domaine liquide-vapeur.

Tant que les conditions en surface restent constantes, la fraction liquide produite en surface et la composition de l'effluent n'évoluent pas au cours du temps. Lorsque la pression diminue au cours de l'exploitation du gisement, la fraction liquide produite en surface tend également à diminuer.

Un tel gaz est normalement plus chargé en hydrocarbures lourds (C_{5+}) qu'un gaz sec.

4.2.3 Gaz à condensat

Dans le cas d'un **gaz à condensat**, une phase liquide peut se former dans le réservoir par condensation rétrograde. La température T_f du réservoir est comprise entre la température critique et la température du cricondentherme, tandis que le point représentant les conditions dans le réservoir se trouve à l'intérieur ou au-dessus de la zone de condensation rétrograde (Figure 4.5).

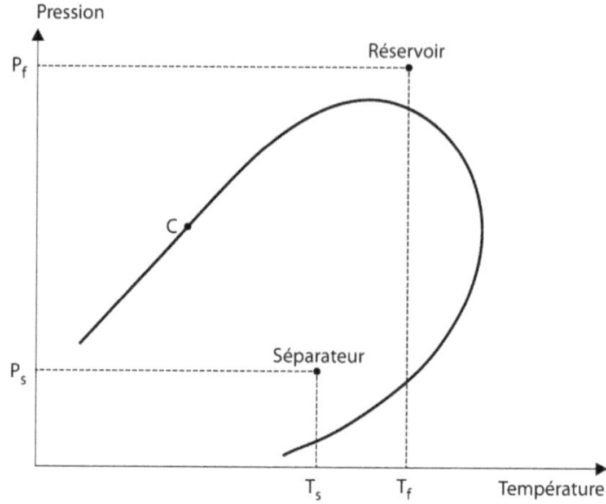

Figure 4.5

Diagramme de phases d'un gaz à condensat.

Lors de la production, la décompression du gaz à la température T_f conduit à la formation par condensation rétrograde d'une phase liquide qui se dépose dans la roche-réservoir. Au cours de la remontée dans le puits, le gaz se refroidit, avec production de liquide en surface.

Dans la majorité des cas, la pression initiale est proche de la pression de rosée rétrograde et la mise en production amène très vite une condensation d'hydrocarbures. La phase condensée s'enrichissant en constituants lourds, la composition du gaz produit évolue en fonction du temps.

4.2.4 Gaz associé

Le **gaz associé** coexiste dans la roche-réservoir avec un gisement de pétrole.

Il peut être présent sous forme de **gaz dissous** dans l'huile, ou sous forme de **gaz de couverture** (*gas-cap*) situé au-dessus de la réserve de pétrole (huile). La figure 4.6 représente le cas d'un réservoir d'huile à *gas cap*.

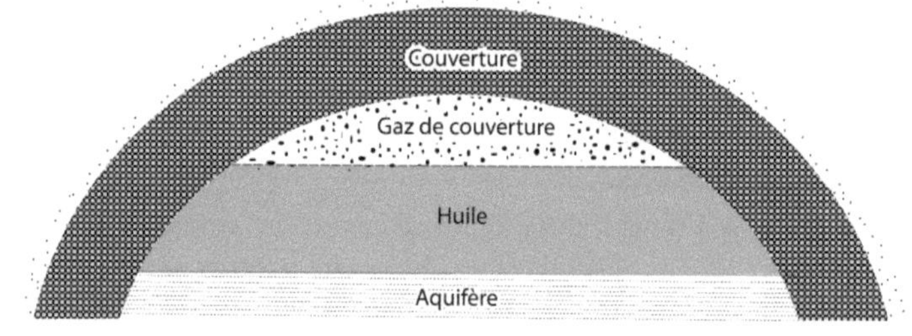

Figure 4.6

Coupe schématique d'un gisement d'huile et de gaz associé.

Examinons le diagramme de phases du système formé par l'huile et le gaz associé présents dans le réservoir.

Le point qui représente les conditions dans le réservoir se trouve alors dans le domaine diphasique. Le mélange se compose en effet d'une phase liquide (huile) et d'une phase gazeuse.

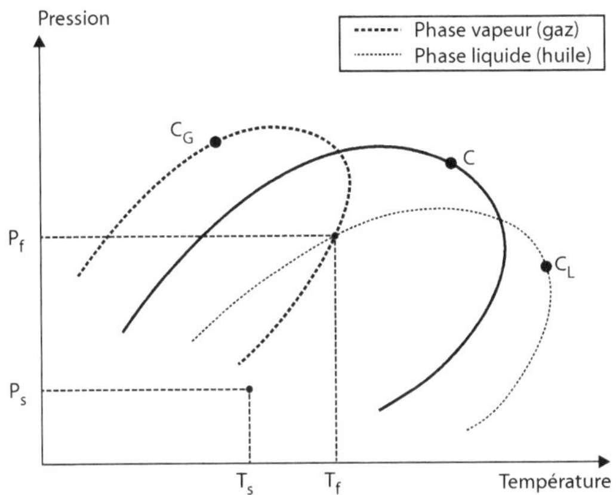

Figure 4.7

Diagramme de phases du système huile et gaz associé.

Chacune de ces phases, considérée isolément, est représentée par un diagramme différent. Les diagrammes des mélanges formant respectivement la phase vapeur (gaz associé de couverture) et la phase liquide (huile), en équilibre à l'interface, sont tracés en pointillés sur la figure 4.7. Ces deux phases sont saturées et le point qui représente les conditions de température et de pression à l'intérieur du réservoir, au niveau de l'interface, se trouve sur les enveloppes respectives du domaine diphasique, relatives à chacune des phases. Lorsque l'huile est produite, la pression diminue et une partie du gaz dissous est libérée. Cette fraction gazeuse est habituellement séparée en surface (lorsque la production n'est pas assurée en écoulement polyphasique). Le gaz qui reste dissous dans les conditions du séparateur est ensuite libéré par détentes successives, la dernière détente étant réalisée à une pression voisine de la pression atmosphérique.

Cette technique de séparation multiétagée est présentée de manière plus détaillée dans le chapitre 8. La quantité de gaz dissous ainsi libérée est caractérisée par le **GOR** (*Gas Oil Ratio*) défini comme le rapport des volumes respectifs de gaz libéré et d'huile résiduelle, généralement déterminés aux conditions standards [Comité des Techniciens Commission Exploration, 1981]. Selon la quantité de gaz initialement dissous, l'huile subit une contraction de volume ; le rapport du volume occupé par le liquide dans les conditions standards (ou éventuellement dans les conditions de surface) sur le volume occupé dans le réservoir s'appelle le **facteur de contraction** (*shrinkage factor*). Les huiles à forte contraction ou huiles volatiles sont caractérisées par un GOR, aux conditions standards, supérieur à 200 et les huiles à faible contraction par un GOR inférieur à 100 [Gravier, 1986].

Si le fluide présent dans le réservoir se trouve dans des conditions voisines des conditions critiques, il peut évoluer de manière continue de l'état liquide à l'état gazeux sans apparition d'interface huile/gaz. Entre les zones occupées par chacune de ces phases se situe une zone critique dans laquelle la transition de l'une à l'autre s'effectue sans discontinuité [Neveux et Sakthikumar, 1986).

4.3 ÉCHANTILLONNAGE

4.3.1 Modes d'échantillonnage

Les propriétés physiques d'un gaz naturel sont déterminées expérimentalement sur un **échantillon**. L'échantillon prélevé doit être représentatif et la technique d'échantillonnage revêt donc une grande importance [Gravier, 1986].

Deux modes d'échantillonnage peuvent être mis en œuvre :

- **échantillonnage de fond** : l'échantillon est recueilli au fond du puits, au moyen d'un échantillonneur, qui permet de prélever environ 600 cm^3 ; en général, cette méthode est appliquée à l'échantillonnage d'un effluent monophasique, par exemple, pour étudier une huile sous-saturée en gaz ;
- **échantillonnage de surface** : il est plus couramment pratiqué dans le cas d'un gaz naturel. Pour un gaz sec, il peut être effectué en tête de puits ou sur la ligne de production.

Dans le cas d'un gaz à condensat ou d'un gaz humide conduisant à la production d'un effluent diphasique, l'échantillonnage est réalisé au niveau du séparateur haute pression en prélevant un échantillon de gaz et un échantillon de liquide (cf. Chapitre 8). Les propriétés du fluide de gisement global peuvent être connues par une recombinaison qui nécessite une mesure précise des débits de phase gazeuse et de phase liquide. La recombinaison peut être physique, consistant à mélanger les deux phases dans les proportions correspondant au GOR mesuré, ou mathématique, la composition du mélange global étant calculée à partir de la composition de chacune des phases et de leurs proportions respectives. Les points de prélèvement à utiliser dépendent de chaque séparateur, mais le plus souvent, il est prévu pour le gaz une connexion sur le système de mesure du débit et pour le liquide, un piquage sur la conduite à la sortie du séparateur. La figure 4.8 présente le dispositif employé.

Il est donc important de noter les conditions exactes dans lesquelles un échantillon a été prélevé et de les prendre en compte *a posteriori* dans l'interprétation des résultats de laboratoire.

L'échantillonnage au niveau du séparateur permet d'obtenir une quantité suffisante de fraction liquide même si le débit de phase liquide est faible par rapport au débit de phase gazeuse.

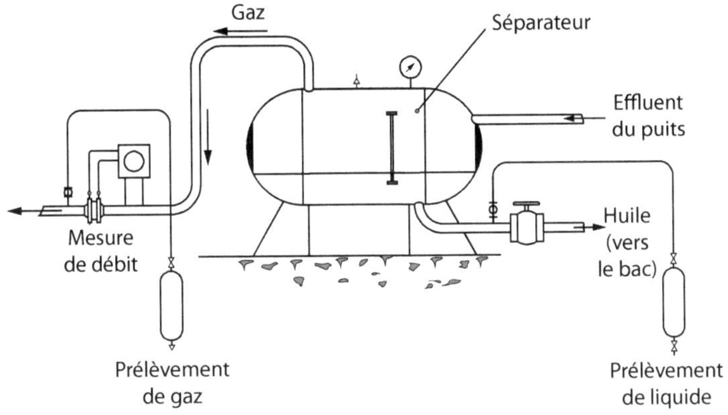

Figure 4.8

Échantillonnage sur séparateur. Points de prélèvement des fluides.

L'échantillon ainsi prélevé risque toutefois de ne pas être représentatif du fluide présent dans un réservoir, dans les cas suivants :

- si le fluide prélevé est un mélange d'effluents provenant de différents réservoirs indépendants ;
- lorsque deux phases coexistent dans le réservoir ; les rapports des débits et des volumes respectifs de ces phases étant en général différents, le mélange obtenu n'a pas la même composition que le fluide contenu dans le réservoir.

Les caractéristiques du fluide de gisement peuvent évoluer avec le temps. Il est nécessaire de prélever un échantillon dès le début de la période d'exploitation du gisement pour connaître les caractéristiques du fluide initialement contenu dans le réservoir. Dans le cas d'un gaz à condensat, il est en particulier souhaitable de prélever un échantillon lorsque le fluide de gisement est encore monophasique dans le réservoir.

Les principales méthodes d'échantillonnage ont été passées en revue par Heffley *et al.* (1985). La précaution essentielle à prendre lors du prélèvement d'un échantillon de gaz consiste à éviter tout risque de condensation, par détente, ou par refroidissement au cours du remplissage. Le gaz peut être collecté, soit dans une bouteille initialement sous vide, soit par déplacement de liquide (eau, éthylène glycol ou mercure) ou par circulation de gaz, de manière à remplacer le fluide initialement contenu dans la bouteille par le gaz échantilloné. Il existe également des méthodes d'échantillonage en continu [Jiskoot, 1994].

Dans tous les cas, la bouteille d'échantillonnage doit être maintenue à une température suffisante pour éviter toute condensation.

Les autres précautions à prendre visent surtout à éliminer la pollution de l'échantillon, en maintenant la ligne de prélèvement et la bouteille parfaitement propres. Dans le cas d'un gaz humide, l'échantillon doit être prélevé aussi près que possible de la tête de puits. Lorsque le gaz naturel contient de l'hydrogène sulfuré, même à de faibles teneurs, il est recommandé d'utiliser une bouteille d'échantillonnage en acier inoxydable ou revêtue intérieurement de téflon. En effet, l'utilisation d'acier au carbone, qui réagit avec l'hydrogène sulfuré, est à éviter pour des raisons de sécurité et pour ne pas fausser l'analyse. De même, la méthode d'échantillonnage par déplacement d'eau n'est pas recommandée si le gaz naturel contient des gaz acides qui risquent d'être absorbés. L'échantillonnage de la fraction liquide est généralement réalisé soit par déplacement de liquide, soit à l'aide d'un échantillonneur à piston flottant, afin d'éviter la formation d'une phase vapeur.

4.3.2 Choix et conditionnement du puits. Échantillonnage des gaz à condensat

L'échantillonnage est effectué de préférence sur les puits les plus récemment mis en exploitation de manière à opérer à une pression aussi proche que possible de la pression initiale.

La première phase de préparation du puits consiste à renouveler la colonne de fluide contenu dans le tube de production de manière à éliminer toute source de contamination.

L'échantillonnage d'un gaz à condensat doit être effectué en réduisant le débit de manière à minimiser l'écart de pression entre le fond et la surface et à limiter autant que possible l'effet de condensation rétrograde, tout en assurant une vitesse suffisante pour faire remonter les gouttelettes de liquide.

La figure 4.9 représente les courbes de variation de la pression de rosée à la température de gisement en fonction du GOR pour plusieurs gaz à condensat [Gravier, 1986].

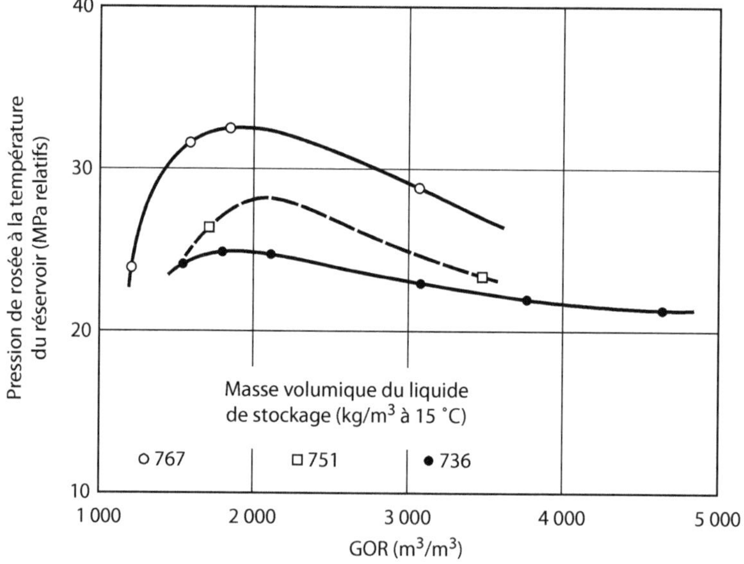

Figure 4.9

Variation de la pression de rosée rétrograde avec le rapport gaz-liquide.
Source : Gravier, 1986

À une même pression de rosée peuvent correspondre deux valeurs du GOR. Il est donc indispensable de vérifier la stabilité du GOR avec le temps. En effet, dans le cas d'une production temporaire de liquide, le risque existe de retenir, de manière erronée, la valeur la plus faible du GOR et ainsi d'aboutir à une recombinaison incorrecte.

4.3.3 Mesures effectuées pendant l'échantillonnage

Ces mesures permettent de vérifier qu'un régime permanent est atteint. Elles fournissent également des données nécessaires à l'étude ultérieure en laboratoire.

Les principales mesures effectuées sont les suivantes :
- **mesure des débits**. Le débit de gaz est en général mesuré à l'aide d'un débitmètre à orifice. Dans le cas d'un mélange diphasique, le débit d'huile ou de condensat est également mesuré de manière continue au séparateur au moyen d'un débitmètre. Cette mesure en continu est généralement complétée par quelques mesures du débit de liquide stabilisé à basse pression arrivant au bac de stockage ;
- **mesure des pressions**. Il est utile de connaître la pression dans le puits au niveau de la zone de production, ainsi que le gradient de pression dans la colonne de production. En général, la pression en tête de puits ainsi que la pression dans le séparateur sont enregistrées en continu ;
- **mesure des températures**. La mesure de la température en fond de puits jointe à celle de la pression permet de connaître l'état thermodynamique du fluide de gisement. Cette mesure est parfois complétée par une détermination du gradient de température dans le puits ;
- **enregistrement en continu en surface** des relevés sur séparateur (pression, température, débit). Il est ainsi possible de vérifier la stabilité des conditions d'écoulement ;
- **mesure de la densité**. Lorsque l'effluent est diphasique, la détermination de la densité du gaz dans le séparateur permet d'en déterminer le débit massique. La masse volumique de l'huile ou du condensat de stockage est également mesurée.

4.4 COMPOSITION CHIMIQUE DU GAZ NATUREL

4.4.1 Nature des constituants présents dans le gaz naturel

En dehors du méthane, le gaz naturel peut contenir d'autres hydrocarbures : éthane, propane, butane, pentane et, en teneurs plus faibles plus faibles, des hydrocarbures plus lourds. Les hydrocarbures en C_3 et C_4 forment la fraction GPL (Gaz de Pétrole Liquéfié). La fraction la plus lourde, correspondant aux hydrocarbures à cinq atomes de carbone ou plus (fraction C_{5+}), est appelée gazoline. Comme cela a été montré dans le chapitre 3, le gaz naturel peut contenir des constituants autres que des hydrocarbures, notamment de l'eau et des gaz acides : dioxyde de carbone et hydrogène sulfuré, ainsi que de l'azote, de l'hélium, de faibles quantités d'hydrogène ou d'argon et même parfois des impuretés métalliques (mercure et arsenic).

Le tableau 4.1 présente quelques constantes physiques pour les principaux constituants présents dans le gaz naturel (masse molaire M, température de fusion T_{fs}, température d'ébullition T_b, volume molaire liquide V_1 déterminé au point normal d'ébullition).

Tableau 4.1. Propriétés physiques des constituants du gaz naturel

Composés	M (kg/kmol)	T_{fs} (K)	T_b (K)	V_1 (m³/kmol)
Éléments				
Hydrogène	2,016	13,95	20,39	0,028604
Hélium	4,003	1,76	4,22	0,032275
Azote	28,014	63,15	77,35	0,034678
Oxygène	31,999	54,36	90,17	0,028020
Composés minéraux				
Eau	18,015	273,15	373,15	0,018069
Oxyde de carbone	28,010	68,15	81,70	0,035456
Dioxyde de carbone	44,010	216,58	194,67 [a]	0,037278 [b]
Hydrogène sulfuré	34,082	187,68	212,80	0,036142
Paraffines				
Méthane	16,043	90,67	111,66	0,037832
Éthane	30,070	90,35	184,55	0,055203
Propane	44,097	85,46	231,11	0,075642
i-Butane	58,123	113,54	261,43	0,097704
n-Butane	58,123	134,86	272,65	0,096553
n-Pentane	72,150	143,42	309,22	0,116126
n-Hexane	86,177	177,84	341,88	0,131306
n-Heptane	100,204	182,57	371,58	0,147014
n-Octane	114,231	216,38	398,83	0,163507
n-Nonane	128,258	219,63	423,97	0,179321
n-Décane	142,285	243,49	447,30	0,195342
Cycloparaffines				
Cyclopentane	70,134	179,31	322,40	0,093509
Cyclohexane	84,161	279,69	353,87	0,108860
Aromatiques				
Benzène	78,114	278,68	353,24	0,089495
Toluène	92,141	178,18	383,78	0,106556
Éthylbenzène	106,167	178,20	409,35	0,122681
Isopropylbenzène	120,194	177,14	425,56	0,139798

a. Température normale de sublimation.
b. Détermination au point triple (216,58 K).

Source : Daubert et Danner, 1985.

Dans les chapitres 1 et 3, les compositions de divers gaz naturels ont été présentées (Tableaux 1.1, 1.2 et 3.1).

Le tableau 4.2 indique les compositions les plus courantes d'un gaz sec et d'un gaz humide ou à condensat. Les fourchettes mentionnées ne sont qu'indicatives et ne sont pas vérifiées pour certains gaz.

Tableau 4.2. Compositions types d'un gaz sec et d'un gaz humide ou à condensat (% molaire)

Constituant	Gaz sec	Gaz humide ou à condensat
Hydrocarbures		
Méthane	70 - 98	50 - 92
Éthane	1 - 10	5 - 15
Propane	traces - 5	2 - 14
Butane	traces - 2	1 - 10
Pentane	traces - 1	traces - 5
Hexane	traces - 0,5	traces - 3
Heptane +	0 - traces	traces - 15
Non-hydrocarbures		
Azote	traces - 15	traces - 10
Dioxyde de carbone	traces - 1	traces - 4
Hydrogène sulfuré	0 - traces	0 - 6
Hélium	0 - 5	0

Ces dernières ne sont qu'indicatives et correspondent aux compositions les plus couramment rencontrées. La composition du gaz est habituellement définie en % volume ou en % molaire.

Lorsqu'une fraction d'hydrocarbures lourds est présente dans le gaz, il est en général impossible d'identifier l'ensemble des constituants et pour cette raison, il est nécessaire de regrouper tous les hydrocarbures dont le nombre d'atomes de carbone est égal ou supérieur à m dans une fraction C_{m+} avec m par exemple égal à 6, 7, 11 ou 20.

4.4.2 Analyse de la composition

La procédure employée pour analyser la composition est plus complexe dans le cas d'un gaz humide ou à condensat [Montel, 1982], que dans le cas d'un gaz sec.

Le gaz prélevé au séparateur doit être analysé aussi complètement que possible. En effet, les conditions de séparation sont, en général, telles qu'il reste des hydrocarbures lourds dans la phase gazeuse. Il n'est pas possible de les identifier directement par analyse du gaz. La réfrigération d'une quantité de phase gazeuse suffisamment importante permet de recueillir quelques centimètres cubes de fraction lourde destinés à l'analyse. Le condensat ainsi obtenu est détendu et séparé en fractions stabilisées de condensat et de gaz.

Au cours de ces différentes opérations, schématisées sur la figure 4.10, les volumes des phases recueillies sont mesurés, pour pouvoir déterminer la composition de l'échantillon par recombinaison.

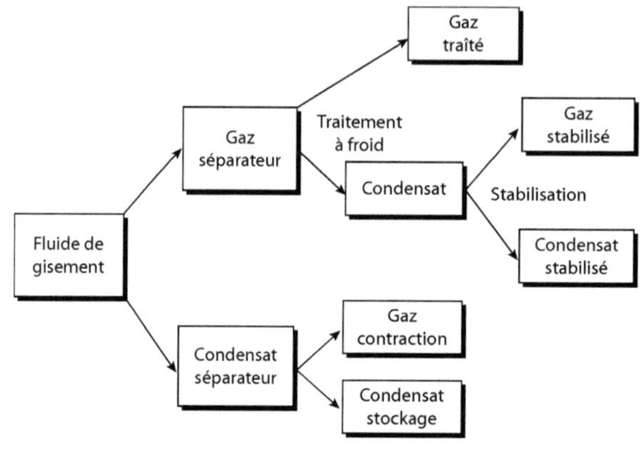

Figure 4.10

Fractionnement de l'échantillon.

L'échantillon de condensat du séparateur est replacé dans les conditions de prélèvement, contrôlé (sa pression de bulle doit être égale à celle du séparateur) et stabilisé par détente dans les conditions de stockage. Il est ainsi séparé en une fraction liquide représentant le condensat de stockage et une fraction gazeuse.

Les différentes fractions recueillies sont analysées par **chromatographie en phase gazeuse** sur colonne remplie pour les fractions gazeuses et sur colonne capillaire pour les fractions liquides.

Le schéma de principe d'un chromatographe en phase gazeuse est représenté sur la figure 4.11.

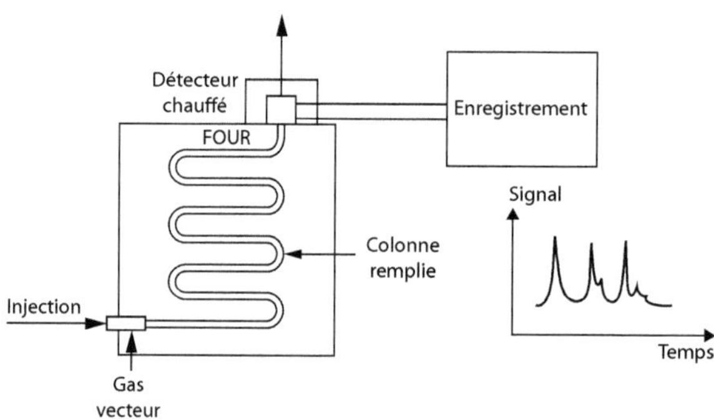

Figure 4.11

Chromatographe en phase gazeuse.

Le mélange à analyser est injecté dans un gaz vecteur, en général de l'hélium, qui circule dans une colonne remplie par une phase stationnaire sur laquelle s'adsorbent plus ou moins les constituants présents dans le mélange. Plus ils sont adsorbés, plus leur migration est retardée et à la sortie, les constituants présents dans le mélange sont détectés sous forme de pics apparaissant à des temps différents.

Dans le cas des colonnes capillaires, qui sont de petit diamètre (0,25 à 1 mm), la phase sélective couvre la surface interne de la colonne, le gaz porteur passant au centre. Ces colonnes, généralement beaucoup plus longues que les colonnes remplies ordinaires, sont mieux adaptées pour la séparation des hydrocarbures les plus lourds. Elles permettent de doser la quasi-totalité des hydrocarbures plus légers que l'undécane (C_{11}), c'est-à-dire environ 150 constituants.

Au-delà de C_{10}, le nombre très important de constituants rend impossible leur reconnaissance individuelle. L'analyse est stoppée au niveau du C_{20} et la fraction C_{20+} désigne l'ensemble des constituants plus lourds que le C_{20}.

Dans la procédure la plus simple, les pics sont regroupés en fractions. La fraction n contient tous les constituants élués après la normale paraffine de nombre de carbone n-1, jusqu'à la normale paraffine de nombre d'atomes de carbone n incluse. Les grandeurs thermodynamiques attribuées à la fraction n ainsi que la valeur de la masse molaire utilisée pour convertir les fractions massiques résultant de l'analyse en fraction molaire, sont celles de la normale paraffine de nombre d'atomes de carbone n. La fraction molaire des hydrocarbures C_{20+} est déterminée par bilan matière à partir des résultats de l'analyse et d'une mesure de la masse molaire effectuée par cryométrie ou tonométrie sur le liquide de flash. La **cryométrie** est basée sur l'abaissement par rapport à un solvant pur du point de congélation d'une solution contenant un soluté dont on cherche à mesurer la masse molaire. La **tonométrie** fait intervenir la variation de tension de vapeur d'une solution lors de l'ajout d'un soluté à un solvant.

Une méthode d'interprétation plus précise des résultats issus de l'analyse par chromatographie en phase gazeuse consiste à déterminer la répartition saturés/aromatiques pour chaque nombre d'atomes de carbone (C_{11}, C_{12}...). Une masse molaire est attribuée à chacune des fractions ainsi définies, à l'aide de corrélations établies à partir de mesures effectuées par spectrométrie de masse sur différents échantillons paraffiniques et aromatiques [Durand *et al.*, 1989].

Une autre méthode consiste, pour la fraction lourde C_{11+}, à déterminer la distribution des fractions molaires par chromatographie de perméation sur gel, après un fractionnement préalable saturés/aromatiques par chromatographie en phase liquide.

La **chromatographie en phase liquide** est basée sur l'élution par un solvant des différents constituants, qui est plus ou moins rapide selon leur affinité pour la phase stationnaire. La méthode dite à gradient d'élution est fréquemment employée pour faciliter la séparation. Cette méthode consiste à faire varier la composition du solvant, en utilisant un mélange de solvants de polarité croissante entre le début et la fin de l'opération, afin d'éviter des temps d'élution trop importants.

En **chromatographie de perméation sur gel**, les molécules de soluté sont retardées par leur pénétration dans les pores du remplissage de la colonne ; les grosses molécules exclues de tout ou partie des pores, en raison de leurs dimensions, sont donc éluées avant les petites molécules, ce qui revient à une séparation par taille des molécules présentes en solution.

Une étude détaillée comporte l'analyse de la fraction lourde C_{20+}.

La courbe de **distillation ASTM** peut être obtenue à l'aide du dispositif représenté sur la figure 4.12. L'appareillage comporte un ballon de distillation, qui est chauffé de manière à effectuer la distillation à une vitesse déterminée. Les vapeurs sont condensées puis recueillies dans une éprouvette graduée. L'opérateur note la température d'apparition de la première goutte de condensat à la sortie du tube, représentant le point initial de distillation (PI). Ensuite, la température est augmentée régulièrement, ce qui permet d'obtenir des fractions successives de produit distillé, jusqu'au moment où le mélange contenu dans le ballon de distillation est entièrement vaporisé. La température correspond alors au point final de distillation (PF). En pratique, en fin de distillation, la température passe généralement par un maximum, qui est suivi d'une légère décroissance, par suite de l'altération thermique des dernières traces liquides dans le ballon.

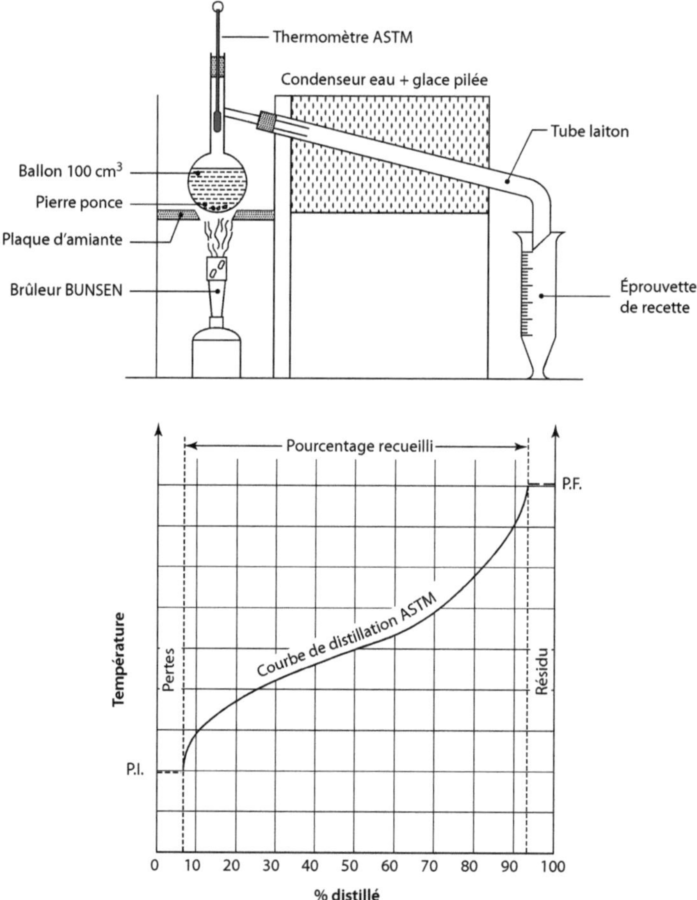

Figure 4.12

Appareil de distillation ASTM.

Des coupes successives peuvent être ensuite préparées et analysées par spectrométrie de masse. La chromatographie en phase liquide peut être également utilisée pour séparer dans la fraction lourde, les saturés des aromatiques et des résines, chacune de ces familles étant ensuite analysée par spectrométrie de masse. Il est ainsi possible pour chaque famille d'obtenir une répartition par nombre d'atomes de carbone de C_{10} à C_{32}.

La **spectrométrie de masse** dont le schéma de principe est présenté sur la figure 4.13, est basée sur la séparation de molécules, après ionisation, par déviation dans un champ magnétique, la déviation étant fonction du rapport de la masse sur la charge.

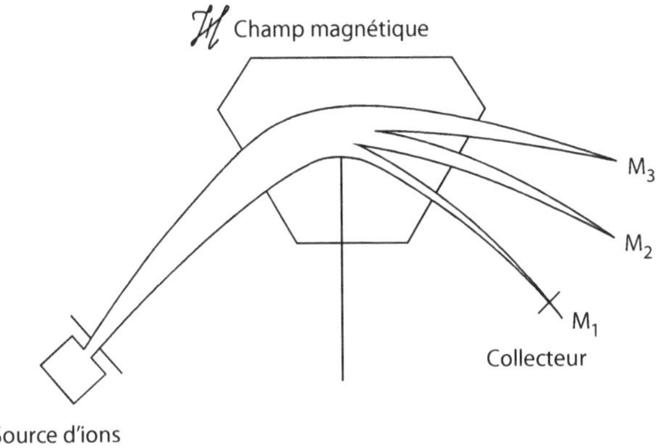

Figure 4.13

Spectrométrie de masse.

L'analyse par spectrométrie peut être complétée par une analyse par spectrométrie RMN. L'analyse par **Résonance Magnétique Nucléaire (RMN)** consiste à soumettre à une radiation électromagnétique des noyaux dotés d'une valeur de spin non nulle (tels que ceux du ^{13}C) et placés dans un champ magnétique. La fréquence de résonance dépend de l'environnement électronique du noyau. Cette méthode permet ainsi de déterminer le taux d'aromaticité de la fraction aromatique et d'identifier les groupements fonctionnels présents. Elle est donc particulièrement utile à employer en association avec les méthodes de contributions de groupes, présentées dans le chapitre suivant.

La composition de chacune des fractions gazeuse et liquide recueillies étant connue, les compositions des fluides prélevés au séparateur et du fluide de gisement sont déterminées par recombinaison.

Une analyse détaillée porte sur un nombre élevé de constituants. Il peut être nécessaire de regrouper ces constituants en un nombre plus réduit de fractions, pour obtenir une composition simplifiée et faciliter les calculs ultérieurs au moyen d'un modèle compositionnel. Ce **regroupement** doit être établi de manière à minimiser la perte d'information qui en résulte. Des procédures d'agrégation ont été proposées pour réaliser une telle opération de manière optimale [Montel, 1993 ; Montel et Gouel, 1989].

4.5 PROPRIÉTÉS VOLUMIQUES

4.5.1 Densité et masse volumique

La **masse volumique** d'un gaz (États-Unis : *density*) représente la masse d'une unité de volume du gaz et s'exprime en kg/m^3. Elle est fonction de la température et de la pression. En dehors de conditions spécifiées, on se réfère à des conditions dites normales et standards [Comité des Techniciens, 1981] :

- conditions normales : Température : 0 °C, Pression : 1 atm = 101 325 Pa (1atm.) ;
- conditions standards : Température : 15 °C, Pression : 1 atm = 101 325 Pa (1 atm.).

(États-Unis : 60 °F, 14,7 psia). Connaissant la masse volumique du gaz aux conditions normales ou standards, les quantités de gaz exprimées en m^3 (n) ou m^3 (st) peuvent être converties en quantités exprimées en kg.

Le **volume massique** (ou spécifique) représente le volume occupé par une unité de masse du gaz. Il est donc égal à l'inverse de la masse volumique, et s'exprime en m^3/kg.

La **densité** d'un gaz (États-Unis : *specific gravity*) est définie comme le rapport de la masse volumique du gaz dans des conditions de référence sur la masse volumique de l'air dans les mêmes conditions, en se référant soit aux conditions normales, soit aux conditions standards.

La densité d'un gaz naturel est mesurée par des balances qui permettent de comparer à une même température la poussée d'Archimède exercée sur un flotteur par de l'air et par le gaz à étudier.

En faisant l'hypothèse que dans les conditions de référence considérées, une mole du gaz étudié occupe le même volume qu'une mole d'air, la densité du gaz devient égale au rapport de la masse molaire du gaz M_g sur la masse molaire de l'air M_a :

$$d = \frac{M_g}{M_a} \tag{4.1}$$

Soit :

$$d = \frac{M_g}{28,964} \text{ à } 15 \text{ °C} \tag{4.2}$$

Connaître la variation du volume massique et de la densité avec la pression et la température, revient à déterminer l'équation d'état $f\,(P,\,V,\,T) = 0$ soit expérimentalement, soit au moyen d'un modèle reliant les propriétés thermodynamiques du gaz considéré à sa composition (cf. Chapitre 5).

4.5.2 Compressibilité d'un gaz sec

Le cas d'un gaz sec est le plus simple qui puisse être rencontré dans une étude de type P, V, T. La méthode utilisée consiste à placer un échantillon du gaz à étudier dans une cellule, dont on fait varier le volume en déplaçant un piston qui peut être constitué par du mercure.

Le mercure est déplacé au moyen d'une pompe volumétrique, ce qui permet de connaître le volume de mercure introduit ou soutiré (Figure 4.14).

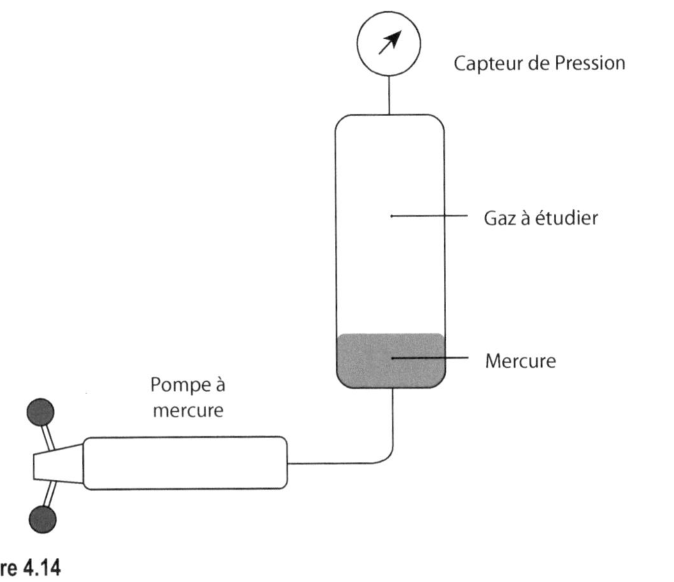

Figure 4.14

Cellule à volume variable.

Il faut noter toutefois que, pour des raisons de sécurité, le mercure est de moins en moins employé dans les laboratoires de mesures PVT et que le piston de mercure est alors remplacé par un piston mécanique. Le principe de mesure reste toutefois inchangé.

En mesurant la pression P et la température T, il est possible de déterminer expérimentalement, pour le gaz étudié, l'équation d'état qui relie le volume molaire V du gaz considéré à la pression P et à la température T :

$$f(P,\ V,\ T) = 0 \tag{4.3}$$

Le comportement du gaz étudié est comparé à celui d'un gaz parfait en introduisant le **facteur de compressibilité Z** :

$$Z = \frac{V}{V^*} = \frac{PV}{RT} \tag{4.4}$$

en désignant par V^* le volume molaire d'un gaz parfait.

La masse volumique ρ est reliée au facteur de compressibilité par la relation :

$$\rho = \frac{M}{V} = \frac{PM}{ZRT} \tag{4.5}$$

Le facteur de compressibilité Z est égal à 1 pour un gaz parfait. Pour un gaz naturel, il varie avec la pression. Lorsque la pression tend vers zéro il tend vers 1, le comportement du gaz se rapprochant alors de celui d'un gaz parfait. Lorsque la pression augmente, il passe par un minimum avant de croître pour les pressions élevées.

En l'absence de mesures expérimentales, le facteur Z peut être estimé par des corrélations empiriques, si la composition du gaz est connue.

Une première méthode consiste à estimer le facteur Z à partir des coordonnées réduites $P_R = p/p_{pc}$ et $T_R = T/T_{PC}$ en utilisant l'abaque de la figure 4.15 [Standing et Katz, 1942].

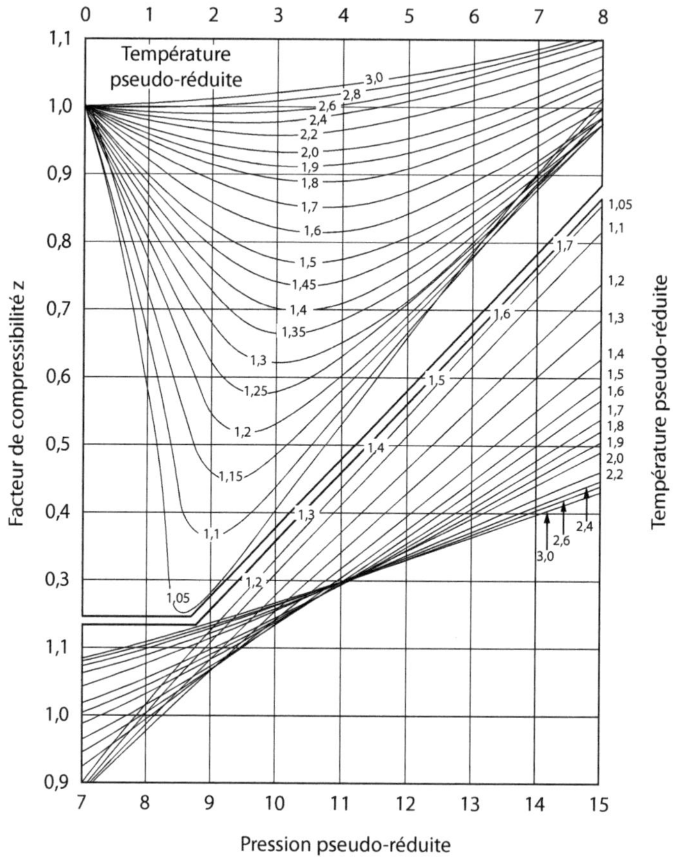

Figure 4.15

Détermination du facteur de compressibilité en fonction des coordonnées réduites P_R et T_R.
Source : Standing et Katz, 1942

Les termes T_{PC} et P_{PC} représentent respectivement la température et la pression pseudo-critique du gaz et sont définis par les relations de Kay (1936) :

$$P_{pc} = \sum_i y_i Pc_i \ et \ T_{pc} = \sum_i y_i T_{ci} \tag{4.6}$$

en désignant respectivement par P_{ci}, T_{ci} et y_i la pression critique, la température critique et la fraction molaire du constituant i présent dans le mélange

La méthode de Standing et Katz ne s'applique pas pour les teneurs élevées en gaz acides. Afin d'en étendre le domaine de validité, Wichert et Aziz (1972) ont introduit un terme correctif ε, relié aux fractions molaires de dioxyde de carbone et d'hydrogène sulfuré par l'expression :

$$\varepsilon = 66,67\left(y_A^{0,9} - y_A^{1,6}\right) + 8,33\left(y_{H_2S}^{0,5} - y_{H_2S}^{4,0}\right) \tag{4.7}$$

Dans la relation (4.7), y_{H_2S} représente la fraction molaire d'hydrogène sulfuré et y_A la somme des fractions molaires de dioxyde de carbone et d'hydrogène sulfuré. Le terme ε a la dimension d'une température et dans la relation (4.7), il est exprimé en °C.

Les coordonnées pseudo-critiques corrigées T' et P_{pc} s'expriment en fonction des coordonnées T_{pc} et P_{pc} calculées par la relation (4.6), en appliquant les corrections suivantes :

$$T'_{pc} = T_{pc} - \varepsilon \tag{4.8}$$

$$P'_{pc} = \frac{P_{pc}T'_{pc}}{T_{pc} + \varepsilon y_{H_2S}(1 - y_{H_2S})} \tag{4.9}$$

Si la densité du gaz d est la seule caractéristique connue, les coordonnées pseudo-critiques peuvent être estimées par une méthode graphique [Katz et Lee, 1990 ; Katz *et al.*, 1959]. En présence de teneurs notables en azote, dioxyde de carbone ou hydrogène sulfuré, des termes correctifs doivent être introduits. Lorsque ces teneurs sont faibles, une approximation supplémentaire consiste à relier les coordonnées pseudo-critiques à la densité par les relations linéaires suivantes [Thomas *et al.*, 1970] :

$$P_{pc} = 4,892 - 0,405\ d \text{ en MPa} \tag{4.10}$$

$$T_{pc} = 94,72 - 170,75\ d \text{ en K} \tag{4.11}$$

Connaissant la composition, il existe actuellement de nombreuses méthodes permettant de calculer le facteur Z à partir d'une **équation d'état**. Ces méthodes seront présentées dans le chapitre suivant. Parallèlement, des méthodes empiriques spécifiques ont été développées à l'initiative des compagnies gazières, pour calculer le facteur de compressibilité d'un gaz naturel de type commercial, en particulier la méthode AGA8 développée aux États-Unis par le GRI (*Gas Research Institute*) et la méthode GERG mise au point en Europe par le Groupe européen de recherche gazière [ATG, 1990].

4.5.3 Étude PVT d'un gaz à condensat

Comme cela a été indiqué, l'échantillonnage d'un gaz à condensat est effectué en général au niveau du séparateur haute pression. Les échantillons de gaz et de liquide prélevés sont recombinés pour obtenir un échantillon représentatif du mélange global.

Avant de réaliser cette recombinaison, des études sont menées séparément sur le liquide et le gaz échantillonnés.

L'échantillon global est étudié en considérant deux évolutions possibles :

- **étude à masse constante** : elle permet de suivre l'évolution de l'effluent au cours de la chute de pression accompagnant l'écoulement ; la masse totale et la composition de l'échantillon présent dans la cellule sont maintenues constantes tout au cours de l'essai ;
- **étude différentielle à volume constant** : elle sert à simuler l'évolution des conditions dans un gisement en production.

Ces études sont menées en général à l'aide d'une cellule à piston mécanique, telle que celle qui est représentée sur la figure 4.16

Figure 4.16

Équipement utilisé pour l'étude des gaz à condensat.
Source : Photothèque IFPEN – Studio Humphrey

L'équipement utilisé comprend :

- une cellule d'équilibre entourée d'une enceinte thermostatée par fluide caloporteur. La cellule peut pivoter dans l'enceinte et pour obtenir l'équilibre, elle est agitée par retournement ;
- une mesure de pression aussi précise que possible ;
- une pompe à mercure motorisée à double cylindre ;
- un gazomètre ;
- des hublots en saphir pour repérer les changements de phase et les niveaux des interfaces.

À titre indicatif, l'équipement présenté sur la figure 4.16 opère dans les conditions suivantes :

– température : 40 °C à 200 °C ;

– pression : 0 à 100 MPa ;

– volume de la cellule : 200 cm^3.

Le schéma de la figure 4.17 présente le principe de fonctionnement d'une cellule de conception plus ancienne, utilisant du mercure, qui comporte :

– un piston mécanique dont la position peut être modifiée par déplacement, à la pompe, d'un volume de mercure ; le déplacement de ce piston permet de faire varier le volume de la cellule ;

– un piston de mercure qui est utilisé conjointement avec le piston mécanique de manière à faire subir au mélange des déplacements à pression constante ;

– deux hublots de saphir permettant de voir les interfaces dans la cellule. Des déplacements à pression constante sont effectués de manière à faire apparaître les deux interfaces au niveau des hublots (gaz/condensat et condensat/mercure).

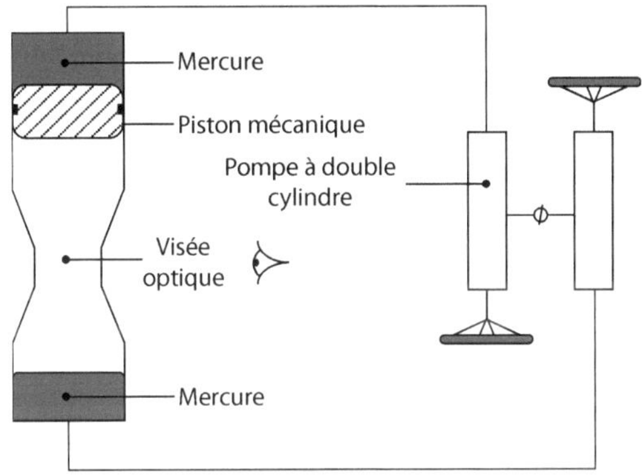

Figure 4.17

Cellule d'étude de gaz à condensat.
Schéma de principe

Au passage des ménisques, la lecture des volumes de mercure à la pompe permet, après correction, d'accéder aux valeurs des volumes des deux phases et en particulier du volume liquide déposé. Un tel équipement permet d'effectuer les deux types d'études déjà mentionnées.

4.5.3.1 Étude à masse constante

Le point de rosée est déterminé en repérant l'apparition des premières gouttelettes dans la cellule grâce aux hublots en saphir et en mesurant la pression correspondante. La mesure des volumes permet de tracer l'évolution du facteur de compressibilité Z en fonction de la pression. Un exemple de résultats obtenus est présenté sur la figure 4.18.

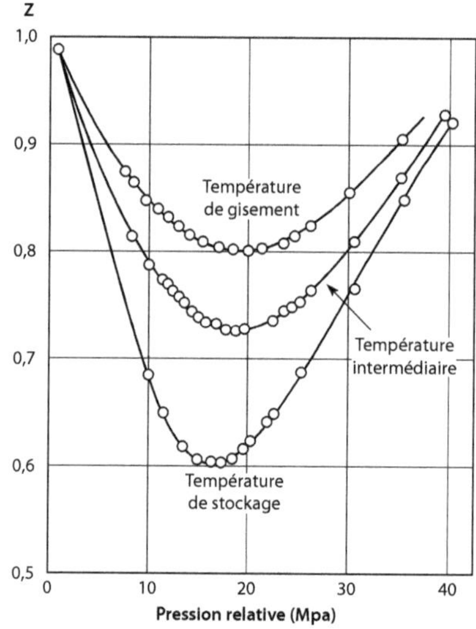

Figure 4.18

Évolution du facteur de compressibilité en fonction de la pression.

Le volume de liquide déposé au-dessous de la pression de rosée est mesuré, aux différents paliers de pression, dans la cellule à piston par déplacement à pression constante. Ce volume de liquide déposé commence par croître lorsque la pression diminue, passe par un maximum, puis diminue à nouveau lorsque la pression se rapproche de la pression de rosée basse.

L'évolution suivie est représentée dans un diagramme de coordonnées P, T sur la figure 4.19. Le maximum de volume liquide déposé est obtenu lorsque l'isotherme tangente une courbe isotitre à la pression P_v, appelée pression de revaporisation.

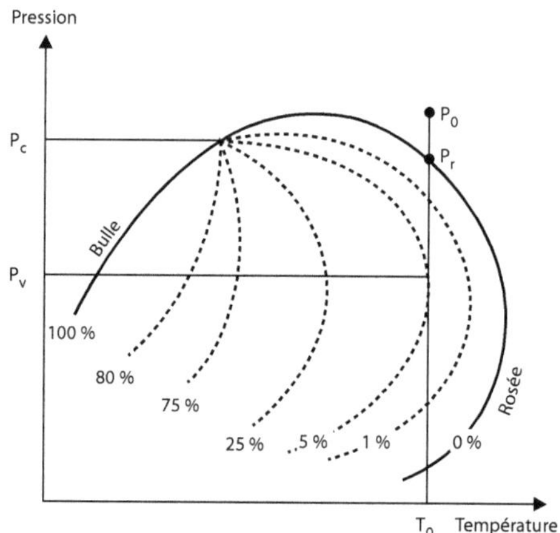

Figure 4.19

Évolution suivie lors d'une étude à masse constante.

La figure 4.20 présente un exemple de courbe de dépôt liquide pour un gaz à condensat en fonction de la pression.

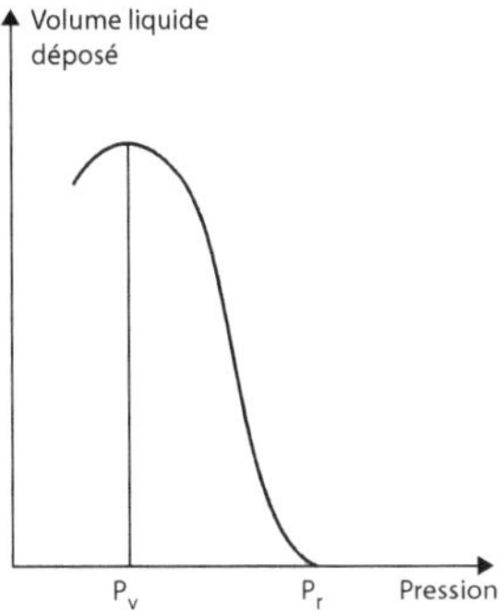

Figure 4.20

Courbe de dépôt liquide obtenue au cours d'une évolution à masse constante.

4.5.3.2 Étude différentielle à volume constant

Dans ce cas, le volume occupé par le gaz à condensat étudié est maintenu constant et une évolution de la pression est provoquée par purge de gaz. Cette procédure reproduit ainsi approximativement ce qui se passe dans d'un gisement au cours de la production.

Deux processus expérimentaux sont utilisés pour simuler au laboratoire de manière approchée l'évolution différentielle vraie (Figure 4.21) [Behar, 1987].

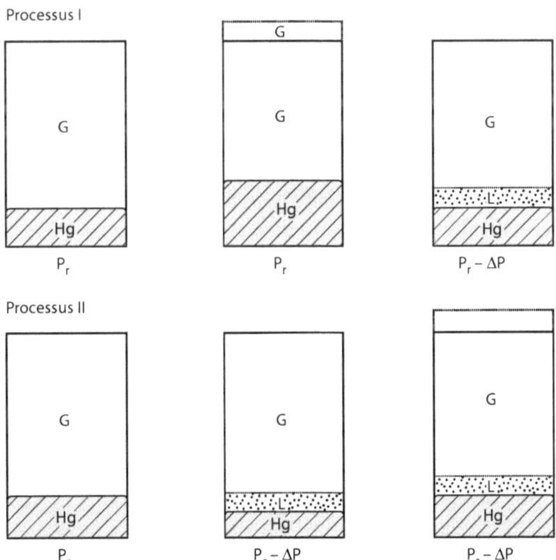

Figure 4.21

Processus expérimentaux simulant l'évolution différentielle vraie à volume constant.
Source : Béhar, 1987

Dans le processus **I**, partant d'un volume de gaz à son point de rosée $P = P_r$ une fraction de gaz est purgée à pression constante, en réduisant le volume, puis le volume initial est rétabli, ce qui provoque un abaissement de la pression de P_r à $P_r - \Delta P$ et la formation d'une fraction liquide. À chaque palier de pression, le volume liquide déposé est mesuré et le gaz purgé est analysé. La pression est ensuite réduite progressivement jusqu'à dépasser le maximum de volume déposé, en descendant au-dessous de la pression de revaporisation.

Dans le processus **II**, partant également d'un volume de gaz à son point de rosée, la pression est réduite de P_r à $P_r - \Delta P$ en augmentant le volume, ce qui provoque le dépôt d'une fraction liquide ; le volume initial est rétabli en purgeant une fraction du gaz à pression constante.

Les courbes suivies au cours des processus **I** et **II** se situent de part et d'autre de la courbe différentielle vraie et s'en rapprochent d'autant plus que le nombre d'étapes intermédiaires est grand (Figure 4.22).

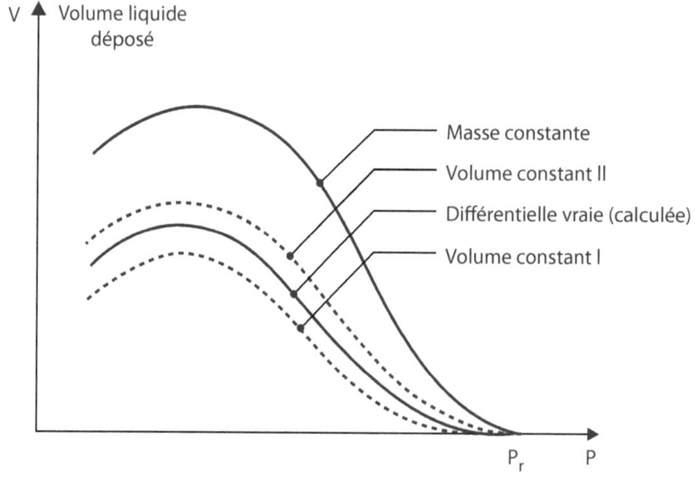

Figure 4.22

Variation du volume déposé avec la pression au cours d'une évolution différentielle.

Compte tenu des purges successives de gaz, la courbe de dépôt liquide déterminée au cours de l'évolution différentielle se situe au-dessous de la courbe obtenue à masse constante. Au cours de l'évolution à volume constant, lorsque chacune des purges est pratiquée avant le rétablissement du volume initial (processus **I**), la quantité de fraction lourde perdue dans le gaz de purge est supérieure à celle qui est perdue au cours du processus continu (courbe différentielle vraie). Au contraire au cours du processus **II**, la quantité de fraction lourde perdue dans le gaz de purge est inférieure à celle qui est perdue au cours du processus continu. De ce fait, les courbes obtenues au cours des processus **I** et **II** encadrent la courbe correspondant à l'évolution différentielle vraie.

La figure 4.23 présente un exemple de courbes de dépôt obtenues expérimentalement à différentes températures au cours de l'évolution différentielle à volume constant.

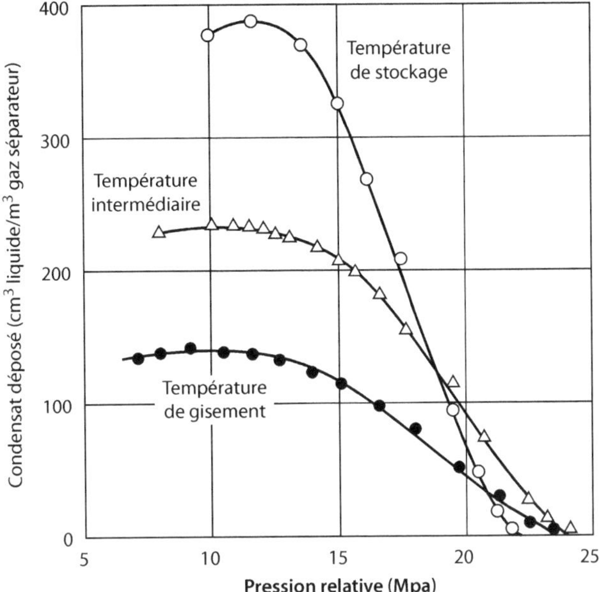

Figure 4.23

Courbes de dépôt obtenues au cours d'une évolution différentielle à volume constant.

À chaque palier de pression, le facteur de compressibilité Z du gaz purgé est déterminé, ainsi que sa composition qui est obtenue par chromatographie gazeuse. De plus, on mesure sur le gaz purgé la densité par rapport à l'air de la phase gazeuse, obtenue après détente aux conditions standards, et la masse de la phase liquide correspondante.

En fin d'expérience, le mélange restant dans la cellule d'équilibre est détendu jusqu'à la pression atmosphérique. La composition du mélange restant dans la cellule est déterminée en mesurant le rapport du volume de gaz au volume de liquide et en analysant chacune des phases. Un bilan matière global est effectué et la composition du mélange global, calculée par bilan matière en tenant compte des fractions purgées, est également comparée à titre de vérification avec la composition déterminée initialement.

4.6 VISCOSITÉ ET CONDUCTIVITÉ THERMIQUE

4.6.1 Mesure de la viscosité

La connaissance de la **viscosité** des gaz et des condensats est nécessaire pour effectuer les calculs d'écoulement aux différents stades de la production et notamment pour connaître les pertes de charge.

Le gaz naturel et les condensats se comportent généralement comme des fluides newtoniens et, dans ce cas, la **viscosité dynamique** μ est définie par la relation :

$$\tau_c = \mu \frac{du}{dy} \tag{4.12}$$

τ_c représentant la contrainte de cisaillement et du/dy le gradient de vitesse selon une direction perpendiculaire au plan de cisaillement.

La viscosité dynamique s'exprime dans le système SI en pascal-seconde. Le millipascal-seconde (mPa.s) est égal à un centipoise.

La **viscosité cinématique** est définie comme étant le rapport μ/ρ de la viscosité dynamique à la masse volumique.

L'unité SI de viscosité cinématique est le mètre carré par seconde ($m^2.s^{-1}$). La viscosité cinématique s'exprime encore parfois en millimètre carré par seconde ($mm^2.s^{-1}$), unité équivalente au centistoke.

Différents appareils sont employés pour mesurer la viscosité des gaz et des condensats.

Pour les fractions gazeuses, les appareils les plus couramment utilisés sont le viscosimètre à tube capillaire et le viscosimètre à bille roulante.

Le **viscosimètre à tube capillaire** fait intervenir l'écoulement dans un tube capillaire du fluide dont la viscosité doit être mesurée. La viscosité est déterminée en mesurant le débit Q qui s'écoule à travers le tube pour une différence de pression ΔP et en appliquant la relation de Poiseuille :

$$\mu = \frac{\pi r^4 \Delta p}{8LQ} \tag{4.13}$$

Dans la relation (4.13), r représente le rayon du tube et L sa longueur. Le viscosimètre à tube capillaire présente ainsi l'avantage de s'appuyer sur une relation bien établie et permet une bonne précision.

Dans le cas du **viscosimètre à bille roulante**, la viscosité est déterminée en mesurant la vitesse d'une bille roulant dans un tube incliné rempli du fluide sur lequel est effectuée la mesure. Ce type d'appareil présente l'avantage de fonctionner dans une gamme très large de conditions.

Les viscosimètres à tube capillaire et à bille roulante sont aussi employés pour mesurer la viscosité des fractions liquides, mais dans ce cas, on se sert également de **viscosimètres rotatifs** : viscosimètre à cylindres coaxiaux ou viscosimètre cône-plan. La viscosité est déterminée en mesurant le couple et la vitesse de rotation. Il est possible de procéder soit à couple constant en mesurant la vitesse de rotation, soit à vitesse de rotation constante en mesurant le couple.

4.6.2 Viscosité des hydrocarbures gazeux purs

La figure 4.24 présente l'évolution de la viscosité de l'éthane en fonction de la température et de la pression [Smith et Brown, 1943]. Au-dessous de la température critique, peuvent coexister deux phases. Pour une même température, la viscosité de la phase liquide est supérieure à celle de la phase vapeur. Au-dessus de la température critique, une seule valeur de la viscosité est à considérer. Des diagrammes similaires sont disponibles pour le méthane et le propane [Katz et Lee, 1990].

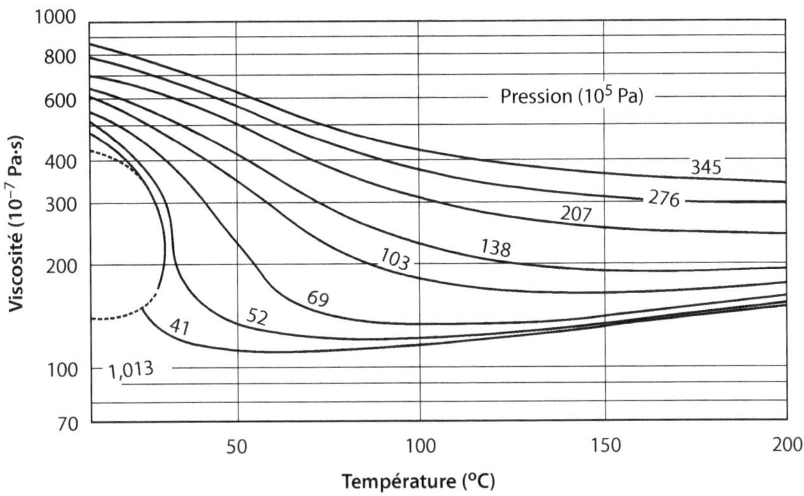

Figure 4.24

Viscosité de l'éthane.
Source : Katz *et al.* 1959

Différentes équations ont été établies pour calculer la viscosité des hydrocarbures gazeux purs. En particulier, pour calculer la viscosité du méthane, une équation de la forme générale suivante a été proposée par Hanley *et al.* (1975) :

$$\mu(\rho, T) = \mu_0(T) + \mu_1(T)\rho + \Delta\mu(\rho, T) \tag{4.14}$$

Les fonctions $\mu_0(T)$, $\mu_1(T)$ et $\Delta\mu(p, T)$ sont définies dans l'article référencé ci-dessus.

4.6.3 Viscosité des mélanges gazeux

À basse pression, la viscosité d'un mélange de gaz peut être estimée à partir de la viscosité des corps purs par la relation [Herning et Zipperer, 1936] :

$$\mu = \frac{\sum \mu_j y_j M_j^{1/2}}{\sum y_j M_j^{1/2}} \tag{4.15}$$

Dans la relation (4.15), y_j, M_j et μ_j représentent respectivement la fraction molaire, la masse molaire et la viscosité du constituant j présent dans le mélange. Cette méthode s'applique lorsque la composition du gaz est connue.

La variation de la viscosité des différents constituants du gaz naturel en fonction de la température est présentée sur la figure 4.25, pour une pression égale à la pression atmosphérique [Carr *et al.*, 1954].

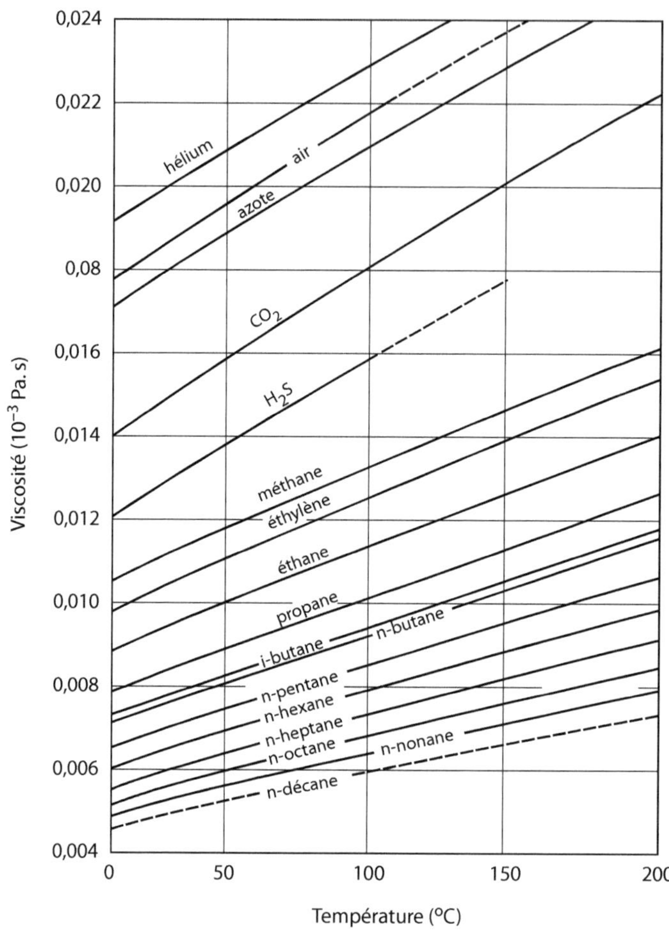

Figure 4.25

Viscosité des constituants du gaz naturel à la pression atmosphérique.
Source : Katz *et al.*, 1959 [Carr *et al.*, 1954]

Connaissant la composition d'un gaz naturel, sa viscosité à la pression atmosphérique est calculée par la relation (4.15). Un diagramme établi par Carr *et al.* (1954) permet également d'évaluer la viscosité d'un gaz naturel à la pression atmosphérique, pour différentes températures en fonction de la densité ou de la masse molaire considérée. En présence de proportions notables d'azote, de dioxyde de carbone et d'hydrogène sulfuré, des termes correctifs doivent être introduits. L'abaque présenté sur la figure 4.26 fournit le rapport de la viscosité du gaz sous pression à la viscosité du gaz à la pression atmosphérique, en fonction des coordonnées réduites P_R et T_R.

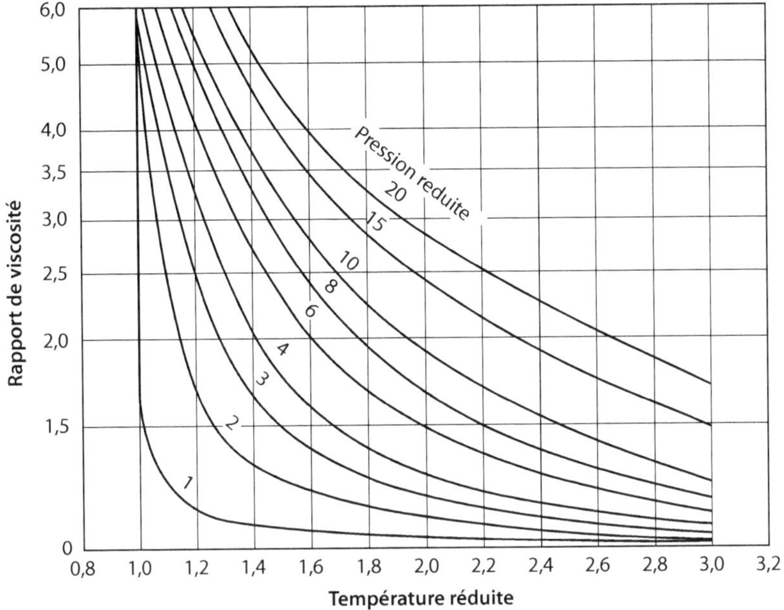

Figure 4.26

Variation du rapport de viscosité en fonction de la température réduite et de la pression réduite.
Source : Katz *et al.*, 1959 [Carr *et al.*, 1954]

Lorsque la composition du gaz est connue, la température et la pression pseudo-critiques sont calculées par les relations (4.6). Comme cela a été indiqué au paragraphe 4.5.2, elles peuvent également être évaluées à partir de la valeur de la densité soit par une méthode graphique, soit au moyen des relations (4.7) et (4.8).

Un abaque permettant d'estimer directement la valeur de la viscosité, à partir de la densité et de la température est fourni dans le manuel édité par *Gas Processors Suppliers Association - GPA* (2004).

Des corrélations sont également disponibles. La corrélation de Lee *et al.* (1966) est de la forme :

$$\mu = K\exp(X\rho^y) \tag{4.16}$$

Les termes K, X et y sont exprimés par des relations empiriques en fonction de la température et de la masse molaire du gaz considéré. La pression intervient par l'intermédiaire de la masse volumique ρ. Cette corrélation présente l'inconvénient d'avoir été établie pour des pressions relativement basses et de ne pas introduire de terme de correction pour tenir compte des teneurs d'azote, de dioxyde de carbone et d'hydrogène sulfuré.

Une corrélation a été proposée par Al-Blehed *et al.* (1991) pour éviter ces défauts, mais étant purement empirique, elle ne s'applique que dans la gamme des données expérimentales à partir desquelles elle a été obtenue.

Différentes méthodes de calcul de la viscosité d'un gaz naturel sur la base d'une loi des états correspondants ont été développées récemment. Le principe d'une telle méthode consiste à établir une corrélation portant sur des variables réduites.

Pedersen *et al.* (1987 et 1984) définissent la viscosité réduite par la relation :

$$\mu_R = \frac{\mu}{T_C^{-1/6} P_C^{2/3} M^{1/2}} \tag{4.17}$$

La viscosité réduite est alors reliée à la pression réduite et à la température réduite par une fonction unique, qui peut être établie à partir de la relation μ (ρ, T) pour un constituant de référence. Dans le cas du gaz naturel, le constituant de référence est tout naturellement le méthane, dont la viscosité peut être calculée au moyen de l'équation établie par Hanley *et al.* (1975).

4.6.4 Mesure de la conductivité thermique

La **conductivité thermique** d'un milieu se définit à partir de l'équation de Fourier, qui exprime la proportionnalité entre le flux thermique ϕ traversant l'unité de surface de ce milieu dans une direction donnée et le gradient de température $\partial T/\partial x$ dans cette même direction.

$$\varphi = -\lambda \frac{\partial T}{\partial x} \tag{4.18}$$

Dans le système international, la conductivité thermique λ s'exprime en $Wm^{-1} \cdot (°C)^{-1}$ mais elle est souvent exprimée en $kcal\ h^{-1}\ m^{-1}\ (°C)^{-1}$.

La conductivité thermique des gaz est en général très faible ; la valeur à 0 °C est la suivante pour quelques gaz courants :

- hydrogène : 0,142 $W\ m^1\ (°C)^{-1}$;
- hélium : 0,129 $W\ m^{-1}\ (°C)^{-1}$;
- oxygène : 0,025 $W\ m^{-1}\ (°C)^{-1}$;
- air : 0,024 $W\ m^{-1}\ (°C)^{-1}$;
- azote : 0,024 $W\ m^{-1}\ (°C)^{-1}$;
- dioxyde de carbone : 0,014 $W\ m^{-1}\ (°C)^{-1}$

La valeur de la conductivité thermique augmente en général avec la température.

Sa détermination expérimentale nécessite la mesure du flux de chaleur et du gradient de température. Les difficultés rencontrées lors des mesures proviennent :

- des effets de convection qui se superposent à la conduction ;
- des effets radiants ;
- des effets de paroi.

La méthode expérimentale généralement utilisée consiste à mesurer l'écart de température, qui s'établit entre deux cylindres coaxiaux séparés par un film de gaz de faible épaisseur, le cylindre intérieur étant équipé d'un élément chauffant [Le Neindre et Tufeu, 1979]. Dans la méthode du « fil chauffant », le cylindre intérieur est directement constitué par une résistance électrique.

4.6.5 Estimation de la conductivité thermique

La conductivité thermique d'un gaz naturel sous une atmosphère est représentée en fonction de la masse molaire du gaz sur le graphique de la figure 4.27 [GPA, 1987].

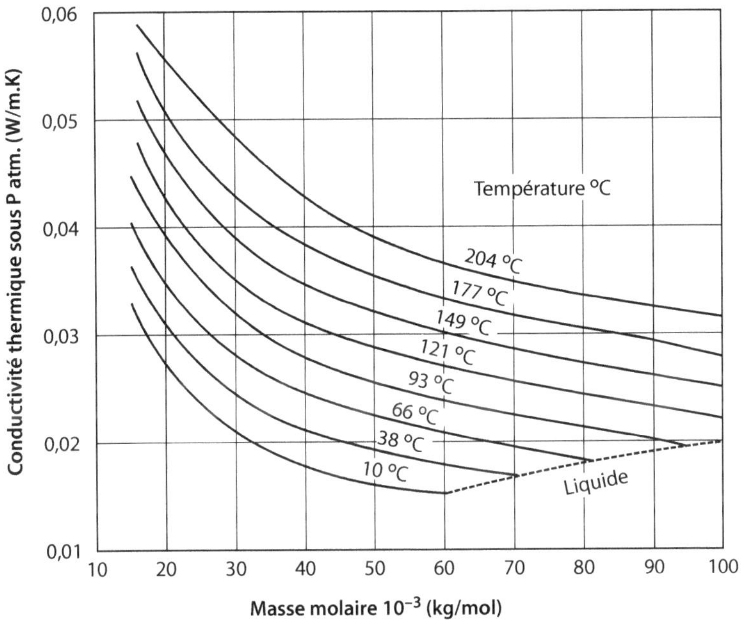

Figure 4.27

Variation de la conductivité thermique avec la masse molaire.
Source : GPA, 1987

Il existe également des relations analytiques pour calculer la conductivité thermique des mélanges ; la relation de Lindsay et Bromley (1950) a été appliquée avec succès.

L'effet de la pression est indiqué sur le graphique de la figure 4.28 ; le rapport des conductivités thermiques sous pression et sous une atmosphère est représenté, en fonction de la pression réduite, pour différentes valeurs de la température réduite [Lenoir *et al.*, 1953].

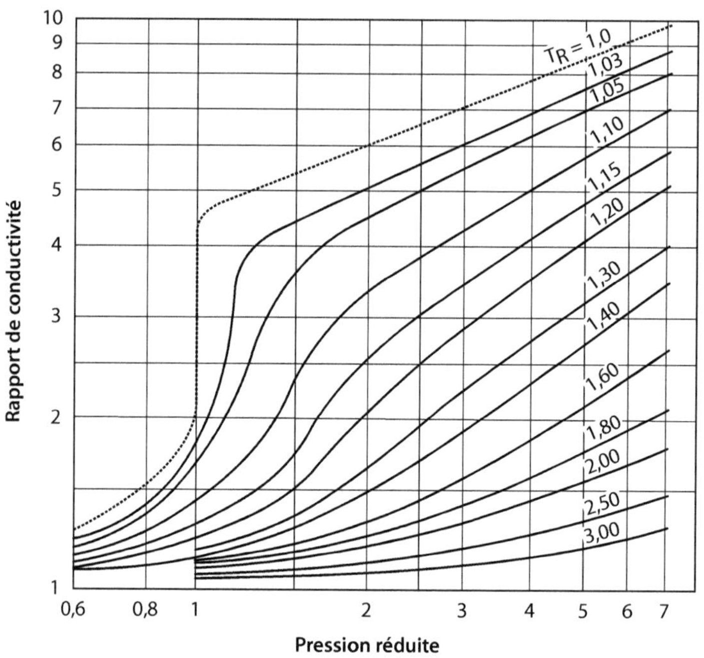

Figure 4.28

Variation du rapport de la conductivité thermique avec la pression réduite.
Source : Lenoir *et al.*, 1953

Une équation a été établie par Hanley *et al.* (1975) pour calculer la conductivité thermique du méthane :

$$\lambda((\rho, T) = \lambda_0,(T) + \lambda_1 (T) + \Delta\lambda(\rho, T) + \Delta\lambda_c(\rho, T) \tag{4.19}$$

Les fonctions $\lambda_0(T)$, $\lambda_1,(T)$, $\Delta\lambda(\rho, T)$ et $\Delta\lambda_c(\rho, T)$ sont définies dans la référence ci-dessus.

Dans le cas de mélanges d'hydrocarbures légers, différentes méthodes basées sur la loi des états correspondants ont été développées et sont présentées notamment dans les publications de Pedersen et Fredenslund (1987), Baltatu *et al.* (1985), Baltatu (1984), Christensen et Fredenslund (1980).

4.7   TENSION SUPERFICIELLE ET INTERFACIALE

4.7.1   Méthode de mesure

La **tension superficielle** d'un liquide est définie comme la force F par unité de longueur qu'il faut exercer sur un segment en contact d'un côté seulement avec la surface du liquide, pour le maintenir en équilibre. Elle s'exprime en N/m (unité SI).

La tension superficielle représente également le travail à fournir pour obtenir un accroissement d'une unité de surface. Cette tension superficielle caractérise la surface d'un liquide placé en présence d'une phase vapeur en équilibre ou d'un gaz inerte (interface liquide/gaz ou liquide/vapeur). La **tension interfaciale** est définie de la même façon mais pour la surface séparant deux liquides (interface liquide/liquide) et fait intervenir les propriétés des deux phases liquides en contact. Les valeurs des tensions superficielle et interfaciale doivent être prises en compte, par exemple, dans l'étude des écoulements diphasiques et des phénomènes de transfert thermique. Lors de la production de gaz naturel, la phase gazeuse se trouve fréquemment en présence d'une phase hydrocarbure liquide et parfois également en présence d'une phase liquide aqueuse. Il peut donc être nécessaire de connaître la tension superficielle de chacune des phases liquides et éventuellement leur tension interfaciale.

Le montage représenté sur la figure 4.29 est utilisé pour mesurer une tension superficielle ou une tension interfaciale ; le domaine de pression se situe couramment entre 1 et 70 MPa et la température entre 30 et 200 °C. Deux méthodes sont pratiquées :

- **la méthode de la goutte pendante**, basée sur la mesure des dimensions caractéristiques d'une goutte ;
- **la méthode de la goutte tombante**, faisant intervenir la mesure du volume d'une goutte par comptage des gouttes.

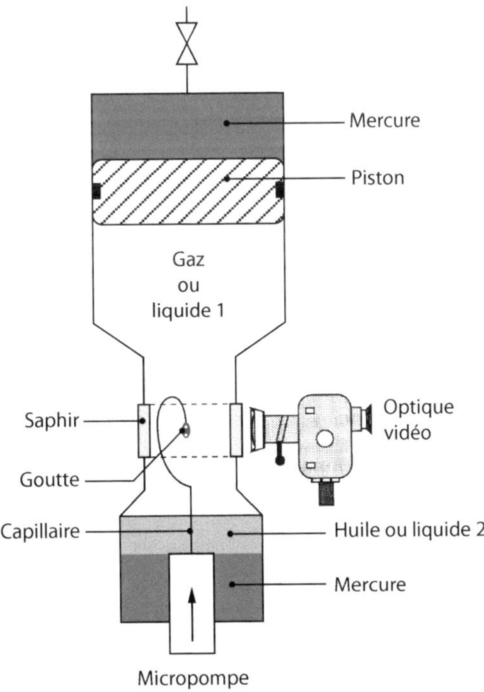

Figure 4.29

Méthode de mesure des tensions interfaciales en pression et en température.

La première méthode consiste à stabiliser une goutte à sa grosseur maximale avant sa chute et à la photographier. La valeur de la tension interfaciale est déduite des mesures géométriques de la goutte.

Pour appliquer la seconde méthode, il est nécessaire d'assurer un débit régulier de la micropompe permettant l'arrivée de liquide et de mesurer le temps de chute de n gouttes, ce qui permet d'accéder au volume d'une goutte puis à la tension interfaciale.

D'autres méthodes de mesure de la tension superficielle ou interfaciale sont basées sur la mesure de la force nécessaire pour arracher un étrier ou un anneau placé à l'interface.

4.7.2 Estimation

Pour un constituant pur non polaire, la tension superficielle γ varie avec la température selon la relation [Brock et Bird, 1955] :

$$\gamma = \varphi_0 \left(1 - T_R\right)^\theta \tag{4.20}$$

Le terme ϕ_0 peut être corrélé en fonction des coordonnées critiques P_c, T_c et de la température d'ébullition réduite T_b/T_c [Pedersen, 1989]. Brock et Bird ont attribué à l'exposant θ la valeur $\theta = 11/9$.

Dans la relation (4.20), T_R représente la température réduite. Cette relation montre que, de manière prévisible, la tension superficielle s'annule au point critique. Pour un mélange, plutôt que de prendre en compte les coordonnées critiques qu'il faut alors définir, il peut être plus commode d'exprimer la tension superficielle en fonction des masses volumiques ρ_L et ρ_V.

La relation (4.20) est alors remplacée par l'expression (4.21) :

$$[\gamma]^{\beta/\theta} = [P]\left(\frac{\rho_L}{M_L} - \frac{\rho_V}{M_V}\right) \tag{4.21}$$

Dans la relation (4.21), souvent appelée relation de McLeod-Sudgen [McLeod, 1923 ; Sudgen, 1924], ρ_L et ρ_v représentent les masses volumiques respectivement de la phase liquide et de la phase vapeur, β un exposant empirique et $[P]$ un paramètre caractéristique du constituant considéré, appelé le **parachor**. Les termes ρ_L/M_L et ρ_v/M_v représentent les inverses des volumes molaires.

La relation (4.21) a été étendue aux mélanges par Weinaug et Katz (1943) qui ont posé $\beta/\theta = 1/4$:

$$\gamma^{1/4} = \sum_{i=1}^n [P_i]\left[\left(\frac{\rho_L}{M_L}\right)_m x_i - \left(\frac{\rho_v}{M_V}\right)_m y_i\right] \tag{4.22}$$

$[P_i]$: parachor du constituant i ;

x_i, y_i : fraction molaire du constituant i respectivement dans la phase liquide et dans la phase vapeur ;

$(\rho_L/M_L)_m$: inverse du volume molaire en phase liquide pour le mélange m considéré ;

$(\rho_v/M_v)_m$: inverse du volume molaire en phase vapeur pour le mélange m considéré

n : nombre de constituants du mélange m.

La valeur du parachor pour les différents constituants présents dans un gaz naturel est présentée sur le tableau 4.3.

Tableau 4.3. Valeur du parachor pour les constituants du gaz naturel

Constituant	Parachor
Méthane	77,0
Éthane	108,0
Propane	150,3
i-Butane	181,5
n-Butane	189,9
n-Pentane	231,5
n-Hexane	271,0
n-Heptane	312,0
Azote	34,0
Hydrogène	41,0

Quelques données de tensions interfaciales sont regroupées sur la figure 4.30 [Katz *et al.*, 1959].

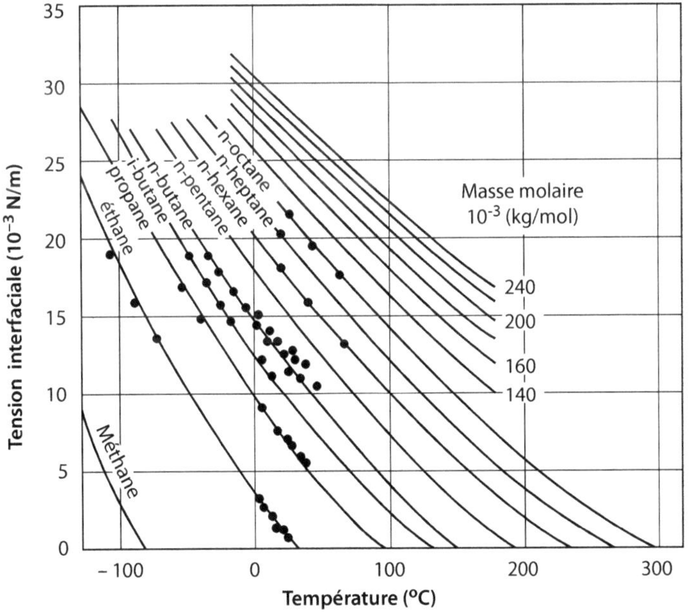

Figure 4.30

Tension interfaciale en fonction de la température pour quelques hydrocarbures.
Source : Katz *et al.*, 1959

                                    Le gaz naturel

4.8 POUVOIR CALORIFIQUE

4.8.1 Définition

Les transactions commerciales sur le gaz naturel sont généralement basées sur le contenu énergétique du gaz, obtenu en multipliant les volumes mesurés par le pouvoir calorifique supérieur.

Le **pouvoir calorifique** d'un combustible à T (°C) est la quantité de chaleur dégagée par la combustion complète d'une quantité unitaire de ce combustible, la combustion étant effectuée à la pression atmosphérique, les éléments de combustion étant pris à T (°C) et les produits de combustion ramenés à cette même température. Différentes températures de référence sont considérées : 0 °C, 15 °C, et 25 °C. Ce choix affecte peu la valeur du pouvoir calorifique.

Lorsque le combustible contient de l'hydrogène ou des produits hydrogénés, il se forme de l'eau. Le **pouvoir calorifique inférieur (PCI)** est obtenu en supposant l'eau à l'état de vapeur dans les produits de combustion. Le **pouvoir calorifique supérieur (PCS)**, par contre, tient compte de la chaleur de condensation de l'eau. Le tableau 4.4 indique le pouvoir calorifique inférieur et supérieur de quelques gaz naturels.

Tableau 4.4. Pouvoir calorifique de quelques gaz naturels

Origine	PCS (kJ/m^3 (n))	PCI (kJ/m^3 (n))
Lacq	40 474	36 453
Groningue	35 158	31 642
Sahara (Fos)	40 390	36 372
Sahara (Le Havre ajusté)	43 111	39 511

Ce pouvoir calorifique est présenté en kJ/m^3 (n), seule unité légale. Il est encore parfois exprimé en th/m^3 (n) [1 th = 4,1855 MJ].

Lorsque la composition du gaz utilisé dans un brûleur varie, tous les autres paramètres restant fixes, la puissance délivrée est proportionnelle à l'indice de Wobbe, défini par le rapport [ATG, 1990] :

$$W = \frac{PCS}{\sqrt{d_0}}$$

(4.23)

Dans l'expression (4.23), le terme d_0 représente la densité dans les conditions normales. La composition du gaz doit permettre de maintenir l'indice de Wobbe W dans un intervalle prescrit.

4.8.2 Estimation du pouvoir calorifique

Connaissant la composition du gaz naturel, son pouvoir calorifique peut être estimé par pondération linéaire à partir du pouvoir calorifique de chacun des constituants, en assimilant le mélange gazeux de départ et les produits de la réaction à des mélanges de gaz parfaits :

$$PC = \sum_i PC_i x_i \qquad (4.24)$$

Dans la relation (4.24), PC_i désigne le pouvoir calorifique du constituant i (PCI ou PCS) exprimé en kJ/m³ (n) ou kJ/mol, x_i la fraction molaire du constituant i dans le gaz naturel et PC le pouvoir calorifique du gaz naturel exprimé en kJ/m³ (n) ou kJ/mol. La valeur du PCS ainsi calculée diffère peu de la valeur réelle, l'écart pouvant être estimé comme inférieur à 50 J/mol [ATG, 1990]. La détermination du pouvoir calorifique fait l'objet de la norme AFNOR X 20-522 (1984) correspondant à la norme internationale ISO 6976 (1983).

Le tableau 4.5 indique le pouvoir calorifique inférieur et supérieur des principaux constituants du gaz naturel.

Connaissant les valeurs de la masse molaire et de la masse volumique, qui sont indiquées sur le tableau 4.5, le pouvoir calorifique peut être également exprimé en kJ/kg et kJ/mol.

Tableau 4.5. Pouvoir calorifique des principaux constituants du gaz naturel

Constituant	Formule Chimique	Masse Molaire (kg/kmol)	Masse spécifique (kg/m³(n))	PCS (kJ/m³(n))	PCI (kJ/m³(n))
Méthane	CH_4	16,043	0,7175	39 936	35 904
Éthane	C_2H_6	30,070	1,355	70 498	64 404
Propane	C_3H_8	44,097	2,010	101 364	93 146
n-Butane	$n\text{-}C_4H_{10}$	58,123	2,709	134 415	123 910
i-Butane	$i\text{-}C_4H_{10}$	58,123	2,707	153 851	123 356
n-Pentane	$n\text{-}C_5H_{12}$	72,150	3,51 [a]	172 189	159 045
n-Hexane	$n\text{-}C_6H_{14}$	86,177	4,31 [a]	210 226	194 445
n-Heptane	$n\text{-}C_7H_{16}$	100,200	5,39 [a]	261 390	242 007
Benzéne	C_6H_6	78,114	3,83 [a]	162 219	155 582
Toluéne	C_7H_8	92,141	4,84 [a]	207 717	198 242
Hydrogène sulfuré	H_2S	34,082	1,536	25 369	23 338

a. Valeurs calculées pour l'état hypothétique gazeux.

Pour une paraffine quelconque, le pouvoir calorifique exprimé en kJ/m³ (n) est relié à la masse molaire M exprimée en grammes par les relations approchées suivantes [Wuithier, 1972 ; Handrick, 1956] :

$$PCS = 6\ 571 + 2\ 093\ M \qquad (4.25)$$

$$PCI = 4\ 311 + 1\ 967\ M \qquad (4.26)$$

Des corrélations plus précises, s'appliquant à un hydrocarbure quelconque, ont été développées ultérieurement. Ces corrélations sont basées sur des méthodes de contributions de groupes [Benson *et al.*, 1969]. Une méthode un peu moins précise, mais d'utilisation plus simple que la méthode de Benson, a été proposée par Cardozo (1986). Cette méthode consiste à généraliser une corrélation développée dans le cas des alcanes, en introduisant des termes de correction qui tiennent compte des groupements fonctionnels présents. Dans le cas d'un constituant gazeux, cette corrélation s'écrit :

$$PCI = 198{,}435 + 614{,}924\, N \text{ en kJ/mol} \tag{4.27}$$

Le paramètre de longueur de chaîne N est déterminé par la relation :

$$N = N_C + \sum_i \Delta N_i \tag{4.28}$$

avec :

N_c : nombre d'atomes de carbone ;

ΔN_i : terme de correction tenant compte de la présence de groupement fonctionnel ; les valeurs du terme de correction ΔN_i ont été publiées sous forme de tables par Cardozo (1991, 1986) pour différents groupes fonctionnels.

Elle a été étendue ultérieurement au calcul des enthalpies de formation, de vaporisation et de sublimation [Cardozo, 1991].

4.9 CONCLUSION

La connaissance des propriétés physico-chimiques du gaz naturel est essentielle à tous les stades de la production, du traitement et du transport.

La détermination expérimentale de ces propriétés est souvent délicate, compte tenu des difficultés d'échantillonnage et des pressions élevées atteintes dans le réservoir. Les méthodes de modélisation, qui sont présentées dans le chapitre suivant, ont réalisé de très grands progrès et permettent, dans la plupart des cas, de calculer ces propriétés avec une bonne précision. Toutefois, l'élargissement du domaine de validité de ces méthodes implique un effort accru sur le plan expérimental, pour améliorer la précision des mesures et obtenir des données dans des conditions extrêmes, notamment à très haute pression.

4.10 NOTATIONS

C   point critique

C_{CB} cricondenbar

C_{CT} cricondentherme

C_m n-alcane comportant *m* atomes de carbone

C_{m+} fraction qui regroupe tous les hydrocarbures dont le nombre d'atomes de carbone est égal ou supérieur à m

d   densité

d_0 densité dans les conditions normales

F force

GOR   *Gas Oil Ratio*

GPL   Gaz de Pétrole Liquéfié

L longueur

m masse

M masse molaire

n nombre de moles

N paramètre de longueur de chaîne relation (4.27)

N_c nombre d'atomes de carbone

P pression

$[P]$ parachor

PCI pouvoir calorifique inférieur

PCS pouvoir calorifique supérieur

P_v pression de revaporisation

Q débit

r rayon

R constante des gaz parfaits

T température

u vitesse

v volume

v_L volume molaire liquide

V volume molaire

W indice de Wobbe

x fraction molaire liquide

y fraction molaire vapeur

Z facteur de compressibilité

$\partial T/\partial x$ gradient de température

ΔN_i terme de correction pour les groupements fonctionnels dans la relation (4.28)

ϕ flux thermique

γ tension superficielle

ϕ_0 terme en facteur dans la relation (4.20)

λ conductivité thermique

μ   viscosité

ρ   masse volumique

τ_c contrainte de cisaillement

Exposant

*   gaz parfait

β   exposant empirique dans la relation (4.21)

θ   exposant dans la relation (4.20)

Indice

0   valeur initiale

a   air

b   ébullition

c   critique

f   fond (réservoir)

fs   fusion

g   gaz

i,j   se rapporte aux composés *i* ou *j*

L   liquide

m   mélange

M   molaire

pc   pseudo-critique

r   rosée

R   réduite

s   surface (réservoir)

V   vapeur

BIBLIOGRAPHIE

AFNOR/Norme X 20-522 (1984) *Gaz Naturel. Calcul du pouvoir calorifique, de la niasse volumique et de la densité*, Association française de normalisation, Paris-La Défense, 20 mars, Parité international ISO/DIS 6976.

Al-Blehed M, Sayyouh MH, Desouky SM (1991) New Approach Estimates Viscosity of Natural Gases, *Petroleum Engineer*, 7, n° 63, July, p. 57-58.

ATG (1990) Généralités, dans *Aide-mémoire de l'industrie du gaz*, 4ᵉ éd., Association technique de l'industrie du gaz en France, Paris, Chap. 1, p. 99-129.

Baltatu ME (1984) Prediction of the Transport Properties of Petroleum Fractions, *AIChE, 1984 Winter National Meeting*, Atlanta, Ga, March 11-14, Paper 5e.

Baltatu ME, Ely JF, Hanley HJM, Graboski MS, Perkins RA, Sloan ED (1985) Thermal Conductivity of Coal-Derived Liquids and Petroleum Fractions, *Ind. Eng. Chem. Process Des. Dev.*, **24**, n° 2, p. 325-332.

Behar E (1987) Natural Gas and Crude Oil Characterization, *18th Chemical Engineering Fundamentals Congress*, Taormina, Italy, April 20-30, 44 p.

Benson SW, Cruickshank DM, Golden GR, Haugen HE, O'Neal AS, Rodgers AS, Shaw R, Walsh R (1969) Additivity Rules for the Estimation of Thermochemical Properties, *Chemical Reviews*, **69**, n° 3, June, p. 279-324.

Brock JR, Bird RB (1955) Surface Tension and the Principle of Corresponding States, *AIChE Journal*, 1, n° 2, June, p. 174-177.

Campbell JM (1981) *Gas Conditioning and Processing*, 5th ed., Campbell Petroleum Series, Norman, Ok, **1**, Chapt. 4-5, June, p. 28-72.

Cardozo RL (1991) Enthalpies of Combustion, Formation, Vaporization and Sublimation of Organics, *AIChE Journal*, **37**, n° 2, February, p. 290-298.

Cardozo RL (1986) R&D Notes. Prediction of the Enthalpy of Combustion of Organic Compounds, *AIChE Journal*, **32**, n° 5, May, p. 844-847.

Carr NL, Kobayashi R, Burrows DB (1954) Viscosity of Hydrocarbon Gases under Pressure, *J. Pet. Technol.*, **6**, n° 10, p. 47-55.

Comité des Techniciens - Commission d'Exploitation - Sous-Commission Laboratoires d'Exploitation - Groupe Fluides de Gisements – Chambre Syndicale de la Recherche et de la Production du Pétrole et du Gaz Naturel (1981) Recommandations pour l'établissement d'un rapport PVT, *Revue de l'Institut Français du Pétrole*, **36**, n° 3, mai-juin, p. 292-307.

Comité des Techniciens - Commission d'Exploitation - Sous-Commission Laboratoires d'Exploitation - Groupe Fluides de Gisements - Chambre Syndicale de la Recherche et de la Production du Pétrole et du Gaz Naturel (1975) Recommandations pour la mise en œuvre des méthodes d'échantillonnage, *Revue de l'Institut Français du Pétrole*, **30**, n° 3, mai-juin, p. 445-471.

Christensen PL, Fredenslund AA (1980) A Corresponding States Model for the Thermal Conductivity of Gases and Liquids, *Chem. Eng. Sci.*, **35**, n° 4, April, p. 871-875.

Daubert TE, Danner RP (1985) *Data Compilation Tables of Properties of Pure Compounds*, Design Institute for Physical Property Data - American Institute of Chemical Engineers *(DIPPR - AIChE)*, New York, Ny.

Durand JP, Fafet A, Barreau A (1989) Direct and Automatic GC Analysis for Molecular Weight Determination and Distribution in Crude Oils and Condensates Up to C_{20}, *J. High Resolution Chromatography*, **12**, n° 4, April, p. 230-233.

GPA (2004) Section 23. - Physical Properties, in *Engineering Data Book*, SI Version, 12th ed., *GPA*.

GPA (1987) Section 23. - Physical Properties, in *Engineering Data Book*, SI Version, 10th ed., *GPA*.

Gravier JF (1986) *Propriétés des fluides de gisements*, Cours de production, *ENSPM* – Centre d'études supérieures de développement et d'exploitation des gisements, Éditions Technip, Paris, **2**, Chap. 2-4, p. 17-81.

Handrick G (1956) Heats of Combustion of Organic Compounds, *Ind, Eng, Chem*, **48**, n° 8, August, p. 1366-1374.

Hanley HJM, McCarty RD, Haynes WN (1975) Equations for the Viscosity and Thermal Conductivity Coefficients of Methane, *Cryogenics*, **15**, n° 7, July, p. 413-417.

Hefley CG, Hines WJ, Sattler FW (1985) Work Group Report on Natural Gas Sampling for Revision of GPA Standard 2166–68, *Proceedings of the 64th GPA Annual Convention*, Houston, Tx, March 18-20, p. 388-415.

Herning F, Zipperer L (1936) Calculations of Viscosity of Technical Gas Mixtures from the Viscosity of Individual Gases, *Gas-U. Wasserfach*, **79**, p. 49-54, 69-73.

Jiskoot RJJ (1994) Improved Gas Sampling Techniques, *Hydrocarbon Processing*, **73**, n° 2, February, p. 77-85.

Katz DL, Lee RL (1990) Chapter 4. Physical Behavior of Natural Gas Systems Physical and Thermal Properties, Phase Behavior, Analyses, in *Natural Gas Engineering. Production and Storage*, McGraw-Hill Publishing Company, New York, Ny, p. 110-196.

Kumar S (1987) Chapter 3. Properties of Natural Gases, in *Gas Production Engineering*, Contributions in Petroleum Geology & Engineering 4, Gulf Publishing Co., Book Division, Houston, Tx, p. 39-88.

Lee AL, Gonzalez MH, Eakin BE (1966) The Viscosity of Natural Gases, *J. Pet. Technol.*, **18**, n° 8, October, p. 997-1000.

Le Neindre B, Tufeu R (1979) Conductivité thermique des liquides et des gaz, *Techniques de l'Ingénieur*, Paris, n° R2290, octobre, p. 1-15.

Lenoir JM, Junk WA, Comings EW (1953) Measurement and Correlation of Thermal Conductivities of Gases at High Pressures, *Chem. Eng. Progress*, **49**, n° 10, October, p. 539-542.

Lindsey AL, Bromley LA (1950) Thermal Conductivity of Gas Mixtures, *Ind. Eng. Chem.*, **42**, n° 8, August, p. 1508-1511.

McCain WD Jr. (1990) Chapter 5. The Five Reservoir Fluids, in *The Properties of Petroleum Fluids*, 2nd ed., PennWell Books, PennWell Publishing Company, Tulsa, Ok, p. 147-164.

McLeod DB (1923) On a Relation Between Surface Tension and Density, *Trans. Faraday Soc.*, **19**, p. 38-42.

Montel F (1993) Phase Equilibria Needs for Petroleum Exploration and Production Industry, *Fluid Phase Equilibria*, **84**, April 4, p. 343-367.

Montel F, Gouel PL (1984) A New Lumping Scheme of Analytical Data for Compositional.

Studies, 59th *SPE Annual Technical Conference and Exhibition*, Houston, Tx, September 16-19, 13 p.

Montel F (1982) Études des effluents des gisements de gaz à condensat – Traitement des données de laboratoire et simulation numérique des équilibres liquide-vapeur au moyen de l'équation d'état de Peng et Robinson, *Congrès de l'ATG – Association technique de l'industrie du gaz en France*, Paris, 13 p.

Neveux AR, Sakthikumar S (1986) Delineation and Evaluation of a North Sea Reservoir Containing Near Critical Fluids, *SPE European Petroleum Conference*, London, UK, October 20-23, Paper n° SPE 15856, p. 71-81.

Pedersen KS, Fredenslund, AA, (1987) An Improved Corresponding States Model for the Prediction of Oil and Gas Viscosities and Thermal Conductivities, *Chem. Eng. Sci.*, **42**, n° 1, January, p. 182-186.

Pedersen KS, Fredenslund AA, Christensen PL, Thomassen P (1984) Viscosity of Crude Oils, *Chem. Eng. Sci.*, **39**, n° 6, June, p. 1011-1016.

Pedersen KS, Fredenslund AA, Thomassen P (1989) *Properties of Oils and Natural Gases*, Gulf Publishing Co., Book Division, Houston, Tx, Chapt. 11-13, p. 172-207.

Polling BE, Prausnitz JM, Connell JO (2000) *The Properties of Gases and Liquids*, Mc Graw Hill Prof. Med./Tech., 786 p.

Reid RC, Prausnitz JM, Poling BE (1987) *The Properties of Gases and Liquids*, 4th ed., McGraw-Hill Book Company, New York, Ny, 741 p.

Smith AS, Brown GG (1943) Correlating Fluid Viscosity, *Ind. Eng. Chem.*, **35**, n° 6, June, p. 705-711.

Standing MB, Katz DL (1942) Density of Natural Gases, *Am. Inst. Mining Met. Engrs., Technical Publication*, n° 1323, 10 p.

Sudgen S (1924) The Variation of Surface Tension. VI. The Variation of Surface Tension with Temperature and Some Related Functions, *J. Chem. Soc.*, **125**, p. 32-41.

Thomas LK, Hankinson RW, Phillips KA (1970) Determination of acoustic velocities for natural gas, *J. Pet. Technol*, **22**, n° 7, July, p. 889-895.

Weinaug CF, Katz DL (1943) Surface Tensions of Methane-Propane Mixtures, *Ind. Eng. Chem.*, **35**, n° 2, February, p. 239-246.

Whitson CH, Brulé MR (2000) *Phase Behavior*, Henry L. Doherty Series SPE Monograph, Volume 20, 240 p.

Wiehert E, Aziz K (1972) Calculate Z'S for Sour Gases, *Hydrocarbon Processing*, **51**, n° 5, May, p. 119-122.

Wuithier P (1972) *Le Pétrole. Raffinage et génie chimique*, Collection Science et Technique du Pétrole n° 5, 2ᵉ éd., **1**, Éditions Technip, Paris, 938 p.

5 | Modélisation des propriétés thermodynamiques

5.1 INTRODUCTION

Dans le chapitre précédent, des corrélations et des méthodes graphiques ont été présentées pour déterminer différentes propriétés physiques d'un gaz naturel de composition donnée.

La prévision du diagramme de phases et des équilibres liquide-vapeur est particulièrement important pour toutes les études portant sur la production, le traitement et le transport de gaz naturel.

L'utilisation croissante des méthodes de calcul sur ordinateur a conduit à développer des **modèles compositionnels** basés sur une **équation d'état**. Ces modèles permettent actuellement d'obtenir des résultats plus précis et surtout beaucoup plus facilement extrapolables que les méthodes graphiques. Ils reposent de plus en plus sur une analyse des phénomènes à l'échelle moléculaire et présentent de ce fait un certain caractère prédictif. Pour ces différentes raisons, ils seront examinés de manière relativement détaillée dans ce chapitre. Cette présentation est néanmoins loin d'être exhaustive et pour plus de détails, le lecteur pourra se reporter à des ouvrages de base tels que ceux de l'Association technique de l'industrie du gaz en France [ATG (1990) ; Pedersen *et al.* (1989) ; Poling et O'Connell (2000) ; Prausnitz *et al.* (1999) ; Vidal (2003) et Kontogeorgis (2010)].

5.2 ÉQUATIONS D'ÉTAT – LOI DES ÉTATS CORRESPONDANTS

5.2.1 Définition

Pour un fluide monophasique, compte tenu de la règle de variance, les variables de pression P, volume v, température absolue T et composition sont liées par l'**équation d'état** :

$$f(P,v,T,n_1,\ldots) = 0 \tag{5.1}$$

en désignant respectivement par n_1, $n_2,\ldots$, n_i le nombre de moles des constituants 1, 2 et i.

On se réfère fréquemment à une mole de corps pur ou de mélange. Le volume qui intervient dans l'équation d'état est alors le volume molaire V. L'équation d'état d'un corps pur se réduit à une relation entre pression, volume et température. Dans le cas d'un mélange, la composition, qui est définie par les fractions molaires des constituants présents dans le mélange $z_1, z_2, ..., z_n$, intervient également.

L'équation d'état comporte généralement des paramètres ajustables. Les données expérimentales peuvent être corrélées avec d'autant plus de précision que le nombre de paramètres ajustables est élevé.

En basant les équations d'état sur des considérations physiques et en particulier sur l'analyse des interactions moléculaires, il est possible d'améliorer le caractère prédictif des relations utilisées et de réduire le nombre de données expérimentales nécessaires.

L'utilisation de modèles basés sur une équation d'état permet de calculer :

- le comportement volumétrique des mélanges constituant le gaz ;
- l'évolution des fonctions thermodynamiques avec la température et la pression ;
- les équilibres liquide-vapeur.

5.2.2 Interactions moléculaires. Loi des états correspondants

La plus simple des équations d'état est représentée par l'équation des **gaz parfaits** qui s'écrit pour une mole :

$$PV = RT \qquad (5.2)$$

L'équation des gaz parfaits représente une approximation d'autant meilleure que la pression est faible. En effet, elle suppose que les molécules de gaz sont en moyenne suffisamment éloignées les unes des autres pour qu'il soit possible de négliger les forces d'interaction. L'énergie des molécules est alors purement cinétique.

Dans le cas de molécules sphériques, l'énergie potentielle d'interaction Γ entre deux molécules est reliée à la distance r entre ces molécules par une relation de la forme :

$$\frac{\Gamma}{\varepsilon} = f\left(\frac{r}{\sigma}\right) \qquad (5.3)$$

dans laquelle f représente une fonction universelle. Le paramètre ε a la dimension d'une énergie et le paramètre σ celle d'une longueur.

La fonction $f(r/\sigma)$ passe par un minimum. Le potentiel Γ est attractif (négatif) jusqu'à une distance au-dessous de laquelle il devient répulsif (positif) en s'opposant à l'interpénétration des molécules considérées.

Les forces d'attraction entre molécules (ou forces de cohésion) sont les suivantes :

- forces électrostatiques entre particules chargées ou molécules présentant un **moment dipolaire** permanent ;
- forces électrostatiques entre molécules polaires (ou chargées) et molécules polarisables ; en présence d'un champ électrique E, une molécule non polaire peut acquérir un moment dipolaire induit v_i, tel que :

$$v_i = \theta_i\, E \qquad (5.4)$$

- le paramètre θ_i représente le **facteur de polarisabilité** de la molécule. Le tableau 5.1 présente les valeurs du moment dipolaire et du facteur de polarisabilité pour quelques constituants du gaz naturel ainsi que pour quelques solvants polaires. C'est en raison des forces d'interaction électrostatiques entre un gaz acide tel que H_2S et un solvant polaire, qu'il est possible de désacidifier de manière sélective un gaz naturel au moyen d'un solvant polaire ;

- les **forces de dispersion** ou forces de London sont dues au fait qu'une molécule non polaire ne l'est qu'en moyenne ; deux molécules étant en présence, le moment dipolaire instantané (nul en moyenne) de chaque molécule induit un moment dipolaire de l'autre molécule et il en résulte une force d'interaction. Dans ce cas, le potentiel des forces d'attraction varie comme $1/r^6$.

Tableau 5.1. Moments dipolaires et facteurs de polarisabilité

Constituant	Moment dipolaire $(10^{-30}\ \text{C.m})$	Polarisabilité $(10^{-30}\ \text{m}^3)$
Méthane	0	2,59
Éthane	0	4,45
Propane	0,280	6,33
i-Butane	0,440	–
n-Butane	0,167	8,20
n-Pentane	0,434	9,99
Hydrogène sulfuré	3,236	3,85
Eau	6,171	1,45
Méthanol	5,670	3,30
Éthylène glycol	7,605	5,70
Acétone	9,607	6,35
N-Méthylformamide	12,780	5,80
N-Diméthylformamide	12,740	7,81

Il peut également exister des forces d'interaction « chimique » dues notamment à des **liaisons hydrogène**, pouvant conduire à des auto-associations entre molécules d'un même constituant (cas des composés hydroxyliques : eau, alcools, acides et à un degré moindre aminés) ou à des complexations entre molécules différentes.

De manière générale, le potentiel Γ s'exprime sous la forme d'une somme de deux termes :

$$\Gamma_{\text{total}} = \Gamma_{\text{répulsion}} + \Gamma_{\text{attraction}} = \frac{A}{r^n} - \frac{B}{r^m} \qquad (5.5)$$

Cette équation a été proposée par Mie en 1903 [Prausnitz *et al.*, 1999]. Pour des molécules sphériques et non polaires, l'expression la plus couramment utilisée pour calculer le potentiel Γ est celle de Lennard-Jones :

$$\left(\frac{\Gamma}{\varepsilon}\right) = 4\left[\left(\frac{\sigma}{r}\right)^{12} - \left(\frac{\sigma}{r}\right)^{6}\right] \tag{5.6}$$

On reconnaît dans cette expression la dépendance en $(1/r)^6$ du potentiel des forces d'attraction $\Gamma_{attraction}$.

La figure 5.1 présente l'évolution du terme de potentiel (Γ/σ) en fonction du terme de distance (r/σ) dans ce cas particulier.

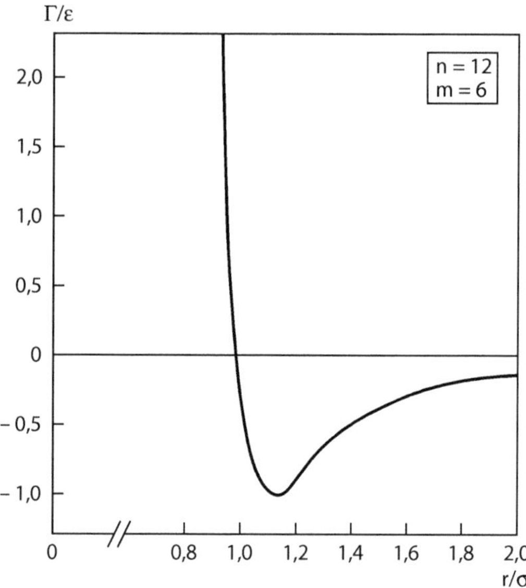

Figure 5.1

Potentiel de Lennard-Jones.
Source : Prausnitz *et al.*, 1986

Un calcul de mécanique statistique montre qu'à partir d'une équation de la forme (5.3), s'appliquant à tout constituant indépendamment de sa nature chimique (ce qui est le cas notamment de l'équation de Lennard-Jones), il est possible d'établir la **loi des états correspondants** :

$$f(P_R, V_R, T_R) = 0 \tag{5.7}$$

L'équation (5.7) relie la pression réduite $P_R = P/P_C$, la température absolue réduite $T_R = T/T_C$ et le volume réduit $V_R = V/V_C$, les termes P_C, T_C et V_C représentant respectivement la pression, la température et le volume molaire critiques. Elle s'applique à tout constituant avec les mêmes restrictions que l'équation de potentiel correspondante.

La température critique, le volume critique et la pression critique sont reliés aux paramètres ε et σ par les relations :

$$\frac{\varepsilon}{k} = C_1 T_c \tag{5.8}$$

$$\frac{2}{3}\pi N_A \sigma^3 = C_2 V_c \tag{5.9}$$

$$\frac{\varepsilon}{\sigma^3} = C_3 P_c \tag{5.10}$$

Dans les relations (5.8), (5.9) et (5.10), C_1, C_2 et C_3 représentent des constantes universelles, k la constante de Boltzmann et N_A le nombre d'Avogrado. Dans le cas particulier du potentiel de Lennard-Jones, les valeurs approximatives des constantes C_1, C_2 et C_3 sont respectivement $C_1 = 0,77$, $C_2 = 0,75$ et $C_3 = 7,42$.

5.2.3 Facteur acentrique

La loi des états correspondants définie précédemment ne s'applique strictement qu'aux constituants dont la molécule est sphérique et apolaire.

Pitzer (1939) a introduit le **facteur acentrique** ω pour prendre en compte les déviations dues aux écarts par rapport aux conditions précédentes.

Il a observé que dans le cas de l'argon, représentatif des fluides simples qui répondent aux conditions indiquées, $P^s/P_c = 0,1$ pour $T_R = 0,7$.

Le facteur acentrique ω est défini par la relation :

$$\omega = -\log\left(\frac{P^s}{P_c}\right) - 1 \tag{5.11}$$

la pression de saturation P^s étant celle qui correspond pour le fluide considéré à $T_R = 0,7$.

Le facteur acentrique mesure ainsi l'écart entre le comportement du fluide complexe considéré et celui des fluides simples. La prise en compte dans l'équation d'état du paramètre supplémentaire ω, qui dépend du constituant considéré, permet d'améliorer considérablement la précision de celle-ci. Le tableau 5.2 donne les valeurs des trois paramètres P_c, T_c et ω pour les constituants qui sont habituellement présents dans le gaz naturel ou au cours de son traitement.

Tableau 5.2. Coordonnées critiques et facteurs acentriques

Composés	T_c(K)	P_c(MPa)	ω
Éléments			
Hélium	5,20	0,228	− 0,3900
Hydrogène	33,18	1,313	− 0,2150
Azote	126,10	3,394	0,0403
Oxygène	154,58	5,043	0,0218
Composés minéraux			
Oxyde de carbone	132,92	3,499	0,0663
Dioxyde de carbone	304,19	7,382	0,2276
Hydrogène sulfuré	373,53	8,963	0,0827
Eau	647,13	22,055	0,3449
Paraffines			
Méthane	190,58	4,604	0,0108
Éthane	305,42	4,880	0,0990
Propane	369,82	4,249	0,1518
i-Butane	408,14	3,648	0,1770
n-Butane	425,18	3,797	0,1993
n-Pentane	469,65	3,369	0,2486
n-Hexane	507,43	3,012	0,3046
n-Heptane	540,26	2,736	0,3511
n-Octane	568,83	2,486	0,3962
n-Nonane	595,65	2,306	0,4377
n-Décane	618,45	2,123	0,4842
Cycloparaffine			
Cyclopentane	511,76	4,502	0,1943
Cyclohexane	553,54	4,075	0,2118
Aromatiques			
Benzène	562,16	4,898	0,2108
Toluène	591,79	4,109	0,2641
Éthylbenzène	617,17	3,609	0,3036
Isopropylbenzène	631,15	3,209	0,3377

Source : Daubert et Danner, 1985

5.3 LES ÉQUATIONS D'ÉTAT CUBIQUES

Les équations d'état permettent d'utiliser toutes les relations thermodynamiques afin de déduire d'une équation unique un grand nombre de propriétés [de Hemptinne, 2012]. Outre l'équation des gaz parfaits, la plus connue et la plus ancienne de toutes ces équations est celle de Van der Waals.

5.3.1 Équation de van der Waals

Plutôt que de déduire l'équation (5.7) d'une équation de potentiel, on fait généralement appel à des équations empiriques. L'**équation de van der Waals**, dont dérivent de nombreuses équations, est de la forme :

$$P = \frac{RT}{V-b} - \frac{a}{V^2} \tag{5.12}$$

Elle comporte deux termes correctifs qui la différencient de l'équation d'état des gaz parfaits (5.2) :

- le terme de pression interne ou pression de cohésion, $P_{int} = a/V^2$ prend en compte les forces d'**attraction** moléculaire décrites précédemment ;
- le covolume b représente le volume occupé par une mole lorsque la pression tend vers l'infini ; il résulte des forces de **répulsion** qui se manifestent lorsque les molécules se rapprochent en s'opposant à leur interpénétration.

Au point critique, pour un corps pur, une équation d'état qui est supposée s'appliquer à tout le domaine de volume et de pression doit vérifier les conditions :

$$\left(\frac{\partial P}{\partial V} \right)_T = 0 \tag{5.13}$$

$$\left(\frac{\partial^2 P}{\partial V^2} \right)_T = 0 \tag{5.14}$$

En effet, dans un diagramme de coordonnées P–V, l'isotherme critique présente au point critique un point d'inflexion à tangente horizontale (Figure 5.2) :

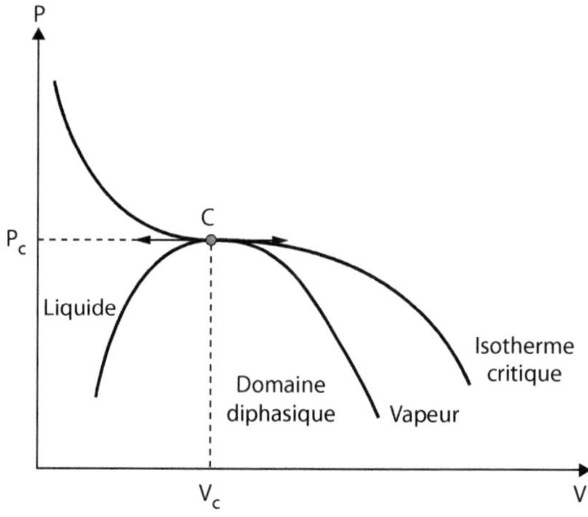

Figure 5.2

Représentation de l'isotherme critique dans le diagramme P-V.

L'application des conditions (5.13) et (5.14) dans le cas de l'équation de van der Waals permet d'obtenir les expressions a et b en fonction des coordonnées critiques :

$$a = \frac{27}{64} \frac{R^2 T_c^2}{P_c} \tag{5.15}$$

$$b = \frac{RT_c}{8P_c} \tag{5.16}$$

Les paramètres de l'équation de van der Waals ne dépendent que des coordonnées critiques P_c et T_c et ne font pas intervenir le facteur acentrique. L'équation de van der Waals ne peut donc s'appliquer qu'à des constituants dont la molécule est sphérique et apolaire.

On vérifie aisément en substituant aux paramètres a et b les expressions déduites des relations (5.15) et (5.16), que l'équation (5.12) suit la loi des états correspondants. Appliquée au point critique, elle conduit à une valeur du facteur de compressibilité $Z_c = P_c V_c/RT_c$ de 0,375, ce qui montre son imprécision dans cette région, les valeurs expérimentales variant généralement entre 0,25 et 0,30 pour les hydrocarbures.

Pour une température et une pression fixées, le calcul du volume molaire V fait intervenir la résolution d'une équation cubique.

À une température fixée inférieure à T_c, il existe une pression de saturation P^s et une seule, pour laquelle deux phases, une phase vapeur et une phase liquide peuvent coexister. Pour cette valeur de la pression, l'équation cubique admet trois racines réelles. La racine la plus petite correspond au volume molaire de la phase liquide et la plus grande à celui de la phase vapeur.

La pression de saturation est déterminée en posant une condition d'équilibre (égalité des enthalpies libres). On montre que cette condition impose la relation $\int V\,dP = 0$, ce qui entraîne l'égalité des aires S_1 et S_2 situées au-dessous et au-dessus du palier de saturation (Figure 5.3).

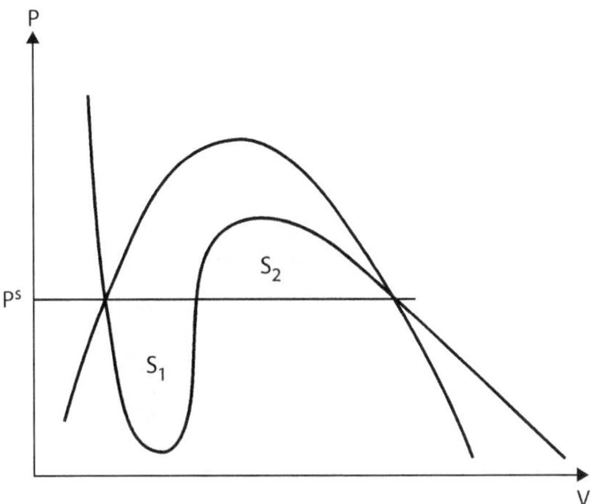

Figure 5.3

Détermination de la pression de saturation dans le cas d'une équation cubique.

Pour des valeurs de P différentes de P^s, le corps pur considéré est en phase vapeur si $P < P^s$, et en phase liquide si $P > P^s$.

5.3.2 Équation de Soave Redlich-Kwong

L'**équation de Redlich-Kwong** (1949) vise à améliorer la représentation des fluides réels en modifiant l'expression du terme de pression interne de l'équation de van der Waals. Elle est de la forme générale :

$$P = \frac{RT}{V-b} - \frac{a(T)}{V(V+b)} \tag{5.17}$$

La modification apportée au terme de pression interne conduit à une représentation beaucoup plus satisfaisante, en particulier dans le domaine des températures supérieures à la température critique.

Le terme $a(T)$ dépend de la température ; Redlich et Kwong ont exprimé ce terme en fonction de la température réduite T_r au moyen de l'expression très simple :

$$a(T) = \frac{a_c}{\sqrt{T_r}} \tag{5.18}$$

Comme l'équation de van der Waals, l'équation de Redlich-Kwong ne comporte que deux paramètres a_c et b. En appliquant les conditions (5.13) et (5.14) les paramètres a_c et b peuvent être reliés aux coordonnées critiques :

$$a_c = 0,42748 \frac{R^2 T_c^2}{P_c} \qquad (5.19)$$

$$b = 0,08664 \frac{R T_c}{P_c} \qquad (5.20)$$

À une température fixée, le calcul du volume V à une pression donnée conduit également à une équation cubique. Le calcul est généralement effectué en passant par l'intermédiaire du facteur de compressibilité adimensionnel $Z = PV/RT$.

La plus petite des racines de l'équation correspond à la valeur de Z en phase liquide et la plus grande à celle en phase vapeur.

L'équation de Soave (1972) est de la même forme générale que l'équation de Redlich-Kwong (5.17). Soave a introduit les relations suivantes pour exprimer la fonction *a(T)* :

$$a(T) = a_c\, \alpha(T_R) \qquad (5.21)$$

avec :

$$\alpha\left(T_R\right) = \left[1 + m\left(1 - \sqrt{T_R}\right)\right]^2 \qquad (5.22)$$

Le coefficient m est calculé en fonction du facteur acentrique ω :

$$m = 0,480 + 1,574\,\omega - 0,176\,\omega^2 \qquad (5.23)$$

Les paramètres a_c et b sont exprimés en fonction des coordonnées critiques P_c et T_c par les mêmes expressions (5.19) et (5.20) que dans le cas de l'équation de Redlich-Kwong.

5.3.3 Équation de Peng-Robinson

L'équation de Peng-Robinson (1976) diffère de l'équation de Soave par l'expression du terme d'attraction. Elle a été introduite en vue d'améliorer les résultats obtenus par l'équation de Soave, notamment en ce qui concerne le calcul des densités en phase liquide, sans modifier le nombre de paramètres :

$$P = \frac{RT}{V - b} - \frac{a(T)}{V\left(V + b\right) + b\left(V - b\right)} \qquad (5.24)$$

Les termes *a(T)* et b de la relation (5.24) sont définis par les relations (5.25) à (5.27) :

$$a = 0,45724 \frac{R^2 T_c^2}{P_c} \alpha\left(T_R\right) \qquad (5.25)$$

Le terme $\alpha(T_R)$ présente la même forme générale que dans le cas de l'équation de Soave. Il suit la relation (5.22), mais la fonction reliant le paramètre m au facteur acentrique ω est différente :

$$m = 0{,}37464 + 1{,}54226\omega - 0{,}26992\omega^2 \tag{5.26}$$

$$b = 0{,}0778\,\frac{RT_c}{P_c} \tag{5.27}$$

Ces équations sont très largement utilisées dans les modèles de simulation, en production et traitement de gaz naturel. Des procédures de calcul des différentes propriétés thermodynamiques à partir de ces expressions généralisées ont été également élaborées [Leibovici, 1993].

Il existe par ailleurs une grande variété d'équations d'état cubiques. Péneloux *et al.* (1982) a introduit un paramètre supplémentaire, dit terme de « translation », pour améliorer la précision avec laquelle est calculé le volume en phase liquide ; citons également les équations d'état proposées par Salim et Trebble (1991), par Trebble et Bishnoi (1987), ainsi que par Patel et Teja (1982). Martin (1979), puis Schmidt et Wenzel (1980) ont présenté des expressions généralisées permettant de considérer la plupart de ces équations d'état comme des cas particuliers d'une équation plus générale. Plusieurs revues des équations d'état cubiques sont disponibles [Sengers *et al.*, 2000 ; Wei et Sadus, 2000 ; Valderama, 2003].

5.3.4 Application aux mélanges

Les équations présentées précédemment peuvent être étendues aux mélanges à condition de pouvoir relier les paramètres de ces équations appliquées aux mélanges à ceux des corps purs.

Dans le cas des équations dérivées de l'équation de van der Waals, telles que les équations de Redlich-Kwong, Soave et Peng-Robinson, les règles de mélange usuelles sont les suivantes lorsque la composition est définie en fractions molaires z_i :

Paramètre b :

$$z = \sum_i z_i b_i \tag{5.28}$$

le covolume b est obtenu par addition des covolumes pondérés par la composition.

Paramètre a :

$$a = \sum_i \sum_j z_i z_j \sqrt{a_i a_j}\left(1 - k_{ij}\right) \tag{5.29}$$

Le terme k_{ij} est un terme correctif appelé **coefficient d'interaction**, caractéristique du binaire considéré. L'introduction du paramètre k_{ij} est nécessaire lorsque les constituants i et j sont formés par des molécules très dissemblables soit par leur volume molaire, soit par leur nature chimique (mélanges : C_1–C_6, CO_2–paraffine, aromatique-paraffine…).

La règle décrite ci-dessus s'applique bien pour des mélanges d'hydrocarbures, ou avec des gaz, mais donne de très mauvais résultats lorsque le mélange comporte des composés polaires. Nous verrons plus loin (cf. § 5.6.5) comment, depuis la publication de Huron et Vidal (1979), plusieurs auteurs ont proposé des règles de mélange plus complexes mais également beaucoup plus puissantes, car s'appliquant à des mélanges fortement non-idéaux.

Ces méthodes ont donné lieu au développement de méthodes prédictives de contributions de groupes pour le calcul des paramètres d'interaction binaire [Privat, 2008 a, b, c ; Vitu, 2008 ; Jaubert *et al.* 2005, 2000 a et b ; Abdoul *et al.*, 1991 ; Carrier, 1989].

5.4 LES ÉQUATIONS D'ÉTAT NON-CUBIQUES

5.4.1 Les équations issues de la mécanique statistique

En mécanique statistique, on peut démontrer avec des hypothèses relativement générales que l'équation d'état peut se construire comme une somme de termes, chacun décrivant un type d'interaction intermoléculaire. On a ainsi généralement un terme qui décrit la répulsion entre molécules lorsqu'elles se rapprochent, et un ou plusieurs termes qui décrivent l'attraction.

La première équation décrite ici ne s'applique qu'à la répulsion. Il s'agit de l'**équation de Carnahan et Starling** (1969). Elle est basée sur des résultats obtenus à l'aide d'une simulation par dynamique moléculaire sur un ensemble de sphères « dures », les molécules étant supposées sphériques et ne pouvant pas s'interpénétrer. En l'absence de terme d'attraction, elle s'écrit :

$$Z_{REP} = \frac{PV}{RT} = \frac{1 + \xi + \xi^2 - \xi^3}{\left(1 - \xi\right)^3} \tag{5.30}$$

avec $\xi = V^0/V$.

La densité réduite ξ représente le rapport du volume V^o occupé par les molécules considérées comme des sphères dures au volume V. La limite supérieure du terme ξ est de 0,74, c'est-à-dire le taux de remplissage occupé par un empilement hexagonal de sphères.

Le terme de répulsion de l'équation de Carnahan et Starling peut être associé à différentes expressions du terme d'attraction [Carnahan et Starling, 1972].

Des expressions plus générales du terme de répulsion ont été recherchées pour prendre en compte la géométrie réelle des molécules. Elles sont généralement dérivées de l'équation de Carnahan et Starling en introduisant un terme correctif Z_F dépendant de la forme de la molécule.

Le terme de répulsion Z_{REP} s'écrit alors :

$$Z_{REP} = Z_{CS} + Z_F \tag{5.31}$$

L'équation BACK (*Boublik, Adler, Chen, Kreglewski*) présentée par Chen et Kreglewski (1977) est obtenue en associant à l'équation d'état des corps convexes durs de Boublik (1975) un terme attractif inspiré de celui d'Adler *et al.* (1972).

L'expression du terme de forme, d'après l'équation de Boublik, s'écrit :

$$Z_F = \left(\alpha_F - 1\right) \frac{3\xi + 3\alpha_F \xi^2 - \left(\alpha_F + 1\right)\xi^3}{\left(1 - \xi\right)^3} \tag{5.32}$$

Le paramètre α_F est caractéristique de la forme géométrique de la molécule considérée.

L'équation PHCT (*Perturbed Hard Chain Theory*) proposée par Beret et Prausnitz (1975) puis étendue aux mélanges par Donohue et Prausnitz (1978) fait intervenir un terme attractif d'Adler *et al.* (1972) modifié et un terme répulsif de chaînes dures. Les auteurs considèrent un paramètre c qui caractérise le nombre de degrés de liberté « externes » dépendant de la configuration de la molécule ; pour une molécule comportant n atomes, dont le nombre de degrés de liberté total est $3n$, le nombre de degrés de liberté « externes » est $3c$ avec $c < n$. Ils ont ainsi proposé une expression du terme de forme Z_F en fonction du paramètre c, qui s'annule pour $c = 1$ (cas des sphères dures).

L'équation COR (*Chain Of Rotators*) introduite par Chien *et al.* (1983), comporte un terme de répulsion dérivé de l'équation de Boublik, en faisant intervenir un paramètre c', caractéristique du nombre de degrés de liberté « externes » en rotation-vibration. Le facteur de forme de l'équation COR s'écrit :

$$Z_F = 0,5c' \left(\alpha_F - 1\right) \frac{3\xi + 3\alpha_F \xi^2 - \left(\alpha_F + 1\right)\xi^3}{\left(1 - \xi\right)^3} \tag{5.33}$$

Le terme attractif de l'équation COR est un terme d'Adler modifié empiriquement.

Analysant les résultats obtenus par ces différentes équations, Solimando (1991) a estimé que l'équation COR permet d'obtenir la restitution la plus satisfaisante des données expérimentales des corps purs.

Parmi les équations issues de la mécanique statistiques, l'équation de **SAFT** (*Statistical Associating Fluid Theory*) est considérée aujourd'hui comme la plus performante. Proposée initialement par Chapman *et al.* (1990), elle a fait l'objet de nombreuses améliorations. La version la plus répandue aujourd'hui est PC-SAFT, mis au point par Gross et Sadowski (2002). Le principe de base est l'utilisation d'une somme de termes, comprenant entre autres un terme dit associatif qui décrit les interactions quasi-chimiques et un terme de chaîne, qui permet de décrire des molécules longues :

$$Z = \left(mZ_0^{hs} + Z_0^{disp}\right) + Z^{chain} + Z^{ass} \tag{5.34}$$

Le terme Z_0^{hs} est issu de la théorie de Carnahan et Starling et Z_0^{disp} représente la dispersion à l'aide de la théorie de perturbation thermodynamique de Barker et Henderson (1967 a et b). Cette dernière théorie nécessite de définir un potentiel, et différents types de potentiels ont été utilisés (Lennard-Jones, Puits Carré, Mie, etc.). Le paramètre m représente le nombre de segments. Ce paramètre est généralement obtenu par régression, ce qui conduit à un nombre non-entier. Les autres paramètres sont le diamètre de sphère dure (σ), l'énergie de dispersion (ε, ou profondeur du puits de Lennard-Jones), ainsi que des paramètres spécifiques pour les corps associatifs, énergie et volume d'association.

Récemment, plusieurs auteurs [Tumakaka, 2005 ; Nguyen-Huynh, 2008] ont ajouté à l'équation de base (5.34) un terme spécifique pour tenir compte des interactions polaires. L'utilisation de ce terme complexifie encore l'équation mais évite de devoir utiliser un paramètre d'interaction binaire (k_{ij}) pour des mélanges contenant des corps polaires.

Plusieurs travaux ont porté sur le paramétrage de cette équation à l'aide d'une approche de contribution de groupe [Tamouza, 2005, 2004 ; Tihic, 2009, 2008 ; Lymperiades, 2008, 2007 ; Ramos, 2011 ; Peng, 2009] lui fournissant ainsi un caractère entièrement prédictif.

5.4.2 Équations d'état issues des cubiques

Les développements menés sur les équations cubiques ont conduit à des équations n'ayant plus la forme cubique.

Dans le cas de l'**équation SBR** [Behar *et al.*, 1985], un terme correctif dépendant du volume est introduit dans l'expression du terme d'attraction de l'équation de Redlich-Kwong. L'équation SBR s'écrit :

$$P = \frac{RT}{V-b} - \frac{a(T)}{V(V+b)}\left(1 - \gamma\frac{b}{V} + \delta\frac{b^2}{V^2}\right) \tag{5.35}$$

L'équation (5.35) peut être mise sous forme réduite, les paramètres étant exprimés en fonction de la température réduite. Cette équation a été révisée par Jullian (1988) en vue de mieux représenter les constituants lourds ; elle permet de déterminer les paramètres de l'équation en fonction des coordonnées critiques P_c, T_c et du facteur acentrique ω d'une manière plus précise que l'équation initiale.

D'autres équations ont été développées sur la base d'une combinaison de théories différentes. En combinant le terme associatif de l'équation SAFT à l'équation cubique de Soave-Redlich-Kwong, l'équation **CPA** (*Cubic Plus Association*) [Kontogeorgis *et al.*, 1996] permet de retrouver le comportement de la cubique pour des hydrocarbures, et tout en permettant de modéliser des constituants qui forment des liaisons hydrogènes, tels que l'eau ou les alcools. Cette équation est souvent utilisée en simulation des opérations de traitement de gaz contenant des gaz acides et de l'eau dans des conditions de haute pression et haute température [Kontogeorgis *et al.*, 2008, 2007, 2006].

Le facteur de compressibilité est exprimé à l'aide de l'équation :

$$Z = \frac{1}{1-\eta} - \frac{a/bRT}{1+\eta}\eta + \sum_i x_i \sum_j \rho_j \sum_{A_j}\left[(\frac{1}{X^{A_j}} - \frac{1}{2})\frac{\partial X^A}{\partial \rho_i}\right] \tag{5.36}$$

où $\eta = b/V$ et $\rho_i = x_i/V$.

Les deux premiers termes proviennent de l'équation cubique SRK et le dernier est issu de la théorie de Wertheim. Ce terme, dit « associatif », permet de tenir compte du fait que certaines molécules forment des dimères, voire des multi-mères lorsqu'elles sont suffisamment proches les unes des autres. On décrit ces interactions à l'aide d'équilibres pseudo-chimiques, en attribuant à chaque espèce un certain nombre de sites électropositifs et de sites électronégatifs. Ainsi, tout en conservant les caractéristiques cubiques pour les molécules non associatives telles que les hydrocarbures, l'équation CPA améliore significativement le pouvoir prédictif des équations d'état tout particulièrement pour les mélanges des espèces comme l'éthanol, le méthanol ou encore l'eau [Kontogeorgis *et al.*, 2006].

5.4.3　Équations d'état issues du développement du viriel

L'équation de Benedict, Webb et Rubin, ou équation **BWR** [Benedict *et al.*, 1951, 1942, 1940] est dérivée de l'**équation du viriel**, fréquemment utilisée pour représenter les propriétés de la phase gazeuse aux pressions modérées.

L'équation du viriel consiste à développer le facteur de compressibilité selon une série de Taylor en $1/V$:

$$Z = \frac{PV}{RT} = 1 + \frac{B}{V} + \frac{C}{V^2} + \dots \tag{5.37}$$

Elle est en général tronquée au-delà du terme en $1/V^2$. Les coefficients B et C sont appelés respectivement second et troisième coefficient du viriel.

L'équation BWR comporte deux termes complémentaires qui ont été introduits de manière empirique. Cette équation s'écrit en désignant par ρ_M l'inverse du volume molaire $(1/V)$:

$$P = RT\rho_M + \left(B_0 RT - A_0 - \frac{C_0}{T^2} \right)\rho_M^2 + \left(b\, RT - a \right)\rho_M^3 \tag{5.38}$$

$$+ a\alpha\rho_M^6 + \frac{c\rho_M^3}{T^2}\left(1 + \gamma\rho_M^2 \right)\exp\left(-\gamma\rho_M^2 \right)$$

Les huit coefficients : A_0, B_0, C_0, b, a, α, c et γ de l'équation (5.38) dépendent de la nature du constituant étudié. Différentes modifications de l'équation BWR ont été présentées, notamment par Bender (1975) ainsi que par Starling et Han (1972), puis par Span et Wagner (2003 a, b, c) afin d'améliorer sa précision ou d'étendre son domaine d'application.

Le domaine d'application de l'équation BWR peut être étendu, en introduisant le facteur acentrique. Pour cela, on fait appel à la méthode de Lee et Kesler.

Le principe général de la **méthode de Lee et Kesler** (1975) consiste à calculer la valeur F_P d'une propriété thermodynamique exprimée en fonction des coordonnées réduites, pour un fluide dont le facteur acentrique est ω, à partir des valeurs respectives $F^{(0)}$ et $F^{(r)}$ de cette propriété pour un fluide simple tel que $\omega = 0$ et pour un fluide de référence tel que $\omega = \omega^{(r)}$ en posant :

$$F_P = F^{(0)} + \frac{\omega}{\omega^{(r)}}\left(F^{(r)} - F^{(0)} \right) \tag{5.39}$$

L'équation d'état d'un constituant de facteur acentrique ω est obtenue en appliquant la relation (5.39) à une expression du facteur de compressibilité Z :

$$Z = Z^{(0)} + \frac{\omega}{\omega^{(r)}}\left(Z^{(r)} - Z^{(0)} \right) \tag{5.40}$$

Les termes et $Z^{(0)}$ et $Z^{(r)}$ s'expriment en fonction des coordonnées réduites P_R et T_R. Connaissant les valeurs des paramètres numériques qui interviennent dans l'équation d'état, l'équation (5.40) permet d'obtenir l'équation d'état d'un constituant quelconque de facteur acentrique ω.

Lee et Kesler ont utilisé l'équation BWR. Le tableau 5.3 présente l'équation BWR ainsi modifiée, les expressions des paramètres ainsi que les valeurs numériques des coefficients à utiliser. Le fluide de référence est le n-octane pour lequel $\omega = 0{,}3978$.

Tableau 5.3. Méthode de Lee-Kesler. Équation BWR modifiée

$$Z = \frac{P_R V_R}{T_R} = 1 + \frac{B}{V_R} + \frac{C}{V_R^2} + \frac{D}{V_R^5} + \frac{c_4}{T_R^3 V_R^2}\left(\beta + \frac{\gamma}{V_R^2}\right)\exp\left(-\frac{\gamma}{V_R^2}\right)$$

avec :

$$B = b_1 - \frac{b_2}{T_R} - \frac{b_3}{T_R^2} - \frac{b_4}{T_R^3}$$

$$C = c_1 - \frac{c_2}{T_R} + \frac{c_3}{T_R^3}$$

$$D = d_1 + \frac{d_2}{T_R}$$

Constantes	Fluide simple	Fluide de référence
b_1	0,1181193	0,2026579
b_2	0,265728	0,331511
b_3	0,154790	0,027655
b_4	0,030323	0,203488
c_1	0,0236744	0,0313385
c_2	0,0186984	0,0503618
c_3	0,0	0,016901
c_4	0,042724	0,041577
d_1	$0,155488 \cdot 10^{-4}$	$0,48736 \cdot 10^{-4}$
d_2	$0,623689 \cdot 10^{-4}$	$0,0740336 \cdot 10^{-4}$
B	0,65392	1,226
γ	0,060167	0,03754

Source : Lee et Kesler, 1975

L'équation d'état de Lee et Kesler peut être étendue aux mélanges en considérant les coordonnées pseudo-critiques. Différentes règles ont été proposées pour appliquer aux mélanges la loi des états correspondants [Reid et Prausnitz, 1997 ; Lee et Kesler, 1975].

Plöcker *et al.* (1978) ont introduit les relations suivantes pour déterminer les coordonnées pseudo-critiques ainsi que le facteur acentrique :

$$T_{pc} = \frac{\displaystyle\sum_i \sum_j z_i z_j V_{c_{ij}}^\eta T_{c_{ij}}}{V_{pc}^\eta} \tag{5.41}$$

$$V_{pc} = \sum_i \sum_j z_i z_j V_{c_{ij}} \tag{5.42}$$

$$\omega_m = \sum_i z_i \omega_i \tag{5.43}$$

avec :

$$V_{c_{ij}} = \frac{1}{8}\left(V_{c_i}^{1/3} + V_{c_j}^{1/3} \right)^3 \tag{5.44}$$

$$T_{c_{ij}} = \left(T_{c_i} T_{c_j} \right)^{1/2} \left(1 - k_{ij} \right) \tag{5.45}$$

Les termes T_{ci} et V_{ci} désignent respectivement la température et le volume critique du constituant i.

La pression pseudo-critique peut être déterminée en appliquant la relation :

$$P_{pc} = \left(0,2905 - 0,085\omega_M \right) \frac{RT_{pc}}{V_{pc}} \tag{5.46}$$

Les relations (5.41) à (5.46) permettent d'étendre la méthode de Lee et Kesler aux mélanges.

Différentes valeurs de l'exposant η dans l'équation (5.41) peuvent être considérées. La valeur $\eta = 1$ a été admise par différents auteurs et notamment par Mollerup (1980) dans le cas de mélanges d'hydrocarbures légers, d'azote et de dioxyde de carbone. Dans le cas de mélanges de constituants dont les masses molaires diffèrent de manière importante (par exemple, méthane et heptane), Plöcker *et al.* (1978) ont préconisé la valeur $\eta = 0,25$.

5.5 CALCUL DES PROPRIÉTÉS THERMODYNAMIQUES

5.5.1 Méthodes spécifiques de calcul du facteur de compressibilité

Les modèles de calcul des propriétés thermodynamiques basés sur une équation d'état fournissent, à une pression P et une température T données, la valeur du volume molaire V et du facteur de compressibilité $Z = PV/RT$. Ces modèles, qui sont relativement complexes, sont exploités à l'aide de programmes de simulation sur ordinateur.

Il peut être utile de disposer d'une méthode de calcul rapide du facteur de compressibilité, ne nécessitant pas de recourir à un modèle numérique de simulation.

L'approche la plus utilisée dans le monde des hydrocarbures est la méthode de Lee et Kesler décrite plus haut : elle est particulièrement bien adaptée aux calculs des propriétés à l'état monophasique comme le démontrent de Hemptinne et Ungerer (1995).

Le calcul des coordonnées pseudo-critiques P_{pc} et T_{pc} fait intervenir des règles de mélange qui sont spécifiques de la méthode. Pour des gaz riches en dioxyde de carbone, des termes correctifs portant sur les coordonnées pseudo-critiques P_{pc} et T_{pc} ainsi que le facteur acentrique ω ont été introduits par Buxton et Campbell (1967).

Des méthodes spécifiques, destinées à calculer le facteur de compressibilité pour un gaz naturel de type commercial, sont également disponibles. L'équation dérivée de l'équation du viriel établie par le Groupe européen de recherche gazière – GERG [Jaeschke *et al.*, 1991] permet de calculer le facteur de compressibilité pour un gaz commercial avec une erreur moyenne de l'ordre de 0,06 % jusqu'à 12 MPa.

Le logiciel REFPROP proposé par le NIST [Lemmon *et al.*, 2006] propose des équations fortement paramétrées (du type viriel) qui permettent de représenter de manière très précise un grand nombre de composés purs ou de mélanges de gaz.

5.5.2 Calcul des fonctions thermodynamiques au moyen des équations d'état

Connaissant l'équation d'état, il est possible de calculer les fonctions thermodynamiques telles que l'enthalpie H, l'entropie S ou l'enthalpie libre G, pour des conditions de température et de pression fixées, en se référant aux conditions du gaz parfait [voir aussi Michelsen et Mollerup, 2004].

Dans le cas d'un système fermé, pour une évolution élémentaire réversible :

$$dU = TdS - PdV \tag{5.47}$$

Il en résulte :

$$dH = TdS + VdP \tag{5.48}$$

et :

$$dG = -SdT + VdP \tag{5.49}$$

La relation (5.48) permet de calculer l'**enthalpie molaire** pour une valeur quelconque de la pression :

$$H = H^* + \int_0^P \left[V + T\left(\frac{\partial S}{\partial P}\right)_T \right] dP \tag{5.50}$$

Dans l'équation (5.50), H^* représente l'enthalpie du gaz parfait qui n'est fonction que de la température. Étant donné que le terme dG représente une différentielle totale :

$$\left(\frac{\partial S}{\partial P}\right)_T = -\left(\frac{\partial V}{\partial T}\right)_P \tag{5.51}$$

L'expression de l'enthalpie peut être intégrée si l'équation d'état est connue, en posant :

$$H = H^* + \int_0^P \left[V + T\left(\frac{\partial V}{\partial T}\right)_P \right] dP \tag{5.52}$$

La relation (5.52) s'applique à la fois pour un corps pur et pour un mélange.

Connaissant l'expression de l'enthalpie en fonction de la température et de la pression, la **chaleur spécifique** à **pression constante** C_P s'obtient en appliquant la relation :

$$C_P = \left(\frac{\partial H}{\partial T}\right)_P \tag{5.53}$$

De même, connaissant l'expression de l'énergie interne, la **chaleur spécifique** à **volume constant** C_v est déterminée par la relation :

$$C_v = \left(\frac{\partial U}{\partial T} \right)_p \tag{5.54}$$

La chaleur spécifique d'un gaz réel peut être calculée en se référant à la chaleur spécifique du gaz parfait :

$$C_P = C_P^* + \Delta C_P \tag{5.55}$$

Le terme C_P^* représente la chaleur spécifique du gaz parfait et ne dépend que de la température. Les données sont disponibles sous forme de graphiques présentant la variation de la capacité calorifique à la pression atmosphérique en fonction de la température [Touloukian et Makita, 1970]. Il existe aussi des corrélations, notamment celle de Hankinson *et al.*, 1969, qui expriment la variation de la capacité calorifique à basse pression en fonction de la température et de la densité du gaz. Aujourd'hui, les corrélations fournies par DIPPR [Rowley *et al.*, 2009] font référence.

Des méthodes de contributions de groupe peuvent être également utilisées pour estimer la capacité calorifique à basse pression des différents constituants [Poling *et al.*, 2000].

Si l'équation d'état est connue, l'expression du terme ΔC_P en fonction de la pression s'obtient par intégration.

Un graphique fournissant les valeurs de ΔC_P en fonction de la pression réduite et de la température réduite a été établi par Edmister, 1961.

La méthode de Lee et Kesler fait également intervenir le facteur acentrique ω en posant :

$$\Delta C_p = \Delta C_p^{(0)} + \omega \Delta C_p^{(1)} \tag{5.56}$$

Les valeurs de chacun des termes $\Delta C_p^{(0)}$ et $\Delta C_p^{(1)}$ ont été déterminées en fonction de la pression réduite et de la température réduite [Poling *et al.*, 2000].

L'entropie d'une mole de mélange de composition molaire z_i s'exprime par la relation :

$$S = \sum_i z_i S_i^* + \int_0^p \left[\frac{R}{P} - \left(\frac{\partial V}{\partial T} \right)_p \right] dP - R \sum_i z_i \ln z_i \frac{P}{P^0} \tag{5.57}$$

S^* représentant l'entropie d'une mole de gaz parfait à la température T et à la pression de référence P^0 (habituellement $P^0 = 0{,}1$ MPa).

L'équilibre entre phases s'obtient lorsque l'**enthalpie libre** G du mélange atteint son mimimum. L'équation d'état permet de calculer cette propriété à l'aide des relations (5.52) et (5.57) :

$$G = \sum_i z_i G_i^* + \int_0^p \left[V - \frac{RT}{P} \right] dP - R \sum_i z_i \ln z_i \frac{P}{P^0} \tag{5.58}$$

G^* représentant l'enthalpie libre d'une mole de gaz parfait à la température T et à la pression de référence P^0.

La relation (5.58) permet de calculer la fugacité f et le **coefficient de fugacité** $\phi = f/P$:

$$RT \ln \phi = RT \ln \frac{f}{P} = G - \left(G^* + RT \ln \frac{p}{p^0} \right) = \int_0^p \left[V - \frac{RT}{p} \right] dP \qquad (5.59)$$

5.6 ÉQUILIBRE LIQUIDE-VAPEUR

5.6.1 Diagrammes de phases

Dans le cas d'un corps pur, la règle de variance impose, à l'équilibre thermodynamique lorsque deux phases coexistent, une relation entre la température et la pression.

Dans un diagramme de coordonnées pression et température (Figure 5.4), les équilibres de sublimation, fusion et vaporisation sont représentés par trois courbes qui passent par le point triple où coexistent trois phases en équilibre.

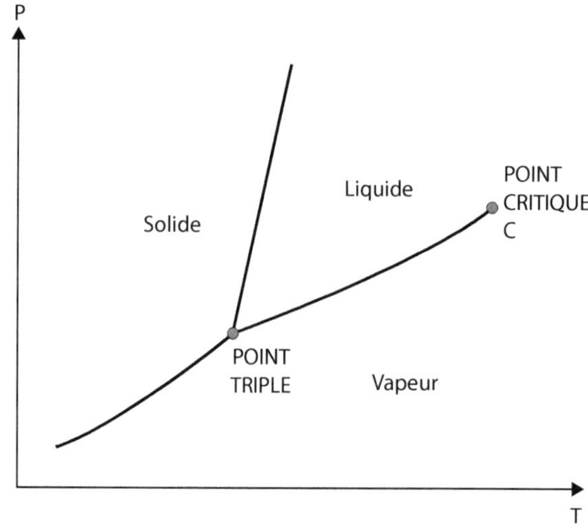

Figure 5.4

Diagramme de phase d'un corps pur.

Au cours des opérations de production et de traitement, la coexistence d'une phase gazeuse et d'une phase liquide est fréquente. Il est nécessaire de connaître les compositions ainsi que les propriétés thermodynamiques des phases en présence.

Dans le cas d'un mélange de composition z, à une température et une composition données, la pression d'un système diphasique peut évoluer entre la pression de bulle P_b et la pression de rosée P_r comme le montre la figure 5.5.

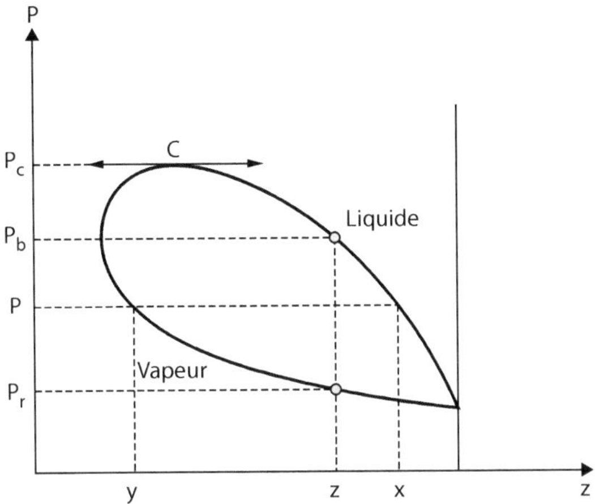

Figure 5.5

Équilibre liquide-vapeur à une température T fixée pour un mélange binaire
($Tc_1 < T < Tc_2$).

La figure 5.5 correspond à un mélange binaire comprenant un constituant dont la température critique T_{c1} est inférieure à la température T considérée et un constituant dont la température critique T_{c2} est supérieure à la température T. La composition z correspond à la fraction molaire du constituant le plus lourd.

À une pression et une température fixées, les compositions des deux phases en équilibre sont différentes, comme le montre la figure 5.5. À une pression P fixée, correspond à l'équilibre une fraction molaire x en phase liquide et une fraction molaire y en phase vapeur pour chacun des constituants.

Pour une pression égale à la pression critique P_c, les compositions des deux phases deviennent identiques.

Les courbes de bulle et de rosée, qui se rejoignent dans le point critique, se déplacent en fonction de la composition du mélange considéré. C'est ainsi qu'on voit par exemple dans la figure 5.6., différentes courbes qui correspondent toutes au mélange binaire éthane + n-heptane. La courbe qui relie tous les points critiques est le lieu des points critiques.

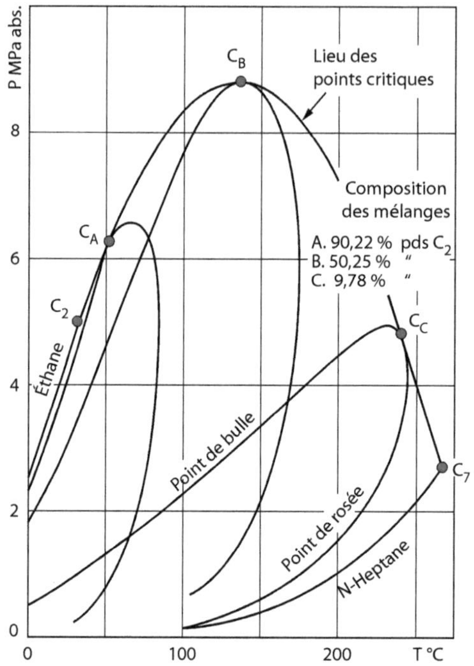

Figure 5.6

Diagramme pression-température du mélange éthane – n-heptane.
Source : Gravier, 1986

5.6.2 Conditions d'équilibre thermodynamique

Au-dessous de la pression critique, dans le cas d'un mélange de n constituants, il est possible de définir pour chaque constituant i un **coefficient d'équilibre** (appelé également coefficient de partage) :

$$K_i = \frac{y_i}{x_i} \tag{5.60}$$

y_i et x_i désignant les fractions molaires respectivement en phase vapeur et en phase liquide du constituant i.

Si les coefficients d'équilibre K_i sont connus en fonction des compositions x_i et y_i des deux phases en présence, le calcul des **compositions** à l'équilibre pour une pression P et une température T fixées (calcul de flash) se ramène à résoudre le système d'équations suivant :

$$\sum_{i=1}^{n} x_i = 1 \tag{5.61}$$

$$\sum_{i=1}^{n} y_i = 1 \tag{5.62}$$

$$K_i = \frac{y_i}{x_i} \tag{5.63}$$

$$N^L x_i + N^V y_i = z_i \quad (i = 1 \ldots n) \tag{5.64}$$

en désignant par N^L la proportion (molaire) du mélange en phase liquide, par N^V celle en phase vapeur et par z_i la fraction molaire de chaque constituant i du mélange.

En sommant les n équations (5.64), on vérifie la condition : $N^L + N^V = 1$.

Les relations (5.61) à (5.64) fournissent ainsi de $2n + 2$ équations pour $2n + 2$ inconnues x_i, y_i, N^L, N^V.

Le calcul est effectué de manière itérative, en se fixant des valeurs initiales des coefficients K_i, puis en recalculant ces coefficients en fonction des valeurs trouvées pour les fractions molaires x_i et y_i. Des méthodes numériques élaborées sont disponibles pour accélérer la convergence [Michelsen et Mollerup, 2004 ; Michelsen, 1993].

La plus simple des méthodes a été développée par Rachford et Rice (1952). Elle consiste à éliminer les fractions molaires x_i et y_i des équations (5.63) et (5.64), et ne garder que la proportion vapeur, qui de ce fait devient la seule inconnue de l'équation :

$$\sum_{i=1}^{n} \frac{\left(K_i - 1\right) z_i}{1 + N^V \left(K_i - 1\right)} = 0 \tag{5.65}$$

Les coefficients d'équilibre K_i sont obtenus au moyen soit de méthodes graphiques, soit de méthodes numériques basées sur l'utilisation des équations d'état.

Compte tenu du développement des outils de simulation, les méthodes graphiques sont actuellement moins utilisées. La méthode graphique basée sur la notion de **pression de convergence** reste utile pour pouvoir mieux comprendre comment les coefficients d'équilibre de chacun des constituants varient en fonction des conditions opératoires et de disposer d'une représentation visuelle commode des résultats.

5.6.3 Calcul des coefficients d'équilibre par la méthode de la pression de convergence

À basse pression et basse température, les coefficients d'équilibre d'un mélange d'hydrocarbures suivent de manière approchée le modèle des solutions idéales et sont obtenus par la relation (loi de Raoult) :

$$K_i = \frac{P_i^s}{P} \tag{5.66}$$

Dans la relation (5.66), P_i^s représente la tension de vapeur qui n'est fonction que de la température. Dans un diagramme $\log K - \log P$, la variation des coefficients d'équilibre en fonction de la pression est représentée par des droites de pente -1.

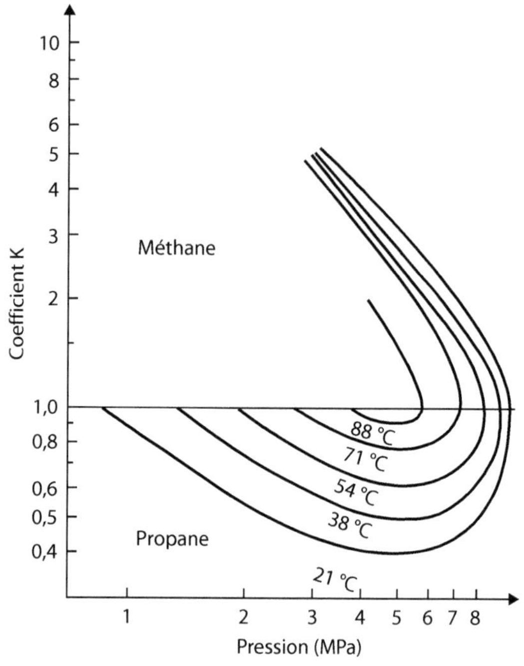

Figure 5.7

Coefficient d'équilibre pour le mélange méthane-propane.
Source : Prausnitz *et al.*, 1986

Sur la figure 5.7, la variation des coefficients d'équilibre K_i en fonction de la pression est portée en coordonnées logarithmiques pour le mélange binaire méthane-propane. Aux faibles valeurs de la pression, on observe une variation linéaire, le comportement du mélange se rapprochant de celui d'un mélange idéal (équation 5.66). Lorsque la pression augmente, les deux courbes s'écartent de la linéarité car le mélange s'éloigne de l'idéalité et vont converger à la valeur $K = 1$, pour une pression égale à la **pression de convergence**. Cette pression dépend non seulement de la température, mais également de la composition du mélange. Lorsque la composition correspond à la composition critique à la température choisie, la pression de convergence sera égale à la pression critique. Sinon, elle sera supérieure.

Les coefficients K_i sont ensuite relevés sur des abaques [*Gas Processors Suppliers Association* – GPA, 1987]. La figure 5.8 permet de comparer, à une même température (ici 37,8 °C), les coefficients d'équilibre de différents hydrocarbures de C_1 à C_{10} obtenus à des pressions de convergence de 6,9 MPa et 34,5 MPa. Pour de faibles pressions (inférieures à 0,7 MPa), le coefficient d'équilibre est indépendant de la composition pour les constituants les plus volatils (de l'éthane au pentane). On voit cependant qu'aux pressions élevées, il est important de déterminer la valeur de la pression de convergence pour pouvoir identifier les coefficients de partage.

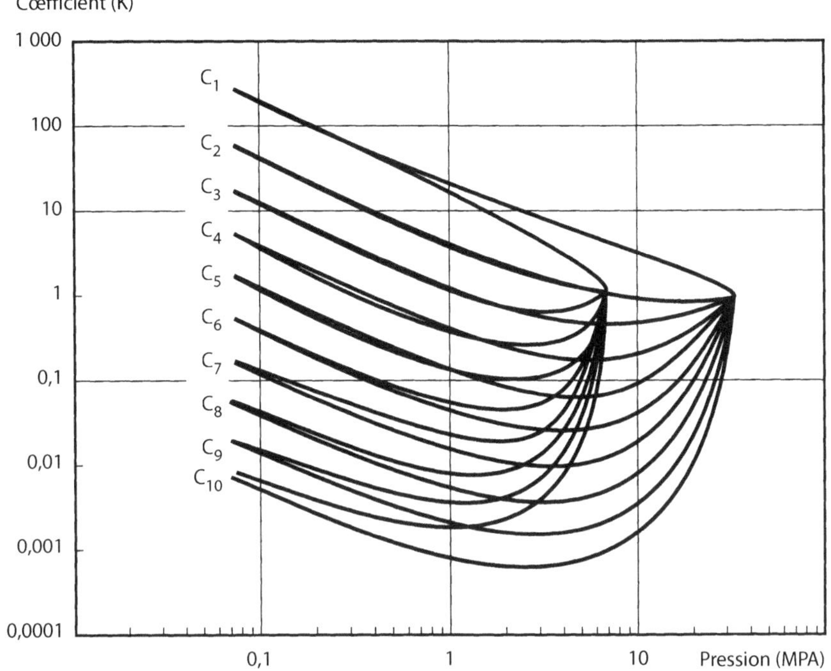

Figure 5.8

Comparaison des coefficients d'équilibre obtenus à 37,8 °C, pour deux pressions de convergence (6,9 MPa et 34,5 MPa).
Source : Gravier, 1986

Le calcul de la pression de convergence [Gravier, 1986] est effectué en assimilant le fluide pétrolier à un système pseudo-binaire. Les constituants de ce système sont d'une part, le méthane et d'autre part, un composé fictif C_{2+} fourni par l'ensemble des constituants. La pression de convergence est obtenue avec la figure 5.9, par intersection de l'isotherme T, température de l'équilibre, et du lieu des points critiques des mélanges C_1-C_{2+}.

Les coordonnées pseudo-critiques de ce constituant fictif C_{2+} sont définies comme la moyenne pondérale des coordonnées des constituants purs :

$$P_{pc} = \frac{1}{\sum_i z_i M_i} \sum_i z_i M_i P_{ci} \tag{5.67}$$

$$T_{pc} = \frac{1}{\sum_i z_i M_i} \sum_i z_i M_i T_{ci} \tag{5.68}$$

z_i étant la fraction molaire du constituant i dans le mélange formant le constituant fictif C_{2+} et M_i sa masse molaire.

Les coordonnées pseudo-critiques du composé lourd fictif C_{2+} sont reportées sur l'abaque donnant les lieux des points critiques pour les différents constituants et le lieu des points critiques des différents mélanges C_1-C_{2+} est obtenu par interpolation (Figure 5.8).

La figure 5.9 présente un exemple de tracé du lieu des points critiques pour une température pseudo-critique du composé lourd fictif de 325 °C, proche de la température critique du n-nonane.

L'intersection de l'isotherme correspondant à la température de l'équilibre (100 °C dans le cas de l'exemple considéré) avec ce lieu donne la pression de convergence du fluide complexe étudié.

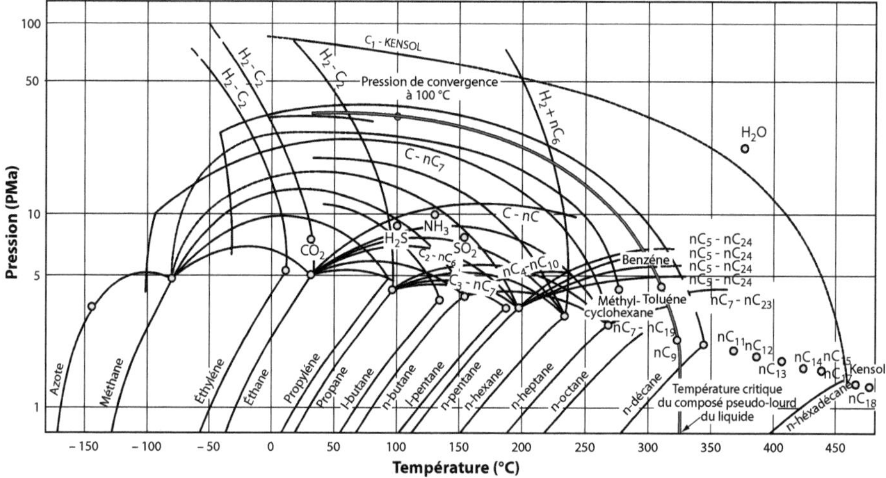

Figure 5.9

Courbe des lieux des points critique des mélanges d'hydrocarbures pour la définition de la pression de convergence.
Source : Gravier, 1986

Il faut enfin noter que l'utilisation de cette méthode entraîne des erreurs d'autant plus importantes que la pression est voisine de la pression de convergence P_K. En effet, on observe que $(\partial K_i/\partial P) \to \infty$ quand $P \to P_K$ quel que soit le constituant étudié. Pour cette raison, l'application de cette méthode est limitée généralement aux pressions inférieures à 0,8 P_K.

5.6.4 Calcul des fugacités à partir des équations d'état. Équilibres liquide-vapeur

La condition d'équilibre thermodynamique s'exprime par l'égalité du potentiel chimique $\mu_i = (\partial n_T G/\partial n_i)_{T,P,nj}$ dans les phases en présence, pour chaque constituant i contenu dans le mélange considéré (n_i désignant le nombre de moles du constituant i présentes dans la phase considérée et n_T le nombre total de moles) :

$$\mu_i^V = \mu_i^L \tag{5.69}$$

Par définition de la fugacité f_i du constituant i en mélange :

$$\mu_i = \mu_i^0 + RT \ln \frac{f_i}{f_i^0} \tag{5.70}$$

μ_i^0 représentant le potentiel chimique du constituant i pris dans l'état de référence et f_i^0 sa fugacité dans le même état de référence.

En considérant le même état de référence pour les deux phases, la relation (5.69) se traduit par l'égalité des fugacités du constituant i en mélange :

$$f_i^V = f_i^L \tag{5.71}$$

L'état de référence habituellement choisi est celui du gaz parfait à la température T et à la pression de référence P^0 ($P^0 = 0{,}1$ MPa).

Le coefficient de fugacité φ_i est défini dans chacune des phases comme le quotient de la fugacité du constituant i en mélange à sa pression partielle :

$$\varphi_i = \frac{f_i}{y_i P} \tag{5.72}$$

Dans le paragraphe 5.5.2, ont été présentées les relations permettant de déterminer l'enthalpie libre ainsi que la fugacité d'un corps pur connaissant l'équation d'état (équation (5.59)).

L'expression du potentiel chimique μ_i, du constituant i découle de la relation (5.59) :

$$\mu_i = \mu_i^0 + \int_0^P \left[V_i - \frac{RT}{P} \right] dP \tag{5.73}$$

Dans la relation (5.72), V_i représente le volume molaire partiel $(\partial n_T V / \partial n_i)_{T, P, nj}$

Les relations (5.72) et (5.73) conduisent à l'expression du coefficient de fugacité du constituant i en mélange :

$$RT \ln \varphi_i = \int_0^P \left[V_i - \frac{RT}{P} \right] dP \tag{5.74}$$

Connaissant l'équation d'état du mélange, la fugacité est calculée par la relation (5.74).

Le tableau 5.4 présente les expressions du coefficient de fugacité d'un constituant i en mélange pour les équations de Redlich-Kwong, Soave et Peng-Robinson en introduisant les notations : A = aP/RT et B = bP/RT. Ces expressions s'appliquent au coefficient de fugacité dans chacune des phases, qui est calculé en fonction du facteur de compressibilité Z.

Celui-ci est déterminé dans chaque phase par résolution de l'équation cubique en Z, en considérant soit la plus petite, soit la plus grande des racines. Le calcul du coefficient de fugacité doit être mené indépendamment dans chaque phase, en considérant les valeurs correspondantes des fractions molaires x_i (ou y_i, en phase vapeur).

Tableau 5.4. Expression du coefficient de fugacité d'un constituant en mélange

Équation de Redlich-Kwong et de Soave
$\ln \varphi_i = (Z-1)\dfrac{b_i}{b} - \ln(Z-B) + \dfrac{A}{B}\ln\dfrac{Z}{Z+B}\left[\dfrac{2}{a}\sum_j x_j\sqrt{a_i a_j}\left(1-k_{ij}\right) - \dfrac{b_i}{b}\right]$

Équation de Peng-Robinson
$\ln \varphi_i = (Z-1)\dfrac{b_i}{b} - \ln(Z-B) + \dfrac{A}{2\sqrt{2}B}\ln\dfrac{Z+(1-\sqrt{2})B}{Z+(1+\sqrt{2})B}\left[\dfrac{2}{a}\sum_j x_j\sqrt{a_i a_j}\left(1-k_{ij}\right) - \dfrac{b_i}{b}\right]$

N'importe quelle autre des équations d'état présentées plus haut permet également de calculer les coefficients de fugacité par application de la relation (5.74). Les expressions en sont cependant un peu plus complexes.

Lorsque deux phases liquide et vapeur sont en équilibre, l'égalité des fugacités pour chacun des *n* constituants présents dans le mélange combiné aux *n* bilans matière fournit l'équation de Rachford Rice décrite ci-dessus (5.65). Dans cette équation, les coefficients de partage sont directement obtenus à partir du rapport des coefficients de fugacités en phase liquide et vapeur :

$$K_i = \frac{\varphi_i^L}{\varphi_i^V} \tag{5.75}$$

La figure 5.10 présente la comparaison entre un diagramme de phases calculé pour le mélange méthane-propane par l'équation de Soave et des données expérimentales.

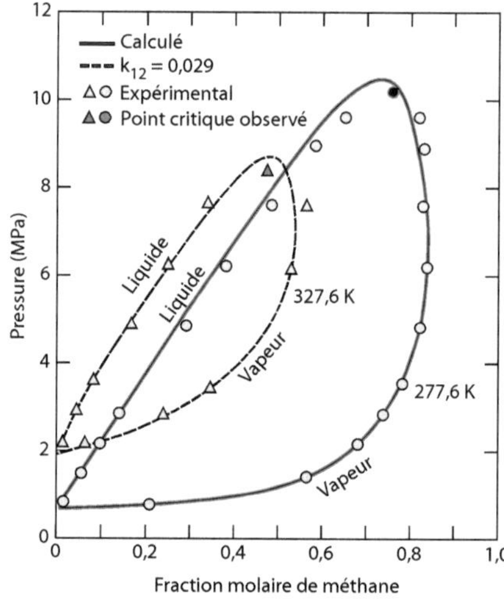

Figure 5.10

Diagramme de phases calculé pour le système méthane-propane.
Source : Prausnitz *et al.*, 1986

Le calcul des coefficients de fugacité peut être également effectué à partir d'une loi des états correspondants étendue aux mélanges selon la méthode présentée en 5.3.5.

La figure 5.11 présente la variation des coefficients d'équilibre en fonction de la pression, obtenue par cette méthode pour le mélange méthane-propane. On constate une bonne concordance avec les résultats expérimentaux.

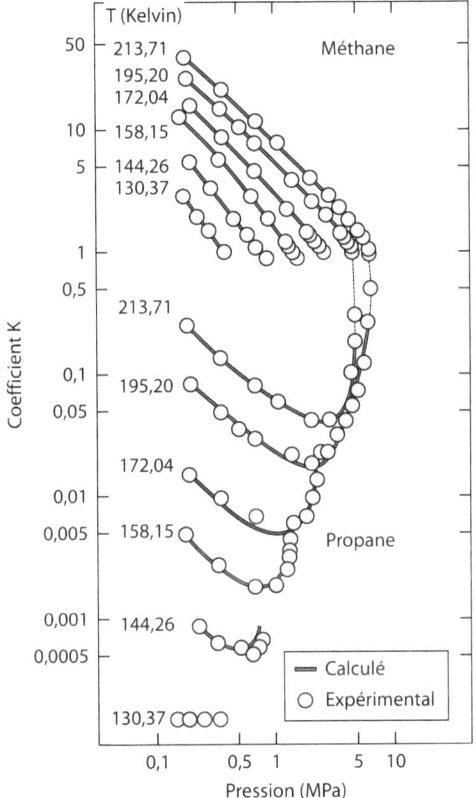

Figure 5.11

Variation des coefficients d'équilibre en fonction de la pression pour le système méthane-propane.
Source : Prausnitz *et al.*, 1986

Dans le cas d'un gaz à condensat, la représentation de la fraction lourde pose des problèmes délicats. Selon la précision recherchée et l'allure de la courbe de dépôt, cette fraction lourde est représentée par un, deux ou trois pseudo-constituants. Les paramètres relatifs à ces constituants lourds et notamment les coordonnées critiques sont mal connus et font le plus souvent l'objet de régression sur des données expérimentales. Il en est de même pour les paramètres d'interaction binaire entre ces constituants et les constituants plus légers entrant dans la composition du gaz naturel.

5.6.5 Équilibres liquide-vapeur dans le cas de mélanges éloignés de l'idéalité

Certaines opérations de production ou de traitement de gaz naturel font intervenir la présence d'un solvant polaire (inhibition des hydrates, opérations de désacidification). La phase liquide formée par le solvant et les constituants du gaz naturel dissous dans le solvant peut s'écarter fortement des conditions idéales.

De tels équilibres liquide-vapeur sont souvent représentés à l'aide d'un modèle différent en phase liquide et en phase vapeur.

En phase vapeur, l'expression du coefficient de fugacité est déduite d'une équation d'état. Pour des pressions modérées, l'équation du viriel tronquée après le second terme est fréquemment utilisée.

En phase liquide, la fugacité est calculée à partir du coefficient d'activité et de l'enthalpie libre d'excès.

L'activité a_i est définie par la relation :

$$f_i^L = a_i f_i^0 \tag{5.76}$$

f_i^0 représente la fugacité du constituant i dans l'état standard de référence. Cet état standard par rapport auquel les activités sont définies, peut être choisi en fonction du cas considéré. Il correspond généralement au corps pur, à la même température, à la même pression et dans le même état physique que le mélange considéré.

Le coefficient d'activité γ_i est défini comme le rapport a_i/x_i. Ce coefficient d'activité est relié à l'**enthalpie libre d'excès** G^E qui représente l'écart entre l'enthalpie libre d'une mole de solution et celle d'une mole de solution idéale par la relation :

$$RT\ln\gamma_i = \left(\frac{\partial n_T G^E}{\partial n_i} \right)_{T,p,n_j} \tag{5.77}$$

Il existe différents modèles permettant de calculer l'enthalpie libre d'excès G^E et les coefficients d'activité γ_i. Ces modèles visent à représenter au mieux les interactions moléculaires en phase liquide.

Pour des mélanges de constituants non polaires, Scatchard et Hildebrand ont introduit le modèle des **solutions régulières**, en faisant l'hypothèse d'une entropie d'excès nulle et d'un volume d'excès nul. Pour chaque constituant intervenant dans le mélange, un paramètre de solubilité δ est défini par la relation :

$$\delta = \left(\frac{\Delta U^v}{V} \right)^{1/2} \tag{5.78}$$

ΔU^v représente la variation d'énergie interne par mole au cours d'une vaporisation isotherme faisant passer le constituant considéré de l'état de liquide saturé à l'état de gaz idéal.

Dans ces conditions, pour un mélange binaire de deux constituants *1* et 2, les coefficients d'activité γ_1 et γ_2 peuvent être calculés au moyen des relations :

$$RT\ln\gamma_1 = V_1\,\Phi_2^2\,[\delta_1 - \delta_2]^2 \qquad\qquad (5.79)$$

$$RT\ln\gamma_2 = V_2\,\Phi_1^2\,[\delta_1 - \delta_2]^2 \qquad\qquad (5.80)$$

Dans les relations (5.79) et (5.80), δ_1 et δ_2, V_1 et V_2 représentent respectivement les paramètres de solubilité et les volumes molaires des constituants 1 et 2. Les termes Φ_1, et Φ_2 définis par les relations :

$$\Phi_1 = \frac{x_1 V_1}{x_1 V_1 + x_2 V_2} \qquad\qquad (5.81)$$

et :

$$\Phi_2 = \frac{x_2 V_2}{x_1 V_1 + x_2 V_2} \qquad\qquad (5.82)$$

Pour des mélanges pouvant contenir des constituants polaires, les molécules ne peuvent plus être considérées comme réparties de manière purement aléatoire au sein de la solution, la probabilité qu'une molécule de type 2 soit voisine d'une molécule de type 1 étant d'autant plus grande que l'interaction entre les molécules de types 1 et 2 est forte.

Les modèles de Wilson (1964b), NRTL [*Non Random Two Liquids* ; Renon *et al.*, 1985] et UNIQUAC [*Universal Quasi-Chemical* ; Maurer et Prausnitz, 1978 ; Abrams et Prausnitz, 1975] ont été introduits pour rendre compte de ce caractère non aléatoire. Pour chaque binaire contenu dans le mélange, le modèle UNIQUAC fait intervenir deux paramètres d'interaction binaire τ_{12} et τ_{21}.

En l'absence de données expérimentales, les coefficients d'activité peuvent être calculés au moyen d'une méthode de contributions de groupes, consistant à considérer les différents groupements fonctionnels présents dans chaque molécule. Le modèle de **contributions de groupes UNIFAC** [*UNIQUAC Functional Activity Coefficient* ; Fredenslund *et al.*, 1977, 1975] dérivé du modèle UNIQUAC est actuellement le plus largement utilisé. La méthode permet, à partir d'une table des coefficients d'interaction entre groupes, de calculer les coefficients d'activité de chaque constituant pour des mélanges quelconques faisant intervenir ces groupements fonctionnels. Il a été amélioré et complété par l'équipe de Gmehling *et al.* 1982 ; Tiegs *et al.*, 1987 ; Weidlich et Gmehling, 1987 et est généralement utilisé sous cette dernière forme.

Les méthodes de calcul basées sur des modèles différents en phase liquide et en phase vapeur sont mal adaptées à la représentation des équilibres liquide-vapeur au voisinage de la zone critique, où les propriétés des phases liquide et vapeur doivent se raccorder.

Huron et Vidal (1979) ont montré que les modèles de calcul de l'enthalpie libre d'excès en phase liquide peuvent être pris en compte dans le calcul des propriétés thermodynamiques à partir des équations d'état, en introduisant des règles de mélange plus générales que celles qui ont été présentées dans la section 5.3.4. Cette méthode de calcul présente les avantages des méthodes basées sur les équations d'état, notamment la possibilité de représenter les équilibres thermodynamiques dans la zone critique, tout en s'appliquant à des mélanges fortement non idéaux. Des développements récents [Dahl et Macedo, 1991 ; Wong *et al.*, 1992 ;

Michelsen, 1990 et Boukouvalas *et al.*, 1994] ont proposé des modifications, mais la version d'origine reste une des plus performante d'après l'analyse de Kontogeorgis (2012). Une description détaillée des différentes méthodes, leurs avantages et inconvénient est proposée dans l'ouvrage de Kontogeorgis et Folas (2011).

L'utilisation de ces méthodes combinant équations d'état et modèle d'enthalpie libre d'excès ont permis d'associer avec succès des modèles de contributions de groupes aux règles de mélange PSRK [Holderbaum, 1991 ; Chen *et al.*, 2002], VTPR [Schmid et Gmehling, 2011 ; Ahlers et Gmehling, 2001], PPR78 [Privat *et al.*, 2008 a,b,c ; Jaubert *et al.*, 2005 ; Jaubert et Mutelet, 2004], Abdoul *et al.*, 1991.

5.7 REPRÉSENTATION DES CHARGES

L'application des modèles examinés précédemment nécessite la connaissance de la composition du fluide. Or, seuls les composés légers sont généralement facilement quantifiables. Pour les fractions lourdes, plusieurs approches peuvent être utilisées. Elles sont bien décrites par Pedersen (1989). Un ouvrage de Riazi (2005) fournit également de nombreux détails utiles.

5.7.1 Regroupement

Dans le cas d'un gaz naturel contenant une fraction lourde, il devient impossible d'identifier et de modéliser l'ensemble des constituants du mélange. Une première solution consiste à effectuer des regroupements en représentant la fraction la plus lourde du mélange par des pseudo-constituants. Ce regroupement se fait en deux étapes.

Dans une première étape, les composants à regrouper sont assignés à des groupes. L'approche la plus connue est celle proposée par Montel et Gouel (1984). Ils définissent un critère de « distance » entre les espèces à regrouper (souvent, on utilise les paramètres critiques ou la masse molaire). L'algorithme dit des « nuées dynamiques » permet d'identifier la meilleure répartition de ces espèces en un nombre prédéterminé de groupes afin que les distances entre leurs propriétés et celles des groupes soit le plus petit possible.

La seconde étape nécessite de déterminer les paramètres caractéristiques des groupes (généralement les paramètres critiques). La méthode de Leibovici (1993) est recommandée, car elle permet de retrouver exactement les mêmes paramètres des équations d'état cubique en absence de séparation de phase. Leibovici (1998, 1996), Stenby *et al.* (1996) et Nichita *et al.* (2006), Nichita et Leibovici (2006) ont développé, à partir de cette caractérisation, une méthode pour dégrouper (éclater) la charge après calcul d'équilibre.

5.7.2 Cas des distributions continues

Une autre manière de procéder consiste à assimiler la répartition des constituants de la fraction lourde en fonction de la masse molaire à une **distribution continue**. Le schéma de la figure 5.12 illustre le principe du passage d'une distribution discrète à une distribution continue.

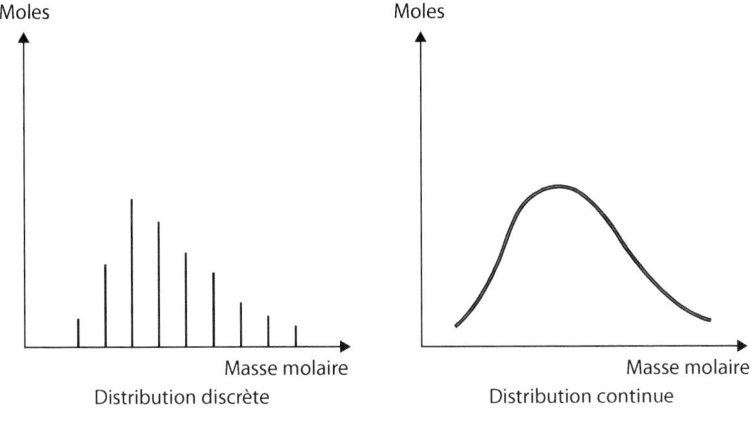

Figure 5.12

Passage d'une distribution discrète à une distribution continue.

Dans le cas d'un gaz naturel, la démarche utilisée consiste généralement à considérer comme constituants individuels les hydrocarbures les plus légers ainsi que les constituants autres que les hydrocarbures, tels qu'hydrogène sulfuré ou dioxyde de carbone et à représenter la fraction lourde sous la forme d'une distribution continue.

La distribution est représentée par une fonction $F(I)$ de la variable caractéristique I, qui peut être la masse molaire, la température d'ébullition ou tout autre variable s'exprimant en fonction de la masse molaire. Si la fonction $F(I)$ est normée, $F(I)dI$ représente la fraction du nombre de moles pour laquelle la variable I est comprise entre I et $I + dI$ par rapport au nombre total de moles.

Si le mélange considéré comprend des familles chimiques différentes, telles que par exemples paraffines et aromatiques, la représentation du mélange par une distribution unique, fonction d'une seule variable, peut devenir incorrecte. Il est alors possible, de considérer soit une fonction de distribution distincte pour chaque famille, soit une fonction de distribution à deux variables I et J, la variable J pouvant représenter par exemple un degré d'aromaticité.

Un calcul d'équilibre liquide-vapeur est effectué en posant la relation de bilan et l'égalité des potentiels chimiques.

La relation de bilan s'écrit :

$$F^E(I) = (1-N^V)\, F^L(I) + N^V\, F^V(I) \tag{5.83}$$

Dans la relation (5.83), N^V représente la fraction du nombre de moles en phase vapeur par rapport au nombre total de moles, $F^E(I)$ la distribution initiale, $F^L(I)$ la distribution en phase liquide et $F^V(I)$ la distribution en phase vapeur. L'égalité des potentiels chimiques s'exprime sous la forme :

$$\mu^V(I) = \mu^L(I) \tag{5.84}$$

Les potentiels chimiques $\mu^V(I)$ et $\mu^L(I)$ dépendent respectivement des fonctions de distributions $F^V(I)$ et $F^L(I)$. Connaissant la fonction de distribution initiale $\mu^L(I)$, la relation de bilan (5.83) et la relation d'équilibre (5.84) permettent en principe de déterminer les fonctions $F^V(I)$ et $F^L(I)$.

Toutefois, il n'existe pas de méthode mathématique rigoureuse de résolution dans le cas général. Des méthodes approchées sont donc utilisées [Cotterman *et al.*, 1985a, 1985b] :

- une première méthode consiste à représenter chacune des distributions F^E, F^L et F^V par une fonction analytique imposée *a priori*, telle que par exemple une fonction Γ, comportant des paramètres ajustables. La relation de bilan (5.83) ne peut être alors vérifiée que de manière approchée. Les paramètres des fonctions de distribution $F^L(I)$ et $F^V(I)$ sont déterminés par la méthode des « moments » ;
- une deuxième méthode consiste à poser les relations (5.83) et (5.84) pour des valeurs « pivots » de la variable I permettant une intégration approchée de la fonction de distribution.

Cette méthode est équivalente à la représentation de la fraction lourde par des pseudo-constituants, mais permet en principe de les choisir de manière optimale.

Il a été également proposé de représenter les fonctions de distribution dans chacune des phases par un développement selon des fonctions orthonormées [Halpin et Quicke, 1990]. Le nombre de termes du développement est alors choisi en fonction de la précision recherchée. L'approche la plus pratique est probablement celle développée par Sportisse *et al.* (1997), qui propose un nombre limité de composants bien identifiés, représentatifs des trois grandes familles d'hydrocarbures présents dans la charge (paraffines, naphtènes et aromatiques).

5.8 CONCLUSION

Les modèles thermodynamiques compositionnels permettent actuellement de prévoir dans la plupart des cas de manière satisfaisante les compositions et les propriétés des phases en présence. Des difficultés demeurent néanmoins pour représenter les propriétés des systèmes se situant au voisinage du point critique ou s'écartant fortement de l'idéalité. Un ouvrage récent a été proposé pour aider l'ingénieur à choisir parmi les nombreux modèles disponibles dans les calculateurs industriels [de Hemptinne *et al.*, 2012]. Une réflexion plus axée sur les besoins amont est également disponible dans l'article de Hemptinne et Béhar (2006).

5.9 NOTATIONS

a_i activité du constituant i

a, b paramètres des équations d'état

B, C paramètres de l'équation du viriel

C_1, C_2, C_3 constantes universelles dans les relations (5.8), (5.9) et (5.10)

C_m n-alcane comportant m atomes de carbone

C_{m+} fraction qui regroupe tous les hydrocarbures dont le nombre d'atomes de carbone est égal ou supérieur à m

C_p chaleur spécifique à pression constante

C_v chaleur spécifique à volume constant

E champ électrique

f fugacité

$F(I)$ fonction de distribution intervenant en thermodynamique continue

k constante de Boltzmann

k_{ij} coefficient d'interaction

K coefficient d'équilibre

M masse molaire

n nombre de moles

N_A nombre d'Avogadro

N^L fraction molaire de phase liquide

N^V fraction molaire de phase vapeur

P pression

P_{int} pression interne ou pression de cohésion

P, V, T pression, volume, température

r distance entre deux molécules

R constante des gaz parfaits

S_1, S_2 aires (Figure 5.3)

T température absolue

U, H, S, G fonctions thermodynamiques

v volume

V volume molaire

V_i volume molaire partiel du constituant i

x fraction molaire en phase liquide

y fraction molaire en phase vapeur

z fraction molaire dans le mélange

Z facteur de compressibilité

δ paramètre de solubilité

ε, σ paramètres de l'équation (5.3)

ϕ coefficient de fugacité

$\varnothing$ nombre de phases

Φ	fraction volumique
γ_i	coefficient d'activité du constituant i
Γ	énergie potentielle d'interaction entre deux molécules
μ	potentiel chimique
ν	moment dipolaire
θ	facteur de polarisabilité
ρ	masse volumique
ρ_m	inverse du volume molaire
ω	facteur acentrique
ξ	densité réduite intervenant dans l'équation de Carnahan et Starling (5.30)

Exposant

0	référence
(0)	fluide simple
E	excès
L	liquide
(r)	fluide de référence
s	saturation
V	vapeur
*	gaz parfait

Indice

b	bulle
c	critique
i, j	se rapporte aux composés i ou j
K	convergence
m	mélange
M	molaire
pc	pseudo-critique
r	rosée
R	réduit
T	total

Les symboles particuliers relatifs aux paramètres des différentes équations d'état n'ont pas été repris dans les notations.

BIBLIOGRAPHIE

Abdoul W, Rauzy E, Péneloux A (1991) Group-Contribution Equation of State for Correlating and Predicting Thermodynamic Properties of Weakly Polar and Non-Associating Mixtures. Binary and Multi-Component Systems, *Fluid Phase Equilibria*, **68**, November 30, p. 47-102.

Abdoul W (1987) Une méthode de contributions de groupes applicable à la corrélation et la prédiction des propriétés thermodynamiques des fluides pétroliers, Doctorat, Marseille.

Abrams DS, Prausnitz JM (1975) Statistical Thermodynamics of Liquid Mixtures : a New Expression for the Excess Gibbs Energy of Partly or Completely Miscible Systems, *AIChE Journal*, **21**, n° 1, January, p. 116-128.

Adler BJ, Young DA, Mark MA (1972) Studies in Molecular Physics. X : Corrections to the Augmented Van Der Waals Theory for the Square Well Fluid, *J. Chem. Physics*, **56**, n° 6, March 15, p. 3013-3029.

Ahlers J, Gmehling J, Development of an Universal Group Contribution Equation of State : I. Prediction of Liquid Densities for Pure Compounds with a Volume Translated Peng-Robinson Equation of State, *Fluid Phase Equilibria* (2001) **191**, n° 12, p. 177-188.

ATG (1990) Généralités, dans *Aide-mémoire de l'industrie du gaz*, 4ᵉ éd., Association technique de l'industrie du gaz en France *(ATG)*, Paris, Chap. 1, p. 99-129.

Barker JA, Henderson D (1967a) Perturbation Theory and Equation of State for Fluids : the Square Well Potential, *Journal of Chemical Physics*, **47**, n° 8.

Barker JA, Henderson D (1967b) Perturbation Theory and Equation of State for Fluids. II. À Successful Theory of Liquids, *The Journal of Chemical Physics*, **47**, n° 11, p. 4714-4721.

Behar E, Simonet R, Rauzy E (1985) A New Non-Cubic Equation of State, *Fluid Phase Equilibria*, **21**, n° 3, p. 237-255 ; *Erratum* (1986) **31**, p. 319.

Bender E (1975) Equations of State for Ethylene and Propylene, *Cryogenics*, **15**, n° 11, November, p. 667-673.

Benedict M, Webb GB, Rubin LC (1951) An Empirical Equation for Thermodynamic Properties of Light Hydrocarbons and Their Mixtures. Constants for Twelve Hydrocarbons, *Chem. Eng. Progress*, **47**, n° 8, August, p. 419-422.

Benedict M, Webb GB, Rubin LC (1942) An Empirical Equation for Thermodynamic Properties of Light Hydrocarbons and Their Mixtures. II. Mixtures of Methane, Ethane, Propane, and n-Butane, *J. Chem. Phys.*, **10**, December, p. 747-758.

Benedict M, Webb GB, Rubin LC (1940) An Empirical Equation for Thermodynamic Properties of Light Hydrocarbons and Their Mixtures. I. Methane, Ethane, Propane, and n-Butane, *J. Chem. Phys.*, **8**, April, p. 334-345.

Beret S, Prausnitz JM (1975) Perturbed Hard-Chain Theory : an Equation of State for Fluids Containing Small or Large Molecules, *AIChE Journal*, **21**, n° 6, November, p. 1123-1132.

Boublik T (1975) Hard Convex Body Equation of State, *J. Chem. Phys.*, **63**, n° 9, November 1, p. 4084.

Boukouvalas C, Spiliotis N, Coutsikos P, Tzouvaras N, Tassios D (1994) Prediction of Vapor-Liquid-Equilibrium with the Lcvm Model - A Linear Combination of the Vidal and Michelsen Mixing Rules Coupled with the Original Unifac and the T-Mpr Equation of State, *Fluid Phase Equilibria*, **92**, p. 75-106.

Brown GG, Katz DL, Oberfell GB, Alder RC (1948) *Natural Gasoline and Volatile Hydrocarbons*, Natural Gas Association of American *(NGAA)*, Tulsa, Ok, 90 p.

Buxton TS, Campbell JM (1967) Compressibility Factors for Lean Natural Gas-Carbon Dioxide Mixtures at High Pressure, *SPE Journal*, 7, n° 1, March, p. 80-86.

Carlile RE, Gillett BE (1971) Digital Solutions of an Integral An Industry Example, *Oil and Gas J.*, **69**, n° 29, July 19, p. 68-72.

Carnahan NF, Starling KE (1972) Intermolecular Repulsions and the Equation of State for Fluids, *AIChE Journal*, **18**, n° 6, November, p. 1184-1189.

Carnahan NF, Starling KE (1969) Equation of State for Non Attracting Rigid Spheres, *J. Chem. Phys.*, **51**, n° 2, July 15, p. 636-636.

Carrier B (1989) *Modélisation des coupes lourdes des fluides pétroliers*, Thèse Doct. en Sciences (Chimie Appliquée), Université de Droit, d'Économie et des Sciences d'AixMarseille III, Faculté des Sciences et Techniques de Saint-Jérôme, 154 p.

Chapman WG, Gubbins KE, Jackson G, Radosz M (1990) New Reference Equation of State for Associating Liquids, *Industrial & Engineering Chemistry Research*, **29**, p. 1709-1721.

Chen J, Fischer K, Gmehlong J (2002) Modification of PSRK Mixing Rules and Results for Vapor-Liquid Equilibria, Enthalpy of Mixing and Activity Coefficients at Infinite Dilution, *Fluid Phase Equilibria*, **200**, n° 2, p. 411-429.

Chen SS, Kreglewski A (1977) Applications of the Augmented Van Der Waals Theory of Fluids. I. Pure Fluids, *Ber. Der Bunsenges Fur Phys. Chem.*, **81**, n° 10, October, p. 1048-1052.

Chien CH, Greenkorn RA, Chao KC (1983) Chain-of-Rotators Equation of State, *AIChE Journal*, **29**, n° 4, July, p. 560-571.

Cotterman RL, Bender R, Prausnitz JM (1985a) Phase Equilibria for Mixtures Containing Very Many Components. Development and Application of Continuous Thermodynamics for Chemical Process Design, *Ind. Eng. Chem. Process Des. Dev.*, **24**, n° 1, p. 194-203.

Cotterman RL, Prausnitz JM (1985b) Flash Calculations for Continuous or Semicontinuous Mixtures Using an Equation of Tate, *Ind. Eng. Chem. Process Des. Dev.*, **24**, n° 2, p. 434-443 ; *Erratum*, **24**, n° 3, p. 891.

Dahl S, Macedo EA (1992) The MHV2 Model : a UNIFAC Based Equation of State Model for Vapor-Liquid and Liquid-Liquid Equilibria of Mixtures with Strong Electrolytes, *Ind. Eng. Chem. Res.*, **31**, n° 4, April, p. 1195-1201.

Dahl S, Fredendslund A, Raslussen P (1991) The Mhv2 Model - A Unifac-Based Equation of State Model for Prediction of Gas Solubility and Vapor-Liquid-Equilibria at Low and High-Pressures, *Industrial & Engineering Chemistry Research*, **30**, n° 8, p. 1936-1945.

Daubert TE, Danner RP (1985) *Data Compilation Tables of Properties of Pure Compounds*, Design Institute for Physical Property Data – American Institute of Chemical Engineers *(DIPPR – AIChE)*, New York, Ny.

de Hemptinne JC, Ledanois JM, Mougin P, Barreau A (2012) *Select Thermodynamic Models for Process Simulation : A Practical Guide Using a Three Steps Methodology*, Technip.

de Hemptinne JC, Béhar E (2006) Modélisation thermodynamique des fluides pétroliers, *Oil & Gas Science and Technology - Revue d'IFP Énergies nouvelles*, **61**, n° 3, p. 303-317.

de Hemptinne JC, Ungerer P, Accuracy of the Volumetric Predictions of Some Important Equations of State for Hydrocarbons, Including a Modified Version of the Lee-Kesler Method, *Fluid Phase Equilibria* (1995) **106**, n° 1-2, p. 81-109.

Donohue MD, Prausnitz JM (1978) Perturbateci Hard Chain Theory for Fluid Mixtures : Thermodynamic Properties for Mixtures in Natural Gas and Petroleum Technology, *AIChE Journal*, **24**, n° 5, September, p. 849-860.

Dranchuk PM, Abou-Kassem JH (1975) Calculation of Z Factors for Natural Gases Using Equations of State, *J. Can. Pet. Technol.*, **14**, n° 3, July-September, p. 34-36.

Dranchuk PM, Purvis RA, Robinson DB (1974) Computer Calculation of Natural Gas Compressibility Factors Using the Standing and Katz Correlation, *Institute of Petroleum Technical Series*, n° IP 74-0008, 13 p.

Edmister WC (1961) Chapter 7. Isentropic Exponents for Gases, in *Applied Hydrocarbon Thermodynamics*, Gulf Publishing Company, Houston, Tx, p. 52-62.

Fredenslund AA, Gmehling J, Rasmussen P (1977) *Vapor-Liquid Equilibria Using UNIFAC, a Group-Contribution Method*, Elsevier Scientific Publishing Company, Amsterdam, Netherlands, 380 p.

Fredenslund AA, Jones RL, Prausnitz JM (1975) Group-Contribution Estimation of Activity Coefficients in Nonideal Liquid Mixtures, *AIChE Journal*, **21**, n° 6, November, p. 1086-1099.

Gmehling J, Rasmudssen P, Fredendslund A (1982) Vapor-Liquid-Equilibria by Unifac Group Contribution - Revision and Extension. 2, *Industrial & Engineering Chemistry Process Design and Development*, **21**, n° 1, p. 118-127.

GPA (1987) Section 23. Physical Properties, in *Engineering Data Book*, 10th ed., Gas Processors Suppliers Association *(GPA)*, Tulsa, Ok, 2, p. 1-65.

Gravier J-F (1986) *Propriétés des fluides de gisements*, Collection des Cours de l'*ENSPM* – Centre d'études supérieures, de développement et d'exploitation des gisements, Cours de production, Éditions Technip, Paris, 2, Chap. 4 & 6, p. 47-71, 137-257.

Gray EH, Sims HL (1959) New Factor Permits Z Factor Determination in a Digital Computer, *Oil and Gas J.*, 57, n° 30, July 20, p. 80-81.

Gross J, Sadowski G (2002) Application of the Perturbed-Chain SAFT Equation of State to Associating Systems, *Industrial & Engineering Chemistry Research*, **41**, n° 22, p. 5510-5515.

Halpin TPJ, Quirke N (1990) A New Method of Continuous Thermodynamics Applied in an Equation of State, *SPE Reservoir Engineering.*, 5, n° 4, November, p. 617-622.

Hankinson RW, Thomas LK, Phillips KA (1969) Natural Gas Processing. Predict Natural Gas Properties, *Hydrocarbon Processing*, **48**, n° 4, April, p. 106-108.

Holderbaum TG (1991) PSRK : A Group Contribution Equation of State Based on UNIFAC, *Fluid Phase Equilibria*, **70**, p. 251-265.

Huron M-J, Vidal J (1979) New Mixing Rules in Simple Equations of State for Representing Vapour-Liquid Equilibria of Strongly Non-Ideal Mixtures, *Fluid Phase Equilibria*, **3**, n° 4, p. 255-271.

Jaeschke M, Audibert S, Van Cangeghem P, Humphreys AE, Janssen-Van Rosmalen, R, Pellel Q, Schouten JA, Michels JPJ (1991) Accurate Prediction of Compressibility by the *GERG* (Groupe Européen De Recherches Gazières) Virial Equation, *SPE Production Engineering.*, **6**, n° 3, August, p. 343-349.

Jaubert JN, Mutelet F (2004) VLE Predictions with the Peng-Robinson Equation of State and Temperature Dependent Kij Calculated Through a Group Contribution Method, *Fluid Phase Equilibria*, **224**, p. 285-304.

Jaubert J-N (1993) *Une méthode de caractérisation des coupes lourdes des fluides pétroliers applicable à la prédiction des propriétés thermodynamiques des huiles et à la récupération assistée du pétrole*, Thèse Doct. ès Sciences (Chimie Appliquée), Université de Droit, d'Économie et des Sciences d'Aix-Marseille III, Faculté des Sciences et Techniques de Saint-Jérome, 300 p.

Jaubert JN, Coniglio L, Crampon C, 2000 a, Use of a Predictive Cubic Equation of State to Model New Equilibrium Data of Binary Systems Involving Fatty Acid Esters and Supercritical Carbon Dioxide, *Industrial & Engineering Chemistry Research*, **39**, n° 7, p. 2623-2626.

Jaubert JN, Coniglio L, Crampon C, 2000 B, Use of a Predictive Cubic Equation of State to Model New Equilibrium Data of Binary Systems Involving Fatty Acid Esters and Supercritical Carbon Oxide, *Ind. Eng. Chem. Res*, **39**, p. 2623-2626.

Jaubert JN, Vitu S, Mutelet F, Corriou JP (2005) Extension of the PPR78 Model (Predictive 1978, Peng-Robinson EOS with Temperature Dependent K(Ij) Calculated Through a Group Contribution Method) to Systems Containing Aromatic Compounds, *Fluid Phase Equilibria*, **237**, n° 1-2, p. 193-211.

Jullian S (1988) *Méthode pour l'extension des modèles basés sur les équations d'état, aux mélanges représentatifs des fluides de gisement*, Thèse Doct. en Sciences Pétrolières (Secteur Chimie), Univ. Pierre et Marie Curie, Paris VI et *ENSPM*, Éditions Technip, Paris, 228 p.

Katz DL (1942) Density of Natural Gases, *Am. Inst. Mining Met. Engrs. Technical Publication*, n° 1323, 10 p.

Kontogeorgis GM, Coutsikos P (2012) Thirty Years with EoS/GE Models – What Have We Learned ?, *Industrial & Engineering Chemistry Research*, **51**, n° 11, p. 4119-4142.

Kontogeorgis GM, Folas GK (2010) *Thermodynamic Models for Industrial Applications : From Classical and Advanced Mixing Rules to Association Theories*, Wiley.

Kontogeorgis GM, Folas GK, Muro-Sune N, Leon FR, Michelsen ML (2008) Solvation Phenomena in Association Theories with Applications to Oil & Gas and Chemical Industries, *Oil & Gas Science and Technology - Revue D'IFP Énergies Nouvelles*, **63**, n° 3, p. 305-319.

Kontogeorgis GM, Folas GK, Muro-Sune N, Von Solms N, Michelsen ML, Stenby EH (2007) Modelling of Associating Mixtures for Applications in the Oil & Gas and Chemical Industries, *Fluid Phase Equilibria*, **261**, n° 1-2, p. 205-211.

Kontogeorgis GM, Michelsen ML, Folas GK, Derawi S, Von Solms N, Stenby EH (2006) Ten Years with the CPA (Cubic-Plus-Association) Equation of State. Part 1. Pure Compounds and Self-Associating Systems, *Industrial & Engineering Chemistry Research*, **45**, n° 14, p. 4855-4868.

Kontogeorgis GM, Voutsas EC, Yakoumis IV, Tassios DP (1996) An Equation of State for Associating Fluids, *Industrial & Engineering Chemistry Research*, **35**, n° 11, p. 4310-4318.

Lee BI, Kesler MG (1975) A Generalized Thermodynamic Correlation Based on Three-Parameter Corresponding States, *AIChE Journal*, **21**, n° 3, May, p. 510-527.

Leibovici CF, Barker JW, Watche D (1998) A Method for Delumping the Results of a Compositional Reservoir Simulation.

Leibovici CF, Stenby EH, Knudsen K (1996) A Consistent Procedure for Pseudo-Component Delumping, *Fluid Phase Equilibria*, **117**, n° 1-2, p. 225-232.

Leibovici CF, A Consistent Procedure for the Estimation of Properties Associated to Lumped Systems, *Fluid Phase Equilibria* (1993) **87**, n° 2, p. 189-197.

Leibovici CF, Govel PL, Piacentino T (1993) Consistent Procedure for the Estimation of Pseudo-Component Properties.

Leibovici CF (1993) Variant and Invariant Properties from Cubic Equation of State, *Fluid Phase Equilibria*, **84**, April 1, p. 1-8.

Lemmon E (2006), NIST Reference Fluid Thermodynamic and Transport Properties Database (REFPROP). [7.0].

Lymperiadis A, Adjiman CS, Jackson G, Galindo A (2008) A Generalisation of the SAFT-Gamma Group Contribution Method for Groups Comprising Multiple Spherical Segments, *Fluid Phase Equilibria*, **274**, n° 1-2, p. 85-104.

Lymperiadis A, Adjiman CS, Galindo A, Jackson G (2007) A Group Contribution Method for Associating Chain Molecules Based on the Statistical Associating Fluid Theory (SAFT-Gamma), *Journal of Chemical Physics*, **127**, n° 23.

Marchand B (1985) Étude comparée, dans la région critique, des équations d'état fondées sur la théorie des sphères dures ou sur le terme de répulsion de van der Waals, Thèse Doct.-Ing. en Sciences Pétrolières, *ENSPM*, Éditions Technip, Paris, 206 p.

Martin JJ (1979) Review : Cubic Equations of State – Which ?, *Ind. Eng. Chem. Fundam.*, **16**, n° 2, p. 81-97.

Maurer G, Prausnitz JM (1978) On the Derivation and Extension of the UNIQUAC Equation, *Fluid Phase Equilibria*, **2**, n° 2, p. 91-99.

Michelsen ML, Mollerup J (2004) *Thermodynamic Models : Fundamental and Computational Aspects*, Tie-Line Publications.

Michelsen ML (1993) Phase Equilibrium Calculations. What is Easy and What is Difficult ?, *Comput. and Chem. Engng.*, 17, n° 5-6, May-June, p. 431-439.

Michelsen ML (1990) A Modified Huron-Vidal Mixing Rule for Cubic Equations of State, *Fluid Phase Equilibria*, **60**, p. 213-219.

Mollerup J (1980) Thermodynamic Properties from Corresponding States Theory, *Fluid Phase Equilibria*, **4,** n° 1-2, p. 11-34.

Montel F, Gouel PL (1984) A New Lumping Scheme of Analytical Data for Compositional Studies, *SPE 13119*, p. 1-13.

Nguyen-Huynh D, Passarello JP, Tobaly P, De Hemptinne JC (2008) Application of GC-SAFT EOS to Polar Systems Using a Segment Approach, *Fluid Phase Equilibria*, **264**, n° 12, p. 62-75.

Nichita DV, Broseta D, Leibovici CF (2006) Consistent Delumping of Multiphase Flash Results, *Computers & Chemical Engineering*, **30**, n° 6-7, p. 1026-1037.

Nichita DV, Leibovici CF (2006) An Analytical Consistent Pseudo-Component Delumping Procedure for Equations of State with Non-Zero Binary Interaction Parameters, *Fluid Phase Equilibria*, **245**, n° 1, p. 71-82.

Patel NC, Teja AS (1982) A New Cubic Equation of State for Fluids and Fluid Mixtures, *Chem. Eng. Science*, **37**, n° 3, March, p. 463-473.

Pedersen KS, Christiansen S (2006) *Phase Behavior of Petroleum Reservoir Fluids*, CRC Press, Boca Raton.

Pedersen KS, Fredenslund AA, Thomassen P (1989) Chapter 5. Equations of State, in *Properties of Oils and Natural Gases*, Gulf Publishing Co., Book Division, Houston, Tx., p. 79-98.

Péneloux A, Rauzy E, Frèze R (1982) A Consistent Correction for Redlich-Kwong-Soave Volumes, *Fluid Phase Equilibria*, 8, n° 1, p. 7-23.

Peng Y, Goff KD, Dos Ramos MC, Mc Cabe C (2009) Developing a Predictive Group-Contribution-Based SAFT-VR Equation of State, *Fluid Phase Equilibria*, **277**, n° 2, p. 131-144.

Peng D-Y, Robinson DB (1976) A New Two-Constant Equation of State, *Ind. Eng. Chem. Fundam.*, **15**, n° 1, p. 59-64.

Pitzer KS (1939) Corresponding States for Perfect Liquids, *J. Chem. Phys.*, **7**, August, p. 583-590.

Plöcker U, Knapp H, Prausnitz JM (1978) Calculation of High-Pressure Vapor-Liquid Equilibria from a Corresponding-States Correlation with Emphasis on Asymmetric Mixtures, *Industrial & Engineering Chemistry Process Design and Development*, **17**, n° 3, p. 324-332.

Plöcker U, Knapp H, Prausnitz JM (1976) Calculation of High-Pressure Vapor-Liquid Equilibria from a Corresponding-States Correlation with Emphasis on Asymmetric Mixtures, *Ind. Eng. Chem. Process Des. Dev.*, **17**, n° 3, p. 324-332.

Poling BE, Prausnitz JM, O'Connell JP (2000) *The Properties of Gases and Liquids*, McGraw-Hill, New-York.

Prausnitz JM, Lichtenthaler RN, Gomes De Azevedo E (1986) *Molecular Thermodynamics of Fluid-Phase Equilibria*, 2nd ed., Prentice-Hall Inc., Englewood Cliffs, Nj, 600 p.

Privat R, Jaubert JN, Mutelet F (2008a) Addition of the Nitrogen Group to the PPR78 Model (Predictive 1978, Peng Robinson EOS with Temperature-Dependent K(Ij) Calculated Through a Group Contribution Method), *Industrial & Engineering Chemistry Research*, **47**, n° 6, p. 2033-2048.

Privat R, Jaubert JN, Mutelet F (2008b) Use of the PPR78 Model to Predict New Equilibrium Data of Binary Systems Involving Hydrocarbons and Nitrogen. Comparison with Other GCEOS, *Industrial & Engineering Chemistry Research*, **47**, n° 19, p. 7483-7489.

Privat R, Mutelet F, Jaubert JN (2008c) Addition of the Hydrogen Sulfide Group to the PPR78 Model (Predictive 1978, Peng-Robinson Equation of State with Temperature Dependent K(Ij) Calculated Through a Group Contribution Method), *Industrial & Engineering Chemistry Research*, **47**, n° 24, p. 10041-10052.

Rachford HH, Rice JD (1952) Procedure for Use of Electrical Digital Computers in Calculating Flash Vaporization Hydrocarbon Equilibrium, *Journal of Petroleum Technology*, **4**, p. 19-20.

Ramos MCD, Haley JD, Westwood JR, Mc Cabe C (2011) Extending the GC-SAFT-VR Approach to Associating Functional Groups : Alcohols, Aldehydes, Amines and Carboxylic Acids, *Fluid Phase Equilibria*, **306**, n° 1, p. 97-111.

Redlich O, Kwong JNS (1949) On the Thermodynamics of Solutions. V. An Equation of State. Fugacities of Gaseous Solutions, *Chemical Reviews*, **44**, n° 1, p. 233-244.

Reid RC, Prausnitz JM, Poling BE (1987) *The Properties of Gases and Liquids*, 4th Edit., McGraw-Hill Book Company, New York, Ny, 741 p.

Renon H, Asselineau L, Cohen G, Raimbault C (1971) *Calcul Sur Ordinateur Des Équilibres Liquide-Vapeur Et Liquide-Liquide. Application À La Distillation Des Mélanges Non Idéaux Et À L'Extraction Par Solvants*, Éditions Technip, Paris, 360 p.

Renon H (1985) NRTL : an Empirical Equation or an Inspiring Model for Fluids Mixtures Properties ?, *Fluid Phase Equilibria*, **24**, n° 1-2, p. 87-114.

Renon H, Prausnitz JM (1968) Local Compositions in Thermodynamic Excess Functions for Liquid Mixtures, *AIChE Journal*, **14**, n° 1, January, p. 135-144.

Riazi MR (2005) *Characterization and Properties of Petroleum Fluids*, American Society for Testing and Materials, Philadelphia.

Robinson DB, Peng DY (1978) The Characterization of the Heptanes and Heavier Fractions for the GPA Peng-Robinson Programs, *GPA Research Report*, **RR-28**, p. 1-36.

Rowley JR, Wilding W, V, Oscarson J L, Yang Y, Giles N F (2009).DIPPR (R) Data Compilation of Pure Chemical Properties. Design Institute for Physical Properties Data (DIPPR-AIChE).

Salim PH, Trebble MA (1991) A Modified Trebble-Bishnoi Equation of State : Thermodynamic Consistency Revised, *Fluid Phase Equilibria*, **65**, July, p. 59-71.

Sarem AM (1961) Z-Factor Equation Developed for Use in Digital Computers, *Oil and Gas J.*, **59**, n° 38, September 18, p. 118.

Satter A, Campbell JM (1963) Non-Ideal Behavior of Gases and Mixtures, *SPE Journal*, **3**, December, p. 333-347.

Schmid B, Gmehling J (2011) The Universal Group Contribution Equation of State VTPR Present Status and Potential for Process Development, *Fluid Phase Equilibria*, **302**, n° 1-2, p. 213-219.

Schmidt G, Wenzel H (1980) A Modified Van Der Waals Type of Equation of State. *Chem. Eng. Sci.*, **35**, n° 7, July, p. 1503-1512.

Sengers JV, Kayser RF, Peters CJ, White HJJ (2000) *Equations of State for Fluids and Fluid Mixtures*, Elsevier.

Soave G (1972) Equilibrium Constants from a Modified Redlich-Kwong Equation of State, *Chem. Eng. Sei.*, **27**, n° 6, June, p. 1197-1203.

Solimando R (1991) *Équations d'état susceptibles de représenter les fluides pétroliers*, Thèse Doct. Ing., Faculté des Sciences de Luminy, Marseille, 158 p.

Span R, Wagner W (2003a) Equations of State for Technical Applications. I. Simultaneously Optimized Functional Forms for Nonpolar and Polar Fluids, *International Journal of Thermophysics*, **24**, n° 1, p. 1-39.

Span R, Wagner W (2003b) Equations of State for Technical Applications. II. Results for Nonpolar Fluids, *International Journal of Thermophysics*, **24**, n° 1, p. 41-109.

Span R, Wagner W (2003c) Equations of State for Technical Applications. III. Results for Polar Fluids, *International Journal of Thermophysics*, **24**, n° 1, p. 111-162.Standing, M.B.,

Sportisse M, Barreau A, Ungerer P (1997) Modeling of Gas Condensates Properties Using Continuous Distribution Functions for the Characterisation of the Heavy Fraction, *Fluid Phase Equilibria*, **139**, n° 1-2, p. 255-276.

Standing MB, Katz DL (1942) *Density of Natural Gases*, p. 1-10, Rapport IFP Énergies Nouvelles n° 1323.

Starling KE, Han MS (1972) Thermo Data Refined for LPG Part 14 : Mixtures, *Hydrocarbon Processing*, **51**, n° 5, May, p. 129-132.

Stenby EH, Christensen JR, Knudsen K, Leibovici CF (1996) Application of a Delumping Procedure to Compositional Reservoir Simulations.

Takacs G (1976) Comparaisons Made for Computer Z-Factor Calculations, *Oil and Gas J.*, **74**, n° 51, December 20, p. 64-66.

Tamouza S, Passarello JP, Tobaly P, de Hemptinne JC (2005) Application to Binary Mixtures of a Group Contribution SAFT EOS, *Fluid Phase Equilibria*, **228-229**, p. 409-419.

Tamouza S, Passarello JP, Tobaly P, de Hemptinne JC (2004) Group Contribution Method with SAFT EOS Applied to Vapor Liquid Equilibria of Various Hydrocarbon Series, *Fluid Phase Equilibria*, **222-223**, p. 67-76.

Tiegs D, Gmehling J, Rasmussen P, Fredendslund A (1987) Vapor-Liquid-Equilibria by Unifac Group Contribution. 4. Revision and Extension, *Industrial & Engineering Chemistry Research*, **26**, n° 1, p. 159-161.

Tihic A, Von Solms N, Michelsen ML, Kontogeorgis GM, Constantinou L (2009) Application of PC-SAFT and Group Contributions PC-SAFT to Polymer Systems-Capabilities and Limitations, *Fluid Phase Equilibria*, **281**, n° 1, p. 70-77.

Tihic A, Kontogeorgis GM, Von Solms N, Michelsen ML (2008) Constantinou, L, A Predictive Group-Contribution Simplified PC-SAFT Equation of State : Application to Polymer Systems, *Industrial & Engineering Chemistry Research*, **47**, n° 15, p. 5092-5101.

Touloukian YS, Makita T (1970) *Specific Heat Nonmetallic Liquids and Gases*, Thermophysical Properties of Matter, IFI/Plenum Data Corporation, Plenum Publishing Corporation, New York, Ny, **6**, 338 p.

Trebble MA, Bishnoi PR (1987) Development of a New Four-Parameter Cubic Equation of State, *Fluid Phase Equilibria*, **35**, n° 1-3, p. 1-18.

Tumakaka F, Gross J, Sadowski G (2005) Thermodynamic Modelling of Complex Systems Using PC-SAFT, *Fluid Phase Equilibria*, **228-229**, p. 89-98.

Valdemarra JO (2003) The State of the Cubic Equations of State, *Industrial & Engineering Chemistry Research*, **42**, n° 8, p. 1603-1618.

Van Der Waals JD (1873) Over de Continuiteit van den Gas en Vloeistoftestand (On the Continuity of the Gas and Liquid State).

Vidal J (2003) *Thermodynamics : Applications in Chemical Engineering and the Petroleum Industry*, Editions Technip.

Vitu S, Privat R, Jaubert JN, Mutelet F (2008) Predicting the Phase Equilibria of CO_2 + Hydrocarbon Systems with the PPR78 Model (PR EOS and K(Ij) Calculated Through a Group Contribution Method), *Journal of Supercritical Fluids*, **45**, n° 1, p. 1-26.

Wei YS, Sadus RJ (2000) Equation of State for the Calculation of Fluid Phase Equilibria, *AIChE Journal*, **46**, n° 1, p. 169.

Weidlich U, Gmehling J (1987) A Modified Unifac Model. 1. Prediction of Vle, He, and Gamma-Infinity, *Industrial & Engineering Chemistry Research*, **26**, n° 7, p. 1372-1381.

Wiehert E, Aziz K (1972) Calculate Z'S for Sour Gases, *Hydrocarbon Processing*, **51**, n° 5, May, p. 119-122.

Wilson GM (1964a) Vapor-Liquid Equilibriums. Correlation by Means of a Redlich-Kwong Equation of State, *Advanced Cryogenic Engineering*, **9,** p. 168-176.

Wilson GM (1964b) Vapor-Liquid Equilibrium. XI. À New Expression for the Excess Free Energy of Mixing, *Journal of the American Chemical Society*, **86**, n° 2, p. 127-130.

Wong DSH, Orbey, H,, Sandler SI (1992) An Equation of State Mixing Rule Using Available Activity Coefficient Model Parameters and which Allows Extrapolation Over Large Ranges of Temperature and Pressure, *Ind. Eng. Chem. Res.*, **31**, n° 8, July, p. 2033-2039.

Yarborough L, Hall KR (1974) How to Solve Equation of State for Z-Factors, *Oil and Gas J.*, **72**, n° 7, February 18, p. 86-88.

6 | Production du gaz naturel

6.1 INTRODUCTION

Dans le chapitre 3 ont été présentées les conditions dans lesquelles s'effectuent la **genèse** et la **migration** du gaz naturel. Au cours de la phase de migration **primaire**, les hydrocarbures formés au sein de la roche-mère sont expulsés vers un milieu plus poreux dans lequel ils peuvent se déplacer, pour atteindre au cours de la phase de migration **secondaire** la roche-réservoir dans laquelle ils sont piégés. Comme cela a été montré dans le chapitre 2, il existe différents types de pièges. On distingue en particulier les pièges structuraux et les pièges stratigraphiques.

Les pièges structuraux sont dus à une déformation de la roche, qui peut former un anticlinal ou être coupée par une faille. Les pièges stratigraphiques sont dus à une variation de faciès, la zone perméable faisant place à une zone imperméable.

Le **gisement** de gaz naturel est formé par un ou plusieurs réservoirs.

La découverte puis l'évaluation d'un piège potentiel font appel à des **techniques d'exploration**, mettant en œuvre des méthodes de géologie et de géophysique.

La reconnaissance du piège nécessite ensuite des forages d'exploration, qui permettent de détecter la présence d'hydrocarbures (puits de découverte) et d'obtenir des informations sur le réservoir par l'étude de carottes ainsi qu'au moyen d'enregistrements réalisés dans le puits, appelés **diagraphies**.

Ces forages d'exploration sont suivis de forages d'appréciation qui, à la suite des essais de puits, conduisent à décider ou non le développement du gisement.

Les techniques d'exploration et de forage auxquelles il est fait appel ne diffèrent pas fondamentalement de celles qui sont mises en œuvre dans le cas des gisements d'huile. Pour cette raison, les deux paragraphes suivants en donneront un simple aperçu et le lecteur intéressé pourra se reporter à la bibliographie en fin de chapitre.

Il faut noter toutefois que les méthodes d'exploration doivent s'adapter au rôle croissant que jouent les gaz non conventionnels. Ainsi, dans le cas du gaz de schiste, il ne s'agit plus simplement d'identifier des zones qui peuvent piéger les hydrocarbures, en raison de leur structure géologique particulière, mais de caractériser l'ensemble d'une couche de roche-mère, dont l'extension en surface peut être considérable, ce qui pose, bien sûr, de nouveaux problèmes à l'industrie.

6.2 OPÉRATIONS D'EXPLORATION – TECHNIQUES SISMIQUES

Les méthodes géologiques et géochimiques permettent, à travers des modèles d'évaluation, de prévoir les structures géologiques les plus favorables à la présence de gaz naturel.

La configuration du sous-sol est étudiée essentiellement par des méthodes géophysiques.

La géophysique utilise différentes méthodes (magnétiques, électriques, gravimétriques, sismiques) mais la **sismique** constitue l'outil principal et a connu un développement considérable [Mari *et al.*, 1998]. Les techniques de traitement numérique du signal ont permis d'accéder à une véritable imagerie, de plus en plus fine du sous-sol.

La sismique-réflexion, schématisée sur la figure 6.1, est basée sur l'étude de la réflexion d'ondes élastiques. Des ébranlements émis par une source sismique à la surface du sol produisent ces ondes qui sont détectées par des capteurs sismiques, géophones à terre, hydrophones en mer [Lavergne, 1986]. La réflexion s'effectue sur une surface marquant la limite entre deux couches d'impédance acoustique différente (« marqueur »).

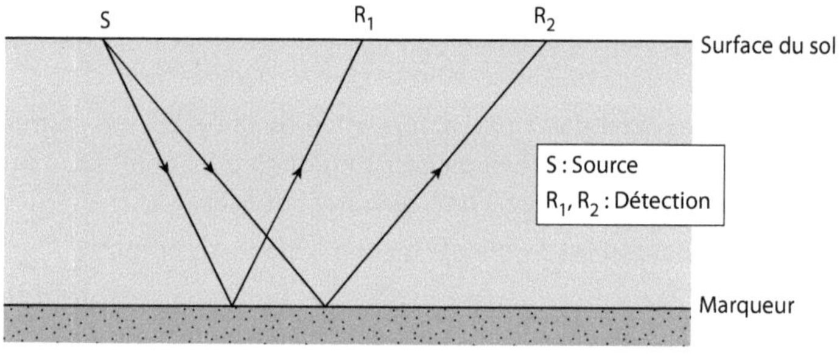

Figure 6.1

Schéma de principe de la sismique-réflexion.

La source sismique est de nature différente selon qu'il s'agit d'une opération à terre ou en mer.

À terre, les explosifs sont encore utilisés comme source sismique, mais l'émission sismique par vibrateur (plaque pulsante actionnée par vérins hydrauliques équipant un camion vibrateur) ainsi que l'émission par des sources à percussion sont les techniques les plus courantes.

En mer, l'utilisation d'explosifs est définitivement exclue et les sources les plus courantes sont les canons à air, dont le principe consiste à décharger dans l'eau de l'air comprimé. D'autres systèmes utilisent une injection de vapeur (canons à vapeur) ou d'eau (canons à eau) ou encore une émission d'énergie acoustique par décharge électrique dans l'eau de mer (étinceleurs).

On distingue les ondes de compression ou ondes P et les ondes de cisaillement ou ondes S qui se propagent à des vitesses différentes. Les ondes S comprennent les ondes SV et SH. Les ondes SV se propagent dans le plan vertical du dispositif source-géophone et les ondes SH perpendiculairement à ce plan.

Les différents milieux traversés sont caractérisés par des impédances acoustiques différentes, l'impédance étant définie comme le produit de la masse volumique ρ du milieu par la propagation de la vitesse V des ondes sismiques.

La réflexion des ondes sur des discontinuités d'impédance (marqueurs) permet d'obtenir une image structurale des couches géologiques.

On mesure les temps d'arrivée de ces réflexions et, connaissant la vitesse de propagation des ondes, les courbes isochrones (de durée égale) obtenues sont transformées en courbes isobathes (de même profondeur).

Pour obtenir un profil sismique, une série d'enregistrements est réalisée grâce à des dispositifs de géophones ou d'hydrophones placés à intervalles réguliers.

Sur la figure 6.2, un exemple d'un tel enregistrement est représenté. Une image du sous-sol est ainsi obtenue selon une coupe verticale et sur les profils de cette figure, les différents niveaux géologiques ont été repérés. Les abscisses représentent des distances horizontales et les ordonnées des temps.

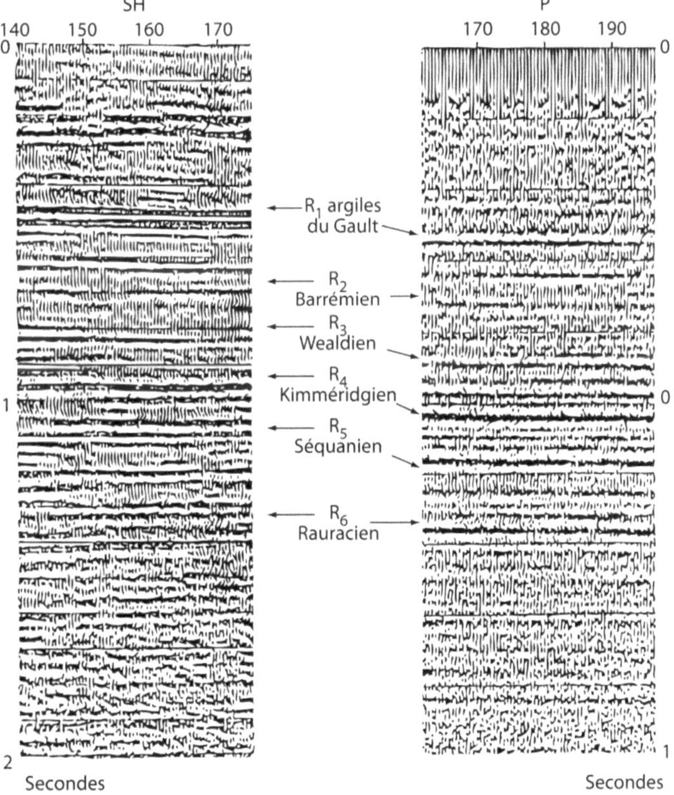

Figure 6.2

Profils en ondes SH et P et calage au toit des horizons géologiques.
Source : Lavergne, 1986

En sismique marine, on utilise des dispositifs de grande longueur, pouvant comprendre par exemple 240 traces s'étendant sur 3 000 m, avec un espacement entre traces de 12,5 m. Chaque trace comprend alors plusieurs dizaines d'hydrophones qui sont disposés dans un long tuyau flexible rempli d'huile pour équilibrer le système dans l'eau. Ce dispositif est appelé « flûte marine » ou « *streamer* » (Figure 6.3).

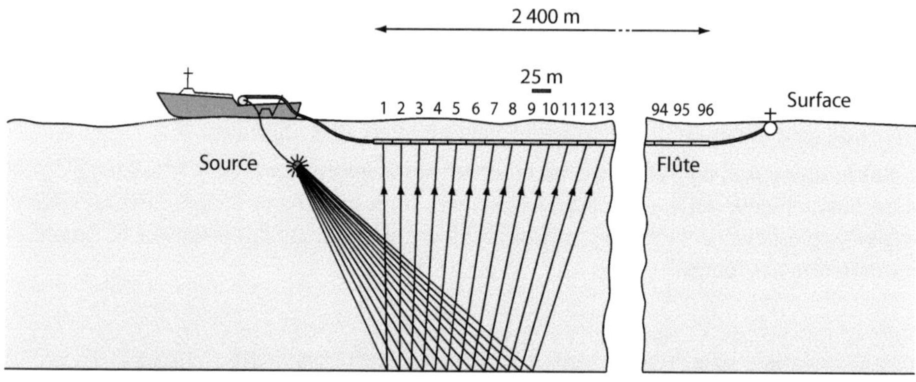

Figure 6.3

Dispositif d'acquisition en sismique marine.
Source : Lavergne, 1986

La présence de gaz entraîne une diminution de la densité apparente du réservoir et de la vitesse de propagation, se traduisant par un coefficient de réflexion élevé. Dans des cas favorables, la présence de gaz peut être ainsi détectée par des figures de réflexion particulière *(bright spot)*, qui se distinguent sur les enregistrements.

Les techniques de sismique de puits permettent d'obtenir une image structurale plus précise d'un gisement [Mari et Coppens, 1989 a et b]. La mise en œuvre la plus courante est celle du Profil Sismique Vertical (PSV). Cette méthode consiste à enregistrer à l'aide d'un géophone placé successivement à différentes profondeurs dans un puits, un signal émis à la surface du sol (Figure 6.4).

Sur la figure 6.4, le trajet 2 illustre la sismique de puits (PSV), le trajet 1 correspondant à la sismique-réflexion de surface. Il est également possible d'utiliser une source de puits et d'enregistrer le signal en surface (trajet 3) ou dans le puits (trajet 4).

Les progrès accomplis en sismique et notamment le développement de la **sismique 3D** (étude sismique à trois dimensions) permettent à présent une imagerie plus précise du sous-sol [Davies *et al.*, 2004].

Des informations complémentaires permettant d'établir un modèle géologique sont obtenues par des mesures sur carottes et par des enregistrements, les diagraphies *(loggings)*, obtenus pendant le forage ou pour certains pendant la production. Ces méthodes seront présentées dans le paragraphe 6.4.

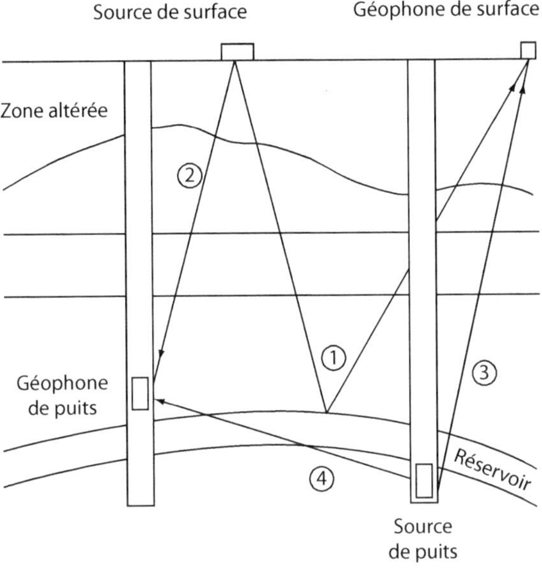

Figure 6.4

Différentes mises en œuvre possibles de la sismique sur un gisement.
Source : Mari et Coppens, 1989a

6.3   OPÉRATIONS DE FORAGE

Les techniques de forage utilisées pour réaliser les puits d'exploration et de développement
en vue de la production de gaz naturel sont les mêmes que dans le cas de l'huile [Short, 1983].

La technique de forage employée est de type « *Rotary* ». Elle consiste à entraîner en
rotation un outil de forage au moyen de tiges en acier constituées de tubes que l'on visse
les uns après les autres au fur et à mesure que le système descend dans le puits. Le dernier
élément est constitué par une tige carrée s'emboîtant au niveau de la plate-forme sur la table
de rotation qui entraîne l'ensemble des tiges. De nouvelles tiges sont mises en place par un
palan, actionné par un treuil et supporté par une charpente métallique, le mât de forage ou le
« *derrick* » (Figure 6.5).

Figure 6.5

Derrick de forage.

L'outil de forage est souvent de type tricône, comportant trois molettes de forme tronco-nique. Ces molettes sont équipées de dents en acier ou de picots en carbure de tungstène et sont éventuellement incrustées de diamants artificiels (Figure 6.6).

Le treuil et la table de rotation sont généralement entraînés par un moteur électrique alimenté par une centrale énergétique (moteur Diesel, turbine à gaz). Le foreur règle la tension (ou poids au crochet) dans la garniture de forage pour exercer une force (poids) sur l'outil à l'aide de tiges lourdes, appelées masses-tiges, placées au-dessus de l'outil. Cette force est ajustée en fonction d'un type d'outil et de la nature du terrain rencontré.

La colonne de forage est périodiquement remontée, soit pour remplacer l'outil par un outil neuf ou par un outil de conception mieux adaptée aux terrains traversés, soit pour modifier la composition du train de tiges et masses-tiges en vue d'optimiser les vitesses d'avancement.

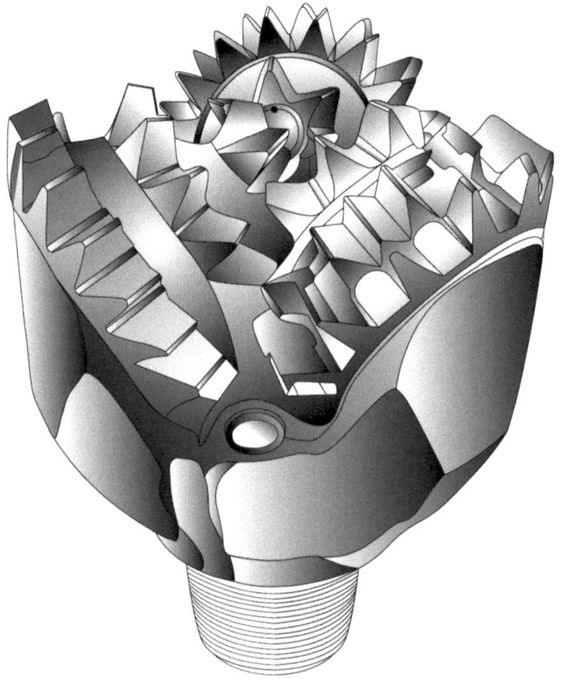

Figure 6.6

Outil de forage (trépan).

Un fluide de forage est envoyé à travers une conduite flexible, puis à l'intérieur des tiges de forage jusqu'à l'outil. Ce fluide de forage, formé par une boue constituée par un mélange d'eau, d'argile, de polymères et d'agents alourdissants en suspension, doit remplir un ensemble de fonctions : il refroidit le trépan en le lubrifiant, entraîne les déblais et les remonte à la surface, maintient une pression hydrostatique contrebalançant la pression des fluides (eau, gaz, huile) dans les couches rencontrées et dépose un gâteau d'argile *(cake)* sur les parois, ce qui permet de consolider les parois du trou et d'éviter l'invasion des formations par le fluide de forage.

Au cours du forage d'un puits, il est nécessaire de le cuveler, c'est-à-dire de mettre en place une colonne de tubes d'acier, appelée **tubage**, dont les fonctions sont de renforcer l'ouvrage, de maintenir les formations et d'isoler les différentes formations présentant des pressions incompatibles. Cette colonne est installée par étapes successives. À chaque étape, après avoir foré à un diamètre donné sur une certaine profondeur, le train de tiges est retiré pour mettre en place un tubage. Le tubage est fixé par cimentation, en introduisant du ciment qui est refoulé par de la boue de forage à l'extérieur du tubage. La prise de ciment isole définitivement les couches traversées. L'étape suivante doit être alors réalisée avec des diamètres d'outil et de tubages inférieurs.

Sur le tableau 6.1, sont présentés, à titre d'exemple, des diamètres d'outils et de tubages qui peuvent être utilisés en fonction de la profondeur.

Tableau 6.1. Diamètres d'outils et de tubages (en pouces)

	Profondeur forée	Outil	Tubage
Tubage de surface	200 m	26	20
Tubage intermédiaire	1 500 m	17 1/2	13 3/8
Tubage intermédiaire	3 500 m	12 1/4	9 5/8
Tubage de production	5 000 m au-delà	8 ½ 6 ¼ – 5 5/8	7 –

L'opération de mise en place du cuvelage doit être organisée avec soin puisque, le diamètre de forage se trouvant réduit, elle ne peut être renouvelée que peu de fois.

L'opération dite de **complétion** constitue la dernière phase du forage. Après une opération d'acquisition de diagraphies pour mesurer les caractéristiques des formations et des fluides en place, elle consiste à mettre en place le dernier tubage qui doit être soigneusement cimenté, à perforer ce tubage au niveau de la zone de production et enfin à installer la colonne de production *(tubing)*.

Cette technique dite « classique » est actuellement remplacée le plus souvent par la complétion « permanente » : la colonne de production est installée avant l'opération de perforation. Il est possible de cette façon, en régulant la pression à l'intérieur du cuvelage depuis la surface, d'éviter l'envahissement des perforations ainsi que du milieu poreux par la boue et de contrôler tout risque d'éruption. La perforation est réalisée à l'aide de charges creuses.

Sur la figure 6.7, est représentée une configuration type, mise en place à l'issue de l'étape de complétion. L'annulaire situé entre le cuvelage et la colonne de production est isolé par un joint, le *packer* de cuvelage. Un dispositif de sécurité peut être placé en fond *(storm choke)* ou près de la surface *(Surface-Controlled Subsurface Safety Valve - SCSSV)*.

Dans le cas d'une colonne ancrée à l'une de ses extrémités, un joint coulissant est placé pour absorber les mouvements susceptibles d'intervenir au cours de la vie du puits. Un dispositif de déconnexion permet de désolidariser la colonne de production du *packer* de cuvelage. La vanne de circulation met en communication l'annulaire et la colonne de production.

La colonne est suspendue par un dispositif en tête de puits, pouvant recevoir le plus souvent un dispositif d'obturation du type soupape à contre-pression *(Back-Pressure Valve – BPV)*. La tête de production, parfois appelée tête d'éruption ou arbre de Noël *(Christmas tree)* est constituée d'éléments très divers selon la vocation du puits et comprend un ensemble de vannes contrôlant la production.

Dans certains cas, la configuration qui est mise en place permet d'extraire simultanément, sans les mélanger, des effluents (gaz, huile, eau) provenant de niveaux différents du puits soit en produisant à la fois par la colonne de production et par l'annulaire, soit en introduisant une colonne de production supplémentaire isolée par un *packer*.

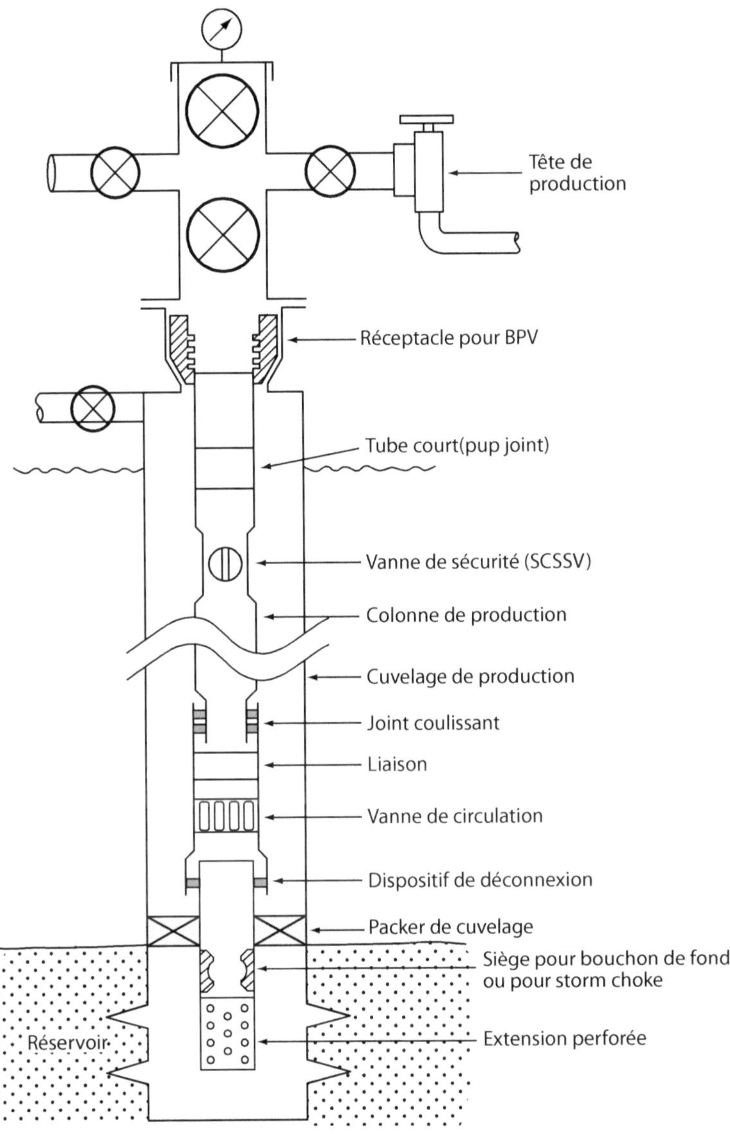

Figure 6.7

Exemple de complétion simple conventionnelle.
Source : CSRPPGN, 1986

De nombreux progrès ont été réalisés dans le domaine du forage : mesures en cours de forage (*Measurement While Drilling* MWD), moteur et turbine de fond de puits, forage dirigé et horizontal [Gabolde et Nguyen, 2006].

Le forage dirigé est devenu une technique essentielle pour mieux exploiter les gisements de gaz. Il est utilisé pour mettre en production des réservoirs qui seraient autrement difficiles ou impossibles d'accès. Il permet également à partir d'une même plate-forme en mer de drainer le réservoir sur une superficie beaucoup plus large et ainsi de réduire le nombre de plates-formes (Figure 6.8).

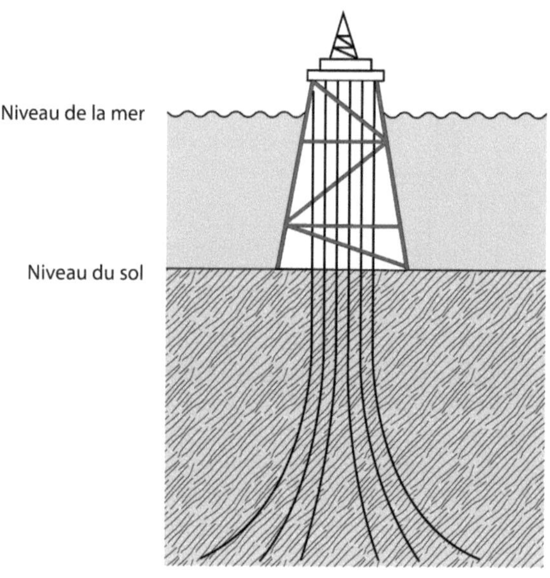

Figure 6.8

Puits de développement forés à partir d'une plate-forme fixe en mer.

Le développement du forage dirigé a été facilité par le développement des technologies de capteurs et des technologies de transmission et traitement des données numériques. Par les techniques MWD, on peut acquérir en temps réel de nombreuses informations sur la position du trépan ainsi que sur les conditions en fonds de trou.

L'augmentation de l'angle de déviation conduit au **forage horizontal** [Willoughby, 2008]. Cette technique permet dans des cas appropriés d'augmenter considérablement la productivité en réalisant un drainage beaucoup plus efficace à partir d'une couche horizontale (cf. § 6.8) et devient ainsi économiquement rentable. C'est son utilisation, qui a permis d'obtenir les résultats spectaculaires observés dans le secteur des gaz de schiste. Il est possible actuellement d'atteindre des déplacements horizontaux dépassant 10 000 m.

Lorsque la perméabilité du milieu poreux est faible, il est possible d'améliorer la productivité du puits en fracturant le terrain. La **fracturation** est obtenue par injection de fluides hydrauliques constitués par de l'eau, de l'huile, des gels, des émulsions ou des mousses. Pour vaincre les contraintes auxquelles sont soumis les terrains, les pressions nécessaires sont de l'ordre de 18 à 25 kPa par mètre de profondeur. Ces techniques de fracturation, qui sont employées pour produire du gaz à partir de réservoirs « très peu perméables », notamment dans le cas du gaz de schiste, ont été discutées dans le chapitre 2.

Des fractures préexistantes peuvent être également élargies par des injections d'acide. L'acide chlorhydrique ou un mélange d'acide chlorhydrique et d'acide fluorhydrique sont le plus souvent utilisés pour ces opérations d'**acidification** [Bouteca et Sarda, 1987].

6.4 CARACTÉRISATION DES ROCHES-RÉSERVOIRS

Les roches-réservoirs sont des roches sédimentaires poreuses stratifiées en lits successifs. Les réservoirs les plus répandus sont les réservoirs gréseux. Les grès alternent fréquemment avec des bancs d'argiles imperméables. Les roches carbonatées formées de calcaire et/ou de dolomie peuvent également former des réservoirs. Les roches-réservoirs constituées de grès et/ou de carbonates représentent 99 % des cas rencontrés [Cossé, 1989].

Les paramètres essentiels qui caractérisent une roche-réservoir sont la **porosité**, la **perméabilité** ainsi que les **saturations** en huile, eau et gaz.

La porosité d'une roche-réservoir ø est définie par le rapport du volume des pores V_P sur le volume total V_T :

$$\text{ø} = \frac{V_p}{V_T} \tag{6.1}$$

La porosité utile correspond au volume de pores reliés entre eux et avec l'extérieur.

La porosité moyenne d'une roche-réservoir est généralement comprise entre 10 et 40 % pour les grès, 5 et 20 % pour les carbonates.

La **porosité** d'une roche-réservoir est déterminée au laboratoire sur un échantillon généralement cylindrique *(plug)*, préalablement lavé et séché, en mesurant le volume total V_T et le volume de pores V_P [Monicard, 1975] :

– le volume total V_T est obtenu au laboratoire en mesurant le volume de mercure déplacé par l'échantillon, à condition que le mercure ne pénètre pas dans les pores, au moyen d'une pompe à mercure, ou encore en mesurant par pesée la poussée d'Archimède exercée par le mercure sur l'échantillon ;

– le volume de la phase solide V_s peut être déterminé en plongeant l'échantillon dans un solvant dont il est saturé (tétrachlorure de carbone, trichloroéthane) et en mesurant par pesée le volume de solvant déplacé. Il est également possible de placer l'échantillon dans une phase gazeuse et de mesurer le volume de gaz déplacé, à partir de la relation entre la pression et le volume ;

– le volume des pores utiles V_P est mesuré soit par différence entre les valeurs de V_T et de V_s, soit par pesée de la quantité de liquide pouvant remplir les pores utiles (le liquide utilisé est souvent de la saumure) ou encore par expansion de l'air contenu dans les pores ; il peut être également déterminé par injection de mercure sous pression dans l'échantillon préalablement mis sous vide ; dans ce dernier cas, la mesure de V_P est une mesure par défaut, le mercure n'occupant jamais totalement les pores.

La **perméabilité intrinsèque** ou absolue d'une roche est définie à partir de la loi de Darcy. En un point donné, en régime laminaire, la vitesse de filtration u selon une direction z (supposée horizontale pour ne pas avoir à prendre en compte les effets de gravité) est proportionnelle au gradient de pression $- dp/dz$:

$$u = -\frac{k}{\mu}\frac{dp}{dz} \tag{6.2}$$

Dans la relation (6.2), μ représente la viscosité et k la perméabilité. La perméabilité k, qui a la dimension d'une surface, est exprimée en m^2 dans le système SI, ou parfois encore en darcys et millidarcys. Dans la relation (6.2), lorsque la perméabilité k est exprimée en darcys, la vitesse u doit être exprimée en cm/s, la pression p en atm, la distance z en cm et la viscosité μ en cP. Le darcy a comme valeur en unités SI :

$$1\ D = 1\ darcy = 0,9809 \cdot 10^{-12}\ m^2$$

soit environ 1 μm^2.

La vitesse de filtration est définie en rapportant le débit à la section totale et elle est donc différente de la vitesse d'écoulement.

La perméabilité d'une roche-réservoir est considérée comme moyenne, si elle se situe entre 50 et 200 mD.

La perméabilité d'un échantillon de roche-réservoir peut être mesurée en faisant passer de l'air à travers l'échantillon et en appliquant la loi de Darcy. Il existe des équipements qui effectuent cette mesure d'une manière automatique sur une série d'échantillons.

Lorsqu'un gaz s'écoule à basse pression à travers un milieu poreux et que le libre parcours moyen des molécules de gaz devient supérieur au diamètre des pores, les effets de diffusion moléculaire due aux interactions entre les molécules de gaz et le solide formant le milieu poreux **(diffusion de Knudsen)** deviennent appréciables. Cet effet a été mis en évidence par Klinkenberg [Katz et Lee, 1990] : il est appelé effet de Knudsen-Klinkenberg, ou effet de glissement *(slip)*.

La perméabilité mesurée k_g dépend alors de la pression et s'écrit [Katz et Lee, 1990] :

$$k_g = k_l\left(1 + \frac{b}{p_m}\right) \tag{6.3}$$

Dans la relation (6.3), p_m désigne la pression moyenne dans l'échantillon de milieu poreux sur lequel s'effectue la mesure. Le terme b dépend du milieu poreux et de la masse molaire du gaz. Lorsque la pression p_m augmente, la perméabilité mesurée pour le gaz devient équivalente à la perméabilité k_l mesurée pour un liquide.

La loi de Darcy s'applique à un régime laminaire et dans le cas de l'écoulement d'un gaz dans un milieu poreux, elle ne décrit correctement qu'un écoulement à faible vitesse. Lorsque des vitesses relativement élevées sont atteintes au cours de la production, il faut introduire un terme d'inertie. La loi de Darcy est alors remplacée par la relation de Forchheimer [Houpeurt, 1974] :

$$-\frac{dp}{dz} = \frac{\mu}{k}u + \beta\rho u^2 \tag{6.4}$$

Dans cette relation, ρ représente la masse volumique et β un coefficient lié à la géométrie du milieu poreux qui a comme dimension l'inverse d'une longueur.

La **saturation** en gaz S_g est exprimée par le rapport du volume occupé par le gaz V_g sur le volume de pores V_p :

$$S_g = \frac{V_g}{V_p} \qquad (6.5)$$

De la même façon, V_0 désignant le volume occupé par l'huile et V_w le volume occupé par l'eau, la saturation en huile S_0 et la saturation en eau S_w sont définies par les relations suivantes :

$$S_0 = \frac{V_0}{V_p} \qquad (6.6)$$

ainsi que :

$$S_w = \frac{V_w}{V_p} \qquad (6.7)$$

Les saturations sont généralement exprimées en % ; la somme des saturations S_g, S_0 et S_w représente donc 100 % dans ce cas.

La porosité et les saturations peuvent être déterminées à partir des **diagraphies**. Les diagraphies sont des enregistrements en fonction de la profondeur, obtenus à l'aide d'une sonde émettant un signal. Ce signal peut être électrique, électromagnétique, nucléaire (émission de neutrons) ou acoustique. Ces mesures sont effectuées soit à l'issue d'une phase de forage (diagraphies différées), soit au cours du forage, ce qui permet de connaître à tout moment les caractéristiques des terrains traversés [Desbrandes, 1985]. D'autres diagraphies sont effectuées en cours de production, en particulier pour connaître la nature et les débits des fluides provenant des différents niveaux exploités.

Les diagraphies permettent d'obtenir une description des caractéristiques du réservoir à une échelle de l'ordre du mètre.

Ces informations peuvent être complétées par des mesures de porosité et de perméabilité sur carottes (échelle centimétrique), effectuées au laboratoire.

L'examen d'une carotte à l'aide d'un scanner X permet d'étudier la morphologie du milieu poreux en trois dimensions et de connaître la distribution des hétérogénéités à l'échelle millimétrique.

Enfin, l'analyse d'images obtenues par microscopie électronique fournit des informations quantifiées sur le milieu poreux telles que porosité, granulométrie et répartition des phases minéralogiques, à l'échelle du micron (Figure 6.9).

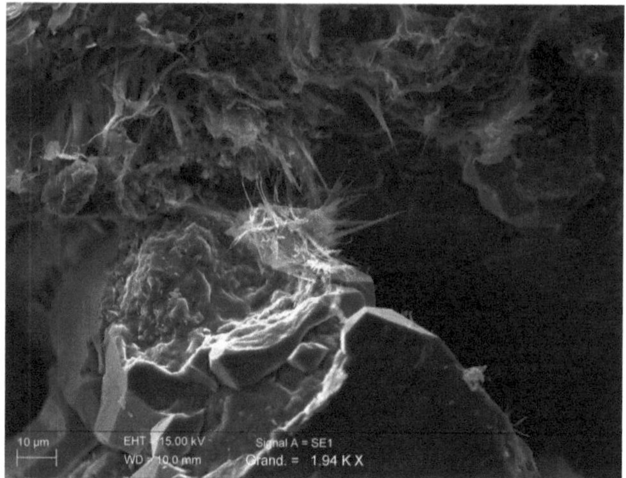

Figure 6.9

Vue au microscope électronique d'un milieu poreux (grès).
Source : Photothèque IFPEN

Ces informations ainsi que la connaissance de l'environnement géologique sont utilisées pour construire une image probable de la formation productive, utilisable par les ingénieurs de réservoir.

6.5   CARACTÉRISATION DES FLUIDES DE GISEMENTS

Pour caractériser un fluide de gisement, il faut en connaître la composition, ainsi que les propriétés physiques.

Les méthodes expérimentales utilisées pour caractériser un gaz naturel ont été présentées dans le chapitre 4 et les méthodes de modélisation dans le chapitre 5.

Les deux propriétés les plus importantes à connaître sont la viscosité μ et le facteur de compressibilité $Z = pV/RT$.

Les méthodes présentées dans les chapitres 4 et 5 permettent de déterminer les valeurs du facteur de compressibilité Z et de la viscosité μ ; par la suite, ces deux paramètres seront donc supposés connus pour un gaz de composition donnée, dans des conditions de température et de pression fixées.

6.6 DÉBIT DE PRODUCTION – CAS D'UN MILIEU POREUX HOMOGÈNE

Le gaz est contenu dans un réservoir formé par un milieu poreux délimité en profondeur et en étendue. La production de gaz est assurée par un ou plusieurs puits de production, chaque puits drainant une zone dont la géométrie dépend des caractéristiques de la roche et des productions des puits voisins.

Dans un premier temps, nous supposerons que cette zone est cylindrique et que le puits est axial.

L'écoulement du gaz dans le milieu poreux, dans les différentes sections du puits de production et dans les installations de surface, nécessite une consommation d'énergie qui se traduit par une perte de charge tout au long de l'écoulement.

Pour être en mesure de prévoir les conditions de production, il est essentiel de pouvoir relier ces pertes de charge au débit de gaz produit.

Sur la figure 6.10 est indiquée la perte de charge dans le réservoir ainsi que les principales pertes de charge localisées, rencontrées le long de l'écoulement du gaz. Il faut prendre en compte également les pertes de charge et la variation de la pression hydrostatique tout au long des *tubings* d'évacuation.

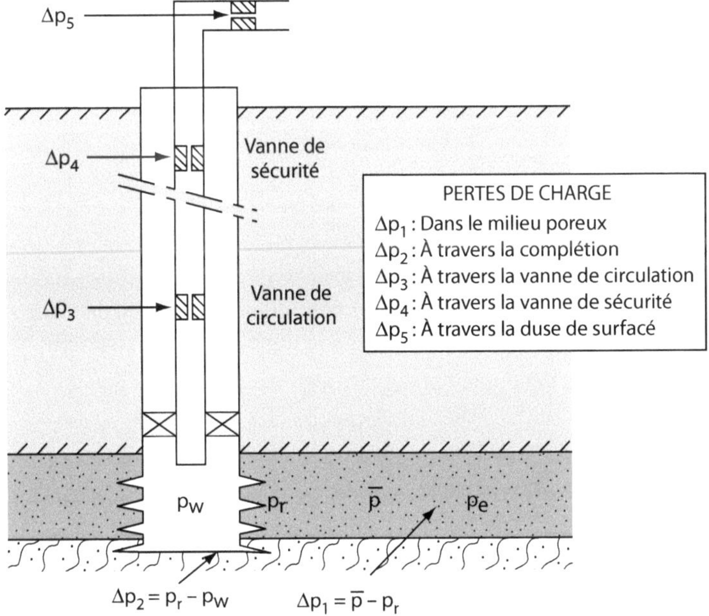

Figure 6.10

Pertes de charge le long de l'écoulement du gaz.

La perte de charge la plus importante à connaître est celle qui se produit dans le réservoir. Sa détermination nécessite une analyse de l'écoulement dans le milieu poreux. Cette analyse est complexe et seuls les cas les plus simples seront présentés ici. Pour obtenir plus de détails, le lecteur pourra se reporter aux publications en références et notamment à des ouvrages de base sur la production de gaz [Kelkar, 2008 ; Katz et Lee, 1990 ; Beggs, 1984 ; Ikoku, 1984 ; Smith, 1983].

Considérons un écoulement radial, le puits de rayon r_w formant l'axe central d'un réservoir supposé cylindrique, de rayon r_e et de hauteur h (Figure 6.11). Dans ce cas, la loi de Darcy (6.2) se met sous la forme :

$$q = \frac{k(2\pi rh)}{\mu} \frac{dp}{dr} \qquad (6.8)$$

en ne prenant pas en compte le terme quadratique de la relation (6.4) ; cette hypothèse est généralement acceptable à une certaine distance du puits, dans une zone où les vitesses sont faibles mais peut conduire à des erreurs notables à proximité du puits.

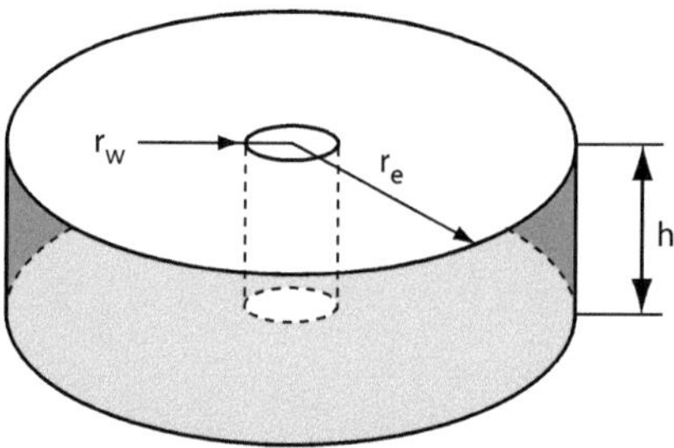

Figure 6.11

Écoulement radial. Géométrie de réservoir.

Dans la relation (6.8), q représente le débit volumique de gaz à la distance r du centre du réservoir, mesuré à la pression p en ce point et à la température du réservoir.

En régime permanent, l'écoulement du gaz obéit par ailleurs à l'équation de continuité :

$$\rho q = \text{Cte} \qquad (6.9)$$

La masse volumique p est reliée à la pression par l'équation d'état du gaz considéré :

$$\rho = \frac{pM}{ZRT} \qquad (6.10)$$

Z représentant le facteur de compressibilité du gaz considéré et M sa masse molaire.

Le débit de gaz q est généralement déterminé aux conditions standards : par exemple, $p_{st} = 101{,}3$ kPa et $T_{st} = 288{,}15$ K (cf. Annexe : unités et équivalences énergétiques).

Par suite de l'équation de continuité :

$$\rho q = \rho_{st}\, q_{st} \qquad (6.11)$$

Dans le cas d'un régime permanent, en prenant les valeurs moyennes de la viscosité μ et le facteur de facteur de compressibilité Z, la relation (6.8) s'intègre sous la forme :

$$q_{st} = \frac{\pi k h T_{ST}(p_e^2 - p_w^2)}{p_{st} T \overline{\mu} \overline{Z} \ln\left(\dfrac{r_e}{r_w}\right)} \qquad (6.12)$$

Dans la relation (6.12), p_e représente la pression à la distance r_e du centre du puits et p_w la pression en fond de puits pour $r = r_w$. La viscosité et le facteur de compressibilité sont estimés à une valeur moyenne de la pression :

$$\overline{p} = \frac{(p_e + p_w)}{2} \qquad (6.13)$$

La relation (6.12) a été établie en régime permanent pour un réservoir fini avec limite à pression constante.

Une relation analogue s'applique en régime pseudo-permanent pour un réservoir fini. Pour ce régime, qualifié parfois de régime stabilisé, la pression diminue avec le temps, mais l'évolution de la pression selon une distance radiale est supposée stationnaire. Ceci signifie que la dérivée de la pression en fonction du temps dp/dt peut être considérée comme indépendante de la distance radiale r (Figure 6.12).

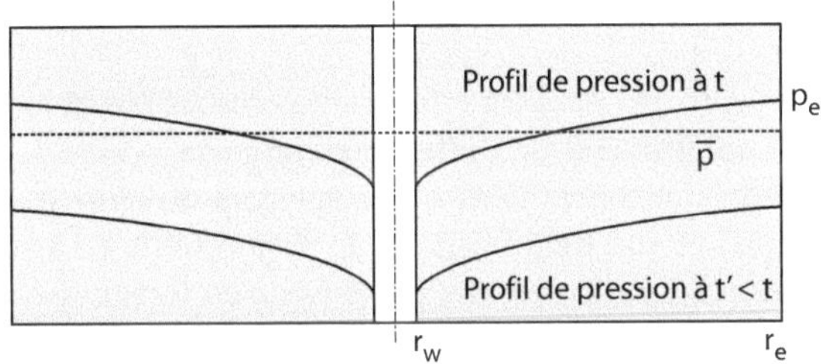

Figure 6.12

Évolution du profil de pression en régime pseudo-permanent.

Le réservoir ne recevant aucun écoulement à $r = r_e$, le débit q_w à $r = r_w$ provient d'une diminution de la quantité de gaz dans le réservoir.

En l'absence d'huile et en négligeant la compressibilité de la phase aqueuse en présence de gaz :

$$q_{st} = \pi(r_e^2 - r_w^2)h\phi(1 - S_w)\left(-\frac{d\rho}{dt}\right)\left(\frac{V_{st}}{M}\right) \qquad (6.14)$$

Le terme ρ désignant la masse volumique du gaz qui est directement reliée à la pression par la relation (6.10).

La relation (6.14) s'écrit donc, en admettant une valeur moyenne du facteur de compressibilité Z indépendante de r :

$$q_{st} = \pi(r_e^2 - r_w^2)h\emptyset(1 - S_w)\frac{1}{\overline{Z}p_{st}}\left(\frac{T_{st}}{T}\right)\left(-\frac{\mathrm{d}p}{\mathrm{d}t}\right) \qquad (6.15)$$

Le débit volumique q à une distance radiale r s'exprime également à partir d'un bilan matière en écrivant que le débit produit à r provient d'une diminution de la quantité de gaz contenu dans le réservoir entre r_e et r :

$$q = \pi(r_e^2 - r^2)h\emptyset(1 - S_w)\frac{1}{p}\left(-\frac{\mathrm{d}p}{\mathrm{d}t}\right) \qquad (6.16)$$

En négligeant le terme r_w^2 devant le terme r_e^2, les relations (6.15) et (6.16) entraînent la relation :

$$\left(\frac{q}{q_{st}}\right) = \left(1 - \frac{r^2}{r_e^2}\right)\left(\frac{p_{st}}{p}\right)\left(\frac{T}{T_{st}}\right)\overline{Z} \qquad (6.17)$$

En remplaçant le terme q par son expression déduite de la relation (6.8) et en intégrant l'équation différentielle obtenue, il en résulte :

$$q_{st} = \frac{\pi k h T_{st}(p_e^2 - p_w^2)}{p_{st}T\mu\overline{Z}\left[\ln\left(\dfrac{r_e}{r_w}\right) - \dfrac{1}{2}\right]} \qquad (6.18)$$

Les relations (6.12) et (6.18) peuvent être modifiées pour prendre en compte la perte de charge supplémentaire qui provient de l'**effet pariétal** *(skin effect)*. L'effet pariétal intègre les pertes de charge supplémentaires liées à l'équipement du puits (notamment au passage à travers les perforations) et aux modifications de perméabilité au voisinage du puits dues en particulier à l'invasion du milieu poreux par la boue de forage. Les effets d'inertie et de turbulence, résultant des vitesses relativement élevées atteintes au voisinage du puits, se traduisent également par une perte de charge supplémentaire.

La relation (6.18) modifiée pour prendre en compte ces deux termes supplémentaires de perte de charge s'écrit alors :

$$q_{st} = \frac{\pi k h T_{st}(p_e^2 - p_w^2)}{p_{st}T\mu\overline{Z}\left[\ln\left(\dfrac{r_e}{r_w}\right) - \dfrac{1}{2} + S + Dq_{st}\right]} \qquad (6.19)$$

Dans la relation (6.19), le terme S représente le coefficient d'effet pariétal *(skin factor)*, coefficient sans dimension introduit par van Everdingen et Hurst (1949) pour prendre en compte la perte de charge due à l'effet pariétal, et le terme Dq_{st} prend en compte les effets d'inertie et de la turbulence.

Les relations précédentes ont été établies en faisant l'hypothèse que le produit μZ varie peu dans l'intervalle d'intégration.

Dans le cas du régime permanent, la relation (6.8) peut être intégrée de façon exacte.

$$q_{st} = \frac{2\pi kh T_{st}}{p_{st} T \ln\left(\dfrac{r}{r_w}\right)} \int_{p_w}^{p} \frac{p\,\mathrm{d}p}{\mu Z} \qquad (6.20)$$

La relation (6.20) s'écrit alors :

$$q_{st} = \frac{\pi kh T_{st}}{p_{st} T \ln\left(\dfrac{r}{r_w}\right)} (\psi - \psi_w) \qquad (6.21)$$

en posant :

$$\psi = 2 \int_{p^0}^{p} \frac{p}{\mu Z}\,dp \qquad (6.22)$$

Dans la relation (6.22), p^0 désigne une pression de référence [Al-Hussainy *et al.*, 1966].

Cette pression de référence $p°$ peut être p° = 0, p° = 101,3 kPa ou encore une pression correspondant à une pression réduite égale à 0,2.

Le terme ψ est appelé potentiel ou pseudo-pression de gaz réel.

La pseudo-pression moyenne de gaz réel dans le réservoir est définie par la relation :

$$\overline{\psi} = \frac{\displaystyle\int_{r_w}^{r_e} \psi\,dV}{\displaystyle\int_{r_w}^{r_e} dV} = \frac{\displaystyle\int_{r_w}^{r_e} \psi 2\pi h \o r\,dr}{\pi(r_e^2 - r_w^2)h\o} \qquad (6.23)$$

En négligeant le terme r_w^2 devant le terme r_e^2 la relation (6.23) s'écrit encore :

$$\overline{\psi} = \frac{2}{r_e^2} \int_{r_w}^{r_e} \psi r\,dr \qquad (6.24)$$

En remplaçant le terme Ψ par son expression déduite de la relation (6.21), la relation (6.20) devient :

$$\overline{\psi} - \psi_w = \frac{p_{st} T q_{st}}{\pi kh T_{st}}\left[\ln\left(\frac{r_e}{r_w}\right) - \frac{1}{2}\right] \qquad (6.25)$$

Une relation analogue à la relation (6.25) est établie en régime pseudo-permanent :

$$\overline{\psi} - \psi_w = \frac{p_{st} T q_{st}}{\pi kh T_{st}}\left[\ln\left(\frac{r_e}{r_w}\right) - \frac{3}{4}\right] \qquad (6.26)$$

Les relations (6.25) et (6.26) peuvent être modifiées pour prendre en compte le coefficient d'effet pariétal S et le facteur d'inertie $D\,q_{st}$:

$$\overline{\psi} - \psi_w = \frac{p_{st} T q_{st}}{\pi kh T_{st}}\left[\ln\left(\frac{r_e}{r_w}\right) - \frac{3}{4} + S + Dq_{st}\right] \qquad (6.27)$$

La valeur de la pseudo-pression se calcule par intégration numérique en tenant compte de l'évolution de la viscosité. et du facteur de compressibilité Z avec la pression.

L'influence de la pression sur la viscosité et le facteur de compressibilité a été analysée dans les chapitres 4 et 5.

Aux faibles pressions, le produit μ Z varie peu avec la pression et le débit q_{st} devient proportionnel à l'écart des pressions au carré et

$$\overline{p}^{2} - p_w^2 = \frac{p_{st}T\overline{\mu}\overline{Z}q_{st}}{\pi khT_{st}}\left[\ln\left(\frac{r_e}{r_w}\right) - \frac{3}{4} + S + Dq_{st}\right] \tag{6.28}$$

Aux fortes pressions, le produit μ Z dépend de la pression et en admettant qu'il lui est proportionnel, le débit devient alors proportionnel à l'écart de pression p-p_w.

Bien qu'il ne s'agisse pas d'une règle générale, on admet souvent qu'il est licite d'utiliser :
– l'écart de pression Δp si $p > 20$ MPa ;
– l'écart de pression au carré Δp^2 si $p < 14$ MPa.

Au début de l'exploitation d'un puits, interviennent des effets de régime transitoire. En écrivant le bilan matière en régime transitoire, on aboutit à une équation aux dérivées partielles analogue à l'équation de conduction de la chaleur. Des solutions analytiques approchées de cette équation permettent de relier la pression p, le carré de la pression p^2 ou la pseudo-pression ψ à la distance r de l'axe du puits et au temps t [Katz et Lee, 1990 ; Begg, 1984].

Dans la période initiale, le comportement observé est le même que pour un réservoir infini. Il est nécessaire ensuite de prendre en compte la forme du réservoir et la position du puits.

6.7　ESSAIS DE PUITS

Les **essais de puits** ont pour but de déterminer expérimentalement la capacité de production d'un puits ainsi que les caractéristiques du réservoir.

Si au cours des essais un régime pseudo-permanent est atteint, les résultats de ces essais peuvent être interprétés au moyen de relations telles que celles qui ont été présentées dans le paragraphe précédent.

Pour des pressions suffisamment basses, on peut appliquer une relation générale, de la même forme que la relation (6.28) :

$$\overline{p}^{2} - p_w^2 = a_1 q_{st} + a_2 q_{st}^2 \tag{6.29}$$

La relation (6.29) prend en compte un terme laminaire linéaire et un terme d'inertie quadratique. Elle peut être transposée aux pressions élevées, en remplaçant le terme $\overline{p}^{2} - p_w^2$ par un terme de la forme $\overline{p} - p_w$ ou dans le cas général par un terme de la forme ; $\overline{\psi} - \psi_w$; les valeurs des coefficients a_1 et a_2 diffèrent selon l'expression adoptée.

Différents types de tests sont pratiqués. Un test multipoint peut être effectué en partant d'un puits fermé, le gisement étant en équilibre, et en augmentant progressivement l'ouverture en tête de puits de manière à laisser s'établir une série de paliers de pression et de débit en écoulement stable, correspondant à des débits croissants selon le schéma de la figure 6.13.

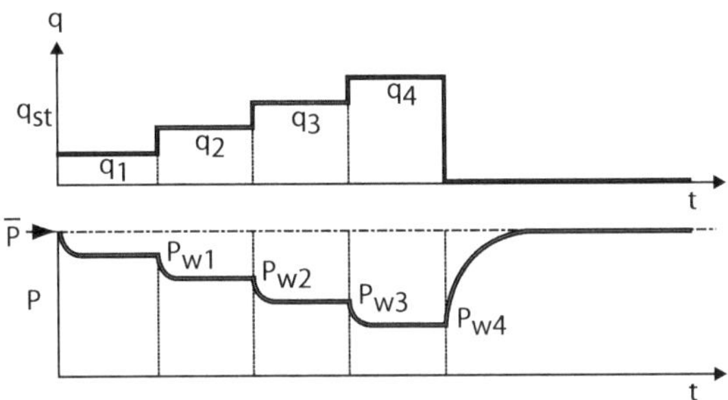

Figure 6.13

Test multipoint. Conditions opératoires.

Les différentes valeurs du terme $\overline{p}^{\,2} - p_w^2$ sont ensuite reportées en fonction du débit q_{st}.

Une interprétation simple des résultats obtenus consiste à utiliser la relation empirique de Rawlins et Schellhardt (1936) :

$$q_{st} = C \, (\overline{p}^{\,2} - p_w^2)^n \qquad (6.30)$$

L'exposant n est proche de 1 si les effets inertiels au cours de l'écoulement dans le milieu poreux sont négligeables et prend des valeurs voisines de 0,5 si ces effets deviennent importants.

La relation (6.30) est équivalente à la relation (6.29) pour $n = 1$, lorsque le terme quadratique est négligeable. Si, au contraire, ce terme devient prépondérant, les deux relations sont équivalentes pour $n = 0,5$. Les cas intermédiaires sont représentés par les valeurs de n comprises entre 0,5 et 1.

Sur la figure 6.14, les différentes valeurs du terme $\overline{p}^{\,2} - p_w^2$ ont été reportées en fonction de q_s, dans un diagramme log-log. En faisant passer une droite par les points obtenus, on détermine les paramètres C et n de la relation (6.30).

                            Le gaz naturel

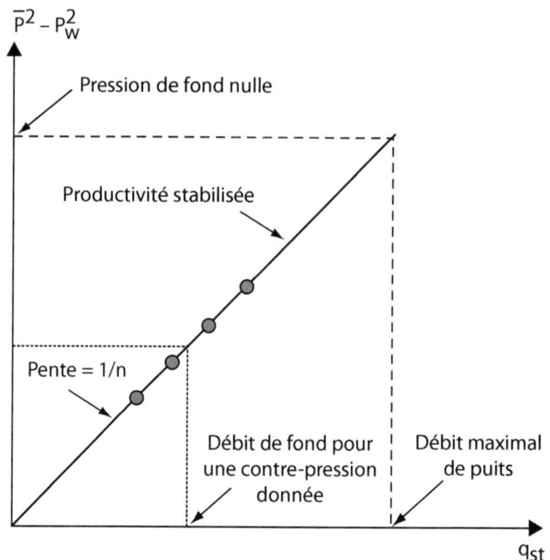

Figure 6.14

Test multipoint. Diagramme log-log.

Sur le diagramme de la figure 6.14, le débit potentiel maximum absolu correspond à une pression de fond de puits égale à la pression atmosphérique. En pratique, un tel débit ne peut jamais être atteint, en raison de la perte de charge et de la différence de pression hydrostatique entre tête et fond de puits.

La relation (6.30) est ainsi très simple à utiliser à l'aide d'un diagramme log–log. Elle présente par contre l'inconvénient d'être empirique et forcément approchée, puisque son expression ne découle pas d'un modèle physique.

Pour cette raison, il est préférable d'utiliser la relation (6.29).

En posant $\Delta p^2 = \overline{p}^2 - p_w^2$ l'équation (6.29) s'écrit également :

$$\frac{\Delta p^2}{q_{st}} = a_1 + a_2 q_{st} \tag{6.31}$$

Le rapport $q_{st}/\Delta p^2$ représente un **index de productivité** [Logent *et al.*, 1985] et le terme $I_{1P} = \Delta p^2/q_{st}$ est appelé **index inverse de productivité**.

Les résultats expérimentaux obtenus au cours d'un test multipoint peuvent être interprétés en reportant sur un graphique l'index I_{IP} ou l'index « normalisé » $I_{IP}^{*} = I_{IP}/\overline{p}^2$ introduit par Lee *et al.* (1986), en fonction du débit q_{st} ; on obtient ainsi une droite, ce qui permet de déterminer les paramètres, a_1 et a_2.

En se reportant à la relation (6.28), on constate que connaissant les paramètres a_1 et a_2, il est possible de déterminer les coefficients S et D si le facteur $k\,h$ est connu.

Le test multipoint présente l'inconvénient d'être très long pour les faibles perméabilités, étant donné que pour chaque valeur de débit, il est nécessaire d'attendre une stabilisation en pression de l'écoulement.

Le principe du **test isochrone** introduit par Cullender (1955), consiste à alterner des périodes d'arrêt et d'ouverture à débit croissant, sans attendre une stabilisation de l'écoulement, afin de raccourcir la durée totale des essais. Un enregistreur de pression est descendu au fond du puits avant le début de l'essai.

Les périodes de débit, de durées égales, sont séparées par des fermetures de puits jusqu'à l'obtention de la pression moyenne d'équilibre. Ce n'est qu'en fin d'essai que des mesures sont effectuées en écoulement stabilisé. La valeur de la pression est relevée à la fin d'une période de débit et éventuellement au cours de la période. En portant, dans un diagramme log-log, les valeurs de Δp^2 qui correspondent à une isochrone (c'est-à-dire à un temps t déterminé après ouverture) pour différentes valeurs du débit q_{st}, on détermine l'exposant n de la relation (6.30). La mesure en débit stabilisé permet d'obtenir la valeur du coefficient C.

Actuellement, il n'est plus nécessaire d'utiliser les tests isochrones. En effet, il est possible d'interpréter le comportement dynamique de l'écoulement à partir d'un modèle analytique.

Différentes méthodes sont employées : chute de pression de fond mesurée en fonction du temps, le débit de surface étant imposé (test en débit ou *drawdown test*), variation de la pression liée à un changement de débit, remontée de pression après fermeture en tête de puits (test puits fermé ou *buildup test*). En ajustant les paramètres d'un modèle analytique aux résultats expérimentaux observés, il est possible de déterminer des paramètres qui caractérisent le milieu poreux autour du puits tels que le produit kh et le coefficient d'effet pariétal (*skin factor*). Des courbes types ont été établies à partir de différentes méthodes analytiques s'appliquant soit à un milieu homogène, soit à un milieu fissuré [Daviau, 1986]. Ces courbes types permettent d'interpréter directement les résultats expérimentaux et de déterminer les paramètres recherchés à partir de lectures sur les courbes.

Cette interprétation est de plus en plus effectuée à l'aide de des logiciels basés sur des modèles analytiques, qui permettent d'obtenir les valeurs des paramètres recherchés sans nécessiter l'utilisation de courbes types.

6.8   CAS D'UN MILIEU POREUX HÉTÉROGÈNE – MODÈLES DE GISEMENTS

Les relations précédentes ont été obtenues dans le cas très simple d'un écoulement radial dans un milieu poreux homogène. La situation réelle est beaucoup plus complexe et le modèle de gisement doit prendre en compte :

- les hétérogénéités du milieu poreux ;
- l'architecture du système de drainage.

Certains cas très simples d'hétérogénéités peuvent être analysés en appliquant les relations du paragraphe précédent à différentes zones, dont chacune est supposée homogène.

Dans le cas d'un écoulement radial à travers des couches horizontales parallèles de perméabilités différentes (Figure 6.15), en appliquant la relation (6.12) pour calculer le débit q_i s'écoulant à travers la couche i et en écrivant que le débit total q_T est la somme des débits relatifs à chacune des couches traversées, on obtient la relation(6.32) :

$$\overline{k}h = \sum_{i=1}^{n} k_i h_i \tag{6.32}$$

k_i et h_i représentant respectivement la perméabilité et la hauteur de la couche i, la perméabilité apparente moyenne du milieu poreux et h la hauteur totale du réservoir.

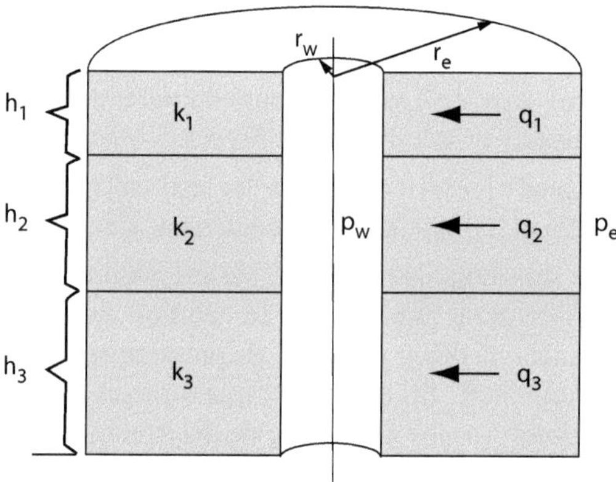

Figure 6.15

Écoulement à travers des lits parallèles de perméabilités différentes.

Dans le cas de lits en série (Figure 6.16), en appliquant la relation (6.12) à chacun des lits rencontrés, on obtient la relation (6.33) :

$$\overline{k} = \frac{\overline{\mu Z} \ln \dfrac{r_e}{r_w}}{\displaystyle\sum_{i=1}^{n} \dfrac{\mu_i Z_i}{k_i} \ln \dfrac{r_i}{r_{i-1}}} \tag{6.33}$$

r_{i-1} et r_i représentant respectivement le rayon interne et le rayon externe du lit i, k_i sa perméabilité, μ_i et z_i la viscosité et le facteur de compressibilité du gaz au niveau du lit i, et la perméabilité apparente du milieu poreux.

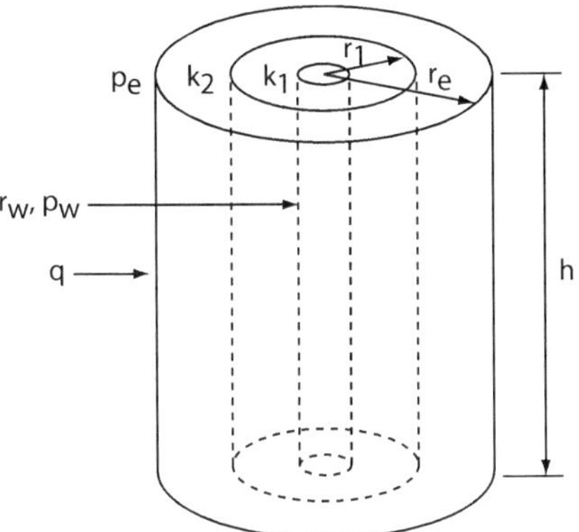

Figure 6.16

Écoulement à travers des lits verticaux en série de perméabilités différentes.

Dans le cas général d'un milieu poreux dont les caractéristiques varient dans les trois directions de l'espace, il est nécessaire d'avoir recours à un modèle numérique (Figure 6.17).

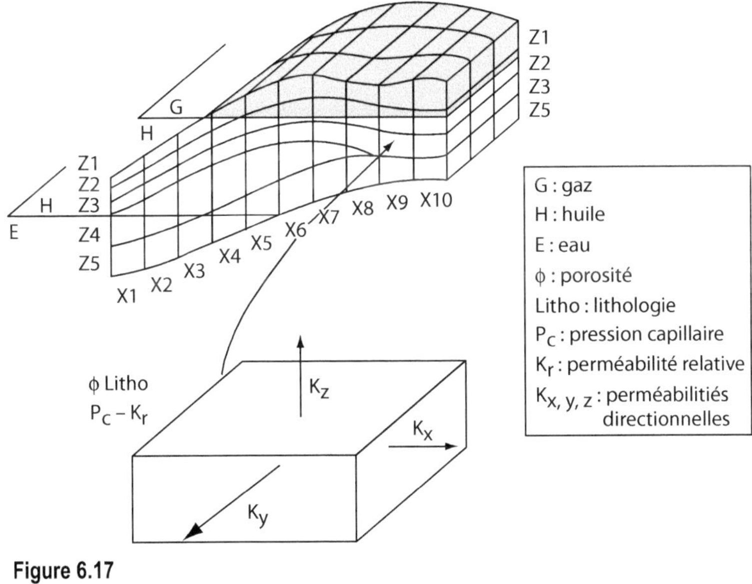

Figure 6.17

Modèle mathématique de simulation de gisement.
Source : Cossé, 1989

Le milieu poreux est découpé en mailles, chaque maille étant caractérisée par une valeur unique des paramètres considérés. La précision mais aussi évidemment le temps de calcul augmentent avec le nombre de mailles qui peut varier entre quelques dizaines et quelques dizaines de milliers.

Une des principales difficultés rencontrées concerne le cas d'un milieu fissuré. Le modèle doit représenter dans ce cas à la fois le réseau des fissures et le réseau poreux de la roche matricielle ainsi que les échanges entre les deux réseaux.

L'architecture du système de drainage doit être également prise en compte. Généralement, la production est assurée par plusieurs puits et la direction de chacun des drains peut s'écarter de la verticale, dans le cas d'un forage dirigé ou d'un forage horizontal.

La production par drain horizontal (Figure 6.18) permet d'augmenter la productivité d'un puits de gaz, surtout lorsque le gisement est de faible épaisseur. En effet, dans ce cas, le gaz est drainé sur une longueur beaucoup plus importante et en outre la réduction de la vitesse d'écoulement entraîne une diminution des turbulences et des pertes de charge.

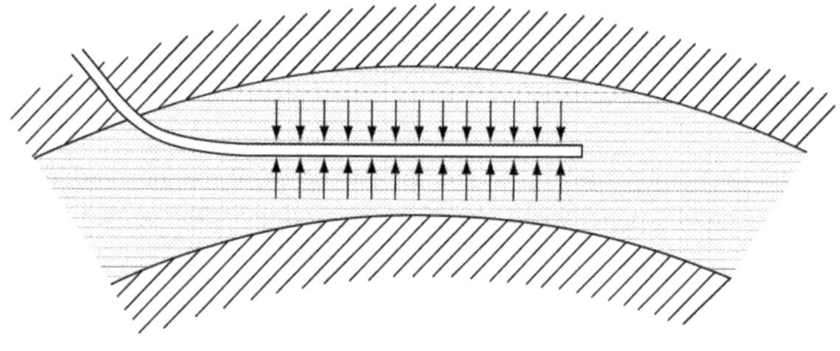

Figure 6.18

Drainage par puits horizontal.

Le gain de productivité atteint couramment un facteur de 3 à 5 alors que le coût du forage est affecté d'un facteur de l'ordre de 1,5 [Armessen *et al.*, 1988 ; de Montigny *et al.*, 1988a et 1988b ; von Vicanek, 1985 ; Giger *et al.*, 1983].

Certaines situations sont particulièrement favorables, notamment lorsque le milieu poreux comprend des failles orientées selon une direction proche de la verticale ou lorsque la production par drain horizontal permet d'éviter les venues d'eau à proximité d'un aquifère.

6.9 ÉVALUATION DE LA QUANTITÉ DE GAZ EN PLACE

La quantité de gaz en place dans un réservoir G_i représente la quantité totale de gaz initialement contenue dans le réservoir. Elle doit être distinguée de la notion de réserve qui s'applique à la quantité de gaz récupérable dans des conditions techniques et économiques données.

La quantité de gaz en place est généralement exprimée comme un volume de gaz calculé aux conditions standards.

Si le volume du réservoir poreux occupé par le gaz est V_R, la quantité G_i de gaz en place est déterminée par la relation :

$$G_i = V_R \frac{h_u}{h_t} \phi \left(1 - S_W\right) \frac{1}{B_{gi}}$$
(6.34)

Dans cette relation, h_u représente la hauteur « utile » du volume de roche-réservoir occupé par le gaz et h_t, la hauteur totale. Le rapport h_u/h_t représente la fraction du volume de roche-réservoir effectivement occupée par du gaz, en excluant les zones non poreuses, $ø$ la porosité de la roche-réservoir, S_w la saturation en eau et B_{gi} le facteur de volume du gaz, c'est-à-dire le rapport du volume occupé par une unité de masse de gaz en fond dans les conditions initiales sur le volume occupé par une unité de masse de gaz dans les conditions standards.

$$B_{gi} = Z_i \frac{p_{st} T_i}{p_i T_{st}}$$
(6.35)

Les études géologiques et géophysiques fournissent des cartes délimitant le réservoir sous forme de courbes isobathes (courbes d'égale profondeur) ou isopaques (courbes d'égale épaisseur) à partir desquelles le volume V_R peut être estimé [Cossé, 1989]. Lorsque le réservoir comporte des zones de caractéristiques différentes, il faut procéder à un découpage horizontal et vertical permettant de définir des secteurs ou compartiments de caractéristiques suffisamment homogènes. Un découpage horizontal est par ailleurs indispensable si la structure est répartie entre plusieurs permis ou concessions. Il est en effet nécessaire dans ce cas de savoir comment se répartissent les volumes en place pour établir un partage des dépenses d'investissement ou d'exploitation ainsi que des recettes de production.

6.10 BILAN MATIÈRE

Dans le cas d'un réservoir de gaz sec, si le niveau de l'aquifère ne change pas, le volume occupé par le gaz reste égal au volume initialement occupé. Les quantités de gaz considérées sont supposées exprimées en volume aux conditions standards.

Si G_j représente la quantité de gaz initialement en place et G la quantité de gaz déjà produite au moment considéré, le bilan matière implique la relation :

$$(G_i - G)B_g = G_i B_{gi}$$
(6.36)

Dans cette relation, B_g représente le facteur de volume du gaz au moment considéré, c'est-à-dire le rapport du volume occupé par une mole de gaz aux conditions de fond sur le volume occupé par cette mole de gaz aux conditions standards, et B_{gi} le facteur de volume initial.

Dans ces conditions :

$$\frac{B_{gi}}{B_g} = \frac{Z_i}{p_i} \frac{\bar{p}}{Z}$$
(6.37)

La relation (6.36) s'écrit :

$$G = G_i\left(1 - \frac{Z_i}{p_i}\frac{\overline{p}}{Z}\right) \tag{6.38}$$

Une relation linéaire est donc obtenue entre G et $\overline{p}/Z$ (Figure 6.19).

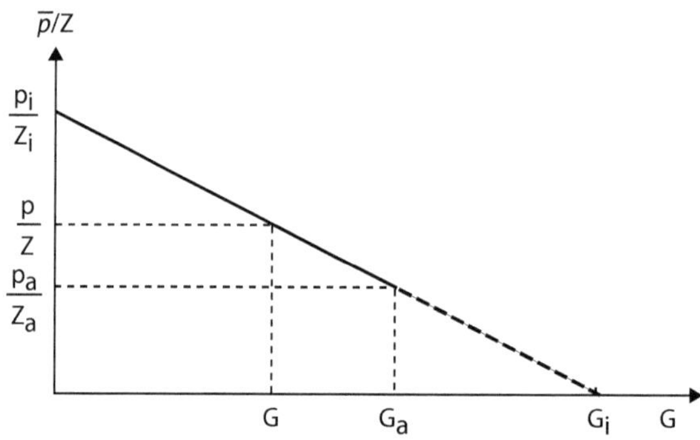

Figure 6.19

Variation du facteur $\overline{p}/Z$ en fonction de la production cumulée.

La quantité de gaz produite ne peut atteindre la quantité de gaz en place que pour une valeur théoriquement nulle de la pression dans le réservoir.

En pratique, la production est arrêtée pour une certaine valeur p_a de la pression, qualifiée de pression d'abandon. Cette pression d'abandon est fixée par des conditions économiques : compression de gaz devenant trop coûteuse, débit de production trop faible.

Le taux de récupération est calculé très simplement à partir de la relation (6.38). Si par exemple, la pression initiale est de 26 MPa avec une valeur $Z_i = 0,94$ et la pression d'abandon de 4 MPa avec $Z_a = 0,96$, le taux de récupération est le suivant :

$$\frac{G}{G_i} = 1 - \frac{4}{26}\frac{0,94}{0,96} = 0,85 \tag{6.39}$$

Pour une valeur donnée de la quantité de gaz produite G, la pression est supérieure à la valeur résultant de la relation (6.39) si le volume occupé par le gaz diminue en cours de production.

Ce volume peut diminuer soit par compaction de la roche, soit par remontée du niveau de l'aquifère. Des entrées d'eau dans le milieu poreux initialement occupé par le gaz réduisent le volume occupé par le gaz restant. L'aquifère est alors qualifié « actif » (Figure 6.20).

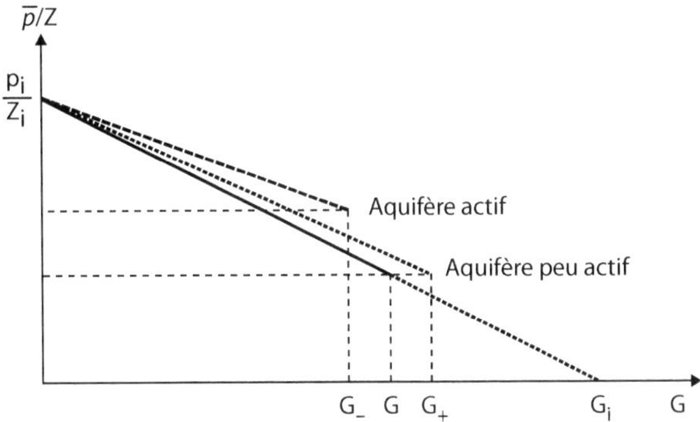

Figure 6.20

Influence de l'activité de l'aquifère.

Si W_i représente la quantité d'eau entrée dans le réservoir en volume aux conditions de fond et W la quantité d'eau produite (en volume aux conditions standards), le bilan matière entraîne dans ce cas la relation :

$$(G_i - G)B_g + (W_i - WB_w) = G_i B_{gi} \qquad (6.40)$$

ou encore :

$$G = G_i\left(1 - \frac{Z_i}{p_i}\frac{\bar{p}}{Z}\right) + \frac{W_i - W B_w}{B_g} \qquad (6.41)$$

Le facteur B_w représente le rapport de volume occupé par une certaine quantité d'eau en présence des gaz dissous dans les conditions de fond, sur le volume occupé par la même quantité d'eau dans les conditions standards.

Une entrée d'eau modérée augmente la récupération de gaz, car pour une pression d'abandon donnée, la quantité de gaz produite G_+ est supérieure à la quantité G produite en l'absence d'entrée d'eau (Figure 6.20). Par contre, des entrées d'eau importantes diminuent la récupération, car elles conduisent à une pression d'abandon plus élevée en raison de la quantité d'eau accompagnant le gaz produit. La quantité de gaz produite G_- peut être alors inférieure à la quantité G.

Le producteur dispose d'une certaine marge d'action, en jouant sur le débit de production qui est conditionné par la pression en fond de puits. En épuisant rapidement le gisement, on ne laisse pas le temps à l'aquifère de balayer le réservoir.

Dans le cas d'un gaz à condensat, le bilan matière est établi à partir d'une étude PVT différentielle à volume constant.

6.11 PRODUCTION D'UN GISEMENT DE GAZ NATUREL AU COURS DU TEMPS

Le débit de gaz produit dépend de la pression dans le réservoir, elle-même reliée à la quantité de gaz produite.

Le débit volumique de gaz aux conditions standards q_{st} s'exprime en fonction de la quantité de gaz produite par la relation :

$$q_{st} = -\frac{dG}{dt} \tag{6.42}$$

En posant l'équation de bilan matière et la relation entre le débit q et la pression, l'équation différentielle (6.42) permet de calculer la quantité de gaz produite en fonction du temps.

Pour illustrer la démarche suivie, considérons le cas très simple dans lequel le rapport de la pression p_w sur la pression dans le réservoir est maintenu constant : $p_w/p = \alpha$ [Smith, 1983 ; Fetkovich, 1980].

La relation (6.30) de Rawlins et Schellhardt s'écrit alors :

$$q_{st} = C\overline{p}^{2n}\left(1 - \alpha^2\right)^n \tag{6.43}$$

Pour $n = 0,5$, la relation entre q_{st} et $\overline{p}$ devient linéaire et en désignant par q_i la valeur initiale de q_{st} :

$$\frac{q_{st}}{q_i} = \frac{\overline{p}}{p_i} \tag{6.44}$$

Compte tenu de l'équation de bilan matière (6.38) et de la relation (6.44), en supposant le facteur de compressibilité constant, l'équation différentielle (6.42) devient :

$$\frac{d}{dt}\frac{q_{st}}{q_i} - \frac{q_{st}}{G_i} \tag{6.45}$$

L'intégration de cette équation aboutit à la relation :

$$q_{st} = q_{si}\exp\left(-\frac{q_i}{G_i}t\right) \tag{6.46}$$

Cette relation exprime un déclin exponentiel du débit de production.

Si $n \neq 0,5$, on démontre de la même façon la relation [Smith, 1983] :

$$\frac{G}{G_i} = 1 - \left[\frac{(2n-1)q_i}{G_i}t + 1\right]^{\frac{1}{1-2n}} \tag{6.47}$$

Des relations différentes sont obtenues avec d'autres hypothèses, notamment si la pression en tête de puits est maintenue constante [Smith, 1983].

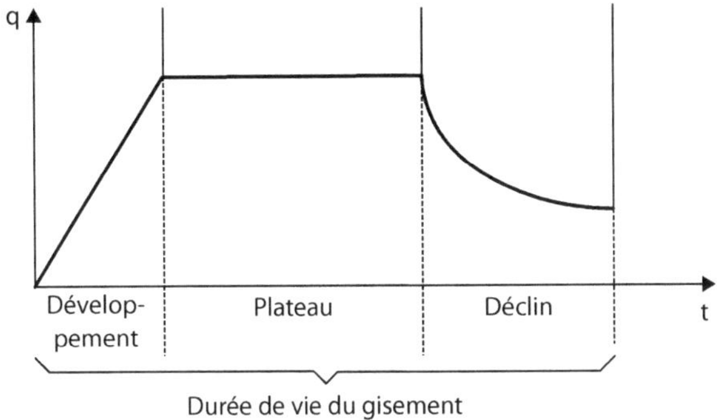

Figure 6.21

Évolution de la production d'un gisement de gaz.

Pendant la première étape de développement, le débit augmente au fur et à mesure que de nouveaux puits sont mis en production. Cette étape est suivie d'un plateau de production au cours duquel la pression en tête de puits est régulée de manière à assurer un débit de production constant correspondant aux capacités de traitement et d'évacuation installées.

Le plateau peut être prolongé en installant une station de recompression ou en forant de nouveaux puits. Le choix de ces solutions techniques est effectué sur la base de critères technico-économiques.

Enfin, la dernière étape est l'étape de déclin, au cours de laquelle la pression en tête de puits devient insuffisante pour maintenir un débit constant.

Dans le cas d'un gisement de gaz à condensat, il est possible d'améliorer la récupération de gazoline en réinjectant dans le gisement tout ou partie du gaz dégazoliné [Rojey, 1999 ; Latil, 1975]. Ce recyclage permet de maintenir partiellement la pression et de limiter les pertes par condensation rétrograde. Le phénomène de condensation rétrograde, c'est-à-dire l'apparition d'une phase hydrocarbure liquide par abaissement de la pression, a été discuté dans le chapitre 4.

6.12 PRODUCTION EN MER

6.12.1 Ouvrages de production

Comme cela a été montré dans le chapitre 1, la production de gaz en mer a pris une importance croissante, conduisant à des avancées techniques majeures. Ainsi, en 2010, l'offshore a produit 2,4 Gm^3/j de gaz, soit 27 % de la production mondiale [Serbutoviez, 2012].

Lorsque le gaz est produit en mer, le traitement destiné à séparer les fractions liquides et à éliminer l'eau ainsi que les gaz acides ne peut être réalisé dans des conditions économiquement acceptables sous la mer avant l'envoi dans la conduite.

Dans ce cas, une phase solide d'**hydrates** peut se former à partir de certains des constituants présents dans le gaz naturel et de l'eau, en bouchant les conduites. Il est alors nécessaire de prévoir un dispositif de prévention de ces hydrates et une évacuation en écoulement polyphasique si des fractions liquides, eau et hydrocarbures, sont présentes. La formation et la prévention des hydrates sont examinées dans le chapitre suivant (Chapitre 7).

Après collecte, le gaz est traité dans des installations qui sont placées sur une plate-forme ou à terre.

Les équipements nécessaires à l'exploitation d'un champ en mer sont généralement répartis entre une plate-forme centrale et des plates-formes satellites. La recherche d'une réduction des coûts conduit à simplifier les plates-formes satellites, en les automatisant, le contrôle étant assuré à partir de la plate-forme centrale, et en réalisant l'essentiel du traitement de gaz sur la plate-forme centrale.

Pour exporter le gaz produit, en compensant la chute de pression au cours de l'exploitation du réservoir, il est nécessaire de disposer d'un compresseur qui est généralement placé sur la plate-forme centrale.

Des systèmes de production sous-marins peuvent se substituer aux plates-formes satellites ou même à terme, à la plate-forme centrale en renvoyant à terre l'ensemble des traitements.

La conception des plates-formes, ainsi que des installations placées sur le pont, a par ailleurs profondément évolué.

En ce qui concerne les installations placées sur le pont (*topsides*), le progrès essentiel a été la réalisation de ponts intégrés. Ces ponts intégrés peuvent être réalisés à terre, selon une conception modulaire et placés directement sur les piliers d'une barge selon le schéma de la figure 6.22 [Rasnahan, 1986]. La disposition adoptée dépend de la place disponible. Lorsque l'on dispose de peu de place, ce qui est en général la situation rencontrée sur une plate-forme fixe, les installations doivent être placées à différents niveaux [Arnold et Korsan, 2005].

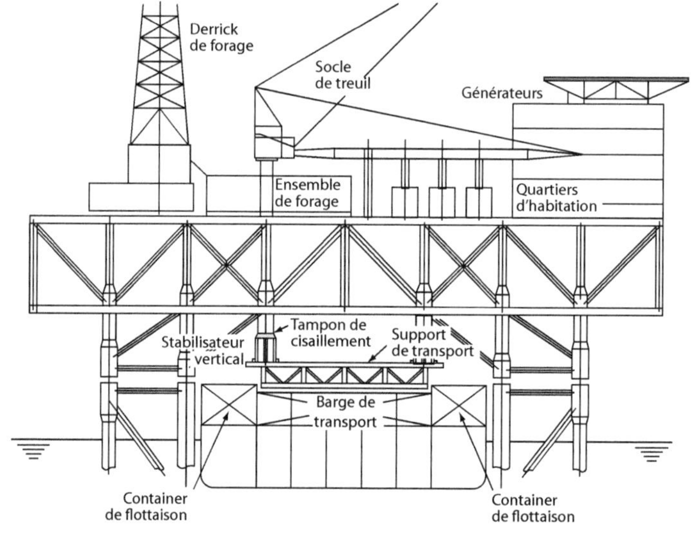

Figure 6.22

Pont intégré.
Source : Raznahan, 1986

Le concept de la plate-forme fixe placée sur des piliers métalliques (*jacket*) est bien adapté jusqu'à des profondeurs d'eau de l'ordre de 1 000 ft (300 m). Des plates-formes en béton sont également utilisées, notamment pour les ouvrages les plus importants (plate-forme centrale). La profondeur d'eau maximale atteinte par les plates-formes a augmenté au cours du temps, pour atteindre des profondeurs pouvant aller jusqu'à environ 500 m.

La figure 6.23 illustre l'évolution des ouvrages réalisés en mer du Nord. Toutefois, le coût des plates-formes augmente rapidement avec la profondeur et depuis la fin des années 2000, la profondeur d'eau maximale atteinte par les plates-formes de production n'a guère évolué. La plate-forme de Troll reste la structure en béton la plus haute qui ait été réalisée jusqu'à présent.

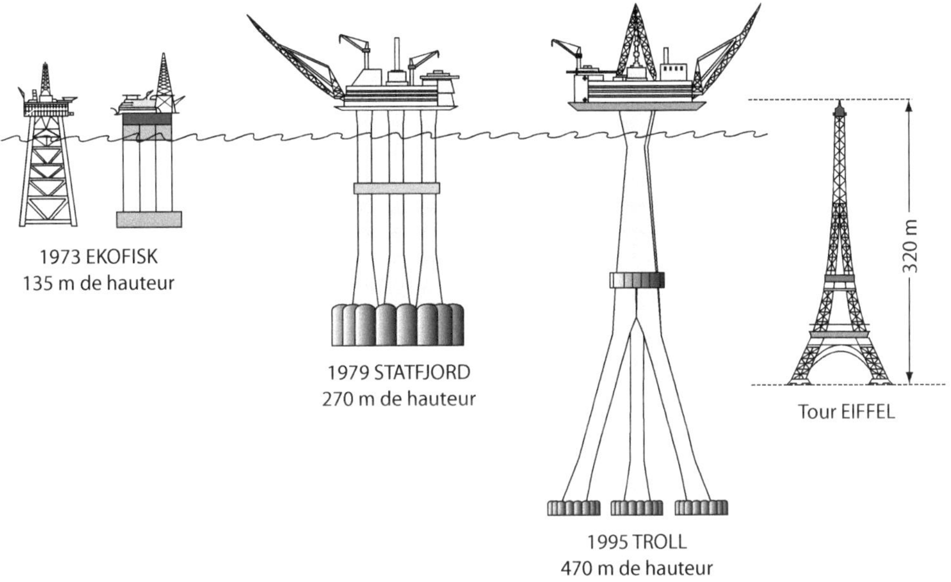

Figure 6.23

Évolution des plates-formes en mer du Nord.

Les plates-formes fixes peuvent être aussi vulnérables aux tempêtes et aux cyclones, ce qui peut représenter un problème important, notamment dans le Golfe du Mexique [Energo, 2007].

Sur la figure 6.24, est représentée la plate-forme d'Elgin opérée par Total. La structure fixe en acier atteint 93 m de hauteur. La production a démarré en 2000. Le gisement de gaz est un gisement à haute pression (860 bars de pression opérationnelle) et haute température (193 °C). Sa mise en exploitation a constitué une première en ce qui concerne les niveaux de pression et de température ainsi atteints.

Figure 6.24

Plate-forme d'Elgin en mer du Nord (photo de Ken Taylor).
© Total E&P UK Limited

Pour faciliter l'installation des plates-formes fixes, on utilise des plates-formes autoélé-vatrices (plate-forme TPG 500), ce qui permet de transporter la plate-forme plus facilement et de la remonter à l'arrivée [Thomas, 2007].

Pour les grandes profondeurs d'eau, la réalisation de plates-formes flottantes permet d'obtenir un allégement important des structures [Halkyard, 2005]. Les plates-formes à lignes tendues (*tension-leg platform*, TLP) sont employées jusqu'à des profondeurs d'eau de 1 500 m environ. Elles sont donc utilisables pour les applications en offshore profond, pour des profondeurs d'eau comprises entre 1 000 ft (305 m) et 5 000 ft (1 524 m). Ce concept a été mis en œuvre pour la première fois sur le champ de Hutton en mer du Nord, dans les années 80. Il est à présent couramment appliqué pour des profondeurs d'eau importantes. La plate-forme Magnolia qui produit de l'huile et du gaz dans le Golfe du Mexique atteint une profondeur d'eau de 1 432 m (4,698 ft).

On utilise également des plates-formes flottantes de type SPAR, qui sont supportées par un énorme flotteur cylindrique, amarré au fond par des câbles. La plate-forme Perdido construite par Technip pour Shell et installée dans le Golfe du Mexique a établi un record de profondeur d'eau de 8 000 ft (2 383 m). La plate-forme produit 100 000 barils de pétrole par jour et 20 millions de pieds cube par jour de gaz naturel. Les plates-formes de type SPAR sont devenues un « standard » dans le Golfe du Mexique.

Les plates-formes ancrées au fond permettent l'implantation de têtes de puits à la surface, car les risers peuvent s'accommoder des mouvements de la plate-forme. Pour les grandes profondeurs d'eau, on utilise également des plates-formes semi-submersibles, qui peuvent être utilisées notamment pour les travaux d'exploration. Par contre, dans un tel cas, les mouvements de la plate-forme sont en général trop importants pour que les têtes de puits puissent être placées en surface.

Pour de grandes profondeurs d'eau, on peut utiliser des plates-formes semi-submersibles, des barges flottantes ou des navires équipés pour la production (FPSO), à condition d'utiliser des têtes de puits sous-marines, reliées à la structure flottante par des conduites flexibles.

Les navires de type FPSO (*Floating Production, Storage and Offloading*), sont en général amarrés au fond par l'intermédiaire d'une tourelle, qui permet d'assurer au navire des mouvements en rotation. Il existe à présent de nombreuses installations de type FPSO dans le monde. La plupart produisent de l'huile et du gaz. Ainsi, une des installations récentes, le FPSO Skarv, réalisé par Aker Solutions pour BP Norge va produire en mer du Nord 19 Mm^3/j de gaz et 13 500 m^3/j, à partir des gisements de Skarv et Idun qui contiennent 16. Mm^3 d'huile et condensat et 48,3 Gm^3 de gaz. Une conduite de gaz de 80 km va permettre d'exporter le gaz produit.

6.12.2 Installations de production sous-marines

La réalisation de têtes de puits sous-marines est actuellement bien maîtrisée [Bai, 2012]. Il est possible à présent de déployer une architecture de production sous-marine, afin de collecter les effluents de production et les transporter jusqu'à une plate-forme centrale ou même jusqu'à terre. La production est assurée dans ce cas par un ensemble de têtes de puits, commandées à distance, reliées à un ou plusieurs maniflods.

La mise en production en 1984 du champ de Frigg Nord-Est par Elf-Aquitaine au moyen de têtes de puits sous-marines a constitué une première dans le domaine de la production de gaz, faisant suite à des essais réalisés dès 1967 sur une station expérimentale sous-marine à Grondin au Gabon.

Les architectures de production sous-marines sont à présent couramment mises en œuvre, en étant associées ou non à une unité de production flottante. L'exportation du gaz représente la principale difficulté. Le gaz n'étant pas déshydraté, il en résulte différents problèmes : risques de corrosion, de dépôts d'eau liquide et de dépôts d'hydrates solides. Le dépôt d'hydrates peut être évité en utilisant des inhibiteurs, comme on le verra dans le chapitre 7.

Les effluents de production sont évacués le plus souvent en conditions polyphasiques : la phase gazeuse est mélangée avec une phase hydrocarbure liquide. Le transport diphasique ou triphasique (si une phase aqueuse est présente), pose de nombreux problèmes. Ces problèmes sont néanmoins de mieux en mieux maîtrisés [Falcimaigne, 2008]. Les questions relatives aux écoulements polyphasiques seront examinées dans le chapitre 9. On dispose actuellement de bons modèles numériques de ces écoulements. Par ailleurs des progrès importants ont été réalisés dans le domaine du comptage et du pompage en conditions polyphasiques.

Il est également possible à présent de réaliser des séparateurs sous-marins et d'expédier séparément les phases liquide et gazeuse [Bai, 2012].

6.13 CONCLUSION

Le domaine couvert dans ce chapitre est très vaste et pourrait faire l'objet, à lui seul, de plusieurs ouvrages. Les méthodes de calcul utilisées en production ont été présentées de manière condensée, mais sont décrites de manière plus détaillée dans de nombreux ouvrages de base, essentiellement en langue anglaise, présentés en références.

Une part croissante des réserves de gaz se trouve en mer ou dans des zones difficiles. De ce fait, il est nécessaire de développer des techniques permettant d'améliorer la productivité et d'abaisser les coûts, telles que le forage horizontal et la production par têtes de puits sous-marines.

L'abaissement des coûts, l'amélioration de la fiabilité et l'automatisation des installations constituent ainsi des axes majeurs de développement pour l'avenir.

6.14 NOTATIONS

B_g facteur de volume du gaz défini par la relation (5.38)

B_w facteur de volume d'eau

C constante intervenant dans la relation de Rawlins et Schellhardt

D coefficient de turbulence

G quantité de gaz produite

G_i quantité de gaz initialement en place dans le réservoir

h hauteur (réservoir)

h_t hauteur totale (réservoir)

h_u hauteur utile (réservoir)

k perméabilité

M masse molaire

n exposant de la relation de Rawlins et Schellhardt

p pression

$\bar{p}$ pression moyenne dans le réservoir

p^a pression d'abandon de production

P_w pression de fond de puits

P^0 pression de référence

q débit de gaz

r rayon (rayon de pore ou distance radiale)

r_e rayon externe du réservoir

r_w rayon du puits

S coefficient d'effet pariétal

s_g saturation en gaz

S_o saturation en huile

S_w saturation en eau

t temps

T température absolue

u vitesse d'écoulement

V vitesse de propagation sismique

V_g volume occupé par le gaz

V_0 volume occupé par l'huile

V_P volume de pores

V_S volume de la phase solide

V_T volume total

V_W volume occupé par l'eau

W quantité d'eau produite

W_i quantité d'eau entrée dans le réservoir

Z facteur de compressibilité

a rapport des pressions $p_w/\overline{p}$

β coefficient de résistance intervenant dans la relation de Forchheimer

$\varnothing$ porosité

ψ potentiel ou pseudo-pression de gaz réel

μ viscosité

ρ masse volumique

Indice

st conditions standards

i conditions initiales (ou indice muet)

BIBLIOGRAPHIE

Al-Hussainy R, Ramey HJJr., Crawford PB (1966) The Flow of Real Gases Through Porous Media, *J. Pet. Technol.*, **18**, n° 5, May, p. 624-636.

Armessen P, Jourdan AP, Mariotti, C (1988) Horizontal Drilling has Negative and Positive Factors, *Oil and Gas J.*, **86**, n° 19, May 9, p. 33-35, 38-40.

Arnold KE, Karsan D (2005) Topside Facilities Layout, in *Handbook of Offshore Engineering*, Edited by Chakrabarti S, Ch.10.

Bai Y, Bai Q (2012) *Subsea Engineering Handbook*, Gulf Professional Publishing, Elsevier Inc.

Beggs HD (1984) *Gas Production Operations*, OGCI Publications, Oil and Gas Consultants International Inc., Tulsa, Ok, Chapt. 1 and 3, p. 1-14, 49-93.

Bouteca M, Sarda J-P (1987) État de l'art en fracturation hydraulique, *Revue de l'Institut Français, du Pétrole*, **42**, n° 1, janvier-février, p. 39-75.

Choquin A (1982) *Fascicule I. Paramètres et contrôle du forage*, Collection des Cours de l'*ENSPM* – Centre d'études supérieurs de forage et d'exploitation des gisements, 2e éd., Éditions Technip, Paris, 168 p.

Cossé R (1989) *Techniques d'exploitation pétrolière Le gisement*, Collection des Cours de l'*ENSPMI – FI*, Éditions Technip, Paris, 344 p.

CSRPPGN (1986) *Complétion et reconditionnement des puits Programmes et modes opératoires*, Publications de la Chambre Syndicale de la Recherche et de la Production du Pétrole et du Gaz Naturel – Comité des Techniciens – Commission Exploitation, Éditions Technip, Paris, 116 p.

CSRPPGN (1985) *Réalisation des forages dirigés et contrôle des trajectoires*, Publications de la Chambre Syndicale de la Recherche et de la Production du Pétrole et du Gaz Naturel Comité – des Techniciens - Commission Exploitation, Éditions Technip, Paris, 208 p.

CSRPPGN (1972) *Manuel des essais de puits*, Publications de la Chambre Syndicale de la Recherche et de la Production du Pétrole et du Gaz Naturel – Comité des Techniciens – Sous-commission Production, Éditions Technip, Paris, 132 p.

Cullender MH (1955) The Isochronal Performance Method of Determining the Flow Characteristics of Gas Wells, *J. Pet. Technol.*, 7, n° TP4120, September, p. 137-142.

Daviau F (1986) *Interprétation des essais de puits. Les méthodes nouvelles*, Collection des Cours de l'*ENSPM* – Centre d'études supérieures de forage et d'exploitation des gisements, Éditions Technip, Paris, 174 p.

Davies RJ, Stewart SA, Cartwright JA, Lappin M, Johnston R, Fraser SI, Brown AR (2004) 3D Seismic Technology : are we Realising its Full Potential ? in *3D Seismic Technology : Application to the Exploration of Sedimentary Basins*, edited by Davies RJ, Cartwright JA, Stewart SA, Lappin M, Underhill JR, Published Ny the Geological Society.

De Montigny O, Combe J (1988a) Hole Benefits, Reservoir Types Key to Profit, *Oil and Gas J.*, **86**, n° 15, April 11, p. 50-55.

De Montigny O, Sorriaux P, Louis AJP, Lessi J (1988b) Horizontal-Well Drilling Data Enhance Reservoir Appraisal, *Oil and Gas J.*, **26**, n° 27, July 4, p. 40-48.

Desbrandes R (1985) *Encyclopedia of Well Logging, IFP* Publications, Éditions Technip, Paris, 608 p.

Desbrandes R (1982) *Diagraphies dans les sondages*, Collection des Cours de l'*ENSPM* – Centre d'études supérieures de forage et d'exploitation des gisements, 6e éd., Éditions Technip, Paris, 576 p.

Energo (2007) Assessment of Fixed Offshore Platform Performance in Hurricanes Katrina and Rita, *MMMS Projet N° 578, Energo Project N° : E06177*.

Eriksson C, Grude E (1990) The Frigg Area and the Role of Subsea Production, *Proceedings of Underwater Technology Conference*, Bergen, Norway, p. 35-51

Fetkovich MJ (1980) Decline Curve Analysis Using Type Curves, *J. Pet. Technol.*, **32**, n° 6, June, p. 1065-1077.

Gabolde G, Nguyen JP (2006) *Drilling Data Handbook*, 8th Edition, Editions Technip.

Gie P (1991) The POSEIDON Project, *Proceedings of 6th Deep Offshore Technology [DOT] International Conference*, Monte Carlo, Monaco, November 4-6, **2**, n° A4, p. 13-26.

Giger F (1983) Réduction du nombre de puits par l'utilisation de forages horizontaux, *Revue de l'Institut Français du Pétrole*, **38**, n° 3, mai-juin, p. 351-360.

Giger F, Combe J, Reiss LH (1983) L'intérêt du forage horizontal pour l'exploitation des gisements d'hydrocarbures, *Revue de l'Institut Français du Pétrole*, **38**, n° 3, maijuin, p. 329-349.

Halkyard J (2005) Floating Offshore Platform Design, in *Handbook of Offshore Engineering*, Edited by Chakrabarti S, Ch.6.

Houpeurt A (1974) *Mécanique des fluides dans les milieux poreux. Critiques et recherches*, Éditions Technip, Paris, 386 p.

Ikoku CU (1984) *Natural Gas Reservoir Engineering*, John Wiley & Sons Inc., NewYork, Ny, Chapt. 3-6, p. 95-316.

Inglis TA (1987) *Directional Drilling*, Petroleum Engineering and Development Studies, Graham and Trotman Ltd., London, UK, **2**, 260 p.

Katz DL, Lee RL (1990) *Natural Gas Engineering – Production and Storage*, McGraw-Hill Publishing Company, New York, Ny, Chapt. 2, 7, 8 and 9, p. 45-94 297-422.

Kelkar M (2008) *Natural Gas – Production Engineering* Penn Well Corporation.

Lafaille A (1990) POSEIDON : the Multiphase Boosting and Transportation System, *Proceedings of 8th Offshore South East Asia Conference*, Singapore, December 4-7, Paper n° OSEA 90128, p. 583-596.

Latil M (1975) Recyclage dans les gisements de gaz à condensats, dans *La récupération assistée*, Collection des Cours de l'*ENSPM* – Cours de production, **6**, Éditions Technip, Paris, Chap. 5, p. 151-173.

Lavergne M (1986) *Méthodes sismiques*, Collection des Cours de l'*ENSPM*, Éditions Technip, Paris, 212 p.

Lee AL, Logan RW, Tek MR (1986) Effect of Turbulence of Real Gas Through Porous Media, *SPE Formation Evaluation*, **1**, n° 1, p. 108-120.

Logan RW, Lee RL, Tek MR (1985) Microcomputer Gas Reservoir Simulation Using Finite Elements Methods, *Proceedings of 60th SPE Annual Technical Conference*, Las Vegas, Nv, September 22-25, 15 p.

Mari J, Arens G, Chapellier D, Gaudiani P (1998) *Géophysique de gisement et de génie civil*, Editions Technip.

Mari JL, Coppens F (1989a) La sismique de puits – Première partie. Le profil sismique vertical Principes de base, applications et mise en œuvre, *Revue de l'Institut Français du Pétrole*, **44**, n° 2, mars-avril 1989, p. 135-160.

Mari JL, Coppens F (1989b) La sismique de puits – Deuxième partie. Le profil sismique vertical Traitement et applications particulières à la connaissance du gisement, *Revue de l'Institut Français du Pétrole*, **44**, n° 3, mai-juin, p. 291-315.

Monicard R (1975) *Caractéristiques des roches réservoirs. Analyse des carottes.*, Collection des Cours de l'*ENSPM* Cours de production, **1**, 2e éd., Éditions Technip, Paris, 204 p.

Rawlins EL, Schellhardt MA (1936) *Back-Pressure Data on Natural Gas Wells and Their Application to Production Practices*, US Bureau of Mines Monograph 7, Washington, DC, 210 p.

Raznahan M (1986) The Evolution of Engineering Concepts for Gas Developments, *Hydrocarbons 86, 4th International Conference – Offshore Gas : the Challenge of a Changing Market*, Organized by the Hawkedon Partnership, Paper n° 10, 25 p.

Rojey A (1999) Gas Cycling – A New Approach, *Proceedings of the Seminar Held in Rueil-Malmaison, May 14 (1998)* Éditions Technip.

Serbutoviez S (2012) Les hydrocarbures offshore, *IFPEN Panorama 2012*.

Short JA (1983) *Drilling – A Source Book on Oil and Gas Well Drilling from Exploration to Completion*, Penn Well Books, Penn Well Publishing Company, Tulsa, Ok, 586 p.

Smith RV (1983) *Practical Natural Gas Engineering*, Penn Well Books, Penn Well Publishing Company, Tulsa, Ok, Chapt. 6-9, p. 84-178.

Sparks CP, Manesse JP, Jardinier R, Perol, Ch., Martin J (1985) Principal Features of the PLTB 1000 Tension Leg Platform, *Proceedings of the 3rd DEEP Offshore Technology Conference*, Sorrento, Italy, October 21-23, **2**, p. 33-44.

Thomas PA (2007) Les plates-formes offshore, *Conférence Arts et Métiers*, 21 mai.

Van Everdingen AF, Hurst W (1949) The Application of the Laplace Transformation to Flow Problems in Reservoirs, *Petrol. Trans. AIME*, **186**, December, p. 305-324b.

Von Vicanek J (1985) Erdölförung Durch Horizontale Bohrungen (Production D'Huile Grâce Aux Forages Horizontaux), *Erdöl Und Kohle, Erdgas, Petrochemie*, **101**, n° 3, März, p. 85-90.

Willoughby D (2008) Horizontal Directional Drilling (HDD), Mc Graw Hill Professional.

7 | Les hydrates

7.1 INTRODUCTION

L'exploitation du gaz naturel s'est rapidement heurtée à des difficultés liées au bouchage des canalisations résultant d'un dépôt de cristaux, d'abord considérés comme étant de la glace. Ces cristaux sont, en fait, constitués par des **hydrates** de gaz naturel qui peuvent apparaître bien au-dessus de la température de formation de la glace. Il s'agit de **composés d'inclusion** que forment avec l'eau le méthane et certains autres constituants du gaz naturel.

Pour éviter le bouchage des canalisations, les installations de production et de transport doivent être protégées des risques de formation d'hydrates. Une première façon d'y parvenir consiste à déshydrater le gaz naturel. Lorsque ce n'est pas possible, il faut se placer dans des conditions de température et de pression permettant d'éviter la formation des hydrates ou introduire un **inhibiteur**.

Les problèmes de formation d'hydrates sont devenus particulièrement critiques avec le développement de la production de gaz en mer et notamment en mer profondeur. En effet l'exploitation des gisements de gaz naturel en mer profonde s'effectue dans des conditions de température relativement basse et de pression relativement haute qui favorisent la formation des hydrates.

Comme on l'a vu dans le chapitre 2, des ressources de gaz naturel, potentiellement très importantes, existent sous forme d'hydrates sous le fond des océans ou dans les zones à permafrost.

Pour ces différentes raisons, les hydrates de gaz naturel ont suscité un grand intérêt et une littérature abondante est disponible, comprenant notamment les ouvrages de base de Demirbas (2010), Sloan et Koh (2008), Holder *et al.* (1988), Berecz et Balla-Achs (1983), Makogon (1981). L'ouvrage de Sloan et Koh constitue une référence particulièrement complète et utile dans ce domaine.

La formation des hydrates étant liée à la présence d'eau dans le gaz naturel, les propriétés thermodynamiques des systèmes eau-hydrocarbures sont examinées dans le paragraphe suivant (§ 7.2). La connaissance de ces propriétés est par ailleurs nécessaire pour toutes les opérations effectuées sur le gaz naturel non déshydraté.

7.2 SYSTÈMES EAU–HYDROCARBURES

7.2.1 Les eaux de gisement

Les eaux de gisement proviennent de l'**aquifère** sous-jacent. Comme cela a été montré dans le chapitre précédent, au cours de l'exploitation d'un gisement, la mise en mouvement de l'aquifère (poussée des eaux ou *water drive*) contribue à ralentir le déclin de pression du réservoir. Il peut même être nécessaire de restreindre le régime de production de certains puits en cas de formation d'un cône d'eau (*water coning*).

La présence d'eau libre en phase liquide est à l'origine de la formation non seulement d'hydrates, mais également de dépôts solides dans les puits de production par cristallisation des sels dissous, lorsqu'il s'agit d'une eau de gisement.

La **salinité** des eaux de gisement varie entre quelques centaines de ppm pour les eaux douces jusqu'à plus de 400 grammes par litre pour certaines saumures. La teneur en sels des eaux de gisement peut être très variable comme le montre le tableau 7.1 [Gravier, 1986].

Les eaux de gisement peuvent être d'origine marine. Elles sont alors caractérisées par des teneurs élevées en chlorures, particulièrement en chlorure de sodium, quelquefois très supérieures à la teneur dans l'eau de mer.

Tableau 7.1. Analyse d'eaux de gisement et d'eau de mer (Concentration en g/m^3)

GISEMENT	Hassi Messaoud (Algérie)	Oklahoma City (États-Unis)	Bradford (États-Unis)	Alwyn (G.B. – mer du Nord)	Burgan (Koweit)	Handil (Indonésie)	Eau de mer du Nord
Âge géologique	Cambrien	Ordovicien	Dévonien	Jurassique	Crétacé	Miocéne	
Sodium Na$^+$	88 695	–	–	8 888	–	3 421	10 590
Na$^+$ + K$^+$	–	91 603	32 600	–	46 191	–	–
Potassium K$^+$	7 436	–	–	262	–	–	420
Calcium Ca^{++}	36 390	18 753	13 260	256	10 158	146	431
Magnésium Mg^{++}	1 970	3 468	1 940	24	2 206	24	1 300
Baryum Ba^{++}	580	–	–	35	–	–	–
Chlorures Cl$^-$	226 510	183 387	77 340	13 580	95 275	4 674	19 170
Sulfates SO$_4^{--}$	–	268	730	10	198	592	2 721
Bicarbonates HCO$_3^-$	–	18	1	1 540	360	850	146
Total sels dissous	**361 581**	**298 497**	**125 870**	**24 595**	**154 388**	**9 707**	**34 778**

Source : Gravier, 1986.

7.2.2 Solubilité du gaz naturel dans l'eau

Les gaz naturels sont **très peu solubles dans l'eau** même sous des pressions élevées. La solubilité dans l'eau pure est bien sûr, fonction de la température et de la pression.

La figure 7.1 présente la solubilité du méthane dans l'eau en fonction de la température pour différents niveaux de pression. Pour des pressions supérieures à environ $50\ 10^5$ Pa, les isobares présentent un minimum en fonction de la température. Elles sont limitées vers les basses températures par la courbe de formation des hydrates.

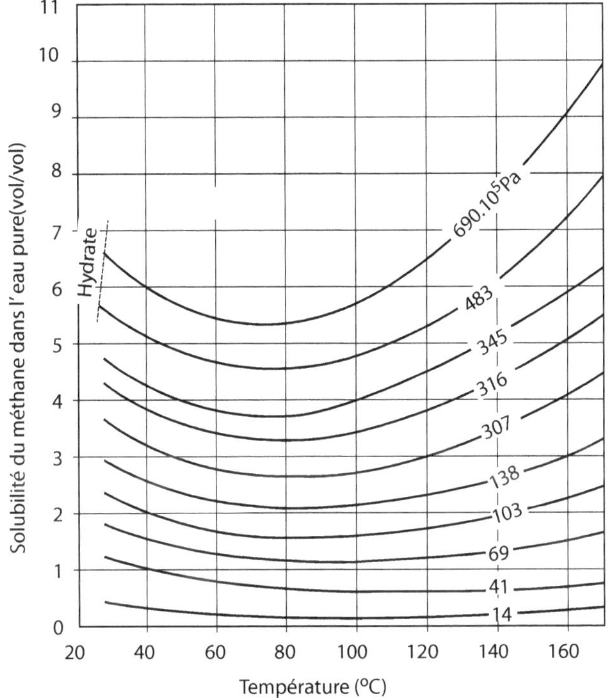

Figure 7.1

Solubilité du méthane dans l'eau pure.
Source : Culberson et McKetta, 1951

En comparant à une température donnée la solubilité de différents hydrocarbures (Figure 7.2), il apparaît que, pour une pression donnée, cette solubilité diminue fortement avec le nombre d'atomes de carbone.

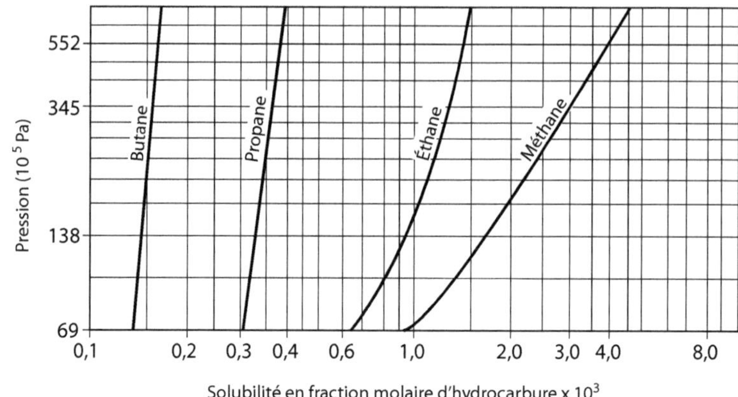

Figure 7.2

Solubilité dans l'eau des différentes paraffines à 104 °C.
Source : Brooks *et al.*, 1951

L'effet de la pression n'est marqué que pour les hydrocarbures les plus légers. Par ailleurs dans le cas des eaux de gisement, la salinité influence la solubilité : une saumure contient moins de gaz en solution que l'eau pure aux mêmes conditions de température et de pression (Figure 7.3).

La figure 7.3 montre par exemple, qu'à une température de 38 °C, une saumure contenant 100 g/l de sels solubilise 40 % moins de gaz que l'eau pure dans les mêmes conditions de pression.

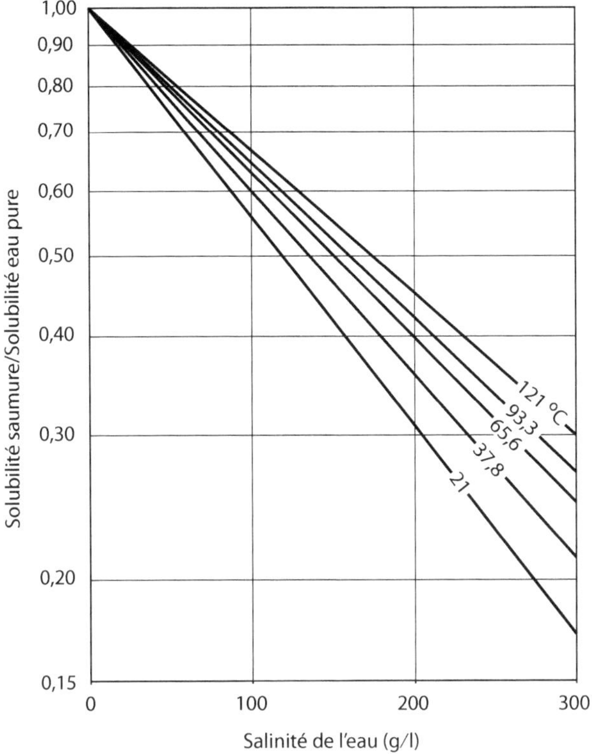

Figure 7.3

Effet de la salinité sur la quantité de gaz dissous dans la saumure.
Source : McKetta et Wehe, 1962

7.2.3 Teneur en eau des gaz naturels

La teneur en eau d'un gaz naturel dans les conditions de saturation dépend essentiellement de la température et de la pression. Des corrections peuvent être apportées pour tenir compte de la composition du gaz et de la salinité de l'eau.

Le graphique de la figure 7.4 indique, en fonction de la pression et de la température, la teneur en eau à la saturation de gaz naturels exempts d'azote.

Les sels en solution dans l'eau réduisent sa pression partielle en phase vapeur et la teneur en eau du gaz se trouve donc diminuée. La figure 7.5 permet de corriger les teneurs en eau fournies par l'abaque 7.4, en fonction de la salinité de la phase aqueuse.

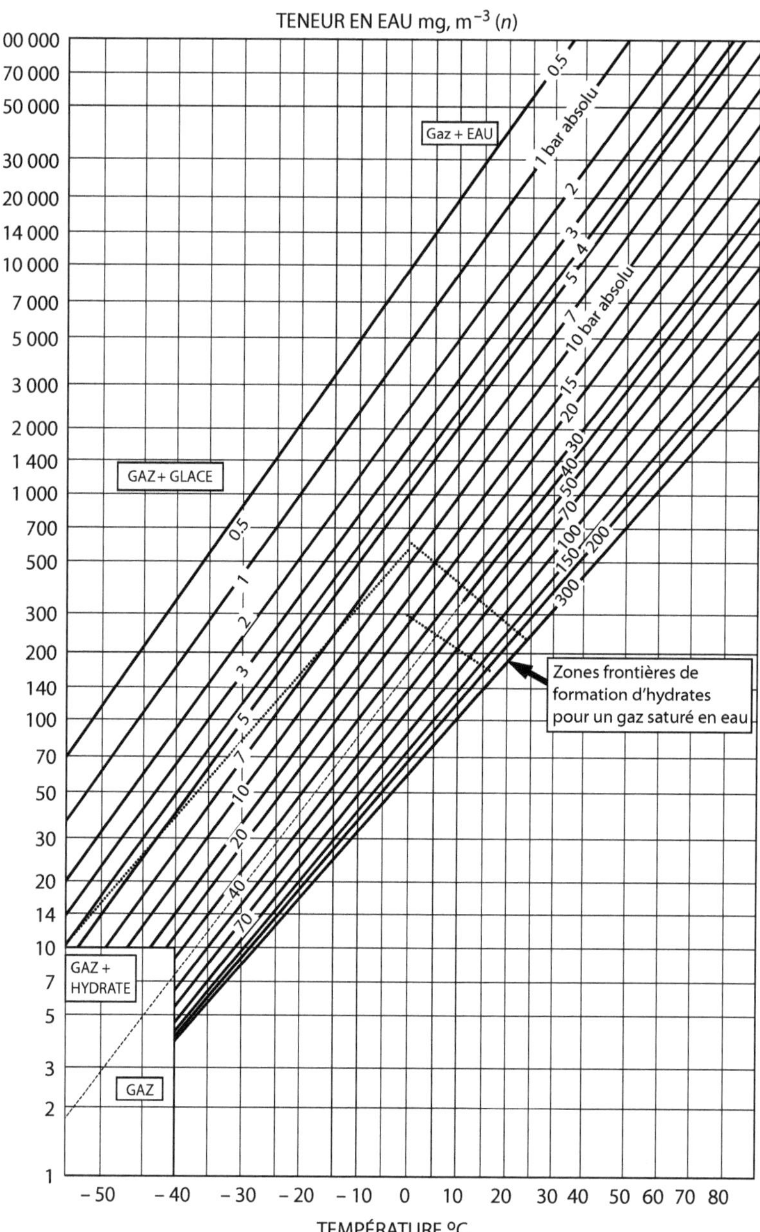

Figure 7.4

Teneur en eau des gaz naturels.
Source : ATG, 1990

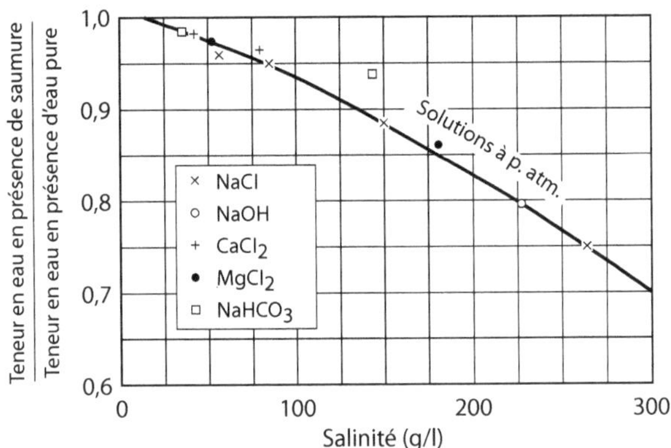

Figure 7.5

Correction sur la teneur en eau des gaz naturels en équilibre avec une eau salée.
Source : Katz *et al.*, 1959

7.2.4 Mesure de la teneur en eau

La teneur en vapeur d'eau d'un gaz peut être mesurée par trois méthodes différentes : par observation du point de rosée, par rétention d'eau sur un adsorbant et par absorption dans un liquide (Karl-Fischer).

La méthode du **point de rosée** consiste à observer, au moyen d'un miroir refroidi, la température de condensation de l'eau. Le point de rosée-eau est parfois difficile à distinguer du point de rosée-hydrocarbure.

La teneur en eau peut être également mesurée après **adsorption** sur du perchlorate de magnésium, la quantité d'eau adsorbée étant déterminée par une méthode gravimétrique.

La **méthode de Karl-Fischer**, qui est largement employée, consiste à absorber l'eau dans une solution et à mesurer la teneur en eau par la quantité de gaz nécessaire pour neutraliser le réactif (solution d'iode, de pyridine et d'anhydride sulfureux dans du méthanol, appelée réactif de Karl-Fischer).

Connaissant l'évolution des conditions de température et de pression dans une installation, il est possible, au moyen de la courbe de rosée-eau du gaz naturel, de déterminer la zone comportant un risque de dépôt d'eau liquide.

La quantité d'eau déposée peut être ensuite calculée à partir de la différence entre les teneurs en eau dans le gaz à saturation respectivement à l'entrée et à la sortie.

7.3 STRUCTURES DES HYDRATES

7.3.1 Structures de base

En présence d'un gaz léger, les molécules d'eau peuvent former une structure cristalline régulière comprenant des cavités ou cages, dans lesquelles sont piégées les molécules de gaz. En raison de cette structure en cage, les hydrates appartiennent à la catégorie des composés d'inclusion appelés **clathrates** [Sloan et Koh, 2008 ; Holder *et al.*, 1988].

Le réseau cristallin est dû aux liaisons hydrogène entre les molécules d'eau et il est stabilisé par les molécules de gaz, qui sont elles-mêmes retenues dans les cages par des forces de van der Waals.

Seules les molécules dont le diamètre est compris dans une certaine fourchette peuvent former ces inclusions ; en effet, le diamètre de la molécule doit être inférieur au diamètre de la cavité (ou voisin de ce diamètre), pour que la molécule puisse entrer dans la cavité, et en même temps suffisamment grand, pour que le réseau cristallin soit stable.

Deux structures différentes du réseau cristallin, appelées **structure I** et **structure II**, ont été mises en évidence par diffraction des rayons X.

Dans ces structures, le motif de base est un pentagone formé par les molécules d'eau reliées par des liaisons hydrogène, alors que la glace dans sa structure la plus courante (structure **II**) est formée d'anneaux hexagonaux empilés. Ces motifs pentagonaux s'assemblent dans l'espace en formant des dodécaèdres à faces pentagonales, désignés par la notation 5^{12} (Figure 7.6).

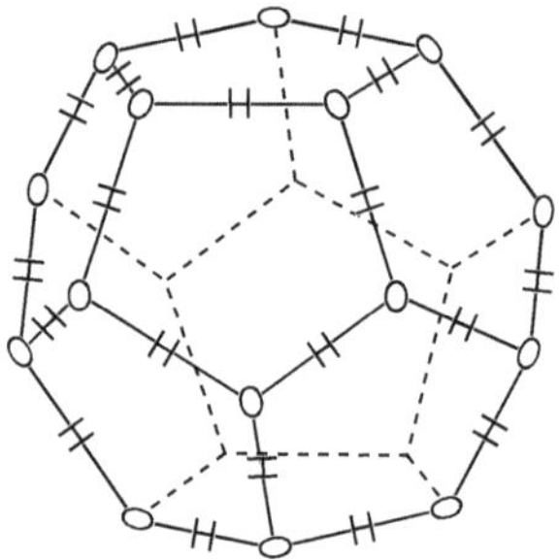

Figure 7.6

Polyèdres constituant les cavités des hydrates (dodécaèdre 5^{12}).

Les dodécaèdres ne permettent pas de paver l'espace de manière continue et sont associés à deux autres types de polyèdre pour former la structure des hydrates.

Dans le cas de la structure I, le dodécaèdre est associé à un tétradécaèdre formé de douze faces pentagonales et deux faces hexagonales (désigné par la notation $5^{12}\,6^2$).

Dans le cas de la structure **II**, le dodécaèdre est associé à un hexadécaèdre formant douze faces pentagonales et quatre faces hexagonales (désigne par la notation $5^{12}\,6^4$).

Chacun des polyèdres forme une cage pouvant contenir une molécule d'un des constituants du gaz naturel avec lequel se forme l'hydrate.

Les réseaux cristallins correspondant à ces deux structures sont représentés sur la figure 7.7.

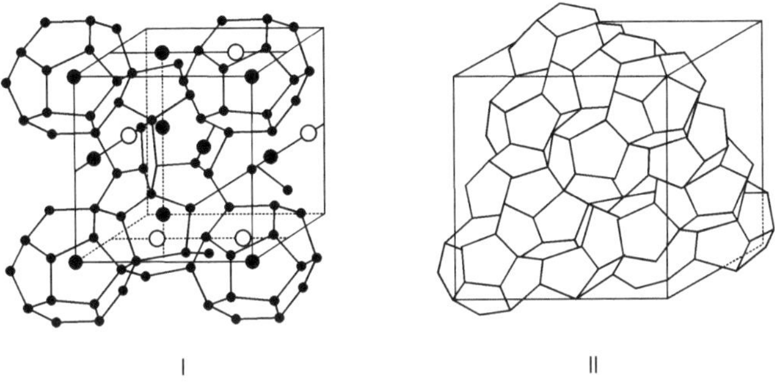

Figure 7.7

Réseau cristallin des structures I et II des hydrates.
Source : Holder *et al.*, 1988

Dans le cas de la structure **I**, une maille du réseau cristallin est formée de deux petites cages (5^{12}) dont le diamètre est de 7,88 Å et de six grandes ($5^{12}\,6^2$) dont le diamètre est de 8,6 Å.

La maille de la structure **II** comprend seize petites cages (5^{12}) de diamètre 7,82 Å et huit grandes cages ($5^{12}\,6^4$) dont le diamètre est de 9,46 Å [Holder *et al.*, 1988].

La figure 7.8 présente les dimensions des molécules formant des hydrates. Il s'agit d'un diagramme établi par Sloan (1990a) à partir d'un diagramme plus ancien.

Le méthane peut se placer dans les petites cages (5^{12}) des structures **I** et **II** ainsi que dans les grandes cages ($5^{12}\,6^2$) de la structure **I**. L'azote, le propane et l'isobutane forment des hydrates de structure **II**.

À l'état pur, le méthane, l'éthane, le dioxyde de carbone et l'hydrogène sulfuré forment des hydrates de structure **I**. Toutefois, étant donné que les molécules de propane et d'isobutane ne peuvent entrer que dans les grandes cages de la structure **II**, un gaz naturel contenant du propane et de l'isobutane forme généralement des hydrates de structure **II**. Des hydrates de structure **II** se forment également avec l'azote [Carroll, 2003].

Le diagramme de la figure 7.8 indique également le rapport du nombre de molécules d'eau au nombre de molécules de gaz, dans le cas d'une occupation complète des cages. Le taux d'occupation des cages peut être déterminé par le modèle statistique présenté dans le paragraphe 7.4.4, mais doit rester élevé pour que la structure de l'hydrate soit stable.

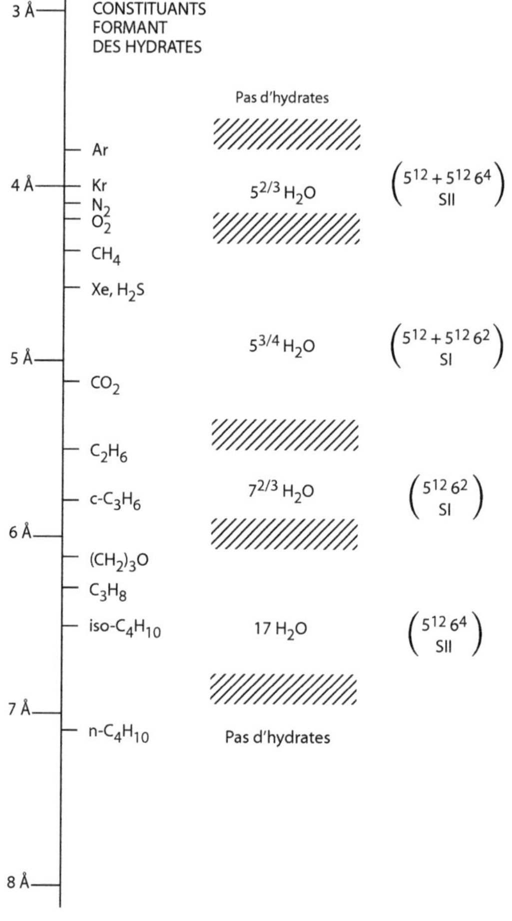

Figure 7.8

Dimension des molécules entrant dans les cages d'hydrates.
Source : Sloan, 1990

Une autre structure d'hydrate, la **structure H** a été également décrite [Ripmeester et Ratcliffe, 1990 ; Ripmeester *et al.*, 1987]. Dans cette structure, les dodécaèdres 5^{12} coexistent avec des dodécaèdre $4^3\,5^6\,6^3$ ainsi que des polyèdres $5^{12}\,6^8$, à douze faces pentagonales et huit faces hexagonales, formant de grandes cages. Les petites cages sont stabilisées par des molécules telles que Xe, H$_2$S, CH$_4$ et les grandes cages par des hydrocarbures de masse molaire beaucoup plus élevée tels que le cyclohexane et le méthylcyclohexane. Il a été montré que des hydrates doubles de structure **H** peuvent être formés à partir du méthane et d'adamantane, hydrocarbure dont la molécule, de formule chimique C$_{10}$H$_{16}$, présente une configuration sphérique [Lederhos *et al.*, 1992]. Les hydrates de structure **H** peuvent se former en présence d'isoparaffines ou de cycloalcanes dont la molécule est de taille supérieure à celle du pentane [Tezuka *et al.*, 2012 ; Mehta et Sloan, 1996].

Les hydrates se forment lorsqu'un gaz saturé en eau est transporté à une pression relativement élevée et à basse température. La formation d'hydrates peut alors boucher la conduite de transport, entraînant un arrêt de la production, avec des risques pour la sécurité des installations. Il s'agit d'un problème qui est rencontré assez fréquemment, soit dans des régions relativement froides, soit dans le cas du transport d'un gaz naturel non déshydraté à travers une conduite sous-marine [Bufton, 2003].

7.4 CONDITIONS THERMODYNAMIQUES DE FORMATION DES HYDRATES

7.4.1 Diagramme de phases

La figure 7.9 présente l'allure générale du diagramme de phases lorsqu'un hydrate se forme à partir d'un hydrocarbure pur.

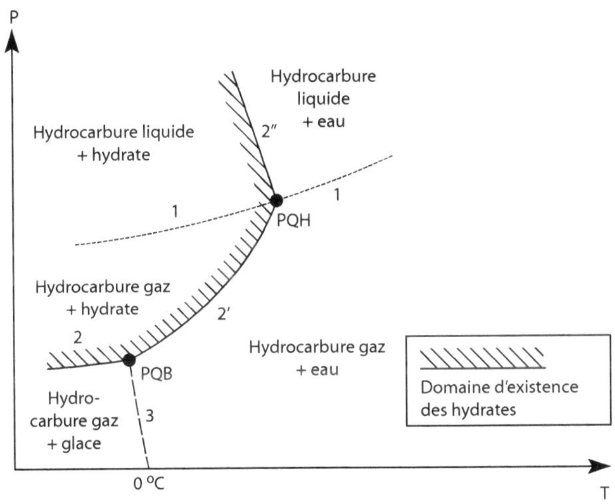

Figure 7.9

Diagramme de phases.

Sur ce diagramme, la courbe 1 représente la courbe de tension de vapeur de l'hydrocarbure. La courbe 2-2'-2" limite le domaine de formation des hydrates. Le changement de pente en PQB correspond au changement de phase eau-glace. Au point PQB (point quadruple bas) coexistent les quatre phases : hydrocarbure gazeux, eau liquide, glace et hydrate. Le changement de pente en PQH correspond au changement de phase de l'hydrocarbure. Au point PQH (point quadruple haut) coexistent les quatre phases : hydrocarbure liquide, hydrocarbure gazeux, eau liquide et hydrate.

Pour qu'il y ait formation d'hydrates, la présence d'eau liquide a été traditionnellement considérée comme nécessaire [Katz *et al.*, 1959]. Sloan (1990) indique toutefois qu'il ne s'agit pas d'une condition absolue, si les conditions thermodynamiques nécessaires à la formation des hydrates sont réunies. L'absence d'eau liquide introduit une limitation d'ordre cinétique, qui rend improbable la formation d'hydrates, sans qu'il soit possible de l'exclure, notamment si des germes de nucléation sont présents.

De manière générale, la formation d'hydrates est favorisée par la présence de fines particules jouant le rôle de germes de cristallisation, telles que microcristaux d'hydrates et particules solides (poussières, oxydes de corrosion) ; elle est également favorisée par les facteurs qui contribuent à augmenter la turbulence de l'écoulement, tels que vitesse d'écoulement élevée, pulsation de pression et tout type d'agitation.

Pour éliminer les hydrates formés, il suffit en principe de se placer dans des conditions de température et de pression situées en dehors du domaine de formation. Toutefois, la disparition des hydrates peut être relativement longue et difficile à obtenir. Des observations effectuées au laboratoire, ainsi que dans des réseaux de collecte décomprimés, ont mis en évidence la présence d'hydrates hors équilibre pendant des périodes de plusieurs jours. Même après la disparition visuelle des hydrates, la présence de cristaux microscopiques persiste pendant une durée relativement longue.

Sur la figure 7.10, sont représentés les domaines de formation des hydrates pour le méthane, l'éthane, le propane et les butanes établis d'après les données présentées par Katz et Lee (1990).

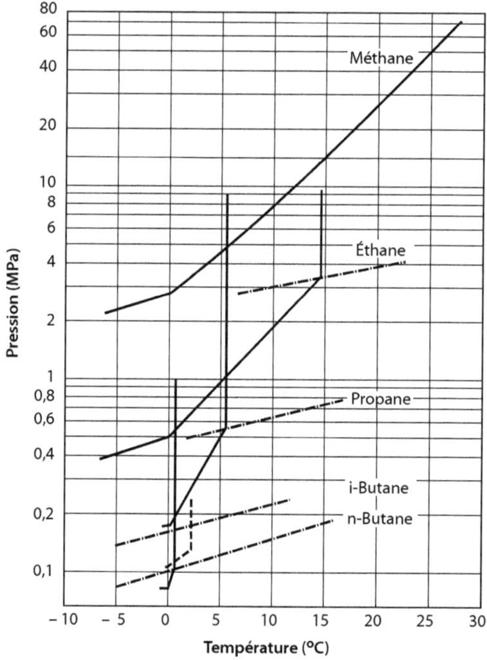

Figure 7.10

Domaines de formation des hydrates pour les paraffines de C_1 à C_4.
Source : Katz et Lee, 1990

7.4.2 Prévision des équilibres de formation des hydrates – Méthode graphique

Le diagramme présenté sur la figure 7.11 permet d'estimer de façon approchée la température de formation des hydrates, pour un gaz naturel, à une pression donnée, en considérant comme paramètre la densité du gaz naturel par rapport à l'air [Katz *et al.*, 1959]. La présence de propane et de butane dans le gaz naturel contribue à augmenter la densité et à relever la température de formation des hydrates. La présence d'azote abaisse au contraire cette température et nécessite la prise en compte d'un facteur correctif appliqué à la pression. Ce facteur correctif est indiqué sur la figure 7.11 en fonction de la fraction molaire d'azote.

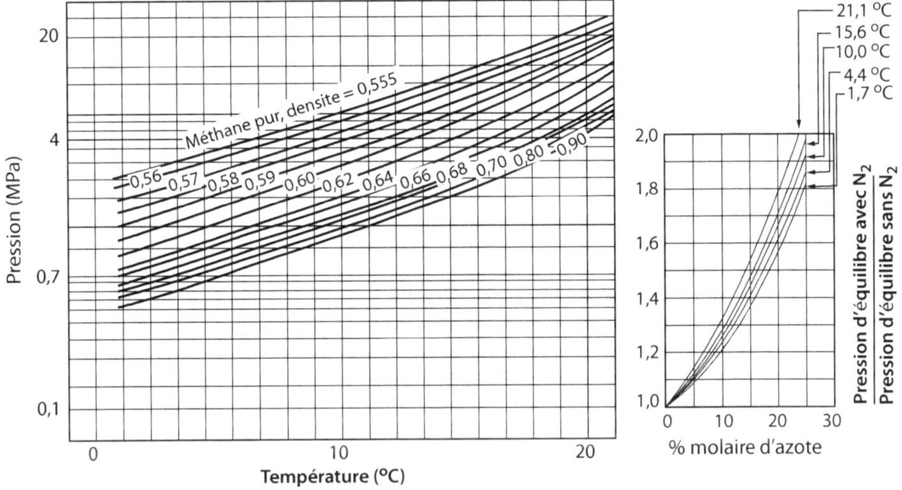

Figure 7.11

Courbes de formation des hydrates de gaz naturel.
Source : Katz *et al.*, 1959

Le diagramme de la figure 7.11 ne peut être utilisé que pour obtenir une première indication concernant les conditions de formation des hydrates.

Une méthode, basée sur la détermination de **coefficients d'équilibre**, a été proposée par Carson et Katz [Katz *et al.*, 1959]. Elle permet de prendre en compte la composition du gaz naturel.

Le coefficient d'équilibre k_i est défini comme le rapport $k_i = y_i/x_i$ de la fraction molaire y_i du constituant considéré en phase vapeur sur la fraction molaire x_i du même constituant en phase solide (rapportée aux moles de constituants autres que l'eau). Des courbes donnant les valeurs du coefficient de partage k_i en fonction de la température et de la pression ont été établies pour le méthane, l'éthane, le propane, l'isobutane, le dioxyde de carbone et l'hydrogène sulfuré. Les figures 7.12 à 7.15 présentent les courbes utilisées pour le méthane, l'éthane, le propane et le dioxyde de carbone.

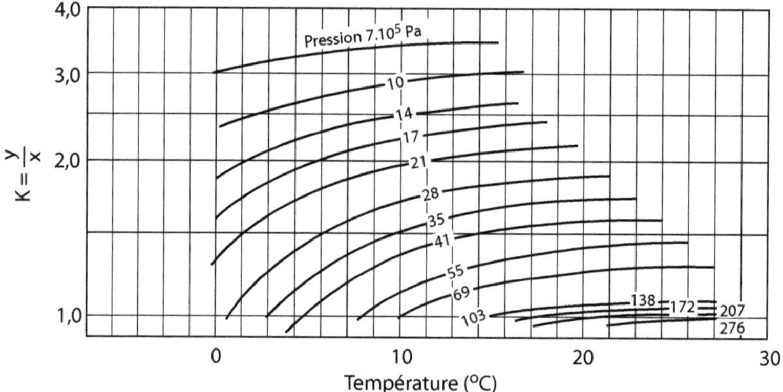

Figure 7.12

Constantes d'équilibre solide-gaz pour le méthane.
Source : Carson et Katz, 1942

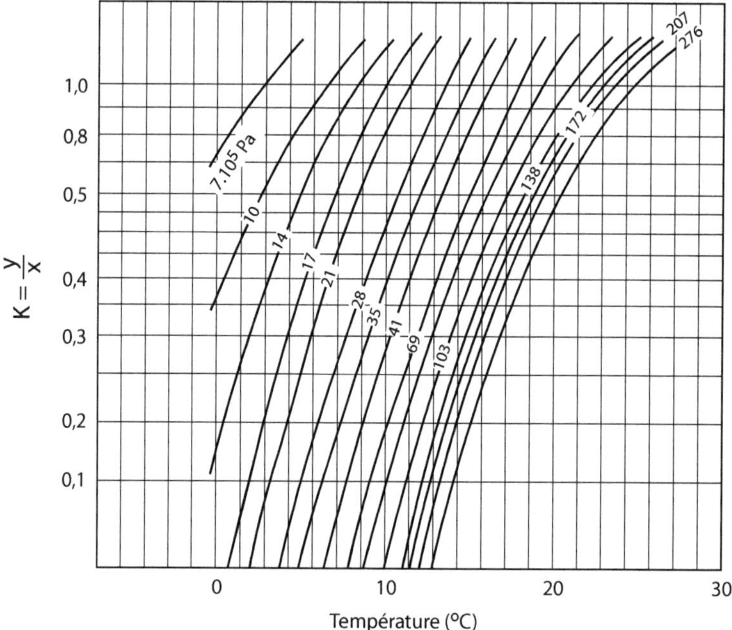

Figure 7.13

Constantes d'équilibre solide-gaz pour l'éthane.
Source : Carson et Katz, 1942

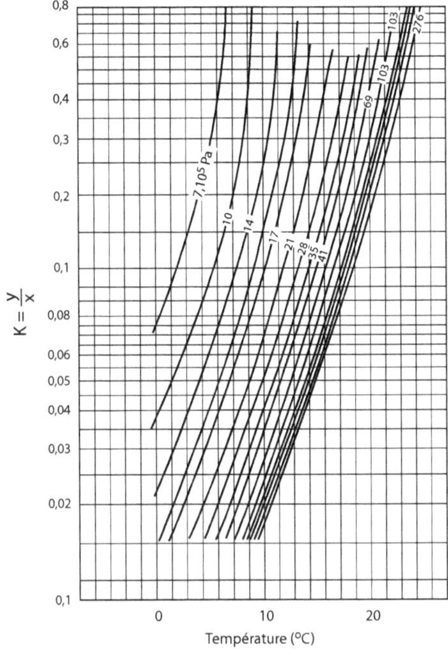

Figure 7.14

Constantes d'équilibre solide-gaz pour le propane.
Source : Carson et Katz, 1942

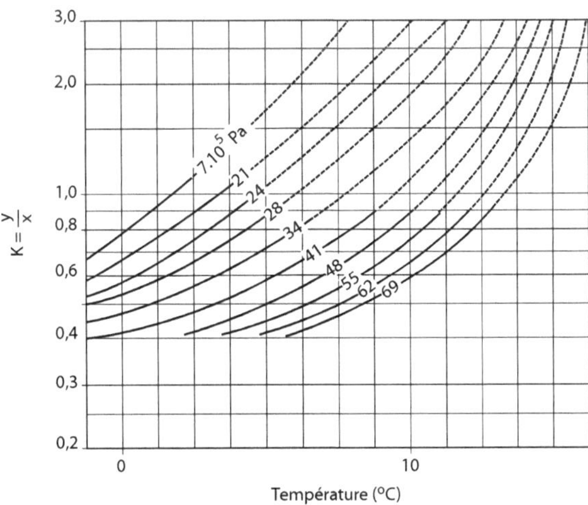

Figure 7.15

Constantes d'équilibre solide-gaz pour le dioxyde de carbone.
Source : Unruh et Katz, 1949

Le calcul des conditions de formation des hydrates s'effectue de la même façon qu'un calcul d'équilibre liquide-vapeur, en recherchant les conditions pour lesquelles :

$$\sum_i y_i \, / \, k_i = 1$$

Des corrélations dont le domaine de validité est plus large que celui des diagrammes précédents ont été publiées plus récemment [Mann *et al.*, 1989]. Elles permettent de calculer les coefficients d'équilibres k_i en fonction de la température et de la pression pour le méthane, l'éthane, l'hydrogène sulfuré, le dioxyde de carbone et l'azote dans le cas d'hydrate de structure **I**. Dans le cas d'hydrates de structure **II**, la densité du gaz intervient également et des corrélations sont fournies pour le méthane, l'éthane, le propane, le butane normal, l'isobutane, le dioxyde de carbone et l'azote.

7.4.3 Mesures expérimentales

7.4.3.1 Appareillage

La méthode la plus couramment utilisée pour déterminer le point d'apparition des hydrates est **visuelle**.

La cellule dans laquelle est placé le mélange étudié doit être alors équipée d'un hublot, ou être réalisée dans un matériau transparent, ce qui nécessite l'utilisation d'un saphir synthétique pouvant résister à la pression. La figure 7.16 présente le schéma d'une cellule en saphir qui permet d'étudier la formation des hydrates, soit pour un système diphasique, eau-gaz, soit pour un système triphasique, eau-gaz-condensat [Behar *et al.*, 1990].

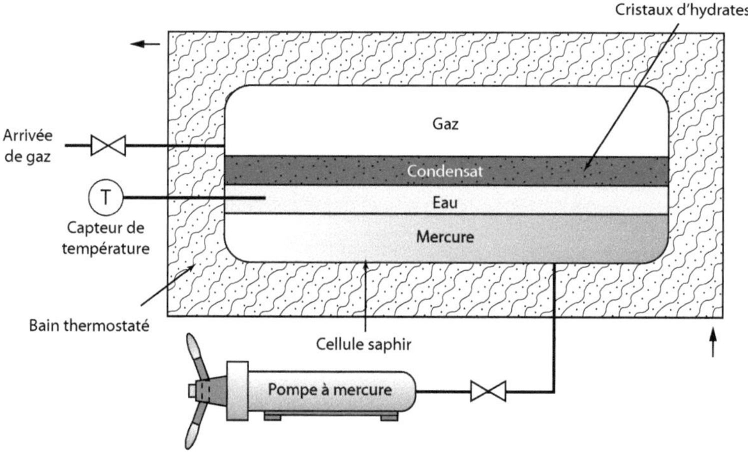

Figure 7.16

Cellule d'équilibre.

La cellule est placée dans une enceinte thermostatée et le volume occupé par les fluides étudiés peut être modifié par introduction ou retrait de mercure. L'agitation est réalisée par un mouvement de basculement régulier de la cellule, la présence de mercure permettant une agitation plus intense. Cette agitation est très importante pour arriver à se rapprocher correctement des conditions d'équilibre. Il est à noter que la présence de mercure pose des problèmes de sécurité et que l'on cherche, à présent, à l'éviter, dans toute la mesure du possible.

La pression peut être modifiée soit en jouant sur l'arrivée de gaz, soit en intervenant sur la quantité de mercure présente dans la cellule.

7.4.3.2 Détermination du point de formation des hydrates

Lorsque le mélange étudié est refroidi, les premiers cristaux d'hydrates se forment au-dessous de la température d'équilibre en raison du sous-refroidissement nécessaire pour obtenir la nucléation. Le point d'équilibre est déterminé en formant des cristaux, puis en les faisant fondre par remontée lente de la température jusqu'à disparition du dernier cristal [Holder et Grigoriou, 1980 ; Otto et Robinson, 1960].

Une méthode **non visuelle** a été décrite par Schroeter *et al.* (1983) ainsi que par Berecz et Balla-Achs (1983) : le point de formation des hydrates est repéré par le changement de pression occasionné par la formation et la décomposition des hydrates dans une cellule à volume constant. À partir du moment où le point d'apparition des hydrates est repéré, une remontée de température est amorcée jusqu'à fusion complète des cristaux d'hydrates. Le point d'équilibre se situe à l'intersection des courbes de refroidissement et de chauffage (Figure 7.17).

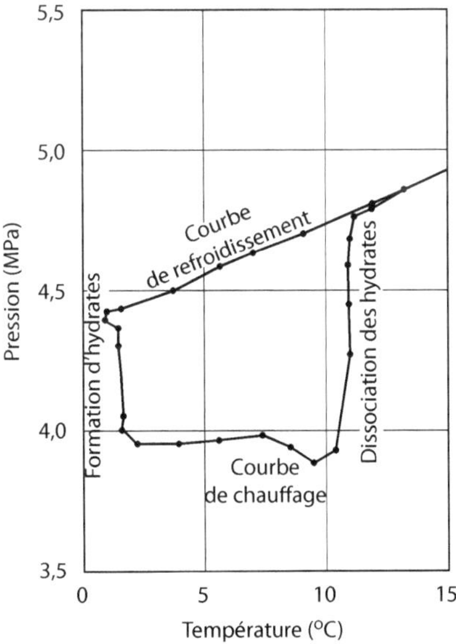

Figure 7.17

Méthode non visuelle de détermination du point de formation et de décomposition des hydrates.
Source : IFPEN

Cette méthode est particulièrement adaptée dans le cas de solutions opaques ou en présence de glace.

7.4.4 Modélisation des équilibres de formation des hydrates

La modélisation des conditions thermodynamiques de formation des hydrates nécessite la connaissance du potentiel chimique de l'eau en phase hydrate.

Le **modèle statistique** de van der Waals et Platteeuw (1959) est basé sur le calcul de la probabilité d'occupation d'une cavité par une molécule de gaz.

Les interactions entre les molécules de gaz et les molécules d'eau sont supposées ne faire intervenir que des forces de van der Waals. Le potentiel chimique de l'eau dans la phase hydrate est écrit sous la forme :

$$\mu_{H_2O} = \mu_{H_2O}^0 + RT\sum_i v_i \ln\left[1 - \sum_k y_{ki}\right] \tag{7.1}$$

Dans cette relation :

- $\mu_{H_2O}^0$ est le potentiel chimique de l'eau formant une hypothétique phase hydrate sans gaz. L'écart entre ce potentiel chimique et celui de l'eau sous forme liquide ou sous forme de glace à la température de référence est déterminé par ajustement à partir de données expérimentales ;
- v_i est le nombre de cavités de type i par molécule d'eau ; pour chaque type de structure, il n'existe que deux sortes de cavités : pour la structure **I**, $v_1 = 1/23$ et $v_2 = 3/23$; pour la structure **II**, $v_1 = 2/17$ et $v_2 = 1/17$ [van der Waals et Platteeuw, 1959] ;
- y_{ki} représente la probabilité d'occupation des cavités de type i par une molécule de type k ; cette probabilité s'écrit :

$$y_{ki} = \frac{C_{ki}f_k}{1 + \sum_j C_{ji}f_j} \tag{7.2}$$

Dans la relation (7.2), f_k représente la fugacité du constituant k en phase gazeuse et C_{ki} est la constante de Langmuir relative au constituant k occupant une cavité de type i.

Les conditions de formation des hydrates sont déterminées en posant l'égalité des potentiels chimiques de l'eau dans chacune des phases en présence (phase liquide hydrocarbure, phase solide hydrate, phase vapeur).

La constante de Langmuir C_{ki} peut être reliée à l'expression du potentiel d'énergie d'interaction d'une molécule occupant le centre d'une cage.

Le modèle de Parrish et Prausnitz (1972), qui fait intervenir une expression particulière du potentiel d'énergie d'interaction, est à la base de la plupart des procédures de calcul utilisées actuellement, mais il tend à surestimer les pressions de dissociation des hydrates. C'est pourquoi Ng et Robinson (1976) ont introduit dans la relation (7.1) un facteur correctif empirique, dépendant de la composition de la phase gazeuse et faisant intervenir des coefficients d'interaction binaires entre le constituant le moins volatil et chacun des constituants plus volatils entrant dans le réseau de l'hydrate.

Des travaux ont également été effectués par plusieurs auteurs [N'Guyen, 1986 ; Sloan, 1985 ; Wagner *et al.*, 1985 ; Ng et Robinson, 1976] afin d'introduire des méthodes de contributions de groupes dans les calculs d'équilibres de formation d'hydrates de gaz naturels, et rendre ainsi plus prédictifs les calculs effectués sur des mélanges complexes.

Munck *et al.* (1988) ont proposé de calculer la constante de Langmuir C_{ki} non plus à partir d'une expression du potentiel d'interaction mais au moyen d'une relation empirique faisant intervenir la température :

$$C_{ki} = \left(\frac{A_{ki}}{T} \right) \exp\left(\frac{B_{ki}}{T} \right) \tag{7.3}$$

où A_{ki} et B_{ki} sont des paramètres qui sont ajustés en utilisant un grand nombre de points expérimentaux.

Cette démarche présente l'avantage de se prêter facilement à une procédure d'ajustement et, à condition de disposer d'une base de données expérimentales suffisamment étendue, de pouvoir couvrir un large domaine. Par contre, compte tenu du caractère empirique de la méthode, il est dangereux d'extrapoler en dehors du domaine couvert par les données expérimentales.

Pour cette raison, Barkan et Sheinin (1993) ont proposé de revenir au modèle de Parrish et Prausnitz, en introduisant des améliorations basées sur une analyse théorique ainsi que sur des données expérimentales.

Des travaux ont été menés depuis, pour améliorer la précision du modèle, notamment aux pressions élevées [Ballard, 2002]. Les modifications apportées par Ballard concernent notamment le calcul des constantes de Langmuir et la détermination du potentiel chimique de l'eau en phase hydrate.

Différents calculs ont été effectués par des modèles de simulation moléculaire, qui permettent de mieux comprendre les phénomènes de formation des hydrates. Ces modélisations ont été notamment appliquées à la recherche d'inhibiteurs et notamment d'inhibiteurs cinétiques [Freer et Sloan, 2000].

Des méthodes de calcul *ab initio*, partant des équations de la mécanique quantique, ont également été utilisées pour étudier les interactions entre une molécule emprisonnée et les molécules formant les cages [Anderson, 2005 ; Klauda, 2003 ; Cao, 2002]. Ces méthodes, potentiellement très puissantes, n'ont pas encore pu se substituer aux modèles utilisés jusqu'à présent [Sloan et Koh, 2008].

Différents travaux ont été également menés pour intégrer de manière rigoureuse ces modèles de calcul dans un algorithme général de calcul d'équilibre de phases [Ballard, 2002 ; Cole et Goodwin, 1990].

Les équilibres de phases en présence d'hydrates peuvent être calculés actuellement dans de bonnes conditions par des programmes informatiques, développés notamment par Colorado School of Mines [CSMGem, 2007 et CSMHYD, 1998], D.B. Robinson Sofware Inc. (DBRHydrate – Version 5.0), Infochem Computer Service Ltd (MULTIFLASH). ainsi que

Calsep A/S (PVTsim). Ces méthodes de calcul numériques sont notamment présentées et discutées dans les ouvrages de Sloan et Koh (2008) ainsi que Carroll (2003). Les trois derniers logiciels mentionnés sont commerciaux.

7.5 CINÉTIQUE DE FORMATION DES HYDRATES

7.5.1 Nucléation

La formation des cristaux d'hydrates comporte une phase de **nucléation** suivie d'une phase de **croissance** des cristaux d'hydrates à partir des noyaux de nucléation.

Différents mécanismes de nucléation doivent être pris en compte. La nucléation **homogène** s'effectue au sein d'une phase fluide en l'absence d'interface solide/fluide. La nucléation **hétérogène** résulte de la présence de surfaces solides autres que les cristaux eux-mêmes : paroi de la conduite, particules solides en suspension. Enfin, la nucléation **secondaire** est liée à la présence des cristaux eux-mêmes [Singh, 1988].

En phase gazeuse, la probabilité de formation d'un noyau de nucléation est faible ; la nucléation se produit préférentiellement au voisinage de l'interface eau/hydrocarbure (gazeux ou éventuellement liquide).

Au cours d'une première étape, il se forme un germe de nucléation. Tant que ce germe de nucléation n'a pas atteint une taille critique, il est instable et peut se redissocier. Les germes ayant atteint cette taille critique constituant les noyaux de nucléation, à partir desquels les cristaux d'hydrates se développent par croissance. Le temps nécessaire pour former des noyaux de nucléation est appelé période de **latence** ou temps d'**incubation**.

La figure 7.18 présente des résultats expérimentaux obtenus par Lingelem et Majeed (1989), concernant la relation entre le temps d'incubation et le sous-refroidissement ΔT (écart entre la température T du système et la température T^* d'équilibre). Cette relation dépend des conditions expérimentales : niveau d'agitation, présence ou non de poussières, géométrie et hydrodynamique du système.

Le rayon critique r_c d'un noyau de nucléation peut être calculé en posant, pour $r = r_c$ la relation :

$$\sigma \mathrm{d}A_p = (-\Delta g)\mathrm{d}V_c \tag{7.4}$$

Dans la relation (7.4), le terme $\mathrm{d}A_p$ représente une variation élémentaire de la surface de la particule, σ l'énergie libre interfaciale par unité de surface, dV_c une variation élémentaire du volume de la particule et Δg la différence entre les énergies libres par unité de volume respectivement en phase solide et en phase liquide.

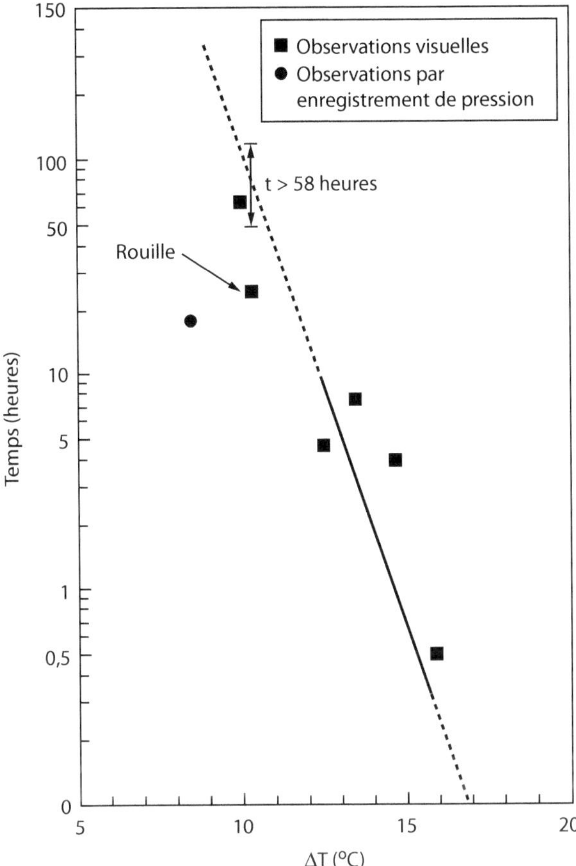

Figure 7.18

Temps d'incubation en fonction du sous-refroidissement.
Source : Lingelem et Majeed, 1989

Il en résulte, en supposant une particule de forme sphérique, la relation suivante permettant de calculer le rayon critique d'un noyau de nucléation r_c :

$$r_c = -\frac{2\sigma}{\Delta g} \tag{7.5}$$

La relation (7.5) permet de calculer r_c en connaissant la composition de la phase hydrate ainsi que les fugacités de chacun des constituants respectivement en phase solide et en phase liquide [Englezos *et al.*, 1987a, 1987b].

L'enthalpie libre Δg nécessaire pour former un noyau stable est donnée par la relation :

$$\Delta g = \frac{4}{3}\pi r_c^2 \sigma \tag{7.6}$$

La vitesse de formation des noyaux de nucléation peut être exprimée dans le cas d'une nucléation homogène par une relation de la forme :

$$N = k \exp\left(\frac{-\Delta g}{RT}\right) \tag{7.7}$$

Dans cette expression, N représente le nombre de germes stables formés par unité de temps et unité de volume.

La présence de surfaces solides et d'impuretés entraîne une formation de germes par nucléation hétérogène. En pratique, la nucléation homogène est difficile à observer, car il faut opérer avec de l'eau ultra-pure. Lorsqu'une phase hydrate commence à se former sur une surface solide, l'énergie nécessaire pour former un noyau stable est d'autant plus faible que l'angle de contact est réduit (phase mouillante). Un modèle cinétique prenant en compte la nucléation homogène et hétérogène a été développé par Kashchiev et Firoobadi (2002)

Enfin, dès que les cristaux sont formés, il est nécessaire de prendre en compte une nucléation secondaire. Des fragments de cristaux servent alors de germes pour la croissance de nouveaux cristaux. Lorsque des cristaux d'hydrates ont été formés, s'ils sont fondus à des températures modérées, on observe un « effet mémoire », la cristallisation des hydrates devenant alors beaucoup plus facile et rapide. De ce fait, lorsque des hydrates se sont formés dans une conduite, il est important de retirer toute l'eau présente, pour éviter le risque d'une nouvelle formation d'hydrates.

De nombreux travaux ont montré que les cristaux d'hydrates se forment de préférence à l'interface eau liquide-gaz [Sloan et Koh, 2008]. Cela signifie que la présence d'eau liquide est en général nécessaire pour que des cristaux d'hydrates puissent se former.

La vitesse de formation de germes stables par nucléation secondaire est fonction de la surface des cristaux déjà formés ; à défaut de données plus précises, elle peut être considérée comme proportionnelle à cette surface [Englezos *et al.*, 1987a, 1987b].

Les relations (7.4) à (7.7) ne sont qu'approchées et ne rendent pas compte de la complexité du phénomène de nucléation à l'échelle moléculaire. Différentes études ont été menées pour mieux comprendre la formation du réseau de molécules d'eau à l'aide de méthodes physiques de caractérisation et par une modélisation moléculaire [Sloan, 1990].

7.5.2 Croissance

7.5.2.1 Étude expérimentale

L'étape de nucléation est suivie par une étape de **croissance**. Cette croissance se produit généralement en phase aqueuse. Elle nécessite une **diffusion** des molécules d'hydrocarbure dans la phase aqueuse au voisinage de l'interface.

Sur la figure 7.19 est représenté le schéma simplifié d'un appareillage utilisé pour étudier la cinétique de formation des hydrates et plus particulièrement l'étape de croissance [Behar *et al.*, 1990 ; Bourgmayer *et al.*, 1989].

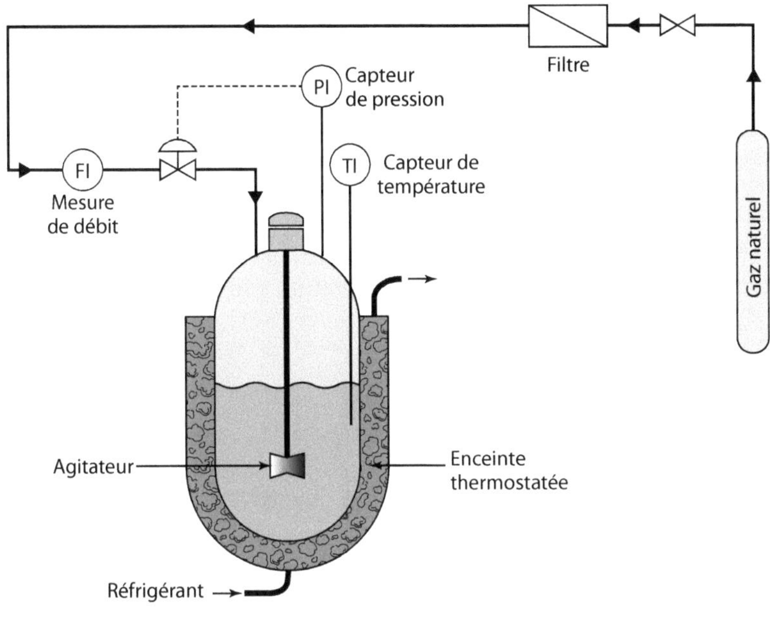

Figure 7.19

Appareillage expérimental.
Source : Bourgmayer *et al.*, 1989

Cet appareillage comporte une cellule agitée et thermostatée d'un litre environ de capacité. Cette cellule est équipée d'un capteur de température (TI) et d'un capteur de pression (PI). La cinétique de formation des hydrates est déterminée en mesurant, par l'intermédiaire du capteur (FI), le débit de gaz consommé pour maintenir la pression constante.

Un appareillage similaire a été utilisé par Bishnoi et ses collaborateurs [Englezos *et al.*, 1987b ; Vysniauskas et Bishnoi, 1983]. Il est relativement simple à réaliser et permet de contrôler facilement les différentes conditions opératoires.

Par contre, les conditions expérimentales ainsi réalisées sont assez peu représentatives des cas industriels et les résultats obtenus ne peuvent être transposés que par l'intermédiaire de modèles.

Les mesures effectuées montrent que la vitesse de consommation de gaz augmente avec l'agitation, en raison de l'augmentation de la surface de contact gaz-liquide et de l'accroissement de la cinétique de transfert du méthane en phase aqueuse par suite de la turbulence. Cette vitesse dépend également fortement du sous-refroidissement ; à agitation constante, elle augmente avec la pression pour une température donnée et à une pression fixée, elle est d'autant plus élevée que la température est basse.

La cinétique de formation des hydrates est reliée à la vitesse de consommation du gaz. Pour interpréter les résultats, Bishnoi et ses collaborateurs ont considéré qu'à l'issue de la durée de latence, les noyaux de nucléation se forment très rapidement et qu'ensuite, la consommation de gaz est liée à la croissance des cristaux. Ils ont pris en compte la possibilité d'une nucléation secondaire, mais ont montré que les résultats obtenus dépendent peu de la constante cinétique adoptée pour la caractériser [Englezos *et al.*, 1987b].

7.5.2.2 Modélisation

Les premières tentatives de modélisation de la cinétique de formation des hydrates ont été basées sur l'utilisation de corrélations semi-empiriques.

En assimilant la formation des hydrates à une réaction chimique, Vysniauskas et Bishnoi (1983) ont posé, dans le cas de la formation d'hydrates à partir de méthane pur, une relation cinétique de la forme :

$$r_G = A a_s \exp\left(\frac{\Delta E_a}{RT}\right) \exp\left(\frac{a}{\Delta T^b}\right) p^\gamma \tag{7.8}$$

Dans cette relation, r_G représente la consommation de méthane, A une constante cinétique, a_s l'aire interfaciale eau/gaz, ΔE_a une énergie d'activation, γ l'ordre global de la réaction par rapport à la pression, a et b des paramètres relatifs à la cinétique de nucléation, p la pression et ΔT_b le sous-refroidissement.

À partir des résultats expérimentaux obtenus à l'aide d'un équipement tel que celui qui a été présenté dans le paragraphe précédent, Vysniauskas et Bishnoi ont déterminé par ajustement les valeurs de ces différents paramètres.

Après ajustement, l'application de la relation (7.8) permet une restitution satisfaisante des résultats expérimentaux (Figure 7.20).

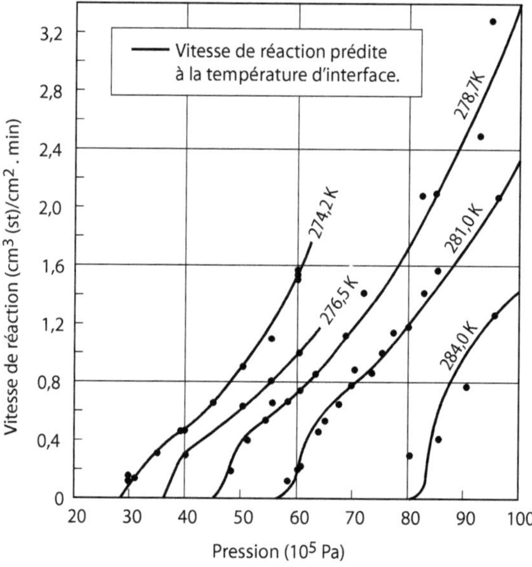

Figure 7.20

Comparaison entre les vitesses de réaction expérimentales et prédites.
Source : Vysniauskas et Bischnoi, 1983

La qualité de la restitution dans ce cas est surtout liée au nombre de paramètres mis en jeu et ne signifie pas que la relation (7.8) a une portée générale. Différentes tentatives ont été menées pour construire un modèle cinétique s'appuyant sur des bases physiques.

Le modèle d'Englezos et Bishnoi [Englezos *et al.*, 1987a, 1987b] fait intervenir une étape de diffusion du gaz en phase liquide suivie d'une étape d'incorporation des molécules de gaz dans le réseau cristallin.

Dans ces conditions, f désignant la fugacité de l'hydrocarbure considéré en solution, f^* sa fugacité à l'équilibre et f_i sa fugacité à l'interface liquide/solide, les deux étapes ainsi définies sont décrites par les relations suivantes :

diffusion :
$$f - f_i = \frac{1}{k_d A_p}\left(\frac{\mathrm{d}n}{\mathrm{d}t}\right)_p \tag{7.9}$$

réaction :
$$f_i - f^* = \frac{1}{k_r A_p}\left(\frac{\mathrm{d}n}{\mathrm{d}t}\right)_p \tag{7.10}$$

$(\mathrm{d}n/\mathrm{d}t)_p$ représentant le nombre de moles de gaz consommées au cours de la croissance d'une particule d'hydrate, A_p la surface de la particule, k_d et k_r des coefficients, relatifs respectivement à la cinétique de diffusion et à la cinétique d'incorporation des molécules de gaz dans le réseau.

La relation (7.10) est basée sur l'hypothèse que la réaction d'incorporation de l'hydrocarbure dans le réseau cristallin est d'ordre 1, la différence de fugacité $f_i - f^*$ représentant la force motrice.

En considérant que la concentration en molécules de gaz reste stationnaire dans la couche de diffusion, on écrit que les deux vitesses sont égales et il en résulte la relation :

$$\left(\frac{\mathrm{d}n}{\mathrm{d}t}\right)_p = K^* A_p (f_i - f^*) \tag{7.11}$$

En posant :

$$\frac{1}{K^*} = \frac{1}{k_d} + \frac{1}{k_r} \tag{7.12}$$

Les valeurs relevées pour le coefficient K^* sont de l'ordre de 0,6 mol/m^2.s MPa dans le cas du méthane et de 0,1 mol/m^2. s MPa dans le cas de l'éthane.

Le modèle d'Englezos et Bishnoi est considéré à présent comme le modèle de base, dont dérivent la plupart des modèles cinétiques développés depuis. Certaines améliorations ont été apportées à ce modèle, notamment pour tenir compte de la solubilité élevée du CO_2 dans l'eau [Malegaonkar *et al.*, 1997]. Un modèle similaire a été développé par Skovborg et Rasmussen (1994). Ce modèle visait à lever certaines limitations du modèle d'Englezos et Bishnoi.

Toutefois actuellement, aucun modèle cinétique ne présente un caractère prédictif satisfaisant. Les modèles qui ont été développés ne représentent correctement que les données expérimentales à partir desquelles les paramètres du modèle ont été ajustés. Les résultats obtenus sur des cellules de laboratoire ne peuvent pas être directement extrapolés aux cas industriels de formation d'hydrates dans des conduites. En outre, on a pu montrer que les phénomènes de transfert combiné de matière et de chaleur peuvent jouer un rôle significatif, alors qu'ils ne sont généralement pas pris en compte dans les modèles actuels.

7.6 PRÉVENTION DES HYDRATES

7.6.1 Principe

La formation d'hydrates peut être évitée en se plaçant en dehors des conditions thermodynamiques de formation. Ceci peut être réalisé en augmentant la température à une pression donnée, ou en abaissant la pression à une température donnée.

Si c'est impossible, il est nécessaire pour éviter la formation des hydrates, soit de réduire la teneur en eau du gaz par une opération de séchage, soit d'utiliser des **inhibiteurs.**

Les inhibiteurs thermodynamiques agissent comme des « antigels ». Ce sont des solvants miscibles en phase aqueuse, qui, en modifiant la fugacité de l'eau, permettent d'abaisser la température de formation des hydrates.

7.6.2 Chauffage

Pour maintenir le gaz au-dessus de la température de formation des hydrates, une première solution, particulièrement appropriée dans le cas d'une ligne de collecte de faible longueur, consiste à isoler la conduite [Hunt, 1996].

Si le transport est effectué sur une distance relativement importante, cette méthode, en général, ne suffit pas ou devient d'un coût prohibitif.

Un dispositif d'isolation des conduites est souvent associé à un chauffage d'appoint électrique. Le chauffage est assuré, soit par des rubans chauffants électriques, soit par induction d'un courant électrique superficiel dans la conduite à chauffer. L'isolation permet d'éviter une consommation d'électricité excessive.

Un tel système de prévention des hydrates a été notamment utilisé en zone arctique [McLeod, 1978].

Un chauffage momentané peut être également utilisé pour éliminer un bouchon d'hydrates. Cette opération nécessite de nombreuses précautions. Le chauffage ne doit pas être brutal pour éviter des contraintes excessives dans la conduite. Il est nécessaire de faire fondre d'abord les extrémités du bouchon et de progresser vers le centre ; en effet, si les hydrates sont dissociés au centre, il peut en résulter une surpression dangereuse, risquant de conduire à une rupture de la conduite. Lorsque le bouchon d'hydrates est fondu, l'eau formée doit être éliminée pour éviter les risques de formation d'un nouveau bouchon.

Une des solutions possibles pour fournir la chaleur nécessaire consiste à effectuer une réaction chimique exothermique [Hale, 1988]. La réaction entre le nitrite de sodium (Na NO_2) et le nitrate d'ammonium (NH_4 NO_3) est l'une de celles qui ont été proposées :

$$Na\ NO_2 + NH_4\ NO_3 \rightarrow N_2 + 2H_2O + Na\ NO_3$$

Le nitrite de sodium obtenu a un effet inhibiteur en solution, favorisant également la fusion des hydrates. Un des inconvénients de cette méthode est la formation d'azote qui peut contribuer au risque de surpression. Elle ne semble pas avoir fait l'objet d'applications industrielles.

7.6.3 Réduction de pression

Un abaissement de pression effectué à une température constante représente un des moyens pour sortir du domaine de formation des hydrates. Toutefois, une détente du gaz s'accompagne généralement d'une baisse de température qui va à rencontre de l'effet recherché.

Ainsi, comme le souligne Sloan (1990), une détente isentropique ou même isenthalpique conduit à une augmentation des risques de formation des hydrates.

Une dépressurisation ne permet d'éliminer un bouchon d'hydrates que si elle est menée de manière presque isotherme ; ceci implique que la conduite ne soit pas isolée et que le processus de détente soit suffisamment lent.

La dépressurisation n'est en général effectuée que sur un tronçon de conduite. Elle doit être menée simultanément de part et d'autre du bouchon, de manière à éviter les risques de projection de ce bouchon.

7.6.4 Utilisation d'inhibiteurs

7.6.4.1 Sels

Les électrolytes constituent des inhibiteurs très efficaces. Les sels en solution agissent par attraction des dipôles formés par les molécules d'eau ; les molécules d'eau tendent à s'associer avec les ions en solution, plutôt qu'à former un réseau autour des molécules de gaz en solution. L'activité l'eau dans la solution diminue. De ce fait, la formation du réseau d'hydrates par les molécules d'eau nécessite à une pression donnée une température plus basse. Pour la même raison, la solubilité du gaz dans l'eau diminue.

D'après Makogon (1981), les sels les plus efficaces comme inhibiteurs correspondent aux cations suivants :

$$Al^{3+} > Mg^{2+} > Ca^{2+} > Na^+ > K^+$$

La plupart des chlorures et notamment NaCl, KCl, $MgCl_2$, $CaCl_2$ et $AlCl_3$ peuvent être utilisés comme inhibiteurs. Le chlorure de calcium est fréquemment choisi en raison de son efficacité et de son faible coût. Les sulfates, notamment Na_2SO_4, $MgSO_4$ et $Al(SO_4)_3$ sont également employés. Enfin, l'utilisation de phosphates et en particulier de phosphate de sodium Na_3PO_4 peut être envisagée.

En présence d'eau de gisement, il est nécessaire de tenir compte des sels dissous pour évaluer les risques de formation d'hydrates. Par contre, malgré leur efficacité, les sels ne sont que peu utilisés, en pratique, comme inhibiteurs, en raison des risques de corrosion et de dépôts.

7.6.4.2 Alcools

Les alcools, notamment les glycols et le méthanol, sont très largement utilisés comme inhibiteurs.

L'éthylène glycol est, parmi les glycols, celui qui se prête le mieux à l'inhibition des hydrates. En raison de sa masse molaire plus faible, il est plus efficace, à une concentration massique fixée, que le diéthylène glycol ou que le triéthylène glycol. L'emploi du diéthylène glycol peut toutefois se justifier lorsqu'il s'agit de réduire les pertes de solvant dans le gaz. D'autre part, lorsque le gaz est déshydraté à l'issue de l'étape de transport, l'emploi du diéthylène glycol comme inhibiteur permet de n'utiliser qu'un solvant unique au cours des étapes de transport et de déshydratation.

Les glycols présentent l'avantage de pouvoir être facilement récupérés en phase liquide, régénérés par distillation et recyclés, mais l'inconvénient d'être relativement visqueux, l'éthylène glycol étant le moins visqueux d'entre eux.

En raison de son efficacité, de son coût peu élevé et de sa large disponibilité, le **méthanol** est très fréquemment utilisé, soit temporairement pour détruire un bouchon, soit en continu pour éviter la formation d'hydrates.

Le méthanol est peu visqueux et n'est pas corrosif. Par contre, sa forte tension de vapeur rend sa récupération par refroidissement et condensation plus difficile que dans le cas des glycols. De plus, la régénération par distillation du méthanol est relativement coûteuse. De ce fait, le méthanol est souvent injecté en continu sans être récupéré.

La figure 7.21 montre comment varie l'abaissement de la température de formation des hydrates en fonction de la concentration dans l'eau, pour différents inhibiteurs.

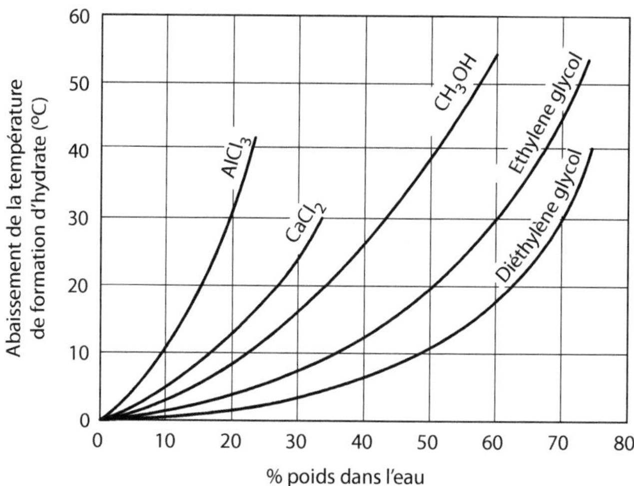

Figure 7.21

Abaissement de la température de formation d'hydrates pour différents inhibiteurs.
Source : Makogon et Sarkis'yants, 1966

Les corrélations disponibles pour prévoir l'abaissement de la température de formation d'hydrate en fonction de la concentration d'inhibiteurs sont présentées dans le paragraphe 7.6.5.

7.6.4.3 Autres inhibiteurs

L'ammoniac est un inhibiteur très efficace, mais il est corrosif, toxique et forme avec le dioxyde de carbone, en présence d'eau, des carbonates qui risquent de constituer un dépôt solide. En outre, sa tension de vapeur est élevée et il est difficile à récupérer.

La **monoéthanolamine** a été préconisée comme inhibiteur [Aliev, 1981]. À une concentration massique donnée, elle s'avère plus efficace que le diéthylène glycol. Son utilisation peut être intéressante, si le même solvant est utilisé à l'issue de l'étape de transport, pour désacidifier le gaz.

On utilise également des **additifs cinétiques et antiagglomérants**, qui permettent de limiter la croissance et l'agglomération des cristaux d'hydrates. Ces additifs qui agissent à de faibles teneurs sont qualifiés d'additifs à faible dosage LDHI (*Low Dosage Hydrates Inhibitors*).

Les additifs cinétiques KHI (*Kinetic Hydrate inhibitors*) limitent la croissance des cristaux, en se fixant à leur surface. Les additifs cinétiques présentent l'avantage d'agir en très faibles teneurs, mais présentent également des limitations qui ne permettent pas d'en généraliser l'usage [Frostman, 2003 ; Mehta *et al.*, 2002]. Les additifs cinétiques ne permettent pas d'aller au-delà d'environ 4 °C de sous-refroidissement. Les propriétés des additifs cinétiques ont été passées en revue par Kelland (2006), qui a dénombré 40 à 50 applications des additifs cinétiques dans le monde en 2005.

Leur action peut être complétée par des additifs antiagglomérants AA (*Anti Agglomerant*), mais dans ce cas, la présence d'huile ou de condensat est nécessaire pour transporter les cristaux d'hydrates dispersés [GPSA, 2004 ; Behar *et al.*, 1990, 1988]. L'eau étant dispersée dans une phase liquide d'hydrocarbures, ils permettent de mettre les cristaux d'hydrates en suspension pour les transporter sans bouchage ni perte de charge excessive. Les agents anti-agglomérants agissent en favorisant la formation d'une émulsion eau dans l'huile, ce qui permet d'obtenir des cristaux en suspension dans la phase hydrocarbure liquide, et en limitant la tendance des cristaux à s'agglomérer, lorsqu'ils sont formés.

7.6.5 Abaissement de la température de formation des hydrates par injection d'inhibiteur

En 1939, Hammerschmidt a proposé une formule empirique donnant l'abaissement de la température de formation des hydrates dû à un inhibiteur :

$$\Delta T = \frac{K}{M} \frac{W}{100 - W} \tag{7.13}$$

Avec les notations suivantes :

W : concentration en % poids d'inhibiteur ;

M : masse molaire de l'inhibiteur ;

K : coefficient empirique :

- $K = 1297$ pour les solutions de méthanol, propanol, ammoniac,
- $K = 2222$ pour l'éthylène glycol ;

ΔT : abaissement de la température de formation des hydrates dû à l'inhibiteur (en °C).

La relation de Hammerschmidt ne peut être utilisée que pour des concentrations limitées en solvant. C'est ainsi que dans le cas du méthanol, elle ne doit pas être employée pour une fraction molaire en méthanol supérieure à 0,2 [Sloan, 2008].

Nielsen et Bucklin (1983) ont proposé une corrélation qui, dans le cas du méthanol, s'applique jusqu'à une fraction molaire de 0,8 :

$$\Delta T = -72 \ln(1 - x_s) \qquad (7.14)$$

Dans la relation (7.14), x_s représente la fraction molaire de solvant en phase aqueuse et ΔT l'abaissement de la température de formation des hydrates exprimé en °C.

Toutes les méthodes de calcul récentes utilisent des modèles thermodynamiques dérivés du modèle de van der Waals et Plateeuw présenté dans le paragraphe 7.4.4.

En présence d'inhibiteur, l'expression du potentiel chimique de l'eau en phase liquide doit être modifiée par l'introduction du terme $RT\ln\alpha_{H2O}\,x_{H2O}$ faisant intervenir la fraction molaire de l'eau en phase liquide x_{H2O} et le coefficient d'activité α_{H2O} [Menten *et al.*, 1981].

Différents modèles basés sur des équations d'état permettent de calculer les équilibres de formation des hydrates en présence d'inhibiteurs [Englezos *et al.*, 1991, Stange *et al.*, 1989]. Les logiciels de modélisation des équilibres de phases en présence d'hydrates, qui ont été mentionnés précédemment : CSMGem, CSMHYD, DBRHydrate - Version 5.0), MULTIFLASH ainsi que PVTsim, permettent de calculer les équilibres liquide-liquide-vapeur-solide en présence d'inhibiteurs classiques : NaCl, méthanol, éthylène glycol, di et tri éthylène glycol.

7.7 FORMATION D'HYDRATES EN COURS DE FORAGE

Des hydrates peuvent se former en cours de forage. Deux facteurs essentiels contribuent à augmenter les risques de formation d'hydrates en cours de forage :
- le développement des opérations de forage dans la zone arctique et en mer profonde ;
- l'utilisation croissante de boues à base d'eau au lieu de boues à base d'huile pour des raisons d'environnement.

Les premières études ont porté sur les problèmes rencontrés en cours de forage, lorsque des hydrates sont présents dans le gisement [Franklin, 1983, Makogon, 1981].

Dans le cas d'un forage en mer, la formation d'hydrates dans les fluides de forage est considérée comme possible à partir de 300 m de profondeur d'eau, l'utilisation d'un inhibiteur devenant nécessaire à partir d'environ 450 m [Sloan, 1990a]. Les inhibiteurs utilisés dans ce cas sont en général des sels (notamment NaCl) et des alcools (méthanol, glycol).

La composition d'un fluide de forage étant complexe, il est difficile de prédire les conditions exactes de formation des hydrates. Des résultats expérimentaux obtenus avec vingt fluides de forage différents ont été présentés par Cha (1988).

Des mesures expérimentales effectuées au laboratoire ont permis d'étudier l'influence de différents constituants pouvant être présents dans les fluides de forage [Ouar *et al.*, 1992]. Il est apparu que les effets d'inhibition les plus importants résultent de la présence de sels et dans une moindre mesure de méthanol. Par contre, les autres constituants n'ont qu'un effet de second ordre. La présence de bentonite et de polyacrylamide semble favoriser la formation d'hydrates.

De manière générale, lors d'opérations de forage et de production en mer profonde, les risques d'accidents liés à la formation d'hydrates doivent toujours être anticipés [Kalmano-vitch, 2011]. Ainsi, l'accident de la plate-forme de BP, *Deep water Horizon*, intervenu dans le Golfe du Mexique en avril 2010, serait au moins en partie lié à la présence d'une couche d'hydrates dans les sédiments océaniques, qui auraient libéré une quantité importante de gaz, suite à une dépressurisation [Gallowgleich, 2011]. L'explosion de ce gaz a entraîné une gigantesque marée noire.

7.8 CONCLUSION

Le problème posé par la formation d'hydrates dans les conduites a pris une importance crois-sante, notamment avec le développement de la production en mer profonde.

La mise au point de solutions techniques permettant d'éviter la formation ou, tout au moins, la prise en masse des hydrates, représente un enjeu économique majeur. C'est en même temps un problème de sécurité important, en raison des risques de bouchage de lignes ou de puits qu'entraîne la formation d'hydrates ou au contraire de libération intempestive de gaz par décomposition d'hydrates présents.

Les méthodes de prévision des conditions thermodynamiques de formation des hydrates sont à présent disponibles sous forme de logiciels, qui permettent d'établir des prévisions relativement satisfaisantes et notamment de prévoir l'action d'inhibiteurs. Par contre les phé-nomènes cinétiques de nucléation et de croissance des cristaux d'hydrates sont moins bien connus et restent beaucoup plus difficiles à prévoir.

7.9 NOTATIONS

A paramètre intervenant dans l'expression (7.8) de la vitesse de formation des hydrates

a, b paramètres intervenant dans la relation entre la concentration en germes de taille critique et la température

$A_{ki} B_{ki}$ paramètres relatifs au constituant k occupant une cavité de type i intervenant dans l'expression reliant la constante de Langmuir C_{ki} à la température

A_{pi} surface d'une particule d'hydrate

a_s aire interfaciale eau-gaz

C_{ki} constante de Langmuir relative au constituant k occupant une cavité de type i

E énergie nécessaire pour former un noyau stable

f fugacité de l'hydrocarbure considéré en solution

f^* fugacité de l'hydrocarbure considéré à l'équilibre

f_i fugacité du constituant i à l'interface liquide-solide

f_k fugacité du constituant k en phase gazeuse

K coefficient empirique intervenant dans l'expression d'Hammerschmidt

K^* coefficient cinétique global

Kc coefficient cinétique

k_d coefficient de transfert intervenant dans l'expression de la vitesse de diffusion d'un hydrocarbure vers une particule d'hydrate

ki coefficient de partage du constituant i

M masse molaire de l'inhibiteur

N nombre de germes stables formés par unité de temps

n nombre de moles de gaz

P pression

Q chaleur latente de cristallisation

R constante des gaz parfaits

r rayon d'une particule d'hydrate

r_c rayon critique de nucléation

r_G taux de consommation de gaz

x_{H2O} fraction molaire de l'eau en phase liquide

x_i fraction molaire en phase solide du constituant i

T température

T^* température d'équilibre

W concentration en % poids d'inhibiteur

y_i fraction molaire en phase vapeur du constituant i

y_{ki} probabilité d'occupation d'une cavité de type i par une molécule de type k

α_{H2O} coefficient d'activité de l'eau

γ ordre de réaction intervenant dans l'expression (7.8) de la vitesse de formation des hydrates

ΔE_a énergie d'activation intervenant dans l'expression (7.8)

Δg différence entre les énergies libres par unité de volume respectivement en phase solide et en phase liquide

ΔT abaissement de la température de formation des hydrates due à l'inhibiteur

μ_{H2O} potentiel chimique de l'eau dans la phase hydrate

$\mu^0_{H_2O}$ potentiel chimique de l'eau formant le réseau d'hydrate supposé vide

V_i nombre de cavités de type i par molécule d'eau

Σ énergie libre interfaciale par unité de surface

BIBLIOGRAPHIE

Aliev AG (1981) Ispoljzovanie Monoehtanolamina V Kachestve Ingibitora Gidratov (Utilisation De La Monoéthanolamine Comme Inhibiteurs Des Hydrates), *Mingazprom., R.I., Serija : Podgotovka I Pererabotka Gaza I Gazovogo Kondensata*, n° 1, p. 23-25.

Anderson B (2005) *Molecular Modeling of Clathrates-Hydrates via* Ab-Initio, *Cell Potential and Dynamic Methods*, Massachussets Institute of Technology, MA.

ATG (1990) Généralités, dans *Aide-mémoire de l'industrie du gaz*, 4e éd., Association technique de l'industrie du gaz en France, Paris, Chap. 1, p. 124-129.

Ballard AL (2002) *A Non-Ideal Hydrate Solid Solution Model for a Multiphase Equilibria Program*, Ph.D Thesis, Colorado School of Mines, Golden, CO.

Barkan ES, Sheinin DA (1993) A General Technique for the Calculation of Formation Conditions of Natural Gas Hydrates, *Fluid Phase Equilibria*, **86**, July 1, p. 111-136.

Behar E, Bourgmayer P, Sugier A, Thomas M (1990) Advances in Hydrate Control, *7th Continental Meeting of the European Chapter of the Gas Processors Association*, Biarritz F, May 17-18, 22 p.

Behar E, Sugier A, Rojey A, Cordon IC (1988) Hydrate Formation and Inhibition in Multiphase Flow (Abstract), *Offshore Multi-Phase Production, 1st European Conference*, London, September 14-15, *BHRA*, Cranfield, UK, Paper Fl, 1 p.

Bereez E, Balla-Achs M (1983) *Gas Hydrates*, Studies in Inorganic Chemistry 4, Elsevier Science Publishing Co., Amsterdam, Netherlands, 343 p.

Brooks WB, Gibbs EB, McKetta JJ (1951) Mutual Solubilities of Light Hydrocarbonwater Systems, *Petroleum Refiner*, **30**, n° 10, October, p. 118-120.

Brown JJ. Jr. (1962) Inclusion Compounds, *Scientific American*, **207**, n° 1, January, p. 82-92.

Carroll JJ (2003) *Natural Gas Hydrates : a Guide for Engineers*, Gulf Professional Publishing, Amsterdam, The Netherlands.

Bufton SA (2003) Ultra Deepwater will Require Less Conservative Flow Assurance Approaches, *Oil Gas J.*, **101**, n° 18, p. 66-77.

Cao Z (2002) *Modeling of Gas Hydrates from First Principles*, Phd. Thesis, Massachussets Institute of Technology.

Carson DB, Katz DL (1942) Natural Gas Hydrates, *Petrol. Trans. AIME*, **146**, p. 150-158.

Cha SB, Ouar H, Wildeman TR, Sloan ED (1988) A Third-Surface Effect on Hydrate Formation, *J. Phys. Chem.*, **92**, n° 23, November 17, p. 6492-6494.

Cole WA, Goodwin SP (1990) Flash Calculations for Gas Hydrates : a Rigorous Approach, *Chem. Eng. Sci.*, **45**, n° 3, March, p. 569-573.

Culberson OL, McKetta JJJr. (1951) Phase Equilibria in Hydrocarbon-Water Systems. III --The Solubility of Methane in Water at Pressure to 10 000 Psia, *Petrol. Trans. AIME*, **192**, n° T.P. 3082, p. 223-226.

Demirbas Ayhan (2010) *Methane Gas Hydrate*, Springer.

Englezos P, Huang Z, Bishnoi PR (1991) Prediction of Natural Gas Hydrate Formation Conditions in the Presence of Methanol Using the Trebble-Bishnoi Equation of State, *J. Can. Pet. Technol.*, **30**, n° 2, March-April, p. 148-155.

Englezos P, Kalogerakis N, Dholabai PD, Bishnoi PR (1987a) Kinetics of Gas Hydrate Formation from Mixtures of Methane and Ethane, *Chem. Eng. Sei.*, **42**, n° 11, November, p. 2659-2666.

Englezos P, Kalogerakis N, Dholabai PD, Bishnoi PR (1987b) Kinetics of Formation of Methane and Ethane Gas Hydrates, *Chem. Eng. Sei.*, **42**, November, n° 11, p. 2647-2658.

Franklin L (1983) In Situ Hydrates – A Potential Gas Source, in *Natural Gas Hydrates Properties, Occurrence and Recovery*, Edit. : Cox JL, Butterworth Publishing, Boston, Ma, p. 115-122.

Franks F (1972) Chapter 4. The Properties of Ice, in *Water, a Comprehensive Treatise*, Edit. : Franks F, Plenum Press, New York, Ny, **1**, p. 121.

Freer ME, Sloan ED (2000) *Ann. N. Y. Acad. Sci.* (Holder GD, Bishnoi PR, Eds), **912**, 651.

Frostman LM (2003) Low Dosage Inhibitor (LDHI). Experience in Deepwater, *Deep Offshore Technology Conference*, Marseille, France, Nov. 19-21.

Gallowgleich K (2011) *The Deep Water Horizon Blow-out at Macondo Well MC 252*, Macondo Report 20042011.

GPSA (Gas Processors Suppliers Association) (2004) Engineering Data Book, Vol.II, Section 20.

Gravier JF (1986) *Propriétés des fluides de gisements*, Collection des Cours de l'*ENSPM* – Cours de production, Éditions Technip, Paris, **2**, Chap. 7 et 8, p. 184-225.

Hale A (1988) Shell'S Strategy for Gas Hydrates Inhibition, *Hydrates in Deep Water Drilling, N.L. Bariod Meeting*, Houston, Tx, October 20.

Hammerschmidt EG (1939) Preventing and Removing Gas Hydrate Formation in Natural Gas Pipelines, *Oil and Gas J.*, **37**, n° 52, May 11, p. 66, 69, 71 -72.

Holder GD, Grigoriou GC (1980) Hydrate Dissociation Pressures of (Methane + Ethane + Water). Existence of a Locus of Minimum Pressures, *J. Chem. Thermodynamics*, **12**, n° 11, November, p. 1093-1104.

Holder GD, Zetto SP, Prahan N (1988) Phase Behaviour in Systems Containing Clathrate Hydrates, *Reviews in Chemical Engineering*, 5, n° 1-4, January-December, p. 1-70.

Hunt A (1996) Fluid Properties Determine Flow Line Blockage Potential, *Oil Gas J.*, **94**, n° 29, p. 62-66.

Kalmanovitch N (2011) *Methane Hydrate : Deep Water Drilling Hazard*, Recovery - CSPG-CSEG-CWLS Convention.

Kashchiev D, Firoobazi A (2002) *J. Crystal. Growth*, **241**, 476.

Katz DL, Cornell D, Kobayashi R, Poettmann FH, Vary JA, Elenbass JR, Katz DL, Lee RL (1990) Chapter 5. Gas Hydrates and Their Prevention, in *Natural Gas Engineering Production and Storage*, McGraw-Hill Publishing Company, New York, Ny, p. 197-230.

Kelland MA (2006) History of the Development of Low Dosage Hydrate Inhibitors. Energy and Fuels, *Energy Fuels*, **30**, 3, p. 825.

Klauda JB (2003) Ab Inito *Intermolecular Potentials to Predictions of Macroscopic Thermodynamic Properties and the Global Distribution of Gas Hydrates*, Phd. Thesis, University of Delaware.

Lederhos JP, Metha AP, Warn KJ, Sloan ED (1992) Structure H Clathrate Hydrate Equilibria of Methane and Adamantane, *AIChE Journal*, **38**, n° 7, July, p. 1045-1046.

Lingelem M, Majeed A (1989) Challenges in Areas of Multiphase Transport and Hydrate Control for a Subsea Gas Condensate Production System, *Proceedings of 68th GPA Annual Convention*, San Antonio, Tx, March 13-14, p. 19-29.

Makogon Y (1981) *Hydrates of Natural Gas*, Translated by Cieslewicz WJ, Penwell Books, PennWell Publishing Company, Tulsa, Ok, 237 p.

Makogon Y, Sarkis'Yants GF (1966) *Preduprezhderive Obrazovanya Gidratorpri Dobyehe I Transporte Gaza (Prevention of Hydrate Formation During Gas Production and Transportation)*, Nedra, Moscow, 185 p.

Malegoankar MB, Dholabai PD, Bishnoi PR (1997) Kinetics of Carbon Dioxide and Methane Hydrate Formation, *Canadian Journal of Chemical Engineering*, 75, p. 1090-1096.

Mann SL, McClure LM, Poettmann FH, Sloan ED (1989) Vapor-Solid Equilibrium Ratios for Structure I and II Natural Gas Hydrates, *Proceedings of 68th GPA Annual Convention*, San Antonio, Tx, March 13-14, p. 60-74.

McKetta JJ, Wehe HH (1962) Chapter 22. Hydrocarbon–Water and Formation Water Correlations, in *Petroleum Production Handbook, Reservoir Engineering*, Edit. : Frick TC, Taylor RW, McGraw Hill Book Company, New York, Ny, **II**, p. 1-26.

McLeod WR (1978) Prediction and Control of Natural Gas Hydrates, *European Offshore Petroleum Conference and Exhibition*, London, UK, October 24-27, Paper n° EUR 116, p. 449-458.

Mehta AP, Hebert PB, Weatherman JP (2002) Fulfilling the Promise of Low Dosage Hydrate Inhibitors : Journey from Academic Curiosity to Successful Field Implementations, *Offshore Technology Conference*, Houston TX, May 6-9, 2002.

Mehta AP, Sloan ED (1996) Structure H Hydrates : The State-of-the-Art, *75th GPA Annual Convention*, Denver, CO.

Menten PD, Parrish WR, Sloan ED (1981) Effect of Inhibitors on Hydrate Formation, *Ind. Eng. Chem. Process. Des. Dev.*, **20**, n° 2, February, p. 399-401.

Munck J, Skjold-Jorgensen S, Rasmussen P (1988) Computation of the Formation of Gas Hydrates, *Chem. Eng. Sei.*, **43**, n° 10, October, p. 2661-2672.

Ng HJ, Robinson DB (1976) The Measurement and Prediction of Hydrate Formation in Liquid Hydrocarbon-Water Systems, *Ind. Chem. Eng. Fundam.*, **15**, n° 4, p. 293-298.

N'Guyen TH (1986) *The Prediction of Hydrate Formation Conditions for Natural Gas Hydrates in the Presence of Methanol Inhibition*, M. S. Thesis, Colorado School of Mines, Golden, Co.

Nielsen RB, Bucklin RW (1983) Why not Use Methanol for Hydrate Control, *Hydrocarbon Processing*, **62**, n° 4, April, p. 71-78.

Otto FD, Robinson DB (1960) A Study of Hydrates in the Methane-Propylene-Water System, *AIChE Journal*, **6**, n° 4, December, p. 602-605.

Ouar, H,, Cha SB, Wildeman TR, Sloan ED (1992) The Formation of Natural Gas Hydrates in Water-Based Drilling Fluids, *Trans. IChemE Chem. Eng. Res. and Design*, **70**, Part A, n° 1, January, p. 48-54.

Parrish WR, Prausnitz JM (1972) Dissociation Pressures of Gas Hydrates Formed by Gas Mixtures, *Ind. Chem. Eng. Proc. Des. Dev.*, **11**, n° 1, p. 26-35.

Ripmeester JA, Ratcliffe CI (1990) ^{129}Xe NMR Studies of Clathrates : New Guests for Structure II and Structure H, *J. Phys. Chem*, **94**, n° 25, p. 8773-8776.

Ripmeester JA, Tse JS, Ratcliffe CI, Powell BN (1987) A New Clathrate Hydrate Structure, *Nature*, **325**, n° 6100, January 8, p 135-138.

Robinson DB, Ng HJ, Chen CJ (1987) The Measurement and Prediction of the Formation and Inhibition of Hydrates in Hydrocarbon Systems, *Proceedings of 66th GPA Annual Convention*, Denver, Co, March 16-18, p. 154-164.

Schroeter JP, Kobayashi R, Hildebrand MA (1983) Hydrate Decomposition Conditions in the System H2S-Methane-Propane, *Ind. Chem. Eng. Fundam.*, **22**, n° 4, p. 361-364.

Singh G (1988) Section 2.4. Crystallization from Solution, in *Handbook of Separation Techniques for Chemical Engineers*, 2nd ed., Editor-in-Chief : Schweitzer PA, A James Peter Book, McGraw Hill Book Company, New York, Ny, p. 151-182.

Skovborg P, Rasmussen P (1994) A Mass Transport Limited Model for the Growth of Methane and Ethane Gas Hydrates, Chem. Eng. Sc., **49**, 8, p. 1131-1143.

Sloan ED, Koh CA (2008) *Clathrate Hydrates of Natural Gases*, 3rd Edn., CRC Press.

Sloan ED (1990) Hydrate Nucleation from Ice, *Proceedings of 69th GPA Annual Convention*, Phoenix, Az, March 12-13, p. 52-59.

Sloan ED (1985) The Colorado School of Mines Hydrate Program, *Proceedings of 64th GPA Annual Convention*, Houston, Tx, March 18-20, p. 125-128.

Stange E, Majeed A, Overâ S (1989) Experimentations and Modeling of the Multiphase Equilibrium and Inhibition of Hydrates, *Proceedings of 68th GPA Annual Convention*, San Antonio, Tx, March 13-14, p. 12-18.

Tezuka K, Taguchi T, Alavi S., Sum AK, Ohmura R (2012) Thermodynamic Stability of Structure H Hydrates Based on the Molecular Properties of Large Guest Molecules, *Energies*, **5**, n° 2, p. 459-465.

Unruh CH, Katz DL (1949) Gas Hydrates of Carbon Dioxide-Methane Mixtures, *Petrol. Trans. AIME*, **186**, n° TP 2578, April, p. 83-86.

Van Der Waals JH, Platteeuw JC (1959) Clathrate Solutions, in *Advances in Chemical Physics*, Edit. : Prigogine I, Interscience Publishers Inc., New York, Ny, **II**, p. 1-57.

Vysniauskas A, Bishnoi PR (1983) A Kinetic Study of Methane Hydrate Formation, *Chem. Eng. Sci.*, **38**, n° 7, July, p. 1061-1072.

Weinaug CF (1959) Chapter 5. Water-Hydrocarbon System, in *Handbook of Natural Gas Engineering*, McGraw Hill Book Company Inc., New York, Ny, p. 189-221, 775-777.

8 | Traitement du gaz naturel

8.1 INTRODUCTION

Le **traitement** du gaz naturel consiste à séparer, au moins partiellement, certains des constituants présents à la sortie du puits, tels que l'eau, les gaz acides et les hydrocarbures lourds, pour amener le gaz à des spécifications de transport ou à des spécifications commerciales.

La répartition de ces traitements entre les lieux de production et de livraison résulte de considérations économiques. Les **spécifications** à respecter pour le gaz traité sont liées soit aux conditions de transport, soit aux conditions d'utilisation (gaz commercial). Le gaz est le plus souvent traité, dès le stade de la production, pour être amené directement aux spécifications commerciales, sauf si les conditions de production sont très difficiles et amènent à effectuer un traitement minimum sur le site de production. Si le gaz est liquéfié ou transformé par conversion chimique, il subit en général un traitement complémentaire avant l'étape de liquéfaction ou de conversion chimique. Dans tous les cas, on cherche à éviter un traitement à l'arrivée. Le gaz est donc en général amené aux spécifications commerciales avant un transport à longue distance.

La figure 8.1 schématise les principaux traitements qui sont effectués. Une première étape permet de réaliser la **séparation** des fractions liquides éventuellement contenues dans l'effluent du puits : fraction liquide d'hydrocarbures (gaz associé ou à condensat), eau libre. L'étape de traitement qui suit dépend du mode de transport adopté.

Le gaz naturel ainsi que ses différentes fractions peuvent être transportés sous diverses formes :

- gaz naturel comprimé (transport par gazoduc) ;
- gaz naturel liquéfié (GNL) ;
- gaz de pétrole liquéfié (GPL) ;
- produits chimiques dérivés (méthanol, ammoniac, urée…).

Ces divers modes de transport seront examinés dans le chapitre suivant (Chapitre 9). Chacune de ces filières de transport implique, comme cela apparaît sur la figure 8.1, une succession d'étapes et constitue une **chaîne gaz**.

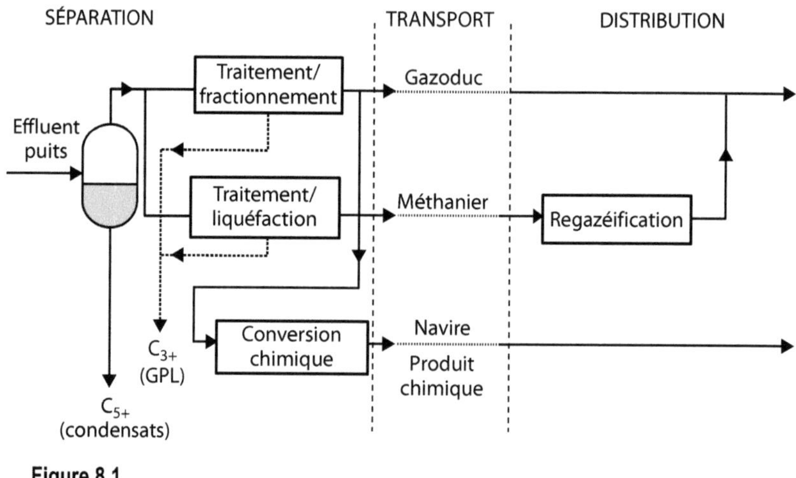

Figure 8.1

Répartition des traitements (gaz sec ou à condensat).

Certains des composants présents dans un gaz naturel doivent être extraits, soit pour des raisons imposées par les étapes ultérieures de traitement ou de transport, soit pour se conformer à des spécifications commerciales ou réglementaires. Il peut être ainsi nécessaire d'éliminer au moins partiellement :

– l'hydrogène sulfuré H_2S toxique et corrosif ;
– le dioxyde de carbone CO_2, corrosif et de valeur thermique nulle ;
– le mercure, corrosif dans certains cas ;
– l'eau, conduisant à la formation d'hydrates ;
– les hydrocarbures lourds, condensant dans les réseaux de transport ;
– l'azote, de valeur thermique nulle.

Dans le cas du transport par gazoduc, les spécifications de transport visent à éviter la formation d'une phase liquide (hydrocarbures ou eau), le blocage de la conduite par des hydrates et une corrosion trop importante. On impose dans ce cas une valeur maximale aux points de rosée eau et hydrocarbure. La valeur du point de rosée hydrocarbure dépend des conditions de transport et peut être par exemple fixée à 0 °C, pour éviter tout risque de formation de phase liquide par condensation rétrograde. Étant donné qu'il est nécessaire dans tous les cas d'amener le gaz aux spécifications commerciales, le traitement correspondant est effectué en général dès que possible et avant transport du gaz sur de longues distances.

Les spécifications commerciales sont plus sévères et comprennent également une fourchette dans laquelle doit se situer le pouvoir calorifique. Des spécifications typiques pour un gaz commercial sont présentées sur le tableau 8.1.

Tableau 8.1. Spécifications d'un gaz commercial

Pouvoir calorifique supérieur PCS (kJ/m^3 (n))	39 100 à 39 500
Point de rosée HC	inf. à – 6 °C
Teneur en eau	inf. à 150 ppm vol.
Teneur en	inf. à 0,5 % mol

La teneur maximale en H_2S que peut contenir le gaz traité est très faible et varie habituellement entre 2 et 20 mg/m^3 (st). Une spécification usuelle, en unités anglo-saxonnes, est de 0,25 grains/100 Scft soit 6 mg/m^3 (st) ou encore environ 4 ppm [Campbell, 1981].

Le traitement peut être accompagné d'un **fractionnement**, dans le but d'obtenir une fraction liquide comprenant les GPL (propane, butane) et éventuellement l'éthane, lorsqu'il apparaît avantageux de valoriser cette fraction liquide séparément. Dans le cas d'un gaz associé ou d'un gaz à condensat, la production de GPL et de condensat permet souvent une bien meilleure valorisation que la production du gaz seul.

Lorsque le gaz naturel est liquéfié, le traitement préalable doit permettre d'éviter tout risque de cristallisation dans les échangeurs de l'unité de liquéfaction. Un fractionnement entre le méthane et les hydrocarbures plus lourds est généralement opéré au cours de la liquéfaction. Les fractions GPL et condensat sont récupérées et expédiées séparément. Le gaz obtenu après **regazéification** du GNL arrivant au terminal de réception peut être en principe envoyé directement dans le réseau de distribution. Si le gaz subit une transformation par conversion chimique, le traitement préalable dépend de la nature du procédé de conversion utilisé. L'utilisation de catalyseurs, en particulier, impose des spécifications qui sont fréquemment très sévères.

8.2 SÉPARATION DES CONDENSATS

8.2.1 Séparation multiétagée

À la sortie du puits, dans le cas d'un gaz associé ou à condensat, le gaz naturel se trouve en présence d'une phase liquide. Dans certaines circonstances, notamment en mer, cette phase liquide peut être transportée en même temps que le gaz, en milieu diphasique. Néanmoins, elle est nécessairement séparée à un stade ultérieur, avant traitement du gaz.

Dans une première étape, la phase liquide est séparée à une pression proche de la pression en tête de puits. Elle contient alors, surtout lorsque la pression est relativement élevée, une proportion importante de méthane et d'hydrocarbures légers dissous et doit être « stabilisée » par réduction de la pression. Cette opération permet d'une part de récupérer une fraction du gaz supplémentaire et d'autre part de produire une phase liquide, condensat ou « huile » (dans le cas d'un gaz associé), pouvant être stockée et transportée à la pression atmosphérique. La tension de vapeur finale de la phase liquide est très importante car elle conditionne la sécurité au cours du stockage et du transport ainsi que les pertes éventuelles. Elle fait l'objet de mesures normalisées et on se réfère souvent à la **tension de vapeur Reid** (*Reid Vapor Pressure* ou RVP) exprimée en lb/sq.in. (psi) à 100 °F (38 °C). Ainsi, une essence 10 RVP a une tension de vapeur Reid de 10 psi (68,9476 kPa) à 100 °F [Campbell, 1981]. La tension de vapeur Reid est mesurée selon la norme ASTM D-323 et elle est toujours inférieure à la tension de vapeur vraie.

Pour réaliser une bonne séparation entre le gaz et la phase liquide, en évitant d'entraîner dans la phase gazeuse une proportion notable d'hydrocarbures lourds, il est nécessaire d'utiliser plusieurs étages de séparation opérant à des niveaux de pression décroissants (Figure 8.2).

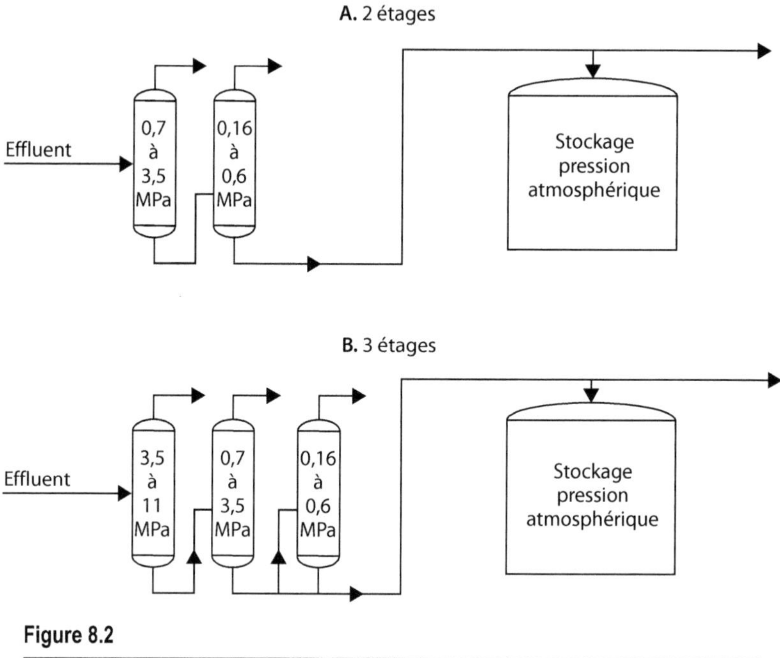

Figure 8.2

Séparation multiétagée.

La récupération de phase liquide augmente avec le nombre d'étages de séparation. En pratique, ce nombre d'étages est généralement compris entre 2 et 4 et dépend du GOR ainsi que de la pression en tête de puits :

- deux étages : faible GOR, faible pression en tête de puits ;
- trois étages : GOR moyen à élevé, pression intermédiaire ;
- quatre étages : GOR élevé, pression élevée en sortie ou après recompression.

Le bac de stockage final est maintenu en général à une pression proche de la pression atmosphérique et constitue le dernier étage de la séparation.

La séparation à trois étages correspond le plus souvent à l'optimum économique. Elle permet une récupération de 2 à 12 % supérieure en liquide par rapport à une séparation à deux étages et dans certains cas, des récupérations jusqu'à 25 % supérieures. Les quantités de vapeur et de liquide, récupérées pour une pression fixée, sont déterminées par des programmes de calcul d'équilibres utilisant un modèle basé sur une équation d'état (cf. Chapitre 4). Ceci permet d'optimiser la valeur de la pression qui est fixée pour chaque séparateur. L'étagement des pressions est choisi fréquemment de manière à ce que le rapport des pressions R_p dans deux étages successifs soit constant. Ainsi, p_i désignant la pression de l'étage et n le nombre total d'étages :

$$R_p = \left(\frac{p_{i-1}}{p_i}\right) = \left(\frac{p_i}{p_n}\right)^{1/n} \tag{8.1}$$

La pression dans le premier étage (haute pression : HP) et la pression dans le dernier étage (généralement proche de la pression atmosphérique) étant connues, on en déduit la pression dans chaque étage.

Dans le cas de trois étages de séparation, Sivalls (1977) a établi un diagramme permettant de déterminer de manière plus exacte la pression optimale de l'étage intermédiaire.

Pour récupérer les fractions gazeuses produites dans les séparateurs opérant à moyenne pression (MP) et à basse pression (BP), il est nécessaire de les recomprimer à la pression du séparateur de tête HP. Dans le cas d'un gaz associé, ces opérations de recompression sont parfois jugées trop coûteuses et de ce fait, le gaz provenant du séparateur BP peut être brûlé à la torche. Les pertes de gaz par envoi à la torche sont toutefois de moins en moins tolérées par les pays producteurs.

8.2.2 Conception des séparateurs gaz-liquide

La conception et le calcul des séparateurs gaz-liquide sont présentés dans de nombreux ouvrages et références de base [Mokhatab *et al.*, 2006 ; GPSA Engineering Data Book, 2004 ; ATG, 1988 ; Kumar, 1987 ; Arnold et Stewart, 1986 ; Beggs, 1984 ; Ikoku, 1980 ; Sivalls, 1977 ; Campbell, 1981]. Un séparateur gaz-liquide se compose généralement des éléments suivants :

- une zone de séparation primaire gaz-liquide avec introduction tangentielle afin de donner un mouvement centrifuge au fluide renforçant l'effet de la gravité ;
- une zone de décantation avec un temps de séjour suffisant pour séparer les gouttes de phase liquide ;
- un dévésiculeur à la sortie du gaz pour piéger les plus petites gouttelettes ;
- des équipements de régulation et de sécurité (régulation de pression, de température, de niveau, etc.).

Il existe trois principaux types de séparateurs (vertical, horizontal et sphérique) dont le choix dépend de l'application envisagée. La sélection doit être effectuée en tenant compte des débits de gaz et de liquide, de la taille des gouttelettes et des risques de colmatage [Brown *et al.*, 1994]. Les caractéristiques des séparateurs gravitaires dont l'objet de la norme américaine API Spec 12J, 1989.

Le schéma de principe d'un **séparateur vertical** est représenté sur la figure 8.3. Les deux phases à séparer entrent tangentiellement et rencontrent un déflecteur ; une première séparation est ainsi réalisée par gravité, centrifugation et effet de collision.

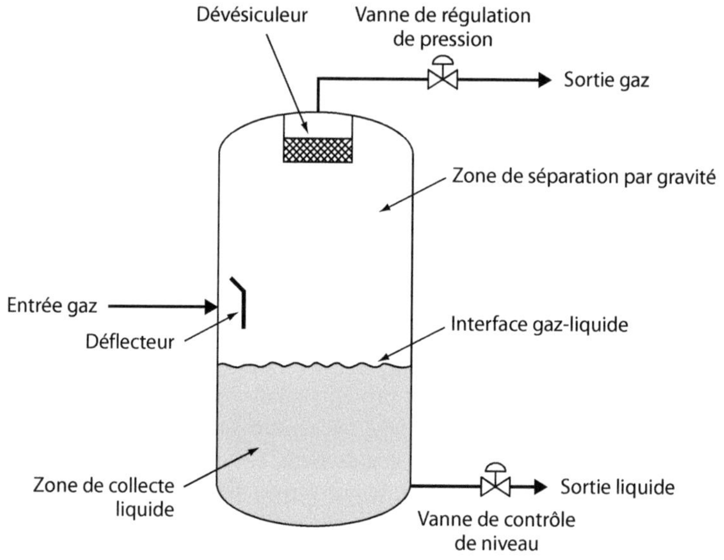

Figure 8.3

Séparateur vertical.

Les gouttes de liquide tombent par gravité dans la zone de collecte liquide, qui est séparée de la phase gazeuse par un écran conique, afin d'obtenir une interface suffisamment peu perturbée, un niveau liquide stable et un relargage efficace du gaz dissous. Les gouttes entraînées par le gaz sont éliminées dans la section supérieure au moyen de chicanes, qui induisent un mouvement centrifuge, et d'un dévésiculeur, qui permet d'arrêter et de coalescer les gouttes les plus petites.

Les séparateurs verticaux sont le plus souvent utilisés pour des valeurs faibles ou moyennes de GOR et lorsque des arrivées de bouchons liquides peuvent se produire [Ikoku, 1980]. Ce type de séparateur peut admettre certaines fluctuations du niveau de liquide, limite la tendance à la revaporisation du liquide dans la phase gazeuse et occupe une surface réduite au sol. Par contre, il est relativement coûteux à fabriquer et à capacité de séparation égale, il est plus volumineux qu'un séparateur horizontal.

Dans le cas d'un **séparateur horizontal** (Figure 8.4), le mélange des phases passe également à l'entrée du séparateur par un déflecteur, les gouttes étant ensuite séparées par gravité et par collision sur des plaques internes.

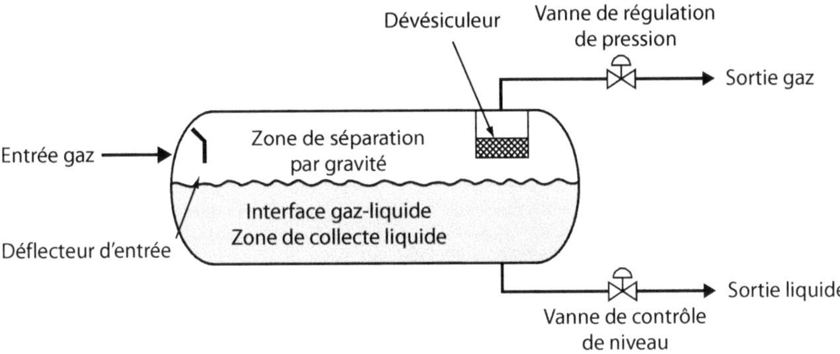

Figure 8.4

Séparateur horizontal.

Les séparateurs horizontaux sont utilisés pour les GOR élevés ou en cas de risque de moussage.

Le séparateur horizontal à deux compartiments (Figure 8.5) présente une capacité de séparation plus grande en ce qui concerne le débit de phase liquide, le compartiment inférieur étant utilisé comme zone de collecte liquide et le compartiment supérieur comme zone de séparation.

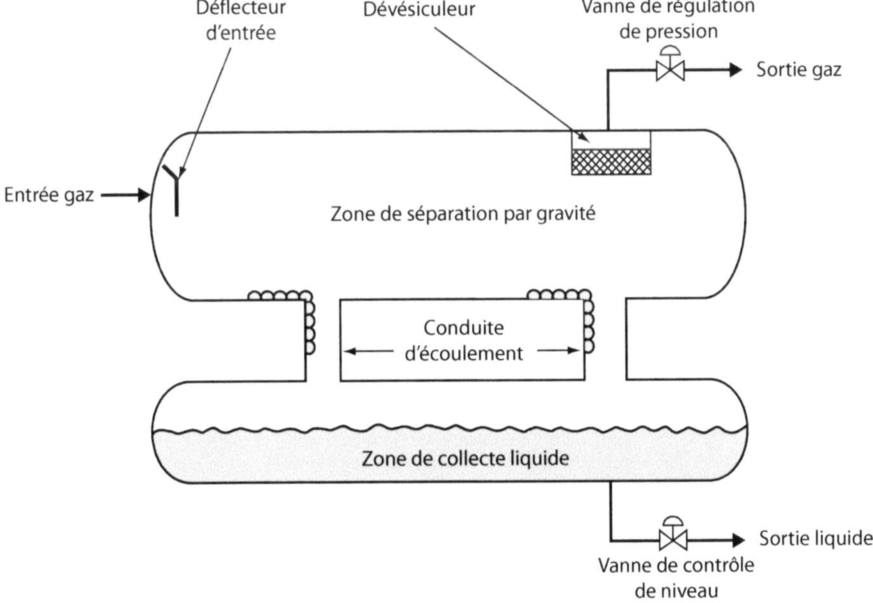

Figure 8.5

Séparateur horizontal à deux compartiments.

Le schéma de principe d'un **séparateur sphérique** est représenté sur la figure 8.6.

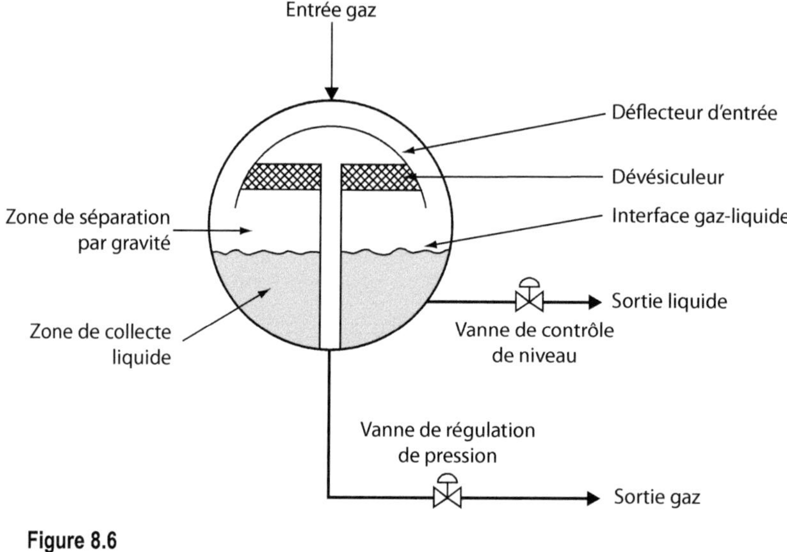

Figure 8.6

Séparateur sphérique.

Le débit liquide entrant est réparti sur la surface d'un déflecteur puis se rassemble dans la zone de collecte. La séparation des gouttes de liquide résulte principalement de la réduction de vitesse imposée au gaz dans le séparateur. Ce type d'équipement présente l'avantage d'être compact et relativement peu coûteux. Par contre, la zone de collecte liquide est relativement réduite. De ce fait, le contrôle du niveau liquide est essentiel et peut être délicat.

8.2.3 Calcul des séparateurs gaz-liquide

Une goutte de diamètre d_p tombant par gravité au sein d'une phase gazeuse atteint une vitesse limite v telle que la force de gravité F_g est équilibrée par le force de friction F_d due à son mouvement relatif par rapport au gaz.

La force de gravité F_g s'exprime en fonction du diamètre d_p par la relation :

$$F_g = \frac{\pi}{6} d_p^3 (\rho_l - \rho_v) g \qquad (8.2)$$

Dans cette relation, ρ_l représente la masse volumique de la phase liquide et ρ_v celle de la phase gazeuse, g l'accélération due à la pesanteur.

La force de friction F_d s'écrit :

$$F_d = \frac{\pi}{8} v^2 d_p^2 \rho_v C_d \qquad (8.3)$$

Le coefficient C_d représentant un coefficient de friction et v la vitesse de chute de la goutte.

En posant l'égalité entre les forces de gravité Fg et de friction F_d, on obtient la relation suivante qui exprime la vitesse de chute de la goutte en fonction de son diamètre :

$$v = \left(\frac{4gd_p(\rho_l - \rho_v)}{3C_d\rho_v} \right)^{1/2} \tag{8.4}$$

Pour un séparateur horizontal de longueur l et de diamètre interne D_s, le temps de séjour t nécessaire pour être sûr de séparer une goutte de diamètre d_p est le temps que met la goutte à effectuer la plus grande longueur possible du parcours, c'est-à-dire D_s lorsque l'interface est placée dans sa position la plus basse.

Le temps de séjour est d'autre part égal au rapport du volume du séparateur sur le débit volumique de gaz q (interface dans sa position la plus basse). La condition imposée sur le temps de séjour permet ainsi de calculer le débit q :

$$q = \left(\frac{\pi D_s l}{4} \right)\left(\frac{4gd_p(\rho_l - \rho_v)}{3C_d\rho_v} \right)^{1/2} \tag{8.5}$$

La relation (8.5) peut être mise sous la forme :

$$v_s = K\left(\frac{(\rho_l - \rho_v)}{\rho_v} \right)^{1/2} \tag{8.6}$$

Dans la relation (8.6), v_s représente la vitesse de passage définie comme le rapport du débit volumique de gaz q à la section totale du séparateur $\pi D^2/4$. La relation (8.6) est connue sous le nom de relation de Souders-Brown [Ikoku, 1980]. Elle permet d'estimer le débit de gaz que peut traiter un séparateur en considérant une valeur empirique du coefficient K. Le coefficient K a la dimension d'une vitesse et sa valeur numérique dépend donc du système d'unités considéré.

Le tableau 8.2 présente des valeurs typiques du coefficient K exprimées en m/s [Sivalls, 1977, Craft *et al.*, 1962].

Tableau 8.2. Valeurs typiques du coefficient K (m/s)

Séparateur	Fourchette de K	K utilisé généralement
Vertical	0,018 à 0,11	0,036 sans dévésiculeur 0,051 avec dévésiculeur
Horizontal	0,12 à 0,15	0,166 avec dévésiculeur
Sphérique	–	0,107 avec dévésiculeur

Connaissant la valeur du coefficient K, la relation (8.6) permet de calculer la vitesse de passage v_s et donc, pour un séparateur de section donnée, d'évaluer le débit de gaz qu'il peut traiter ou inversement pour un débit de gaz donné, de calculer la section du séparateur.

Un calcul plus précis peut être effectué en utilisant des diagrammes établis à partir de données relevées sur champs [Ikoku, 1980 ; Sivalls, 1977].

Le débit liquide W, qui peut être séparé, est déterminé à partir du volume de phase liquide V_l dans le séparateur, en se fixant un temps de séjour t_l :

$$W = \frac{V_l}{t_l} \tag{8.7}$$

Pour un séparateur gaz-liquide, Sivalls (1977) indique une valeur d'une minute pour le temps de séjour t_l.

8.3 OPÉRATIONS DE FRACTIONNEMENT ET DE PURIFICATION

8.3.1 Procédés mis en œuvre

L'ajustement requis de la teneur en **eau**, en **gaz acides** et **hydrocarbures lourds**, est réalisé par des opérations de **traitement**, qui permettent de purifier le gaz naturel, en séparant les constituants à éliminer du gaz traité.

Ces opérations de traitement font appel à des procédés de séparation divers : absorption par solvant, adsorption, fractionnement par réfrigération, perméation gazeuse. Dans les paragraphes suivants (§ 8.3.2 à 8.3.4), quelques rappels généraux concernant les procédés d'absorption, d'adsorption et de perméation gazeuse sont présentés, avant de passer à une description plus détaillée des techniques utilisées pour réaliser les opérations de déshydratation, fractionnement des hydrocarbures et désacidification.

En dehors de la perméation gazeuse, les procédés de séparation utilisés sont tous basés sur le principe d'un changement de phase : le constituant à séparer est transféré sélectivement de la phase gazeuse à une phase liquide ou solide.

Ceci peut être réalisé soit par réfrigération, avec formation d'une phase liquide enrichie en constituants plus lourds que le méthane, soit par mise en œuvre d'un agent de séparation sélectif, qui peut être un solvant (absorption) ou un adsorbant (adsorption).

Dans le cas de la perméation gazeuse, la séparation est basée sur la différence entre les vitesses de passage des constituants à séparer à travers une membrane sélective.

8.3.2 Absorption par un solvant

L'absorption par un solvant dans une colonne de contact représente la technique la plus couramment utilisée pour traiter le gaz naturel.

Le principe de base d'un tel procédé est représenté sur la figure 8.7.

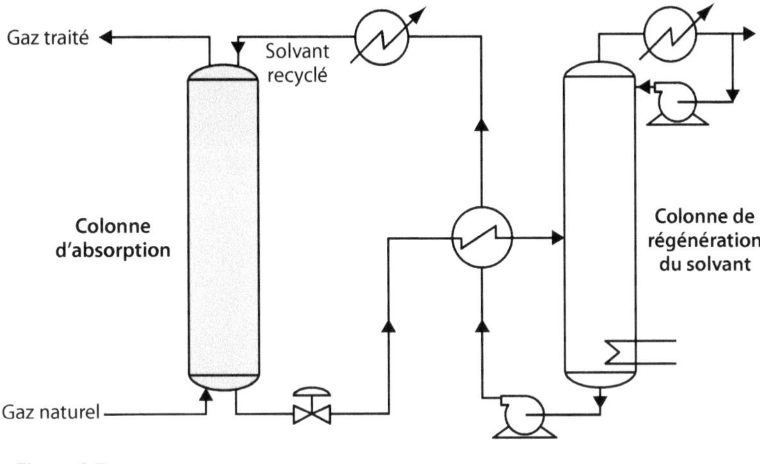

Figure 8.7

Schéma de principe d'une opération de traitement par absorption.

Le gaz à traiter est mis en contact à contre-courant avec un solvant sélectif dans une colonne à plateaux ou à garnissage.

Si le solvant qui arrive en tête est pur, il est possible, en jouant sur le taux de solvant et le nombre de plateaux ou la hauteur de garnissage dans la colonne, d'obtenir en sortie la teneur en impuretés correspondant à la spécification imposée. Le solvant sortant de la colonne d'absorption est envoyé à une colonne de régénération par distillation, qui opère généralement à plus basse pression. Après régénération, le solvant est recyclé. Il passe par un échangeur de chaleur, destiné à le ramener à une température proche du domaine de température dans lequel opère la colonne d'absorption, tout en chauffant la solution de fond de colonne. Avant d'être renvoyé à la colonne d'absorption, il subit en général une étape de réfrigération complémentaire dans un échangeur non représenté sur la figure 8.7.

La pureté du solvant recyclé est essentielle. En effet, la concentration en impureté du gaz traité ne peut être inférieure à celle qui est imposée par l'équilibre avec la phase solvant recyclée.

Le nombre de plateaux nécessaire pour obtenir une spécification donnée en sortie, est déterminé généralement en considérant dans un premier temps une colonne constituée d'étages théoriques. Un étage théorique est un étage idéal d'où les phases sortent en équilibre. Un plateau réel se rapproche d'un tel plateau idéal s'il est suffisamment efficace.

Si tout le long de la colonne les débits peuvent être considérés comme constants et la relation d'équilibre comme linéaire, la fraction molaire d'impureté dans le gaz traité y_s peut être calculée par la relation suivante, établie par Kremser (1930) ainsi que par Souders et Brown (1932) :

$$\frac{y_s - mx_e}{y_e - mx_e} = \frac{1 - (L/mG)}{1 - (L/mG)^{n_t+1}} \tag{8.8}$$

y, x : fractions molaires d'impureté, respectivement en phase gazeuse et en phase liquide ; les indices e et s désignent l'entrée et la sortie de la colonne d'absorption ;

$m = (y/x)^*$: rapport des fractions molaires en phase gazeuse et en phase liquide à l'équilibre ; la notation $*$ en exposant sert à rappeler qu'il s'agit des conditions d'équilibre ;

L, G : débits molaires respectifs de solvant et de gaz traité, rapportés à la section totale de la colonne ;

n_t : nombre d'étages théoriques de la colonne d'absorption.

Le rapport L/mG est appelé facteur d'absorption. La relation (8.8) montre qu'une purification poussée n'est possible que si ce rapport est supérieur à 1, ce qui impose donc un taux de solvant minimum.

Dans ce cas, si $n_t \to \infty$, $y_s \to mx_e$. et, pour un nombre d'étages suffisamment grand, la fraction molaire d'impureté en sortie tend vers sa valeur d'équilibre avec la phase solvant entrant dans la colonne. Une purification poussée ($y_s \to 0$) implique donc une régénération aussi complète que possible du solvant ($x_e \to 0$).

Connaissant le nombre d'étages théoriques nécessaires, le nombre de plateaux réels est obtenu en tenant compte de l'**efficacité** de chacun des plateaux. Les relations qui permettent alors d'accéder au nombre de plateaux réels sont présentées dans la plupart des ouvrages généraux traitant des opérations unitaires de séparation [notamment Theodore et Ricci, 2011 ; Edwards, 1984 ; Fair *et al.*, 1984 et Treybal, 1955].

Dans le cas d'une colonne à garnissage, le contact entre les deux phases est continu et le calcul de la hauteur de garnissage nécessaire pour obtenir une spécification imposée en sortie s'effectue à partir du calcul des profils de concentration. On appelle **hauteur d'unité de transfert H_G** le rapport $G/K_g a$, G désignant le débit molaire de gaz rapporté à la section totale de la colonne (mol m^{-2} s^{-1}), a l'aire interfaciale par unité de volume (m^{-1}) et K_g le coefficient de transfert global relatif à la phase gazeuse (mol m^{-2} s^{-1}).

La hauteur de garnissage nécessaire se calcule en déterminant le nombre d'unités de transfert, défini comme le rapport de la hauteur de garnissage sur la hauteur de l'unité.

Avec les approximations antérieures (débits constants, relation d'équilibre linéaire), ce nombre d'unités de transfert est calculé en appliquant la relation de Colburn (1939) :

$$N_G = \frac{1}{1 - \left(\dfrac{mG}{L}\right)} \ln\left[\left(1 - \frac{mG}{L}\right)\left(\frac{y_s - mx_e}{y_e - mx_e}\right) + \frac{mG}{L}\right] \tag{8.9}$$

La hauteur de garnissage h_T est obtenue en multipliant le nombre d'unités de transfert par la hauteur d'unité de transfert :

$$h_T = N_G H_G \tag{8.10}$$

La hauteur d'unité de transfert H_G est déterminée pour chaque type de garnissage par des corrélations semi-empiriques [Edwards, 1984 ; Defives et Rojey, 1976]. Il est également possible d'introduire une hauteur H_T, dite « hauteur équivalente à un étage théorique » (*HETP : Height Equivalent to a Theoretical Plate*), qui, toujours dans le cas des hypothèses précédentes, est reliée à la hauteur d'unité de transfert par la relation :

$$HETP = G_T = H_G \frac{\ln\left(m\dfrac{G}{L}\right)}{\left[\left(m\dfrac{G}{L}\right) - 1\right]} \qquad (8.11)$$

La relation (8.11) se vérifie facilement en rapprochant les relations (8.10) et (8.9).

La modélisation plus exacte des procédés d'absorption est complexe. En général, elle fait intervenir des constituants multiples ainsi que des relations d'équilibre non linéaires et doit souvent prendre en compte des phénomènes qui n'ont pas été analysés ici, notamment le dégagement de chaleur lié à l'absorption.

Différents types de plateaux et de garnissages sont employés. On trouvera des informations sur ces équipements et les méthodes de dimensionnement applicables dans différents cas particuliers en se reportant aux références générales déjà citées [notamment Fair *et al.*, 1984 ainsi que Treybal, 1955].

Les plateaux peuvent être à calottes, à clapets ou simplement perforés. Les plateaux à clapets, qui présentent une bonne souplesse de fonctionnement à charge partielle sont de plus en plus employés, cette évolution s'étant effectuée aux dépens des plateaux à calottes.

Différents garnissages sont disponibles. Des exemples d'éléments de garnissage utilisés « en vrac » sont représentés sur la figure 8.8.

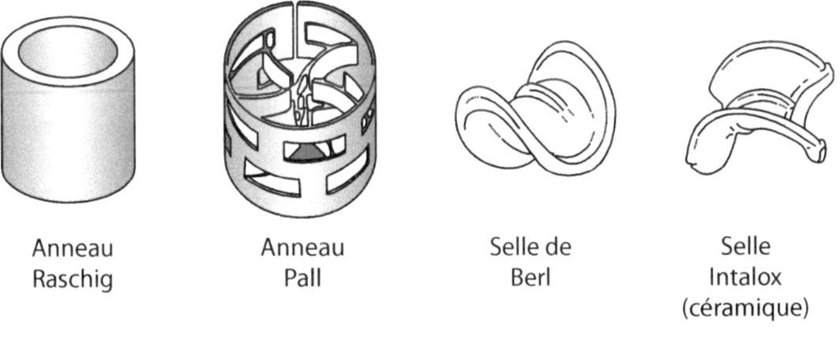

Figure 8.8

Éléments de garnissage.

L'utilisation de garnissages dits « structurés », réalisés en éléments modulaires occupant toute la section de la colonne permet de concilier une bonne efficacité avec une perte de charge réduite [Nygren et Connolly, 1971]. Elle a été en particulier recommandée par Kean *et al.* (1991), pour réaliser l'absorption d'eau par le triéthylène glycol (TEG). D'après ces auteurs, le débit de gaz qui peut être traité dans une colonne de section donnée équipée d'un garnissage structuré est environ le double de celui qui serait traité dans une colonne à plateaux de même section équipée de plateaux à calottes.

8.3.3 Purification par adsorption

Les procédés de séparation par **adsorption** sont généralement employés lorsqu'une pureté élevée est recherchée.

Ils mettent en œuvre une phase solide présentant une grande surface spécifique, sur laquelle sont retenus de manière sélective les constituants à séparer. Les adsorbants sont donc en général caractérisés par une structure microporeuse conduisant à une surface spécifique très importante : il peut s'agir d'alumine activée, de gel de silice ou de charbon actif. Dans le cas des tamis moléculaires (zéolithes), le réseau atomique de la phase solide comporte des cavités dans lesquelles peuvent se loger les molécules des constituants à séparer ; ces cavités sont reliées entre elles et forment la structure microporeuse de l'adsorbant.

Les adsorbants se prêtent mal à une circulation en continu, en raison d'une part des problèmes mécaniques à résoudre et d'autre part des risques d'**attrition** (érosion des particules d'adsorbant due aux frottements et aux chocs, en cours de déplacement).

Pour cette raison, on opère généralement en lit fixe selon une séquence périodique.

Dans le cas le plus simple, un lit opère en adsorption, tandis que l'autre opère en désorption, les deux lits étant commutés périodiquement.

L'opération de désorption est réalisée par différentes méthodes :

- abaissement de la pression, la régénération étant d'autant plus efficace que la pression est basse, ce qui conduit à opérer sous vide ;
- balayage par un gaz inerte pour abaisser la pression partielle du constituant à désorber ;
- balayage par un agent de déplacement, qui en s'adsorbant, permet une désorption plus efficace que celle qui est obtenue avec un simple gaz de balayage ;
- chauffage, l'élévation de température facilitant la désorption ; dans le cas d'une opération en lit fixe, une variation importante de température entre les étapes d'adsorption et de désorption ne peut être mise en œuvre que si la durée du cycle est relativement longue, en raison de l'inertie thermique du lit d'adsorbant.

La séquence mise en œuvre dans un tel procédé peut être plus complexe que la succession d'étapes d'adsorption et de désorption qui vient d'être décrite. En particulier, une étape de purge du gaz qui s'accumule dans le lit peut être nécessaire pour éviter des pertes importantes.

Le dimensionnement des unités d'adsorption nécessite le calcul des profils de concentration dans chacun des lits fixes, au cours des étapes d'adsorption et de désorption. Ces profils de concentration varient en fonction du temps (Figure 8.9).

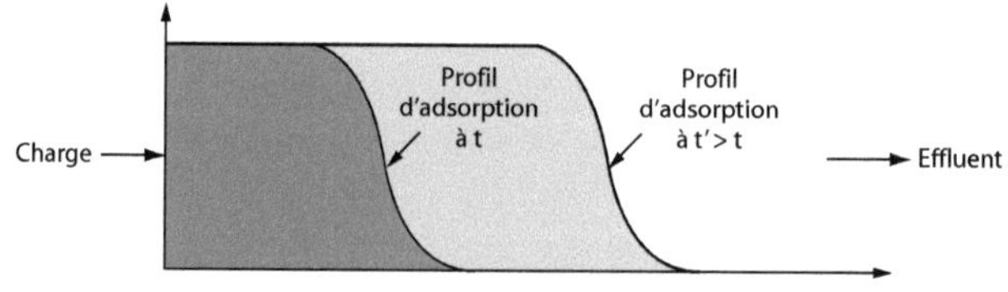

Figure 8.9

Déplacement du front d'adsorption.

Ainsi, pendant l'étape d'adsorption, au fur et à mesure que l'adsorbant se sature en constituant adsorbable, le front d'adsorption progresse dans la colonne. L'étape d'adsorption doit être arrêtée lorsque ce front commence à « percer » à la sortie, et que la concentration en sortie atteint un seuil à ne pas dépasser.

La vitesse moyenne de propagation du front d'adsorption dépend de la forme de l'isotherme d'adsorption ; cette vitesse est d'autant plus faible que la capacité d'adsorption de l'adsorbant mis en œuvre est grande. Le front d'adsorption est d'autant plus étalé que la cinétique de transfert est lente et les phénomènes de mélange importants.

Les méthodes de calcul des profils de concentration, au cours des étapes d'adsorption et de désorption, sont décrites dans les ouvrages décrivant les opérations de séparation [Vermeulen, 1984 ; Treybal, 1955] ainsi que dans ceux qui traitent spécifiquement des techniques d'adsorption, tels que celui de Ruthven (1984).

8.3.4 Perméation gazeuse

Le schéma de principe d'une opération de séparation par perméation gazeuse est représenté sur la figure 8.10 [Meyer *et al.*, 1991 ; Avrillon *et al.*, 1990].

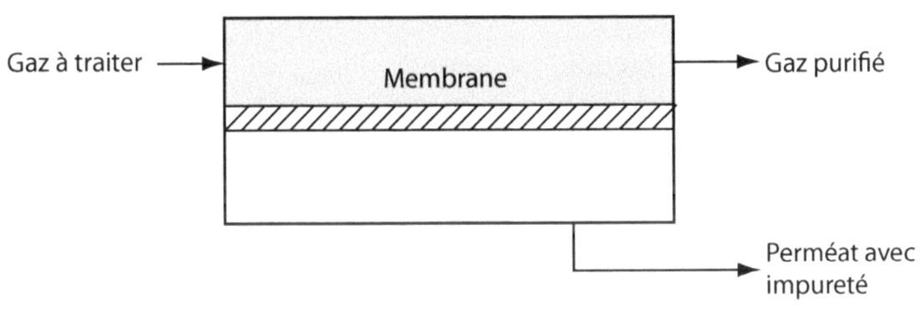

Figure 8.10

Perméation gazeuse. Schéma de principe.

Pour que la séparation soit efficace, la membrane doit être très perméable vis-à-vis de l'impureté à séparer, qui passe à travers la membrane sous l'effet de la pression et très peu perméable vis-à-vis du méthane.

Le flux d'un constituant i à travers la membrane est calculé par la relation :

$$\Phi_i = \frac{p_i}{e} A \Delta p_i \tag{8.12}$$

Φ_i : flux du constituant i ;

e : épaisseur de la membrane ;

A : surface de la membrane ;

Δp_i : différence de pression partielle du constituant i de part et d'autre de la membrane.

Le coefficient de perméabilité P_i s'exprime en mol m^{-1}.s^{-1}.Pa^{-1} ; il est parfois encore exprimé en barrer, le flux étant exprimé en cm^3(n) :

$$1 \text{ barrer} = 10^{-10} \text{ cm}^3 \text{ (n) cm/cm}^2 \text{ s cm Hg}$$

s^{-1} l'épaisseur de la membrane en cm, la surface de la membrane en cm^2 et la différence de pression en cm Hg. En unité SI :

$$1 \text{ barrer} = 3{,}46.10^{-16} \text{ mol. m}^{-1}.\text{s}^{-1}.\text{Pa}^{-1}$$

La sélectivité de séparation α_{ij} entre deux constituants i et j est définie par le rapport des coefficients de perméabilité P_i et P_j.

Les membranes utilisées actuellement en traitement de gaz mettent en œuvre un film de polymère non poreux à travers lequel la perméation s'effectue par dissolution et diffusion. Ce polymère doit présenter la perméabilité la plus élevée possible vis-à-vis du constituant i à séparer et en même temps une bonne sélectivité α_{ij} ($\alpha_{ij} \gg 1$). En fait, pour une famille de polymères donnée, la sélectivité tend à diminuer lorsque la perméabilité augmente et le choix du polymère résulte donc généralement d'un compromis.

Le coefficient de perméabilité P_i peut être exprimé comme le produit d'un coefficient de diffusion D_i, et d'un facteur de solubilité S_i. La sélectivité α_{ij} est ainsi le résultat soit d'une sélectivité de solubilité $\alpha_{ij}^s = S_i / S_j$ soit d'une sélectivité de mobilité $\alpha_{ij}^D = D_i / D_j$.

Le choix du polymère doit prendre en compte d'une part l'espacement entre chaînes et segments linéaires, c'est-à-dire le volume libre de la matrice et d'autre part la rigidité des chaînes [Koros *et al.*, 1987].

Les membranes de perméation gazeuse sont réalisées le plus souvent avec des polymères vitreux qui présentent une bonne sélectivité de mobilité (dérivés d'acétate de cellulose, polyéthersulfones, polyimides, polyamides).

La relation (8.12) montre également que le flux de perméation gazeuse est inversement proportionnel à l'épaisseur du film de polymère. Ceci conduit à réduire cette épaisseur, mais la membrane doit rester suffisamment résistante sur le plan mécanique.

Un progrès décisif a été réalisé avec le développement des membranes asymétriques. Celles-ci sont formées par une couche active dense et très fine (0,1 à 1 µm) supportée par une couche épaisse macroporeuse (50 à 200 µm), ce qui permet d'obtenir un flux élevé et une bonne résistance mécanique.

Les procédés de séparation par membranes mettent en jeu des surfaces de membranes élevées, qui s'expriment généralement en milliers de mètres carrés.

Pour que ces procédés soient économiques, il est nécessaire de pouvoir réaliser des modules de perméation compacts présentant une surface de membrane élevée. Les modules industriels les plus utilisés appartiennent à deux types (Figure 8.11) :

– modules à membranes planes enroulées en spirale autour d'un tube collecteur ;
– modules à faisceau de fibres creuses.

Les fibres creuses sont caractérisées par un très faible diamètre, de l'ordre de 300 µm. Le mélange de gaz à séparer passe dans la calandre autour des fibres creuses dont le diamètre interne est de l'ordre de 50 à 100 µm. Des surfaces spécifiques très élevées, pouvant dépasser 1 000 m²/m³ sont ainsi obtenues.

Une revue des principales applications industrielles de la perméation gazeuse accompagnée de données économiques a été présentée par Spillman (1989).

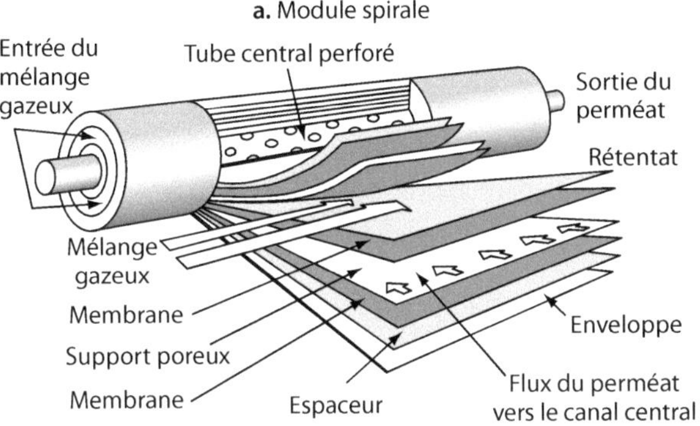

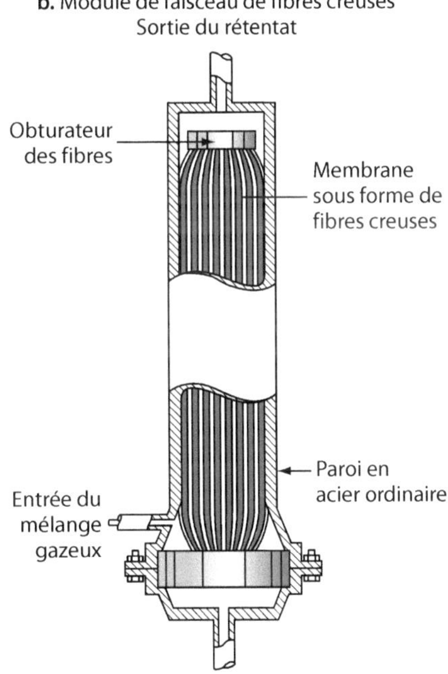

Figure 8.11

Modules de perméation gazeuse.

8.4 DÉSHYDRATATION

8.4.1 Principe

La présence d'eau entraîne différents problèmes pour les exploitants : suivant les conditions de température et de pression qui règnent dans une installation, la vapeur d'eau peut se condenser, provoquer la formation d'hydrates (cf. Chapitre 7), de bouchons d'eau liquide (voire de glace) et favoriser la corrosion, en présence de gaz acides.

Pour éviter ces phénomènes, il est nécessaire de réduire la teneur en eau du gaz naturel au moyen de techniques de traitement appropriées.

La déshydratation du gaz naturel est réalisée par différents types de procédés :
- absorption ;
- adsorption ;
- perméation gazeuse.

Nous verrons dans le paragraphe suivant qu'elle peut être également assurée par réfrigération en présence d'un inhibiteur de formation d'hydrates, au cours d'une opération de dégazolinage.

Pour une revue générale des procédés de déshydratation du gaz naturel, on peut se reporter notamment au manuel du GPSA [12e Edition, 2004, Section 20].

8.4.2 Déshydratation par absorption

Le séchage du gaz naturel est assuré dans ce cas par un lavage à contre-courant avec un solvant présentant une forte affinité pour l'eau ; ce solvant est le plus souvent un **glycol**. Le gaz déshydraté sort en tête de colonne ; le glycol sortant en fond est régénéré par distillation et recyclé [GPSA, 2004 ; ATG, 1990 ; Arnold et Stewart, 1989 ; ATG, 1988 ; Kumar, 1987 ; Ikoku, 1980 ; Campbell, 1981].

Les propriétés recherchées pour le solvant sont les suivantes :
- grande affinité pour l'eau ;
- coût réduit ;
- caractère non corrosif ;
- stabilité à l'égard des hydrocarbures ;
- stabilité thermique ;
- régénération facile ;
- viscosité réduite ;
- faible tension de vapeur à la température de contact ;
- solubilité dans les hydrocarbures réduite ;
- faible tendance au moussage et à la formation d'émulsion.

Le tableau 8.3 présente les principales propriétés physiques des glycols commerciaux. Leur obtention à l'état pur nécessite des fractionnements par distillation sous vide. Les glycols les plus lourds sont les plus hygroscopiques. Le triéthylène glycol (TEG) représente le meilleur compromis coût/performances et il est le plus fréquemment employé [Manning et Wood, 1993a et 1993b].

Tableau 8.3. Propriétés physiques des glycols commerciaux

	Éthylène glycol	Diéthylène glycol	Triéthylène glycol	Tétraéthylène glycol
Sigle	EG	DEG	TEG	T_4EG
Formule chimique globale	$C_2H_6O_2$	$C_4H_{10}O_3$	$C_6H_{14}O_4$	$C_8H_{18}O_5$
Masse molaire (Kg/Kmol)	62,068	106,122	150,175	194,228
Point de fusion (°C)	− 13,00	− 10,45	− 7,35	− 5,00
Point d'ébullition (°C)	197,30	245,00	277,85	307,85
Tension de vapeur à 25 °C (Pa)	12,24	0,27	0,05	0,007
Masse volumique à 25 °C (kg/m^3)	1 110	1 115	1 122	1 122
Viscosité absolue à 25 °C (Pa.s)	0,01771	0,03021	0,03673	0,04271
Viscosité absolue à 60 °C (Pa.s)	0,00522	0,00787	0,00989	0,01063
Chaleur spécifique à 25 °C (J/kg.K)	2 395	2 307	2 190	2 165
Point éclair (°C)	111,11	123,89	176,67	196,11

Source : Daubert et Danner, 1985

La figure 8.12 indique le point de rosée obtenu pour un gaz en équilibre avec une solution de triéthylène glycol à différentes concentrations. La forte affinité entre les glycols et l'eau est attribuée à des liaisons hydrogène. Des données plus complètes peuvent être recherchées en se reportant aux ouvrages de base déjà cités et notamment au manuel publié par le GPSA (2004).

Une méthode de calcul de l'équilibre entre la phase gazeuse et une solution de TEG a été présentée par Hicks et Senules (1991). La répartition de l'eau entre les deux phases à l'équilibre est représentée par un coefficient de partage supposé constant tout le long de la colonne d'absorption. La hauteur de la colonne peut être calculée en faisant appel à la relation de Kremser-Brown (8.8) dans le cas d'une colonne à plateaux ou la relation de Colburn (8.9) dans le cas d'une colonne à garnissage.

La figure 8.13 présente le schéma de fonctionnement d'une unité de déshydratation au triéthylène glycol. L'étape d'absorption est réalisée dans une colonne à plateaux ou à garnissage. Le nombre de plateaux est couramment compris entre 6 et 8. Pour les petits diamètres, des garnissages sont généralement employés, tandis que les colonnes plus importantes mettent en œuvre des plateaux à calottes ou à clapets. Pour les colonnes de grande section, l'utilisation de garnissages structurés, qui permet de réduire le diamètre, se développe actuellement. La température à laquelle est opérée l'étape d'absorption est limitée en général à 38 °C pour éviter des pertes trop importantes en glycol. Une température plus basse permet en principe de réduire les pertes ainsi que la teneur en eau dans le gaz traité. Toutefois, compte tenu de l'augmentation de la viscosité du glycol, une température de l'ordre de 10 °C est considérée comme une limite inférieure.

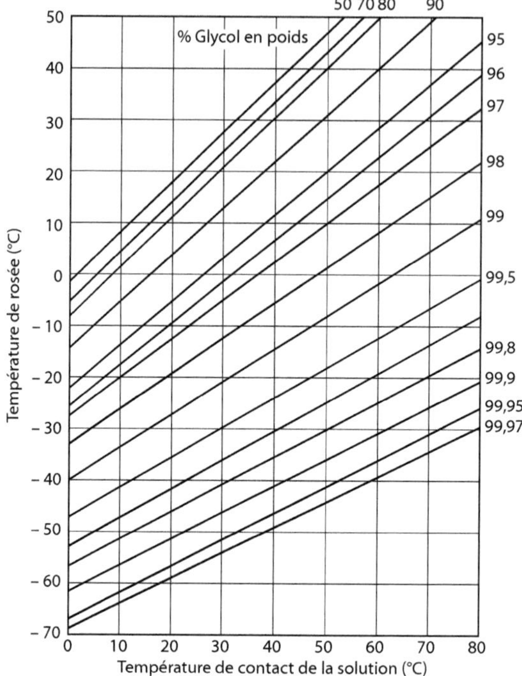

Figure 8.12

Point de rosée d'un gaz en contact avec des solutions de triéthylène glycol.
Source : ATG, 1988

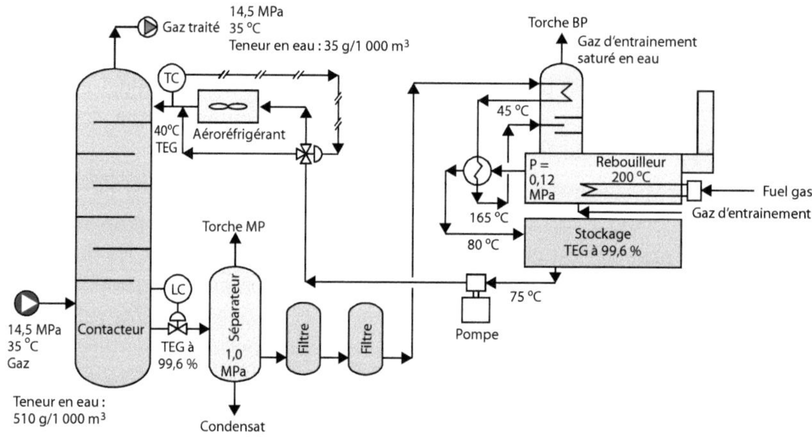

Figure 8.13

Unité de déshydratation au triéthylèneglycol.
Source : ATG, 1988

Après l'étape d'absorption, la solution de glycol traverse un séparateur triphasique dans lequel sont séparés les hydrocarbures liquides entraînés ainsi que le gaz dissous, puis un filtre à cartouche pour arrêter les particules solides et enfin un filtre à charbon actif afin de retenir les impuretés chimiques.

Le solvant est régénéré par rebouillage. La phase vapeur est rectifiée et refroidie en tête de colonne pour éviter une perte excessive de glycol.

Une déshydratation poussée du gaz naturel nécessite une pureté élevée du solvant recyclé. Cette pureté est améliorée par abaissement de la pression et augmentation de la température au cours de l'étape de régénération.

Outre l'eau, le solvant absorbe préférentiellement H_2S et les composés aromatiques, tels que benzène, toluène, éthylbenzène et xylènes présents dans le gaz naturel. Ces composés se retrouvent évacués avec l'eau à l'issue de l'étape de régénération. Ils sont fréquemment rejetés directement à l'atmosphère, ce qui, compte tenu de la toxicité de ces produits, entraîne des risques pour le personnel travaillant sur le site. L'installation d'un condenseur améliore la situation mais ne suffit pas en général pour éliminer complètement ce problème de rejets d'aromatiques [Callaghan, 1992].

Pour éviter tout risque d'entrée d'air, la pression doit être maintenue légèrement au-dessus de la pression atmosphérique. Par ailleurs, la température de régénération doit rester au-dessous de celle à laquelle le glycol se décompose. Cette température est de 177 °C pour le diéthylène glycol, de 204 °C pour le triéthylène glycol et de 224 °C pour le tétraéthylène glycol.

De telles conditions de régénération conduisent à une teneur en eau du gaz traité de l'ordre de 35 g/1 000 m^3 (st). En augmentant la circulation de solvant, il est possible d'améliorer encore la pureté du gaz traité pour aboutir à des teneurs en eau de l'ordre de 20 g/1 000 m^3 (st). Pour descendre à des teneurs plus faibles, de l'ordre de quelques ppm, il faut encore améliorer la pureté du solvant recyclé. Pour cela, deux techniques sont employées :

- la première consiste à envoyer du gaz déjà déshydraté dans le rebouilleur, pour abaisser la pression partielle de l'eau. À titre d'exemple, l'injection de 45 m^3 de gaz par m^3 de triéthylène glycol permet de purifier le solvant à 99,4 ou à 99,9 %, selon que le gaz est simplement injecté dans le rebouilleur ou introduit à contre-courant dans la colonne de régénération après le rebouilleur ;
- une autre technique (procédé DRIZO) consiste à injecter dans le rebouilleur un hydrocarbure (toluène, octane), qui forme un hétéroazéotrope avec l'eau. Cet hétéroazéotrope est entraîné en tête de colonne et après condensation de la phase vapeur, l'hydrocarbure est séparé par simple décantation et recyclé. Le triéthylène glycol est ainsi obtenu avec une pureté qui peut être supérieure à 99,9 %, sans consommation de gaz d'entraînement [Smith et Dorsi, 1993 ; Smith, 1990].

8.4.3 Déshydratation par adsorption

Le schéma de principe d'une opération de déshydratation par adsorption en lit fixe est représenté sur la figure 8.14. Le procédé fonctionne de manière alternée et périodique, chaque lit passant par des étapes successives d'adsorption et de désorption selon le principe général, qui a été décrit dans le paragraphe 8.3.3 [GPSA Engineering Data Book, 2004 ; Kohl et Nielsen, 1997 ; Campbell, 1992 ; ATG, 1990 ; Arnold et Stewart, 1989 ; ATG, 1988 ; Kumar, 1987].

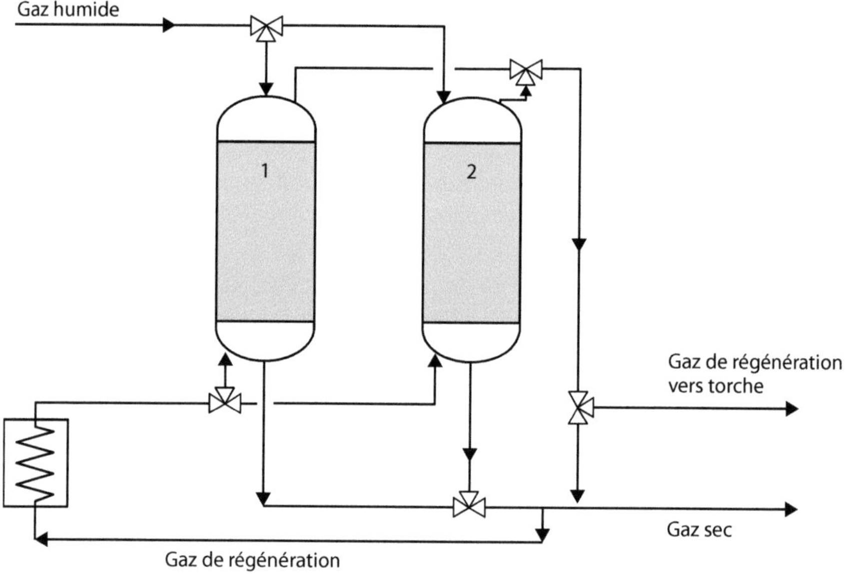

Figure 8.14

Procédé de déshydratation par adsorption.

Au cours de l'étape d'adsorption, le gaz à traiter est envoyé sur le lit d'adsorbant qui fixe l'eau. Lorsque le lit est saturé, du gaz chaud est envoyé pour régénérer l'adsorbant.

Après régénération et avant l'étape d'adsorption, le lit doit être refroidi. Ceci est réalisé en envoyant du gaz froid. Après réchauffage, ce même gaz peut servir à effectuer la régénération. Ces conditions peuvent être réalisées en utilisant quatre lits en parallèle, deux lits opérant simultanément en adsorption, un lit en refroidissement et un lit en régénération.

Un adsorbant doit présenter les caractéristiques suivantes :
– capacité d'adsorption à l'équilibre importante ;
– adsorption réversible permettant de régénérer l'adsorbant ;
– cinétique d'adsorption rapide ;
– faible perte de charge ;
– résistance à l'attrition ;

- inertie chimique ;
- pas d'effet de dilatation de volume avec la température et la saturation.

Les adsorbants les plus utilisés sont les suivants :

• Alumine activée

L'alumine activée permet d'atteindre des puretés élevées sur le gaz traité, la teneur en eau résiduelle pouvant être de l'ordre du ppm. Les hydrocarbures lourds sont adsorbés mais ne peuvent pas être ensuite désorbés au cours de la régénération. De ce fait, le gaz traité doit être sec ou dégazoliné.

• Gel de silice (Silicagel)

La teneur en eau dans le gaz traité par adsorption sur gel de silice est d'environ 10 ppm. Le silicagel est facilement régénéré à une température comprise entre 120 et 200 °C. Il adsorbe les hydrocarbures, qui sont ensuite désorbés au cours de la régénération. Il peut donc être utilisé pour séparer simultanément l'eau et la fraction condensat du gaz traité en respectant certaines précautions d'emploi. Le silicagel est détruit par l'eau libre qui fait éclater les granulés et, étant de nature acide, réagit avec les bases.

• Tamis moléculaires (Zéolithes)

Les tamis moléculaires ou zéolithes utilisés en traitement de gaz sont des silicoaluminates dont la structure cristalline forme des cavités constituant un réseau microporeux à l'échelle moléculaire. Cette structure comporte des cations qui ont un rôle de compensation de charge ; selon leur nature, la taille des cavités d'accès varie.

Ainsi pour les tamis de structure **A**, selon la nature du cation de compensation, la taille des cavités d'accès peut être de l'ordre de 3 Å (tamis 3A), de 4 Å (tamis 4A) ou de 5 Å (tamis 5A). En sélectionnant un tamis de type 3A ou 4A, il est possible d'adsorber l'eau au sein de la structure microporeuse tout en excluant les hydrocarbures. Les tamis moléculaires permettent d'obtenir des puretés du gaz traité très élevées (teneur en eau de l'ordre de 0,03 ppm), mais il s'agit d'une technique relativement coûteuse.

Les principales caractéristiques d'un procédé de déshydratation par adsorption sur tamis moléculaires sont les suivantes :

- la concentration en H_2O doit être faible ;
- il est relativement coûteux, notamment pour les grands débits de charge ;
- le pourcentage résiduel d'eau est très faible ;
- il nécessite un fonctionnement discontinu ;
- la teneur en hydrocarbures lourds dans la charge doit être limitée ;
- la présence de COS et CS_2 est nuisible ;
- l'adsorbant est un produit cher qui doit être remplacé tous les 3 ans.

8.4.4 Déshydratation par perméation gazeuse

La déshydratation par perméation gazeuse reste peu répandue à l'heure actuelle.

Toutefois, différentes études ont montré l'intérêt potentiel d'un tel procédé, qui, par rapport à une unité de déshydratation au glycol, pourrait s'avérer plus économique et plus compact, ce qui est particulièrement important dans le contexte de la production en mer [Fournié et Agostini, 1984]. Ces différents avantages n'apparaissent clairement que dans le cas d'un fonctionnement à un seul étage, sans recyclage ni recompression du perméat.

À condition de sélectionner des polymères adaptés, des valeurs très élevées du facteur de sélectivité intrinsèque (relatif à un film homogène et sans défaut), de l'ordre de 200 000, peuvent être obtenues [Deschamps *et al.*, 1989].

Pour un module de fibres creuses, le facteur de sélectivité observé est très inférieur et peut se situer entre 300 et 500, ce qui reste une valeur relativement élevée. La perméabilité au méthane qui doit être acceptée pour éviter une surface de membrane trop importante entraîne néanmoins une perte significative en méthane dans le perméat.

Dans la référence citée précédemment [Deschamps *et al.*, 1989], pour une unité de perméation gazeuse traitant 1.10^7 m^3 (n) par jour de gaz à 7 MPa et devant ramener la teneur en eau de 1040 à 170 ppm, la perte en gaz dans le perméat est estimée à 4,2 % et la surface de membrane évaluée est de 1 430 m^2.

Dans ces conditions, pour rendre le procédé économiquement rentable, il est nécessaire soit de trouver une application compatible avec la production de gaz à basse pression, soit de réduire sensiblement la perte en gaz, en améliorant encore les performances de la membrane.

8.5 FRACTIONNEMENT DES HYDROCARBURES

8.5.1 Principe

Lorsque le gaz naturel contient une fraction relativement importante d'hydrocarbures autres que le méthane (gaz à condensat ou gaz associé), la séparation d'au moins une partie de ces hydrocarbures peut devenir nécessaire pour éviter la formation d'une phase liquide au cours du transport.

Cette séparation est en général réalisée par abaissement de température avec formation d'une phase liquide ; elle peut être également effectuée par une opération d'absorption ou d'adsorption.

La terminologie utilisée pour désigner les différentes fractions liquides, obtenues par un fractionnement plus ou moins poussé, est récapitulée sur la figure 8.15. Ces différentes fractions sont placées sur une échelle de température qui représente les températures d'ébullition des hydrocarbures considérés, à la pression atmosphérique.

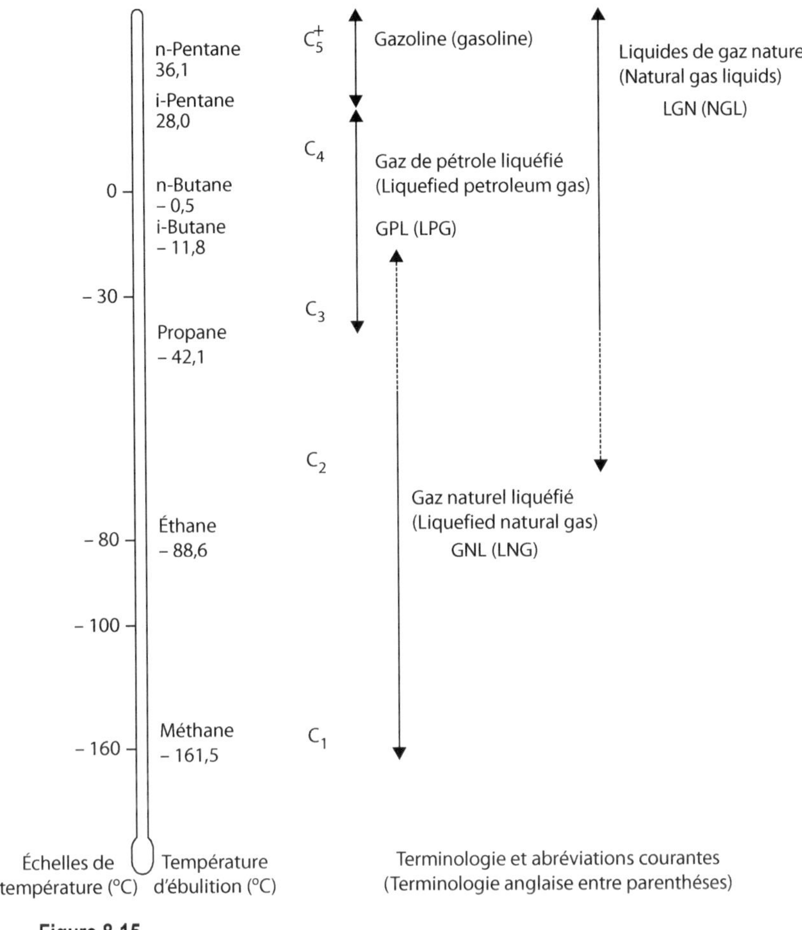

Figure 8.15

Terminologie et abréviations courantes.

L'abaissement de température permet d'obtenir successivement les fractions liquides suivantes :

– la « gazoline » ou condensat qui est une essence légère représentant la fraction C_{5+} ;

– la fraction GPL qui comprend le propane et les butanes (normal butane et isobutane). Le mélange de gazoline et de GPL (contenant également de l'éthane) obtenu en abaissant la température du gaz naturel jusqu'à la liquéfaction des GPL, mais sans séparation entre gazoline et GPL, est appelé Liquide de Gaz Naturel (LGN) ;

– en abaissant la température à environ – 160 °C, il devient possible de liquéfier le méthane. Le gaz naturel peut être ainsi transporté à la pression atmosphérique sous forme de Gaz Naturel Liquéfié (GNL). Ce GNL, formé principalement de méthane, contient généralement de l'éthane. Il peut comporter une fraction GPL si cette fraction n'a pas été séparée sur le site de liquéfaction.

8.5.2 Fractionnement par réfrigération

Lorsque le gaz naturel est transporté par gazoduc, la conception de l'installation de traitement est liée aux spécifications recherchées pour le gaz produit [ATG, 1990, ATG, 1988].

Les trois cas principaux à considérer sont récapitulés sur le tableau 8.5.

Tableau 8.4. Spécifications associées aux différents objectifs

Objectif	Spécification principale
Gaz pour le transport	Point de rosée hydrocarbure
Gaz commercial	Pouvoir calorifique supérieur
Gaz pauvre	Taux de récupération de LGN

Lorsqu'il s'agit de transporter le gaz, la principale contrainte à respecter consiste à éviter la formation d'une phase liquide. Si par exemple, en cours de transport, la température minimale du gaz est de 0 °C sous une pression de 7 MPa, le point de rosée ne doit pas excéder cette température à cette même pression. Toutefois, la pression évolue généralement de manière importante en raison des pertes de charge. Pour éviter tout risque de formation de phase liquide, une condition fréquemment imposée consiste à fixer la température du cricondentherme à une valeur inférieure ou au plus égale à la température minimale en cours de transport, c'est-à-dire 0 °C dans l'exemple qui vient d'être pris.

La figure 8.16 représente, dans un diagramme de coordonnées pression-température, l'enveloppe de phases d'un gaz à condensat provenant du séparateur haute pression placé à la sortie du puits. Sur la courbe de rosée, figure le point correspondant aux conditions de pression et température (p, T) au séparateur. La forme de l'enveloppe de phases du gaz après traitement (courbe A) permet d'exclure toute apparition de phase liquide, si la température ne descend pas au-dessous de la valeur minimale imposée.

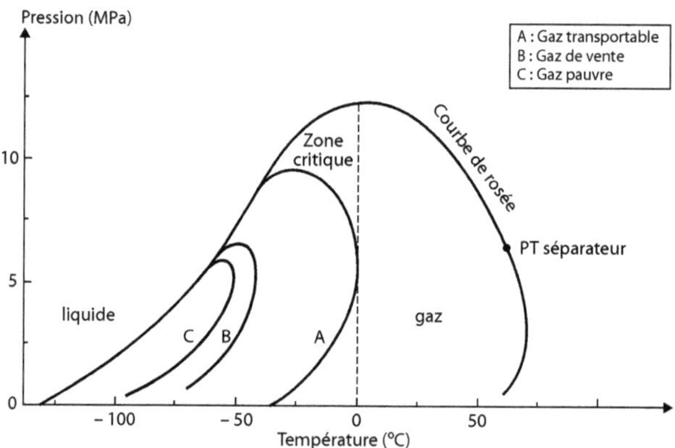

Figure 8.16

Enveloppe de phases d'un gaz à condensat.

Un deuxième objectif consiste à livrer un gaz commercial. Un tel gaz doit être caractérisé par une certaine fourchette du pouvoir calorifique supérieur (PCS) compris, par exemple, entre 39 100 et 39 500 kJ/m^3 (n). Cette spécification impose en général un fractionnement plus poussé que le simple ajustement du point de rosée pour transport. Sur le diagramme de la figure 8.16, la courbe B figure l'enveloppe de phases d'un tel gaz.

Enfin, le but recherché peut être de maximiser la production de liquide de gaz naturel, en produisant un gaz pauvre débarrassé de la majeure partie des hydrocarbures autres que le méthane. C'est le cas en particulier lorsque le gaz résiduaire est réinjecté ou brûlé. L'enveloppe de phases du gaz obtenu est représentée par la courbe C sur le diagramme de la figure 8.16.

La figure 8.17 montre le schéma de principe d'un procédé de fractionnement par réfrigération. Ce schéma correspond au cas d'un gaz préalablement déshydraté, afin d'éviter tout risque de formation d'hydrates par réfrigération. Le gaz sortant du séparateur haute pression est refroidi par un échange de chaleur avec le gaz traité, puis par une étape de réfrigération réalisée soit au moyen d'un cycle de réfrigération externe, soit par détente.

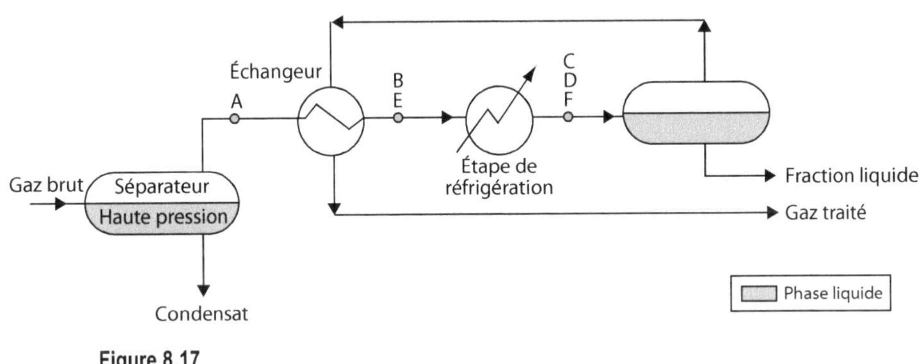

Figure 8.17

Fractionnement par réfrigération.

Le chemin thermodynamique parcouru par le gaz est représenté sur la figure 8.18. Le gaz sortant du séparateur est représenté par le point **A** ; il est tout d'abord refroidi à une pression sensiblement constante jusqu'à une température, à la sortie de l'échangeur, qui dépend de la température de réfrigération finale du gaz traité. Un **cycle de réfrigération externe** permet alors d'abaisser la température toujours à pression sensiblement constante en passant, par exemple, du point **B** au point **C**.

Le gaz peut être également refroidi par une détente. Celle-ci est d'autant plus efficace qu'elle est proche d'une détente isentropique idéale, représentée sur la figure 8.18 par le segment **EF'** en pointillés. L'évolution réelle **EF** s'en écarte nécessairement et la température finale en **F**, obtenue par détente à travers une turbine, est nécessairement supérieure à la température en **F'**.

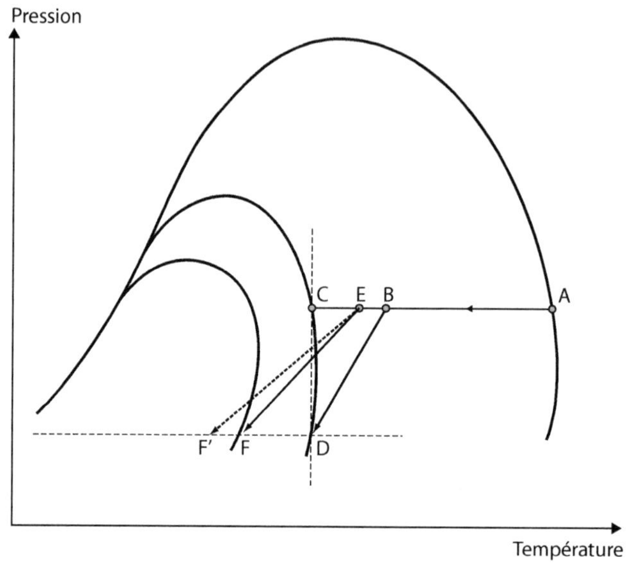

Figure 8.18

Chemin thermodynamique.

La détente peut être également réalisée selon une évolution isenthalpique dans une vanne de détente, ce qui pour une même pression conduit à une température nettement plus élevée. Pour simplifier le diagramme de la figure 8.18, la température atteinte dans ce cas en fin de détente (point **D**) a été supposée la même qu'en **C** ; les conditions de température et de pression à la sortie de l'échangeur (point **B**) sont également supposées identiques.

La réfrigération par **détente isenthalpique** à travers une vanne représente le procédé le plus simple. C'est aussi un procédé relativement inefficace, le travail de détente étant dégradé en chaleur. L'abaissement de la température obtenu par détente isenthalpique est qualifié d'**effet Joule - Thomson**.

Pour un gaz parfait, l'enthalpie ne dépend que de la température absolue et la détente isenthalpique est également isotherme.

Les propriétés d'un gaz vis-à-vis de la détente Joule-Thomson sont caractérisées par le coefficient $(\partial T/\partial p)_H$. Ce coefficient Joule-Thomson dépend des conditions initiales de température et de pression.

Au voisinage de la température ambiante, l'hydrogène et l'hélium s'échauffent par détente isenthalpique alors que les autres gaz, dont le méthane, se refroidissent. À basse température, l'hydrogène et l'hélium retrouvent le comportement des autres gaz et il existe ainsi une température d'inversion de l'effet Joule-Thomson.

La figure 8.19 représente le schéma de principe d'une unité de traitement mettant en œuvre une détente isenthalpique. Le prérefroidissement du gaz par échange avec le gaz traité, joue un rôle essentiel pour atteindre des températures relativement basses. Ce procédé s'utilise généralement au début de l'exploitation d'un gisement, quand la pression en tête de puits est élevée ; la détente permet alors d'obtenir la température requise, tout en amenant le gaz à une pression compatible avec les conditions d'évacuation.

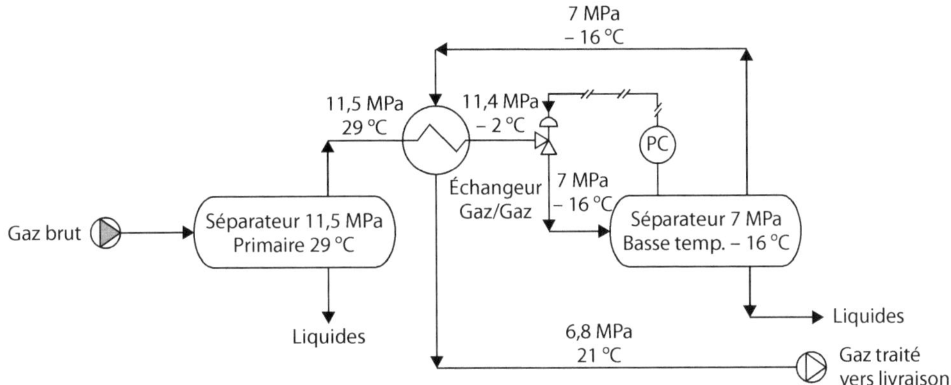

Figure 8.19

Réfrigération par détente isenthalpique.
Source : ATG, 1988

La **détente à travers une turbine** qui se rapproche d'une détente isentropique est beaucoup plus efficace. Elle est surtout utilisée lorsqu'une séparation poussée des hydrocarbures autres que le méthane, est recherchée.

Un procédé de traitement de gaz par détente à travers une turbine est schématisé sur la figure 8.20.

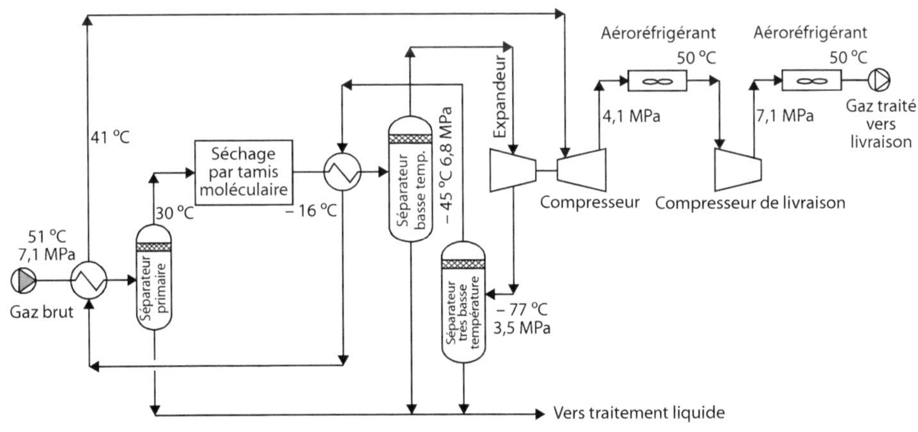

Figure 8.20

Réfrigération par turbine d'expansion.
Source : ATG, 1988

Le procédé, fonctionnant à basse température, nécessite un séchage poussé du gaz par tamis moléculaire et éventuellement une décarbonatation, pour éviter la cristallisation du dioxyde de carbone.

La turbine de détente entraîne en général un compresseur, pour recomprimer partiellement le gaz détendu.

L'utilisation d'un cycle de **réfrigération externe** permet d'abaisser la température du gaz à traiter sans réduire la pression, aux pertes de charge près.

La figure 8.21 montre le schéma de principe d'une telle installation, utilisant un **cycle frigorifique** à **compression**. La réfrigération est réalisée par vaporisation à une pression relativement basse d'un fluide frigorigène ; celui-ci est le plus souvent du propane ou parfois, un fluide halogéné [4]. Le fluide frigorigène vaporisé est comprimé, condensé sous pression, en transférant la chaleur de condensation à un fluide de refroidissement (eau ou air), et enfin recyclé après détente à travers une vanne.

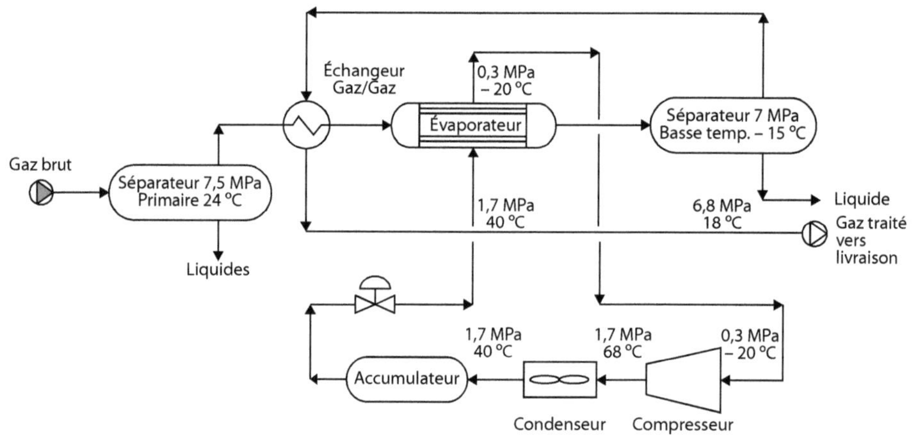

Figure 8.21

Réfrigération par cycle frigorifique à compression.
Source : ATG, 1988

Une pression d'évaporation supérieure à la pression atmosphérique est en général imposée, pour éviter tout risque d'entrée d'air, surtout si le fluide frigorigène est inflammable. La température d'ébullition du propane étant de – 42,1 °C, la température de réfrigération ne peut être inférieure à une température de l'ordre de – 35 °C. Pour descendre à des températures plus basses, il est nécessaire d'utiliser une installation fonctionnant avec deux étages en série, le deuxième étage opérant avec de l'éthane ou de l'éthylène comme fluide frigorigène.

---

4. Le Protocole de Montréal a conduit toutefois à abandonner les fluides halogénés contenant du chlore, qui étaient communément utilisés, pour limiter les risques de destruction de la couche d'ozone.

Le cycle frigorifique à compression peut être éventuellement remplacé par un **cycle frigorifique** à **absorption** [Rojey *et al.*, 1983], ce qui peut être intéressant si l'on dispose d'un rejet thermique, pouvant fournir la chaleur nécessaire au dispositif de réfrigération.

La présence d'**eau** dans un gaz naturel traité par réfrigération conduit au risque de formations d'hydrates. Ce risque peut être évité soit en **déshydratant** le gaz au préalable, soit en injectant dans le gaz un **inhibiteur** de formation d'hydrates.

Lorsque la température de traitement est relativement basse, le gaz est en général déshydraté. Si ce n'est pas le cas, l'injection d'un inhibiteur constitue souvent la solution la plus simple et la plus économique. En effet, la réfrigération permet alors d'obtenir simultanément un condensat et une phase aqueuse constituée par le mélange d'eau et d'inhibiteur.

L'utilisation d'un glycol comme inhibiteur permet une régénération relativement facile par distillation. Cette régénération peut devenir toutefois très coûteuse lorsque les teneurs en eau sont élevées et surtout en présence d'eau libre. Le méthanol est également employé, mais il n'est généralement pas recyclé. Dans le cas du procédé Ifpexol qui sera présenté dans le paragraphe 8.7, la réfrigération en présence de méthanol permet d'ajuster simultanément les teneurs en eau et en hydrocarbures lourds, la solution d'eau et de méthanol étant régénérée sans étape de distillation.

8.5.3 Fractionnement par distillation à basse température

Lorsqu'il s'agit de séparer la fraction C_{3+} ou la fraction C_{2+}. avec un rendement de récupération élevé, il est nécessaire d'avoir recours à une opération de distillation (Figure 8.22).

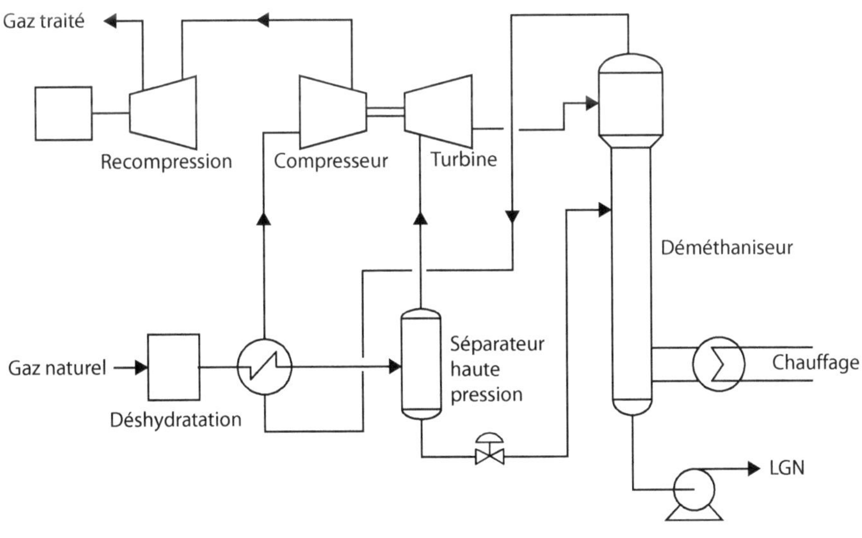

Figure 8.22

Fractionnement méthane-LGN par distillation.

Le liquide sortant du séparateur haute pression est envoyé à une colonne de distillation, afin d'obtenir en fond une fraction liquide débarrassée de méthane et en tête, un gaz ne contenant plus d'hydrocarbures en C_{3+} ou C_{2+} selon les conditions opératoires.

Le gaz quittant le séparateur est détendu dans une turbine (*turboexpander*) dans laquelle il est refroidi et partiellement condensé. À la sortie de la turbine de détente, le mélange diphasique obtenu est envoyé à une zone de désengagement placée en tête d'une colonne de distillation. La fraction gazeuse détendue, qui constitue le gaz traité, permet de refroidir la charge par échange thermique. Elle peut être ensuite recomprimée en récupérant en partie l'énergie de détente transmise par l'arbre de la turbine ; une recompression complémentaire est toutefois nécessaire pour retrouver une pression proche de la pression initiale.

Des schémas plus élaborés sont utilisés pour améliorer les performances d'un tel procédé. C'est le cas notamment du procédé Cryoplus [Paradowski et Castel, 1987] qui met en œuvre deux colonnes distinctes. Une première colonne de distillation est utilisée pour le fractionnement de la fraction liquide sortant du séparateur haute pression ; une deuxième colonne permet d'éliminer les hydrocarbures en C_{3+} ou C_{2+} présents dans le gaz, à la sortie de la turbine, par lavage avec une fraction liquide obtenue en tête de la première colonne.

La consommation d'énergie peut être réduite en réalisant l'étape de rectification, au cours de laquelle la fraction d'hydrocarbures en C_{3+} ou C_{2+} est éliminée du méthane, non pas dans la partie supérieure de la colonne mais dans un échangeur à plaques ; ceci permet de réaliser simultanément un échange thermique avec le gaz traité sortant froid en tête et d'améliorer ainsi les performances du procédé [Rojey *et al.*, 1993 ; Isalski, 1989].

8.5.4 Absorption à l'huile

Pour éviter de comprimer le gaz naturel ou de le réfrigérer à basse température, il est possible de recourir à une absorption dans une huile (Figure 8.23).

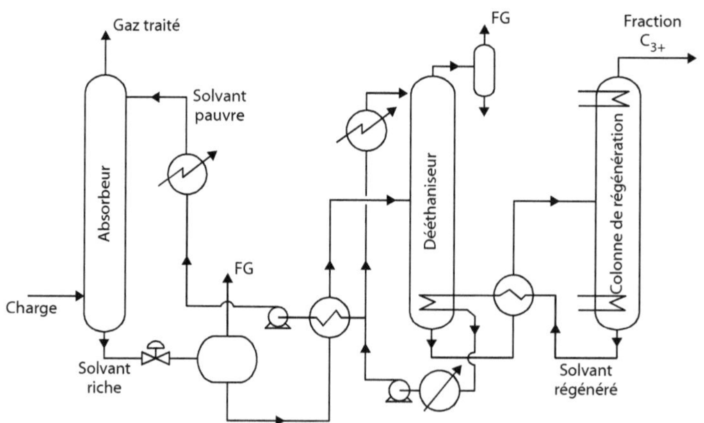

Figure 8.23

Schéma de principe d'une unité de traitement par absorption à l'huile.

Le gaz à traiter est mis en contact, dans une colonne à garnissage ou à plateaux, avec une « huile » d'absorption dont la composition peut varier depuis l'essence lourde jusqu'au gasoil. Cette huile d'absorption est en général réfrigérée à une température modérée comprise entre + 10 et – 30 °C et absorbe les hydrocarbures. À la sortie de la colonne d'absorption, l'huile riche subit une première détente pour libérer le méthane absorbé, puis passe dans un dééthaniseur pour éliminer complètement le méthane et une partie de l'éthane absorbés. En tête de cette colonne, un appoint d'huile froide est injecté afin de limiter la désorption de l'éthane et d'éviter celle des C_{3+}. À l'issue de cette opération, le solvant est régénéré dans une colonne de distillation pour être recyclé.

Ce procédé permet de limiter le recours à la réfrigération, ou d'utiliser une réfrigération à température « modérée ». Il présente par contre l'inconvénient de nécessiter des équipements relativement encombrants et coûteux.

8.5.5 Séparation par adsorption

L'adsorption sélective permet également de séparer une fraction des hydrocarbures autres que le méthane présents dans le gaz [Kohl et Nielsen, 1997 ; Campbell, 1992b ; ATG, 1988].

L'adsorbant peut être du gel de silice ou du charbon actif. L'alumine activée présente l'inconvénient d'adsorber les hydrocarbures lourds, sans possibilité de désorption au cours de la régénération.

Le charbon actif possède une très grande affinité pour les hydrocarbures, mais pas d'affinité pour l'eau. Au contraire, le gel de silice permet de réaliser simultanément une déshydratation poussée et la séparation d'une fraction des hydrocarbures.

Dans le cas d'une séparation sur gel de silice, les fronts d'adsorption des hydrocarbures les plus légers progressent plus vite que ceux des hydrocarbures les plus lourds, le front d'adsorption de l'eau sortant en dernier. Par conséquent, pour réaliser la déshydratation du gaz ainsi que la séparation des hydrocarbures en C_{5+}, il est nécessaire d'arrêter l'étape d'adsorption au moment où le front des hydrocarbures en C_{5+} commence à percer.

Un tel procédé est généralement employé pour des concentrations relativement faibles d'hydrocarbures lourds. En effet, la quantité d'adsorbant nécessaire est proportionnelle à la quantité d'hydrocarbures adsorbés.

L'adsorbant est régénéré en envoyant du gaz chaud sur le lit d'adsorbant, à une température comprise entre 200 et 300 °C.

Le charbon actif présente l'inconvénient de nécessiter une température de régénération plus élevée, se situant entre 300 et 350 °C.

Le cycle utilisé comprend trois étapes : adsorption, régénération et refroidissement du lit. Pour récupérer une fraction importante des hydrocarbures, tout en limitant le volume d'adsorbant, il est préférable d'utiliser une durée de cycle relativement courte, de l'ordre d'une heure. En pratique, cette durée de cycle peut varier dans un intervalle assez large, entre vingt minutes et plusieurs heures.

La séparation par adsorption d'une fraction des hydrocarbures les plus lourds, présents dans le gaz naturel, peut être particulièrement intéressante si le gaz est à une pression suffisamment relativement élevée, proche du cricondenbar. Dans ce cas, la réfrigération devient inefficace et la séparation par adsorption peut devenir la seule solution pour atteindre les spécifications requises [Parsons et Templeman, 1990].

8.6 DÉSACIDIFICATION

8.6.1 Principe

La désacidification consiste à séparer du gaz naturel les gaz acides, essentiellement CO_2 et H_2S. Comme nous l'avons vu, l'élimination de l'hydrogène sulfuré doit être en général beaucoup plus poussée que celle du dioxyde de carbone.

Les spécifications de teneur en gaz acides sont imposées par des contraintes de sécurité (très forte toxicité de l'hydrogène sulfuré), de transport (corrosion, risques de cristallisation ans le cas de la liquéfaction) ou de distribution (gaz commercial).

La désacidification est une opération industrielle d'une grande importance, qui est décrite dans de nombreux ouvrages, dont le GPSA Engineering Data Book, 2004, le Volume 4 : « *Gas Treating and Sulfur Recovery* » de l'ouvrage de Maddox et Morgan, 1998, l'ouvrage de Kohl et Nielsen « *Gas Purification* », 1997, le rapport publié par l'ATG (1988) concernant le traitement de gaz naturel sur gisement ainsi que les références générales déjà citées [Campbell, 1992 ; ATG, 1990 ; Arnold et Stewart, 1989 ; GPA, 1987b ; Kumar, 1987 ; Mohr, 1984 ; Ikoku, 1980].

Les principaux procédés utilisés pour réaliser la désacidification font appel à l'absorption, la sélectivité du solvant vis-à-vis des gaz acides étant basée sur une affinité soit de type chimique, soit de type physique.

L'adsorption est également employée pour réaliser des purifications poussées. Enfin, la perméation gazeuse, dont il a déjà été question auparavant, est une technique en développement ; elle présente un intérêt potentiel important mais, actuellement, les applications industrielles restent en nombre très limité.

De nombreux facteurs doivent être pris en compte dans le choix d'un procédé de désacidification et notamment les suivants :

- composition du gaz naturel ;
- teneur en gaz acides du gaz à traiter ;
- spécifications en sortie ;
- débit de gaz à traiter et conditions de pression et température à l'entrée ;
- conditions d'élimination de H_2S avec ou sans récupération de soufre.

8.6.2 Procédés basés sur des solvants chimiques

8.6.2.1 Lavage aux amines

Les amines agissent par affinité chimique, en raison de leur caractère basique. La monoéthanolamine (MEA), la diéthanolamine (DEA), la diglycolamine (DGA), la diisopropanolamine (DIPA) et la méthyldiéthanolamine (MDEA) sont utilisées pour désacidifier le gaz naturel. Le préfixe « mono », « di » ou « tri » caractérise le degré de substitution autour de l'atome d'azote.

Ainsi, R désignant le groupement fonctionnel $HOCH_2CH_2$—, la monoéthanolamine a comme formule chimique $R\,NH_2$, la diéthanolamine $R_2\,NH$ et la triéthanolamine $R_3\,N$.

Les réactions suivantes sont observées entre l'H_2S et une aminé primaire :

$$2\,R\,NH_2 + H_2S \rightleftarrows (R\,NH_3)_2\,S \qquad\qquad (8.13)$$

$$(R\,NH_3)_2\,S + H_2S \rightleftarrows 2\,R\,NH_3\,HS \qquad\qquad (8.14)$$

Ces réactions sont directes et rapides. Elles se produisent également avec les autres amines, mais c'est dans le cas de la monoéthanolamine qu'elles sont les plus rapides. La triéthanolamine, qui avait été la première à être utilisée, est la moins active et a progressivement disparu au profit de la MEA et de la DEA. Les amines réagissent également avec le dioxyde de carbone, selon deux types de réaction :

– *Formation de carbonate et de bicarbonate* :

$$2\,R\,NH_2 + CO_2 + H_2O \rightleftarrows (R\,NH_3)_2\,CO_3 \qquad\qquad (8.15)$$

$$(R\,NH_3)_2\,CO_3 + CO_2 + H_2O \rightleftarrows 2\,R\,NH_3\,HCO_3 \qquad\qquad (8.16)$$

– *Formation de carbamate*

$$2\,R\,NH_2 + CO_2 \rightleftarrows R\,NHCOO\,NH_3\,R \qquad\qquad (8.17)$$

Les réactions (8.15) et (8.16) sont lentes. En effet, le dioxyde de carbone doit former avec l'eau de l'acide carbonique (réaction lente) avant de réagir avec l'amine. La réaction (8.17) qui prédomine dans le cas de la monoéthanolamine est relativement rapide et pour cette raison, la MEA ne permet pas d'éliminer sélectivement l'hydrogène sulfuré. Au contraire, dans le cas des aminés tertiaires, la réaction (8.17) est impossible.

Diverses amines sont utilisées mais le schéma de base (Figure 8.24) consiste toujours à mettre en contact le gaz avec le solvant dans une colonne d'absorption ; la solution est régénérée, après échange de chaleur et filtration, dans une colonne de distillation (température de rebouillage : environ 133 °C pour une unité fonctionnant avec de la DEA). Avant d'être envoyé à l'unité de traitement, le gaz brut traverse un séparateur dans lequel les particules solides et liquides sont retirées ; en effet, ces particules favorisent les phénomènes de moussage.

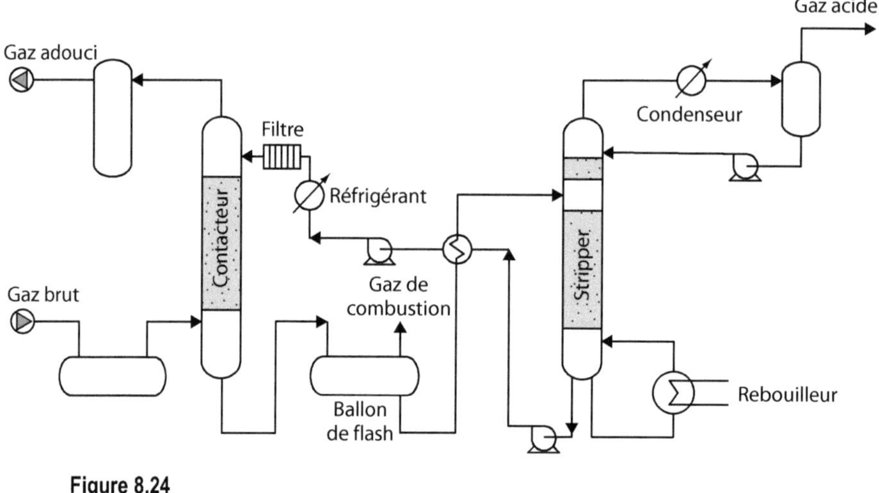

Figure 8.24

Schéma de principe d'un procédé de désacidification par lavage aux amines.

La monoéthanolamine et la diéthanolamine restent à l'heure actuelle les amines les plus utilisées.

D'autres amines introduites ultérieurement, telles que la diglycolamine, la diisopropanolamine et la méthyldiéthanolamine, suscitent toutefois un intérêt croissant.

La **monoéthanolamine** (MEA) est utilisée en solution à des teneurs de 10 à 15 % poids. Très active comme cela a déjà été signalé, elle permet d'éliminer simultanément et de manière non sélective l'hydrogène sulfuré et le dioxyde de carbone. La teneur en H_2S peut être ainsi abaissée à quelques ppm et il est même possible si l'installation est conçue dans ce but d'arriver à une teneur de l'ordre du ppm.

La MEA présente l'inconvénient de réagir de manière irréversible avec le COS, le CS_2 ainsi qu'avec les mercaptans ; sa tension de vapeur relativement élevée entraîne des pertes plus importantes qu'avec les autres amines. Pour ces différentes raisons, elle est surtout utilisée lorsqu'une purification poussée est requise, dans le cas de concentration en gaz acides relativement faibles et pour un gaz ne contenant pas de COS ou CS_2.

La **diéthanolamine** (DEA) permet d'éviter les principaux inconvénients de la MEA et en particulier, elle peut être utilisée en présence de COS et de CS_2. Son utilisation a été, pour une large part, développée sur la base de l'expérience acquise à Lacq par la SNPA. L'application de la DEA au traitement de gaz naturel a été pour la première fois décrite par Berthier en 1959 [Kohl et Nielsen, 1997]. Par la suite, les travaux menés par la SNPA ont montré qu'en opérant avec des solutions de 25 à 30 % poids, il est possible de traiter des gaz à fortes teneurs en H_2S (9 à 25 %). Le procédé SNPA-DEA, repris actuellement par Total, est ainsi devenu le procédé le plus courant pour traiter un gaz naturel fortement acide et disponible à des pressions relativement élevées. Ce procédé, qui est à présent dans le domaine public, est proposé par de nombreuses sociétés d'ingénierie.

Différents procédés faisant appel à d'autres types d'amines ont été développés.

La **diglycolamine** (DGA) est utilisée dans le procédé Fluor Econamine développé aux États-Unis par Fluor Corporation, en association à deux autres sociétés [Dingman et Moore, 1968]. La diglycolamine présente des propriétés qui sont comparables à celles de la monoéthanolamine mais elle est moins volatile et de ce fait, peut être utilisée à des concentrations beaucoup plus élevées (40 à 60 %), ce qui permet de réduire le taux de circulation et d'améliorer ainsi l'économie du procédé.

La **diisopropanolamine** (DIPA) est employée en phase aqueuse, à des concentrations relativement élevées de 30 à 40 %, dans le procédé Adip (*Shell International Petroleum Company*) [Klein, 1970]. Les applications concernent surtout le traitement de gaz (ou de liquides) de raffinerie contenant du COS, ainsi que la récupération et le recyclage de H_2S dans le procédé SCOT de traitement de fumées de queue d'unités Claus. Elle est également utilisée en mélange avec des solvants physiques, tels que le sulfolane et l'eau dans le procédé Sulfinol, présenté de manière plus détaillée dans le paragraphe 8.6.3.

Les principales propriétés physiques des amines sont récapitulées dans le tableau 8.5.

Tableau 8.5. Propriétés physiques des amines

	MEA	**DEA**	**TEA**	**MDEA**	**DIPA**	**DGA**
Formule chimique globale	C_2H_7NO	$C_4H_{11}NO_2$	$C_6H_{15}NO_3$	$C_5H_{13}NO_2$	$C_6H_{15}NO_2$	$C_4H_{11}NO_2$
Masse molaire (kg/kmol)	61,09	105,14	149,19	119,17	133,19	105,14
Point de fusion (°C)	10,5	28,0	22,4	− 23,0	42,0	− 12,5
Point d'ébullition (°C)/ 101 325 Pa	170,6	269,2	360 (décomp.)	247,4	248,9	221,3
Densité (20 °C)	1,0179	1,0919 (30 °C/20 °C)	1,1258	1,0418	0,9890 (45 °C/20 °C)	1,0572
Viscosité absolue à 20 °C (Pa.s)	0,024 1	0,380 0 (30 °C)	1,0130	0,1010	0,870 (30 °C)	0,040 0 (15,6 °C)
Chaleur spécifique à 15,6 °C (J/kg.K)	2 544	2 510	2 930	2 238	2 890 (30 °C)	2 391
Point éclair (°C)	93,3	137,8	185,0	129,4	123,9	126,7

Source : d'après GPA (1987b) ; Kohl et Riesenfeld, 1985

La **méthyldiéthanolamine** (MDEA) permet l'absorption sélective de H_2S en présence de CO_2 [Tournier-Lasserve, 1989 ; Meisner et Wagner, 1983 ; Blanc *et al.*, 1981 ; Sigmund *et al.*, 1981].

L'absorption de CO_2 peut être favorisée par la présence d'additifs [Meisner et Wagner, 1983]. Une première unité industrielle de ce procédé adaptée aux contraintes de l'offshore a été exploitée à partir de 1989 sur le champ de Tchibouela [Cabes *et al.*, 1991].

La MDEA présente des avantages significatifs, qui lui ont fait acquérir des parts croissantes de marché. Elle présente une sélectivité élevée vis-à-vis de l'H_2S et demande moins d'énergie pour être régénérée [Lallemand et Minkkinen, 2001]. De ce fait, elle peut être partiellement régénérée par simple détente. On peut dans cas utiliser un schéma de procédé, dans lequel, le solvant partiellement régénéré est envoyé en milieu de colonne d'absorption (Figure 8.25). Un tel schéma est particulièrement intéressant dans le cas d'un gaz fortement chargé en gaz acides.

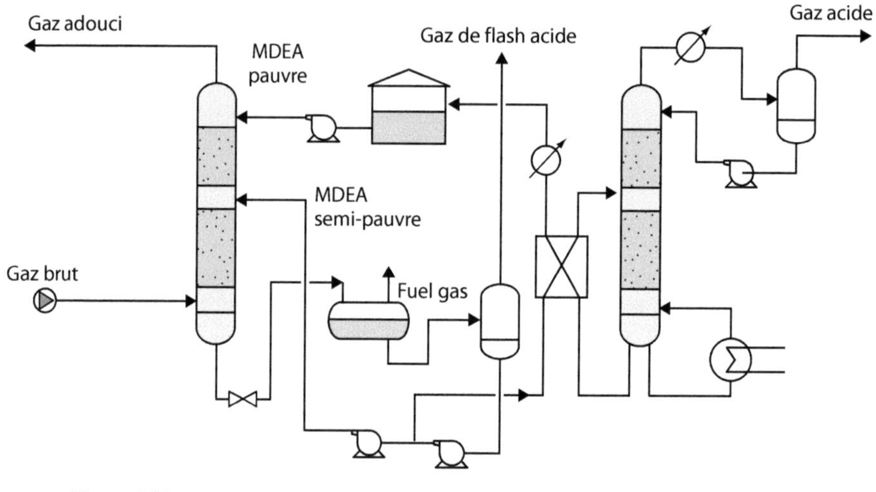

Figure 8.25

Procédé MDEA avec régénération partielle.

D'autres travaux visant à améliorer la sélectivité H_2S/CO_2 ont conduit au développement des **amines à empêchement stérique**. Ces amines comportent des groupements fonctionnels qui, par effet stérique, bloquent la formation de carbamate et ralentissent ainsi l'absorption de CO_2 sans empêcher la réaction avec H_2S [Weinberg *et al.*, 1983]. Il existe toute une gamme d'amines à empêchement stérique, proposée par Exxon, sous le nom de solvants Flexsorb, dont le choix peut être optimisé en fonction de l'application spécifique visée [Maddox et Morgan, 1998]. Les avantages que peuvent présenter ces amines doivent être mis en balance avec leur prix.

Les solutions d'amines sont basiques et peu corrosives ; elles sont d'ailleurs parfois utilisées comme inhibiteurs de corrosion. Toutefois, en présence de gaz acides, des phénomènes de **corrosion** importants peuvent se produire en des points de l'unité où la température et la concentration en gaz acides sont élevées. Les phénomènes de corrosion sont les plus marqués en présence d'amines primaires. Il est possible d'employer des inhibiteurs de corrosion et/ou de réaliser certaines pièces en aciers spéciaux [DuPart *et al.*, 1993].

Le **moussage** est un problème fréquent dans ces installations. Les causes en sont multiples :

– solides en suspension ;

– hydrocarbures condensés ;

– produits de dégradation des amines ;

– particules étrangères provenant des inhibiteurs de corrosion, de la présence de graisse ou d'impuretés dans l'eau.

Pour y remédier, il est nécessaire d'éviter ces différentes causes de moussage. Il est également possible de faire appel à des agents anti-moussants [Kohl et Nielsen, 1997]. La filtration du solvant recyclé à l'étape d'absorption est particulièrement importante ; il est recommandé d'utiliser un filtre pouvant arrêter toutes les particules d'une taille supérieure à 10 μm [Pauley *et al.*, 1989].

Les phénomènes de **dégradation** se produisent par oxydation lente des solutions d'amines en contact avec l'air ou l'oxygène et les produits de cette oxydation sont souvent générateurs de corrosion. Cette oxydation peut être réduite en plaçant les solutions d'amines sous une atmosphère de gaz inerte dans les réservoirs de stockage.

L'unité industrielle représentée sur figure 8.26 est une unité de désacidification par lavage à la MDEA réalisée par Prosernat en Égypte selon le procédé AdvAmine™.

Figure 8.26

Unité AdvAmine™ *energized* MDEA fournie par PROSERNAT – Saqqara (Egypte).

8.6.2.2 Lavage au carbonate de potassium

Le schéma de principe d'un procédé de lavage au **carbonate de potassium** (Figure 8.27) est similaire à celui qui a été décrit pour les procédés aux amines, mais les solutions de carbonate de potassium utilisées sont en général plus concentrées (20 à 40 %) que les solutions d'amines. Ce procédé a été employé, à l'origine, pour éliminer le dioxyde de carbone, mais l'hydrogène sulfuré est également absorbé [Arnold et Stewart, 1989]. Toutefois, le procédé n'est pas utilisé pour désulfurer un gaz, en l'absence de CO_2.

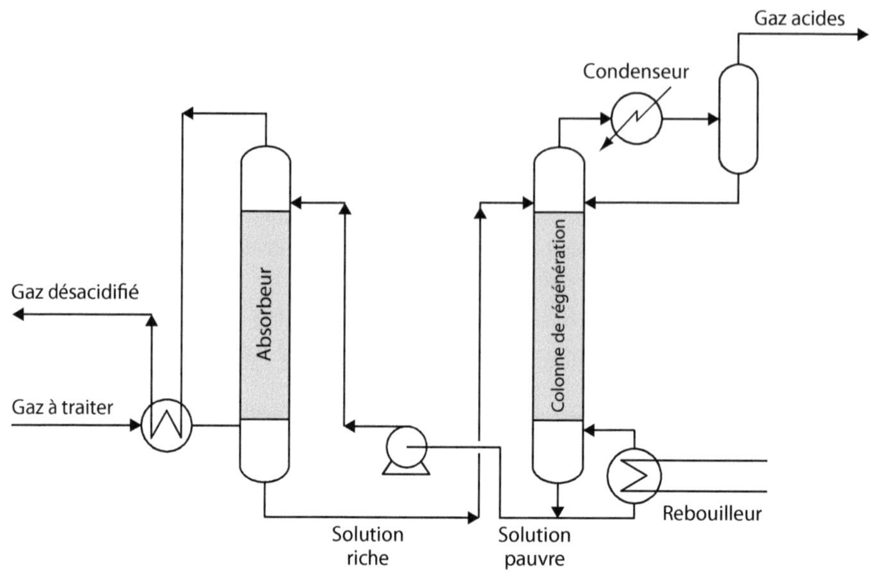

Figure 8.27

Procédé au carbonate de potassium.

Les équilibres chimiques mis en jeu sont les suivants :

$$K_2\,CO_3 + CO_2 + H_20 \rightleftarrows 2\,K\,HCO_3 \tag{8.18}$$

$$K_2\,CO_3 + H_2S \rightleftarrows K\,HS + K\,HCO_3 \tag{8.19}$$

L'utilisation de solutions de sels alcalins, tels que Na_2CO_3, K_2CO_3 et K_3PO_4 est ancienne, mais les premiers procédés, mettant en œuvre une étape d'absorption à une température proche de l'ambiante, ne sont pas compétitifs par rapport aux procédés aux amines [Kohl et Nielsen, 1997].

Les progrès réalisés peuvent justifier l'utilisation du procédé au carbonate de potassium dans certaines conditions et notamment lorsque la teneur en dioxyde de carbone du gaz traité est élevée.

L'absorption par une solution « chaude » de carbonate de potassium permet d'augmenter considérablement la vitesse d'absorption. Dans les procédés actuels, les étapes d'absorption et de régénération sont réalisées à des températures voisines (aux environs de 110 °C). Ceci conduit à éliminer l'échangeur entre solution riche et solution pauvre. L'augmentation de la température au cours de l'étape d'absorption permet également d'opérer à une concentration plus élevée en carbonate, compte tenu de l'augmentation correspondante de solubilité du bicarbonate.

Les procédés Benfield et Catacarb opèrent en présence d'additifs qui améliorent les cinétiques d'absorption et de désorption. Le principal additif utilisé dans le procédé Benfield est la diéthanolamine, qui, même en faible teneur, agit de manière très significative sur la cinétique d'absorption. L'additif a aussi comme rôle de limiter la désactivation du solvant résultant de la formation de sels tels que le sulfate et le formate de potassium, ce qui a été notamment le but recherché dans la formulation de l'additif utilisé dans le procédé Catacarb [Maddox et Morgan, 1998].

Le procédé Giammarco-Vetrocoke utilise également des additifs et notamment du trioxyde d'arsenic en solution, pour favoriser l'absorption du dioxyde de carbone. Cet additif est très efficace, mais l'utilisation d'additifs toxiques tels que des sels d'arsenic limite le champ d'application du procédé. Dans le cas de l'élimination de CO_2, il est possible d'utiliser un additif organique non toxique (mélange de glycine et d'amine), mais la présence d'arsenic reste nécessaire pour éliminer l'H_2S (Kohl et Nielsen, 1997). Le solvant est régénéré par distillation, notamment dans le cas d'une décarbonatation [Speight, 1993]. L'H_2S peut dans certains cas être éliminé en régénérant le solvant par oxydation en phase liquide avec production directe de soufre [Maddox et Morgan, 1998].

8.6.3 Procédés basés sur des solvants physiques

Ces procédés présentent l'avantage de ne nécessiter que peu ou pas de chaleur pour désorber les gaz acides. Par contre, ils sont sensibles à la présence dans le gaz d'hydrocarbures lourds absorbés par le solvant puis désorbés avec les gaz acides. L'utilisation d'un procédé basé sur un solvant physique est favorisée par les conditions suivantes :

- gaz disponible à une pression relativement élevée ;
- faible concentration d'hydrocarbures lourds dans la charge ;
- forte teneur en gaz acides dans la charge ;
- sélectivité H_2S/CO_2 recherchée.

L'étape d'absorption est réalisée dans une colonne à plateau ou à garnissage.

La régénération s'effectue par détentes successives, *stripping* par un gaz neutre ou rebouillage de la solution.

Il existe différents procédés, dont seuls les principaux sont présentés ici.

Dans le procédé Selexol développé par Allied Chemical Corporation, le solvant utilisé est le diméthyléther de polyéthylène glycol [Johnson et Homme, 1984]. La figure 8.28 présente le principe de fonctionnement du procédé [ATG, 1988].

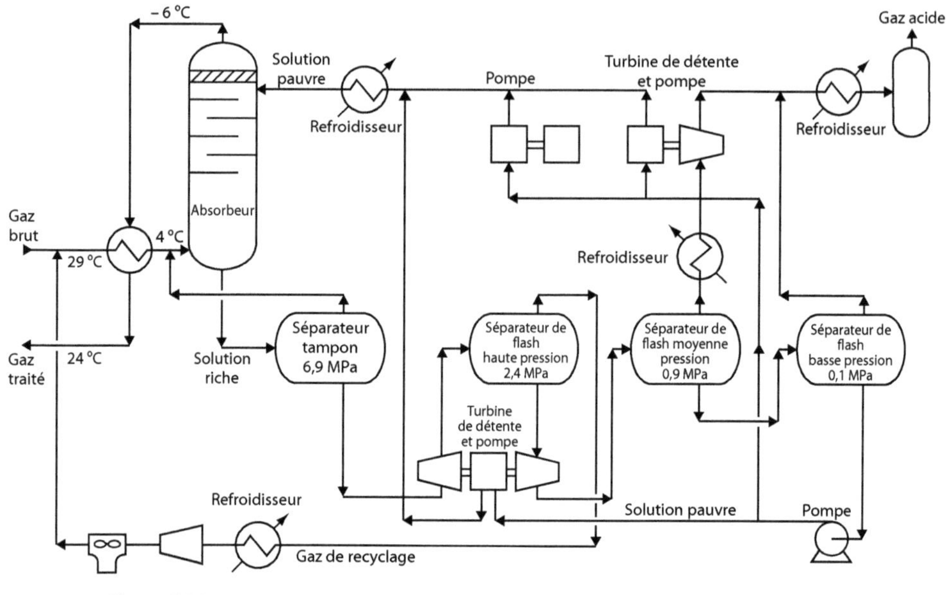

Figure 8.28

Schéma de principe du procédé Selexol.
Source : ATG, 1988

Le gaz est refroidi avant d'entrer dans l'absorbeur où les gaz acides se solubilisent dans le solvant. Celui-ci est ensuite régénéré dans trois séparateurs successifs opérant à des pressions distinctes. Le gaz sortant du premier séparateur est renvoyé à l'absorbeur car il est riche en méthane. L'énergie libérée par détente de la solution riche est en partie récupérée pour faire circuler le solvant.

Le procédé Rectisol, développé par Lurgi, met en jeu le méthanol comme solvant. Compte tenu de la forte tension de vapeur du méthanol, l'étape d'absorption est réalisée à basse température (– 30 °C à – 80 °C). Ce procédé est surtout adapté au traitement de gaz de synthèse [Weiss, 1988]. En présence d'hydrocarbures lourds, la co-absorption de ceux-ci dans le méthanol représente un inconvénient du procédé. Le méthanol est aussi utilisé pour l'étape de désacidification du procédé Ifpexol présenté dans le paragraphe suivant (§ 8.6.4). Le méthanol est utilisé en présence d'une teneur en eau, qui permet de limiter la co-absorption d'hydrocarbures.

Le procédé Fluor Solvent, détenu par Fluor Corporation, utilise le carbonate de propylène comme solvant. Il s'agit d'un procédé surtout utilisé pour décarbonater un gaz ayant une teneur élevée en dioxyde de carbone.

Le procédé Purisol, développé par Lurgi, est basé sur l'utilisation de N-méthyl-2-pyrrolidone (NMP) et peut être utilisé pour réaliser une désacidification sélective du gaz naturel.

Le procédé Morphysorb développé par Krupp Uhde utilise comme solvant la N-formyl morpholine (NFM). Comme les autres procédés à solvant physique, il est surtout adapté pour traiter des charges contenant des teneurs élevées en gaz acides [GPSA, 2004 ; Menzel et Tondorf, 2000].

Pour essayer de combiner les avantages des solvants chimiques et des solvants physiques, il a été proposé d'utiliser des **solvants mixtes**, utilisant un mélange de solvant physique et de solvant chimique.

Le procédé Sulfinol proposé par Shell met en œuvre un mélange d'un solvant physique, le sulfolane (dioxyde de tétrahydrothiophène), avec une amine. Ce procédé représente un compromis entre les procédés basés sur un solvant physique et ceux qui sont basés sur un solvant chimique. Il existe deux versions de ce procédé :

- le Sulfinol-D met en œuvre un mélange de sulfolane et de diisopropanolamine (DIPA) en phase aqueuse. Les proportions de sulfolane, de DIPA et d'eau peuvent varier selon les caractéristiques de la charge et les spécifications requises ;
- le Sulfinol M met en œuvre un mélange de sulfolane et de méthyldiéthanolamine (MDEA).

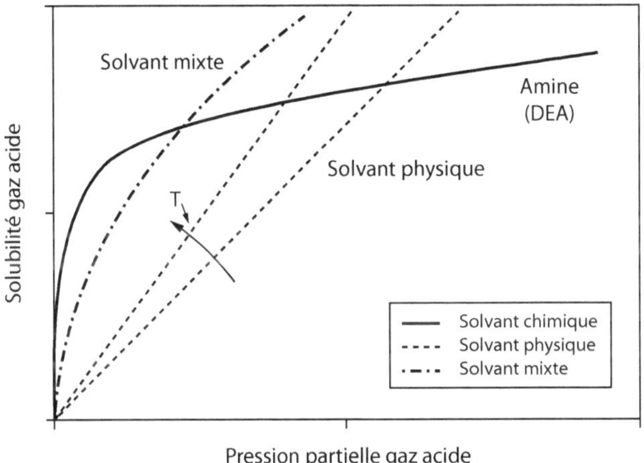

Figure 8.29

Comparaison entre différents types de solvants.

Le procédé Sulfinol peut éliminer les mercaptans, le CS_2 et les polysulfures. En ce qui concerne le COS, il est bien éliminé par le Sulfinol-D. Dans le cas du Sulfinol-M, si on opère dans la gamme des débits de solvant utilisés pour une élimination sélective de l'H_2S, le COS n'est éliminé qu'en partie et pour réaliser une élimination poussée du COS, il faut utiliser le Sulfinol-D. Un des inconvénients du procédé est de conduire à une co-absorption d'hydrocarbures lourds [GPSA, 2004].

La figure 8.29 présente l'allure générale des diagrammes de solubilité pour différents types de solvants.

Dans le cas d'un solvant chimique, tel qu'une amine, la solubilité est élevée aux faibles pressions partielles. Par contre, aux pressions partielles élevées, l'amine ayant presque totalement réagi, le solvant se sature et l'isotherme d'équilibre présente une allure générale proche de celle d'une isotherme de Langmuir. Le solvant chimique est donc efficace pour permettre d'obtenir des puretés élevées. La pureté obtenue est d'autant plus élevée que l'amine est active, mais ceci se paie par une régénération plus coûteuse.

Aux fortes pressions partielles, le solvant chimique est moins approprié et le solvant physique devient plus favorable. Il n'est pas le plus approprié pour obtenir des puretés élevées, mais l'isotherme d'équilibre étant sensiblement linéaire, il se charge davantage en gaz acides que le solvant chimique, pour des pressions partielles en gaz acides élevées. En outre, sa régénération est moins coûteuse, et peut être obtenue dans certains cas par simple détente (notamment si la spécification en gaz acide dans le gaz traité est peu sévère). La solubilité augmente, lorsque la température baisse, ce qui explique pourquoi, il est généralement préférable d'opérer à des températures relativement basses dans le cas d'un solvant physique.

Enfin, un solvant hybride vise à réaliser un compromis entre ces deux types de solvants. En jouant sur la composition du solvant, il est, en principe, possible de l'optimiser pour obtenir la spécification recherchée, selon la teneur en gaz acides dans la charge.

Des diagrammes de sélection de ces différents procédés ont été établis, en faisant intervenir d'une part la pression partielle en gaz acides dans la charge et d'autre part la pression partielle en gaz acides dans le gaz traité. Ces diagrammes sont présentés dans les références générales déjà signalées [GPSA, 2004 ; Maddox et Morgan, 1998]. Ils peuvent être utiles pour effectuer une première sélection, mais doivent être utilisés avec prudence, car la sélection finale d'un procédé dépend d'un ensemble de facteurs, qui rendent le choix plus complexe.

8.6.4 Le procédé Ifpexol

Dans les paragraphes précédents ont été présentés différents procédés permettant de réaliser chacune des étapes de déshydratation, de séparation des hydrocarbures lourds et de désacidification.

Le procédé Ifpexol permet de réaliser l'ensemble de ces opérations, en faisant intervenir une étape de réfrigération en présence de méthanol qui permet d'ajuster les points de rosée eau et hydrocarbures [Minkkinen *et al.*, 1999 ; Minkkinen *et al.*, 1992 ; Larue *et al.*, 1989 ; Rojey et Larue, 1988]. Le schéma de principe du procédé qui comporte deux parties est représenté sur la figure 8.30.

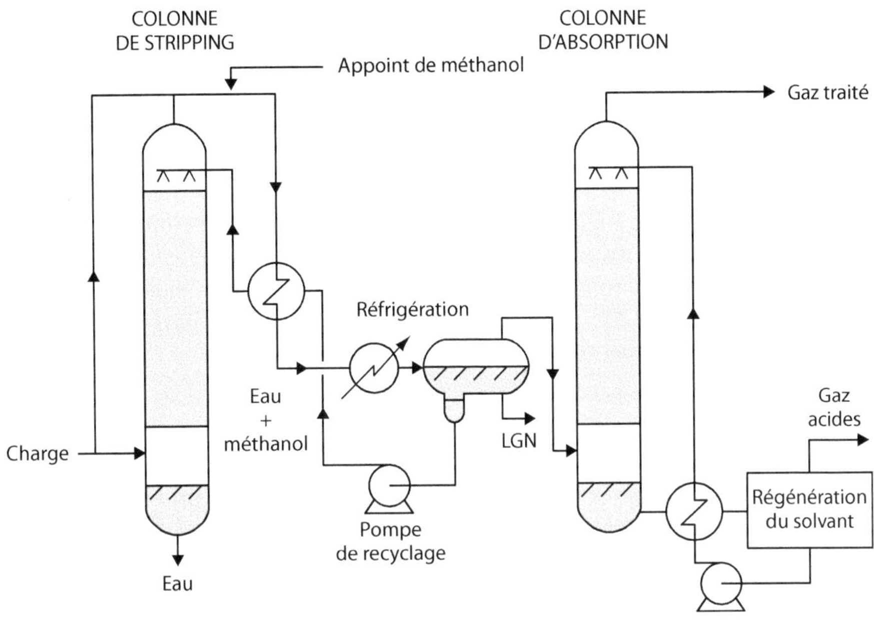

Figure 8.30

Schéma de principe du procédé Ifpexol.

Dans la première partie (IFPEX-1), la réfrigération du gaz naturel en présence de métha-nol provoque la condensation d'une phase liquide d'hydrocarbures (LGN) et d'une phase aqueuse constituée par une solution de méthanol. Cette solution est régénérée selon une méthode de *stripping* par le gaz de charge qui évite le recours à la distillation.

La solution est mise en contact avec une fraction du gaz naturel qui constitue la charge, saturé en eau et au départ exempt de méthanol. Ceci permet d'éliminer le méthanol contenu dans l'eau par *stripping* et ainsi d'obtenir en fond de contacteur, de l'eau débarrassée de méthanol, et en tête, un gaz chargé en méthanol.

Une première unité industrielle opérant selon ce principe a été réalisée sur le site de East Gilby au Canada, puis démontrée par différentes opérations industrielles dans le monde [Minkkinen *et al.*, 1999]. Outre l'avantage économique qu'apporte le procédé, en particulier sur le plan des investissements, il est possible ainsi d'éviter les rejets d'aromatiques qu'en-traîne fréquemment l'utilisation d'une unité de lavage au glycol.

Dans la deuxième partie du procédé (IFPEX-2), le gaz réfrigéré est lavé à contre-courant par une solution de méthanol et d'eau, afin d'éliminer les gaz acides, si cela est nécessaire. Le solvant est ensuite régénéré par abaissement de pression et chauffage puis recyclé. Les hydrocarbures lourds ayant été en majorité séparés au cours de la première étape, la coab-sorption d'hydrocarbures durant la deuxième étape est limitée, et les gaz acides obtenus à l'issue de la régénération peuvent être envoyés à une unité Claus pour éliminer l'hydrogène sulfuré.

8.6.5 Désacidification par adsorption

L'**adsorption** est employée lorsqu'une très grande pureté est requise sur le gaz traité. L'utilisation de tamis moléculaires permet de réaliser une déshydratation et une désacidification simultanées qui amènent le gaz traité à des teneurs en eau très faibles telles que 0,1 ppm et des teneurs en hydrogène sulfuré de l'ordre de 4 ppm [GPSA, 2004].

Les tamis moléculaires à larges pores tels que les tamis 13X sont utilisés plus fréquemment que les tamis 4A ou 5A parce qu'ils permettent de séparer également l'ensemble des mercaptans [Kohl et Nielsen, 1997]. En présence de CO_2, les tamis moléculaires tendent à catalyser la formation de COS par réaction entre H_2S et CO_2. De nouveaux tamis moléculaires ont été développés pour retarder cette réaction [Kumar, 1987].

Il existe des unités commerciales dans une gamme très large de capacité, allant de 0,05 à $6 \cdot 10^6$ m^3 (st) par jour.

La présence de traces de glycol, de produits de dégradation du glycol ou d'huile d'absorption peut empoisonner le tamis moléculaire. Si des précautions sont prises, une durée de vie de 3 à 5 ans avant renouvellement du tamis est considérée comme normale [Conviser, 1965].

Les unités d'adsorption fonctionnent selon le principe général des installations opérant en lit fixe décrit dans le paragraphe 8.3.3.

L'unité comporte selon les cas deux ou trois lits et la régénération s'effectue par chauffage ; chacune des étapes dure plusieurs heures, ce qui implique une teneur relativement faible en impuretés dans le gaz à traiter.

8.6.6 Désacidification par réactif non régénérable

Lorsqu'un gaz est faiblement acide, on utilise fréquemment pour arriver aux spécifications requises concernant la teneur en H_2S, des réactifs non régénérables. Ces réactifs peuvent être injectés directement dans le gaz naturel ou utilisés en lit fixe. On trouvera une bonne revue générale de ces méthodes dans le Volume 4 de l'ouvrage de Maddox et Morgan (1998).

Ces réactifs peuvent également servir à éliminer des contaminants acides tels que les mercaptans et le COS.

L'utilisation de réactifs non régénérables peut constituer une solution particulièrement adaptée, chaque fois qu'il est difficile ou impossible d'installer une chaîne de traitement complète, par exemple dans le cas de la production en mer.

En lit fixe, on utilise couramment des masses d'oxyde de zinc [Stewart et Arnold, 2010]. L'oxyde de zinc réagit avec l'H_2S, suivant la réaction :

$$ZnO + H_2S \rightarrow ZnS + H_2O \tag{8.20}$$

Les masses métalliques d'oxyde de zinc peuvent être utilisées à la température ambiante. En augmentant la température, on accélère la cinétique de transfert.

On utilise aussi des oxydes de fer (*iron sponge*). L'oxyde de fer (FeO/Fe_2O_3) régit avec l'H_2S, suivant une réaction similaire à la réaction (8.20) en produisant du sulfure de fer et de l'eau. La production d'eau doit être prise en compte et en général l'eau ainsi produite doit être éliminée au moins en partie au cours d'une étape de déshydratation ultérieure.

Il existe également d'autres masses de captation, notamment sur des supports à base d'alumine ou de charbon actif, imprégnés par un oxyde métallique. Dans tous les cas, la phase solide doit présenter une microporosité suffisante pour arriver à des surfaces de contact suffisamment élevées, permettant d'atteindre des cinétiques de réaction adéquates.

On utilise aussi des réactifs variés, de nature basique, soude caustique, triazines, glyoxyls et amines [Wilson, 1996], ou encore des réactifs solides en suspension dans une phase liquide [Maddox et Morgan, 1998].

8.6.7 Désacidification par perméation gazeuse

La **perméation gazeuse** est déjà appliquée industriellement pour réaliser la décarbonatation du gaz naturel [Meyer *et al.*, 1991 ; Cooley, 1990]. Jusqu'à présent, ces unités ne sont utilisées que pour de petites capacités.

La mise en œuvre de la perméation gazeuse permet de réaliser simultanément la décarbonatation et la déshydratation du gaz naturel. Ceci présente en outre l'avantage de permettre une réduction de la perte en méthane dans le perméat. Du fait de la présence d'une teneur élevée de CO_2, du côté basse pression, il n'est plus nécessaire de laisser perméer du méthane, pour obtenir une déshydratation suffisamment poussée. Comme dans le cas de la déshydratation seule, la solution la plus avantageuse sur le plan économique consiste généralement à opérer avec un seul étage, sans recompression du gaz à basse pression qui passe à travers la membrane.

Dans ces conditions, les unités de perméation gazeuse ne peuvent se justifier économiquement que si la concentration en dioxyde de carbone à l'entrée est élevée et la spécification en sortie peu sévère [Johnston et King, 1987]. La séparation du mélange de gaz obtenu en récupération assistée par injection de dioxyde de carbone constitue un cas d'application particulièrement favorable.

La présence d'hydrogène sulfuré peut être acceptable jusqu'à des teneurs de 3 000 à 6 000 ppm. Une application consistant à abaisser la teneur en hydrogène sulfuré d'un gaz de 6 000 ppm à moins de 50 ppm est signalée par Grey et Mazur (1984), mais il est généralement admis que les membranes actuelles ne permettent pas d'obtenir les spécifications usuelles de teneur en hydrogène sulfuré pour le gaz traité.

Des travaux de recherche sont en cours pour réaliser des membranes plus performantes, plus résistantes et plus économiques.

Les polymères déjà expérimentés permettent de réaliser de très hautes valeurs des sélectivités de séparation entre le méthane et le dioxyde de carbone [Koros *et al.*, 1987]. Ainsi, des sélectivités comprises entre 50 et 100 ont été observées avec certains polyimides, en associant à la sélectivité de solubilité une sélectivité de diffusion élevée [Deschamps *et al.*, 1991].

Augmenter la sélectivité de diffusion est particulièrement difficile dans le cas de la séparation entre méthane et dioxyde de carbone, compte tenu des valeurs très proches des diamètres cinétiques des molécules : 3,3 Å pour le dioxyde de carbone et 3,8 Å pour le méthane.

Pour y arriver, il est nécessaire de choisir des polymères dont les molécules comportent des groupements fonctionnels qui tout en espaçant les chaînes, leur assurent une rigidité favorable à la sélectivité de diffusion.

8.6.8 Fractionnement des gaz acides par distillation

La **distillation à basse température** peut être utilisée pour séparer le dioxyde de carbone lorsque sa concentration est très élevée. Toutefois, à basse température, le dioxyde de carbone cristallise (point triple : − 56,57 °C). Deux façons de résoudre cette difficulté ont été proposées.

Une première solution consiste à opérer en présence d'un additif constitué par un hydrocarbure léger : c'est le procédé Ryan-Holmes, qui est schématisé sur la figure 8.31 [McCann *et al.*, 1987 ; Ryan et Shaffert, 1984].

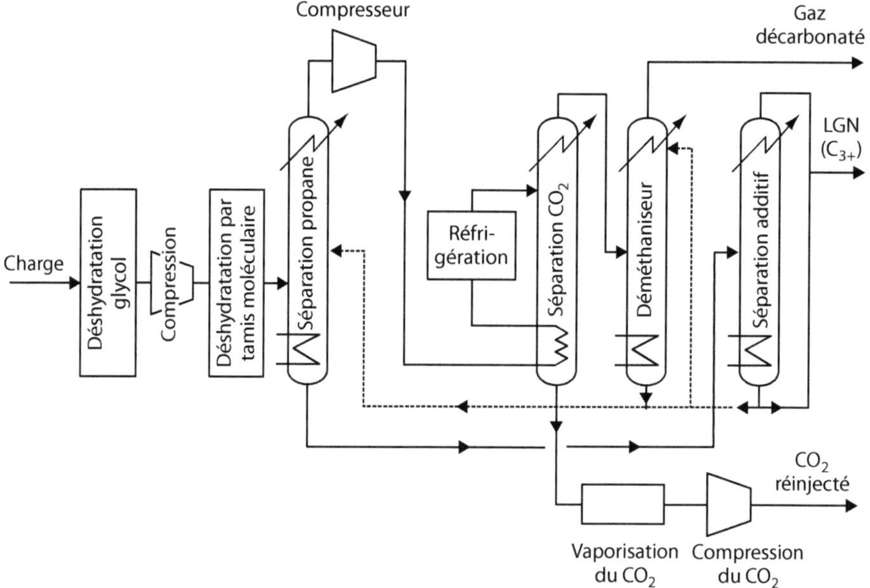

Figure 8.31

Schéma de principe du procédé Ryan-Holmes.
Source : McCann *et al.*, 1987

Dans une première colonne, le méthane et le dioxyde de carbone sont séparés de la fraction GPL. Dans une deuxième colonne, le dioxyde de carbone est séparé du méthane et de l'additif. Le méthane est séparé de l'additif dans une colonne de déméthanisation et l'additif est recyclé. Ce procédé s'applique notamment au fractionnement du mélange gazeux provenant d'une installation de récupération assistée par le dioxyde de carbone.

Une deuxième solution consiste à accepter la présence d'une zone de cristallisation où se forment trois phases en équilibre. La présence de phase solide reste limitée à une zone centrale ce qui permet de produire le dioxyde de carbone en fond et le méthane en tête [Haut *et al.*, 1988 ; Thomas et Denton, 1988]. Un tel procédé évite de recourir à un additif et de ce fait, peut paraître plus simple que le procédé Ryan-Holmes, mais, en raison sans doute des risques de colmatage par la phase solide de dioxyde de carbone, il ne semble pas avoir été appliqué industriellement.

Le procédé SPREX permet de séparer par distillation à basse température, une fraction riche en H_2S, qui peut-être réinjectée. C'est un procédé qui ouvre des perspectives intéressantes dans le cas de gaz très riches en H_2S [Lallemand *et al.*, 2005].

8.6.9 Désacidification des fractions liquides (GPL)

Il peut s'avérer nécessaire de désacidifier les liquides de gaz naturel. Un lavage aux amines permet d'éliminer H_2S et CO_2. Des étapes complémentaires peuvent être requises pour éliminer les mercaptans, le COS et le CS_2. Ces impuretés ne sont généralement présentes qu'à des teneurs très faibles mais se concentrent dans la phase liquide. De ce fait, les principaux procédés utilisés mettent en œuvre une réaction chimique :

- traitement par un mélange KOH-méthanol ou par une solution de diglycolamine pour éliminer le COS ;
- conversion des mercaptans en disulfures en présence d'air comme source d'oxygène.

Développé par UOP, le procédé Merox schématisé sur la figure 8.32, opère en milieu alcalin, la réaction étant catalysée par un sel organométallique [GPA, 1987b ; Maddox, 1982].

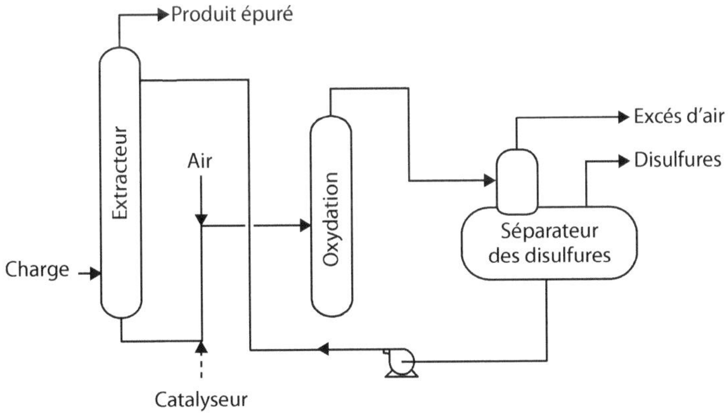

Figure 8.32

Schéma de principe du procédé Merox.

8.6.10 Conversion d'hydrogène sulfuré en soufre

Après séparation, pour éviter les rejets de H_2S dans l'atmosphère, l'hydrogène sulfuré doit être incinéré ou converti en soufre. Pour des raisons de simplicité et d'économie, l'incinération est encore parfois pratiquée en traitement sur champ, mais les contraintes de protection de l'environnement imposent de plus en plus fréquemment de convertir l'hydrogène sulfuré en soufre. Les procédés qui permettent de réaliser cette conversion sont généralement basés soit sur une réaction d'oxydation, soit sur la réaction de H_2S avec SO_2.

Le procédé Claus qui met en œuvre la réaction de H_2S avec SO_2, permet de traiter un gaz contenant une concentration élevée en hydrogène sulfuré tel que le gaz rejeté à l'issue de l'étape de régénération par les procédés d'absorption décrits précédemment.

Le procédé comporte une première étape de production de dioxyde de soufre par combustion d'hydrogène sulfuré suivie d'une étape opérée en présence d'un catalyseur au cours de laquelle est réalisée la réaction :

$$SO_2 + 2\,H_2S \rightleftarrows 3\,S + 2\,H_2O \tag{8.21}$$

Un taux de récupération du soufre de 94 à 95 % peut être atteint avec deux étages catalytiques et de 95 à 98 % avec trois étages catalytiques.

Différents procédés de finition permettent d'augmenter encore ce taux de conversion :
- certains de ces procédés sont basés sur la poursuite de la réaction de Claus, à plus basse température, en présence d'un catalyseur. C'est notamment le cas du procédé Sulfreen qui met en œuvre des lits de catalyseur en phase solide opérés de manière cyclique et du procédé Clauspol dans lequel cette réaction est poursuivie en phase liquide, en présence d'un solvant et d'un catalyseur ;
- d'autres procédés sont basés sur une réaction d'oxydation directe en présence d'air. Le procédé Superclaus repose sur ce principe et permet, en introduisant une étape d'oxydation en présence d'un catalyseur à base d'oxydes métalliques, d'atteindre un taux de récupération de 99 % et 99,5 % avec une étape d'hydrogénation supplémentaire [Lagas *et al.*, 1989].

La réaction d'oxydation peut être également conduite en phase liquide, en présence d'un catalyseur métallique. Les premiers procédés utilisaient une suspension d'oxyde métallique. Les procédés actuelss font appel à des complexes métalliques en solution [Dalrymple *et al.*, 1989 ; Bedell *et al.*, 1988].

Les procédés Stretford, Unisulf et Sulfolin utilisent un catalyseur à base de vanadium, les procédés Sulfint, Lo-Cat et SulFerox, un catalyseur à base de fer.

Pour des unités de faible capacité, la mise en œuvre de certains de ces procédés de finition peut être envisagée pour capter dans une colonne à absorption l'H_2S contenu dans le gaz de charge et le convertir ensuite directement en soufre, au cours de l'étape de régénération du solvant par oxydation en présence d'air.

8.7 ÉLIMINATION D'AZOTE ET L'HÉLIUM

La teneur en **azote** dans le gaz naturel est parfois relativement élevée, atteignant ou même dépassant 10 % et il peut devenir nécessaire de le retirer pour atteindre les spécifications requises en ce qui concerne le pouvoir calorifique.

La séparation azote/gaz naturel s'effectue par cryogénie, selon des conditions qui dépendent de l'utilisation ultérieure de l'azote [ATG, 1990 ; Isalski, 1989 ; Chiu, 1978 ; Wuensche, 1978]. D'autres méthodes ont été également décrites, comme la séparation par membranes [Hoffman, 1988] ou la mise en œuvre d'un procédé d'adsorption de type PSA (*Pressure Swing Adsorption*) [Cheng et Hill, 1985].

L'hélium n'est présent dans le gaz naturel qu'à des faibles teneurs. Néanmoins, les gaz naturels à forte teneur en azote contiennent fréquemment des concentrations notables d'hélium. Le tableau 8.6 présente quelques exemples de teneurs en hélium et azote effectivement observées [Isalski, 1989].

Tableau 8.6. Compositions types de gaz naturel contenant de l'hélium

Origine du gaz naturel	He (% mol)	N_2 (% mol)	CH_4 (% mol)	C_{2+} (% mol)
Pologne	0,40	42,75	56,01	Complément
Hollande	0,045	14,35	81,30	Complément
Texas (Panhandle)	0,70	14,30	73,20	Complément
Allemagne (Wustrow)	0,04	56,50	42,50	Complément
mer du Nord (Leman Bank)	0,03	1,30	94,70	Complément

Source : Isalski, 1989

L'hélium consommé dans le monde est actuellement produit à partir de gaz naturel, la production étant essentiellement concentrée aux États-Unis. Selon la teneur en azote, la séparation de l'hélium est combinée ou non avec une étape de déazotation.

L'hélium peut être séparé plus facilement au cours de la liquéfaction du gaz naturel, qui permet d'obtenir une fraction gazeuse, enrichie en gaz inertes, azote et hélium. L'hélium obtenu doit être ensuite purifié, typiquement au niveau de 99,995 %. Il existe actuellement une demande en forte croissance pour l'hélium, notamment pour l'industrie électronique (pour former une atmosphère protectrice lors de la croissance de silicium monocristallin).

8.8 ÉLIMINATION DU MERCURE

Certaines substances métalliques existent à l'état de traces, dans les gaz naturels comme l'arsenic, le mercure, le sélénium et l'uranium. La teneur en **mercure** peut atteindre 50 à 300 $\mu g/m^3$ (n) et peut même dépasser, dans certains cas, 1 000 $\mu g/m^3$ (n) [ATG, 1990].

La présence de mercure, même à l'état de traces, entraîne des problèmes de corrosion, en particulier dans les échangeurs en aluminium, utilisés dans les procédés de liquéfaction (cf. Chapitre 9).

Il existe différentes méthodes pour éliminer le mercure [Leeper, 1980]. On peut utiliser dans certains cas des solutions fortement oxydantes comme le permanganate de potassium pour oxyder le mercure élémentaire. La technique la plus employée consiste à mettre le gaz en contact avec une phase solide, qui réagit avec le mercure. Ces masses de captation peuvent être constituées par différentes phases solides. Si le gaz est au-dessus de son point de rosée eau, on utilise parfois l'oxyde de zinc (en présence d'eau liquide, la phase solide d'oxyde de zinc est corrodée et part en poussière).

La solution jugée la plus sûre et la plus répandue consiste à utiliser une phase solide imprégnée de soufre ou par un sulfure métallique :

- charbon actif soufré ; le soufre, agent actif, fixe le mercure sous forme de sulfure (cinabre) dans la microporosité du charbon actif. Ce procédé donne de bons résultats, à condition que les pores du charbon actif ne soient pas obstrués par les hydrocarbures lourds ;
- billes d'alumine revêtues par un sulfure métallique ; ce dernier procédé permet d'obtenir un taux de récupération du mercure très élevé, pouvant dépasser 99,98 % [Barthel *et al.*, 1989].

Le mercure peut être également présent dans les condensats, sous forme de composés organométalliques, plus difficile à éliminer ; dans ce cas, au cours d'une première étape, les composés organométalliques sont décomposés par hydrogénolyse et le mercure est fixé sur des masses de captation au cours d'une seconde étape. Les masses de captation imprégnées de sulfure métallique présentent l'avantage de rester stables en phase liquide, ce qui n'est pas le cas des masses revêtues de soufre. Ce procédé permet également d'éliminer l'arsenic [Sarrazin *et al.*, 1993 ; Hennico *et al.*, 1991].

Les masses de captation ne sont pas régénérables sur le site de traitement, mais les teneurs en mercure dans le gaz naturel étant le plus souvent très faibles, leur consommation reste limitée.

8.9 CONCLUSION

Différents procédés de traitement permettent d'obtenir les spécifications requises pour le transport, ou l'utilisation du gaz naturel. Les contraintes liées à l'environnement et la nécessité de réduire les coûts, notamment dans le cas de la production en zone difficile, rendent nécessaire toutefois le recours à des procédés innovants. Ils dérivent pour une large part de procédés plus anciens, mais peuvent conduire à des réductions importantes des coûts d'investissement et d'exploitation. Ainsi, des progrès significatifs ont été réalisés dans le domaine du traitement par solvants chimiques (amines) ou physiques (traitement réfrigéré).

Il devient possible de traiter, dans des conditions économiques, des gaz pouvant contenir des teneurs très élevées en gaz acides et autres impuretés. À plus long terme, de nouveaux concepts tels que la perméation gazeuse devraient jouer un rôle croissant. Le domaine des procédés de traitement reste donc en évolution constante.

8.10 NOTATIONS

$\grave{A}$ surface de membrane

C_d coefficient de friction

d_p diamètre de goutte

D_s diamètre interne de séparateur

D_i coefficient de diffusion du constituant i

Dj coefficient de diffusion du constituant j

e épaisseur de membrane (couche active)

F_d force de friction s'exerçant sur une goutte

F_g force de gravité s'exerçant sur une goutte

g accélération due à la pesanteur

G débit molaire de phase gazeuse rapporté à la section de la colonne de contact

H_G hauteur d'unité de transfert

h_T hauteur de garnissage

H_T hauteur équivalente à un étage théorique

K coefficient caractéristique d'un séparateur ayant la dimension d'une vitesse

K_g coefficient de transfert global relatif à la phase gazeuse

l longueur de séparateur

L débit molaire de phase liquide rapporté à la section de la colonne de contact

m coefficient de partage à l'équilibre $= y^* /x^*$

n_T nombre d'étages théoriques

N_G nombre d'unités de transfert

P_i pression à la sortie de l'étage i

P_i coefficient de perméabilité du constituant i

q débit volumique de gaz

R_p rapport des pressions d'entrée et de sortie pour un étage de séparation

S_i facteur de solubilité du constituant i

S_j facteur de solubilité du constituant j

t_l temps de séjour de la phase liquide

v vitesse limite de chute d'une goutte

v_s vitesse de passage du gaz dans un séparateur définie comme le rapport de débit volumique de gaz à la section totale de séparateur

V_l volume de phase liquide dans le séparateur

W débit de phase liquide

x fraction molaire en phase liquide

x_e fraction molaire en phase liquide à l'entrée d'une colonne

x_s fraction molaire en phase liquide à la sortie d'une colonne

x^* fraction molaire en phase liquide à l'équilibre

y fraction molaire en phase gazeuse

y_e fraction molaire en phase gazeuse à l'entrée d'une colonne

y_s fraction molaire en phase gazeuse à la sortie d'une colonne

y^* fraction molaire en phase liquide à l'équilibre

α_{ij} facteur de sélectivité $= P_i/P_j$

α_{ij}^S sélectivité de solubilité $= S_i/S_j$

α_{ij}^D sélectivité de mobilité $= D_i/D_j$

Δp_i différence de pression partielle du constituant *i* de part et d'autre d'une membrane de perméation gazeuse

Φi flux du constituant *i*

ρ_l masse volumique en phase liquide

ρ_v masse volumique en phase gazeuse

BIBLIOGRAPHIE

API Spec 12J (1989) *Specification for Oil and Gas Separators*, 7th Edition, American Petroleum Institute, Washington, DC.

Arnold K, Stewart M (1989) *Surface Production Operations. Volume 2 – Design of Gas Handling Systems and Facilities*, Gulf Publishing Co., Book Division, Houston, Tx, Chapters 7-9, p. 141-234.

Arnold K, Stewart M (1986) Two-Phase Oil and Gas Separation, in *Surface Production Operations. Volume L – Design of Oil-Handling Systems and Facilities*, Gulf Publishing Co., Book Division, Houston, Tx, Chapters 4, p. 93-122.

ATG (1990) Production et traitement, dans *L'aide-mémoire de l'industrie du gaz*, 4e éd., Association technique de l'industrie du gaz en France, Paris, Chap. 2, p. 299-351.

ATG (1988) *Le traitement du gaz naturel sur gisement*, Association technique de l'industrie du gaz en France Commission de production et de traitement, Paris, Rapport, Juin, 112 p.

Avrillon R, Deschamps A, Driancourt A, Miléo JC, Robert E (1990) Les techniques de séparation de gaz par membranes, *Revue de l'Institut Français du Pétrole*, **45**, n° 4, juillet-août, p. 507-524.

Barthel Y, Diab E (1989) High Efficiency Material for Mercury Removal from Natural Gas, *9ᵉ Congrès International Sur Le Gaz Naturel Liquéfié – GNL 9*, Nice, F, 17-20 Octobre, **2**, Session IV, Poster 12, p. 1-2.

Bedell SA, Kirby LH, Buenger CW, McGaugh MC (1988) Chelates' Role in Gas Treating, *Hydrocarbon Processing*, **67**, n° 1, January, p. 63-66.

Beggs HD (1984) Chapter 10 – Gas Processing, in *Gas Production Operations*, Oil and Gas Consultants International Publications, Tulsa, Ok, p. 213-228.

Blanc C, Elgue J, Lallemand F (1981) MDEA Process Selects H$_2$S, *Hydrocarbon Processing*, **60**, n° 8, August, p. 111-116.

Brown RL, Malbrel C, Wines TH (1994) Recent Developments in Liquid/Gas Separation Technology, Paper Presented at the 44th Laurence Reid Gas Conditioning Conference, Norman, OK.

Cabes A, Elgue J, Tournier-Lasserve J (1991) Une Première En Off-Shore. L'Unité De Désulfuration Sélective Par MDEA De Tchibouela (*Elf-Congo*), *Recueil Des Communication Du 108ᵉ Congrès Du Gaz*, Montpellier, F, 17-21 Septembre, 2, p. 125-140.

Callaghan D, Jager J (1992) Cleaner Gas Processing, in *Gas Processing Europe*, 9th Continental Meeting of GPA European Chapter, Den Haag, Netherlands, May 14, Paper n° 3, 8 p.

Campbell JM (1992 a) *Gas Conditioning and Processing – The Basic Principles*, 7th ed., Campbell Petroleum Series, Norman, Ok, 1, July Ch. 5, p. 97-144.

Campbell JM (1992 b) *Gas Conditioning and Processing – The Equipment Modules*, 7th ed., Campbell Petroleum Series, Norman, Ok, 2, September p. 1-62, p. 239-410.

Cheng HC, Hill FB (1985) Separation of Helium-Methane Mixtures by Pressure Swing Adsorption, *AIChE Journal*, **31**, n° 1, January, p. 95-102.

Chiu C-H (1978) Evaluate Separation for LNG Plants, *Hydrocarbon Processing*, **57**, n° 9, September, p. 266-272.

Colburn AP (1939) The Simplified Calculation of Diffusional Processes. General Consideration of Two-Film Resistances, *Trans. Am. Inst. Chem. Engrs.*, **35**, p. 211-236.

Cooley TE (1990) The Use of Membranes for Natural Purification, *GPA European Chapter Continental Meeting*, Biarritz, F, May 17-18, 17 p.

Craft BC, Holden WR, Graves ED (1962) *Well Design. Drilling and Production*, Prentice-Hall Inc., Englewood Cliffs, Ny, 571 p.

Dalrymple DA, Trofe TW, Evans JM (1989) An Overview of Liquid Redox Sulfur Recovery, *Chem. Eng. Progress*, 85, n° 3, March, p. 43-49.

Daubert TE, Danner RP (1985) *Data Compilation Tables of Properties of Pure Compounds*, Design Institute for Physical Property Data American Institute of Chemical Engineers (*DIPPR – AIChE*), New York, Ny.

Defives D, Rojey A (1976) *Transfert de matière. Efficacité des opérations de séparation du génie chimique*, Collection « Science et technique du pétrole » n° 20, Éditions Technip, Paris, 155 p.

Deschamps A, Dick R, Lecomte C (1989) Development of Gaseous Permeation Membranes Adapted to the Purification of Hydrocarbons, in *Futur Industrial Prospects of Membrane Processes*, Edits. : Cecilie L, Toussaint J-C, Elsevier Applied Science, London, UK, p. 153-162.

Deschamps A, Driancourt A, Miléo JC (1991) High Temperature Polymer Membranes for Gas Separation, *2ⁿᵈ European Technical Symposium on Polyimides & High Temperature Polymers*, Montpellier, F, June 4-7, 10 p.

Dingman JC, Moore TF (1968) Compare DGA and MEA Sweetening Methods, *Hydrocarbon Processing*, 47, n° 7, July, p. 138-140.

DuPart MS, Bacon TR, Edwars DJ (1993) Part 1. Understanding Corrosion in Alkanolamine Gas Treating Plants, *Hydrocarbon Processing*, **72**, n° 4, April, p. 75-80.

Edwards WM (1984) Section 14. Mass Transfer and Gas Absorption, in *Perry'S Chemical Engineers' Handbook*, 6th ed., Edits. : Perry RH, Green DW, Maloney JO, McGraw-Hill Book Company, New York, Ny, p. 1-40.

Fair JR, Steinmeyer DE, Penney WR, Crocker BB (1984) Section 18. Liquid-Gas Systems, in *Perry'S Chemical Engineers' Handbook*, 6th ed., Edits. : Perry RH, Green DW, Maloney JO, McGraw-Hill Book Company, New York, Ny, p. 1-88.

Fournié F, Agostini JP (1984) Permeation : a New Competitive Process for Offshore Gas Dehydration, *16th Annual Offshore Technology Conference*, Houston, Tx, May 7-9, Paper n° OTC 4659, p. 113-120.

GPA (1987a) Section 20. Dehydration, in *Engineering Data Book*, 10th ed., Gas Processors Suppliers Association, Tulsa, Ok, **2**, p. 20.1-20.15.

GPA (1987b) Section 21. Hydrocarbon Treating, in *Engineering Data Book*, 10th ed., Gas Processors Suppliers Association, Tulsa, Ok, **2**, p. 21.1-21.32.

GPSA (Gas Processors Suppliers Association) (2004) Engineering Data Book, Vol.II, Sections 16-26.

Grey NR, Mazur WH (1984) Membrane Separation of CO_2 and H_2S from Natural Gas – Field Experience, *AIChE Spring National Meeting*, Anaheim, Ca, May 20-22, Paper n° 9d.

Haut RC, Denton RD, Thomas ER (1988) Development and Application of Controlled *CFZ* Process, *7th Offshore South East Asia Conference*, Singapore, February 2-5, Paper n° OSEA 88197, p. 840-848.

Hennico A, Barthel Y, Cosyns J, Courty P (1991) Mercury and Arsenic Removal in the Natural Gas, Refining, and Petrochemical Industries, *Oil Gas - European Magazine*, **7**, n° 2, June-July, p. 36-38.

Hicks RL, Senules EA (1991) New Gas–Water–TEG Equilibria, *Hydrocarbon Processing*, **70**, n° 4, April, p. 55-58.

Hoffman EJ, Venkataraman K, Cox JL (1988) Membrane Separations for Subquality Natural Gas, *Energy Progress*, **8**, n° 1, March, p. 6-13.

Ikoku CU (1980) Chapter 4. Separation and Processing, in *Natural Gas Engineering – A Systems Approach*, PennWell Book, PennWell Publishing Co., Tulsa, Ok, p. 103-179.

Isalski WH (1989) *Separations of Gases*, Monographs on Cryogenic 5, Clarenton Press, Oxford, UK, 311 p.

Johnson JE, Homme AC. Jr. (1984) Selexol Solvent Process Reduces Lean, High–CO_2 Natural Gas Treating Costs, *Energy Progress*, **4**, n° 4, p. 241-248.

Johnston IW, King M (1987) An Introduction to Membrane Technology and the Role of Membrane in Gas Processing, in *Unit Operations in Offshore and Onshore Production*, The IChemE Subject Group on Oil and Natural Gas and the GPA European Meeting, Aberdeen, UK, June 18-19, p. 37-53.

Kean JA, Turner HM, Price BC (1991) How Packing Works in Dehydrators, *Hydrocarbon Processing*, **70**, n° 4, April, p. 47-52.

Klein JP (1970) Developments in Sulfinol and Adip Processes Increase Uses, *Oil and Gas International*, **10**, n° 9, September, p. 109-112.

Kohl AL, Nielsen RB (1997) *Gas Purification*, 5th ed., Gulf Publishing Co., Book Division, Houston, Tx, 1395 p.

Koros WJ, Story BJ, Jordan SM, O'Brien K, Husk GR (1987) Material Selection Considerations for Gas Separation Processes, *Polymer Eng. Sci.*, **27**, n° 8, p. 603-610.

Kremser A (1930) Theoretical Analysis of Absorption Process, *Natl. Petroleum News*, **22**, n° 21, May 21, p. 43-49.

Kumar S (1987) *Gas Production Engineering*, Contributions in Petroleum Geology & Engineering 4, Gulf Publishing Co., Book Division, Houston, Tx, Chapters 4-6, p. 89-274.

Lallemand F, Lecomte F, Streicher C (2005) Highly Sour Gas Processing : H_2S Bulk Removal With the Sprex Process, *International Petroleum Technology Conference*, Doha, Qatar.

Lallemand F, Minkkinen A (2001) High Sour Gas Processing in an Ever-Greener World, Paper Presented at the *9th GPA-GCC Chapter Technical Conference*.

Lagas JA, Borsboom J, Heijkoop G (1989) Claus Process Gets Extra Boost, *Hydrocarbon Processing*, **68**, n° 4, April, p. 40-42.

Larue J, Pucci A, Cohen C (1989) IFP Integrated Process for Natural Gas Treatment, in *European Gas Technology in the Nineties*, 6th Continental Meeting of GPA European Chapter, Bremen, D, May 18-19, Paper 8, 9 p.

Leeper JE (1980) Mercury – LNG'S Problem, *Hydrocarbon Processing*, **59**, n° 11, November, p. 237-240.

Maddox RN. Et Morgan J (1998) *Gas Conditioning and Processing*, Volume 4/Gas Treating and Sulfur Recovery, Campbell Petroleum Series.

Maddox RN (1982) Gas and Liquid Sweetening, in *Gas Conditioning and Processing*, 3rd ed., Edit. : Campbell JM, Campbell Petroleum Series, Norman, Ok, **4**, p. 263-264.

Manning WP, Wood HS (1993a) Part 1. Guidelines for Glycol Dehydrator Design, *Hydrocarbon Processing*, **72**, n° 1, January, p. 106-114.

Manning WP, Wood HS (1993b) Part 2. Guidelines for Glycol Dehydrator Design, *Hydrocarbon Processing*, **72**, n° 2, February, p. 87-92.

Markiewicz G (1988) Membrane System Lowers Treating Costs at Gas Plant, *Oil and Gas J.*, **86**, n° 44, October 31, p. 71-76.

McCann P, Ryan JM, O'Brien JV (1987) Propane Recovery : the Ryan/Holmes Process, *Energy Progress*, **7**, n° 4, December, p. 230-240.

McKee RL, Changela MK, Reading GJ (1991) CO_2 Removal : Membrane Plus Amine, *Hydrocarbon Processing*, **70**, n° 4, April, p. 63-65.

Meisner III RE, Wagner U (1983) Low-Energy Process Recovers CO_2, *Oil and Gas J.*, **81**, n° 5, February 7, p. 55-58.

Menzel J, Tondorf O (2000) A Cost Effective Physical Solvent Process for Acid Gas Removal, Presented at the *GPA Europe Spring Meeting* in Aberdeen, Scotland, May 17-19.

Meyer M, Renesme G, Brefort B (1991) Les Procédés De Séparation Par Perméation Gazeuse À Travers Des Membranes Polymères Organiques : Potentiel, Présent Et Futur Dans L'Industrie Gazière, *Recueil Des Communication Du 108e Congrès Du Gaz*, Montpellier, F, 17-21 Septembre, **2**, p. 3-54.

Minkkinen A, Rojey A, Charron Y, Lebas E (1999) Technological Developments in Sour Gas Prpcessing, Gas Cycling, A New Approach, *Proceedings of the Seminar Held in Rueil-Malmaison, May 14 (1998)* Rojey A, Editor, Editions Technip.

Minkkinen A, Larue JYM, Patel S, Levier J-F (1992) Methanol Gas-Treating Scheme Offers Economics Versatility, *Oil and Gas J.*, **90**, n° 22, June 1, p. 65-67, 70-71.

Mohr VH, Ranke GR (1984) Treating Acid and Sour Gas : Acid and Sour Gas Treating Processes, *Chem. Eng. Progress*, **80**, n° 10, October, p. 27-34.

Mokhatab S, Poe WA, Speight JG (2006) *Handbook of Natural Gas Transmission and Processing*, Elsevier.

Nygren PG, Connoly GKS (1971) Vacuum Distillation – Selecting Vacuum Fractionation Equipment, *Chem. Eng. Progress*, **67**, n° 3, March, p. 49-58.

Paradowski H, Castel J (1987) Technip Process for the Extraction of Ethane and LPG, *Comptes Rendus Du 17e Congrès International Du Froid*, Vienne, **A**, Papier n° 108, p. 167-172.

Parsons PJ, Templeman JJ (1990) Models' Performance Leads to Adsorption-Unit Modifications, *Oil and Gas J.*, **88**, n° 26, June 25, p. 40-44.

Pauley CR, Hashemi R, Caothien S (1989) Ways to Control Amine Unit Foaming Offered, *Oil and Gas J.*, **87**, n° 50, December 11, p. 67-75.

Rojey A, Cariou JP, Cohen G, Durandet J (1983) Valorisation Des Rejets Thermiques Dans L'Industrie Du Raffinage Par Les Procédés Thermosorb Et Refrisorb, *Proceedings of 11th World Petroleum Congress*, London, UK, **5**, Paper n° RTD 10(3), p. 197-203.

Rojey A, Larue J, Minkkinen A, Amande JC (1993) Recent Advances in Natural Gas Processing, in *Oil and Gas Technology in a Wider Europe*, Proceedings of the 4th EC Symposium, Berlin, D, 3-5 November 1992, Published by Petroleum Science and Technology Institute for the Commission of the European Communities, Aberdeen, UK, p. 135-144.

Rojey A, Larue J (1988) Integrated Process for the Treatment of a Methane-Containing Wet Gas in Order to Remove Water Therefrom, *United States Patent.* n° US 4,775,395, October 4, 11 p.

Ruthven DM (1984) *Principles of Adsorption Processes*, John Wiley and Sons, New York, Ny, 433 p.

Ryan JM, Shaffert FW (1984) Treating Acid and Sour Gas : CO_2 Recovery by the Ryan/Holmes Process, *Chem. Eng. Progress*, **80**, n° 10, October, p. 53-56.

Sarrazin P, Cameron CJ, Barthel Y, Morrizon ME (1993) Processes Prevent Detrimental Effects from As and Hg in Feedstocks, *Oil and Gas J.*, **41**, n° 4, January 25, p. 86-90.

Sigmung PW, Butwell KF, Wussler AJ (1981) HS Process Remove H_2S Selectively, *Hydrocarbon Processing*, **60**, n° 5, May, p. 118-124.

Sivalls CR (1977) Fundamentals of Oil and Gas Separation, *Proceedings of the Gas Conditioning Conference*, University of Oklahoma, Ok, 31 p.

Smith RS, Dorsi EN (1993) Glycol Dehydration Applications Expanded, *Proceedings of the 72th GPA Annual Convention*, San Antonio, Texas, March 15-17, p. 229-234.

Smith RS (1990) Gas Dehydration Process Upgraded, *Hydrocarbon Processing*, **69**, n° 2, February, p. 75-77.

Souders M, Brown GG (1932) Fundamental Design of High Pressure Equipment Involving Paraffin Hydrocarbons. IV. Fundamental Design of Absorbing and Stripping Columns for Complex Vapors, *Ind. Eng. Chem.*, **24**, n° 5, May, p. 519-522.

Speight JG (1993) *Gas Processing : Environmental Aspects and Methods*, Butterworth Heinemann, Oxford, England.

Spillman RW (1989) Economics of Gas Separation Membranes, *Chem. Eng. Progress*, **85**, n° 1, January, p. 41-62.

Stewart M, Arnold KE (2010) *Gas Sweetening and Processing Field Manual*, Gulf Professional Publishing.

Thomas ER, Danton RD (1988) Conceptual Studies for CO_2/Natural Gas Separation Using the Controlled Freeze Zone (*CFZ*) Process, *Gas Separation & Purification*, **2**, June, p. 84-89.

Tournier-Lasserve J (1989) Miscellaneous Applications of MDEA Selectivity in Recent Sour Gas Treating Plants, in *European Gas Technology in the Nineties*, 6th Continental Meeting of GPA European Chapter, Bremen, D, May 18-19, Paper 5, 17 p.

Treybal RE (1955) *Mass Transfer Operations*, International Student Edition, Mc Graw-Hill Book Company Inc., New York, Ny, 666 p.

Vermeulen T, Le Van MD, Hiester NK, Klein G (1984) Section 16. Adsorption and Ion Exchange, in *Perry'S Chemical Engineers' Handbook*, 6th ed., Edits. : Perry RH, Green DW, Maloney JO, McGraw-Hill Book Company, New York, Ny, p. 1-48.

Way JD, Noble RD, Reed DL, Ginley GM, Jarr LA (1987) Facilitated Transport of CO_2 in Ion Exchange Membranes, *AIChE Journal*, **33**, n° 3, March, p. 480-487.

Weinberg HN, Eisenberg B, Heinzelman FJ, Savage DW (1983) New Gas Treating Alternatives for Saving Energy in Refining and Natural Gas Processing, Proceedings of 11th World Petroleum Congress, London, UK, **5**, Paper n° RTD 10(1), p. 177-187.

Weiss H (1988) Rectisol Wash for Purification of Partial Oxidation Gases, *Gas Separation & Purification*, **2**, December, p. 171-176.

Wilson DR (1996) Hydrogen Sulphide Scavangers, Recent Experience, in a Major North Sea Field, SPE European Petroleum Conference, Milan, Italy, SPE 36943.

Wuensche R (1978) Nitrogen Removal from Gas Offers Alternative to LNG, *Oil and Gas J.*, **76**, n° 37, September 11, p. 67-69.

9 | Transport et stockage du gaz naturel

9.1 INTRODUCTION. LES CHAÎNES GAZIÈRES

La difficulté relative de transport du gaz naturel a longtemps représenté un frein au développement de son commerce international. Les progrès technologiques (en particulier pour le GNL) ont permis le développement des échanges et un nombre croissant de pays peut ainsi accéder au gaz naturel dans des conditions favorables.

Le gaz naturel est transporté soit par **gazoduc** sous forme de gaz comprimé, soit par **méthanier** à l'état liquide, après **liquéfaction**. Il peut également être transformé par **conversion chimique**.

La figure 9.1 schématise les principaux moyens de transport du gaz naturel :

- le transport par gazoduc représente la solution la plus simple mais requiert la mise en place d'un réseau de conduites reliant les sites de production et de réception ;
- le transport par méthanier nécessite la liquéfaction du gaz naturel qui est transporté en phase liquide à la pression atmosphérique aux environs de − 160 °C. En effet, le transport par navire de gaz naturel sous pression (navipression) a été étudié dans le passé, mais a été écarté jusqu'à présent pour des questions de coût et de sécurité ;
- une autre solution consiste à transformer le gaz naturel par voie chimique en un carburant liquide dans les conditions ambiantes, ce qui permet de le transporter facilement ;
- il est également possible de convertir l'énergie thermique provenant de la combustion du gaz naturel en énergie électrique. En raison du rendement de conversion limité et des coûts de transport relativement élevés de l'électricité, cette solution n'a pas été appliquée jusqu'à présent à grande échelle comme moyen de transport.

 Le gaz naturel

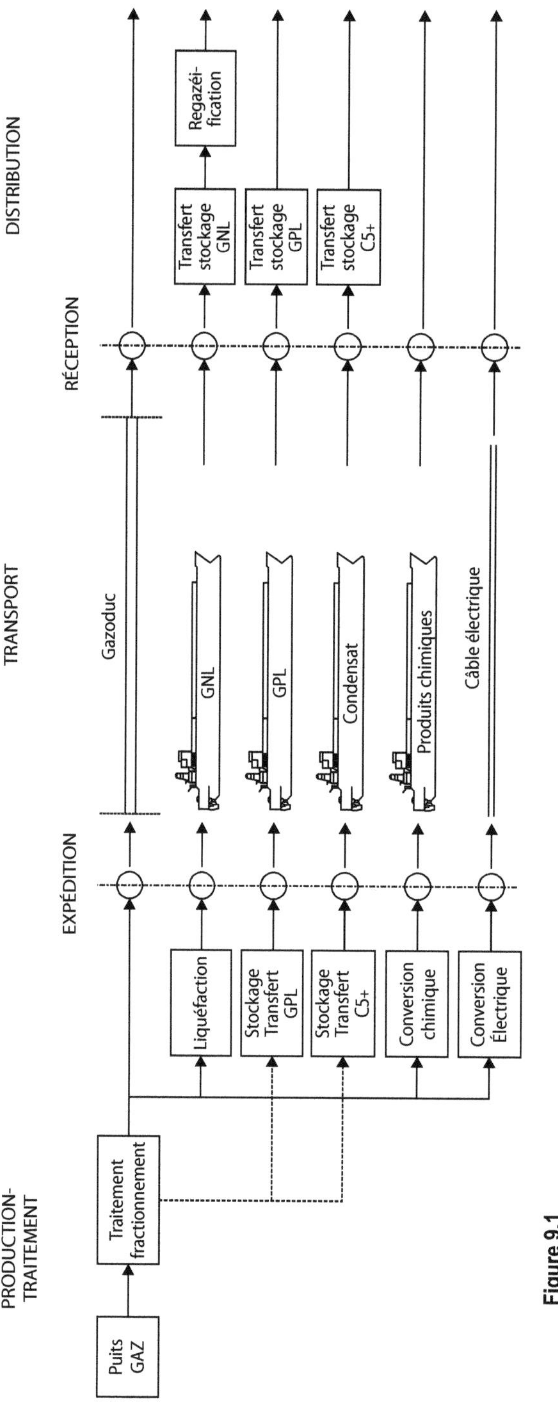

Figure 9.1

Transport du gaz naturel. Les chaînes gazières.

Lorsque le gaz naturel contient une teneur significative d'hydrocarbures autres que le méthane (gaz à condensat, gaz associé), la fraction la plus lourde est généralement séparée et transportée en phase liquide.

Dans le cas du transport par gazoduc, le fractionnement est lié soit à des spécifications de transport, en vue d'éviter la formation d'une phase liquide dans la conduite, soit à une meilleure valorisation de la fraction séparée. Les implications concernant le traitement ont été examinées dans le chapitre précédent (cf. Chapitre 8).

La fraction liquide ainsi obtenue peut être transportée sous forme de GPL, si elle est constituée essentiellement d'une coupe C_3-C_4, transportée sous forme de condensat ou remélangée au brut s'il s'agit d'une fraction C_{5+}.

En l'absence de fractionnement, le transport en conduite peut être effectué soit en écoulement **diphasique** gaz–liquide, soit en conditions **supercritiques**, à une pression supérieure au cricondenbar, éliminant ainsi tout risque de condensation.

Les coûts de transport du gaz naturel sont élevés et pour de grandes distances peuvent représenter une part importante du prix final. Ces coûts ont largement varié au cours des années passées. Dans le cas des unités de liquéfaction, l'investissement nécessaire pour une unité de liquéfaction avait chuté de 550 $ par tonne de GNL et par an à 200 $ au début des années 2000. Ces coûts sont remontés à des niveaux beaucoup plus élevés, pouvant dépasser 1 000 $ par tonne et par an [Thakur, 2011].

L'investissement nécessaire pour le pipeline South Stream qui transportera 63 milliards de mètres cubes de gaz russe par an sous la mer Noire vers la Bulgarie, puis l'Italie et l'Autriche, a été estimé à 25 milliards d'euros [RIA Novosti, 16 juin 2012].

L'ampleur de ces investissements se traduit par la nécessité de contrats d'approvisionnement de longue durée et entraîne ainsi une rigidité importante des chaînes gaz, en introduisant une dépendance réciproque entre pays producteur et pays consommateur, bien que celle-ci puisse être fortement réduite dans le cas du GNL, en l'absence de clauses de destination.

L'investissement nécessaire varie d'une manière quasi proportionnelle avec la distance dans le cas du transport par gazoduc. Au contraire, dans le cas du transport de GNL, une part importante de l'investissement, celle qui est relative aux installations de liquéfaction et de regazéification, est indépendante de cette distance.

De ce fait, le transport sous forme de GNL ne se justifie en général qu'au-delà d'une certaine distance. Pour un débit annuel de 10 milliards de m^3, une équivalence économique entre gazoduc et chaîne GNL se dégage pour une distance de transport comprise entre 4 000 et 6 000 km.

Cette équivalence est basée sur une comparaison entre un transport par méthanier et un transport par gazoduc à terre. Il s'agit d'une équivalence théorique, qui ne prend pas en compte le fait que pour aller d'un point à un autre, les trajets suivis par un gazoduc à terre ou par un méthanier en mer sont différents.

Tant au plan des investissements que du coût total de transport, une conduite sous-marine est environ deux fois plus coûteuse qu'une conduite terrestre de même longueur et jusqu'à quatre à cinq fois dans le cas de profondeurs d'eau de 500 à 600 m, ce qui réduit la distance correspondant au point d'équilibre économique si le gazoduc doit être sous-marin.

Dans la pratique, les choix sont guidés par un ensemble complexe de considérations techniques, économiques et géopolitiques.

9.2 TRANSPORT PAR GAZODUC

9.2.1 Chaînes de transport par gazoduc

Le développement du transport de gaz naturel par canalisation a entraîné la mise en place d'un important réseau de gazoducs dans le monde. La longueur totale de gazoducs dans le monde représente environ le double de celle qui est utilisée pour le transport du pétrole brut et atteint environ 2,24 millions de kilomètres [Hopkins, 2007].

Tableau 9.1. Évolution du commerce international du gaz naturel (10^9 m³/an)

TOTAL MONDE	1970	1980	1985	2000	2011
Gazoducs	42,9	169,6	178,0	516,3	694,6
GNL par méthanier	2,7	31,3	50,9	137,7	330,8
Gazoducs + GNL	45,6	201,0	228,8	654,0	1 025,4
Total Monde : % de la production [a]	**4,4**	**13,2**	**13,1**	**27,1**	**31,3**

a. Part du commerce international dans la production commercialisée.

Source : Cornot-Gandolphe, 1993, CEDIGAZ, BP Statistical Review

Le tableau 9.1 présente l'évolution du commerce international de gaz naturel en indiquant les quantités annuellement transportées par gazoducs et sous forme de GNL. Sur ce tableau figure également la quantité totale de gaz naturel acheminée chaque année par gazoduc ou méthanier et le pourcentage de la production totale de gaz dans le monde que représente ce commerce international. On peut noter que la part du gaz naturel qui fait l'objet d'un commerce international a sensiblement augmenté. La part du GNL dans ces échanges est passée entre 1970 et 2011 de 6 % à 32 % environ.

En 2011, les échanges internationaux par gazoduc ont atteint 694,6 10^9 m³, soit une hausse de l'ordre de 4 % par rapport à 2010. La progression des exportations de la Russie et du Turkménistan ainsi que des États-Unis vers le Canada explique cet accroissement [Panorama IFPEN, 2012]. Les exportations de gaz naturel par conduite sont dominées par trois pays : la Russie qui en 2011 en assurait 30 %, la Norvège (13 %) et le Canada (13 %).

Au contraire, les importations demeurent relativement dispersées. La part de l'Europe dans le total des importations est proche de 50 %.

L'activité de pose de gazoducs s'est poursuivie ces dernières années. Elle se développe surtout dans les zones encore mal équipées, en Amérique latine, Asie/Océanie et Moyen-Orient, ainsi qu'en mer. Le développement du transport par gazoduc dans le monde et les nouveaux projets de gazoducs sont présentés dans le chapitre 11.

Une **chaîne de transport par gazoduc** (Figure 9.2) comprend les principales étapes
suivantes :

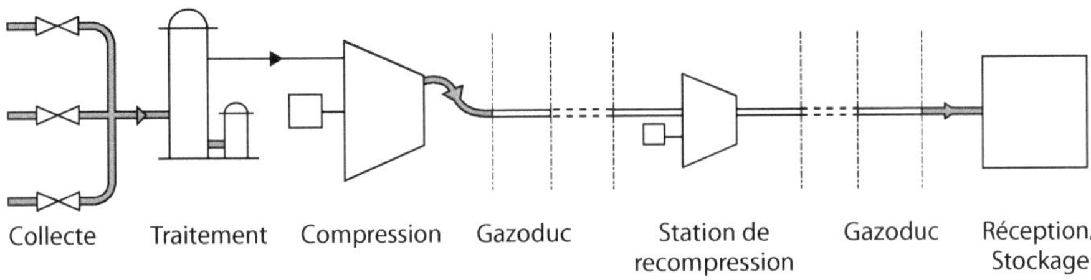

Figure 9.2

Chaîne de transport par gazoduc.

— collecte des effluents provenant des différents puits ;
— traitement du gaz produit pour le mettre aux spécifications de transport : séparation
  des hydrocarbures les plus lourds et déshydratation pour éviter les risques de condensation, de formation d'hydrates et de corrosion. Ce traitement est éventuellement complété par une désacidification ;
— compression du gaz si la pression en tête de puits est insuffisante (notamment en phase
  d'épuisement du gisement) ;
— transport en conduite ;
— recompression en cours de transport, si la distance est importante, pour éviter une
  chute trop significative de pression ;
— traitement complémentaire éventuel pour mettre le gaz aux spécifications de distribution ;
— stockage et transfert au réseau de distribution ;
— distribution du gaz.

9.2.2 Transport monophasique gazeux

L'augmentation de perte de charge entraîne des frais de fonctionnement accrus et la nécessité
d'introduire des stations de recompression. Il faut donc pouvoir relier la perte de charge dans
la conduite au débit de gaz transporté, en prenant en compte les différentes caractéristiques
géométriques de la conduite : diamètre, longueur, dénivellations rencontrées [Smith, 1990 ;
GPA, 1987 ; Ikoku, 1980 ; Vincent-Genod, 1980].

Pour un écoulement adiabatique à travers une conduite de section variable et de profil quelconque, l'équation de conservation de l'énergie s'écrit pour une unité de masse
transportée :

$$d\left(H + \frac{1}{2}u^2 + gz\right) = 0 \qquad (9.1)$$

Dans cette relation, H représente l'enthalpie par unité de masse du fluide transporté, u sa vitesse, z la hauteur de la section de conduite considérée par rapport à un point de référence fixé. L'équation (9.1) fait ainsi intervenir, outre le terme d'enthalpie, les termes d'énergie cinétique et d'énergie potentielle de gravité.

Le terme enthalpique s'exprime par la relation thermodynamique classique :

$$\mathrm{d}H = T\mathrm{d}S + V\mathrm{d}p \qquad (9.2)$$

Pour un écoulement adiabatique :

$$T\mathrm{d}S = \mathrm{d}W_f \qquad (9.3)$$

$\mathrm{d}W_f$ représentant un terme de dégradation d'énergie mécanique par frottement.

En reportant les relations (9.2) et (9.3) dans l'équation (9.1), on obtient :

$$V\mathrm{d}p + dW_f + \frac{1}{2}du^2 + gdz = 0 \qquad (9.4)$$

L'équation (9.4) s'écrit encore :

$$dp = -\rho\left(dW_f + gdz + \frac{1}{2}du^2\right) \qquad (9.5)$$

Le terme ρdW_f représente la perte de charge sur la longueur de parcours $\mathrm{d}L$, due aux frottements. Il est généralement exprimé sous la forme :

$$\rho dW_f = f\,\frac{\rho u^2}{2}\,\frac{dL}{D} \qquad (9.6)$$

Dans cette relation, L représente la longueur de conduite, D le diamètre et f un facteur de friction adimensionnel.

Le facteur de friction f est relié au nombre de Reynolds $Re = uD\rho/\mu$ et à la rugosité relative de la paroi e/D, e représentant la rugosité en valeur absolue.

Il existe de nombreuses expressions reliant le facteur de friction au nombre de Reynolds et à la rugosité relative. Ces expressions dépendent du régime d'écoulement : laminaire, turbulent ou intermédiaire.

Dans le cas du transport par gazoduc, l'écoulement est en général turbulent et le facteur de friction peut être calculé par la formule de Colebrook :

$$\frac{1}{\sqrt{f}} = -2\log\left(\frac{2,51}{Re\sqrt{f}} + 10^3\,\frac{e}{3,71D}\right) \qquad (9.7)$$

Cette formule est implicite et la perte de charge se calcule de manière itérative.

À la suite de mesures expérimentales effectuées en régime totalement turbulent, une formulation explicite, qui paraît bien adaptée aux conditions habituelles de transport, a été obtenue [ATG, 1990] :

$$\frac{1}{\sqrt{f}} = -\frac{1}{5}\log\left[\left(10^3\,\frac{e'}{3,71D}\right)^{10} + \left(\frac{5,03\log Re - 4,32}{Re}\right)^{10c}\right] \qquad (9.8)$$

Dans cette relation, e' est la rugosité apparente, prenant en compte tous les éléments pouvant créer une perturbation à l'écoulement du fluide et c un facteur correctif proche de 1, qui dépend de la courbure de la conduite et de l'état de la paroi interne.

La relation (9.8) présente l'avantage d'être explicite, ce qui simplifie les calculs de perte de charge.

L'introduction de l'expression du facteur de friction dans la relation (9.6) et dans l'équation (9.5), conduit à une équation différentielle, reliant la pression p à l'abscisse L de la section considérée.

En effet, la vitesse de passage u du gaz dans la conduite est reliée au débit volumique de gaz Q par la relation :

$$u = \frac{4Q}{\pi D^2} \tag{9.9}$$

D'autre part :

$$dz = \frac{dL}{\cos\theta} \tag{9.10}$$

θ étant l'angle d'inclinaison locale de la conduite. En supposant la température constante dans la conduite, la masse volumique ρ ainsi que le débit volumique Q et la vitesse u ne dépendent que de la seule pression et l'équation différentielle (9.5) peut être intégrée.

Lorsque les termes d'énergie cinétique et d'énergie potentielle de gravité sont négligeables, l'équation (9.5) s'écrit :

$$\frac{dp}{dL} = -\frac{8}{\pi^2} f \frac{\rho Q^2}{D^5} \tag{9.11}$$

Le débit Q s'exprime en fonction du débit Q_0 mesuré dans les conditions standards et de la pression, en posant $Q = Q_0 \, \rho_0/\rho$.

L'équation (9.11) s'intègre alors sous la forme :

$$\int_0^L \frac{p\,dp}{ZT} = -\frac{8\rho_0 p_0 Q_0^2}{\pi^2 Z_0 T_0 D^5} f\,L \tag{9.12}$$

En supposant que le facteur de compressibilité Z ainsi que la température T varient peu et en posant $Z = Z_m$, $T = T_m$, l'équation (8.12) conduit à la relation :

$$p_1^2 - p_2^2 = -\frac{16\rho_0 p_0 Z_m T_m}{\pi^2 Z_0 T_0} \frac{Q_0^2}{D^5} f\,L \tag{9.13}$$

La relation (9.13) permet de calculer très simplement la pression p_2 au bout d'une longueur L de conduite, de diamètre D, pour un débit de gaz Q_0.

9.2.3 Transport polyphasique

Le dimensionnement des installations de production et de transport en conditions polyphasiques nécessite une bonne connaissance de la nature des écoulements ainsi que des pertes de charge. Le phénomène physique est complexe. Différents modèles de calcul sont utilisés [Falcimaigne et Decarre, 2008 ; Beggs, 1984 ; Campbell, 1981]. Une bonne revue générale du transport en conditions polyphasiques est présentée dans l'ouvrage : « *Handbook of Natural Gas Transmission and Processing* » de Mokhatab *et al.* (2006).

Sur la figure 9.3, sont schématisées les différentes configurations d'un écoulement diphasique dans une conduite horizontale.

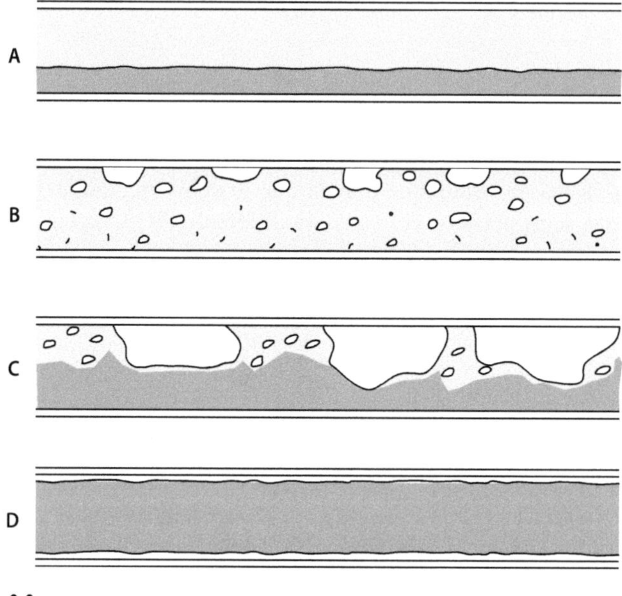

Figure 9.3

Régimes d'écoulement diphasique dans une conduite horizontale.

Pour de faibles valeurs du débit de gaz, l'écoulement est stratifié (**A**) pour les faibles valeurs du débit liquide, puis à bulles **(B)** lorsque le débit liquide augmente. Lorsque le débit de gaz augmente, l'écoulement devient instable et il se forme un régime intermittent à vagues ou à bouchons (**C**). Enfin, pour de très fortes valeurs du débit gazeux, l'écoulement devient annulaire **(D)**, la phase liquide occupant la périphérie de la conduite, puis annulaire-dispersé, le gaz entraînant des gouttes liquides.

Les transitions entre ces différents régimes d'écoulement sont représentées sur la figure 9.4, en fonction des vitesses de passage définies en rapportant les débits volumiques des phases gazeuse et liquide à la section totale de la conduite [GPA, 1987 ; Campbell, 1981 ; Mandhane *et al.*, 1974].

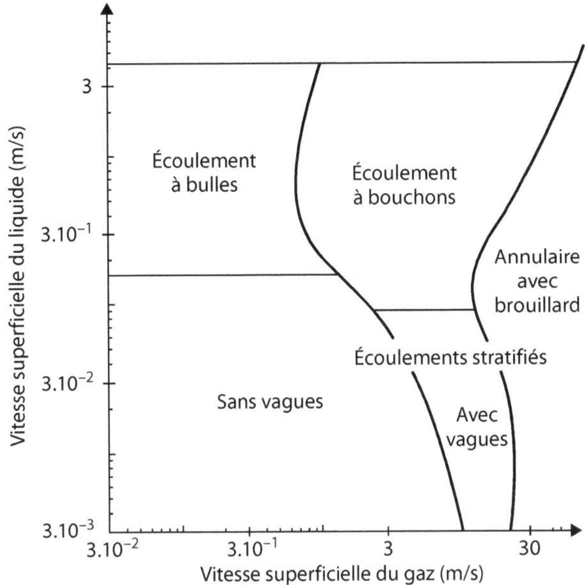

Figure 9.4

Carte de répartition des régimes d'écoulement.

Dans le cas d'un écoulement vertical, les transitions entre régimes d'écoulement s'effectuent dans des conditions différentes.

Pour un débit liquide fixé, au fur et à mesure que le débit de gaz augmente, l'écoulement est successivement à bulles, à bouchons et annulaire.

Lorsqu'une conduite doit suivre un terrain présentant des dénivellations, des bouchons de phase liquide tendent à se former dans les remontées alors que l'écoulement stratifié est prédominant dans les descentes.

Le changement de direction, dû au passage d'une conduite horizontale à une conduite verticale de liaison fond-surface (*riser*), conduit à des phénomènes complexes d'instabilité avec formation de bouchons de phase liquide.

La modélisation de ces différents régimes d'écoulement ne peut pas actuellement être menée de manière purement théorique.

Les modèles disponibles sont basés sur les équations de conservation de la masse et de la quantité de mouvement pour chacune des phases en présence. Les équations portent sur les valeurs moyennes des variables considérées et en particulier de la vitesse. Cette méthode entraîne une perte d'information et il devient nécessaire d'introduire des relations supplémentaires, dites lois de fermeture, qui ne peuvent être établies qu'expérimentalement.

Les résultats expérimentaux obtenus sur des boucles d'essais [Corteville *et al.*, 1983] ont conduit aux modèles de calcul PEPITE et WELLSIM, qui représentent les différents cas de régime permanent dans les conduites et dans les puits [Corteville *et al.*, 1984 ;

Lagière *et al.*, 1984]. Les profils de pression, de température et de rétention en phase liquide le long de la conduite ou du puits sont calculés avec une précision nettement meilleure que celle qui était obtenue précédemment [Ozon *et al.*, 1987].

Les modèles d'écoulement diphasique doivent être adaptés pour prendre en compte la présence éventuelle d'une phase aqueuse et d'une phase solide, mais le comportement d'un écoulement comportant plus de deux phases reste encore relativement mal connu. La présence d'une phase solide de paraffines ou d'asphaltènes peut entraîner un comportement non newtonien de la phase liquide.

La modélisation des écoulements intermittents et transitoires pose des problèmes difficiles [Issa, 2009 ; Liné et Masbernat, 1985 ; Fabre *et al.*, 1983]. Un modèle probabiliste d'écoulements à bouchons a été proposé [Bernicot et Drouffe, 1989]. Il permet de prévoir la distribution statistique en taille des bouchons, qui est très importante à connaître pour optimiser les installations et notamment les bacs tampons (*slug catchers*). En effet, ceux-ci doivent être dimensionnés en fonction des plus gros bouchons susceptibles de se former.

À partir des résultats obtenus sur des boucles d'essais, différents codes de calcul prenant en compte les régimes transitoires ont été développés : TACITE [Pauchon *et al.*, 1994], OLGA [Bendiksen *et al.*, 1991], PROFES [Black *et al.*, 1990].

9.2.4 Conception des installations de transport par gazoduc

Pour un diamètre de conduite donné et une pression maximale de transport fixée, connaissant la contrainte limite de l'acier utilisé, l'épaisseur de la conduite se calcule directement. La valeur limite de la contrainte S_l doit être au plus égale à la limite élastique E, multipliée par un facteur de sécurité, qui, d'après la législation française varie entre 0,73 dans une zone rurale et 0,4 dans une zone à forte densité de population [ATG, 1990].

La pression de transport à terre est le plus souvent de l'ordre de 70 bars. En mer, pour éviter la nécessité d'installations de recompression, on opère fréquemment à des pressions supérieures, pouvant atteindre 150 à 200 bars.

Des aciers à haute résistance sont de plus en plus utilisés, mais présentent l'inconvénient d'entraîner des difficultés accrues de soudage.

Les conduites en acier de grand diamètre sont le plus souvent soudées. La soudure peut être exécutée longitudinalement, en enroulant une feuille d'acier et en soudant les deux extrémités. Il est possible de réaliser ainsi des conduites allant jusqu'à 56 pouces de diamètre (1,42 m). Les tôles d'acier peuvent être également enroulées en suivant une soudure en spirale ; cette technique, qui nécessite un contrôle très soigneux et des équipements de soudage perfectionnés, permet la réalisation de conduites de très grand diamètre, jusqu'à 100 pouces (2,54 m).

La protection contre la **corrosion** est très importante. Dans le cas d'une conduite enterrée, la corrosion est surtout liée à des phénomènes électrochimiques, dont l'importance peut être évaluée en déterminant la résistivité électrique du sol ; si cette résistivité est faible, les risques de corrosion sont élevés. Pour assurer la protection contre la corrosion, on utilise des revêtements isolants : couche de bitume ou revêtements en matériaux polymères. Ces moyens de protection doivent être complétés par une protection cathodique, afin d'éviter les phénomènes de corrosion électrochimique à partir de piqûres.

La protection cathodique est assurée, soit en appliquant une tension opposée à la force électromotrice d'origine électrochimique, soit en plaçant une anode sacrificielle, destinée à être consommée au bout d'une durée généralement comprise entre 5 et 10 ans [ATG, 1990, CSRPPGN – Comité des techniciens, 1986]. Les conduites en matériau polymère ne présentent pas ces problèmes de corrosion et sont largement utilisées, mais surtout pour des réseaux de distribution à relativement basse pression (cf. Chapitre 10).

Aux pressions plus élevées, des conduites de structure composite mettant en œuvre une matrice en matériau polymère armée de câbles métalliques ou de fibres de verre sont employées, essentiellement lorsque des caractéristiques spéciales sont recherchées, notamment en mer : conduites « flexibles » et conduites allégées (*risers*). Les matériaux polymères ne subissent pas de corrosion mais leurs performances sont susceptibles sauf précautions particulières, de se dégrader dans le temps par un phénomène de vieillissement, que peut accentuer la présence d'hydrocarbures.

Le transport de gaz naturel par gazoduc sur de longues distances nécessite, comme cela a été indiqué, des stations de **recompression**.

Ainsi, le gazoduc Yambourg-Uzhgorod (CEI) qui transporte 27.10^9 m^3 (n)/an de gaz naturel sur une distance de 4 605 km dans une conduite de 56 pouces de diamètre (1,42 m) comporte 38 stations de recompression dont chacune est équipée de huit turbines à gaz d'une puissance de 25 MW [Chabrelie, 1993].

Différents types de **compresseurs**, notamment centrifuges et à pistons, sont utilisés, en association avec divers dispositifs d'entraînement : moteurs électriques, moteurs à gaz, turbines à gaz [GEOP/AGA, 1985].

Les installations de transport comportent également des équipements d'**instrumentation**, de **contrôle** et de **régulation**, des organes de **sécurité** (vannes de sécurité se déclenchant en cas de pression excessive) et à l'arrivée, des systèmes de **détente**, pour obtenir une pression compatible avec les conditions imposées par les réseaux de distribution.

Des précautions particulières doivent être prises dans le cas d'un écoulement polyphasique. Des opérations périodiques de raclage sont menées pour éviter les accumulations d'eau, de condensat ou les dépôts solides aux points bas.

Par contrôle dynamique des écoulements à bouchons, des perturbations quasi cycliques de faible amplitude sont générées, qui permettent de limiter ou même éventuellement d'éviter les opérations classiques de raclage (en particulier, pour les plates-formes inhabitées et la production sous-marine).

Des systèmes de protection des installations de terminaux contre l'arrivée de bouchons potentiellement dangereux doivent être prévus, avec stabilisation des pressions et débits de gaz en sortie des conduites polyphasiques. Par détection et contrôle des instabilités hydrauliques, il est possible de limiter le surdimensionnement des bacs tampons (*slug catchers*).

La **mesure du débit de gaz** est particulièrement importante, étant donné qu'il est nécessaire pour des raisons commerciales de déterminer aussi précisément que possible les quantités de gaz fournies ; elle joue également un rôle essentiel dans la conception des systèmes de contrôle et de régulation.

Le dispositif le plus couramment utilisé est basé sur la mesure de la perte de charge à travers un diaphragme (orifice calibré), une tuyère ou un tube de Venturi. Cette mesure fait l'objet de la norme ISO 5167 reprise sous forme de la norme AFNOR/Norme NF X10-102 (1980) et aux États-Unis de la norme ANSI/API 2530 (1985) publiée dans un document de l'*American Petroleum Institute* – API (1985).

D'autres dispositifs sont également utilisés : tubes de Pitot, compteurs à turbine, compteurs rotatifs, débitmètres à vortex basés sur la détection de tourbillons émis alternativement par un obstacle placé dans l'écoulement, dispositifs à ultrasons opérant par comparaison des temps de parcours de deux signaux émis l'un dans la direction de l'écoulement et l'autre dans la direction opposée, compteurs à pistons mesurant le volume déplacé en un temps déterminé [Kumar, 1987 ; Ikoku, 1980].

Dans le cas d'un écoulement polyphasique, il est nécessaire de pouvoir mesurer les débits des différentes phases en circulation. De nombreux développements ont été menés dans le but de réaliser des débitmètres triphasiques opérant par des méthodes non intrusives de mesure en ligne. Des dispositifs basés sur la transmission de signaux physiques très variés (acoustiques, neutroniques, électromagnétiques, par rayonnements γ, X ou micro-ondes...) ont été étudiés [Falcimaigne et Decarre, 2008 ; Lynch, 1991].

9.3 TRANSPORT DE GNL

9.3.1 Chaînes de transport de GNL

Le commerce international de GNL a débuté en 1964 avec les premières exportations algériennes. Il a atteint 240 Mt/an en 2011 et représente actuellement environ le tiers du commerce international du gaz naturel.

Les principaux pays exportateurs sont le Qatar (31 % des exportations en 2011), la Malaisie (10 %), l'Australie (8 %), le Nigeria (8 %), Trinidad et Tobago (5 %), l'Algérie (5 %). D'autres pays interviennent également (Russie, Égypte, Oman, Yemen, Abu Dhabi, Guinée-Équatoriale), mais pour des parts inférieures.

Le Japon reste le principal importateur de GNL et a consommé en 2011 près du tiers du GNL disponible sur le marché mondial. La Corée occupe la deuxième place en important 15 % du GNL. L'Asie globalement représente près des deux tiers des importations. La part de l'Europe s'élève à 27 % et celle de la France à un peu plus de 4 %.

L'évolution du commerce international de GNL est présentée dans le Chapitre 11.

La capacité de liquéfaction globale couvre en principe les besoins actuels. Cette situation globale reflète toutefois des disparités importantes, certaines installations opérant au-dessous de leur capacité nominale et d'autres étant en surcapacité ce qui a généré globalement une tension sur l'offre à partir de 2012.

Par ailleurs, le marché demeure cyclique et l'équilibre entre offre et demande va dépendre du rythme de mise en place de nouvelles capacités de liquéfaction.

Une **chaîne de transport de GNL** comprend les principales étapes suivantes (Figure 9.5) :

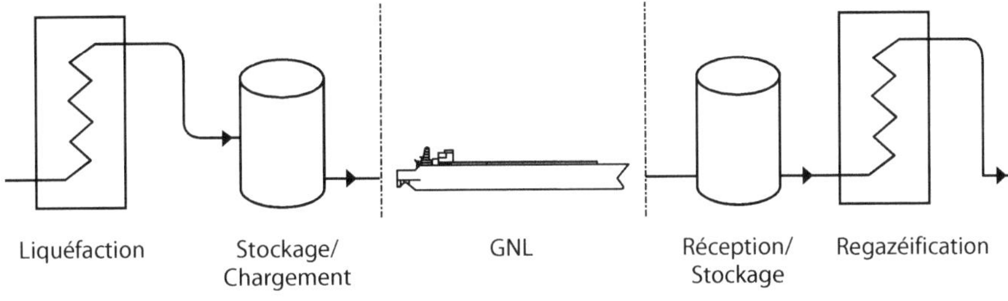

Figure 9.5

Chaîne de transport de GNL.

- traitement et transport par gazoduc jusqu'à la côte ; ces opérations sont similaires à celles qui sont réalisées dans la chaîne gazoduc ;
- traitement du gaz produit pour le mettre aux spécifications requises pour la liquéfaction ;
- liquéfaction du gaz, accompagnée ou non d'un fractionnement ;
- stockage et chargement (terminal d'expédition) ;
- transport par méthaniers ;
- réception et stockage ;
- regazéification.

Les installations de liquéfaction ainsi que les méthaniers représentent les principaux investissements de la chaîne GNL.

9.3.2 Liquéfaction du gaz naturel

Le gaz naturel liquéfié doit pouvoir être stocké et transporté à la pression atmosphérique. En effet, le transport sous pression a été écarté pour des raisons économiques et de sécurité. La température à laquelle le gaz naturel est stocké sous forme de GNL est voisine de la température d'ébullition du méthane (– 161,5 °C). Des petites unités de liquéfaction peuvent également être utilisées pour liquéfier du gaz naturel et le stocker sous forme liquide, afin de pouvoir écrêter des pointes de consommation (*peak shaving*).

Le gaz est liquéfié sous pression, puis sous-refroidi de manière à pouvoir être maintenu liquide à la pression atmosphérique [Lom, 1974]. Le profil enthalpie-température suivi par le gaz naturel est représenté sur la figure 9.6. Sur la même figure on a représenté le profil de température suivi par les trois fluides réfrigérants du cycle à cascade classique présenté par la suite.

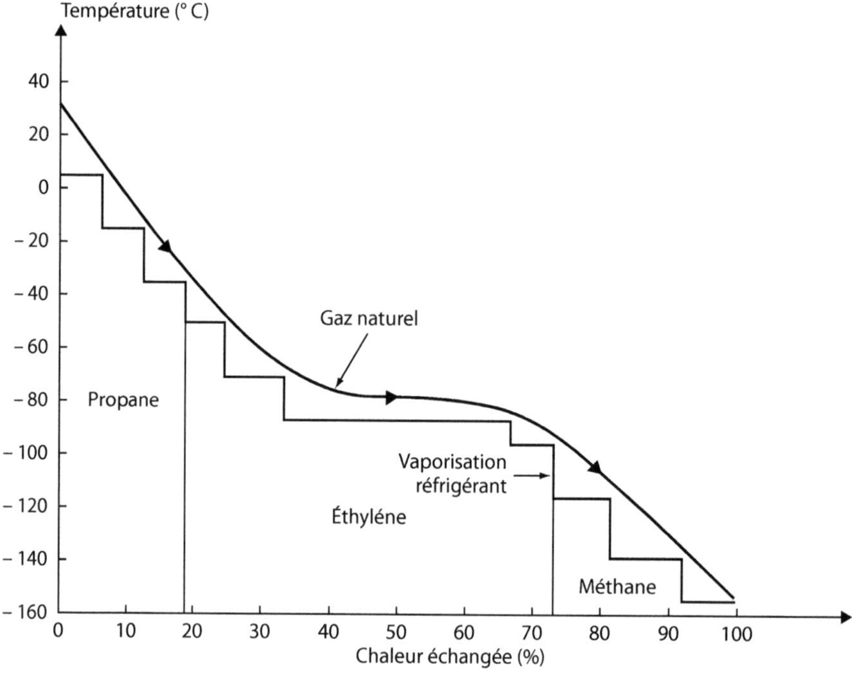

Figure 9.6

Liquéfaction du gaz naturel - Profil enthalpie - température.
Source : Dufresne, 1985

La liquéfaction est opérée à une pression dont le choix résulte d'une optimisation technico-économique. Une augmentation de la pression permet de réduire l'énergie dépensée pour liquéfier le gaz naturel, du fait que les températures requises au cours du processus de liquéfaction sont plus élevées, la température finale restant toutefois inchangée.

La liquéfaction du gaz naturel s'effectue sur un intervalle de température en raison de la présence d'hydrocarbures autres que le méthane. Elle commence à un niveau de température d'autant plus élevé que la teneur en hydrocarbures lourds est importante. Elle peut débuter par exemple vers – 10 °C et se poursuivre jusqu'à une température voisine de la température d'équilibre liquide-vapeur du méthane sous pression, vers – 100 °C. La phase liquide obtenue est ensuite sous-refroidie jusqu'à une température voisine de la température d'ébullition du GNL à la pression atmosphérique.

Les procédés de liquéfaction mettent en œuvre des cycles de réfrigération permettant de liquéfier le gaz sous pression et ensuite de le sous-refroidir jusqu'à une température de l'ordre de – 160 °C, afin qu'il puisse demeurer liquide lorsqu'il est transporté à la pression atmosphérique dans les navires de transport de GNL (méthaniers). Les équipements de base de ces unités sont donc constitués par des échangeurs de chaleur opérant à basse température, des compresseurs permettant de comprimer le fluide réfrigérant utilisé dans chaque cycle et des machines d'entraînement de grande puissance pour entraîner les compresseurs.

Les échangeurs cryogéniques constituent des composants très importants des unités de liquéfaction. Lorsque le fluide réfrigérant est un mélange, les échangeurs utilisés doivent pouvoir assurer des transferts de chaleur à contre-courant, faisant intervenir éventuellement plusieurs fluides avec des écarts de température très réduits. Deux types d'appareils répondent à ces exigences :

– les échangeurs bobinés, constitués par des faisceaux successifs de tubes d'aluminium, enroulés en hélice autour d'un noyau et contenus dans une calandre. Les tubes sont en alliage léger. Il est possible d'obtenir des surfaces d'échange très importantes (25 000 à 40 000 m^2). Ces échangeurs sont complexes et coûteux à réaliser. Ils sont fabriqués par Air Products et par Linde ;

– les échangeurs à plaques en aluminium brasé, formés par un empilement de plaques planes et de plaques intercalaires ondulées. Ils sont très compacts, la surface spécifique d'échange étant de l'ordre de 2 000 m^2/m^3, mais la surface unitaire reste limitée par la taille des fours de brasage. Les échangeurs à plaques sont sans doute appelés à jouer un rôle de plus en plus important dans les unités de liquéfaction. Ils sont déjà utilisés dans le procédé Philips-Bechtel sur des trains de grande capacité. Ils se prêtent bien à une conception modulaire, qui permet de les mettre en œuvre sur des trains de très grande capacité. Il existe des constructeurs en Europe (Nordon, Linde), aux États-Unis (Chart Energy and chemicals), ainsi qu'au Japon (Kobe-Steel et Sumitomo Precision Products).

Les deux types d'échangeurs sont utilisés par ailleurs dans l'industrie de la liquéfaction de l'air. Dans ce secteur, les échangeurs en aluminium brasé ont largement déplacé les échangeurs bobinés pour réaliser les boîtes froides.

On utilise le plus souvent des compresseurs du type centrifuge, dont la puissance peut dépasser 40 MW. Pour les installations les plus importantes, ils se situent à leurs limites technologiques en ce qui concerne la puissance absorbée et le débit volumique à l'aspiration. De ce fait, l'utilisation des compresseurs axiaux se développe pour les installations de grande capacité. En effet, ces compresseurs atteignent des puissances de l'ordre de 80 MW, avec un rendement de compression sensiblement supérieur.

L'entraînement des compresseurs, qui était effectué par des turbines à vapeur sur les anciennes unités, s'effectue à présent au moyen de turbines à gaz. En effet, leur utilisation conduit à des installations plus compactes en réduisant ou même en évitant totalement la production de vapeur d'eau, ainsi que les installations de traitement d'eau qui l'accompagnent. Elle permet également, de réduire les besoins en refroidissement, en éliminant la nécessité de condenser la vapeur détendue pour la recycler à la chaudière. On utilise principalement des turbines à gaz industrielles : GE Frame 5 (25 MW environ), Frame 6 (40 MW environ), Frame 7 (80 MW environ) et Frame 9 (110 MW environ).

En augmentant la puissance des groupes, on augmente la capacité des trains de liquéfaction et on réduit les coûts par un effet d'échelle. La capacité unitaire des trains de liquéfaction a constamment augmenté au cours du temps, dans le but de réduire les coûts unitaires d'investissement grâce à un effet de taille. Elle peut atteindre à présent environ 8 Mt/an de GNL par train.

Les premières expériences de liquéfaction du gaz naturel datent de 1934 en URSS et de 1940 aux États-Unis, mais c'est en 1961 que fut entreprise la réalisation du projet CAMEL, premier projet de transport de GNL au monde en vue d'exporter le gaz du gisement de Hassi R'Mel en Algérie. Le contrat de réalisation de cette usine fut confié à une association Technip/J.F. Pritchard, Technip ayant la charge des unités de liquéfaction et de fractionnement [Bourguet, 1973].

Le procédé adopté pour l'usine de la CAMEL était basé sur le principe du **cycle à cascade classique** (Figure 9.7).

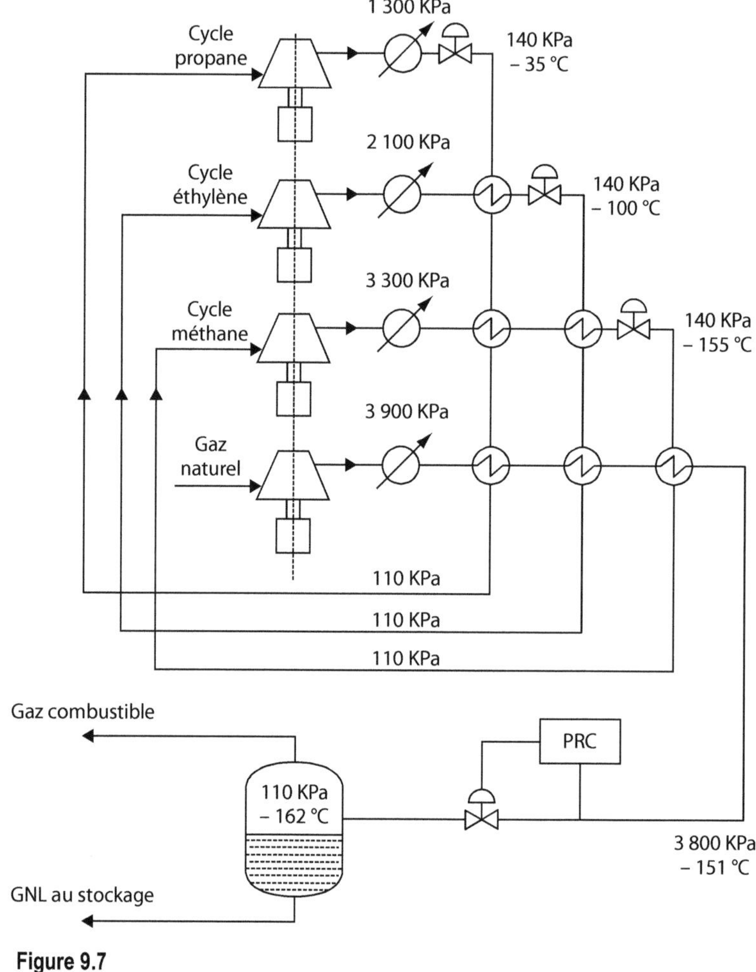

Figure 9.7

Liquéfaction du gaz naturel. Cycle à cascade incorporé.
Source : Dufresne, 1985

Dans ce procédé, la température est abaissée par paliers successifs selon le profil enthalpie-température schématisé sur la figure 9.6. Le procédé met en œuvre trois cycles en cascade, le réfrigérant utilisé dans chacun des cycles étant constitué par un corps pur : le propane utilisé dans le premier cycle permet d'atteindre – 35 °C. Le gaz naturel est liquéfié sous pression vers – 100 °C au moyen d'un cycle fonctionnant avec de l'éthylène et il est sous-refroidi jusqu'à – 155 °C à l'aide du cycle au méthane. Dans chacun des cycles, la pression de vaporisation la plus basse est fixée à une valeur légèrement supérieure à la pression atmosphérique de manière à éviter, pour des raisons de sécurité, tout risque d'entrée d'air.

Le propane, comprimé jusqu'à 1,3 MPa dans le premier cycle, est condensé par l'eau de refroidissement. La vaporisation du propane à – 35 °C permet de refroidir le gaz naturel et aussi de condenser l'éthylène, comprimé à 2,1 MPa dans le second cycle. La vaporisation de l'éthylène à – 100 °C permet de liquéfier le gaz naturel sous pression et de condenser le méthane comprimé à 3,9 MPa dans le troisième cycle. Le gaz naturel liquéfié étant sous-refroidi à – 155 °C, la détente de la phase liquide jusqu'à la pression atmosphérique se traduit par une vaporisation partielle *(flash)*, qui permet d'atteindre la température d'équilibre liquide-vapeur à la pression atmosphérique.

Pour améliorer le rendement thermodynamique, chaque réfrigérant est vaporisé à des pressions de plus en plus basses pour obtenir des niveaux de température décroissants, en suivant, dans un diagramme enthalpie - température, l'évolution schématisée sur la figure 9.6.

Le rendement thermodynamique du cycle est d'autant meilleur que les évolutions suivies dans le diagramme enthalpie-température par le réfrigérant et le gaz naturel se rapprochent. Comme il n'est pas possible de multiplier le nombre de niveaux de pression, le rendement du cycle à cascade classique reste néanmoins limité. En outre, ce cycle présente l'inconvénient de nécessiter des appoints d'éthylène, qui n'est pas présent dans le gaz naturel et doit donc être importé.

Ce procédé déjà ancien a toutefois été repris beaucoup plus récemment par Phillips et Bechtel. Il a été notamment appliqué à Trinidad pour réaliser des trains de liquéfaction de 3 Mt/an. Les échangeurs utilisés sont des échangeurs à plaques en aluminium brasé, du type « *core in kettle* ». Les plaques entre lesquelles circule le gaz naturel à réfrigérer sont placées dans une calandre dans laquelle se vaporise le réfrigérant. Les turbines à gaz utilisées de type « Frame 5 » ont une puissance limitée mais présentent l'avantage d'utiliser une technologie très éprouvée. Des turbines aérodérivatives utilisées en aviation, qui présentent l'avantage d'une efficacité élevée, ont été mises en œuvre pour la première fois sur l'unité de liquéfaction de Darwin en Australie [Cyrus B. *et al.*, 2008]. Le procédé Phillips-Bechtel a été aussi employé en Égypte, Australie, Guinée-Équatoriale et Angola.

Le procédé de liquéfaction à cascade classique permet de bonnes performances, mais au prix d'une complexité importante. L'utilisation d'un mélange de réfrigérants conduit à un procédé plus simple et plus souple. Le cycle opérant avec un mélange de réfrigérants est souvent qualifié de **cycle à réfrigérant mixte** ou encore de **cycle mixte**. L'idée d'utiliser un cycle mixte a été exprimée dès 1934 par Podbielniak, mais c'est Haselden de l'Université de Leeds en Grande-Bretagne qui en 1957 en a montré les avantages pour liquéfier le gaz naturel [Dufresne, 1985 ; Bourguet, 1973].

Le principe consiste à employer un mélange de constituants de volatilités différentes tels que méthane, éthane, propane et butane, auquel on ajoute éventuellement de l'azote, susceptible de se vaporiser de − 160 °C jusqu'à la température ambiante, en suivant dans le diagramme enthalpie-température une évolution parallèle à celle qui est suivie par le gaz naturel. Ceci permet de réaliser la liquéfaction du gaz naturel au moyen d'un cycle unique, qualifié de **cycle à cascade incorporée**. En effet dans un tel cycle, c'est la vaporisation d'une partie des fractions liquides obtenues à des températures de plus en plus basses qui permet de poursuivre la condensation du mélange réfrigérant. Par incorporation d'azote, il est possible d'effectuer un sous-refroidissement jusqu'à − 160 °C, et d'éviter ainsi la perte de gaz « flashé » par détente qui se produit dans le procédé à cascade classique. Le principe de l'utilisation d'un mélange de réfrigérants, qui était déjà connu au moment de la réalisation de l'usine de la CAMEL, ne fut pas immédiatement adopté par manque d'informations expérimentales.

Après la réalisation à Nantes d'une installation pilote de 22 000 m^3 (n)/j par L'Air Liquide en association avec Gaz de France, Technip et L'Air Liquide unirent leurs efforts au sein d'une filiale commune TEAL, en développant le procédé de liquéfaction à cascade incorporée TEALARC.

Deux versions de ce procédé ont été étudiées, à une ou à deux pressions d'aspiration dans le compresseur. Dans ce premier procédé, la réfrigération du gaz naturel et la condensation des fractions légères du mélange réfrigérant s'effectuent au cours des mêmes étapes. Ce schéma est mis en œuvre dans les usines d'écrêtement de pointes de consommation, dont la capacité de production est relativement faible. Le **procédé PRICO**, développé par. J. F. Pritchard et commercialisé actuellement par Kobe Steel, fonctionne selon ce principe avec un cycle unique à réfrigérant mixte, dont la conception très simple limite les performances.

Le procédé à deux pressions d'aspiration permettait un meilleur suivi de la couche enthalpie-température au cours de la réfrigération du gaz naturel et donc un meilleur rendement.

Le procédé à deux pressions d'aspiration fut utilisé industriellement pour la première fois lors de la réalisation de l'usine de Skikda (Sonatrach) confiée à Technip en 1968, et mise en route en 1972 [Bourguet, 1973].

L'expérience acquise permit de confirmer l'intérêt d'utiliser un mélange de réfrigérants, en réduisant le nombre d'équipements nécessaires (machines tournantes et échangeurs) et en rendant plus souple le fonctionnement du procédé de liquéfaction. Toutefois, le rendement thermodynamique du procédé à cycle unique fonctionnant avec un mélange de réfrigérants est généralement inférieur à celui qui est obtenu avec un cycle classique optimisé, du fait de la difficulté de suivre parfaitement le profil enthalpie-température du gaz naturel à liquéfier avec un mélange réfrigérant en utilisant un cycle unique.

Pour cette raison, des cycles utilisant un mélange de réfrigérants mais opérant avec un cycle de réfrigération de tête ont été conçus, en vue d'obtenir un bon compromis entre simplicité de conception et performances énergétiques. Le mélange réfrigérant est formé par des hydrocarbures légers extraits du gaz naturel (méthane, éthane, propane, butane) et peut comporter une fraction d'azote, ce qui permet de sous-refroidir le GNL à une température plus basse que dans le cas de la cascade classique et ainsi d'éviter ou de limiter la fraction de gaz formée au cours de la détente finale jusqu'à la pression atmosphérique.

Ce principe a été adopté pour le **procédé C3-MCR** d'Air Products, qui est le plus employé dans les unités existantes. Ce procédé dont le schéma de fonctionnement est représenté sur la figure 9.8, comporte deux cycles de réfrigération en cascade, un cycle à réfrigérant mixte, réalisé avec des échangeurs bobinés, et un cycle de tête au propane, mettant en œuvre des échangeurs à tubes et calandre classiques [Newton *et al.*, 1986]. Les deux cycles fonctionnant avec de l'éthylène et du méthane du procédé à cascade classique sont remplacés par un cycle unique fonctionnant avec un mélange. Le mélange réfrigérant n'est pas entièrement condensé après échange avec le cycle au propane. La condensation du mélange est achevée par échange avec une partie du mélange lui-même qui est vaporisée. C'est la raison pour laquelle un tel cycle est qualifié de cycle « à **cascade incorporée** »

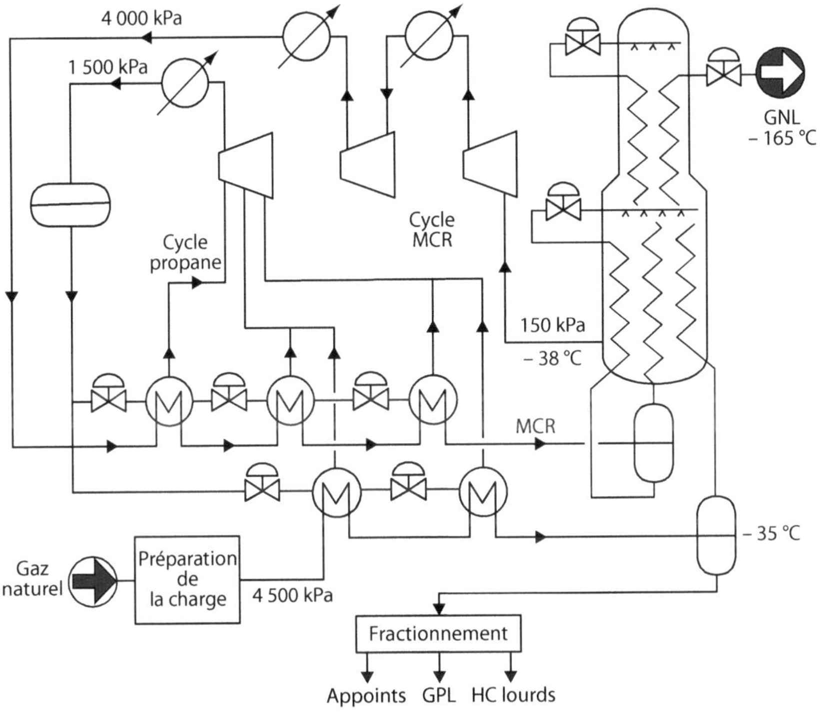

Figure 9.8

Procédé de liquéfaction C3-MCR d'Air Products. Schéma de principe.
Source : CEPM, 1987

La capacité maximale d'un train de liquéfaction fonctionnant selon le procédé C3-MCR est d'environ 4 Mt/an en raison principalement des limitations de construction et de transport des échangeurs bobinés.

Le procédé C3-MCR a été transformé pour pouvoir atteindre des capacités de l'ordre de 8 Mt/an pour les trains de liquéfaction. Pour y parvenir, Air Products utilise le **procédé APX**, qui est dérivé de son procédé C3-MCR, mais qui met en œuvre trois cycles en cascade : un cycle au propane, un cycle à mélange de réfrigérants et un cycle final à l'azote. Le cycle à l'azote fonctionne selon un principe différent des deux autres cycles. Il s'agit d'un cycle à gaz permanent. L'azote est refroidi par détente et c'est l'azote gazeux réfrigéré qui permet de sous-refroidir le GNL produit.

Trois nouveaux procédés ont été développés [Fischer et Ferschneider, 2010] :

- le **procédé Linde** reprend le principe de trois cycles en cascade, mais en remplaçant les corps purs utilisés comme réfrigérants par des mélanges, de façon à réduire l'approche thermique et à améliorer le rendement du cycle. Dans ce procédé, des échangeurs à plaques sont utilisés pour le premier étage et des échangeurs bobinés pour les deux autres. Ce procédé a été mis en œuvre en Norvège à Snohvit sur une unité de liquéfaction de 4,2 Mt/an de capacité ;
- le **procédé Shell** remplace le cycle propane de tête du procédé C3-MCR par un cycle à mélange réfrigérant, en utilisant deux échangeurs bobinés. Le procédé utilise ainsi un cycle de type DMR (*Dual Mixed Refrigerant*) ;
- le **procédé Liquefin** d'Axens est aussi un procédé de type DMR à deux cycles de mélange réfrigérant. Les échangeurs cryogéniques bobinés sont remplacés par des échangeurs à plaques. Le caractère modulaire de ces échangeurs permet d'opérer dans une très large gamme de capacités, la capacité par train pouvant atteindre 8 à 10 Mt/an.

Le schéma de principe du procédé Liquefin est représenté sur la figure 9.9.

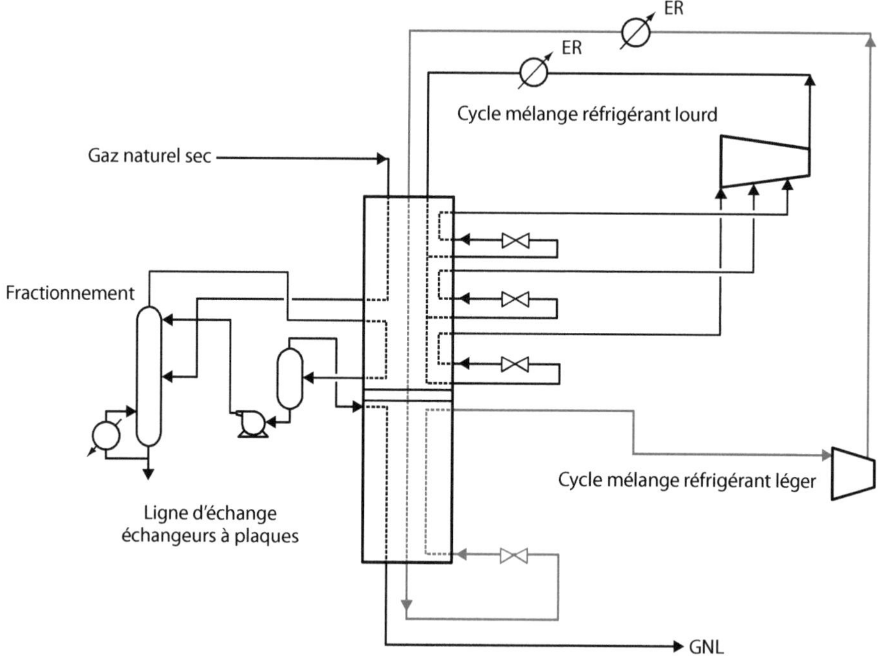

Figure 9.9

Schéma de principe du procédé Liquefin.

Ce procédé met en œuvre un premier cycle de réfrigération avec un mélange réfrigérant « lourd », qui est vaporisé à plusieurs niveaux de pression. Une spécificité intéressante du procédé consiste à opérer ce premier cycle jusqu'à un niveau de température tel que le mélange réfrigérant « léger » est entièrement condensé à la sortie de l'étage de réfrigération de tête. Ceci permet de simplifier l'arrangement du procédé et d'améliorer le rendement.

Des unités de petite capacité traitant 50 000 à 300 000 m³ (n)/j de gaz naturel, sont réalisées pour « écrêter » les pointes saisonnières (*peak shaving*), en stockant le GNL aux périodes de faible et moyenne consommation et en le revaporisant lors des pointes. Les procédés utilisés mettent en œuvre des cycles frigorifiques plus simples que dans le cas des usines de grande capacité, soit un cycle unique à réfrigérant mixte, soit un cycle faisant intervenir la détente dans une turbine d'un gaz permanent tel que l'azote qui, après échange thermique, est recomprimé et recyclé.

La liquéfaction de gaz en mer ou dans des « zones difficiles » a conduit à étudier différents concepts qui n'ont pas pu être appliqués jusqu'à présent pour des raisons économiques. Un des concepts étudiés consiste, au retour du méthanier, à transporter de l'azote liquide dont la vaporisation permet de liquéfier le gaz naturel [Bach et Kummann, 1989]. Cette opération peut être réalisée directement sur le méthanier, l'azote étant envoyé à l'atmosphère. L'azote liquide est obtenu à terre par fractionnement de l'air, en mettant à profit la réfrigération produite par vaporisation du GNL. Ce système de transport de froid (*cold box shuttle*) est pénalisé par les températures très basses requises pour liquéfier l'azote, dont la température d'ébullition est de − 196 °C et n'a pas pu être mis en œuvre industriellement.

La liquéfaction en mer suscite néanmoins un intérêt croissant, du fait qu'elle représente une possibilité unique de valoriser des réserves de gaz en mer, lorsque la profondeur d'eau et/ou la distance à la côte ne permettent pas de rentabiliser la réalisation d'une conduite de transport jusqu'à terre. Le concept actuellement retenu consiste à placer l'ensemble des installations de collecte, traitement, liquéfaction, stockage et chargement sur une plate-forme flottante de type FPSO [Maneenapang, 2011].

L'idée d'une unité flottante de liquéfaction n'est pas nouvelle, mais elle devrait à présent se concrétiser, avec l'annonce faite par Shell d'un projet de plate-forme flottante de liquéfaction en Australie (projet Prelude). Le projet Prelude consiste à produire 3,6 Mt/an de GNL, 1,3 Mt/an de condensat et 400 000 t/an de GPL. Les opérations commerciales devraient débuter en 2017 [Petroleum Economist, 2011]. La réussite d'une première opération est évidemment essentielle pour faciliter la réalisation de nombreux projets futurs.

9.3.3 Méthaniers

Le transport de GNL par méthaniers a débuté dans les années 60 et a pris son réel essor au cours des années 70. Dès le départ, deux conceptions basées sur l'utilisation soit de cuves intégrées, soit de cuves autoporteuses, ont coexisté.

La capacité des méthaniers a évolué au cours du temps. La capacité des méthaniers livrés en 2011 a été de l'ordre de 160 000 m³, alors que cette capacité était typiquement de 125 000 m³, il y a une vingtaine d'années. Des navires de capacité très supérieure ont été réalisés et livrés pour le Qatar. Ce sont les navires de type QFLEX (210 000 m³) et QMAX (267 000 m³). La taille maximale des méthaniers n'est pas seulement limitée par des questions de réalisation technique des méthaniers eux-mêmes, mais aussi par la capacité des installations portuaires à accueillir des navires de cette taille.

La technologie des **cuves intégrées** consiste à reporter sur la double coque du navire les efforts provoqués par la cargaison de GNL. Cette conception permet d'optimiser l'utilisation du volume disponible dans la cuve.

Le principe général d'une cuve intégrée à membrane est schématisé sur la figure 9.10. Deux membranes, formant une barrière primaire et une barrière secondaire, reposent sur la cuve du navire par l'intermédiaire de deux couches d'isolant.

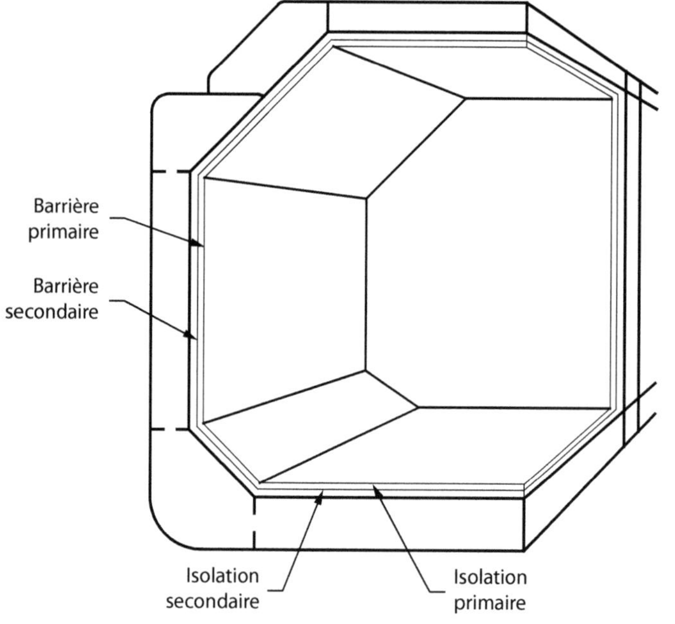

Figure 9.10

Schéma de principe d'une cuve à membrane (© GTT).

Deux systèmes de cuves intégrées, de conception française, ont été développés à l'origine par Technigaz et Gaztransport.

Dans la conception Technigaz, les cuves sont constituées par une membrane gaufrée, en acier inoxydable, compatible avec les conditions cryogéniques, qui s'appuie sur la coque par l'intermédiaire d'un isolant et d'une barrière secondaire destinée à protéger la cuve du navire contre une éventuelle fuite de GNL [Claude et Anslot, 1989 ; Pauthier, 1985]. La barrière primaire, formée par une membrane gaufrée, est constituée par un assemblage de tôles en acier inoxydable soudées suivant deux familles d'ondes orthogonales, de manière à absorber les contraintes d'origine thermique, compte tenu des variations très importantes de température, que la cuve doit pouvoir supporter.

Dans la version initiale du dispositif (technique d'isolation Mark I) au début des années 1970, l'isolant était constitué par des couches de balsa [Pauthier, 1985]. Une technique ultérieure (Mark III) adoptée depuis 1991, consiste à remplacer les couches de balsa par un assemblage de contre-plaqué et de mousse de polyuréthane rigide renforcée par des fibres de verre. La barrière secondaire est formée par un matériau composite « triplex » consistant en une feuille d'aluminium placée entre deux couches de tissu de verre et de résine [Claude et Anslot, 1989].

La capacité de la membrane à résister aux variations de température et sa faible inertie thermique permettent un refroidissement rapide des cuves au moment du chargement de GNL. Il est donc possible d'effectuer le retour des méthaniers sans maintenir les cuves à froid, c'est-à-dire en ne laissant dans les cuves que la quantité de liquide qui n'a pas pu être normalement déchargée par les pompes principales.

Le système conçu par la société Gaztransport comprend deux barrières planes en alliage à 36 % de nickel de type Invar® entre lesquelles l'isolation était initialement réalisée par des boîtes en contre-plaqué remplies de perlite [Jean *et al.*, 1989]. La perlite a été remplacée ultérieurement par du polyuréthane (membrane NO 96).

La création de la société Gaztransport & Technigaz a permis de réunir ces technologies. La société GTT continue de proposer ces deux technologies et a développé le système combiné CS1, dans lequel la membrane primaire est en Invar® et la membrane secondaire en matériau composite « triplex ».

L'intérieur d'une cuve réalisée selon la technologie à membrane GTT est représenté sur la figure 9.11.

Figure 9.11

Intérieur d'une cuve à membrane GTT NO 96.
Crédit photo : GTT

La figure 9.12 présente la disposition des cuves dans un méthanier de conception Gaztransport.

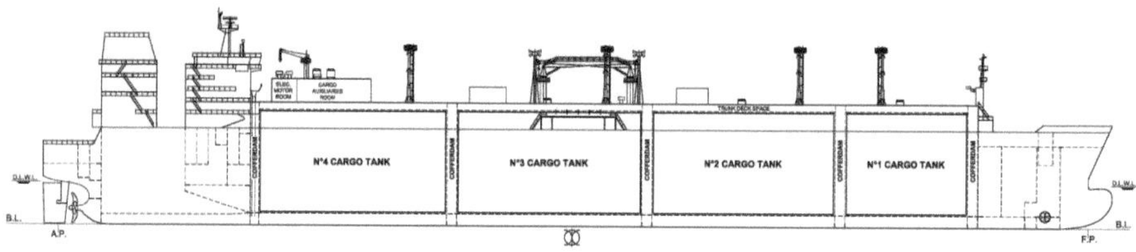

Figure 9.12

Méthanier à membrane de conception Gaztransport.

Il existe 245 navires construits selon la conception de cuve intégrée à membrane à fin 2011 [GII GNL, 2012]. Ce sont aussi ces technologies à membrane qui ont permis de réaliser les navires de plus grande taille QFLEX et QMAX.

Dans le cas des méthaniers à **cuves autoporteuses**, les réservoirs de GNL supportent entièrement les contraintes exercées par le poids et les efforts engendrés par les mouvements de liquide du GNL qu'elles contiennent.

La société norvégienne Moss Rosenberg a introduit le concept de cuves sphériques auto-porteuses. Le GNL est contenu dans 4 à 6 cuves sphériques (Figure 9.13).

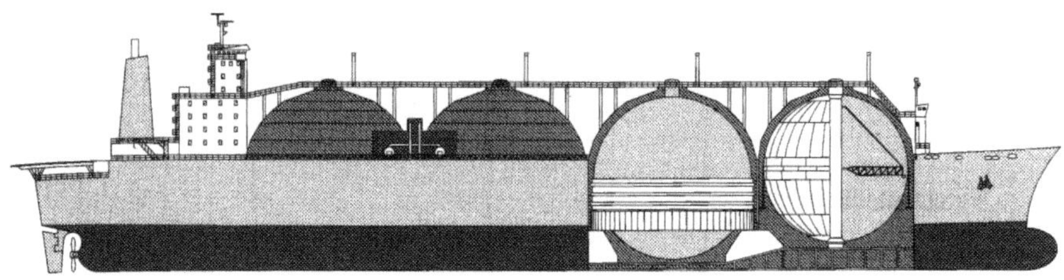

Figure 9.13

Méthanier à cuves autoporteuses de conception Moss Rosenberg.

Les cuves sont entourées par un isolant. Chaque cuve est supportée par une jupe cylindrique qui s'appuie sur la coque du méthanier. Une barrière secondaire de sécurité est placée à la base des cuves pour protéger la coque du navire contre une éventuelle fuite de GNL. Cette conception a été mise en œuvre par différents constructeurs japonais tels que Kawasaki, Mitsui et Mitsubishi [Itoyama *et al.*, 1989]. Il existe 104 navires construits selon cette conception à fin 2011 [GII GNL, 2012].

Il existe aussi des systèmes de cuves autoporteuses prismatiques, qui sont moins répandues et utilisées en général sur des navires de capacité réduite. Dix navires ont été construits selon ce principe à fin 2011.

Quelle que soit la conception du méthanier et la qualité de l'isolation, il se produit nécessairement une fuite thermique entre l'intérieur et l'extérieur des cuves. Cette fuite thermique entraîne une vaporisation de GNL et libère du gaz (gaz de *boil-off*).

Ce gaz est utilisé pour alimenter le système de propulsion du méthanier, qui est en général constitué par une turbine à vapeur. Ce système a été considéré jusqu'à présent comme le plus souple et le plus fiable malgré une efficacité limitée. On utilise en général deux chaudières pour pouvoir continuer à opérer le système de propulsion en cas d'indisponibilité d'une chaudière. On observe toutefois un intérêt croissant pour l'utilisation de turbines à gaz et de moteurs diesel, en combinaison avec l'utilisation d'un système de propulsion électrique.

Une autre option consiste à utiliser un moteur diesel pouvant consommer du fuel, moins coûteux que le GNL, et à reliquéfier le gaz de *boil-off*.

Le taux de *boil-off* peut atteindre de l'ordre de 0,2 % de la cargaison de GNL par jour. Cette vaporisation est liée à la qualité de l'isolation et résulte d'une optimisation technico-économique. En améliorant l'isolation, il est possible de réduire sensiblement ce taux [Brendeng *et al.*, 1989] et descendre à un taux réduit de *boil-off*, de l'ordre de 0,1 % par jour [Jean et Biaggi, 1992]. Ce taux de boil-off est celui qui est obtenu sur les navires de conception récente.

9.3.4 Terminaux de regazeification

À l'arrivée du méthanier au **terminal de réception**, le GNL est déchargé et regazéifié. Le terminal de réception doit effectuer le déchargement du GNL à partir des méthaniers, le stocker pour pouvoir assurer une fourniture continue de gaz naturel, en tenant compte du temps de rotation des navires, le vaporiser et l'expédier gazeux sous pression par conduite vers le réseau de transport et de distribution [ATG, 1990].

Un terminal méthanier, tel que celui qui est représenté sur la figure 9.14, comprend donc un appontement et des lignes de déchargement, qui opèrent avec des bras articulés.

Le GNL est stocké dans des cuves de stockage cryogéniques. Ce stockage permet d'assurer le volume tampon nécessaire pour pouvoir maintenir une transmission de gaz à débit constant entre deux rotations de méthanier. Le stockage de GNL est décrit dans le paragraphe 9.5.

Le GNL est ensuite pompé jusqu'à une pression voisine de la pression d'expédition (comprise en général entre 70 et 80 bars), puis vaporisé dans l'unité de regazeification.

Figure 9.14

Vue aérienne du terminal méthanier de Montoir de Bretagne (GDF SUEZ).
Crédit photo : André Bocquel

Le gaz naturel est vaporisé par chauffage. Ce chauffage est dans certains cas assuré en brûlant du gaz naturel. Cette solution, qui permet de réaliser des échangeurs très compacts et de réduire les investissements, présente l'inconvénient de consommer 2 à 3 % du gaz vaporisé.

La solution la plus courante consiste à réchauffer le GNL par échange de chaleur avec l'eau de mer dans des échangeurs à ruissellement. La principale difficulté consiste à éviter la formation de glace. Pour cela la température de la paroi doit toujours rester proche de la température de l'eau de mer.

Enfin, on a cherché à utiliser le froid libéré par la vaporisation du GNL, pour des installations cryogéniques, mais cette option entraîne des contraintes de localisation pour les utilisateurs du froid produit, ce qui n'a pas permis à cette solution de se développer largement.

Les terminaux méthaniers posent des problèmes de sécurité qui peuvent freiner leur implantation. En Europe, ils sont soumis à la directive Seveso 2. Pour cette raison, la tendance générale a été de les déporter en mer, à l'extrémité d'une jetée, de façon à les placer loin des habitations.

Des développements en cours portent sur la construction de terminaux flottants (Floating Storage and Regasification Unit – FSRU), solution qui est d'ores et déjà opérationnelle. Une autre option consiste à réaliser la regazeification directement à bord du méthanier. Ces solutions très flexibles et peu contraignantes ouvrent à de nombreux pays la possibilité d'importer du GNL.

9.4 CONVERSION CHIMIQUE DU GAZ NATUREL

9.4.1 Filières et marché de la conversion chimique du gaz naturel

Par **conversion chimique**, il est possible de transformer le méthane en un produit liquide aux conditions ambiantes. Ces filières sont ainsi souvent qualifiées de filières GTL (*Gas To Liquid*).

Le produit recherché est généralement un **carburant** : essence, kérosène ou gazole, facile à transporter et à utiliser.

Pour réaliser une telle opération, il existe plusieurs filières qui sont représentées schématiquement sur la figure 9.15.

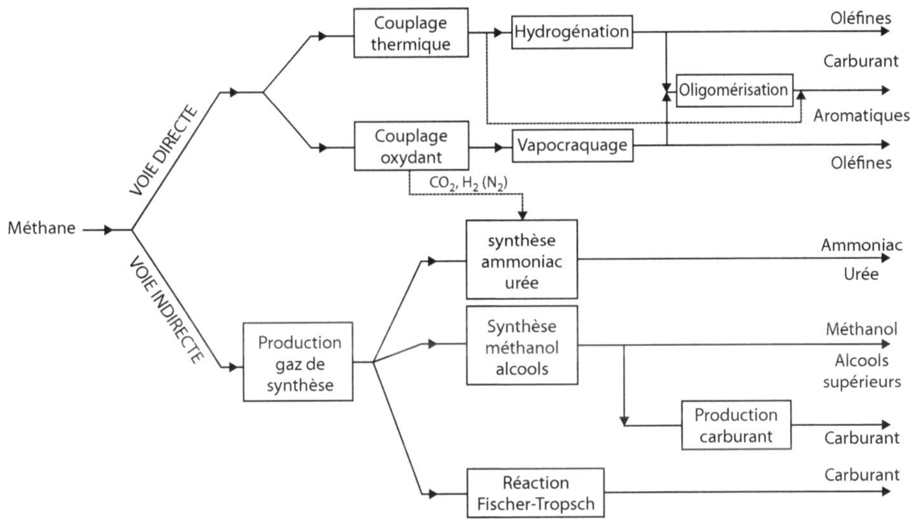

Figure 9.15

Filières de conversion chimique du méthane.
Source : Boucot et Raimbault, 1982

La difficulté d'activer chimiquement le méthane rend ces opérations de conversion relativement complexes et coûteuses [Kiennemann, 1990 ; Saint-Just *et al.*, 1990]. Les principaux produits chimiques produits à partir du méthane sont l'ammoniac, utilisé notamment dans l'industrie des engrais, et le méthanol. Le méthanol peut être dans certaines conditions utilisé comme carburant, mais sa toxicité et sa volatilité ont fait que cette application ne s'est pas développée. Ces deux produits sont obtenus en passant par l'intermédiaire d'une production de gaz de synthèse, mélange d'oxyde de carbone et d'hydrogène.

Deux voies de conversion peuvent être envisagées :

— la première voie, dite **indirecte**, passe par la production d'un gaz de synthèse, formé d'un mélange d'oxyde de carbone et d'hydrogène. Elle est la seule actuellement à

être pratiquée industriellement. À partir du gaz de synthèse, il existe trois principales filières pour la production de carburants :
- la synthèse directe d'hydrocarbures liquides par la réaction Fischer-Tropsch,
- la production de carburants oxygénés (éthers, alcools), qui peuvent être soit utilisés directement *comme* carburants alternatifs, soit incorporés dans un pool carburant en étant mélangés à des hydrocarbures liquides,
- une dernière option consiste à produire un intermédiaire chimique tel que le méthanol, en le convertissant au cours d'une deuxième étape en hydrocarbures liquides ou encore en éthers ;
- une deuxième voie, dite **directe**, consiste à essayer de transformer le méthane en hydrocarbures liquides (par couplage oxydant ou couplage thermique de molécules de méthane), sans passer par la production d'un mélange d'oxyde de carbone et d'hydrogène.

Dans le cas de la voie indirecte, plus de la moitié des investissements est utilisée pour produire le mélange d'oxyde de carbone et d'hydrogène. La voie directe présente donc un avantage potentiel important. Toutefois, les difficultés auxquelles elle se heurte n'ont pas permis aux travaux de R&D engagés de se concrétiser industriellement et de ce fait, les activités de recherche ont baissé en intensité.

Les investissements nécessaires pour produire des carburants de synthèse par la voie indirecte sont très élevés. Ainsi, dans le cas du projet Pearl mené par Shell au Qatar qui a démarré en 2011, le montant de l'investissement est de l'ordre de 20 milliards de dollars pour une production de 140 000 bpd de carburants de synthèse (soit environ 7Mt/an) et 120 000 bpd de condensat, GPL et éthane. Le prix relativement bas du gaz produit au Qatar et le prix atteint par le baril de pétrole rendent néanmoins cette opération rentable, malgré le niveau d'investissement requis (cf. Chapitre 11).

Pour réduire les coûts unitaires de production, il est nécessaire de jouer sur un effet de taille et de réaliser des unités de très grande capacité. Dans ces conditions, la transformation de méthane en produits liquides concerne essentiellement les pays qui, disposant de réserves de gaz naturel très supérieures à leurs réserves pétrolières, souhaitent pouvoir exporter des carburants liquides ou assurer leur marché intérieur en carburants, pour des raisons d'indépendance économique ou politique.

Les pays présentés sur le tableau 9.2, dont les réserves en gaz naturel sont supérieures à 30 ans d'exploitation sur la base de leur production actuelle et dépassent les réserves pétrolières, sont *a priori* les mieux placés pour le développement de la conversion chimique.

Tableau 9.2. Pays potentiellement intéressés À la conversion chimique du gaz

	Réserves gaz (10^{12} m^3)	R/P (années)	Réserves huile (Mt)
Qatar	25	> 100	3,2
Iran	33,1	> 100	20,8
Australie	3,8	83,6	0,4
Russie	44,6	73,5	18,1
Algérie	4,5	57,7	1,5
Indonésie	3,0	39,2	0,6
Chine	3,1	30,2	2,0
Malaisie	2,4	30,4	0,8

Source : CEDIGAZ, BP Statistical Review, 2012

De manière générale ce sont les ressources gazières les plus difficiles à exploiter et à exporter directement, en raison notamment de la distance entre le pays producteur et le pays consommateur, qui se prêtent le mieux à la conversion chimique.

À l'heure actuelle le nombre de pays où des installations industrielles de conversion chimique ont été réalisées est limité. Le Qatar est de très loin le pays dans lequel ont été réalisées les installations les plus importantes. Dans l'avenir, le marché de la conversion chimique du gaz naturel pourrait toutefois s'élargir considérablement, soit dans le contexte d'une augmentation du prix du pétrole, soit dans la perspective de progrès techniques améliorant la rentabilité des procédés.

Par ailleurs, dans les pays producteurs, la valorisation du méthane sous forme de produits chimiques représente une alternative au transport de gaz naturel. Les perspectives de développement industriel et commercial des filières GTL sont discutées dans le Chapitre 11.

9.4.2   Chaîne de production de carburants liquides par synthèse Fischer Tropsch

9.4.2.1   Schéma général

Une chaîne de production de carburants liquides par synthèse Fischer-Tropsch comprend trois étapes successives, représentées sur le schéma de la figure 9.16.

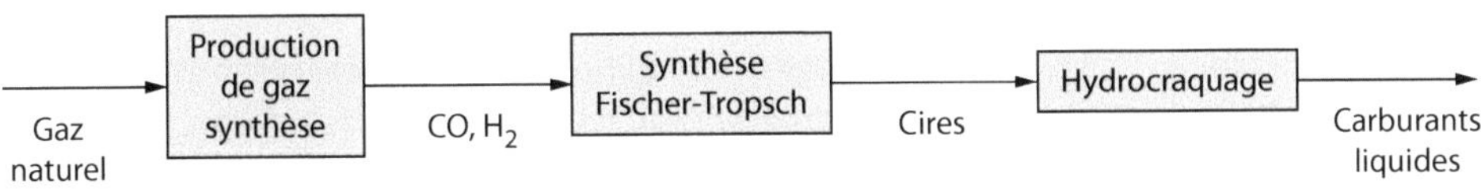

Figure 9.16

Les trois étapes d'une chaîne de production de carburants liquides par synthèse Fischer-Tropsch.

Au cours d'une première étape, un gaz de synthèse, formé d'un mélange d'oxyde de carbone CO et d'hydrogène, est produit à partir du gaz naturel. Le ratio en nombre de moles H_2/CO doit être ajusté à la valeur requise par la synthèse Fischer-Tropsch, proche de 2,1.

La synthèse Fischer-Tropsch constitue la deuxième étape. Pour augmenter le rendement final de production en carburants liquides, les procédés modernes sont orientés vers la production de cires à masse molaire élevées.

Les carburants liquides recherchés, kérosène et gazole, sont produits par un hydrocraquage isomérisant des cires obtenues à la sortie de l'étape de synthèse Fischer-Tropsch.

9.4.2.2 Production de gaz de synthèse

Le gaz de synthèse, mélange d'oxyde de carbone et d'hydrogène, est produit par la mise en œuvre de deux procédés de base [Chauvel *et al.*, 1985] :

– l'**oxydation partielle** du méthane selon la réaction exothermique simplifiée :

$$CH_4 + \frac{1}{2}O_2 \rightarrow CO + 2H_2 \tag{9.14}$$

– le **reformage à la vapeur** selon la réaction endothermique :

$$CH_4 + H_2O \rightleftarrows CO + 3H_2 \tag{9.15}$$

Le tableau 9.3 indique les variations d'enthalpie et d'entropie liées aux principales réactions intervenant dans ces deux procédés.

Tableau 9.3. Valeurs des enthalpies et entropies de réaction

Réaction	ΔH^0_{298} (kJ/mol)	ΔS^0_{298} (J/K mol)
$CH_4 + H_2O \rightleftarrows CO + 3H_2$	206	214
$CO + H_2O \rightleftarrows CO_2 + H_2$	$-41,02$	-42
$CH_4 + \frac{1}{2}O_2 \rightarrow CO_2 + 2H_2$	$-35,7$	170
$CH_4 + CO_2 \rightleftarrows 2CO + 2H_2$	247,3	256

Les techniques d'**oxydation partielle** du méthane (souvent désignées par le sigle de **POX**, pour *Partial Oxydation*) utilisent des brûleurs (Texaco, Shell). La réaction est opérée à haute température (950 à 1 250 °C). Dans ces conditions, la principale réaction parasite est la décomposition du méthane, conduisant à la production de noir de carbone. Un procédé d'oxydation partielle comprend :

– un brûleur fonctionnant avec du méthane et de l'oxygène. La combustion est effectuée au moyen d'oxygène au lieu d'air, pour éviter la présence d'azote dans le gaz de synthèse, qui n'est souhaitable que dans le cas de la production d'ammoniac ;

– une section de récupération de chaleur ;

– une section d'élimination du noir de carbone. Dans les procédés Texaco et Shell, ce noir de carbone est tout d'abord récupéré par lavage à l'eau puis extrait de la boue obtenue à l'aide de naphta.

Les procédés d'oxydation partielle consomment de l'oxygène pur. Cet oxygène pur est produit par distillation cryogénique de l'air, ce qui contribue à augmenter sensiblement les coûts de production du gaz de synthèse. Le ratio H_2/CO obtenu se situe dans l'intervalle 1,7 à 1,8. Il est donc trop faible par rapport à la valeur requise pour la synthèse Fischer-Tropsch [Falabella Sousa-Aguiar *et al.*, 2011].

Il existe actuellement des membranes minérales transférant l'oxygène [Juste, 2008 ; Kirsten, 2007]. Ce sont en particulier des membranes denses en matériau céramique, notamment de type pérovskite, qui conduisent l'oxygène sous forme ionique. Des travaux de développement ont été menés pour produire le gaz de synthèse dans des réacteurs membranaires, en transférant l'oxygène à partir de l'air directement à travers les parois du réacteur. Pour le moment, ces travaux n'ont pas permis de déboucher sur des réalisations industrielles. Parmi les problèmes qui se posent, un des points les plus critiques concerne la stabilité chimique de la membrane minérale dans le temps [Falabella Sousa-Aguiar *et al.*, 2011].

Le **réformage à la vapeur** est mené en présence d'un catalyseur, le plus souvent constitué de nickel supporté sur alumine. Un tel catalyseur opère à une température comprise entre 850 et 940 °C en sortie de la zone de réaction, sous une pression de l'ordre de 3 MPa.

La réaction, qui est endothermique, est effectuée dans des fours tubulaires. Les tubes remplis de catalyseurs sont placés dans la zone de radiation. Pour atteindre des rendements thermiques élevés, différentes récupérations de chaleur sont pratiquées sur les fumées à la sortie de la zone de radiation : préchauffage de la charge dans la zone de convection, production de vapeur dans des chaudières de récupération, récupération complémentaire de chaleur dans un économiseur. Les fours les plus répandus [Giroudière, 2012] sont les fours à brûleurs en voûte (KTI, Lummus, Uhde), les fours à chauffe latérale (Topsoe) et les fours terrasses (Foster Wheeler)

Pour la synthèse Fischer-Tropsch, le rapport stœchiométrique H_2/CO doit se situer vers 2,1 alors que dans le cas du réformage à la vapeur, il est proche de 3. Le rapport H_2/CO du gaz de synthèse produit par réformage à la vapeur est donc trop élevé, alors que dans le cas de l'oxydation partielle, il est trop faible. Il est nécessaire en général de combiner ces deux procédés pour obtenir le ratio souhaité.

Les deux techniques d'oxydation partielle et de réformage à la vapeur peuvent être combinées, en vue de compenser l'endothermicité du traitement à la vapeur par une combustion à l'oxygène ou à l'air. Un tel procédé, qualifié d'**autotherme**, a été mis au point initialement par la Société Belge de l'Azote (SBA) et la société Haldor Topsøe ; d'autres procédés opérant à basse pression ont été proposés par la suite (Foster Wheeler, Lurgi et ICI). Les réacteurs autothermes sont fréquemment désignés par le sigle abrégé de réacteurs **ATR** (*Auto Thermal Reformer*).

Dans son principe, le procédé SBA-Topsøe consiste à envoyer les gaz issus du brûleur en mélange avec de la vapeur d'eau sur un catalyseur à base de nickel, sous environ 2 MPa et 950 °C.

Différentes combinaisons de réacteurs sont utilisées pour améliorer le rendement énergétique et l'économie de l'étape de production de gaz de synthèse. On utilise en particulier des réacteurs de vaporéformage chauffés par échange de chaleur avec le gaz chaud sortant d'un réacteur autotherme. Un tel réacteur, qualifié de *Gas Heated Reformer* (**GHR**), a été développé notamment par la société Synetix.

9.4.2.3 Procédés de synthèse Fischer-Tropsch

C'est en 1922 que Franz Fischer et Hans Tropsch obtinrent un mélange d'hydrocarbures et de composés oxygénés en traitant le mélange $CO + H_2$ par un catalyseur à base de fer. En 1925, ils purent réaliser la synthèse d'hydrocarbures avec des catalyseurs constitués de cobalt et de fer alcalinisés [Dry, 1981]. La synthèse Fischer-Tropsch fut développée en Allemagne pendant la seconde guerre mondiale, mais c'est en Afrique du Sud que le procédé fut mis en œuvre pour la première fois à grande échelle. Trois ensembles de production d'une capacité totale d'environ 4 Mt par an ont été réalisés entre 1955 et 1982 par la société sud-africaine SASOL (*South African Oil and Gas Corporation Limited*). Bien que le gaz de synthèse soit produit à partir de charbon local disponible à un coût très bas, ce sont principalement des raisons politiques et stratégiques, liées à l'embargo auquel était soumise l'Afrique du Sud, qui ont conduit à l'implantation de ces complexes industriels.

Par la suite, la synthèse Fischer-Tropsch a été envisagée comme un moyen de valoriser le gaz naturel et, dans les années 90, différents projets ont été alors réalisés à une échelle industrielle. La première unité GTL a été réalisée en Afrique du Sud en 1991 par Mossgas, en employant le procédé Fischer-Tropsch développé par Sasol. En 1993, la société Shell a démarré une unité GTL en Malaisie et par la suite les projets se sont multipliés.

La réaction de base mise en œuvre au cours de la synthèse Fischer-Tropsch est la suivante :

$$CO + 2\,H_2 \rightarrow -CH_2- + H_2O \qquad\qquad \Delta H = -164{,}9 \text{ kJ/mol} \quad (9.16)$$

Les maillons $-CH_2-$ s'assemblent pour former des chaînes hydrocarbonées. L'ensemble de la transformation est très exothermique. La réaction de méthanation se produit simultanément :

$$CO + 3H_2 \rightleftarrows CH_4 + H_2O \qquad\qquad \Delta H = -206{,}2 \text{ kJ/mol} \quad (9.17)$$

Pour favoriser la réaction (9.16) par rapport à la réaction (9.17), il est nécessaire de réduire la température et d'utiliser des pressions opératoires modérées. La pression est généralement comprise entre 2 et 3 MPa et la température entre 220 et 350 °C.

Les catalyseurs utilisés, auparavant essentiellement à base de fer, font intervenir à présent différents métaux et en particulier le cobalt. La sélectivité du catalyseur et les conditions opératoires, ainsi que sa mise en œuvre influencent le degré de croissance des chaînes (donc la distribution en masse moléculaire des produits) et la teneur en impuretés dans les effluents, notamment en produits oxygénés. Les catalyseurs de synthèse Fischer-Tropsch sont empoisonnés par les composés sulfurés et le gaz de synthèse doit être désulfuré jusqu'à environ 0,1 ppm de soufre.

La réaction de synthèse Fischer-Tropsch est réalisée en lit fixe ou en lit mobile.

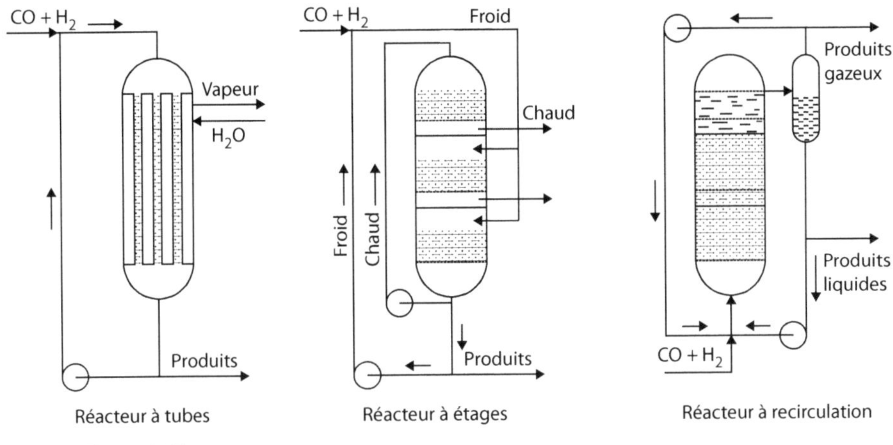

Figure 9.17

Procédés de synthèse Fischer-Tropsch en lit fixe.
Source : Boucot et Raimbault, 1982

La figure 9.17 présente différentes configurations de **réacteur en lit fixe**. Dans une première configuration, mise en œuvre dans le procédé Arge de la société Lurgi, le catalyseur est disposé dans des tubes verticaux et la chaleur de réaction est évacuée par production de vapeur. Une autre configuration est également proposée par la société Lurgi : le catalyseur est disposé selon plusieurs lits superposés et le refroidissement est opéré sur des fractions gazeuses, prélevées à différents niveaux et recyclées. Enfin, dans le cas du réacteur à recirculation, la chaleur de réaction est évacuée par refroidissement de la phase liquide recyclée.

Dans le cas du **réacteur en lit mobile**, le catalyseur est mis en œuvre sous forme de lit fluidisé, entraîné ou bouillonnant (Figure 9.18).

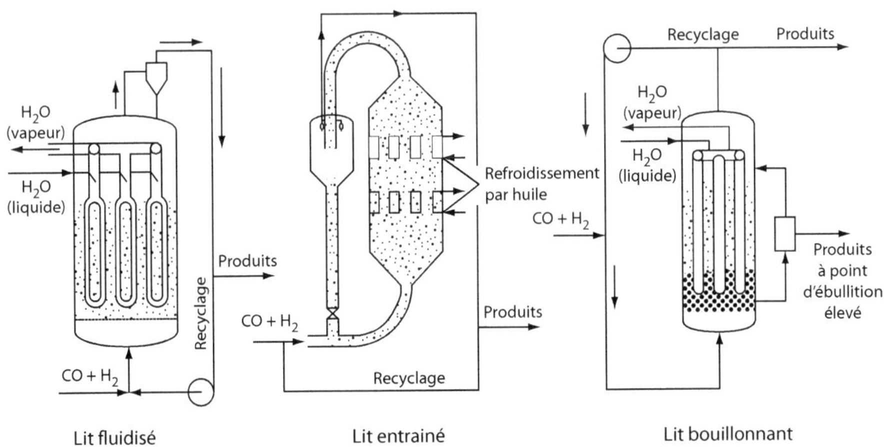

Figure 9.18

Procédé de synthèse Fischer-Tropsch à lit mobile.
Source : Boucot et Raimbault, 1982

Dans le procédé Hydrocol qui emploie un lit fluidisé, la chaleur de réaction est évacuée par circulation d'eau pressurisée dans un faisceau de refroidissement. Le procédé Synthol utilisé industriellement par SASOL fait intervenir un lit entraîné, les produits et le catalyseur étant séparés par un cyclone après réaction. Dans le cas du **réacteur à lit bouillonnant** (ou encore en « *slurry* »), le catalyseur est en suspension au sein d'une phase liquide, le refroidissement étant assuré par production de vapeur dans la configuration représentée sur la figure 9.18. La technologie de suspension du catalyseur en *slurry* au sein de la phase liquide présente l'avantage de bien se prêter à l'extrapolation en taille et donc de permettre la réalisation de réacteurs de très grande capacité.

La technologie de réacteur en *slurry* a été initialement développée par Sasol. La première unité opérée sur ce principe depuis 1993 avait une capacité de 3 000 bpd. La plus grande capacité obtenue avec un seul réacteur est de 15 000 à 17 000 bpd. Elle a été réalisée sur l'unité Oryx construite au Qatar, dont la production a débuté en 2007.

Une comparaison entre la composition des produits obtenus par le procédé Arge en lit fixe et par le procédé Synthol en lit mobile montre que le premier, fonctionnant à plus basse température, est surtout orienté vers la production de fractions moyennes et lourdes (gazoles), tandis que le second fournit essentiellement du gaz et des essences.

La répartition en masses molaires des constituants produits est conforme à la loi de polymérisation Schultz-Flory. Celle-ci fait intervenir le facteur de probabilité de croissance de chaîne α.

Dans le cas des procédés centrés sur la production d'essence tels que le procédé Synthol fonctionnant avec un catalyseur à base de fer, le facteur α est compris entre 0,7 et 0,8. L'essence obtenue doit être envoyée dans une unité de réformage pour obtenir un niveau d'octane supérieur à 90. La production d'oléfines est importante et le rendement en essence peut être augmenté par oligomérisation des coupes C_3 et C_4 oléfiniques.

La société Shell a développé le procédé SMDS, en visant à maximiser la production de distillat moyens [Dell'Amico, 1987]. Ce procédé qui utilise un catalyseur à base de cobalt et de zirconium dispersés sur silice, est caractérisé par un facteur α élevé, proche de 0,92. La figure 9.19 montre comment la valeur du facteur α influe sur la distribution des produits.

Les catalyseurs au cobalt sont reconnus actuellement comme les plus performants et les plus appropriés pour la réalisation d'unités industrielles de grande taille [Diehl et Khodakov, 2009]. Le cobalt est déposé sur un oxyde minéral, alumine, silice ou oxyde de titane. De petites quantités de promoteurs métalliques constitués par des métaux nobles (Ru, Rh, Pt et Pd) sont généralement introduites. Le cobalt est un métal coûteux. Les catalyseurs en contiennent généralement 15 à 30 % en poids. Une unité GTL de 100 000 bpd nécessite environ 500 t de cobalt et 2,5 t de métaux nobles [Brumby *et al.*, 2005]. Il est donc très important de limiter les pertes de catalyseur, ce qui implique dans le cas d'un réacteur fonctionnant en *slurry* de disposer de dispositifs de séparation très efficaces. Il est aussi nécessaire de prévoir un recyclage du catalyseur usé [Matjie *et al.*, 2005].

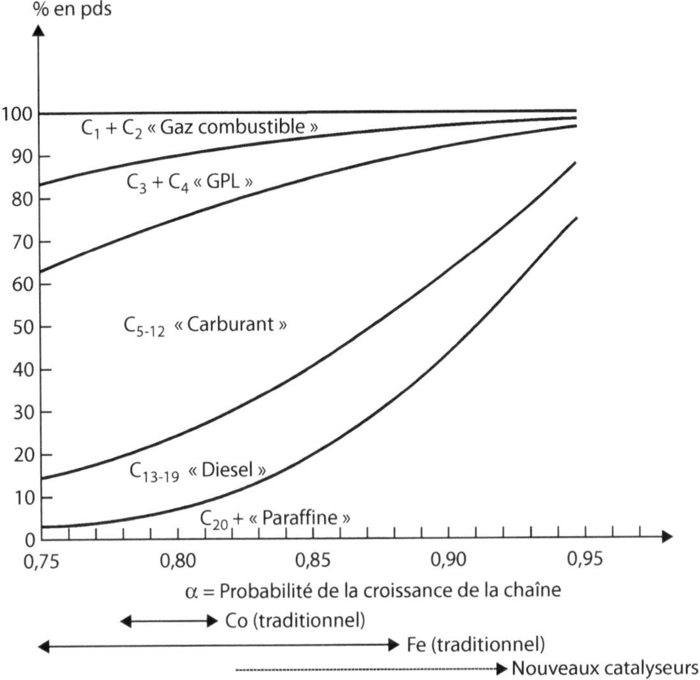

Figure 9.19

Influence du facteur α sur la distribution des produits.
Source : Dell' Amico, 1987

9.4.2.4   Étape de finition par hydrocraquage

L'étape d'hydrocraquage des cires a pour but de les convertir en carburants liquides, kérosène et gazole. Elle est opérée dans des conditions relativement douces de température et de pression [Bouchy *et al.*, 2009 ; Leckel, 2007 ; Calemma *et al.*, 2005]. La pression est de l'ordre de 3,5 à 7 MPa et la température est comprise entre 320 et 375 °C. L'opération est qualifiée en anglais de *mild hydrocracking*.

Les cires produites par la réaction de synthèse Fischer-Tropsch sont constituées de paraffines linéaires. Les réactions recherchées consistent à produire des hydrocarbures à longueur de chaîne plus réduite et à les isomériser pour obtenir des bases carburants aux caractéristiques recherchées.

Différents types de catalyseurs sont utilisés. Ces catalyseurs doivent être bi-fonctionnels, pour permettre de réaliser simultanément une isomérisation (fonction « acide ») et une hydrogénation (fonction « métallique »). L'utilisation de zéolithes permet d'améliorer la sélectivité de la réaction [Bouchy *et al.*, 2009].

Les carburants obtenus sont d'excellente qualité. Ils ne contiennent pas de contaminants. En particulier, ils ne contiennent ni soufre, ni aromatiques. Le carburant Diesel qui est produit est caractérisé par un indice de cétane élevé, de l'ordre de 75. La présence de paraffines linéaires favorise un indice de cétane élevé, mais il faut en même temps disposer d'un point d'écoulement suffisamment bas de l'ordre de – 20 °C, ce qui implique la présence de paraffines branchées en proportion suffisante.

9.4.2.5 Projets industriels

Différents procédés industriels sont disponibles pour produire des carburants liquides par synthèse Fischer-Tropsch à partir de gaz naturel. Les deux procédés qui à ce jour ont conduit à la réalisation d'unités industrielles de grande capacité sont les procédés Sasol et Shell (SMDS).

La technologie développée par Sasol en Afrique du Sud a d'abord été utilisée pour produire des carburants liquides à partir de charbon, afin de contourner l'embargo pétrolier qui frappait l'Afrique du Sud. Cette première expérience est ancienne et date de 1955. La technologie a été ensuite appliquée à la conversion du gaz naturel sur l'unité de Mossgas, également en Afrique du Sud, dont la capacité se situait aux environs de 22 500 bpd. L'unité Oryx dont la capacité est de 34 000 bpd a ensuite été réalisée au Qatar et a débuté sa production en 2007, comme cela a déjà été indiqué. En dehors du Qatar, un autre projet industriel important, d'une capacité de 34 0000 bpd, mené par Chevron et la compagnie nationale nigérienne (Nigerian National Petroleum Company) a été lancé au Nigeria.

Le procédé SMDS de Shell a d'abord été appliqué à grande échelle à Bintulu en Malaisie. Une première unité d'une capacité de 12 500 bpd de produits liquides a connu un grave accident en 1997. L'unité a été reconstruite en améliorant le procédé et en utilisant un nouveau catalyseur. Sur la base de cette expérience, il a été possible de réaliser le projet de Pearl, qui avec une capacité de 140 000 bpd de carburants liquides est le plus gros réalisé à ce jour.

Un autre gros projet qui était prévu au Qatar, impliquant ExxonMobil a été abandonné, en raison de l'escalade des coûts.

Dans ces différents cas, le fournisseur de technologie est aussi celui qui investit et opère l'unité industrielle ainsi réalisée.

Une technologie de production de carburants liquides par synthèse Fischer-Tropsch, développée par l'IFP et l'ENI est également disponible et commercialisée par Axens, sous la forme d'une vente de licence. Ce procédé a fait l'objet d'une unité pilote réalisée dans la raffinerie ENI de Sannazzaro, à une échelle de 20 bpd. Cette unité a été opérée avec succès depuis 2001. La technologie ainsi développée met en œuvre un catalyseur à base de cobalt sur alumine, dans des réacteurs de type *slurry*. De nouvelles solutions ont été mises en œuvre pour améliorer la stabilité du catalyseur, réduire la production de fines et améliorer les performances du dispositif de séparation du catalyseur en sortie de réacteur [Perego C. *et al.*, 2009].

9.4.2.6 Production de méthanol

Le méthanol est obtenu à partir d'un gaz de synthèse constitué par un mélange H_2, CO, CO_2 par les deux principales réactions suivantes :

$$CO + H_2O \rightleftarrows CH_3OH \qquad\qquad \Delta H^0_{298} = -90,8 \text{ kJ/mol} \quad (9.18)$$

$$CO + 3H_2 \rightleftarrows CH_3OH + H_2O \qquad\qquad \Delta H^0_{298} = -49,5 \text{ kJ/mol} \quad (9.19)$$

Ces deux réactions sont exothermiques et endentropiques. La production de méthanol est favorisée par :

– l'augmentation de pression ;
– la diminution de température ;
– l'accroissement du rapport CO/CO_2 dans le gaz de synthèse.

L'abaissement de température est favorable sur le plan thermodynamique mais défavorable sur le plan cinétique. Il est nécessaire de recourir à des catalyseurs et les progrès réalisés dans ce domaine ont permis d'abaisser la température de réaction. Les catalyseurs à base d'oxydes de chrome et de zinc ont été supplantés par des catalyseurs à base de cuivre [Chauvel *et al.*, 1985]. Ceci permet d'opérer à une pression comprise entre 5 et 10 MPa au lieu de 30 à 35 MPa et à une température allant de 240 à 270 °C au lieu de 300 à 400 °C, pour les procédés plus anciens. Le procédé Synetix/ICI, commercialisé depuis 1970, est le plus répandu (Figure 9.20). La division Synetix de ICI qui proposait ce procédé a été rachetée par Johnson Matthey en 2002.

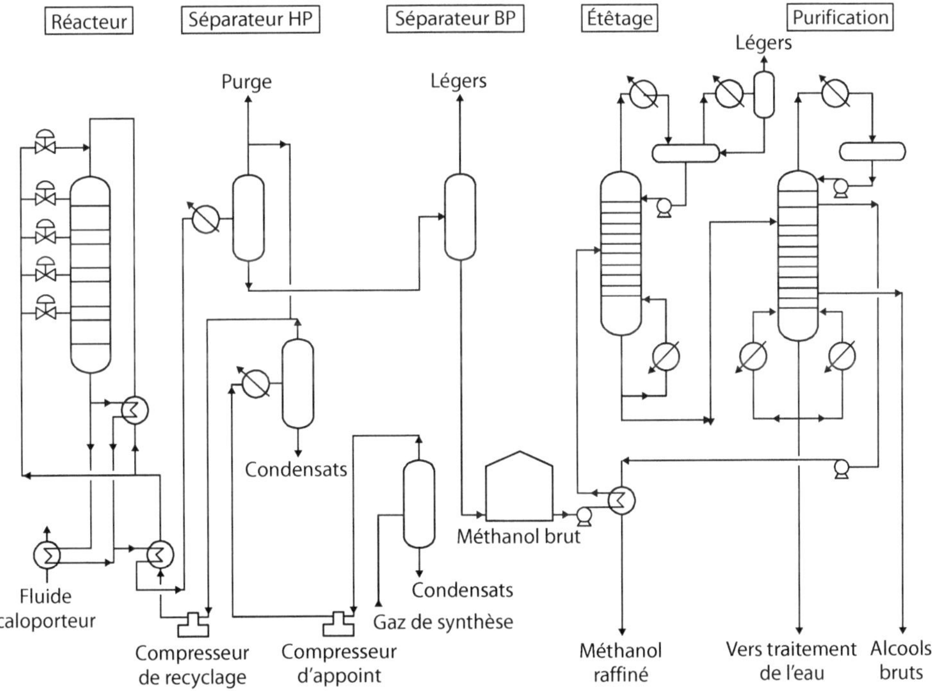

Figure 9.20

Production de méthanol – Procédé ICI.
Source : Chauvel *et al.*, 1985

Le réacteur est refroidi par des injections de gaz à différents niveaux. Le gaz de synthèse est comprimé dans le compresseur d'appoint et mélangé avec le gaz de recyclage. Le mélange résultant est préchauffé par échange thermique avec l'effluent du réacteur, puis il est comprimé dans le compresseur de recyclage et divisé en deux flux : le premier (environ 40 %) assure l'alimentation du réacteur, après un échange thermique complémentaire avec l'effluent, et le second (environ 60 %) sert de fluide de trempe.

L'effluent gazeux sortant du réacteur est refroidi tout d'abord par échange avec la charge, puis par passage dans un aéroréfrigérant où se condensent le méthanol et l'eau. La fraction gazeuse issue du séparateur haute pression est recyclée pour l'essentiel, une purge permettant de limiter l'accumulation d'inertes dans la boucle réactionnelle. Le méthanol brut est dégazé par détente puis distillé pour séparer l'eau dont la teneur en poids représente 17 à 23 % ainsi que les impuretés (diméthyléther, formiate de méthyle, éthanol, propanol, butanol, etc.). La première colonne de distillation élimine les constituants légers (gaz, éthers, cétones, etc.). La seconde sépare l'eau en fond et, latéralement, les alcools plus lourds, le méthanol sortant en tête. D'autres procédés sont proposés par Lurgi, Haldor-Topsøe, Mitsubishi, etc.

9.4.2.7 Production d'essence et d'oléfines à partir de méthanol

Un procédé de transformation de méthanol en essence de synthèse, fréquemment désigné par le sigle **MTG** *(Methanol To Gasoline)*, a été mis au point par la société Mobil Oil [Olah *et al.*, 2009 ; Goulley, 1987 ; Mills, 1977].

La réaction globale s'écrit :

$$n\mathrm{CH_3OH} \rightarrow (-\mathrm{CH_2}-)_n + n\mathrm{H_2O} \tag{9.20}$$

La conversion a lieu en deux temps :

– le méthanol brut est tout d'abord porté à 300-320 °C et passe sur un catalyseur à base d'alumine. Il se produit une réaction équilibrée de déshydratation de méthanol :

$$2\mathrm{CH_3OH} \rightleftharpoons \mathrm{CH_3-O-CH_3} + \mathrm{H_2O} \tag{9.21}$$

conduisant à un mélange de diméthyléther, de méthanol et d'eau ;

– le diméthyléther est ensuite transformé en essence, en présence d'une zéolithe à sélectivité de forme appelée ZSM5 découverte par la société Mobil Oil [Meisel, 1988].

Les hydrocarbures seraient obtenus tout d'abord par formation du biradical $\mathrm{CH_2}$ selon la réaction :

$$\mathrm{CH_3-O-CH_3} \rightarrow 2 : \mathrm{CH_2} + \mathrm{H_2O} \tag{9.22}$$

puis formation à partir du biradical : $\mathrm{CH_2}$ d'hydrocarbures de différentes familles (alcanes linéaires et cycliques, aromatiques et alcènes).

L'essence obtenue a un indice d'octane élevé mais il est nécessaire de réduire par hydrotraitement la teneur en durène, dont le point de fusion est de 79 °C, afin d'éviter des dépôts par cristallisation.

La transformation du méthanol en hydrocarbures est très exothermique, surtout au cours de l'étape de synthèse et il faut assurer un refroidissement important par recyclage d'effluents gazeux.

Une unité de production d'essence à partir de méthanol opérant selon le procédé Mobil a été réalisée en Nouvelle-Zélande. Elle a été conçue pour assurer la production de 570 000 t/an d'essence à partir de 1,35 milliards de m³/an de gaz naturel [Goulley, 1987]. Cette unité a été arrêtée dans les années 90, en raison du contre-choc pétrolier et de la baisse du cours pétrolier.

Le procédé met en œuvre des réacteurs en lit fixe. La formation de dépôts de carbone au cours de la réaction de synthèse des hydrocarbures nécessite une régénération périodique de la zéolithe.

En intégrant les étapes de production de méthanol et de transformation du méthanol en essence, il est possible d'opérer avec une boucle unique de recyclage et de réduire ainsi les investissements [Topp-Jørgensen, 1988].

Exxon Mobil a poursuivi les développements du procédé, pour l'appliquer notamment à la production de carburants liquides à partir de charbon, qui intéresse vivement la Chine [Zhao, 2008].

À partir du méthanol, il est également possible de produire des oléfines (éthylène, propylène). Il existe dans ce domaine des procédés industriels et notamment le procédé **MTO** (*Methanol To Olefins*) commercialisé par UOP.

Une autre option consiste à produire du diméthyléther (**DME**) par déshydratation du méthanol, Le DME a soulevé beaucoup d'intérêt, car en dépit de sa température d'ébullition qui est basse (– 24 °C), il peut alimenter un moteur Diesel. La nécessité de stocker le DME dans des réservoirs sous pression soulève des problèmes de logistique, qui ont jusqu'à présent freiné la diffusion de cette option.

9.4.2.8 Production d'alcools supérieurs et d'éthers

Une alternative à la production d'hydrocarbures, consiste à transformer le méthane en **composés oxygénés** (alcools ou éthers), pouvant être incorporés dans les essences.

L'utilisation d'alcools comme carburants de substitution est ancienne. L'éthanol, d'origine agricole est utilisé depuis 1975 à grande échelle comme carburant au Brésil [Guibet et Martin, 1987].

L'intérêt porté, aux États-Unis notamment, à l'incorporation dans les essences de composés oxygénés, tient aussi aux avantages qu'ils présentent en termes de réduction d'émission de polluants tels que le dioxyde de carbone, les hydrocarbures imbrûlés et les oxydes d'azote dans les gaz d'échappement [Piel et Thomas, 1990].

Par ailleurs, l'incorporation de composés oxygénés dans les essences s'est développée en raison de la nécessité de produire de l'essence sans plomb, tout en maintenant un indice d'octane élevé. Parmi eux, les **alcools en C_1 à C_6** présentent d'excellentes qualités pour doper les essences.

La production d'un mélange d'alcools en C_1 à C_6 opérant dans des conditions modérées de température et de pression a été étudiée par l'IFP, en collaboration avec Idemitsu Kosan au Japon. Le coût de production de ce mélange qui était environ le double de celui du méthanol, n'a pas permis de développer commercialement ce procédé [Courty *et al.*, 1990].

Il est également possible de produire des éthers et notamment le **DME**, qui peut être produit directement à partir de gaz naturel [Ogawa, 2003]. Le **MTBE** est produit par réaction entre l'isobutène et le méthanol. L'isobutène peut être obtenu à partir d'une coupe C_4 provenant d'une fraction de GPL, par déshydrogénation d'isobutane ; pour augmenter la production d'isobutène, il est possible de convertir le butane normal en isobutane par isomérisation [Pujado et Vora, 1990]. L'abandon, pour des raisons environnementales, du MTBE comme adjuvant des essences, en vue d'améliorer l'indice d'octane, limite désormais ses applications.

9.4.3 Procédés de conversion directe

9.4.3.1 Principe

Les procédés de conversion indirecte décrits dans les paragraphes précédents nécessitent des investissements élevés, dont au moins 50 % sont utilisés pour produire le gaz de synthèse. Il paraît donc séduisant d'éviter la production intermédiaire du mélange d'oxyde de carbone et d'hydrogène en activant la liaison C–H du méthane pour établir directement de nouvelles liaisons C–C et transformer ainsi le méthane en hydrocarbures C_{2+} De nombreux travaux de recherche ont donc été menés dans ce but [Lunsford, 2000 ; Smith, 1987]. Toutefois, cette transformation est difficile en raison de la stabilité de la liaison C–H. Deux voies sont envisagées pour réaliser l'activation de cette liaison :

- le **couplage thermique** nécessite des températures élevées ;
- le **couplage oxydant** opère à plus basse température mais requiert la présence d'oxygène et d'un catalyseur.

Dans tous les cas, le rendement de conversion par passe reste limité, de l'ordre de 20 à 30 %, ce qui implique des recyclages importants et nécessite une optimisation poussée des équipements de fractionnement et de recyclage de la fraction non convertie. Ces différentes recherches n'ont pas jusqu'à présent débouché industriellement et de ce fait, l'intérêt pour les voies de conversion directe a baissé. Il s'agit néanmoins de filières qui restent à considérer comme des alternatives possibles dans l'avenir.

9.4.3.2 Couplage thermique

Lorsque le méthane est porté à haute température, les radicaux libres qui sont formés conduisent, par recombinaison, à la formation d'hydrocarbures à plusieurs atomes de carbone. Il est possible en particulier d'obtenir ainsi des hydrocarbures liquides aromatiques [Back, 1983]. Ceci requiert des températures élevées (> 1 000 °C) et des temps de séjour très courts. Une des difficultés à résoudre est la formation de coke, qu'il faut chercher à limiter autant que possible, en essayant de contrôler les mécanismes de décomposition impliqués [Billaud *et al.*, 1989].

Ce principe a été appliqué pour la production d'acétylène par pyrolyse dans un arc électrique (usine Hüls, en Allemagne). Un tel procédé n'est envisageable que si l'électricité est disponible à un prix très bas. Des travaux de recherche ont été menés aux États-Unis en exploitant ce principe et en utilisant comme réacteur un dispositif de type Venturi comportant un convergent et un divergent, de façon à obtenir un temps de séjour très court et refroidir rapidement les produits, ce qui est une condition pour limiter la quantité de suie formée [Fincke, 2000].

L'IFP a étudié d'un procédé opérant en présence d'hydrogène, de manière à favoriser la production d'hydrocarbures en C_{2+}. Pour obtenir un rendement de conversion suffisant (30 %) et une bonne sélectivité (85 % de C_{2+}), il est nécessaire d'opérer aux environs de 1 200 °C [Le Page, 1988]. Ce procédé met en œuvre un réacteur en matériau céramique conçu de manière à supporter les températures nécessaires et à permettre un temps de séjour très court en transmettant un flux thermique élevé. Le procédé produit un mélange d'acétylène, d'éthylène et de benzène, qui à l'issue d'un traitement par hydrogénation sélective et d'une étape de polymérisation de l'éthylène, fournit de l'essence.

La transformation de méthane en hydrocarbures C_{2+} peut être facilitée par la présence de chlore. Ceci permet de remplacer la liaison C–H par une liaison C–Cl moins stable et donc plus facile à activer. Il est ainsi possible, en principe, d'opérer à une température plus basse avec une sélectivité en hydrocarbures élevée (73 %), tout en réduisant la formation de coke [Le Page, 1988].

Le procédé Benson, développé par Liebert Simon International et KTI, consiste à faire réagir du méthane et du chlore vers 1 000 °C. Les effluents sont constitués par un mélange d'acide chlorhydrique, d'hydrogène et d'hydrocarbures en C_{2+}. Les problèmes liés au recyclage de chlore (corrosion, installations spécifiques) rendent difficile l'application industrielle d'un tel procédé.

La production d'aromatiques à partir de méthane, à des températures de l'ordre de 700-800 °C, en présence de catalyseurs bi-fonctionnels, obtenus en déposant du molybdène sur des zeolithes de type H-ZSM-5, a également fait l'objet de différents travaux de recherche [Lunsford, 2000 ; Meriaudeau, 2000].

9.4.3.3 Couplage oxydant

La présence d'oxygène facilite la transformation du méthane en hydrocarbures C_2+. En présence de catalyseurs, il devient possible d'opérer à des températures de l'ordre de 700 à 800 °C, très inférieures à celles que nécessite la voie thermique.

Des taux de conversion relativement élevés (38 % de taux de conversion du méthane, 50 % de sélectivité en éthylène) ont été obtenus en utilisant un catalyseur de type Li/MgO [Ito *et al.*, 1985].

Les travaux de recherche qui ont été menés ont visé à améliorer la sélectivité [Kooh *et al.*, 1989 ; Mimoun, 1987]. La réaction de couplage oxydant est exothermique et il a été envisagé de coupler cette réaction avec le vapocraquage de l'éthane qui est endothermique, de manière à maximiser la production d'éthylène [Hutchings et Joyner, 1991 ; Edwards *et al.*, 1990 ; Mimoun *et al.*, 1990].

Une autre voie consiste à utiliser un système de type Redox, mettant en œuvre de l'oxygène fixé sur un catalyseur à base d'oxydes métalliques. Dans une première étape, le méthane est oxydé par le catalyseur ; dans une seconde étape, le catalyseur est réoxydé par de l'air. De tels systèmes ont été étudiés par Union Carbide et Arco [Le Page, 1988 ; Jones *et al.*, 1987 ; Keller et Bhasin, 1982]. La régénération du catalyseur est supposée fonctionner en continu. La sélectivité escomptée est relativement élevée, mais le taux de circulation du catalyseur est important, avec tous les problèmes de manipulation de solides et d'attrition que cela représente.

Pour éviter la consommation d'oxygène, l'utilisation du catalyseur comme adsorbant de l'oxygène a été explorée, mais il est apparu que la quantité de catalyseur à mettre en œuvre est alors trop importante [Lunsford, 2000]. L'utilisation de réacteurs membranaires faisant appel à une membrane minérale transférant l'oxygène pourrait constituer une alternative possible.

9.5 STOCKAGE DU GAZ NATUREL

9.5.1 Principe

Le stockage de gaz naturel est nécessaire pour assurer l'ajustement saisonnier (voire journalier) des consommations et des ressources en gaz. En effet, l'utilisation du gaz en chauffage résidentiel entraîne une augmentation importante de la consommation en hiver. Il permet par ailleurs de renforcer la sécurité de l'approvisionnement gazier.

Compte tenu du volume spécifique important occupé par le gaz naturel dans les conditions ambiantes de température et de pression, son stockage se heurte à des difficultés analogues à celles qui sont rencontrées lors de son transport. Deux modes principaux de stockage sont utilisés :

- le **stockage cryogénique** dans des cuves, sous forme de GNL. Un tel stockage est associé à un terminal méthanier ou à une unité de *peak shaving* (cf. § 9.3.2).
- le **stockage souterrain** en nappe aquifère, en cavité saline ou en gisement déplété.

Le stockage souterrain est largement prépondérant pour des stockages de gaz de grande capacité.

9.5.2 Stockage cryogénique

La conception des cuves de stockage est généralement basée sur l'association d'une enceinte interne, destinée à contenir le liquide stocké et d'une enceinte externe, qui contient l'isolation placée autour de l'enceinte interne, protège cette dernière et la supporte le cas échéant.

Deux types de techniques sont utilisés : les réservoirs autoportants et les réservoirs à intégrité totale à membrane.

Dans le cas des réservoirs **autoportants**, la cuve interne est construite en acier à 9 % de nickel [Quivrin, 1985]. Elle est conçue de manière à pouvoir supporter à elle seule les contraintes exercées par le liquide stocké. L'enceinte externe est réalisée en acier ou en béton précontraint. Lorsque les enceintes externe et interne sont capables d'assurer les mêmes fonctions, ce qui est le plus souvent le cas aujourd'hui, le réservoir est dit à « double confinement » ou « double intégrité ». Le réservoir comprend alors une cuve primaire conçue pour stocker le GNL et une cuve secondaire également capable de retenir le GNL en cas de besoin.

Entre les parois des deux cuves est disposée une isolation, de préférence minérale telle que perlite, verre cellulaire, laine de verre.

Les cuves de stockage à intégrité totale à **membrane** sont similaires à celles qui sont utilisées pour les méthaniers. C'est ainsi qu'une technologie GTT a été utilisée pour le terminal méthanier de Montoir-de-Bretagne (Loire-Atlantique), exploité aujourd'hui par Gaz de France-Suez [Rousset, 1985].

L'isolation transmet à la structure extérieure toutes les sollicitations mécaniques de poussée du liquide et du gaz. Elle est constituée dans le cas du terminal de Montoir par une mousse rigide de PVC à cellules fermées.

Cette technique permet de réaliser des stockages de très grande capacité unitaire [Le Bris, 1985]. Le réservoir extérieur, en béton précontraint, est conçu de manière à pouvoir assurer le rôle de barrière secondaire. La société GTT propose des technologies de cuves à intégrité totale à membrane opérant selon des concepts similaires à ceux qui sont mis en œuvre dans le cas des méthaniers.

La conception la plus récente consiste à réaliser des réservoirs dits à intégrité totale. Dans ce cas la cuve primaire est placée à l'intérieur d'une structure en béton, formant la cuve externe, qui est étanche au gaz et protège la cuve interne. Cette structure, capable de contenir une fuite de la cuve interne, est constituée d'une enceinte en béton armé précontraint, construite sur le radier du réservoir et couronnée d'un dôme en béton armé.

D'autres systèmes de stockage peuvent être également envisagés : cuves sphériques et **stockages enterrés** [Marks, 1983] de différents types ; il peut s'agir de réservoirs en béton précontraint, analogues à ceux qui sont utilisés en stockage aérien, le sol servant à la protection et à l'isolation du stockage, de réservoirs en terre gelée creusés à la surface du sol, ou de cavités souterraines.

Plus de soixante réservoirs cryogéniques enterrés, d'une capacité de stockage allant jusqu'à 200 000 m^3 de GNL, ont été réalisés au Japon [Aoyagi Y. et Goto S., 2002 ; Kakeki *et al.*, 1992]. Le système d'isolation de la cuve de stockage réalisée en béton comporte une barrière métallique gaufrée.

Compte tenu de l'expérience acquise dans le domaine du stockage de GPL, il a été proposé de stocker le GNL en cavité profonde dans une formation argileuse. À la profondeur de 120 m, l'exploitation du stockage pourrait être effectuée à la pression atmosphérique ou à une pression atteignant 1 MPa sans mettre en cause la sécurité de l'installation [Lagron et Boulanger, 1985]. Ce type de stockage n'a pas encore fait l'objet de réalisation.

9.5.3 Stockage souterrain

Le stockage souterrain s'est surtout développé sous la forme de stockage en réservoir d'huile ou de gaz déplété, en nappe aquifère et en cavité saline [Speight, 2007].

Le stockage en **réservoir déplété** est très répandu dans des pays producteurs d'hydrocarbures, tels que les États-Unis, la Russie ou le Canada. Il représente la plus grande partie de la capacité de stockage souterrain dans le monde. Il exploite principalement des gisements de gaz déplétés, et parfois également des gisements d'huile.

À fin 2011, les capacités de stockage se répartissent dans le monde selon les valeurs indiquées sur le tableau 9.4.

Le gaz naturel

Tableau 9.4. Capacités de stockage dans le monde

	Gisements déplétés	Aquifères	Cavités salines	Cavernes rocheuses	TOTAL
Amériques	363	50	50		463
Asie Océanie	13682		1		13
CEI	37	13	2		52
Europe	82	25	37	3	147
TOTAL	494	88	90	3	675

Source : CEDIGAZ, 2012

Le stockage souterrain en nappe aquifère est le plus répandu en France. Le schéma de principe d'un **stockage en nappe aquifère** est représenté sur la figure 9.21 [ATG, 1990 ; Tek, 1987].

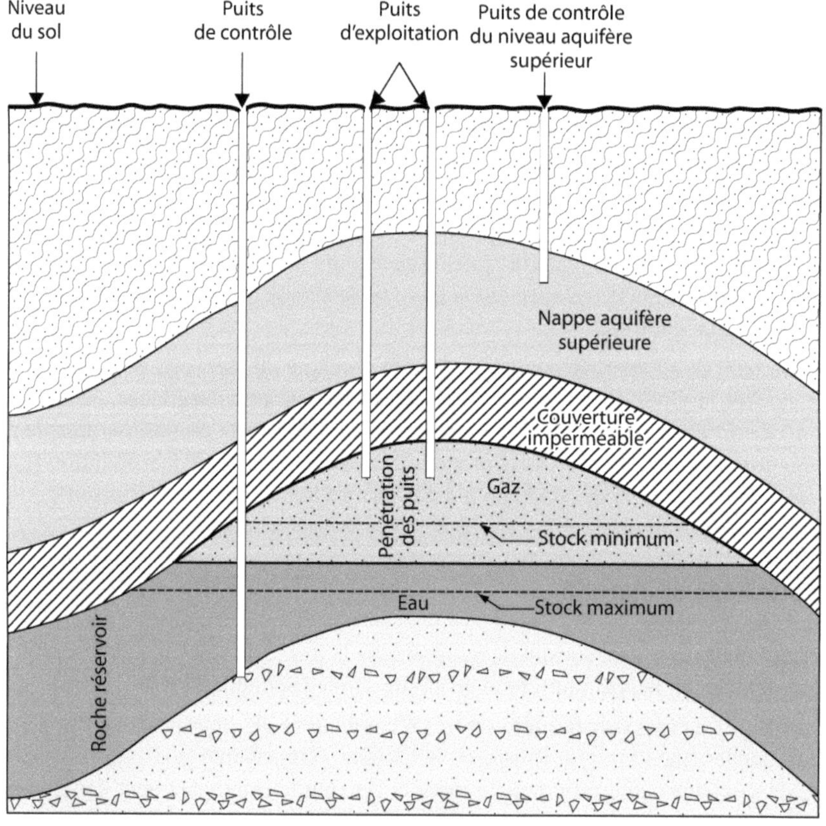

Figure 9.21

Stockage du gaz naturel en nappe aquifère.

Le cycle annuel d'exploitation du stockage en nappe aquifère comporte schématiquement deux phases :

- une phase d'injection au cours de laquelle le gaz naturel est envoyé dans le réservoir en refoulant l'eau de la nappe aquifère ;
- une phase de soutirage pendant laquelle le gaz est produit en tête des puits, l'eau venant réoccuper les pores d'où elle avait été chassée pendant la phase d'injection.

Le bon fonctionnement d'un stockage de gaz en nappe aquifère nécessite le maintien en fin de soutirage d'une importante quantité de gaz naturel, dite « gaz coussin » ; la pression et l'épaisseur de la couche de gaz doivent rester suffisantes pour assurer les soutirages, éviter le noyage des puits d'exploitation et permettre le redémarrage rapide de la phase d'injection. Ce gaz coussin, qui représente en nappe aquifère environ 1,2 m^3/m^3 de volume de stockage utile, représente une part importante des investissements. Pour cette raison, différentes études et expériences ont été réalisées pour substituer à une partie de ce gaz coussin un gaz inerte, tel que l'azote ou des gaz de combustion.

Le stockage en aquifère est très développé en France, avec une capacité utile de plus de onze milliards de mètres cubes à fin 2011. Le site de Chémery (Loir-et-Cher) constitue le plus grand stockage en nappe aquifère du monde, avec une capacité utile proche de 4 Gm^3 et un débit de pointe avoisinant 60 Mm^3/j.

La capacité maximale de stockage et le calcul de l'écoulement du gaz en milieu poreux relèvent des mêmes méthodes de calcul que celles qui ont été présentées dans le chapitre 6 pour les gisements de gaz naturel. En France, le débit de pointe est celui qui est susceptible d'être appelé le 15 février, alors que 70 % du volume utile a été produit depuis le 1er novembre de l'année civile précédente. Il est donc inférieur au débit maximal théorique [ATG, 1990].

Un site de **stockage en cavité saline** est beaucoup plus limité en capacité. La cavité saline est obtenue par dissolution (lessivage) de couches de sel profondes. Le volume de gaz coussin nécessaire est plus réduit que dans le cas du stockage en aquifère. Il est de l'ordre des deux tiers de m^3/m^3 de stockage utile. Le stockage en cavité saline est utilisé lorsque les données géologiques régionales ne permettent pas de retenir le stockage en aquifère.

Un stockage en cavité saline présente l'avantage de pouvoir restituer un débit maximal de gaz par rapport au volume stocké beaucoup plus important que celui que fournit un stockage en aquifère ; en effet, dans ce dernier cas, les frottements visqueux freinent l'écoulement du gaz dans la roche-réservoir. Aujourd'hui en France, le stockage en cavité saline, réparti entre les trois sites de Manosque, Tersanne et Etrez (Ain), représente une capacité de stockage légèrement supérieure à 1 Gm^3. Le débit de pointe délivré est proche de 70 Mm^3/j. Les stockages en cavité saline présentent des avantages économiques décisifs, lorsqu'il s'agit de réaliser des stockages de courte durée [Tek, 1996].

9.6 CONCLUSION

Le transport par gazoduc représente à l'heure actuelle le mode d'acheminement du gaz naturel le plus répandu. La liquéfaction du gaz naturel a connu toutefois un essor spectaculaire et, compte tenu du niveau des investissements mis en jeu, constitue un marché potentiel important pour les fournisseurs de procédés (unités de liquéfaction) et d'équipements (méthaniers, cuves de stockage). La conversion par voie chimique du méthane pourrait contribuer dans l'avenir à élargir notablement les débouchés du gaz naturel. Toutefois, des incertitudes d'ordre économique demeurent. L'évolution observée dépendra donc du contexte énergétique futur et des progrès techniques qui seront réalisés.

9.7 NOTATIONS

c facteur correctif dans la relation (8.8)

D diamètre de conduite

e rugosité absolue

e' rugosité apparente

E limite élastique

f facteur de friction adimensionnel

F rendement lié à la rugosité

g accélération de la gravité

H enthalpie

L longueur de conduite

p pression

p_1 pression amont dans une conduite

p_2 pression aval dans une conduite

Q débit volumique de gaz

Re nombre de Reynolds

S entropie

S_1 limite de contrainte

T température absolue

T_m température absolue moyenne

u vitesse

V volume spécifique

W_f énergie mécanique dégradée par frottement

z hauteur de dénivellation

Z facteur de compressibilité

Z_m facteur de compressibilité moyen

ρ masse volumique

θ angle d'inclinaison locale de conduite

BIBLIOGRAPHIE

AFNOR/Norme NF X 10-102 (1980) Mesure de débit des fluides au moyen de diaphragmes, tuyères et tubes de Venturi insérés dans les conduites en charge de section circulaire, *Association française de normalisation*, Paris-La Défense, 16 juin 1980, Parité international ISO 5167, 65 p.

ANSI/API 2530 (1985) Section 3 : Orifice Metering of Natural Gas and Other Related Hydrocarbon Fluids, in *Manual of Petroleum. Measurement Standards. Chapter 14 – Natural Gas Fluids Measurements*, 2nd ed., American Petroleum Institute, Washington, DC, September, 121 p.

Aoyagi Y, Goto S (2002) Recent Technological Development of Underground RC Tanks for Storage of LNG in Japan, in *Advances in Mechanics of Structures and Materials*, Loo, Chowdhury & Fragomeni (Eds), Swets & Zeitlinger.

ATG (1990) *L'aide-mémoire de l'industrie du gaz*, 4ᵉ éd., Association technique de l'industrie du gaz en France, Paris, 884 p.

Bach W, Kummann P (1989) Offshore LNG Production with LIN Cold – Process Design and Evaluation of Coiled Wound and Plate Fin Heat Exchanger, *9ᵉ Congrès International Sur Le Gaz Naturel Liquéfié – GNL 9*, Nice, F, 17-20 Octobre, **1**, Session II, Mémoire 1, p. 1-14.

Back MH, Back RA (1983) Thermal Decomposition and Reactions of Methane, in *Pyrolysis. Theory and Industrial Practice*, Edits. : Albright LF, Crynes BL, Corcoran WH, Academic Press, New-York, Ny, p. 1-24.

Beggs HD (1984) Piping System Performance, in *Gas Production Operations*, Oil & Gas Consultants International Publications, Tulsa, Ok, Chapter 4, p. 95-127.

Bendiksen K, Brandt I, Jacobsen KA, Pauchon C (1991) The Dynamic Two-Fluid Model OLGA : Theory and Application, *SPE Prod. Eng.*, 6, p. 171-180.

Bernicot M, Drouffe JM (1989) Production polyphasique. Modélisation des écoulements à bouchons, *Revue de l'Institut Français du Pétrole*, **44**, n° 5, septembre-octobre, p. 587-581.

Billaud F, Baronnet B, Freund, E, Busson C, Weill, J (1989) Thermal Decomposition of Methane. Bibliographie Study and Proposal of a Mechanism, *Revue De L'Institut Français Du Pétrole*, 44, n° 6, Novembre-Décembre, p. 813-823.

Black PS, Daniels LC, Hoyle NC, Jepson WP (1990) Studying Transient Multiphase Flow Using the Pipeline Analysis Code (PLAC), *ASME J. Energy Res. Technol.*, **112**, p. 25-29.

Bouchy C, Hastoy G, Guillon E, Martens JA (2009) Fischer-Tropsch Waxes Upgrading *via* Hydrocracking and Selective Hydroisomerization, *Oil & Gas Technology - Rev. IFP*, **64**, 1, p. 91-112.

Boucot P, Raimbault C (1982) Les procédés de transformation du charbon, Cours de l'ENSPM, Institut Français du Pétrole, non publié.

Bourguet JM (1973) Les procédés de liquéfaction de gaz naturel, *Gaz d'Aujourd'hui*, **85**, n° 5, mai, p. 249-255.

BP Statistical Review (2012) 06-16.

Brendeng E, Mæhlum HS, Iversen HH, Kvamsdal RS (1989), Evacuated Load Bearing Insulation System for Spherical LNG Tanks, *9ᵉ Congrès International Sur Le Gaz Naturel Liquéfié – GNL 9*, Nice, F, 17-20 Octobre, **2**, Session IV, Mémoire 6, p. 1-10.

Brumby A, Verhelst M, Cheret D (2005) Recycling GTL Catalysts – A New Challenge, Catal. Today, **106**, p. 166-169.

Calemma V, Correra S, Perego C, Ollesel P, Pellegrini L (2005) Hydroconversion of Fischer-Tropsch Waxes. Assessment of the Operating Conditions Effect by Factorial Design Experiments, *Catal. Today*, **106**, p. 282-287.

Campbell JM (1981) Chapter 12 – Fluid Flow, in *Gas Conditioning and Processing*, 5th ed., Campbell Petroleum Series, Norman, Ok, **1**, June, p. 212-258.

CEDIGAZ (2012) *Natural Gas in the World, 2012 Edition*, Centre International D'Information Sur Le Gaz Naturel, Rueil-Malmaison, Octobre.

CEPM (1987) *CEPM – Commission gaz. Plan directeur*, Comité d'études pétrolières et marines, Paris–La Défense, mars, Recueil.

Chabrelie M-F (1993) *European Natural Gas Trading by Pipelines*, Centre International D'Information Sur Le Gaz Naturel Et Tous Les Hydrocarbures Gazeux (*Cedigaz*), Rueil-Malmaison, Juin, 186p.

Chauvel A, Lefebvre G, Castex L (1985) Chapitre 1 – L'hydrogène, les gaz de synthèse et leurs dérivés, dans *Procédés de pétrochimie. Caractéristiques techniques et économiques*, Collection des Cours de l'*ENSPM*, 2e éd., **1**, Editions Technip, Paris, p. 19-129.

Claude J, Anslot P (1989) LNG Carriers with a Reduced Number of Cargo Tanks, *9e Congrès International Sur Le Gaz Naturel Liquéfié – GNL 9*, Nice, F, 17-20 Octobre, **2**, Session IV, Mémoire 1, p. 1-17. *

Cornot-Gandolphe S, Appert O, Dickel R, Chabrelie MF, Rojey A (2003) The Challenges of Further Cost Reductions for New Supply Options (Pipeline, LNG, GTL), 22nd World Gas Conference, Tokyo°.

Cornot-Gandolphe S (1993) *Le gaz naturel dans le monde – Édition 1993*, Centre international d'information sur le gaz naturel et tous les hydrocarbures gazeux *(Cedigaz)*, Rueil-Malmaison, juin, 137 p.

Cornot-Gandolphe S (1991) *World LNG Trade. À New Growth Phase*, Centre International D'Information Sur Le Gaz Naturel Et Tous Les Hydrocarbures Gazeux *(Cedigaz)*, Rueil-Malmaison, November, 151 p.

Cornot S (1990) *Underground Gas Storage in the World – 1990 Survey*, Centre International D'Information Sur Le Gaz Naturel Et Tous Les Hydrocarbures Gazeux *(Cedigaz)*, Rueil-Malmaison, June, 94 p.

Corteville J, Grouvel M, Roux A, Lagière M (1983) Note technique – Expérimentation des écoulements diphasiques en conduites pétrolières : boucles d'essais de Boussens, *Revue de l'Institut Français du Pétrole*, **38**, n° 2, mars-avril, p. 143-151.

Corteville J Lagière M, Bourgeois T (1984) Écoulements Polyphasiques Dans Les Tubings Et Risers, Dans *Nouvelles Technologies Pour L'Exploration Et L'Exploitation Des Ressources De Pétrole Et De Gaz*, Comptes Rendus Du 2e Symposium Européen, *CEE*, Luxembourg, 5-7 Décembre, Éditions Technip, Paris, **1**, Papier n° 15.32/89, p. 462-469.

Courty P, Chaumette P, Raimbault C, Travers P (1990) Production of Methanol-Higher Alcohol Mixtures from Natural Gas *via* Syngas Chemistry, *Revue De L'Institut Français Du Pétrole*, **45**, n° 4, Juillet-Août, p. 561-578.

CSRPPGN (1986) *La protection cathodique – Guide pratique*, Publications de la Chambre syndicale de la recherche et de la production du pétrole et du gaz naturel – Comité des techniciens – Commission exploitation, Éditions Technip, Paris, Chap. 2, p. 1-31.

De Kraa JA, Punt AR (1992) Advances in LNG Technology, *10e Congrès International Sur Le Gaz Naturel Liquéfié – GNL 10*, Kuala Lumpur, Malaisie, 25-28 Mai, Session II, Mémoire 9, p. 1-10.

Cyrus B, Maher-Homji, Dave Messersmith, Tim Hattenback, Jim Rockwell, Hans Weyerman, Karl Masani (2008) Aeroderivative Gas Turbines for LNG Plants, ASME Paper : GT 2008 – 50839/50840, *Proceedings of ASME Turbo Expo 2008*, ASME International Gas Turbine and Aeroengine Conference Power for Land, Dea and Air, Berlin.

Dell'Amico J-J (1987) Procédé SHELL Pour La Fabrication De Distillats Par Synthèse (SMDS), *Pétrole Et Techniques*, n° 333, Mai, p. 18-22.

Diehl F, Khodakov AY (2009) Promotion of Cobalt Fischer-Tropsch Catalysts with Noble Metals : a Review, Oil & Gas Science and Technology –Rev.IFP, **64**, 1, p. 11-24.

Dry ME (1981) The Fischer Tropsch Synthesis, in *Catalysis Science and Technology*, Edits. Anderson JR, Boudau M, Springer Verlag, Berlin, D, **1**, p. 159-256.

Dufresne J-P (1985) Passé, présent et futur du procédé TEALARC, *Gaz d'Aujourd'hui*, **109**, n° 10, p. 329-340.

Edwards JH, Do KT, Tyler RJ (1990) Reaction Engineering Studies of Methane Coupling in Fluidised-Bed Reactors, *Catalysis Today*, **6**, p. 435-444.

Fabre J, Ferschneider G, Masbernat L (1983) Intermittent Gas–Liquid Flow Modelisation in Horizontal or Slightly Inclined Pipes, *International Conference on the Physical Modelling of M Ulti-Phase Flow*, Coventry, UK, April 19-21, BHRA Fluid Engineering, Cranfield, UK, Paper F2, p. 233-254.

Falabella Susa-Aguiar E, Bellot Noronha F, Faro A (2011) The Main Challenges in GTL (Gas-to-Liquids) Processes, *Catalysis Science and Technology*, **1**, p. 698-713.

Falcimaigne J, Decarre S (2008) *Multiphase Production – Pipeline Transport, Pumping and Metering*, Editions Technip.

Fincke GR, Anderson RP, Hyde T, Wright R, Bewley R, Haggard DC, Swank WD (2000) Thermal Conversion of Methane to Acetylene – Final Report, Idaho National Engineering and Environmental Laboratory, Idaho Falls, Idaho, 83415, INEEL/EXT-99-01378.

Fischer B Ferschneider G (2010) *Liquéfaction du gaz naturel*, Les Techniques de l'Ingénieur.

Gauberthier J, Paradowski H, Sguera O (1989) Nouvelles orientations pour les prochaînes unités de GNL, *9e Congrès international sur le gaz naturel liquéfié – GNL 9*, Nice, F, 17-20 octobre, **1**, Session II, Mémoire 6, p. 1-10.

Gaz de France (1992) *Les stockages souterrains*, Plaquette éditée par Gaz de France – Direction des Études et Techniques Nouvelles – Département Réservoirs Souterrains, La Plaine-Saint-Denis, F, avril, 23 p.

GEOP/AGA (1985) *Gas Engineering and Operating Practices – Volume II : Transmission. Book T–2 : Compressor Station Operations*, A Series by the Operating Section, The American Gas Association (AGA), Arlington, Va, 275 p.

GIIGNL (2012) *The LNG Industry in 2011.*

Giroudière F (2012) Les technologies de production de l'hydrogène, dans « *L'hydrogène, carburant de l'avenir* », ouvrage collectif coordonné par Freund E. et Lucchese P, Editions Technip, p. 159-172.

Goulley E (1987) Synfuel - Le procédé Mobil et la production industrielle de carburants en Nouvelle-Zélande, *Pétroles et Techniques*, n° 332, p. 19-23.

GPA (1987) Section 17. Fluid Flow and Piping, in *Engineering Data Book*, 10th ed., Gas Processors Suppliers Association *(GPA)*, Tulsa, Ok, **2**, p 17.1-17.29.

Guibet J-C, Martin B (1987) Chapitre 12 - Les carburants de synthèse, dans « *Carburants et moteurs* », Collection « Science et technique du pétrole » n° 28, **2**, Éditions Technip, Paris, p. 837-855.

Hopkins W (2007) Oil and Gas Pipelines : Yesterday and Today, ASME.

Hutchings GJ, Joyner RW (1991) Prospects for the Partial Oxidation of Natural Gas, *Chemistry & Industry*, n° 16, August 19, p. 575-578.

Ikoku CU (1980) *Natural Gas Engineering – A Systems Approach*, PennWell Book, PennWell Publishing Co., Tulsa, Ok, Chapters 6-7, p. 224-316.

IEA (2012) *Natural Gas Information.*

Issa R (2009) Simulation of Intermittent Flow in Oil and Gas Pipelines, *Seventh International Conference on CFD in the Minerals and Process Industries*, CSIRO, Melbourne, Australia, 9-11 December.

Ito T, Wang J-X, Lin C-H, Lunsford JH (1985) Oxidative Dimerization of Methane Over a Lithium-Promoted Magnesium Oxide Catalyst, *J. Am. Chem. Soc.*, **107**, n° 18, p. 5062-5068.

Itoyama N, Yuasa K, Miyazawa M, Takakura O, Ishimaru J, Kawabata H, Kushiyama H (1989) A New Generation of Spherical Tank LNG Carriers, *9ᵉ Congrès International Sur Le Gaz Naturel Liquéfié – GNL 9*, Nice, F, 17-20 Octobre, **2**, Session IV, Mémoire 4, p. 1-21.

Jean P, Biaggi JP (1992) A New Step in the LNG Sea Transportation « the 200 000 M^3 Gaz Transport Type LNG Carrier », *10ᵉ Congrès International Sur Le Gaz Naturel Liquéfié – GNL 10*, Kuala Lumpur, Malaisie, 25-28 Mai, Session IV, Mémoire 1, p. 1-23.

Jean P, Bourgeois, M, Huther, M (1989) Developments and Innovations of the Gaz Transport Technique for Improving LNG Sea Transportation, *9ᵉ Congrès International Sur Le Gaz Naturel Liquéfié – GNL 9*, Nice, F, 17-20 Octobre, 2, Session IV, Mémoire 2, p. 1-21.

Jones CA, Leonard JJ, Sofranko JA (1987) Fuels for the Future : Remote Gas Conversion, *Energy & Fuels*, **1**, n° 1, January, p. 12-16.

Juste E (2008) Élaboration de réacteurs catalytiques membranaires à microstructures et architectures contrôlées, Thèse, *Université de Limoges*.

Kakehi K, Yoshihara T, Yamzaki M, Kawagoe E, Nakabayashi H, Ishikawa H, Goto T (1992) The World'S Largest LNG Inground Storage Tank of Kawasaki'S Membrane, *10ᵉ Congrès International Sur Le Gaz Naturel Liquéfié – GNL 10*, Kuala Lumpur, Malaisie, 25-28 Mai, Session III, Mémoire 7, p. 1-20.

Karnic JL, Valais M (1991) L'économie du gaz naturel, dans *L'économie des hydrocarbures*, Masseron J, Collection « Science et technique du pétrole » n° 14, 4ᵉ éd., Éditions Technip, Paris, 6ᵉ Partie, p. 463-511.

Keller GE, Bhasin MM (1982) Synthesis of Ethylene *via* Oxidative Coupling of Methane - I. Determination of Active Catalysts, *J. Catalysis*, **73**, n° 1, January, p. 9-19.

Kiennemann A (1990) Activation des hydrocarbures gazeux, *Pétrole et Techniques*, n° 355, avril, p. 28-43.

Kirsten F (2007) Ion Transport Membrane Combustion Unit in an Oxyfired Power Plant, PhD Thesis, *Dublin Institute of Technology*.

Kooh A, Mimoun H, Cameron CJ (1989) The Influence of Various Parameters on the Oxidative Coupling of Methane Reaction Over Lithium, Doped Lanthanum Oxide, *Catalysis Today*, **4**, n° 3-4, February, p. 333-344.

Kumar S (1987) Chapter 10. Gas Flow Measurement, in *Gas Production Engineering*, Contributions in Petroleum Geology & Engineering 4, Gulf Publishing Co., Book Division, Houston, Tx, p. 451-528.

Lagière M, Miniscloux C, Roux A (1984) Computer Two-Phase Flow Model Predicts Pipeline Pressure and Temperature Profiles, *Oil and Gas J.*, **82**, n° 15, April 9, p. 82-92.

Lagron J-P, Boulanger A (1985) Réservoirs cryogéniques. Stockage souterrain de GNL, *Gaz d'Aujourd'hui*, **109**, n° 10, octobre, p. 377-382.

Le Bris P (1985) Réservoirs Cryogéniques. 20 Ans De Succès De La Membrane Technigaz, *Gaz D'Aujourd'Hui*, **109**, n° 10, Octobre, p. 371-377.

Leckel D (2007) Low-Pressure Hydrocracking of Coal-Derived Fischer-Tropsch Waxes to Diesel, *Energy. Fuel*, **21**, p. 1425-1431

Le Page JF (1988) Petrochemicals from Natural Gas, *International Gas Seminar*, Doha, Quatar, November 21-24, p. 1-23.

Liné A, Masbernat L (1985) Écoulements intermittents de gaz et de liquide en conduite verticale, *Revue de l'Institut Français du Pétrole*, **40**, n° 3, mai-juin, p. 323-338.

Lom WL (1974) *Liquefied Natural Gas*, Applied Science Publishers Ltd, London, UK, Chapters 4-6, p. 31-92.

Lunsford JH (2000) Catalytic Conversion of Methane to Useful Chemicals and Fuels : a Challenge for the 21st Century, *Catalysis Today*, 63, p. 165-174.

Lynch J (1991) Techniques de débitmétrie polyphasique non intrusive. Revue bibliographique, *Revue de l'Institut Français du Pétrole*, 46, n° 1, janvier-février, p. 59-88.

Mandhane JM, Gregory GA, Aziz K (1974) A Flow Pattern Map for Gas–Liquid Flow in Horizontal Pipes, *Int. J. Multiphase Flow*, 1, p. 537-553.

Maneenapang B, Nunthachai A, Saranee N, Manit A (2011) FLNG Development : Strategic Approaches to New Growth Challenges, *International Petroleum Technology Conference*, IPTC 14548.

Marks A (1983) Chapter 5 – Liquefied Natural Gas Storage, in *Petroleum Storage Principles*, PennWell Book, PennWell Publishing Co., Tulsa, Ok, p. 187-217.

Olah GA, Goeppert A, Surya Prakash GK (2009) Beyond Oil Abd Gas –The Methanol Economy, Wiley – VCH Verlag, GmbH.

Petroleum Economist (2011) FLNG Spending Set to Soar, June, p. 22-23.

Matjie RH, Scurrell MS, Bunt J (2005) The Selective Dissolution of Alumina, Cobalt and Platinum from a Calcined Spent Catalyst Using Different Lixiviants, *Mineral. Eng.*, 18, p. 801-810.

Meisel SL (1988) Fifty Years of Research in Catalysis, in *Methane Conversion*, Edits. : Bibby DM, Chang CD, Howe RF, Yurchak S, Elsevier Science Publishers B.V., Amsterdam, Netherlands, 36, p. 17-37.

Meriaudeau P, Ha VTT, Van Tiep L (2000) Methane Aromatization Over Mo/H-ZSM5 : on the Reaction Pathway, *Catal. Letters*, 64, p. 49-51.

Mills GA (1977) Alternative Fuels from Coal, *Chemtech*, 7, n° 7, July, p. 418-423.

Mimoun H, Robine A, Bonnaudet S, Cameron CJ (1990) Oxypyrolysis of Natural Gas, *Applied Catalysis*, 58, February 19, p. 269-280.

Mimoun H (1987) Valorisation chimique du gaz naturel - Activation du méthane, *New J. of Chemistry*, 11, n° 7, July, p. 513-525.

Mokhatab S, Poe WA, Speight JG (2006) *Handbook of Natural Gas Transmission and Processing*, Elsevier.

Newton CL, Kinard GE, Liu YN (1986) C3-MR Processes for Baseload Liquefied Natural Gas, *8e Congrès International Sur Le Gaz Naturel Liquéfié – GNL 8*, Los Angeles, Ca 15-19 Juin, 1, Session II, Mémoire 2, p. 1-17.

Ozon PM, Ferschneider G, Chwetzoff A (1987) A New Multiphase Flow Model Predicts Pressure and Temperature Profiles in Wells, *Offshore Europe 87 Conference*, Aberdeen, UK, September 8-11, 1, Paper n° SPE 16535, p. 1-17.

Pauchon C, Dhulesia H, Lopez D, Fabre J (1994) Tacite : A Transient Tool for Multiphase Pipeline and Well Simulation, *Paper Presented at the SPE Annual Technical Conference and Exhibition*, New Orleans, LA.

Pascal H (1972) *Écoulement non permanent dans les gazoducs*, Éditions Technip, Paris.

Pauthier J (1985) Le transport maritime du GNL. Navires méthaniers : réalisations et perspectives nouvelles, *Gaz d'Aujourd'hui*, 109, n° 10, octobre, p. 351-355.

Perego C, Bortolo R, Zennaro R (2009) Gas to Liquids Technologies for Natural Gas Reserves Valorization : The Eni Experience, *Catalysis Today*, 142, p. 5-16.

Perutz RN (1991) Activating Alkanes the Light Way, *Chemistry & Industry*, n° 113, July 1, p. 462-466.

Piel WJ, Thomas RX (1990) Oxygenates for Reformulated Gasoline, *Hydrocarbon Processing*, 69, n° 7, July, p. 68-73.

Pujado PR, Vora BV (1990) Make C_3-C_4 Olefins Selectivity, *Hydrocarbon Processing*, 69, n° 3, March, p. 65-70.

Quivrin M (1985) Réservoirs cryogéniques. Les techniques du réservoir autoportant, *Gaz d'Aujourd'hui*, **109**, n° 10, octobre, p. 367-371.

Rousset J (1985) Études générales et ingénierie. Expérience tirée de l'ingénierie et de la réalisation du terminal méthanier de Montoir-de-Bretagne, *Gaz d'Aujourd'hui*, **109**, n° 10, octobre, p. 405-412.

Saint-Just A, Basser J-M, Bousquet J, Martin GA (1990) Le gaz naturel, matière première pour l'avenir, *La Recherche*, **21**, n° 222, juin, p. 730-731.

Senkan SM (1987) Converting Methane by Chlorine-Catalyzed Oxidative Pyrolysis, *Chem. Eng. Progress*, **83**, n° 12, December, p. 58-61.

Smith RV (1990) *Pratical Natural Gas Engineering*, 2nd ed., PennWell Book, PennWell Publishing Co., Tulsa, Ok, Chapters 4-5, p. 53-96.

Smith DJH (1987) The Gas Conversion Challenge, *Pétrole Et Techniques*, n° 332, Avril, p. 10-13.

Speight J G (2007) *Natural Gas – A Basic Handbook*, Gulf Publishing Company, Houston, Texas

Tek MR (1996) *Underground Storage of Natural Gas – Inventory and Deliverability*, PennWell Books, 375 p.

Thakur Navin (2011) LNG Shipping Economics on the Rebound, Petroleum Economist, Gastech, 26th Edition.

Theodore L, Ricci F (2011) *Mass Transfer Operations for the Practicing Engineer*, Volume 8 De Essential Engineering Series, John Wiley & Sons.

Topp-Jørgensen J (1988) Topsøe Integrated Gasoline Synthesis – the TIGAS Process, in *Methane Conversion*, Edits. : Bibby DM, Chang CD, Howe RF, Yurchak S, Elsevier Science Publishers B.V., Amsterdam, Netherlands, **36**, p. 293-305.

Vincent-Genod J (1980) *Le transport des hydrocarbures liquides et gazeux par canalisations*, 4e éd., Texte et Planches, Éditions Technip, Paris, Chapitres 2 et 4, p. 17-48, 59-71.

Zhao X, Mc Gihon RD, Tabak SA (2008) MTG Technology for the Production of Clean Gasoline from Coal, *Hydrocarbon Engineering*.

10 | La distribution
du gaz naturel

10.1 INTRODUCTION

L'industrie gazière exerce dans le domaine technique des fonctions similaires à celles des autres industries : production, transport du produit, distribution et mise à disposition du produit aux clients, mais ces vocables recouvrent, selon le niveau de développement de cette industrie, des significations très différentes. Ainsi, à l'origine, la production du gaz manufacturé a toujours été une activité locale, l'usine à gaz desservant une zone urbaine bien spécifique et la fonction transport n'existait pratiquement que dans la Région Parisienne pour assurer la livraison d'un gaz peu comprimé (150 mbar environ) au réseau de quartier qui le véhiculait ensuite à la pression nécessaire au fonctionnement des appareils d'utilisation (7 à 10 mbar [5]).

La fonction transport telle qu'on la connaît aujourd'hui relie les champs de production du gaz naturel aux pays utilisateurs par deux voies types :

- les gazoducs à très haute pression, le plus souvent 70 bar pour le transport à terre, mais pouvant atteindre 120 bar pour les plus fortes, et même 150 à 200 bar pour les gazoducs sous-marins ;
- les navires méthaniers qui transportent du GNL qui est ensuite regazeifié au terminal méthanier avant d'être injecté dans le réseau de transport du pays récepteur.

Le réseau de transport interne au pays utilisateur se fait alors par gazoducs jusqu'aux zones urbaines à alimenter. La fonction transport est en quelque sorte une livraison « en gros ».

La distribution, à laquelle ce chapitre est consacré, assure ensuite la liaison entre le réseau de transport et le client final. Au point de livraison du réseau de transport au réseau de distribution, le gaz est détendu par un détendeur – régulateur à quelques bars de pression (16, 8 ou 4 bar en général) pour assurer par canalisations enterrées la distribution dans les quartiers, les rues et les bâtiments des utilisateurs.

Au début des années 2010 le réseau de transport (GRTgaz et TIGF pour le sud ouest de la France), représentait environ 36 600 km tandis que celui de distribution de GDF Suez en possédait 193 300 km représentant 95 % des réseaux de distribution en France, les vingt-deux entreprises locales de distribution (ELD) se partageant le reste.

---

5. Dans ce chapitre, toutes les valeurs de la pression sont indiquées en bars relatifs, c'est-à-dire en déduisant la valeur de la pression atmosphérique de la valeur de la pression absolue.

Décrire et analyser de manière originale la distribution du gaz naturel à l'intention d'ingénieurs et techniciens relève de la gageure tant ce sujet a déjà fait l'objet, par des spécialistes reconnus, d'innombrables ouvrages emplissant des bibliothèques entières. En effet, les principes fondamentaux régissant cette activité restent inchangés depuis l'origine de cette industrie :

- mettre à la disposition des consommateurs un produit de qualité ;
- garantir la sécurité des personnes et des biens en toutes circonstances ;
- contribuer aux actions permettant les économies d'énergie ;
- protéger l'environnement dans toutes les phases de cette activité ;
- assurer sa mission dans la durée au meilleur coût final pour le consommateur.

Les gaziers ont de tout temps cherché les meilleures pratiques permettant de satisfaire les exigences de sécurité. Leur recherche n'est pas près de se terminer, puisque l'industrie gazière est en pratique, l'une des rares dont on exige le « zéro accident ».

La tradition française veut que la sécurité de l'industrie du gaz ait été placée sinon sous l'autorité de l'État, du moins sous sa tutelle par une loi du 15 février 1941 relative à l'organisation de la production, du transport et de la distribution du gaz.

Cette tutelle s'est traduite au fil du temps par l'élaboration d'un important corpus de textes réglementaires visant la production, le transport, les stockages et l'utilisation des gaz combustibles. La distribution a été un cas particulier puisque, jusqu'en 2000, aucun texte technique à statut réglementaire n'était venu la concerner, l'administration considérant que l'élaboration par Gaz de France de codes de bonnes pratiques améliorés au fil du temps par le retour d'expérience, diffusés et mis en œuvre par l'ensemble des distributeurs, y compris les non nationalisés, permettait d'assurer la sécurité de la distribution.

L'ouverture des marchés à la concurrence allait changer la donne puisque l'entrée en jeu de nouveaux distributeurs (opérateurs de réseau) tels que les propaniers nécessitait de rendre opposable à tous le respect de règles de sécurité communes. Tel a été l'objet de l'arrêté du 13 juillet 2000 « *portant règlement de sécurité de la distribution de gaz combustible par canalisation* » et des cahiers des charges pris pour son application.

Nous avons néanmoins fait le moins possible référence à la réglementation française de la distribution des gaz combustibles, **très normative** c'est-à-dire fixant souvent les moyens de ses exigences, et uniquement quand cela était strictement nécessaire, notamment pour la compréhension du contexte. C'est donc sur le plan des principes et des bonnes pratiques de la profession que nous nous sommes placés, les points abordés pouvant trouver d'autres solutions satisfaisantes du moment qu'elles présentent le même niveau de sécurité final.

10.2 LES RÉSEAUX DE DISTRIBUTION DU GAZ NATUREL

10.2.1 Organisation de la distribution de gaz naturel

L'après-guerre a été à tous points de vue une période charnière pour l'industrie gazière : reconstruction des usines détruites, nationalisation des sociétés gazières locales, restructuration des réseaux, reconstruction des bâtiments d'habitation simultanément à une très importante amélioration de leur confort (généralisation des salles de bains), baby-boom entraînant une demande de gaz en croissance constante, extension des périmètres urbains imposant l'éloignement des usines à gaz des zones de consommation. En France, la découverte en 1951 du gisement de gaz naturel à Lacq arrivait à point pour faciliter la révolution de l'industrie gazière qu'elle allait imposer.

En prenant le relais de l'industrie du gaz manufacturé avec ses acquis, mais aussi ses faiblesses, celle du gaz naturel n'en restait pas moins soumise aux mêmes impératifs de :

- qualité du produit : le gaz livré doit être délivré sous une pression ne variant que dans des limites bien définies garantissant, entre autres, un fonctionnement sûr des appareils d'utilisation ;
- continuité de service : le nombre et la durée des interruptions de service doivent être aussi réduits que possible ;
- sécurité des personnes et des biens : l'action de l'opérateur de réseau doit tendre en permanence à la diminution du nombre et de la gravité des accidents liés à l'activité de distribution ;
- optimum économique des dépenses d'investissement, d'exploitation et d'entretien afin de délivrer le produit gaz naturel au meilleur coût pour le consommateur ;
- facilité d'exploitation et d'entretien ;
- adaptabilité et souplesse dans le temps pour tenir compte, autant que faire se peut, des opportunités de développement possible en surface et en profondeur.

Il en résulte évidemment pour l'opérateur de réseau des activités imposées ou délibérées, ponctuelles ou systématiques, parfois également imposées par l'évolution du contexte réglementaire indépendant de la volonté de l'opérateur de réseau mais dont celui-ci devra pourtant tenir compte dans ses politiques de maintenance et d'exploitation et ses investissements.

Il suffira pour éclairer l'interdépendance de ces contraintes de citer, à titre d'exemples, d'abord la transition du gaz manufacturé au gaz naturel qui a imposé aux distributeurs de gaz naturel une gigantesque opération de conversion et d'adaptation du parc des matériels et équipements au nouveau gaz, tant sur les réseaux et leurs accessoires que sur les appareils en service chez les clients. Cette opération fut menée à bien sur près de 20 ans, de la fin des années 1950 au début des années 1980.

Pour fixer les ordres de grandeur en 2011 de la distribution du gaz naturel en France, GrDF (Gaz réseau Distribution France) exploite l'un des plus longs réseaux d'Europe : 193 340 km de réseau, dessert 9 461 communes, représentant 77 % de la population française et alimente 11 millions de clients pour lesquels il achemine 277,5 TWh d'énergie. Le réseau de GrDF représente environ 95 % de la longueur des réseaux de distribution français, le reste étant assuré par les vingt-deux autres entreprises locales de distribution (ELD) non nationalisées en 1946.

Mais en tout état de cause, l'ouverture des marchés à la concurrence n'a concerné réellement que la fonction de fournisseur de gaz disjointe de celle d'opérateur de réseau qui reste le quasi-monopole de GrDF et des autres ELD. Dans ce cadre, les fournisseurs de gaz font transiter les quantités de gaz destinées à leurs clients au travers de ces réseaux, moyennant évidemment le paiement d'un « péage ».

Il convient de noter que cette réorganisation du marché du gaz s'est faite sous le contrôle d'un nouvel organisme la Commission de régulation de l'énergie (la CRE) et que si elle a eu un impact important dans le secteur de l'énergie tant électricité que gaz, elle a concerné surtout le statut des entreprises, leur actionnariat, leur fonctionnement financier, le contrôle des investissements, la tarification de l'énergie, mais en aucun cas les fonctions techniques des opérateurs de réseau.

Au plan de la sécurité des réseaux proprement dits ensuite, le nombre et, surtout, la gravité des accidents liés aux cassures des canalisations en fonte grise a conduit les pouvoirs publics français à interdire l'exploitation de ces ouvrages et les opérateurs de réseau à engager de très importants programmes annuels de remplacement des canalisations de ce type pour, en 2007, en arriver à leur suppression définitive. Mais la France est le seul pays européen à avoir pris une telle mesure.

On notera à ce propos que la recherche des derniers tronçons en fonte des réseaux a mis en lumière, dans certaines exploitations, la faible qualité de la cartographie et imposé de prendre des mesures drastiques pour y remédier. Nous reviendrons plus loin sur l'importance de la cartographie dans la vie d'un réseau.

10.2.2 Définition du réseau de distribution.

Un réseau de distribution de gaz combustible par canalisations est un système d'alimentation en gaz desservant un même espace géographique dépendant d'un même opérateur.

Les réseaux comportent notamment les conduites de distribution, les postes de détente, les organes de coupure, les branchements ainsi que les accessoires et incluent ceux spécialement dédiés à l'alimentation directe d'un client.

Ils sont compris entre le premier organe de coupure, cet accessoire étant inclus, situé :

- en aval du poste de détente, dans le cas d'un réseau de transport de gaz naturel ou d'un autre réseau de distribution de gaz ;
- dans le périmètre de l'enceinte, à proximité de la limite de propriété, dans le cas d'une unité de production de gaz manufacturé ou de gaz de biomasse.

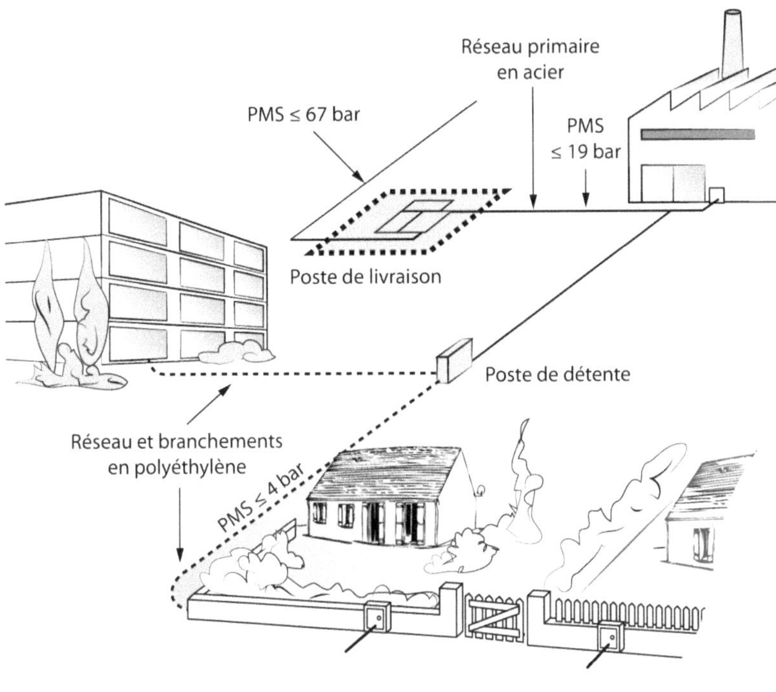

Figure 10.1

Un réseau de distribution.

et l'organe de coupure générale des branchements individuels ou collectifs desservant les bâtiments de quelque nature qu'ils soient : d'habitation, tertiaires et commerciaux, dont notamment les établissements recevant du public (ERP) et industriels, y compris les installations classées pour la protection de l'environnement, c'est-à-dire faisant courir à celui-ci un risque particulier, pollution physique, sonore, risque d'incendie ou d'explosion…

Il faut noter qu'il n'y a pas superposition entre les installations du réseau telles que définies ci-dessus et les ouvrages que les textes régissant les concessions de distribution ou les délégations de service public (DSP) placent sous la responsabilité de l'opérateur de réseau. En effet, si, dans la définition ci-dessus, les ouvrages visés se limitent aux ouvrages placés avant la pénétration de l'installation de gaz dans le bâtiment ou l'établissement alimenté, les traités de concession et les DSP incluent dans la responsabilité de l'opérateur de réseau, mais pas forcément dans sa propriété, tous les ouvrages et installations y compris les branchements collectifs ou individuels jusqu'à la sortie des compteurs des clients.

Par ailleurs, la réglementation française (arrêté du 13 juillet 2000 portant règlement de sécurité de la distribution de gaz combustible par canalisations) a considéré que les exigences de sécurité relatives aux réseaux de distribution et à leurs opérateurs pouvaient être aménagées pour tenir compte de l'importance de ces réseaux en termes d'emplacement ou de nombre d'installations intérieures desservies. Cela l'a amenée à distinguer trois catégories de réseau :

« *– première catégorie : le réseau dessert plus de cinquante installations intérieures ;*

– deuxième catégorie : le réseau dessert plus de dix et jusqu'à cinquante installations intérieures ;

– troisième catégorie : le réseau dessert au moins trois et au plus dix installations intérieures.

Dans chacune de ces catégories, les installations intérieures sont situées dans plus de deux bâtiments différents ou dans au moins un bâtiment desservi par une canalisation empruntant une voirie accessible aux automobiles au sens du code de la voirie routière. »

Ce classement n'est donné ici que pour information, toute personne chargée de la conception, de l'exploitation ou de l'entretien d'un réseau ayant tout intérêt à s'aligner dès le départ sur les exigences relatives à la première catégorie, ne serait-ce que pour éviter les contraintes liées au passage d'un réseau dans la catégorie supérieure du fait d'une extension du réseau.

10.2.3 L'opérateur de réseau de distribution

10.2.3.1 Rôle de l'opérateur de réseau

L'opérateur de réseau est l'organisme responsable de la conception, de la construction, de la mise en service, de l'exploitation et de la maintenance d'un réseau, l'exploitation incluant les interventions d'urgence. Il assure pleinement la responsabilité de la maîtrise d'ouvrage pleine ou déléguée et de la maîtrise d'œuvre pour toutes les activités nécessaires au bon fonctionnement du réseau, même s'il a décidé de sous-traiter certaines des activités correspondantes.

Cet organisme est représenté par une personne physique – « l'exploitant » – qui possède l'autorité, la compétence et les moyens nécessaires ou a reçu à cet effet une délégation écrite nominative.

10.2.3.2 L'organisation de l'opérateur de réseau

A. L'organisation des responsabilités

L'opérateur de réseau doit définir l'organisation au sein de laquelle il met en œuvre les activités et processus indispensables à la distribution du gaz combustible en réseau dont il assume dans tous les cas les responsabilités associées.

Il porte en pratique une « double casquette » correspondant à deux responsabilités bien spécifiques et indépendantes « fonctionnellement » l'une de l'autre. Il est ainsi en charge à la fois des responsabilités de l'employeur – responsable hiérarchique – maître d'ouvrage et de celles l'exploitant – maître de l'exploitation du réseau et de ses ouvrages – comme le montre l'organigramme suivant.

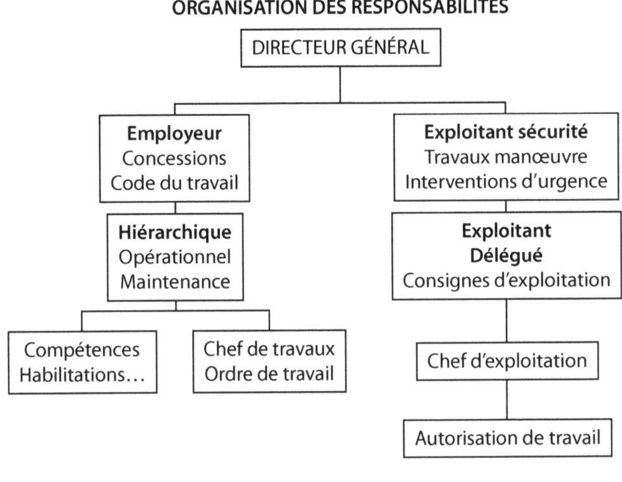

Figure 10.2

L'organisation des responsabilités.

Pour illustrer cette dichotomie, on peut prendre le cas d'une extension de réseau qu'il convient de raccorder au réseau existant.

L'employeur maître d'ouvrage décide de la réalisation du raccordement, établit l'ordre de travail documenté (bon de travail, plan de l'ouvrage, contraintes diverses...) et spécifie sur celui-ci les compétences et qualifications (dont il assure la gestion en tant qu'employeur responsable hiérarchique) nécessaires à la réalisation de ce travail.

L'exploitant responsable de l'exploitation désigne les agents possédant les compétences requises qui exécuteront les travaux de raccordement, délivre au « chef de travaux », responsable du chantier d'exécution des travaux, l'autorisation d'accès au réseau ou « autorisation de travail » pour la date programmée. À la fin des travaux, il met l'ouvrage en service et informe le maître d'ouvrage de leur réalisation. La procédure de délivrance d'une autorisation de travail permet d'éviter la simultanéité d'interventions pouvant mettre en cause la sécurité de l'exploitation et donc celle des personnes et des biens.

L'organisation de l'opérateur de réseau doit donc lui permettre de satisfaire les exigences liées à :

- la maîtrise d'ouvrage, dans une perspective d'amélioration permanente des matériels, équipements et ouvrages neufs ;
- l'expertise technique indispensable à une conception optimale des ouvrages pour ce qui concerne tant leur architecture que leur dimensionnement ou les technologies mises en œuvre ;
- la maîtrise d'œuvre, permettant de réaliser des ouvrages de qualité, sûrs et faciles à exploiter ;
- l'exécution des travaux, la conduite et l'exploitation en sécurité des ouvrages et installations, notamment pour ce qui concerne la gestion des incidents et interventions d'urgence ;

- la surveillance et le contrôle des activités qui seront facilités par la définition claire d'indicateurs de satisfaction aux exigences de qualité et de sécurité et l'élaboration de processus permettant de réduire les écarts susceptibles d'être éventuellement constatés ;
- la maîtrise de ses processus d'achat, notamment par l'évaluation et la sélection des fournisseurs et la vérification du « produit » fourni, quel que soit le type de « produit » acheté : gaz naturel, matériels, travaux, études, services, logiciels, afin que le produit résultant satisfasse à ses exigences de qualité et de sécurité.

B. Les moyens nécessaires

L'opérateur de réseau doit définir les moyens nécessaires à la réalisation des activités et processus identifiés ci-dessus et en assurer la disponibilité. Ces moyens comprennent notamment :

- le personnel avec la compétence et la formation ainsi que les délégations de responsabilités, habilitations, qualifications, attestations d'aptitude, etc. associées aux tâches confiées ;
- les procédures, spécifications et documents de référence ;
- les installations et équipements.

Un opérateur de réseau doit être agréé par l'administration en charge de la sécurité de la distribution du gaz, en général le ministère chargé de l'industrie ou celui chargé de l'énergie, après un audit démontrant, dossier technique à l'appui, sa capacité à assurer ce rôle. La composition de ce dossier est fixée par arrêté ministériel.

L'opérateur peut confier à des entreprises extérieures de son choix et sous son entière responsabilité :

- la réalisation des études commerciales, des analyses, des enquêtes et de toutes autres études nécessaires et utiles à la conception des ouvrages ;
- la réalisation et la coordination des travaux de construction des ouvrages ;
- les missions de surveillance des ouvrages et les bases de données ;
- les actes de mise en sécurité en intervention d'urgence ;
- les actes de la maintenance programmée ou imposée ;
- la maîtrise d'œuvre des travaux.

10.2.4 Le fonctionnement des réseaux

10.2.4.1 Les pressions de distribution

La normalisation en vigueur chez les distributeurs et reconnue par les pouvoirs publics distingue quatre gammes de pression pour le gaz distribué par réseau :

- basse pression : jusqu'à 0,05 bar inclus soit 50 mbar ;
- moyenne pression A : 0,05 bar à 0,4 bar inclus ;
- moyenne pression B : 0,4 bar à 4 bar inclus ;
- moyenne pression C : 4 bar à 25 bar.

Ces définitions appellent quatre remarques :

Les gammes de pression ci-dessus ne sont qu'une définition normative permettant d'imposer des règles de sécurité relatives à l'ensemble d'une gamme de pression donnée et ne correspondent pas aux pressions de fonctionnement des appareils qui sont de :

- 8 à 10 mbar pour les gaz manufacturés ;
- 20 mbar pour le gaz naturel H (type Lacq) ;
- 27 mbar pour le gaz naturel type Groningue aussi appelé gaz L ;
- 37 mbar pour le propane pur.

Ainsi les réseaux à basse pression fonctionnent à des pressions très proches de celles nécessaires au fonctionnement des appareils. À titre d'exemple, ils sont conçus en gaz naturel pour une pression de service à l'organe de coupure du branchement de 21 mbar.

Dans les réseaux à moyenne pression B, l'interface entre la pression du réseau – variable – et la pression d'utilisation des appareils est assurée par un détendeur-régulateur qui détend le gaz de la première à la deuxième – constante – exigée pour le fonctionnement des appareils.

Il n'existe pas de différence fondamentale entre les exigences pour la conception, la réalisation, l'exploitation et l'entretien des réseaux en propane (GPL) et celles requises pour les réseaux en gaz naturel, si ce n'est celles résultant de la nature des GPL plus lourds que l'air, les pressions dans les réseaux MPB, branchements, détendeurs - régulateurs et compteurs ou celles requises pour le bon fonctionnement des appareils d'utilisation.

Il faut enfin noter que les pouvoirs publics envisagent à terme de réduire le niveau de pression des ouvrages à MPC de 25 bar à un maximum de 16 bar, même pour les ouvrages existants : ce qui pose évidemment aux opérateurs de réseau des problèmes pour l'alimentation de leurs clients en période froide dans la mesure où certains de ces ouvrages ont été conçus pour pouvoir fonctionner à une pression maximale de service (PMS) de 25 bar. Si la construction d'un tel ouvrage doit être envisagée désormais, il sera prudent de mener toutes les études de conception en retenant pour la PMS de l'ouvrage cette dernière valeur, soit 16 bar maximum.

10.2.4.2 La structure des réseaux de gaz naturel

L'architecture du réseau doit permettre une exploitation sûre et la maîtrise des incidents d'exploitation qui pourraient survenir.

La structure d'un réseau de distribution doit mentionner son ou ses points de livraison, sa fonction (transit ou distribution), son niveau de pression et l'organisation des canalisations entre elles (maillage, antenne).

Pour un réseau de distribution, qu'il soit neuf ou existant, il est souhaitable de bien identifier les structures-types et leur rôle. Ces structures comprennent :

- le réseau primaire ;
- le réseau secondaire ;
- le réseau tertiaire.

Le schéma ci-dessous (Figure 10.3) montre un exemple comprenant un ensemble de réseaux de distribution, primaire, secondaire et tertiaire.

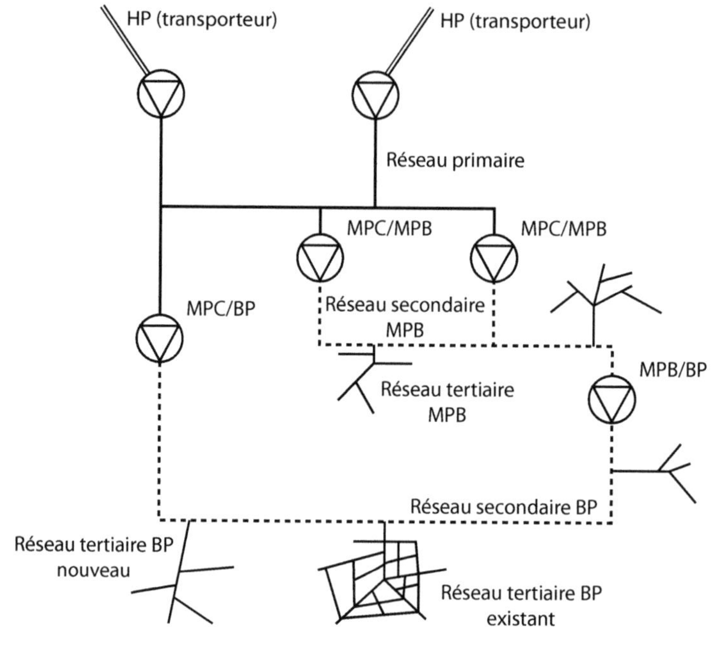

Figure 10.3

Structure générale des réseaux.

A. Le réseau primaire

Les conduites sont alimentées par le réseau de transport à partir d'un ou plusieurs postes de détente-livraison ou d'un autre réseau de distribution de gaz. Elles sont destinées à alimenter le réseau aval par l'intermédiaire de postes de détente. Elles sont conçues pour fonctionner à une pression supérieure à 4 bar, c'est-à-dire à la PMS de la MPC.

Ce réseau peut être :

— en antenne ;
— en boucle fermée sur un seul poste de livraison ;
— en boucle ou en antenne avec plusieurs postes de livraison.

B. Le réseau secondaire

Les canalisations sont alimentées par un ou plusieurs postes de détente desservis par le réseau primaire et assurent des transits et l'interconnexion des nœuds d'où sont issues les canalisations aval. Elles peuvent aussi livrer du gaz aux installations des clients importants. Elles sont le plus souvent en MPB, très exceptionnellement en BP.

Les règles généralement retenues pour leur calcul doivent tenir compte du fait qu'elles pourront ou non être maillées à horizon plus ou moins proche et que, dans le cas où elles sont alimentées par plusieurs postes de détente, elles doivent pouvoir, pour des raisons de sécurité, assurer les reports de charge dus à la défaillance ou à l'arrêt programmé d'un des postes les alimentant.

C. Le réseau tertiaire

Les canalisations servent uniquement à la desserte des usagers. Elles n'assurent aucun transit et ne sont jamais maillées, même si cette situation se retrouve encore dans d'anciens réseaux BP. Elles sont soit en BP, soit le plus souvent en MPB.

10.2.4.3 Les organes de sectionnement

Le nombre d'organes de coupure et leurs emplacements doivent être optimisés dès la conception du réseau à MPB ou MPC pour des raisons de sécurité et de continuité du service. Ce sectionnement doit donc permettre :

- d'isoler des tronçons en cas d'incident ;
- de réalimenter certaines parties du réseau en modifiant le schéma de circulation du gaz ;
- de faciliter une décompression rapide (en principe en moins de 15 minutes) d'un tronçon isolé ;
- d'éviter de couper un nombre trop important de clients. Pour des facilités de coupure puis de réalimentation, on peut estimer à 250 environ le nombre maximum de clients susceptibles d'être coupés lors d'un incident. Ce nombre doit bien évidemment tenir compte de l'effectif du personnel d'intervention que l'exploitation pourra mobiliser pour les fermetures et réouvertures des installations des clients.

10.2.4.4 Les qualités et les défauts des différents matériaux pour les canalisations

Le tableau 10.1 ci-dessous compare les avantages et inconvénients des différents matériaux du point de vue de leur utilisation et de leur exploitation en fonction de leur position.

Tableau 10.1. Les matériaux pour canalisations

Matériau	Position enterrée	Position aérienne ou hors-sol
Acier	Très bonne résistance mécanique aux agressions. Risque de corrosion nécessitant une protection passive (enrobage et raccord isolant) et/ou active (protection cathodique). Usage peu facile dans les environnements encombrés. Insensible aux très basses températures en sortie de poste de détente.	Couramment utilisé dans les conduites d'immeuble ou montantes [a] sans gaine ni protection. Très bonne résistance mécanique aux agressions et notamment aux incendies. Risque de corrosion nécessitant une protection passive (enrobage et raccord isolant)
Fontes grise et GS	Matériaux abandonnés pour tout type d'ouvrage.	Existe encore sur certaines vieilles conduites montantes.
Cuivre	Existe dans certains réseaux et branchements à MPB antérieurs à l'adoption du PE (années 1970). Risque de corrosion dans certaines conditions.	Couramment utilisé dans les conduites d'immeuble et conduites montantes en gaine ou sous protection mécanique.
Plomb	Interdit sur toutes les installations neuves. Température de fusion et plasticité limitant son utilisation.	Interdit sur toutes les installations neuves. Toléré uniquement pour les réparations de conduites en plomb dans les immeubles anciens. Température de fusion et plasticité limitant son utilisation.
Polyéthylène haute densité (PEHD)	Usage très facile et économique dans les environnements encombrés. Pas de risque de corrosion. Sensibilité à la température (chaud ou froid) limitant ses conditions d'utilisation à proximité de tuyauteries chaudes. Peu résistant aux fortes agressions notamment par engin de chantier en travaux de voirie. Facilité d'utilisation par techniques sans tranchée dans les sous-sols peu encombrés.	Interdit en immeuble du fait de sa faible résistance à l'incendie. Sensible au rayonnement UV en apparent où il n'est autorisé que sous protection pour les remontées de branchement vers un coffret en façade.

a. Les termes de conduite d'immeuble et conduite ou montante désignent, selon la terminologie en vigueur en France les parties respectivement horizontale et verticale des conduites à usage collectif placées en immeuble collectif entre l'organe de coupure extérieur de branchement et la sortie des compteurs placés sur les branchements individuels desservant les clients.

10.2.4.5 Les techniques d'assemblage des différents matériaux

Les différents matériaux utilisés pour le transport et la distribution du gaz ont nécessité la mise au point de techniques d'assemblage spécifiques. Seules sont résumées ci-après les dispositions essentielles, concernant la mise en œuvre des matériaux utilisés dans la distribution du gaz naturel.

A. L'acier

La seule technique d'assemblage utilisée pour l'assemblage en ligne des conduites de distribution est l'arc électrique avec électrodes enrobées et, exceptionnellement pour des tubes de petits diamètres, le soudage autogène au chalumeau oxyacétylénique.

Le raccordement de certains accessoires peut être réalisé par joint de brides ou par raccord mécanique.

Le *soudage à l'arc électrique* est pratiqué en technique montante, avec des électrodes de 2,5 ou 3,2 mm à enrobage rutile compte tenu des nuances et des faibles épaisseurs d'acier utilisées en distribution. Les tubes ont les extrémités chanfreinées pour le soudage.

Le *soudage au chalumeau oxyacétylénique* est réalisé en deux passes sur des extrémités chanfreinées ou en une passe sur des extrémités à bords droits. Cette technique n'est utilisable que pour les tubes dont le diamètre extérieur n'excède pas 60,3 mm (réseaux) ou dont l'épaisseur n'excède pas 3,6 mm (branchements, conduites d'immeuble et conduites montantes).

Le personnel soudeur doit être titulaire d'une attestation d'aptitude conforme aux spécifications de l'opérateur de réseau dont la validité est fixée à un an. Compte tenu des caractéristiques des tubes utilisés, il n'est pas nécessaire de procéder à la qualification d'un mode opératoire de soudage, comme dans le cas des chantiers de transport qui font appel à des qualités d'aciers alliés plus délicates à souder.

B. Le polyéthylène haute densité (PEHD)

La mise en œuvre du polyéthylène haute densité nécessite le respect de modes opératoires simples et l'utilisation d'outillages spécifiques, machine à souder, positionneurs…

La formation indispensable du personnel doit être régulièrement entretenue par le renouvellement périodique de l'attestation d'aptitude (habilitation) afin d'éviter les dérives préjudiciables à la durée de vie des ouvrages.

La technique des assemblages par raccords électrosoudables est généralisée en France pour le raccordement des tubes en polyéthylène entre eux. Elle fait appel à des raccords en polyéthylène possédant des emboîtures munies d'une résistance électrique. Le courant électrique d'un poste de soudage raccordé à cette résistance provoque la fusion de la surface extérieure du tube et de la surface intérieure du raccord. Au refroidissement, le polyéthylène se solidifie en assurant la jonction.

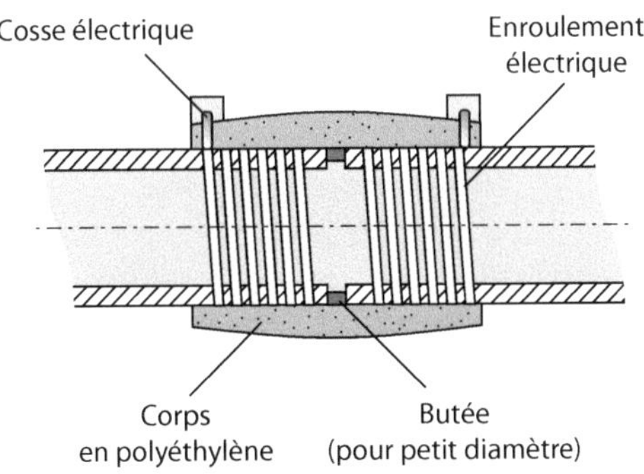

Figure 10.4

Manchon à emboîtures électro-soudables.

Les machines à souder le PE sont automatiques dès lors que les paramètres de l'assemblage à réaliser y ont été introduits, le plus généralement par lecture d'un code-barre. Ces machines doivent être retournées périodiquement chez le constructeur pour réétalonnage, la satisfaction à cette obligation devant être vérifiée au début de chaque chantier de pose.

Par ailleurs, seul l'emploi d'outillages spécifiques garantit la qualité du soudage. Ces outillages permettent notamment d'obtenir :

- le redressement par des positionneurs des extrémités des tubes ;
- l'alignement et l'introduction des tubes dans le raccord ;
- le maintien de l'assemblage pendant le soudage et le refroidissement ;
- le respect rigoureux des paramètres de soudage ;
- en cas d'incident, l'écrasement du tube pour interrompre le flux de gaz naturel.

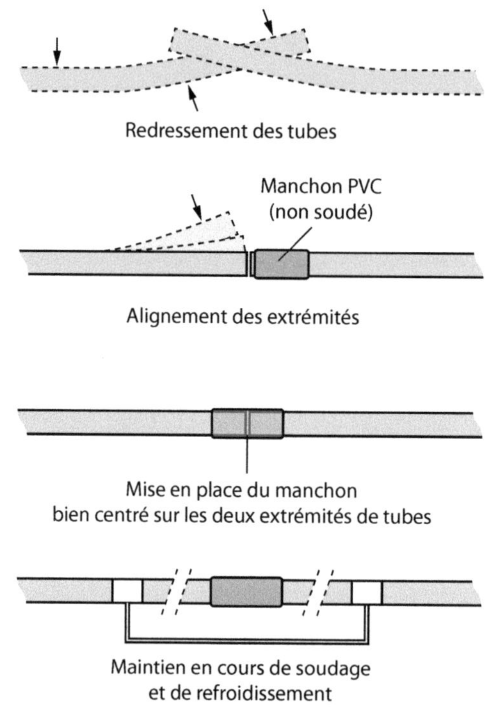

Figure 10.5

Les fonctions du positionneur.

Les assemblages par raccords mécaniques permettent principalement la jonction d'un tube PE avec un élément métallique notamment pour le raccordement du tuyau en PE enterré du branchement au coffret du compteur en maison individuelle ou à la conduite d'immeuble en immeuble collectif. Plus rarement, ils permettent la jonction de deux tubes PE entre eux.

Les raccords mécaniques démontables imposent le respect d'un couple de serrage. Les raccords indémontables doivent être associés à un manchon électro-soudable.

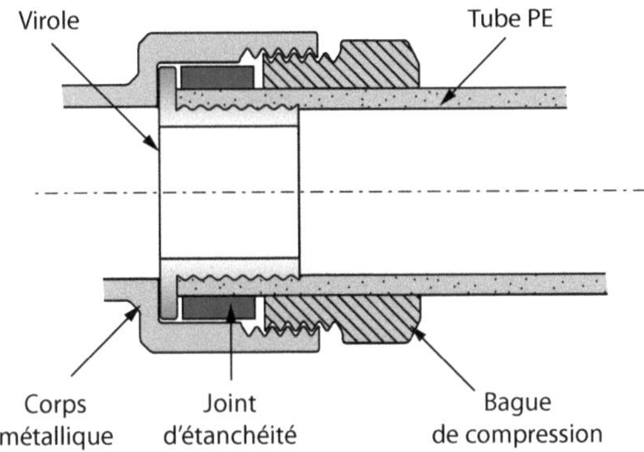

Figure 10.6

Assemblage par raccord mécanique.

C. Le cuivre

Le cuivre est surtout employé pour la réalisation des conduites montantes à l'intérieur des bâtiments d'habitation collectifs et des installations intérieures de gaz en aval des compteurs. Le personnel chargé des assemblages doit être titulaire d'une attestation d'aptitude conforme aux spécifications de l'opérateur de réseau dont la validité est fixée à trois ans pour le brasage capillaire fort et à un an pour le soudobrasage.

L'assemblage en brasage capillaire fort nécessite des raccords à emboîtures calibrées et des tubes calibrés. Il s'applique à des tubes dont le diamètre extérieur est au plus égal à 54 mm. Il est dit « fort » lorsque les alliages d'apport ont un point de fusion supérieur à 450 °C, et « tendre » lorsqu'ils ont un point de fusion inférieur à 450 °C (alliages à 40 ou 50 % d'étain). Les ouvrages en concession de distribution, c'est-à-dire placés en amont du compteur et sous la responsabilité de l'opérateur de réseau, sont réalisés uniquement en brasage capillaire fort, le brasage tendre étant interdit sur ces ouvrages.

Le soudobrasage s'applique à des tubes dont le diamètre extérieur est au moins égal à 42 mm. Les raccords calibrés doivent être utilisés. L'alliage d'apport est un laiton à 40 % de zinc dont le point de fusion se situe vers 900 °C.

D. Le plomb

Uniquement autorisé pour des réparations sur des ouvrages existants, les jonctions se font par soudure à l'étain soit au chalumeau, soit par le procédé dit « à la cuillère » pratiquement abandonné aujourd'hui du fait de la difficulté de réalisation. Les jonctions avec les autres matériaux se font soit par brides et collet battu, soit par l'intermédiaire d'une manchette d'assemblage acier-cuivre.

En pratique, lorsqu'une réparation est nécessaire sur un branchement en plomb, c'est le renouvellement total du branchement qui est préférable.

10.3 LA GESTION DE LA QUALITÉ

10.3.1 La norme NF EN 12007-1/2000

La gestion de la qualité est un facteur primordial pour la pérennité des ouvrages réalisés et la sécurité des personnes et des biens.

Les exigences imposées en matière de gestion de la qualité sont définies au § 4.1 de la norme NF EN 12007-1/2012 relative aux infrastructures gazières comportant des canalisations pour pression maximale de service inférieure ou égale à 16 bar qui a été rendue d'application obligatoire aux réseaux de distribution de gaz :

« *Pour offrir un niveau cohérent et approprié de la gestion de la qualité, l'exploitant de réseau doit posséder des procédures sur l'organisation, l'exploitation et l'administration afin d'assurer que les activités puissent être entreprises de façon sûre et fiable. De même l'exploitant de réseau doit mettre en place des systèmes convenables d'audit technique, d'audit de sécurité et de revue d'exécution afin d'assurer que les procédures établies et les programmes de formation continuent à remplir les obligations de l'exploitant de réseau envers les utilisateurs. Il convient que ces systèmes prennent en compte les expériences acquises.* »

La certification de la gestion de la qualité n'est pas donc pas obligatoire réglementairement, car l'administration a jugé qu'elle est hors de portée des opérateurs de petits réseaux (un ou quelques bâtiments seulement), mais les exigences de cette norme dans le domaine de la gestion de la qualité se rapprochent beaucoup de celles indispensables pour obtenir une certification. En tout état de cause, il est toujours loisible à un opérateur de réseau de faire certifier une partie seulement de ses activités, par exemple la conception des réseaux ou la gestion des interventions d'urgence.

Il est donc indispensable que tous les actes de l'opérateur de réseau soient sous-tendus par un ensemble de procédures qui s'imposent à lui, aux entreprises qui participent à son activité d'opérateur de réseau, ainsi qu'à leurs personnels :

- Des procédures portant sur :
  - l'organisation, c'est-à-dire une définition claire et écrite des délégations de responsabilité,
  - l'administration ;
- Des systèmes convenables et documentés relatifs :
  - aux audits techniques,
  - aux audits de sécurité,
  - à la revue périodique d'exécution, notamment un plan de contrôle,
  - aux procédures d'enregistrement permettant d'enrichir le retour d'expérience.

Il est donc hautement recommandé que :

- l'ensemble des procédures, des modes opératoires et des cahiers des charges internes à l'opérateur soit regroupé dans un recueil comprenant les textes de référence et mis à la disposition des personnels concernés ;
- le choix des techniques de pose, des matériaux et des matériels soit défini dans des cahiers des charges de prescriptions générales et particulières relatives aux travaux de réalisation d'un réseau gaz, remis aux entreprises extérieures ;
- les mesures de sécurité pour l'exécution des travaux, manœuvres et interventions d'urgence soient définies dans un document de consignes générales de sécurité pour les travaux gaz ;
- l'opérateur remette et commente les documents nécessaires à son personnel et à celui de chaque entreprise extérieure, concerné et habilité à intervenir pour les travaux dont ils sont chargés.

Si l'opérateur de réseau délègue ou sous-traite tout ou partie des activités liées au réseau, de la conception à l'exploitation ou aux interventions d'urgence, il doit imposer à ses délégués ou sous-traitants, de manière formelle et par document écrit, les mêmes exigences que celles auxquelles il devrait satisfaire s'il les exécutait lui-même.

10.3.2 Formation et compétences

Afin de mener à bien sa mission, l'opérateur de réseau dispose des personnels en interne ou externe dont la compétence permet d'assurer notamment les fonctions suivantes :

- responsable d'activités,
- conception, construction des ouvrages,
- coordination, sécurité et protection de la Santé (S.P.S.),
- exploitation,
- maintenance,
- sécurité.

Susceptibles d'être chargés d'activités diversifiées, les personnels concernés doivent posséder des connaissances et aptitudes variées du plus simple au plus complexe. Cela implique que l'opérateur de réseau mette en place un système permettant d'attribuer aux membres de l'encadrement des délégations claires écrites et établies contradictoirement de délégation de responsabilité, ainsi que pour ceux qui interviennent sur les équipements du réseau et chez les clients, un système de qualification ou d'habilitation pour les travaux qui leur sont confiés.

De plus, il est souhaitable que l'opérateur établisse à l'intention de l'ensemble de son personnel technique un document décrivant les mesures de sécurité qui doivent être prises obligatoirement pour l'exécution des travaux, manœuvres et interventions d'urgence sur les équipements du réseau et chez les clients desservis par ce réseau.

Les entreprises sous-traitantes chargées d'opérations sur les ouvrages en exploitation devraient de même établir un document de même objet, compatible bien entendu avec celui de l'entreprise qui lui confie ces opérations.

L'opérateur de réseau doit donc veiller à la bonne adéquation entre les missions confiées au personnel, tant interne qu'externe, et les compétences acquises, c'est-à-dire évaluer régulièrement les qualifications de ces personnels et corriger ou faire corriger les écarts de compétence par les formations nécessaires au bon développement des activités de conception, de construction, d'exploitation et de maintenance des réseaux de distribution, y compris celles qu'il aura déléguées ou sous-traitées. L'opérateur propose au titre de la formation interne ou par le biais d'organismes de formation extérieurs, dans le cadre de plans de formation individuels et collectifs, les moyens d'acquérir les compétences qui pourraient faire défaut dans la réalisation de l'activité par ses personnels.

Les entreprises extérieures auxquelles l'opérateur fait appel dans le cadre de l'activité sont contrôlées systématiquement avant le début des travaux et, de façon impromptue, durant leur réalisation. Ces audits portent notamment sur les qualifications du personnel en charge des travaux et leur habilitation à intervenir pour le compte de l'opérateur.

Les critères d'appréciation de la compétence et de la capacité technique évoquées ci-dessus pour l'opérateur de réseau comme pour ses sous-traitants ainsi que leur réévaluation périodique font l'objet d'un document écrit de type cahier des charges ou équivalent.

10.3.3 Procédure et plan de contrôle

10.3.3.1 La gestion du contrôle

D'après l'adage bien connu selon lequel « La confiance n'exclut pas le contrôle », il est indispensable pour un bon management de l'exploitation que les responsables mettent en place un système de contrôle périodique des activités, quelles qu'elles soient et dans tous les domaines : fonctions techniques, administratives, financières, comptable, gestion de la clientèle, etc.

La bonne gestion de l'activité d'opérateur de réseau impose donc, tant à l'interne que vis-à-vis des entreprises extérieures, la réalisation de contrôles qui sont portés à la connaissance des personnels concernés dans les documents techniques de l'opérateur de réseau. Seul le regroupement de ces contrôles dans une procédure spécifique et un plan de contrôle, et surtout leur mise en œuvre effective sous la responsabilité d'une personne nommément désignée à cet effet, peuvent permettre aux différents responsables du management de l'opérateur de réseau de vérifier que toutes les obligations qu'il s'est fixées dans son activité sont bien remplies et, en cas de manquement, d'y remédier rapidement. Il appartient évidemment à chaque opérateur de réseau d'adapter ses propres procédures et plan de contrôle à son type d'organisation et aux activités qui le concernent.

Afin de garantir la bonne gestion des activités dont il a la responsabilité, l'opérateur de réseau doit, à tous les stades, effectuer des contrôles de qualité, initial ou périodique, tant à l'interne que vis-à-vis des entreprises extérieures, contrôles notamment décrits dans le « Mémoire de conception, exploitation et maintenance des réseaux de distribution publique de gaz combustible » du CFBP et ses annexes.

10.3.3.2 La procédure de contrôle

La procédure de contrôle précise les responsabilités des intervenants concernés, décrit dans un plan de contrôle l'ensemble des tâches qui nécessitent un contrôle, leurs échéances ou périodicités et définit nommément les responsables qui en sont chargés et les suites à donner. Établies initialement en fonction de l'organisation en vigueur, elles sont actualisées chaque fois que des changements de personnes, de structure, d'organisation, etc. le rendront nécessaire.

10.3.3.3 Le plan de contrôle

Le plan de contrôle décrit successivement pour chaque activité concernée :
- les intervenants ;
- la formation correspondante ;
- la procédure interne associée ;
- la périodicité du contrôle ;
- le responsable chargé du contrôle ;
- les documents associés.

10.3.3.4 Les responsables des contrôles

La mise en œuvre de cette procédure nécessite que soient désignés les responsables des contrôles des activités. Ils sont indiqués nominativement dans le plan de contrôle lui-même qui leur fixe les contrôles imposés en respectant les échéances ou périodicités fixées. Ils établissent un compte rendu de leurs constatations sur les fiches de contrôle avec, le cas échéant, leurs préconisations destinées au responsable technique pour les contrôles internes et à l'entreprise quand le contrôle la concerne.

10.3.3.5 La mise en œuvre des contrôles

Chaque responsable d'activité effectue les contrôles qui lui sont dévolus sur les personnels de l'opérateur de réseau et des entreprises extérieures avant et pendant la réalisation des activités liées au réseau (construction, maintenance, intervention d'urgence, etc.).

Ces contrôles doivent porter notamment sur :
- les choix des entreprises ;
- les travaux qu'elles réalisent ;
- le contrôle des assemblages ;
- le respect de la tenue du schéma d'exploitation et de la cartographie ;
- la gestion des réponses aux demandes de travaux et déclarations d'intention de commencement de travaux ;
- la mise en œuvre de la politique et du plan de maintenance en réalisant un bilan annuel ;

- le respect des règles de mise à disposition du gaz, de l'interruption de fourniture et de l'information des clients ;
- la mise en œuvre de la procédure d'intervention d'urgence depuis la réception de l'appel jusqu'à la mise en sécurité ;
- la mise en œuvre de la politique sécurité ;
- la mise à jour des compétences et habilitations et leur validation périodique.

10.3.3.6 Le responsable de la procédure

Un responsable qualité, directement placé sous l'autorité du directeur, est chargé de la gestion de cette procédure. Il suit l'avancement du plan de contrôle, fait le cas échéant les relances nécessaires en cas de retard et rend compte au directeur de la réalisation effective du plan de contrôle. Celui-ci préside a minima une fois par an une revue de Direction au cours de laquelle sont examinés les résultats des contrôles et les suites données.

Cette périodicité peut être augmentée pour tenir compte de circonstances particulières le rendant nécessaire, telles que l'évolution des structures, des méthodes de travail ou des responsabilités de l'exploitation.

10.4 CONCEPTION DES RÉSEAUX

L'extension d'un réseau existant ou la création d'un réseau nouveau dans une commune non encore alimentée ne doivent s'envisager – c'est un impératif réglementaire – que dans un cadre économique garantissant la rentabilité à long terme des investissements. L'étude de conception doit donc d'abord s'appuyer sur une analyse rigoureuse des marchés à moyen et long terme.

10.4.1 L'analyse des marchés

Les quantités de gaz susceptibles d'être vendues, mais aussi la topographie des aires regroupant les futurs clients sont à la base de l'étude technique et financière de tout projet de distribution. Il s'agit de déterminer d'une part la structure optimale du réseau en fonction de l'implantation de la clientèle supputée et des consommations raisonnablement prévisibles et enfin les débits horaires correspondants qui détermineront les diamètres des différents tronçons.

Les émissions annuelles, journalières et horaires doivent être successivement considérées, ce qui nécessite une analyse des marchés potentiels à desservir.

Le marché peut être découpé schématiquement en cinq catégories :

- logements neufs ;
- logements existants ;

- tertiaire neuf ;
- tertiaire existant ;
- industrie.

Les prévisions de placements de gaz sont nécessaires pour :
- apprécier quantitativement l'action commerciale à mener ;
- fournir aux techniciens des éléments pour leurs prévisions de raccordements en gaz et de dimensionnement du réseau ;
- permettre de calculer la rentabilité de l'extension de réseau ;
- aider à la prévision de recettes financières tenant compte des différents marchés puisque le prix de vente du kilowattheure en dépend.

L'analyse des marchés est utilisée comme méthode de prévision surtout pour le moyen terme (de 1 à 5 ans) et est d'autant plus intéressante et précise que les ensembles concernés sont importants. On en déduira les consommations et émissions examinées sous les aspects suivants :
- les consommations et les émissions pendant une année dont dépendra, en fin de compte, l'équilibre financier de l'exploitation ;
- l'émission horaire qui servira au calcul des réseaux de distribution et des ouvrages éventuels de transport.

10.4.2 Continuité de fourniture et notion de risque

La conception du réseau et notamment sa structure et la détermination des émissions pourront être influencées par le risque de défaillance de la fourniture dans deux cas :
- au risque moyen 50 % : température dépassée en baisse une fois sur deux sur un grand nombre d'années ;
- au risque de « pointe » 2 % : température dépassée en baisse deux fois sur une période de 100 ans.

Le risque 2 % concerne surtout les pointes journalières et horaires, car il n'existe guère d'élément utilisable pour tenir compte d'une vague de froid de durée importante. Pour déterminer l'importance des ouvrages, on admet que, dans le risque 2 %, tous les moyens existants sont utilisés à plein.

10.4.3 Le bénéfice actualisé par Euro investi

Compte tenu de toutes les informations résultant des analyses précédentes, il s'agit de rechercher pour une *masse d'investissement limitée* le bénéfice global maximal de l'entreprise sur la durée de vie estimée de l'ouvrage à concevoir, que ce soit pour une concession nouvelle ou une extension de réseau existant vers une clientèle nouvelle.

Il s'agit donc de classer les travaux envisagés et de retenir en priorité, dans les limites de la masse financière susceptible d'être engagée, ceux qui présentent les meilleurs rapports par unité d'investissement.

Le critère utilisé défini réglementairement est le bénéfice actualisé par euro investi qui a pour expression :

$$\frac{B}{I} = \frac{\displaystyle\sum_{p=1}^{n} \frac{R_p - D_p - I_p}{(1+a)^p}}{\displaystyle\sum_{p=1}^{n} \frac{I_p}{(1+a)^p}}$$

Cette formule tient compte, pour chacune des années p de 1 à n, des recettes attendues R, des dépenses D d'exploitation, etc., des investissements I, actualisés sur l'ensemble de la période. Si le nouveau projet rend nécessaire un renforcement d'ouvrage existant ou s'il permet de renouveler un ouvrage ancien, les dépenses correspondantes doivent être prises en compte, par exemple, pour la seule part correspondant aux investissements non amortis, ou bien au surplus du montant des dépenses relatives à la construction de l'ouvrage neuf par rapport à la construction du même ouvrage pour l'ancienne puissance.

L'État actionnaire de Gaz de France imposait la valeur de 8 % pour les investissements. Compte tenu du changement de statut des opérateurs de réseau, GDF Suez comme les ELD, un arrêté de 2008 a fixé à trente ans la période de calcul de référence maximale et à 8 % le taux d'actualisation maximal pour les calculs de rentabilité des opérations de desserte gazière. Mais c'est l'opérateur de réseau qui choisit en dernière analyse son taux d'actualisation et l'horizon de l'étude ; valeurs dont dépendront évidemment le résultat de l'étude et les investissements retenus.

Le retour d'expérience *a posteriori* montre qu'après vérification des hypothèses de ces calculs, si les dépenses sont assez proches des prévisions, les recettes dues aux consommations sont très souvent surévaluées. **En aucun cas, il ne peut donc être envisagé de réaliser un investissement dont le critère B/I serait négatif.** Un tel choix est d'ailleurs interdit par la réglementation en vigueur en France.

10.4.4 Les pressions dans les ouvrages et leur dimensionnement

La conception des réseaux et donc le choix du dimensionnement des ouvrages doivent garantir les pressions limites suivantes (Tableau 10.2) :

Tableau 10.2. Pressions minimales pour le dimensionnement des ouvrages

	Gaz Naturel		
Pressions minimales utilisées pour le dimensionnement des branchements neufs	MPB > 1 bar	BP GAZ H	BP GAZ B
Pression minimale au départ du branchement le plus défavorisé	1 bar	16,0 mbar	20,5 mbar

En effet, dans ces gammes de pression il n'y a pas de risque de fermeture par sécurité à manque de pression pour les détendeurs – régulateurs des clients des réseaux à MPB, ni d'extinction de flamme pour les appareils d'utilisation des clients toujours alimentés en BP.

10.4.5 Les canalisations

Le choix et le dimensionnement des ouvrages sont de la responsabilité de l'opérateur de réseau, maître d'ouvrage, qui décide en fonction du caractère neuf de l'ouvrage, ou, pour une extension d'ouvrage existant, de sa compatibilité avec les ouvrages en amont.

Ainsi, les règles générales en vigueur dans les politiques actuelles tendent à retenir, dans le cas de la création d'ouvrages nouveaux, le choix de la MPC pour le réseau primaire quand il est nécessaire et possible et celui de la MPB pour les réseaux secondaires et tertiaires.

Le choix des pressions élevées est en effet le plus compatible avec :
- l'objectif de recherche du meilleur bénéfice actualisé possible par la diminution du montant des investissements ;
- l'aptitude à satisfaire un éventuel développement futur du réseau en profondeur en augmentant par l'action commerciale le nombre de clients desservis et en surface au cas où il conviendrait d'étendre le réseau pour alimenter de nouvelles zones ;
- la continuité de service par l'utilisation, en cas d'interruption de la fourniture d'une source, de la plus grande capacité gazométrique du réseau.

Les matériaux utilisés seront le plus généralement :
- le polyéthylène (PE) pour les réseaux à MPC (PE 8 bar) et MPB pour les réseaux secondaires et tertiaires à MPB ;
- l'acier pour les réseaux à pression supérieure et, pour certains ouvrages spéciaux tels que passages en ponts (ouvrage d'art) ou sous cours d'eau et plus particulièrement lorsqu'existe un risque de gel de terrain à la sortie d'un poste de détente du transport 67/4 bar où le refroidissement du gaz dû à la détente est très important et peut entraîner, par le gel de l'eau souterraine, la déformation des chaussées.

Pour le dimensionnement des canalisations, les opérateurs de réseau utilisent l'ordinateur, les règles à calcul utilisées autrefois ayant été envoyées au musée depuis longtemps. On peut trouver de nombreux logiciels de calcul de réseau sur Internet. Pour information toutefois, on peut rappeler que ces calculs informatiques utilisent le plus souvent la formule de RENOUARD pour le calcul des pertes de charge des tronçons :

Formule de RENOUARD simplifiée, valable pour $\dfrac{Q}{D} < 150$
- Hautes et moyennes pressions :

$$P_A^2 - P_B^2 = 48\,600\,s\,L\,Q^{1,82}\,D^{-4,82}$$

- Basses pressions :

$$P_A - P_B = 232 \cdot 10^6\,s\,L\,Q^{1,82}\,D^{-4,82}$$

dans laquelle :

- P_A et P_B : pressions absolues à l'origine et à l'extrémité de la conduite en kgf/cm² dans la formule 1 et en mm de colonne d'eau dans la formule 2, égales aux pressions effectives P_A et P_B plus la pression atmosphérique : 1 kgf/cm² (1,033 kgf/cm² = 760 mm Hg = 1 013 mbar) pour les calculs très précis ;
- s : densité du gaz naturel = 0,54 ;
- L : longueur en km ;
- Q : débit en m³/h à 15° et sous 760 mm ;
- D : diamètre en mm.

Il convient de noter que ces formules ne tiennent pas compte de l'augmentation ou de la diminution de pression dues à la différence d'altitude entre le détendeur alimentant le réseau et le branchement desservi qui est de l'ordre de 0,5 mm CE/m.

10.4.6 Les branchements

Pour ce qui concerne la distribution du gaz naturel – donc obligatoirement par réseau – la définition officielle du branchement est « *la conduite reliant une canalisation de distribution aux installations intérieures des clients* », c'est-à-dire jusqu'à la sortie du compteur du client.

Dans les habitations individuelles, le branchement relie la canalisation de distribution au compteur.

Dans les immeubles collectifs d'habitation, le branchement comporte :

- un **branchement d'immeuble** situé en amont de l'organe de coupure placé à proximité immédiate et en amont de la pénétration du branchement dans le bâtiment, organe de coupure dont la présence est obligatoire pour pouvoir interrompre la fourniture du gaz à l'immeuble en cas d'incident grave ;
- la **conduite d'immeuble** faisant suite au branchement, horizontale pour l'essentiel et alimentant une ou plusieurs conduites montantes et parfois directement des installations intérieures ;
- la **conduite montante**, verticale pour la plus grande partie, raccordée à la conduite d'immeuble et alimentant les différents niveaux de l'immeuble. Lorsque plusieurs conduites montantes sont raccordées à la même conduite d'immeuble, chacune d'elles doit pourvoir être isolée des autres par un organe de coupure, en général placé en partie basse de cette conduite montante.

Les matériaux le plus généralement utilisés sont l'acier pour les conduites d'immeuble et les conduites montantes non protégées mécaniquement et le cuivre pour les conduites montantes en gaine. Il est toutefois possible de construire des conduites d'immeuble en cuivre si elles disposent d'une protection mécanique, mais ce type d'installation n'est pas recommandé compte tenu de la fréquence des feux en cave.

10.4.7 Le dimensionnement des branchements

Pour garantir le bon fonctionnement des appareils d'utilisation, l'opérateur calcule le calibre de la conduite de branchement selon toute méthode de son choix. Ce dimensionnement dépend :

- de la nature et de la pression du gaz de la conduite de distribution ;
- de la pression à l'entrée des détendeurs et régulateurs ;
- de la plage de pressions admissible par les appareils d'utilisation ;
- de la longueur et des incidents de parcours du branchement ;
- de la longueur estimée de l'installation dans l'immeuble jusqu'aux appareils d'utilisation en aval de l'organe de coupure générale ;
- du débit horaire maximal appelé au niveau de chaque branchement. Ce débit prend en compte ceux des appareils d'utilisation et leur simultanéité de fonctionnement (foisonnement) ;
- des pertes de charge linéaires et singulières du branchement ;
- de la réglementation éventuellement applicable à ce type d'ouvrage.

D'une manière générale, la technique des conduites montantes à MPB est abandonnée. Il s'ensuit que le branchement comporte, avant la pénétration de la conduite d'immeuble dans le bâtiment, un détendeur ramenant la pression dans la conduite d'immeuble de la MPB au niveau nécessaire pour l'alimentation des appareils d'utilisation.

Au niveau du raccordement du branchement sur la conduite principale, l'opérateur installe une prise de branchement incorporant un organe de coupure qui interrompt automatiquement la fuite de gaz en cas de fusion ou d'arrachement du branchement. S'il n'existe pas de prise de branchement avec obturateur intégré de la dimension voulue, des mesures de sécurité complémentaires doivent être prises.

Les prises de branchement sont soit :

- à souder sur les conduites acier ;
- électrosoudables sur les conduites en polyéthylène (norme NF T 54.079).

Tous les matériels entrant dans la construction du branchement jusqu'à l'entrée de l'installation intérieure doivent être conformes aux normes françaises les concernant.

10.5 RÉALISATION DES OUVRAGES

10.5.1 Généralités

Le rôle de l'opérateur de réseau est d'assurer la desserte en gaz de la clientèle dans des conditions maximales de sécurité pour les personnes et les biens, de qualité de service et de continuité d'alimentation, compatibles avec ses contraintes financières et administratives.

Les travaux de pose de canalisations constituent un acte important qui contribue pour une très grande part à l'atteinte de ces objectifs. En effet, une bonne conception et une parfaite réalisation des ouvrages conditionnent la sécurité, la fiabilité, la facilité d'exploitation. Ils sont constitués d'un certain nombre d'actes élémentaires dont l'ordre chronologique et le bon déroulement sont indispensables à une parfaite réalisation des travaux. Les méthodologies de ces actes, variables selon la nature de l'intervention, branchement neuf isolé, branchement posé en même temps qu'une canalisation nouvelle, renouvellement de branchement et les matériels et matériaux constituant ces ouvrages sont définis dans des procédures élémentaires.

En matière de distribution de gaz, l'origine d'un chantier de pose de canalisations peut être imposée ou délibérée.

10.5.1.1 Chantiers d'origine imposée

On entend par là les chantiers dont la réalisation doit être impérativement terminée pour une date définie et imposée par des contraintes extérieures au distributeur. Il s'agit en général des travaux d'extension de réseaux nécessaires à la desserte de clients nouveaux et/ou s'inscrivant dans un planning de travaux de voirie et de livraison de logements.

10.5.1.2 Chantiers d'origine délibérée

Les chantiers dits délibérés sont ceux dont l'opérateur de réseau a l'entière initiative ; ils touchent deux catégories de travaux :

- les travaux de renouvellement d'ouvrage pour vétusté ;
- les travaux de renforcement nécessaires à l'amélioration de la qualité de distribution dans une région ou un quartier.

La réalisation de ces chantiers ne s'inscrit généralement pas dans un planning rigoureux, mais on convient en général qu'ils seront terminés avant la période de forte consommation d'hiver.

Quel que soit le type de chantier à réaliser, imposé ou délibéré, il s'inscrit dans un programme qui doit être mis au point lors des réunions périodiques de coordination entre les municipalités et les concessionnaires du sous-sol.

10.5.2 L'avant-projet

Les méthodes modernes de calcul de réseaux en informatique ont donné à l'exploitant les moyens de déterminer avec précision les structures de réseaux le mieux adaptées aux consommations attendues ainsi que le calibre approprié des canalisations.

La structure de chaque réseau doit notamment faciliter l'exploitation et permettre la maîtrise rapide des incidents qui pourraient survenir, notamment à la suite d'agressions extérieures raisonnablement prévisibles. Il s'agira de pouvoir mettre en sécurité le périmètre concerné, par le biais de la manœuvre aisée d'un organe de sectionnement clairement identifié, en cas d'odeur, de fuite ou d'absence de gaz ou de tout autre type d'incident survenu sur le réseau.

L'avant-projet déterminera le type et l'emplacement des organes de sectionnement à installer sur le réseau pour permettre une exploitation en toute sécurité en limitant ou supprimant très rapidement le débit de gaz dans la canalisation au cours d'une mise en sécurité dans le cadre d'une intervention d'urgence.

Par ailleurs, il est nécessaire que toutes les nouvelles décisions de pose de canalisations s'insèrent dans un plan de développement à moyen ou long terme établi à partir des études de réseaux. C'est le but de l'avant-projet de l'ouvrage qui :

- vérifiera l'insertion du chantier à exécuter au sein d'une structure existante ou d'une structure à créer ;
- définira les caractéristiques techniques et dimensionnelles de l'ouvrage ;
- mettra en évidence les particularités du tracé ;
- indiquera le coût approximatif de l'ouvrage ;
- permettra d'inscrire le chantier projeté dans un programme de travaux avec éventuellement l'ouverture d'un compte individuel en comptabilité analytique.

L'étude de l'avant-projet, comme l'élaboration du projet définitif sont souvent sous-traitées à un bureau d'études externe, généralement celui de l'entreprise qui va réaliser les travaux eux-mêmes.

10.5.3 Le projet : préparation technique, administrative et financière

Dès que l'avant-projet est terminé, une étude détaillée du chantier doit être entreprise. Cette étude comportera, dans l'ordre, trois volets :

- la détermination exacte du tracé ;
- l'enquête administrative ;
- le financement de l'ouvrage.

Les deux premiers points sont souvent sous-traités à un bureau d'études externe, en général celui de l'entreprise, qui va réaliser les travaux.

L'emplacement de la canalisation, tant dans le domaine public que privé, doit faire l'objet d'une étude attentive, précise et détaillée, car il conditionne sa durée de vie, son coût, sa fiabilité et sa plus ou moins grande facilité d'exploitation. Cette étude de tracé sera en général réalisée à des échelles convenables permettant une analyse fine. On retiendra soit le 1/200, soit le 1/500.

La qualité et la précision de l'étude devront permettre :

- la détermination aussi précise que possible de l'emplacement de l'ouvrage au sein de son environnement immédiat ;
- le repérage le plus précis possible des autres occupants du sous-sol (eau, distribution ou transport d'électricité, télécommunication, égouts…), car une distance de 20 cm minimum doit séparer la canalisation de gaz de ces autres ouvrages ;
- la mise en évidence de points particuliers rencontrés (passages à faible profondeur, ouvrages d'art, traversées de cours d'eau ou de voies ferrées), en explicitant, pour chacun d'entre eux, la solution adoptée qui peut conduire à la réalisation de fouilles de sondage ;

- la vérification du respect des règlements, normes, spécifications générales et particulières du maître d'ouvrage (cahier des charges) concernant l'ouvrage lui-même ou ceux des autres concessionnaires voisins ;
- l'obtention des autorisations de passage et d'ouverture du chantier après enquête administrative auprès des services concernés ou des particuliers en cas d'emprunt du domaine privé ;
- la définition éventuelle des conditions particulières de réalisation du chantier (utilisation de matériel spécial de terrassement, matériau d'apport pour remblayage, etc.).

La consultation des entreprises extérieures et la sélection de l'entreprise retenue doivent se faire en toute équité, à la réception des offres de prix selon les deux critères suivants, en fonction :

- en premier lieu, de leur capacité et leurs compétences reconnues ou justifiées, possédant les qualifications, l'organisation, les équipements nécessaires ainsi qu'un personnel ayant les compétences adaptées aux travaux sur réseaux gaz et garantissant pour l'opérateur de réseau une construction de qualité offrant toute sécurité aux personnes et aux biens ;
- en second lieu, des conditions économiques proposées.

Pour éviter toute contestation, il est très souhaitable que la procédure de sélection des entreprises soit écrite et documentée et précise la constitution des dossiers d'appels d'offres, les prescriptions générales et particulières de l'opérateur de réseau : avant-projet, les cahiers des charges divers (administratif et technique), ses prescriptions normatives en matière de formation et de sécurité…

10.5.4 La construction des ouvrages

La préparation du chantier regroupe toutes les opérations obligatoires, préliminaires au démarrage des travaux, comme la visite des lieux, les sondages éventuels du sol, l'élaboration du programme des travaux, les D.T./D.I.C.T. (Demande de travaux/Déclaration d'intention de commencement de travaux).

La coordination des travaux contribue pleinement à la bonne exécution des travaux, elle facilite le dialogue entre les différents intervenants, notamment avec les autorités responsables du domaine public.

Un coordonnateur sécurité et protection de la santé (S.P.S.) est désigné par l'opérateur pour soutenir le conducteur de travaux dans le respect des obligations légales en matière de sécurité des travailleurs lorsque deux entreprises ou plus interviennent sur le même chantier. L'intervention du coordonnateur de sécurité peut conduire à l'élaboration d'un plan particulier de sécurité et de protection de la santé (PPSPS) qui s'impose à toutes les entreprises. Il est fréquent que pour des chantiers simples, le rôle du coordonnateur de sécurité soit assuré par un représentant de l'opérateur de réseau (chargé d'affaires…).

L'installation du chantier est réalisée par l'entreprise extérieure qui matérialise la zone des travaux au moyen d'une signalisation réglementaire (affichage des autorisations, mise en place d'un régime provisoire de circulation, balisage) et implante, si nécessaire pour le temps du chantier, la base vie et logistique.

Les travaux regroupent en règle générale les opérations de terrassement, de pose des canalisations et de branchements, d'essais et de vérifications, de réfection des surfaces de trottoirs et de chaussées, de récolement du réseau sur un plan compatible avec la cartographie assistée par ordinateur, et la constitution du dossier d'ouvrage qui constituera ultérieurement une aide à l'exploitation et à la maintenance du réseau.

L'exécution des travaux est réalisée par l'entreprise extérieure qui respecte :
- les textes de référence en vigueur au moment des travaux ;
- les consignes générales et particulières de sécurité pour travaux sur réseau gaz établies par l'opérateur ;
- le programme des travaux ;
- les cahiers des charges des prescriptions générales et particulières ;
- le tracé du réseau ;
- les directives techniques ou administratives de l'opérateur, de l'autorité concédante ou du coordonnateur sécurité.

10.5.5 La descente et mise en place du tuyau en PE en fond de fouille

L'opérateur peut exiger différents types de mise en place :

10.5.5.1 Levage, descente et mise en place en fond de fouille des tronçons assemblés

Cette technique peu courante nécessite de multiples points de manutention afin que la mise en place se fasse sans contrainte excessive pour le tronçon.

10.5.5.2 Tirage du tube de polyéthylène conditionné en touret ou en couronne

C'est la méthode le plus fréquemment utilisée dans les parcours urbains au sous-sol encombré. Le tube est déroulé depuis son point fixe de départ (porte-touret) vers son point d'arrivée en exerçant une force de traction sur la tête de tirage du tube. Un guidage du tube est réalisé en particulier à l'entrée de la tranchée, aux changements de direction et aux passages des obstacles.

10.5.5.3 Déroulage mobile du tube de polyéthylène conditionné en touret

Cette technique n'est utilisable, que si le tracé ne comporte aucun obstacle fixe. L'engin de levage (ou la remorque porte-touret) se déplace le long de la fouille.

10.5.5.4 Pose d'ouvrage sous fourreau

Utilisée parfois pour la pose des branchements en traversée de chaussée (travail à la fusée), elle peut également résulter de la décision d'effectuer les travaux sans tranchée par forage horizontal. Celui-ci est suivi de la pose d'un fourreau dans lequel la canalisation prendra ensuite place. Cette technique peut se révéler intéressante dans le cas de pose d'une canalisation de longueur importante dans un sous-sol vierge ou dont tous les réseaux et obstacles sont peu nombreux et parfaitement connus.

   Le gaz naturel

Figure 10.7

Tube en PE sur touret.

Figure 10.8

Machine à forer horizontalement.

10.5.6 Le raccordement de l'ouvrage au réseau existant

Il est effectué soit par le personnel de l'opérateur de réseau (cas le plus fréquent) soit par celui de l'entreprise. Le mode de raccordement, en dérivation, en ligne c'est-à-dire en prolongement droit ou en interposition dans une canalisation existante est décidé par l'opérateur de réseau et mis en œuvre dans tous les cas conformément à une procédure technique documentée, fonction de la pression de service de l'ouvrage, à laquelle le personnel a été formé préalablement et pour la mise en œuvre de laquelle il a été habilité.

10.5.7 La surveillance et le contrôle en cours de chantier

L'efficacité de la mise en œuvre des contrôles va conditionner la vie de l'ouvrage, car une fois celui-ci en place, il ne sera plus possible de procéder à quelque vérification que ce soit sans ouverture de fouille ; l'ouvrage sera dès lors réputé parfaitement conforme aux exigences définies par l'opérateur de réseau dans les documents du marché. La surveillance et les contrôles sont effectués de façon sélective ou systématique tout au long du chantier sur les points les plus sensibles : qualification des personnels, respect du tracé, des matériels employés, respect des délais, des consignes de sécurité et de conditions d'hygiène, contrôle des soudures, tests de pression, enfouissement...

Sauf pour les réunions périodiques programmées à date fixe pendant le chantier, les contrôles doivent s'effectuer à des dates aléatoires non prévisibles par le personnel du chantier et a minima pendant la mise en place de la canalisation et au début du remblai pour s'assurer de la présence effective et conforme en quantité du sable en dessous et au-dessus du tuyau.

10.5.8 Réception des travaux

La réception des travaux se fait conformément à une procédure de réception d'ouvrage documentée précisant l'ensemble des points à contrôler afin de réaliser cette réception sans omission possible. Elle est validée contradictoirement par tous les intervenants.

Elle se présente en deux phases bien distinctes spécifiques à l'activité de distribution de gaz :

- elle atteste d'abord la fin des travaux et matérialise le transfert de propriété de l'ouvrage, jusqu'alors propriété de l'entreprise de construction vers le maître d'ouvrage. Ce transfert de propriété vers l'opérateur de réseau fait que lui seul est désormais habilité à intervenir sur l'ouvrage. Il se concrétise par un document écrit, constat de la réception des travaux avec ou sans réserves ;
- la deuxième phase est la remise de l'ouvrage par le maître d'ouvrage à l'exploitant ; elle concrétise l'intégration de l'ouvrage nouveau aux ouvrages en exploitation. À partir de cet instant, l'ouvrage est placé sous la responsabilité du « chef d'exploitation » qui, en tant que seul responsable opérationnel du réseau pendant une période donnée est le seul à pouvoir autoriser l'accès au réseau pour travaux. Cette remise d'ouvrage peut se faire dès la réception pour l'ouvrage en gaz (raccordé au réseau par l'entreprise) ou simplement avec remise de l'ouvrage sous pression d'air en attendant le raccordement au réseau par le personnel de l'exploitation.

10.5.9 Étanchéité des ouvrages

Avant la mise en service de la canalisation, l'entreprise effectue les épreuves des tuyauteries et matériels en présence du représentant du maître d'ouvrage sur le chantier, pour vérifier que l'ensemble des ouvrages, canalisations et branchements, présente des caractéristiques de résistance mécanique et d'étanchéité compatibles avec les conditions de service retenues.

L'ouvrage doit pouvoir résister, sans risque de rupture, à la pression maximale en cas d'incident fixée par la pression de déclenchement des dispositifs de sécurité égale, en principe, à 110 % de la PMS des ouvrages.

L'entreprise réalise les épreuves de résistance mécanique et les essais d'étanchéité après le remblayage de la tranchée, les assemblages étant restés accessibles.

À l'issue des épreuves et essais, le responsable de leur exécution appartenant à l'entreprise rédige un rapport des essais qui fait partie intégrante du dossier d'ouvrage et qui spécifie la partie de l'ouvrage éprouvée, position sur plan, nature, type, longueur, diamètre ainsi que le résultat du contrôle d'ensemble des assemblages à l'aide d'un produit moussant après mise sous pression d'essai à 6 bar en air.

Les indications ci-dessous correspondent au cas des canalisations à moyenne pression B, c'est-à-dire dont la PMS (pression maximale de service) est inférieure ou égale à 4 bar.

Pour l'épreuve de résistance mécanique,

- la date de l'essai ;
- la pression de l'essai fixée à 6 bars pendant une durée de deux heures ;
- le fluide utilisé, en général l'air ;
- le résultat de l'épreuve.

Pour l'essai d'étanchéité,

- les dates de début et de fin ;
- la durée de l'essai, fixée au minimum à 48 h ;
- la pression relative initiale de l'essai fixée entre 0,5 et 1 bar ;
- la mesure de la pression atmosphérique au début de l'essai ;
- les mesures à la fin de l'essai, de la pression relative finale de l'essai et de la pression atmosphérique ;
- le résultat de l'essai présentant la valeur de l'écart de pression calculé par différence entre les valeurs absolues des pressions de début et de fin de l'essai ;
- le nom et la fonction du responsable de l'exécution de l'épreuve et du représentant du maître d'ouvrage sur le chantier ayant suivi l'essai pour le compte de l'opérateur.

Aucun défaut d'étanchéité ne peut être toléré. L'essai sera réputé satisfaisant, si la différence des pressions absolues (pression d'essai + pression barométrique) relevées dans la conduite au début et à la fin de l'essai est inférieure, après correction éventuelle de température, à l'erreur maximale due à la précision des instruments de mesure.

Toutes les autres procédures relatives aux essais relèvent de la responsabilité de l'opérateur de réseau. C'est notamment le cas des précautions à prendre pour protéger les personnes et les biens contre le risque d'éclatement d'un tube pendant les essais (balisage du chantier, restrictions d'accès aux canalisations accessibles…).

Les procédures ci-dessus correspondent, comme indiqué aux épreuves et essais de canalisations à pression inférieure ou égale à 4 bar, c'est-à-dire à BP ou à MPB. Les règles locales peuvent prévoir des conditions d'essai différentes pour les canalisations de faible longueur (de l'ordre de 200 m ou moins) ou imposer l'eau comme fluide d'essai pour les canalisations à PMS supérieure à 4 bar.

Les exigences de l'opérateur en matière d'épreuves et essais peuvent résulter d'obligations réglementaires ou normatives, de codes de bonne pratique ou être de toute autre origine, mais sont regroupées dans une procédure documentée incluse dans les documents du marché pour être opposables à l'entreprise.

10.5.10 Dossier d'ouvrage et cartographie

L'opérateur tient à jour un dossier d'ouvrage contenant les informations nécessaires à la sécurité d'exploitation du réseau. Ce document comporte notamment :

- une liste des organes de sectionnement ;
- un schéma d'exploitation du réseau faisant apparaître son architecture générale ;
- une cartographie du réseau qu'il exploite à une échelle permettant de localiser chaque organe de coupure et chaque branchement.

L'opérateur de réseau met en œuvre des procédures garantissant la mise à jour du dossier d'ouvrage et de la cartographie dès qu'intervient une modification de quelque nature que ce soit dans la configuration du réseau et des équipements ; c'est-à-dire que cette mise à jour du dossier d'ouvrage et surtout de la cartographie est réalisée le plus rapidement possible dans les plans définitifs à la suite de chaque intervention. Des procédures écrites prévoient les contrôles de fidélité des informations définitives enregistrées avec les documents résultant des chantiers. Cette mise à jour doit s'effectuer le jour même sur le schéma d'exploitation, dès qu'une intervention modifie le mode de fonctionnement du réseau.

La qualité des dossiers d'ouvrage et de la cartographie des ouvrages existants est un élément important de la sécurité de l'exploitation des réseaux. Les moyens modernes de stockage des données permettent d'enregistrer nombre de données telles que les caractéristiques de tous les matériels en PE qu'il était impossible de conserver antérieurement, mais qui peuvent se révéler utiles, notamment en cas de recherches de défauts génériques sur un matériel ou une série de matériels déterminés.

Pour la cartographie, les procédures élaborées et mises en œuvre par l'opérateur de réseau doivent garantir la qualité de la représentation cartographique des ouvrages au regard des quatre critères suivants :

- sa fidélité par rapport au terrain : la bonne représentation des ouvrages et l'exactitude de leur position, y compris leur géoréférencement ;
- son exhaustivité : tous les ouvrages existant sur le terrain y sont décrits ;
- sa conformité : les règles du cadre réglementaire sont respectées ;
- sa cohérence : les représentations et caractéristiques des ouvrages sont concordantes sur les différents plans aux diverses échelles.

Les ouvrages constitutifs du réseau de distribution sont représentés graphiquement dans la cartographie à grande échelle selon une symbolique définie par l'opérateur de réseau et compréhensible par des tiers. Les symboles normalisés seront toutefois utilisés pour autant qu'ils existent.

La cartographie « à grande échelle » est constituée de l'ensemble des plans définitifs et des plans minutes en attente de traitement et d'introduction dans la base de données.

Elle permet de localiser sur le terrain chaque organe de coupure et chaque branchement et, d'une manière générale, les ouvrages de distribution tels que :

- points de livraison du gaz au réseau ;
- postes de détente ;
- canalisations de distribution ;
- accessoires du réseau ;
- organe de sectionnement de réseau ;
- branchements ;
- canalisations abandonnées dans le sous-sol.

La présence d'un branchement est signalée par une représentation symbolique permettant d'identifier sa position ainsi que le type et l'emplacement de l'organe de coupure générale.

10.6 EXPLOITATION DES OUVRAGES

10.6.1 Les activités d'exploitation courante

C'est l'ensemble des activités destinées à se donner les moyens d'assurer *ab initio*, puis à contrôler le fonctionnement normal des installations et éventuellement, à adapter ce fonctionnement aux débits appelés ou à le rétablir lorsqu'il a été accidentellement interrompu. C'est dans le cadre de l'exploitation que s'exerce l'intervention d'urgence pour dépannage ou odeur de gaz.

10.6.2 Le responsable de l'exploitation des ouvrages

La mission d'exploitation s'exerce sur un territoire et des ouvrages bien définis et est confiée à quelques personnes, que l'on peut désigner sous l'appellation de « chef d'exploitation », formées à cet effet et se succédant par roulement d'astreinte 24 h/24 : le chef d'exploitation est désigné par écrit par le maître d'ouvrage comme responsable d'une installation ou d'un ensemble d'installations dont les frontières sont parfaitement définies. Toute installation est placée sous la responsabilité d'un chef d'exploitation et à un instant donné et pour un ouvrage déterminé, il n'y a qu'un chef d'exploitation. Les personnes participant au roulement d'astreinte doivent être désignées nominativement par le maître d'ouvrage responsable du réseau.

L'unicité du chef d'exploitation pour un réseau pendant une durée bien définie est fondamentale, car il lui appartient de donner les autorisations de travail permettant d'accéder au réseau ; cette unicité est seule garante de la sécurité de l'exploitation en évitant par exemple que deux personnes effectuent simultanément des manœuvres contradictoires sur un ouvrage telles que l'interruption du gaz dans l'ouvrage d'une part et l'alimentation en gaz par un autre chemin du même ouvrage d'autre part.

Le fait pour le chef d'exploitation d'être la seule autorité délivrant les autorisations d'accès au réseau implique donc qu'il soit informé en temps réel de toutes les fins de travaux pour autoriser les remises en exploitation.

10.6.3 Les moyens d'assurer le bon fonctionnement du réseau

Afin d'assurer le bon fonctionnement du réseau, il convient dès sa conception de déterminer le schéma optimal d'exploitation du secteur d'exploitation, puis de tenir celui-ci constamment à jour afin qu'il satisfasse en permanence aux critères suivants :
- le réseau doit être à l'échelle humaine ;
- il doit permettre d'adapter les débits à transiter aux besoins réels des usagers ;
- sa conception doit permettre une analyse de situation et une décision rapides ;
- des consignes d'exploitation sont prises pour tous les points particuliers du réseau, par exemple l'état de robinets susceptibles de mettre en communication deux secteurs distincts et les conditions dans lesquelles cet état peut être modifié.

L'exploitation a ensuite pour objectif de contrôler le bon fonctionnement du réseau, c'est-à-dire prendre les mesures permettant la connaissance en temps réel ou différé :
- de l'état des réseaux ;
- de l'importance des charges et leur évolution ;
- de la localisation, même approchée, du siège d'un incident ;
- des éléments extérieurs pouvant influer sur le fonctionnement des ouvrages.

Cette connaissance assurée, il faut adapter l'état du réseau aux exigences de la situation :
- concevoir les manœuvres d'exploitation nécessaires ;
- préparer des schémas de secours, tant en cas d'incidents qu'à l'occasion de manœuvres délibérées ;
- exécuter des manœuvres et des réglages ;
- adapter les débits aux charges.

Enfin, il faut rétablir le bon fonctionnement du réseau et donc remettre l'ouvrage, de façon provisoire ou définitive, en état d'assurer sa fonction.

Pour assumer l'ensemble des activités définies précédemment, le responsable de la conduite doit donc disposer d'un certain nombre de moyens de connaissance, de contrôle et de surveillance lui permettant l'analyse des situations et la décision. En effet, si la conduite des ouvrages est effectuée habituellement en régime normal, elle peut cependant être altérée par des phénomènes imprévisibles du fait :
- des défaillances propres aux ouvrages ;
- des défaillances imputables :
  • soit à l'utilisation du matériel, dans des conditions d'emploi normales ou imprévues,

- soit à des causes extérieures (conditions météorologiques, détériorations imputables aux tiers, etc.).

Cette connaissance du réseau comprend deux volets distincts :

- la « connaissance statique » ou connaissance physique des éléments qui constituent les ouvrages ;
- la « connaissance dynamique » ou connaissance de l'état dans lequel se trouvent ces éléments à un moment déterminé, état qui varie dans le temps.

10.6.3.1 La « connaissance statique »

Les éléments de la connaissance « statique » de base sont :

- la connaissance de la structure du réseau et de ses éléments ;
- les règles, les moyens et les techniques en usage et leurs textes d'application ;
- la cartographie ;
- les cartes d'incidents ;
- les schémas d'exploitation qui permettent de visualiser plus facilement la situation des ouvrages à un instant donné ;
- les fichiers ou dossiers d'ouvrages qui permettent de connaître leurs caractéristiques techniques, leur histoire, leur environnement et les statistiques correspondantes ;
- les consignes et instructions de service.

10.6.3.2 La connaissance « dynamique »

Elle résulte de toutes les informations recueillies, en temps réel ou en temps différé, suite aux divers actes et événements qui jalonnent la vie d'une exploitation, notamment tous les éléments qui, au moment où des décisions d'exploitation doivent être prises, ont modifié le schéma de fonctionnement habituel du réseau. Le regroupement instantané de ces informations sur le schéma d'exploitation permet au responsable de connaître l'état des installations dont il a la charge.

Ces informations sont :

- soit consécutives à des actions délibérées comme, par exemple :
  - les mesures et signalisations diverses qui peuvent être instantanées ou enregistrées et les visites d'ouvrages,
  - la recherche systématique des fuites,
  - les informations télétransmises ou télémesurées éventuelles quand de tels systèmes existent,
  - la participation régulière aux réunions de coordination entre les différents occupants du sous-sol,
  - la protection des ouvrages à l'occasion de travaux de tiers à proximité de ceux-ci ;
- soit consécutives à des actions imposées comme celles émanant d'appels téléphoniques de tiers, par exemple les mises hors service normal de certains tronçons du réseau.

Elles conditionnent les décisions du chef d'exploitation qui est la seule personne autorisée à donner l'accès aux ouvrages pour toutes les interventions comme les travaux sur réseau ou les manœuvres d'organes de sectionnement.

10.6.4 Les interventions d'urgence et appels pour dépannage ou odeur de gaz

10.6.4.1 Les procédures de gestion

Les appels de tiers pour odeur de gaz constituent l'une des principales raisons des appels pour intervention d'urgence. À l'origine se trouve, le plus souvent, un tiers demandeur dont la manifestation peut être :

- directe : en général par contact téléphonique ; c'est le moyen le plus couramment utilisé ;
- indirecte : l'appel transite par un des services extérieurs assurant une permanence à l'échelon de la commune ou de la ville tels que police-secours, sapeurs-pompiers, etc.

L'appel doit être traité selon une procédure dont le but est double :

- rassurer le client en lui indiquant les actions simples lui permettant de se protéger et de maîtriser, si possible, la cause de l'incident, notamment lorsqu'il a pour origine une défaillance de son installation intérieure. Pour faciliter l'identification par le client et la réponse à apporter à ce dernier type d'incident, les fournisseurs de gaz ont tout intérêt à remettre à leurs nouveaux clients une notice attirant leur attention sur les dangers liés à l'utilisation du gaz. En France, cette information est obligatoire réglementairement et doit être donnée par tous les fournisseurs de gaz lors de la délivrance du gaz à un nouveau client pour une installation neuve comme existante lors de tout changement de client ;
- recueillir toutes les informations susceptibles de rendre le plus efficace possible l'intervention de l'agent d'intervention d'urgence et notamment permettre, dès son appel, de faire la distinction que l'appelant ne fait pas toujours entre urgence (dégagement de gaz) et dépannage (manque de gaz par compteur bloqué). La *priori*té du traitement va nécessairement au dégagement de gaz.

Les renseignements à obtenir au cours du contact avec le client doivent figurer sur des documents spécialisés, qu'ils soient sous forme papier ou sur écran dédié au questionnement du client, de manière à obtenir de celui-ci toutes les informations nécessaires qu'il conviendra ensuite de transmettre aux agents de terrain. Cette transmission aux agents d'intervention d'urgence doit se faire par des moyens garantissant sa fiabilité, au moyen par exemple de messages collationnés ou de tout autre moyen de communication offrant la même sûreté.

A minima, l'opérateur de réseau doit enregistrer :

- l'identification de l'appel : identification de l'appelant/horodatage/localisation de l'incident/nature de l'incident ;
- l'identification des intervenants ;
- la chronologie des interventions de sécurité, notamment l'heure de transmission de l'ordre d'intervention, l'heure d'arrivée de l'intervenant de proximité et l'heure de mise hors de danger.

L'archivage de ces enregistrements par l'opérateur de réseau est très souhaitable pendant une durée minimale de 2 mois sur tout support à sa convenance, notamment pour permettre, le cas échéant, de répondre à toute enquête déclenchée à la suite d'un accident grave de personne.

10.6.4.2 Les accidents de personnes et incidents graves d'exploitation

On désigne par ces termes :

- soit des accidents de personnes ayant entraîné des blessures ou des décès par explosion ou intoxication oxycarbonée, pour lesquels l'information de l'administration est obligatoire ;
- soit des incidents graves d'exploitation impliquant un nombre important de clients et susceptibles de faire courir un risque aux clients concernés tels que l'alimentation en MPC d'un réseau à MPB.

Ces accidents ou incidents graves d'exploitation, qui doivent le plus souvent faire l'objet d'une information rapide des administrations concernées et qui risquent d'avoir une médiatisation importante dans les journaux télévisés ou la presse écrite, dépassent largement les compétences de l'organisation normale de l'intervention d'urgence placée sous la responsabilité du chef d'exploitation.

Ils font d'ailleurs le plus souvent l'objet d'interventions du niveau direction de l'opérateur de réseau, notamment pour les communications avec les pouvoirs publics et les médias. L'organisation correspondante va nécessiter la mise en place rapide d'une cellule de crise dirigée par un membre de l'équipe de direction qui mobilisera les moyens d'action relationnels, techniques, matériels, administratifs, humains, etc. de l'opérateur de réseau.

L'organisation nécessaire (type ORSEC) sera formalisée dans une procédure spécifique testée lors d'exercices périodiques pour évaluer la capacité de l'opérateur de réseau à y faire face et rechercher les améliorations éventuellement nécessaires

10.6.4.3 Les moyens de l'intervention d'urgence

L'opérateur de réseau doit pouvoir être joint 24 h/24 par un numéro de téléphone dédié, facile à trouver, connu des services de sécurité (pompiers, police…) rappelé périodiquement au client, notamment sur les factures, et donnant à l'appelant la garantie qu'il sera mis en communication dans les plus brefs délais avec une personne physique qui prendra en charge son appel.

Selon les cas, la réception des appels est faite par le centre d'appels téléphoniques de l'opérateur de réseau. Elle peut aussi, et c'est le cas pour certains distributeurs non nationalisés, être assurée par un centre d'appels unique commun pour l'ensemble de leurs exploitations, ce qui facilite la possibilité d'avoir un personnel spécialisé dans un standard donnant automatiquement priorité à la réception des « appels gaz », rend plus aisé les contrôles d'efficacité par des appels mystère et permet aux opérateurs de réseau clients de négocier des conditions financières plus avantageuses.

Dans tous les cas, il est impératif que l'information déclenche, dans les délais les plus rapides, la mission de première intervention, en sachant qu'un certain nombre de difficultés comme les difficultés de circulation, peuvent conduire à retarder l'accomplissement de cette mission.

Au plan humain, l'intervention d'urgence est assurée par des personnels formés à cet effet, participant à un roulement d'astreinte et ayant reçu une habilitation spéciale pour cette activité. Le maintien dans le temps de leurs compétences se vérifie périodiquement notamment lors des renouvellements des habilitations.

Ces personnels disposent de moyens de communication tels que téléphone portable antidéflagrant et d'un ou plusieurs véhicules, selon la taille de l'exploitation, équipés d'un outillage permettant de réaliser la plupart des mises hors de danger. On peut citer pour cet outillage :

- clé multiprises, pince, tournevis, anti-étincelant ou à étincelage réduit ;
- clé de manœuvre des robinets de branchement et de réseau ;
- lampe à sécurité intrinsèque avec pile ou accu rechargeable ;
- bande d'étanchéité pour arrêter ou réduire provisoirement la fuite ;
- joints divers ;
- marteau, burin, truelle, levier ;
- extincteur à poudre de 9 litres ;
- détecteur portatif adapté au gaz naturel ;
- manomètre pour vérification de pressions de réseau ;
- produit moussant ;
- écrase tube de branchement PE ;
- plomb à sceller ;
- compteurs 4 et 6 m^3/h et détendeur domestique correspondant.

10.6.4.4 La mise hors de danger

La mise hors de danger la plus rapide possible des personnes et des biens – dans cet ordre de priorité – constitue la composante principale de la mission en cas d'odeur de gaz signalée par un tiers. La plupart des incidents sont peu graves, et même parfois ne sont pas liés au gaz distribué, mais tous appellent une action immédiate de la part de l'opérateur de réseau pour assurer la mise hors de danger éventuellement nécessaire.

Celle-ci comprend alors tous les actes à accomplir, dans les meilleurs délais, lors des interventions qui suivent un appel. Son but exclusif est d'assurer la sécurité des personnes et des biens, si celle-ci peut être mise en cause, et de circonscrire l'incident.

Dans l'enchaînement des actes qui aboutissent à la mise hors de danger, la première intervention à la suite de l'appel de tiers joue donc un rôle privilégié. Cette mission de « première intervention » doit permettre dans les délais les plus rapides, une fois l'appel de tiers reçu et traité :

- soit de supprimer provisoirement ou définitivement la cause de l'incident et d'assurer la mise hors de danger, sans faire appel à des moyens complémentaires ;

– soit, s'il apparaît qu'il ne peut en être ainsi, par exemple si l'incident est important et que la suppression de la cause est hors de portée, de rendre compte et de faire appel à d'autres moyens en personnel et matériel, tout en prenant les mesures conservatoires de sécurité paraissant nécessaires. C'est dans cette catégorie que l'on peut classer tous les incidents qui se traduisent par la détérioration, voire l'arrachage de conduites à l'occasion de travaux de tiers.

La première intervention a donc pour caractéristiques la légèreté et la rapidité. Elle consiste, dans le cadre d'instructions avec l'aide éventuelle de l'analyse des renseignements apportés au niveau de la réception de l'information :

– à se rendre dans les délais les plus brefs sur les lieux de l'incident signalé ;
– à recueillir les informations complémentaires susceptibles d'orienter les recherches ou de les faciliter ;
– à reconnaître la zone intéressée ;
– à prendre les premières mesures de sécurité, par exemple l'évacuation des personnes pour créer une zone de sécurité ;
– à supprimer, si possible, les causes de l'incident, soit par réparation provisoire ou définitive de la fuite dans les cas simples, soit par isolement de l'installation défectueuse par fermeture du robinet amont ou écrasement du tube ;
– à éliminer ensuite les risques susceptibles de subsister ;
– et à rendre compte.

En cas d'impossibilité de supprimer la cause ou d'éliminer le risque, l'agent d'intervention d'urgence doit :

– informer l'échelon supérieur après avoir recueilli le maximum d'informations nécessaires en vue des dispositions complémentaires à prendre et maintenir la liaison avec ce dernier ;
– demeurer sur place dans l'attente de l'arrivée du renfort, en veillant au respect par les tiers des mesures de sécurité ;
– se mettre à la disposition des autorités ou des services publics de secours (pompiers) qui interviennent sur les lieux.

Cette mission qui est une des plus importantes que l'exploitant ait à remplir, implique une organisation et des dispositifs adaptés, ainsi qu'une action spécifique permanente d'informations, de formation et de perfectionnement du personnel concerné. Cette action doit conduire à spécialiser par une habilitation spéciale les personnels chargés de ces interventions et à vérifier périodiquement la permanence de leur compétence dans le cadre du plan de contrôle.

Des modules de formation faisant appel à l'enseignement assisté par ordinateur (EAO) ont été réalisés et répondent parfaitement à ces objectifs.

Le document de consignes générales de sécurité pour les travaux gaz qui est remis à tous les agents de la fonction technique gaz doit définir les grands principes qui sous-tendent, notamment, l'exécution des interventions d'urgence comme par exemple : « Réfléchir avant d'agir ».

10.7 SURVEILLANCE, ENTRETIEN ET MAINTENANCE DES OUVRAGES

10.7.1 Définition de la fonction

La fonction « entretien-maintenance » regroupe toutes les opérations :
- imposées ou programmées ;
- ponctuelles ou systématiques ;
- préventives ou curatives ;
- qui concourent à maintenir et même, dans certains cas, à améliorer les caractéristiques technologiques d'origine, ainsi que la fiabilité, la sécurité et la qualité de service de l'ouvrage en exploitation.

Les opérations de la fonction « entretien-maintenance » :
- découlent du respect :
  - de textes législatifs ou réglementaires,
  - de la politique d'entretien-maintenance établie par l'exploitant en matière de périodicité d'intervention ou de règles édictées par les constructeurs ou fournisseurs de matériels ;
- ou résultent :
  - d'un acte d'exploitation qui a mis en évidence la défaillance ou la dégradation de tout ou partie d'un ouvrage,
  - d'information ou d'appel de tiers faisant apparaître une dégradation locale de la qualité de service ou un risque au plan de la sécurité,
  - de l'analyse du retour d'expérience tiré des indicateurs de l'exploitation en matière de fiabilité de matériels…

10.7.2 Les différentes opérations de la fonction « entretien - maintenance »

La définition de la fonction « entretien-maintenance » conduit à préciser ce que couvrent les vocables « imposées » ou « programmées », « ponctuelles » ou « systématiques » qui caractérisent les opérations de cette fonction.

Les opérations imposées sont des opérations qui présentent un caractère impératif d'intervention immédiate, par exemple :
- réparation d'un ouvrage après mise en sécurité suite à une fuite signalée par tiers ;
- réparation d'un détendeur dont la défaillance se traduit par une chute de pression dans un secteur donné.

Les opérations programmées sont des opérations qui découlent d'une étude technico-économique, d'une analyse de dossier d'ouvrage ou de retour d'expérience, de règles définissant une périodicité d'intervention, etc. mais dont l'exécution peut être différée ou étalée dans le temps, par exemple :
- réparation d'une conduite fuyarde ne présentant pas de danger immédiat ;
- entretien d'un poste de détente.

Les opérations ponctuelles sont des opérations localisées sur un ouvrage déterminé, par exemple :

- réparation d'un branchement ;
- remplacement d'un organe de sectionnement non manœuvrable.

Les opérations systématiques sont des opérations ayant un caractère répétitif ou continu sur un type d'ouvrage, par exemple :

- recherche systématique de fuite sur réseau ;
- vérification périodique des conduites montantes ;
- remplacement de compteur de type et âge donnés…

Cet ensemble d'opérations destinées à conserver au réseau de distribution de gaz naturel un état de fonctionnement normal garantissant la sécurité des personnes et des biens et sa qualité de service constitue la politique de maintenance que l'opérateur de réseau entend mettre en œuvre. Cette politique, obligatoirement formalisée et accompagnée des procédures correspondant aux différents actes d'entretien et de maintenance, précise également les contrôles internes destinés à s'assurer de sa mise en œuvre effective.

10.7.3 Les vérifications périodiques

Les vérifications périodiques sont déclenchées dans le cadre de la politique de maintenance par typologie d'ouvrage (organes de coupure du réseau, postes de détente de réseau, fonctionnement de la protection anticorrosion des ouvrages en acier…) et donnent lieu à traçabilité des résultats pour pouvoir, par retour d'expérience, optimiser la politique de maintenance en fonction des constats qui peuvent en être tirés. C'est par exemple le cas de la recherche systématique de fuite sur réseau ou la vérification périodique des organes de coupure du réseau.

10.7.3.1 La recherche systématique de fuite

Cette opération programmée consiste à rechercher de manière systématique les fuites de gaz et à les traiter sur tout ou partie du réseau avec des matériels et des méthodes prédéfinis. Elle s'effectue au moyen du VSR ou « *Véhicule de Surveillance Réseau* ». Le VSR a pour fonction de détecter d'éventuelles fuites de gaz en aspirant l'air ambiant au niveau de la chaussée, à l'aide de capteurs appelés « *barbiches* » situés sous la voiture. Il réalise pour cela de fréquentes « *tournées* » en suivant le tracé des canalisations selon des itinéraires prédéfinis. L'équipement intérieur du véhicule permet de repérer la localisation de la fuite en cartographie et son intensité. Là où le véhicule n'a pas accès, la recherche systématique de fuite doit se faire à pied.

Cette activité correspond à une préoccupation essentielle du responsable d'exploitation. Elle lui permet de connaître l'évolution de la qualité du réseau, de maintenir ou améliorer son étanchéité et de prévenir les appels de tiers pour odeur de gaz ainsi que faire des choix entre renouvellement ponctuel ou systématique.

La recherche systématique de fuites (R.S.F.) comporte les phases suivantes :

- la surveillance : détermination des zones fuyardes ;
- la détection et la localisation des fuites : recherche précise de leur position et de leur importance ;
- l'interprétation des résultats : analyse des résultats et prise de décision sur la suite à donner : réparation locale ou renouvellement de la conduite.

L'opérateur de réseau établit un programme de surveillance des ouvrages de réseau, construit sur la base de fréquences qui tiennent compte, quand cela est applicable, des facteurs suivants :

- les caractéristiques (pression et nature du matériau) et l'âge de la partie correspondante du réseau ;
- la présence de travaux effectués par des tiers ;
- la densité de population ;
- l'historique des fuites du réseau ;
- la nature du sol et les influences climatiques (probabilité d'inondations…) ;
- la localisation des endroits exposés, écoles, hôpitaux, établissements recevant du public…

Une procédure de classification des fuites détectées, lors de cette surveillance, doit être suivie afin de déterminer l'urgence et le mode de traitement adapté. Cette procédure de classification tient compte, entre autres, des facteurs suivants :

- la pression de service ;
- les caractéristiques physiques de la fuite ;
- la situation géographique du point de fuite localisé (proximité des bâtiments) ;
- la nature de l'environnement (notamment type et destination des bâtiments).

10.7.3.2 Cas des organes de sectionnement du réseau

Les organes de sectionnement concernés sont ceux déterminés par l'opérateur de réseau lors de la conception de la structure du réseau.

Il s'agit de s'assurer que les organes de sectionnement permettront d'interrompre l'alimentation des parties de réseau affectées par un incident ou un accident, en vérifiant selon des consignes préétablies :

- l'efficience du dispositif prévu permettant de localiser et d'identifier les organes de sectionnement ;
- l'accessibilité de l'organe de sectionnement (sous trottoir et chaussée, possibilité de stationnement sur la bouche à clé ou la chambre à vanne) ;
- sa manœuvrabilité.

L'opérateur de réseau planifie la visite périodique systématique des organes de sectionnement en tenant compte notamment de l'environnement du matériel en place.

Le maintien à jour du dossier d'ouvrage, notamment du « carnet de vannes » et de la cartographie des ouvrages est évidemment d'une importance primordiale pour garantir l'efficacité des opérations d'entretien périodique et systématique. Ainsi, si des anomalies sont constatées à ces occasions, elles devront également entraîner les corrections nécessaires de ces documents.

10.8 CONCLUSION

Les technologies de la distribution n'évoluent que très progressivement et les infrastructures actuelles sont l'aboutissement d'une longue évolution, qui remonte à la distribution de gaz manufacturé.

La sécurité constitue le principal critère à respecter et toute l'organisation de ce secteur d'activité est conçue de manière à pouvoir disposer d'une sécurité maximale sur l'ensemble des réseaux de distribution.

BIBLIOGRAPHIE

CFBP, *Mémento relatif aux activités de conception, de construction, d'exploitation et de maintenance des réseaux de distribution publique de gaz combustible, notamment Propane* du Comité français Butane Propane (CFBP)

AFG, *Manuel pour le transport et la distribution du gaz* de l'Association française du gaz

Tome VI : Matériaux utilisés pour les canalisations de transport et de distribution

Tome X : Conception et construction des réseaux de distribution

Tome XVI : Gestion des réseaux de gaz

Tome XVIII : Exploitation et entretien des réseaux de distribution

AFG (1990) *Aide-mémoire de l'industrie du gaz*, quatrième édition

Arrêté du 13 juillet 2000 portant réglement de sécurité de la distribution de gaz combustible par canalisation.

Cahiers des charges d'application de l'arrêté du 13 juillet 2000

RSDG 1 : Règles techniques et essais des canalisations de distribution de gaz

RSDG 2 : Capacité technique et compétence des opérateurs de réseau de distribution de gaz combustibles

RSDG 3-1 : Soudage des canalisations et branchements en acier

RSDG 3-2 : Soudage des canalisations et branchements en polyéthylène (PE)

RSDG 3-3 : Canalisations et branchements en cuivre

RSDG 4 : Voisinage des réseaux de distribution de gaz avec les autres ouvrages

RSDG 5 : Canalisations à l'air libre ou dans les passages couverts ouverts sur l'extérieur

RSDG 6 : Organes de coupure et sectionnement des réseaux

RSDG 7 : Organes de protection de branchement

RSDG 8 : Cartographie des réseaux de distribution de gaz

RSDG 9 : Interventions de sécurité en cas d'incident ou d'accident mettant en cause la sécurité

RSDG 10 : Odeur du gaz distribué

RSDG 11 : Travaux en charge

RSDG 12 : Identification *in situ* des canalisations de distribution de gaz

RSDG 13-1 : Protection cathodique des canalisations en acier

RSDG 13-2 : Canalisations en acier non protégées cathodiquement

RSDG 14 : Surveillance et maintenance des réseaux de distribution de gaz combustibles

RSDG 15 : Mise hors exploitation et abandon des équipements de réseau

RSDG 16-1 : Réseaux de distribution de gaz de 2ᵉ catégorie

RSDG 16-2 : Réseaux de distribution de gaz de 3ᵉ catégorie

- **NF EN 12007-1/2012** : Infrastructures gazières - Canalisations pour pression maximale de service inférieure ou égale à 16 bar - Partie 1 : Exigences fonctionnelles générales

- **NF EN 12007-2** : Infrastructures gazières - Canalisations pour pression maximale de service inférieure ou égale à 16 bar - Partie 2 : Exigences fonctionnelles spécifiques pour le polyéthylène (pression maximale de service inférieure ou égale à 10 bar) ;

- **NF EN 12007-3** : Infrastructures gazières - Canalisations pour pression maximale de service inférieure ou égale à 16 bar - Partie 3 : Exigences fonctionnelles spécifiques pour acier ;

NF EN 12327 : Infrastructures gazières – Essais de pression, modes opératoires de mise en service et de mise hors service des réseaux d'alimentation en gaz – Prescriptions fonctionnelles.

NF EN 1594 : Infrastructures gazières - Canalisations pour pression maximale de service supérieure à 16 bar - Prescriptions fonctionnelles.

Arrêté du 2 août 1977 relatif aux règles techniques de sécurité applicables aux installations de gaz combustible et d'hydrocarbures liquéfiés situées à l'intérieur des bâtiments d'habitation ou de leurs dépendances.

NF P 45-204-2 : Installations de gaz dans les locaux d'habitation – Partie 2 : Cahier des clauses techniques – Dispositions générales.

11 | Les marchés du gaz naturel

11.1 INTRODUCTION

Le gaz naturel fait l'objet d'une progression soutenue de la demande et joue un rôle croissant dans le bilan énergétique mondial, sur la base de ses atouts reconnus :

- c'est une énergie propre, conduisant à des émissions en CO_2 réduites par rapport à l'ensemble des autres énergies fossiles ;
- les réserves prouvées sont importantes : elles sont équivalentes à plus de 60 ans de consommation au rythme actuel ; au-delà, les ressources sont considérables ;
- le gaz naturel se prête à de multiples utilisations souples et performantes. Par exemple, le rendement des centrales à cycle combiné gaz dépasse maintenant les 60 % ;
- c'est une énergie flexible et stockable qui permet d'assurer la transition énergétique vers les énergies non carbonées. Le gaz naturel permet le développement des énergies renouvelables intermittentes (éolien, solaire) en garantissant la sécurité et la continuité de l'approvisionnement électrique. Il permet également le développement des gaz verts (biométhane, gaz de synthèse), injectés dans le réseau gazier.

11.2 L'IMPORTANCE DU GAZ DANS L'APPROVISIONNEMENT ÉNERGÉTIQUE MONDIAL

11.2.1 Une part croissante dans le mix énergétique

Le gaz naturel joue un rôle majeur dans l'approvisionnement énergétique mondial, rôle qu'il devrait continuer à jouer dans le bouquet énergétique de demain. Avec une consommation actuelle de 2,9 Gtep, il occupe la troisième place dans le mix énergétique, derrière le pétrole (33 %) et le charbon (30 %), comme on le voit sur la figure 11.1, qui présente l'évolution du mix énergétique depuis 1970. Au cours des quatre dernières décennies, sa consommation a plus que triplé et sa part est passée de 18 % du bilan énergétique mondial en 1971 à 21 % en 1990 et 24 % en 2011, grâce à sa diffusion étendue à tous les continents et au développement de ses usages dans tous les secteurs énergétiques.

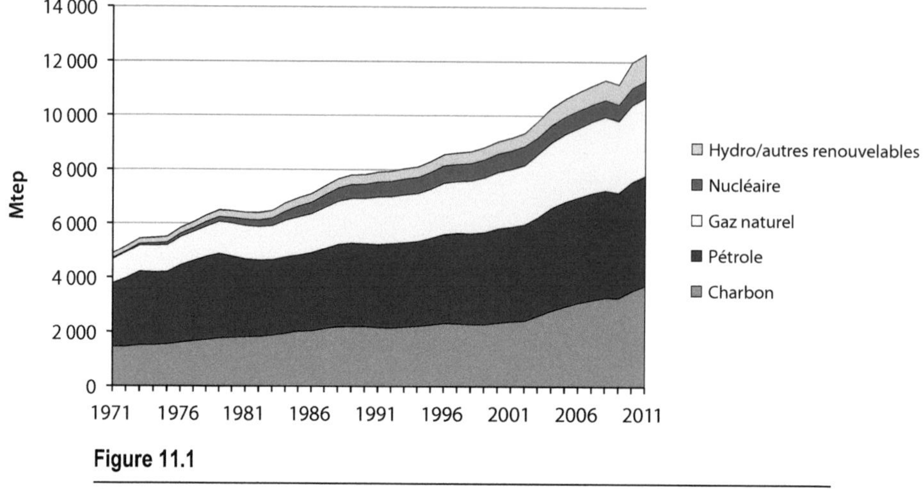

Figure 11.1

Consommation d'énergie primaire commerciale 1971-2011.
Source : BP

Alors que dans les années 70, le gaz naturel est introduit dans les secteurs résidentiel et industriel pour remplacer le pétrole, c'est son usage dans la production d'électricité qui va marquer son véritable décollage. En effet, au début des années 80, les premières centrales à cycle combiné sont construites en Asie avant de se répandre dans le monde entier. Leurs avantages sur le plan de l'économie ainsi que celui de l'environnement font du gaz le combustible préféré pour la production d'électricité. Dans les années 2000 toutefois, cette expansion a été limitée par l'essor du charbon, principalement dans les économies asiatiques émergentes, Chine et Inde. À partir des années 1990, mais surtout au cours de la dernière décennie, un nouvel usage se développe : l'utilisation du gaz dans les transports.

11.2.2 Les utilisations du gaz naturel

11.2.2.1 Les principaux débouchés du gaz naturel

Le gaz naturel joue un rôle de plus en plus important dans de nombreux secteurs économiques. Son usage s'est élargi à pratiquement tous les secteurs énergétiques, y compris les transports routiers, jusque-là réservés au pétrole. En 2010, le secteur électrique représente 40 % de la consommation mondiale de gaz, le secteur industriel 19 %, le secteur résidentiel/ tertiaire 22 %, les transports 3 %, le secteur énergie 11 % et les autres usages (utilisation du gaz comme matière première principalement) 4 % (Figure 11.2).

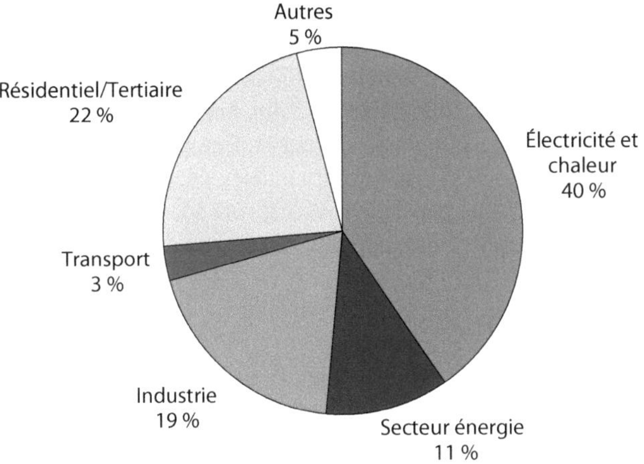

Figure 11.2

Les principaux débouchés du gaz naturel en 2010, Monde.
Source : AIE, 2012a

Le gaz naturel n'a pas d'usage captif. Dans tous ces secteurs, il est en concurrence avec d'autres sources d'énergie : électricité et fuel domestique dans le résidentiel, charbon, énergies renouvelables, nucléaire pour la production d'électricité, fuel et électricité dans l'industrie et pétrole dans les transports. Ses performances environnementales et les innovations technologiques rendent son utilisation plus appropriée que celle de ses concurrents dans de nombreux secteurs. Son prix doit toutefois impérativement rester compétitif par rapport aux énergies concurrentes, au risque de déprimer sa demande.

Dans l'ensemble de ses usages, le gaz naturel a un avantage par rapport aux autres énergies combustibles puisqu'il émet moins de CO_2 lors de sa combustion que ses concurrents. Là où le gaz naturel rejette 55 kg de CO_2 par GJ de chaleur produite, le pétrole brut en rejette 75 et le charbon 100.

11.2.2.2 Le marché résidentiel/tertiaire

Le gaz naturel est traditionnellement utilisé comme combustible pour la production d'eau chaude sanitaire, la production d'eau chaude pour le chauffage de la maison et des bâtiments et la production de chaleur pour la cuisson. Il est aussi utilisé pour la climatisation (air conditionné et réfrigération). Le secteur résidentiel/tertiaire représente 37 % de la consommation européenne de gaz naturel et 22 % de la consommation mondiale. L'usage du gaz naturel dans ce secteur est favorisé par le fait qu'il ne nécessite pas de stockage au niveau de l'utilisateur. Par ailleurs, le développement d'équipements très performants rend son utilisation très efficace en terme environnemental : les chaudières à condensation gaz permettent des rendements très élevés (90 %). De même, dans le secteur tertiaire, l'utilisation du gaz en cogénération se développe. Ces centrales, qui permettent de produire simultanément de l'électricité et de la chaleur (CHP - *Combined Heat and Power*), offrent des rendements qui atteignent globalement

85 % grâce à la récupération de la chaleur résiduelle autrement perdue. Le haut rendement des nouveaux équipements limite l'augmentation de la consommation de gaz dans le secteur en Europe et aux États-Unis. À l'avenir, l'amélioration de l'efficacité énergétique des bâtiments et le développement des énergies renouvelables (solaire, biomasse, géothermie) pourraient même faire diminuer la consommation de gaz du secteur en Europe. De nouvelles applications innovantes sont développées pour renverser cette tendance (pompes à chaleur gaz, micro CHP, trigénération, piles à combustible, etc.). Elles permettront à la fois le chauffage (ou la climatisation) et la production d'électricité des bâtiments peu émetteurs de CO_2 du futur.

11.2.2.3 Le secteur industriel

Le gaz naturel trouve de nombreux usages dans l'industrie. Il entre dans la fabrication de la pâte à papier, du papier, de certains métaux, produits chimiques, produits pharmaceutiques, plastiques, pierres, argile, verre et dans la transformation de certaines denrées. Il peut également être employé pour le recyclage des déchets, l'incinération, le séchage, la déshumidification, le chauffage, la climatisation et la cogénération. Son utilisation en cogénération en particulier est en plein développement dans le secteur industriel (et des services) européen, en particulier au Danemark, en Finlande et aux Pays-Bas.

L'usage du gaz naturel dans le secteur industriel offre de nombreux atouts : il est facile à mettre en œuvre, ne nécessite pas de stockage, présente des coûts d'installation et de maintenance inférieurs aux autres combustibles fossiles, émet moins de CO_2, permet un contrôle précis des procédés et offre de hauts rendements énergétiques. Dans certaines applications, comme le verre, qui nécessitent une fourniture continue d'énergie, le gaz est privilégié puisqu'il n'est pas sujet à des micro-coupures d'approvisionnement comme c'est le cas avec l'électricité.

L'industrie chimique et le raffinage sont également des consommateurs importants de gaz naturel. Le gaz naturel sert en effet de matière première à la fabrication d'hydrogène, de méthanol et d'ammoniac, trois produits de base, qui sont ensuite réutilisés dans divers secteurs industriels : le raffinage du pétrole, les solvants, les engrais, les plastiques et les résines.

L'industrie représente 22 % de la consommation européenne de gaz naturel. Dans les pays émergents, la part du gaz utilisé dans l'industrie – aujourd'hui très inférieure à celle qu'elle occupe dans les pays industrialisés – devrait sensiblement augmenter. Ainsi en Asie, la production d'engrais devrait nécessiter des volumes croissants de gaz naturel, à la fois comme combustible et comme matière première pour la fabrication d'urée et d'ammoniac. Au niveau mondial, la part du gaz utilisée comme matière première est très faible (4 %) par rapport à son utilisation industrielle (19 %).

11.2.2.4 La production d'électricité

Depuis plus d'une vingtaine d'années, le secteur électrique est devenu le moteur principal de l'augmentation de l'utilisation du gaz naturel dans le monde. En 1990, le secteur électrique absorbait 35 % du gaz commercialisé, cette part est actuellement de 40 %. Le gaz aujourd'hui représente 21 % de la production mondiale d'électricité, contre 15 % en 1990. Il se situe en deuxième position, derrière le charbon, 41 % (Tableau 11.1).

Tableau 11.1. Production d'électricité en 2009, Monde et régions/pays sélectionnés

	Monde	OCDE	États-Unis	Union Européenne	Non-OCDE	Russie	Chine	Inde	Moyen-Orient	Afrique	Amérique Latine
Production totale (TWh)	20 043	10 394	4 165	3 170	9 649	990	3 735	899	743	630	1 009
Charbon (%)	41	35	45	27	47	17	79	69	0	40	2
Pétrole (%)	5	3	1	3	7	2	0	3	40	13	13
Gaz naturel (%)	21	23	23	23	20	47	2	12	58	29	13
Nucléaire (%)	13	22	20	28	5	17	2	2	0	2	2
Hydroélectricité (%)	16	13	7	10	20	18	16	12	2	16	66
Autres énergies renouvelables (%)	3	4	4	8	2	0	1	2	0	0	3

Source : AIE, 2011a

Les centrales au gaz offrent en effet de nombreux avantages économiques et environnementaux. Le coût d'investissement par Mégawatt installé pour la production d'électricité est relativement faible pour les centrales au gaz, par rapport aux centrales au charbon, nucléaires, ou aux énergies renouvelables. Par ailleurs, les centrales au gaz sont plus respectueuses de l'environnement que les centrales au charbon, en raison d'émissions de CO_2 par kWh produit deux à trois fois plus faibles, en raison des propriétés du gaz naturel ainsi que de rendements plus élevés. Les centrales au gaz émettent également moins de particules nocives que les centrales au charbon : la combustion du gaz naturel ne produit pas de poussières, très peu d'oxydes d'azote, et très peu d'oxydes de soufre. Les centrales au gaz n'ont ainsi pas besoin des dispositifs de dépollution propres aux centrales au charbon, ce qui améliore leur compétitivité relative. Elles offrent également des temps de construction plus courts que les autres centrales (2 ans pour le gaz, contre 4 ans pour le charbon et sept ans au minimum pour les centrales nucléaires). Enfin, elles sont bien adaptées au couplage avec les énergies renouvelables (éolien, solaire) grâce à leur grande flexibilité : elles sont en effet capables d'ajuster rapidement leur production à la demande afin de compenser les variations de production des énergies intermittentes.

Si les centrales au gaz sont aussi propres, c'est aussi parce que des innovations technologiques sont venues améliorer les rendements énergétiques, et diminuer la consommation de gaz naturel par kWh d'électricité produit et donc les émissions globales dans l'atmosphère. La technologie du cycle combiné gaz permet d'attendre des rendements de 60 %, contre 40 % pour les centrales au gaz à cycle simple, et 43-45 % pour les toutes dernières centrales au charbon.

En revanche, le prix du gaz représente une grande partie des coûts supportés par les centrales au gaz, ce qui rend la rentabilité de la centrale très sensible à l'évolution du prix du combustible. La hausse des prix du gaz n'est pas sans impact sur la demande : le choix de certains opérateurs s'effectue au profit de nouvelles centrales au charbon. C'est particulièrement le cas dans les économies émergentes asiatiques où le charbon, pour des raisons économiques et d'indépendance énergétique, reste le combustible dominant dans la production d'électricité (Tableau 11.1)

Encadré 11.1 L'apport de la technologie du cycle combiné

Le développement des centrales à gaz à cycle combiné (CCGT, Combined Cycle Gas Turbines) – qui permettent d'améliorer l'efficacité énergétique d'une centrale – contribue fortement à l'augmentation de l'utilisation du gaz dans le secteur électrique. Le rendement des CCGT atteint maintenant 60 %. Les recherches actuelles visent à atteindre 62-65 %.

Une centrale à cycle combiné associe deux turbines, une turbine à gaz (TAG) et une turbine à vapeur (TAV), chacune équipée de son propre alternateur. On utilise les gaz issus de la combustion pour actionner la première turbine et les gaz chauds en sortie produisent de la vapeur qui actionne la seconde turbine, qui produit elle aussi de l'électricité. La production d'électricité est ainsi supérieure pour une même quantité de gaz consommé.

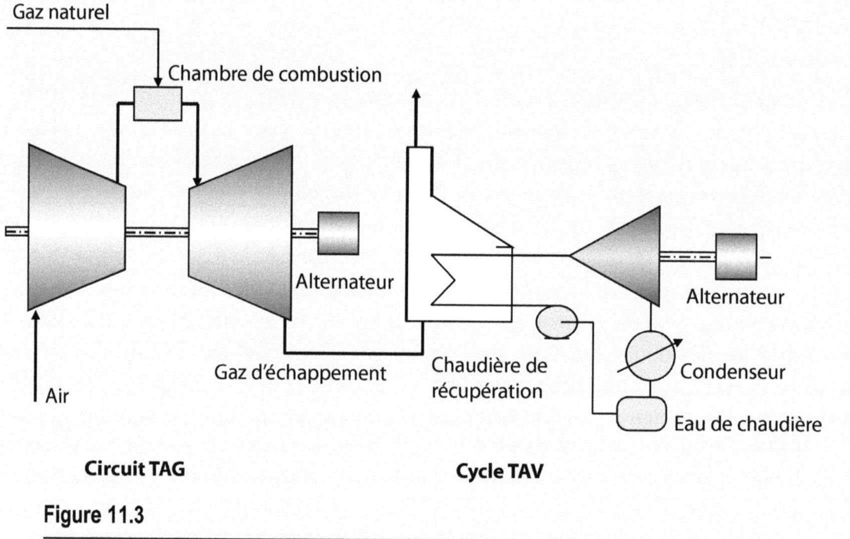

Figure 11.3

Le principe des centrales à gaz à cycle combiné.

Après avoir atteint la barre des 60 % net de rendement, les constructeurs continuent à améliorer la conception et le contrôle des turbines afin d'accroître encore l'efficacité thermique des turbines. Ils visent maintenant des rendements de 62 à 65 %, ce qui nécessite des températures très élevées (1 700 °C) et donc des choix de matériaux adaptés.

Parallèlement, les nouvelles centrales proposées sur le marché sont de plus en plus souples, afin de mieux intégrer les énergies renouvelables. Les centrales de type CCGT sont normalement utilisées pour la production de base ou de semi-base. La dernière génération de ces centrales CCGT offre une souplesse d'utilisation très large sous des charges variables élargissant ainsi leur domaine d'application de la base à la pointe. Elles permettent d'équilibrer les fluctuations de la charge du réseau électrique dues à la part croissante de l'électricité produite à partir de sources d'énergie renouvelables intermittentes (éolien, solaire), tout en conservant leurs rendements élevés, même à charge partielle. La vitesse de montée en puissance est également très rapide, pouvant aller jusqu'à 35 MW/min. Elles permettent ainsi le développement des énergies renouvelables intermittentes en garantissant la sécurité et la continuité de l'approvisionnement électrique.

11.2.2.5 Le gaz naturel dans les transports

Aujourd'hui, l'utilisation du gaz naturel dans les transports est limitée à son utilisation GNV (gaz naturel véhicule). Le gaz naturel sert ainsi de combustible à 15 millions de véhicules dans le monde, principalement à des véhicules publics (transports en commun, camions-bennes...), en particulier en Iran, au Pakistan, en Argentine, au Brésil, en Inde et en Chine. L'utilisation du gaz naturel dans les transports présente l'avantage de ne pas nécessiter de modification importante du moteur, et de réduire significativement les émissions de CO_2, notamment grâce à un bon rendement énergétique. Néanmoins, son utilisation se heurte actuellement aux difficultés d'approvisionnement et de stockage. De nombreuses initiatives sont mises en place afin de lever ces obstacles et permettre la diversification énergétique dans les transports. La section 11.4 de ce chapitre discute le développement futur du gaz naturel dans les transports, nouveau relais de croissance de la consommation gazière dans le monde.

11.2.3 Les grands marchés régionaux

Le gaz naturel est devenu une industrie globale, ce qui tranche singulièrement avec l'époque (jusqu'aux années 1950, bien plus tard dans certains pays), où il était avant tout perçu comme un coproduit encombrant et dangereux des puits de pétrole. L'expansion de la demande de gaz naturel au cours des quarante dernières décennies a touché l'ensemble des régions du monde (Figure 11.4). La demande mondiale de gaz n'a connu qu'une année de décroissance, en 2009, où elle a diminué de près de 80 Gm^3, suite à la baisse de la demande des électriciens et des industriels confrontés à la crise économique et financière.

En 2011, la demande mondiale atteint 3 299 Gm^3. Face à la forte croissance de la demande des pays non-OCDE, les pays industrialisés ne représentent plus que 48 % du total mondial en 2011, alors qu'ils consommaient 75 % du total mondial en 1970 et encore 55 % en 2000. L'essentiel de la croissance de la demande mondiale observée depuis 2000 (près de 850 Gm^3) provient de l'Asie/Océanie (principalement Chine) et du Moyen-Orient, et depuis 2007 de la reprise de la demande de gaz aux États-Unis.

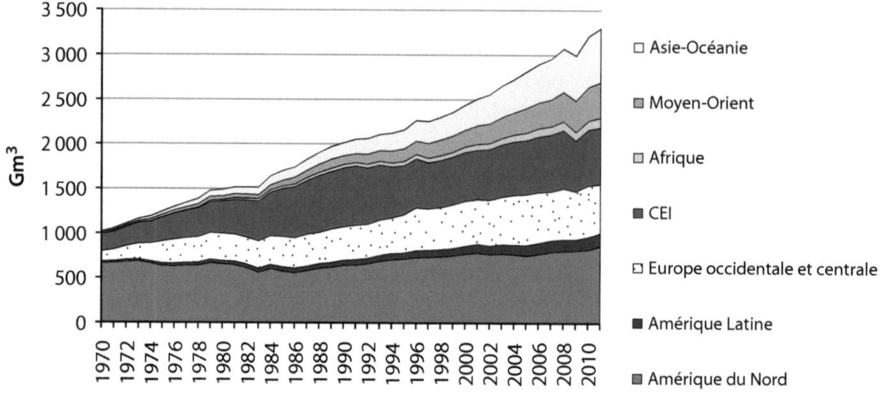

Figure 11.4

Consommation de gaz naturel par grande région, 1970-2011.
Source : CEDIGAZ

L'Amérique du Nord domine toujours le marché gazier avec une consommation de 861 Gm^3 en 2011, représentant 26 % du total mondial. Alors que la consommation des États-Unis déclinait depuis 2000, la révolution des gaz de schiste et la chute des prix du gaz ont conduit à une reprise rigoureuse de la demande dans les secteurs électriques et industriels, où le gaz bénéficie d'un avantage compétitif par rapport aux énergies concurrentes, pétrole et charbon. Le gaz naturel gagne ainsi des parts sur le charbon dans la production d'électricité : en 2011, il a assuré 25 % de cette production contre 42 % pour le charbon. En 2007, le charbon assurait encore 49 % de la production électrique et le gaz 22 %. Le secteur industriel connaît aussi un rebond grâce aux prix bas du gaz naturel. Dans la pétrochimie, cette nouvelle compétitivité entraîne de nombreux opérateurs à rouvrir ou élargir leurs unités pétrochimiques, engrais et craquage d'éthane en particulier. Le Canada connaît la même tendance avec une hausse de sa consommation de près de 10 Gm^3 en 2011, également boostée par les prix bas du gaz naturel dans le pays. La consommation du Mexique poursuit également sa progression : depuis 2000, elle s'est accrue de près de 70 %.

La CEI est la deuxième grande région de consommation du gaz. Avec plus de 630 Gm^3 consommés en 2011, elle représente 19 % de la consommation mondiale. La consommation de la zone avait atteint un pic en 1991 (660 Gm^3). Suite à la réorganisation de l'ex-URSS et la fermeture des industries lourdes les plus énergivores, la consommation de gaz a connu une chute brutale dans les années 90 et n'atteignait plus que 500 Gm^3 à la fin des années 90. Depuis, elle a repris une tendance haussière, en lien avec la croissance économique de la région. Toutefois, cette hausse a été freinée en 2009, lorsque la demande, russe en particulier, a fortement chuté. La Russie domine la consommation de la zone (425 Gm^3 en 2011), en hausse de 2,5 % par rapport à 2010, retrouvant ainsi son niveau d'avant la crise. Les deux autres consommateurs importants de la zone, l'Ukraine (54 Gm^3) et l'Ouzbékistan (49 Gm^3) montrent des tendances divergentes. En Ukraine, la consommation de gaz, grevée par des prix d'importation du gaz russe élevés, est en déclin marqué par rapport à son niveau de 1991 (125 Gm^3). L'Ouzbékistan, doté de ressources gazières importantes, développe au contraire sa consommation interne.

L'Asie et l'Océanie sont devenues le troisième consommateur mondial, devançant l'Europe en 2010. Avec 604 Gm³ consommés en 2011, la région représente 18 % de la consommation mondiale. La zone connaît une croissance fulgurante de ses besoins, liée à sa forte croissance économique et en particulier celle de la Chine. Cette dernière a consommé 131 Gm³ en 2011, une hausse de plus de 20 % par rapport à 2010 et un quintuplement par rapport à 2000. Elle est devenue le quatrième consommateur de gaz au monde. Le gouvernement poursuit en effet la diversification du mix énergétique toujours dominé par le charbon (70 % de la consommation d'énergie primaire). Le plan quinquennal 2011-2015 prévoit une hausse de la part du gaz de 4,4 % en 2010 à 8,6 % en 2015. La croissance de la demande chinoise au cours de la dernière décennie est principalement attribuable aux secteurs résidentiel/tertiaire et industriel. Le secteur électrique ne représente qu'un quart de la consommation chinoise de gaz et les capacités installées à fin 2010, 26 GW, ne représentent que 3 % des capacités électriques du pays. Le Japon, deuxième grand consommateur de la zone, a accru sa consommation de gaz de près de 12 % en 2011 à 105 Gm³. L'arrêt des centrales nucléaires après la catastrophe de Fukushima a conduit les électriciens nippons à se tourner vers le GNL pour remplacer les capacités nucléaires perdues. L'Inde, troisième grand consommateur de la zone, voit également sa consommation croître de façon spectaculaire, avec un doublement en moins de dix ans.

L'Europe occidentale et centrale, avec 550 Gm³ consommés en 2011 consomme 17 % du total mondial. Alors que la consommation connaissait un développement régulier (elle était passée de 310 Gm³ en 1980 à plus de 500 Gm³ en 2000), cette tendance a été brutalement freinée par la crise de 2009. La consommation européenne a chuté de 6 % cette année-là, suite à la baisse de la demande des électriciens et des industriels. La reprise observée en 2010, principalement due à un hiver rigoureux, n'aura pas duré. En 2011, des températures plus clémentes, couplées à la récession économique européenne et aux prix élevés du gaz réduisent de nouveau la consommation de la zone : – 4 % par rapport à 2010. La chute de la consommation a touché pratiquement tous les pays européens et particulièrement les grands consommateurs européens : – 15 % au Royaume-Uni, premier marché gazier européen, – 13 % en Allemagne, – 6 % en Italie, – 14 % en France, et – 13 % aux Pays-Bas. Elle a touché également tous les secteurs d'utilisation. La baisse est particulièrement marquée dans le secteur résidentiel/tertiaire, dont la demande est fortement dépendante des températures extérieures. Mais elle a été également très prononcée dans le secteur électrique, malgré la fermeture de réacteurs nucléaires, notamment en Allemagne, suite à la catastrophe de Fukushima. Les prix élevés du gaz en Europe, la plupart indexés au prix du pétrole, couplés à la chute des prix du CO_2, ont rendu le gaz moins compétitif que le charbon, son principal concurrent dans le secteur électrique. Cette perte de compétitivité et la crise économique et budgétaire européenne font craindre que la demande européenne de gaz reste déprimée au cours des prochaines années.

Le Moyen-Orient connaît une hausse fulgurante de sa consommation, qui a doublé au cours de la dernière décennie et atteint 396 Gm³ en 2011, représentant maintenant 12 % du total mondial. Les besoins industriels, pétrochimie en particulier, et en électricité continuent de tirer la consommation de gaz, qui assure près de la moitié des besoins en énergie primaire de la zone.

L'Amérique Latine a consommé 145 Gm³ en 2011 et représente 4 % du total mondial. La croissance est particulièrement marquée au Brésil (bien qu'en 2011, elle ait légèrement baissé) et en Argentine. Les deux pays représentent maintenant la moitié de la demande de la zone. Tout comme au Moyen-Orient, ce sont principalement les besoins industriels et en électricité qui tirent la demande.

L'Afrique, avec 110 Gm^3 consommés en 2011, ne représente que 3 % de la consommation mondiale. Il convient de noter que la consommation en 2011 reflète la baisse de la demande libyenne suite à la guerre civile dans le pays. En Égypte, premier pays consommateur de la zone, la consommation s'accroît rapidement : elle a plus que doublé au cours des dix dernières années, répondant aux besoins croissants de tous les secteurs, et en particulier ceux de la pétrochimie et de la production d'électricité. En Algérie, deuxième grand consommateur de la zone, la consommation s'accroît significativement, au détriment des exportations.

11.3 LA CONSOMMATION FUTURE : VERS UN NOUVEL AGE D'OR

11.3.1 La demande mondiale future

Le développement futur de la consommation gazière est conditionné par :

- l'accroissement de la demande d'énergie totale, liée à la croissance économique mondiale qui apparaît actuellement très incertaine, l'accroissement de la population mondiale (9 milliards d'habitants en 2040) et les gains d'efficacité énergétique attendus (ExxonMobil prévoit un accroissement de la demande d'énergie mondiale de 30 % d'ici 2040. Cette croissance serait quatre fois plus importante si des gains d'efficacité n'étaient pas réalisés) ;

- les politiques énergétiques et environnementales mises en place à l'avenir – en particulier dans les grands pays consommateurs, tels que la Chine – et l'évolution du prix de la tonne CO$_2$;

- la concurrence des autres sources d'énergie (charbon, nucléaire, renouvelables) et la compétitivité du gaz par rapport aux énergies concurrentes ;

- le potentiel des investissements consentis sur toute la chaîne et l'accessibilité au gaz compte tenu des risques politiques, techniques et financiers ;

- les développements technologiques sur toute la chaîne gazière ;

- une meilleure connaissance du potentiel des gaz non conventionnels et la mise en place des conditions requises à leur développement, susceptible de changer la donne gazière mondiale.

La plupart des scénarios s'accordent sur le rôle et la place croissants du gaz naturel dans le bilan énergétique mondial au cours des 25 prochaines années. On peut anticiper une croissance soutenue de l'ordre de 2 %/an pour les années à venir. L'AIE, dans le World Energy Outlook 2011 [AIE, 2011a], prévoit une demande annuelle de l'ordre de 5 000 Gm^3 à l'horizon 2035, 4 750 Gm^3 pour le *New Policies Scenario* (un taux de croissance de 1,7 %/an en moyenne) et 5 100 Gm^3 dans le *Current Policies Scenario* (Tableau 11.2). Même dans le 450 Scenario, la demande de gaz continue de croître, bien que cette croissance s'infléchisse après 2020. Dans le scénario central (*New Policies Scenario*), la demande de gaz augmente de 54 % entre 2009 et 2035 et la part du gaz dans le mix énergétique mondial passe de 21 %[6] en 2009 à 24 % en 2035.

L'AIE parle d'un nouvel « âge d'or du gaz naturel », le gaz étant la seule énergie fossile continuant de croître même dans le 450 Scenario. Le gaz en effet est le seul combustible fossile capable de répondre à des contraintes environnementales plus strictes grâce à ses atouts en termes de performance énergétique et environnementale. Cet âge d'or du gaz est permis par la croissance des ressources et de la production de gaz non conventionnel qui permet au gaz d'être plus compétitif par rapport aux énergies concurrentes.

Le scénario intitulé « l'âge d'or du gaz », *GAS Scenario*, fait l'hypothèse que les conditions requises pour une expansion mondiale de l'offre de gaz non conventionnel sont mises en place [AIE, 2012c]. Ceci permet un développement du gaz non conventionnel, non seulement en Amérique du Nord, mais également dans les autres pays possédant des ressources importantes. Dans ce scénario, la demande de gaz augmente de 1,8 %/an en moyenne entre 2010 et 2035 et la part du gaz passe à 25 % du mix énergétique en 2035. Le gaz devient la deuxième source d'énergie primaire juste après le pétrole. Sa demande dépasse celle du charbon avant 2030.

Tableau 11.2. Demande de gaz naturel en 2020/2035, par région et scénario, Gm^3

		New Policies Scenario		Current Policies Scenario		450 Scenario		GAS Scenario	
	2010	**2020**	**2035**	**2020**	**2035**	**2020**	**2035**	**2020**	**2035**
OCDE	1 601	1 705	1 841	1 714	1 927	1 597	1 476	1 756	1 982
Non-OCDE	1 670	2 183	2 909	2 215	3 160	2 068	2 400	2 225	3 130
MONDE	**3 271**	**3 888**	**4 750**	**3 929**	**5 087**	**3 665**	**3 876**	**3 982**	**5 112**
Part des pays non-OCDE	51 %	56 %	61 %	56 %	62 %	56 %	62 %	56 %	61 %

Source : AIE, 2011a, AIE, 2012c

Sur le tableau 11.2, figurent les quatre scénarios étudiés par l'AIE :

- *New Policies Scenario* : Scénario central de l'AIE, ce scénario prend en compte les engagements annoncés des pays en matière de sécurité de l'approvisionnement énergétique et de protection de l'environnement ;
- *Current Policies Scenario* (auparavant scénario de référence dans le WEO 2010). Ce scénario, « *business as usual* », prend en compte les politiques énergétiques et environnementales mises en place et adoptées à la mi 2011 et leur poursuite sans changement jusqu'à l'horizon 2035 ;
- *450 Scenario* : ce scénario présente une trajectoire énergétique compatible avec l'objectif de limiter les émissions de gaz à effet de serre à 450 ppm dans l'atmosphère et donc le réchauffement climatique à 2 °C par rapport à l'ère préindustrielle ;

---

6. Ce pourcentage est inférieur à celui présenté Figure 11.1 (24 %). La différence provient du fait que BP ne prend pas en compte les énergies renouvelables non commerciales, principalement la biomasse traditionnelle, bois de chauffe par exemple, qui représentent plus de 1 Gtep en 2009.

– *GAS Scenario* : ce scenario prend en compte un environnement favorable au développement des gaz non conventionnels dans le monde.

À titre de comparaison, ExxonMobil (2012, *The Outlook for Energy : A View to 2040*) prévoit une croissance de la demande gazière mondiale de 1,6 %/an en moyenne sur la période 2010-2040 (1,9 %/an sur la période 2010-2035), aboutissant à une demande mondiale de 186 quadrillion BtU (environ 5 200 Gm^3) en 2040. Le gaz est l'énergie primaire qui s'accroît le plus, avec une hausse de 60 % entre 2010 et 2040. Il devance le charbon et occupe la deuxième place dans le bilan énergétique primaire à l'horizon 2025, grâce à la transition des économies vers un système énergétique moins carboné.

Encadré 11.2 Le gaz naturel « option zéro regret »

L'Union Internationale du Gaz [UIG, 2012a] a publié un rapport décrivant une trajectoire durable de la consommation énergétique à l'horizon 2050. Le gaz y joue un rôle pivot, permettant de conduire la transition énergétique vers un monde décarboné et répondant aux défis auxquels notre société est confrontée.

Dans cette vision, le gaz naturel est l' « option zéro regret ». Il permet en effet de préparer le monde énergétique de demain sans préjuger des choix énergétiques futurs qui dépendent des progrès technologiques réalisés à l'avenir sur les différentes filières. Dans le secteur électrique, par exemple, la flexibilité et l'adaptabilité du gaz naturel permettent d'envisager une évolution des centrales au gaz dans plusieurs directions : soit vers la capture du CO_2 par retrofit, soit vers un partenariat avec les sources d'énergies renouvelables intermittentes, ou encore vers le développement du biogaz. Le choix entre ces différentes options peut être ajusté en fonction des progrès technologiques. De même, l'infrastructure de transport et de stockage du gaz est une option d'avenir soit pour le CO_2, soit pour le biogaz ou encore pour l'hydrogène. Les investissements réalisés aujourd'hui dans l'industrie du gaz ne ferment ainsi la porte à aucune option future, au contraire ils construisent la plate-forme de demain sans préjuger de la structure finale. Pour cette raison, le gaz naturel est une option zéro regret.

11.3.2 Évolution de la demande future par grande région et secteur

La majeure partie de l'accroissement de la demande d'ici 2035 (81 % dans le scénario central de l'AIE) provient des pays non-OCDE, poursuivant la tendance amorcée depuis les deux dernières décennies. Il s'ensuit un déplacement du centre de gravité du marché et une nouvelle hiérarchie des grands marchés gaziers (Tableau 11.3). Les principales évolutions pourraient être les suivantes :

11.3.2.1 Suprématie des pays non-OCDE, et poids croissant de la Chine

En 2035, les pays non-OCDE consommeraient près des deux-tiers du gaz commercialisé contre la moitié actuellement. L'Asie deviendrait le plus grand marché gazier devant l'Amérique du Nord et la CEI. La Chine deviendrait le troisième consommateur de gaz dans le monde, derrière les États-Unis et la Russie. Sa consommation pourrait atteindre 500 Gm^3 en 2035, face au développement des usages du gaz dans tous les secteurs d'utilisation, mais plus particulièrement dans l'habitat où son usage est encore limité.

11.3.2.2 Forte hausse de la demande au Moyen-Orient

La demande de gaz au Moyen-Orient devrait poursuivre son expansion tirée par les besoins en électricité et industriels. La production de GTL accroît la demande de la zone.

11.3.2.3 Hausse modérée de la consommation des pays OCDE

La hausse de la demande gazière des pays de l'OCDE est assez limitée sur la période (0,7 %/an en moyenne dans le scénario central de l'AIE). La majeure partie de l'accroissement est attribuable au secteur électrique. Le gaz pourrait représenter 24 % de la production d'électricité de la zone, poursuivant sa croissance. Aux États-Unis, la demande devrait s'accroître suite aux nouvelles réglementations de l'EPA (Cross State Air Pollution Rule) qui devraient en effet accélérer la substitution du charbon par le gaz. En Europe, le prix de la tonne CO_2, le développement des énergies renouvelables (qui favorise le développement conjointement du gaz naturel) et l'arrêt ou la réduction de la production des centrales nucléaires, Allemagne en particulier, expliquent cette hausse.

Tableau 11.3. Consommation de gaz naturel en 2020/2035, par région et scénario, Gm^3

	2010	New Policies Scenario		Gas Scenario	
	2010	**2020**	**2035**	**2020**	**2035**
OCDE	**1 601**	**1 705**	**1 841**	**1 756**	**1 982**
Amérique	841	877	951	921	1 051
dont États-Unis	680	685	710	717	787
Europe	579	627	671	626	692
Asie/Océanie	180	201	219	209	239
Non-OCDE	**1 670**	**2 183**	**2 909**	**2 225**	**3 130**
CEI	662	723	830	736	872
dont Russie	448	478	530	486	560
Asie	398	686	1 063	705	1 199
dont Chine	110	301	502	323	593
dont Inde	63	99	186	100	201
Moyen-Orient	365	450	622	453	641
Afrique	101	129	161	130	166
Amérique Latine	144	196	233	200	252
TOTAL MONDE	**3 271**	**3 888**	**4 750**	**3 982**	**5 112**

Source : AIE, 2011a, AIE, 2012c

11.3.2.4 Poursuite de la hausse de la demande des électriciens et développement du marché des transports

La majeure partie de l'accroissement de la demande mondiale provient du secteur électrique (42 %), comme le montre la Figure 11.5. À l'horizon 2035, le gaz assure 22 % de la production électrique mondiale, contre 21 % actuellement. Cette croissance relative peut paraître limitée mais il convient de souligner l'importance croissante de l'électricité dans la satisfaction des besoins énergétiques. L'industrie connaît une hausse importante de sa consommation, principalement dans la pétrochimie, la sidérurgie et les métaux non métalliques, ciment en particulier. Le secteur résidentiel/tertiaire augmente également fortement sa demande, principalement pour les besoins de chauffage des pays de l'OCDE. La consommation du secteur énergie pour produire le gaz s'accroît mais sa croissance est limitée par les gains d'efficacité. Enfin, les utilisations du gaz dans les transports se développent fortement (5,3 %/an en moyenne pendant la période 2009-2035 dans le *New Policies Scenario*) et atteignent 160 Gm^3 en 2035.

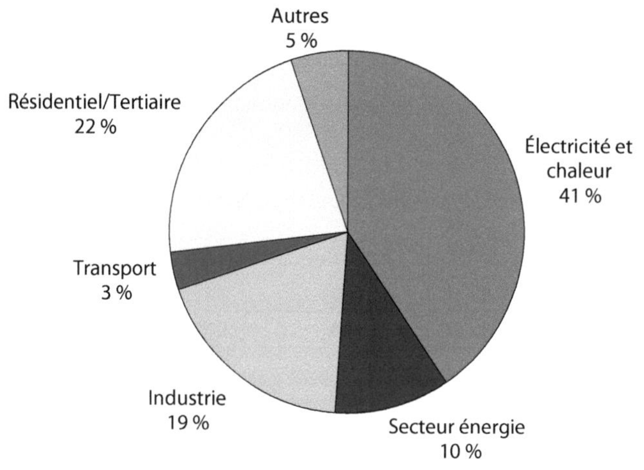

Figure 11.5

Consommation de gaz par secteur en 2035.
Source : AIE, 2011a

11.4 NOUVEAUX DÉBOUCHÉS : LE SECTEUR DES TRANSPORTS

11.4.1 Les filières de carburants dérivés du gaz naturel

Alors que les usages du gaz naturel sont bien développés dans ses trois principaux secteurs d'utilisation (résidentiel/tertiaire, industrie et secteur électrique), son rôle dans le secteur des transports est encore très limité malgré ses avantages environnementaux et économiques par rapport aux carburants classiques. Ce secteur aujourd'hui représente un relais de croissance pour l'industrie gazière, grâce au développement des filières GTL, GNV et aux nouvelles applications qui s'ouvrent au GNL comme combustible pour les camions et les navires. Le potentiel est énorme et la consommation de gaz dans le secteur pourrait atteindre 500 à 700 Gm^3 en 2035.

11.4.2 La filière GTL par synthèse Fischer-Tropsch

11.4.2.1 Les unités GTL dans le monde

Bien que la technologie Fischer-Tropsch (cf. Chapitre 9 pour une présentation détaillée de la technologie Fischer-Tropsch) soit ancienne, des retours d'expérience mitigés au milieu des années 2000 avaient fait craindre l'abandon de la filière. Il aura fallu attendre 2011, avec l'inauguration de la première unité d'envergure au Qatar, Pearl GTL, pour que la filière retienne de nouveau l'attention des acteurs du secteur gazier. Deux facteurs contribuent à ce regain d'intérêt : le prix du pétrole est durablement élevé et l'abondance du gaz ne fait plus de doute. Les deux premières réalisations à l'échelle commerciale datent du début des années 1990 :

- la première unité GTL, utilisant le gaz, est mise en service en 1991 par Mossgas (désormais Petro SA) sur la base du procédé SPD (Slurry Phase Distillate) de Sasol. Aujourd'hui le sud-africain Sasol est l'un des deux leaders mondiaux de la technologie Fischer-Tropsch, et l'Afrique du Sud est le premier producteur de carburant de synthèse FT dans le monde (près de 200,000 barils par jour (b/j), en incluant les unités à base de charbon) ;
- Shell est à l'origine d'une première réalisation commerciale en dehors de l'Afrique du Sud. En 1993, la compagnie démarre une unité GTL à Bintulu en Malaisie d'une capacité de 14 700 b/j grâce à son propre procédé : SMDS (Shell Middle Distillate Synthesis).

Le début des années 2000 marque une période d'exubérance pour le développement industriel du GTL, avec l'annonce de grands projets. Ainsi six projets étaient annoncés au Qatar, un au Nigéria et un en Algérie. Les autres pays considérés étaient l'Égypte, Trinidad & Tobago, la Russie, l'Indonésie, la Bolivie et l'Australie. Les principaux projets recensés au cours de cette période, majoritairement situés au Qatar, devaient permettre une production de 840 000 b/j à l'horizon 2010.

Il n'en sera rien suite à l'abandon de nombreux projets et des difficultés techniques rencontrés par certaines unités. En 2005, le Qatar impose un moratoire sur l'exploitation du North Field afin que la production puisse durer un siècle. Depuis, aucun nouveau projet n'a été approuvé au Qatar et les projets GTL annoncés au début des années 2000 ont été repoussés ou annulés les uns après les autres, y compris celui d'ExxonMobil (Palm GTL) abandonné en 2007 suite à l'escalade des coûts du projet. En 2006, l'unité Oryx GTL au Qatar démarre mais Sasol rencontre de sérieuses difficultés techniques pendant et après le démarrage de l'unité et il faudra des années pour atteindre la production escomptée, une nouvelle source de déception pour l'industrie du GTL et de méfiance pour les investisseurs. L'autre grande réalisation prévue dans la décennie, Escravos GTL au Nigéria, rencontre également de nombreux obstacles : des retards importants (l'unité ne devrait entrer en production qu'en 2013) et une escalade des coûts, aujourd'hui estimés à 8,4 milliards de dollars pour une capacité de 34 000 b/j.

La mise en production de Pearl GTL en 2011 au Qatar a marqué un tournant dans la technologie avec une première unité de grande taille complètement intégrée à la production amont permettant une réduction des coûts importante. À pleine capacité, l'unité va consommer 16 Gm^3 de gaz/an et produire 260 000 b/j de produits liquides, dont 140 000 b/j de diesel et autres liquides de haute qualité et 120 000 b/j de LGN (condensats, éthane et GPL).

Cette nouvelle unité porte à six le nombre de projets existants dans le monde (en incluant le projet d'Escravos qui doit entrer en production en 2013) et la production attendue à 260 000 b/j d'ici 2015 (Tableau 11.4). Elle marque surtout le renouveau des projets GTL, qui après l'exubérance de la première moitié des années 2000, avaient connu une période difficile.

Tableau 11.4. Unités GTL dans le monde

Unité	Pays	Opérateur	Date de démarrage	Capacité (b/j)	
Sasolburg	Afrique du Sud	Sasol	1955	5 600	Convertie au gaz naturel en 2004
Mossel Bay	Afrique du Sud	PetroSA	1992	36 000	
Bintulu	Malaisie	Shell	1993	14 700	
Oryx GTL	Qatar	Qatar Petroleum/Sasol	2006	34 000	
Pearl GTL	Qatar	Qatar Petroleum/Shell	2011	140 000	
Escravos	Nigeria	Chevron/NNPC	2013	34 000	
TOTAL MONDE				**264 300**	

Aujourd'hui, l'accroissement des ressources gazières, le prix durablement élevé du pétrole et la maturité de la technologie permettent un renouveau des projets dans les pays dotés de ressources gazières abondantes à bas coût. Tout naturellement, les acteurs du secteur se tournent vers l'Amérique du Nord et ses immenses ressources de gaz de schiste.

Sasol étudie la faisabilité économique de deux nouveaux projets en Amérique du Nord. Aux États-Unis, la compagnie envisage la construction d'une unité GTL de 96 000 b/j en Louisiane, dont le coût est estimé à 10 milliards de dollars. Au Canada, elle étudie la possibilité de construire une unité dans l'ouest du pays, afin d'exploiter les ressources de gaz de schiste de la Colombie Britannique. La compagnie est aussi en train de développer un projet de 38 000 b/j en Ouzbékistan, en partenariat avec la compagnie nationale Uzbekneftegaz et Petronas. Le coût estimé est de 4.2 milliards de dollars.

Shell a également indiqué que la compagnie étudiait un projet GTL aux États-Unis dans le Golfe du Mexique et qu'elle était prête à rajouter un troisième train sur l'unité de Pearl GTL ; le moratoire sur la production du North Field pouvant être levé après 2015.

D'autres compagnies regardent les opportunités offertes par le marché américain, GTL. F1 et GTLpetrol en particulier, pour des unités de plus petite taille.

Par ailleurs, l'Iran, confronté à des sanctions internationales sur ses fournitures d'essence, a annoncé en décembre 2011 la mise en route d'une première unité de GTL à Abbasabad d'une capacité de 10 000 b/j et la possibilité de construire 100 unités semblables dans le pays.

Au-delà du recensement des projets, il est difficile de prédire quel sera l'avenir de ce procédé. Au cours de la décennie passée, l'AIE et le DOE ont régulièrement revu à la baisse leurs prévisions de production de GTL après l'optimisme du milieu des années 2000. L'AIE estime aujourd'hui la production de GTL à 0,9 Mb/j en 2035 [New Policies Scenario, WEO 2011], dont 0,5 Mb/j produit par les pays de l'OPEP et 0.4 Mb/j dans les pays non-OPEP, États-Unis principalement. Cette production resterait très faible, moins de 1 %, en comparaison au marché pétrolier prévu à cette date. Mais ce serait un débouché important pour le gaz. Le DOE [International Energy Outlook, 2011] estime, dans ses scénarios de prix élevés du pétrole, que la production mondiale de carburants GTL pourrait atteindre 400 000 b/j en 2035, les États-Unis devenant le troisième producteur mondial avec 96 000 b/j. Une analyse des « freins et accélérateurs » permet de se faire une idée qualitative du marché futur.

11.4.2.2 Les freins au développement des projets

Les projets GTL sont très demandeurs, en termes de capitaux, technologie et force de travail. Pearl GTL a coûté 19 milliards de dollars, près de quatre fois son niveau estimé en 2006 lorsque la décision d'investissement a été prise, et mobilisé 52 000 travailleurs sur le site durant sa construction. Seuls deux procédés (Shell et Sasol) ont été prouvés à l'échelle commerciale. Les projets GTL présentent donc un risque financier et technologique important, qui a limité le nombre de projets dans le monde. Ce risque est aggravé par la volatilité des prix du pétrole et du gaz naturel.

La lourdeur des investissements unitaires constitue le principal obstacle au développement des projets GTL. Au début des années 2000, ils étaient estimés entre 25 et 30 000 $ par b/j, un niveau 2 à 3 fois plus important comparé à une raffinerie. L'escalade des coûts des matières premières, du prix des équipements et du coût salarial, les retards pris sur un certain nombre de projets ont conduit à des niveaux d'investissement astronomiques : 34 000 $/b/j pour Oryx GTL, 110 à 136 000 $/b/j [7] pour Pearl GTL, près de 260 000 $/b/j pour le projet Escravos. Une estimation récente évalue le coût d'un train de 17 000 b/j à 120 000 $ [ENI, 2012].

Ces contraintes économiques et financières entraînent deux conséquences :

- les projets d'envergure (50 000 b/j et plus) aboutissent à des investissements de plusieurs milliards de dollars, ce qui limite ce type de réalisations à des sociétés financièrement très solides ;
- les coûts opératoires doivent être les plus faibles possibles pour compenser les dépenses en capital. Il s'agit donc, au-delà d'une maîtrise des coûts de fonctionnement (environ 5 $/b), de disposer d'une matière première, le gaz naturel, à un coût relativement faible, voire nulle.

---

7. Le chiffre de 110 000 $ correspond à un calcul tenant compte de la contribution de la production de LGN dans l'investissement total.

L'incertitude sur la rentabilité économique des projets GTL liée à la hausse des coûts en capital et la volatilité des prix du pétrole et du gaz naturel constitue un deuxième obstacle à leur développement.

Face aux incertitudes portant sur le coût unitaire en capital des projets GTL, il est difficile d'estimer l'économie d'un projet GTL typique. Toutefois, la plupart des experts s'accordent sur un seuil de rentabilité de 85 \$/b. Les principaux coûts associés à la production de carburants d'un projet de 50 000 b/j sont estimés à :

– Capex : 40 à 50 \$/b ;

– Opex : 5 \$/b ;

– Matière première (gaz naturel) : 0 à 40 \$/b, soit 0 à 6 \$/MBTU.

Au prix du pétrole observé en 2012 (110 \$/b pour le Brent), les projets GTL offrent donc une bonne rentabilité, à condition que le prix du gaz (par essence, très volatil) reste bas. Ceci limite la production de GTL aux pays disposant de ressources gazières importantes à bas coût (Moyen-Orient, Afrique et gaz de schiste en Amérique du Nord).

Pour réduire l'incertitude portant sur la volatilité du prix du pétrole et du gaz naturel, les opérateurs de Pearl GTL ont adopté un prix de transfert nul pour le gaz naturel, dont le coût est porté par le développement amont du projet et grâce à la co-production de LGN. Ainsi, bien que le projet ait coûté 19 milliards de dollars, il reste très rentable pour ses opérateurs. Le tableau 11.5 présente l'économie simplifiée du projet, selon différentes hypothèses de prix du pétrole. Au prix actuel du pétrole (env 110 \$/b), le revenu net annuel (hors amortissement du capital) atteint près de 10 milliards de dollars/an et le projet reste bénéficiaire même à un prix du brut de 50 \$/b. Un calcul similaire sur le projet Escravos GTL montre que le projet ne devient rentable qu'à un prix du brut de 100 \$/b [Forbes Alex, 2012].

Tableau 11.5. Scénarios économiques pour Pearl GTL

Prix du pétrole (\$/b)	**50**	**70**	**90**	**100**	**120**
Prix du gaz	0	0	0	0	0
Opex (\$/b)	6	6	6	6	6
Production de gaz (bep/j)	320 000	320 000	320 000	320 000	320 000
Hypothèse de disponibilité de l'unité	95 %	95 %	95 %	95 %	95 %
Million de dollars					
Coût du projet	19 000	19 000	19 000	19 000	19 000
Revenu annuel brut	4 656	6 518	8 381	9 312	11 174
Coût d'exploitation	− 701	− 701	− 701	− 701	− 701
Revenu annuel net	3 955	5 817	7 680	8 611	10 473
Taux de rentabilité interne (TRI)	**14 %**	**19 %**	**23 %**	**25 %**	**28 %**
Valeur actuelle nette (VAN) (milliards de dollars) Taux d'actualisation de 5 %	25	44	63	73	92
Valeur actuelle nette (VAN) (milliards de dollars) Taux d'actualisation de 7,5 %	13	27	40	47	60
Valeur actuelle nette (VAN) (milliards de dollars) Taux d'actualisation de 10 %	6	16	25	30	40

Source : Forbes Alex, European Energy Review, 10 septembre 2012

Pearl GTL semble donc unique. Mais il montre que l'association entre production de GTL et de LGN permet un développement rentable de la technologie GTL, expérience qui pourrait être reproduite dans d'autres pays.

Aux États-Unis, la faisabilité économique des projets restera très sensible à l'évolution des prix du gaz et du pétrole. L'économie de la filière GTL est en effet modifiée par la révolution des gaz de schiste. Le différentiel entre le prix du pétrole et celui du gaz devient le facteur déterminant. Le découplage entre prix du pétrole et prix du gaz (le prix du pétrole est actuellement six fois plus élevé que celui du gaz en équivalence énergétique, cf. section 11.6 de ce chapitre) explique le regain d'intérêt pour des projets GTL dans ce pays. Le prix des produits GTL est élevé alors que le coût de la matière première reste bas.

D'un point de vue environnemental, le bilan est mitigé. Les émissions de CO_2 sur l'ensemble de la chaîne (production/véhicule) sont au mieux équivalentes à la voie classique par raffinage, mais le bilan est le plus souvent défavorable compte tenu d'un rendement énergétique sensiblement plus faible, de l'ordre de 60 % pour la production de GTL. Des conditions très spécifiques sont nécessaires, comme le recours à du gaz brûlé par exemple, pour obtenir un bilan CO_2 plus favorable. À l'avenir le CO_2 pourrait être capté et stocké dans le sous-sol, le contexte d'un pays producteur étant de ce point de vue relativement favorable, mais ceci implique un surcoût important.

La filière GTL n'est qu'une des alternatives possibles au développement de carburants alternatifs. Les autres possibilités (biocombustibles, CTL, etc.) apparaissent aujourd'hui plus économiques que ne l'est la production de GTL. Par ailleurs, pour les pays dotés de ressources gazières importantes à bas prix, l'alternative GNL est plus profitable.

Enfin, l'accès à la technologie reste un défi auquel l'industrie des GTL doit faire face. Les deux leaders mondiaux, Shell et Sasol, sont les seules compagnies à détenir une technologie prouvée commercialement : le procédé SMDS de Shell, prouvé sur l'unité de Bintulu en Malaisie et utilisé pour l'unité de Pearl au Qatar et le réacteur SPD de Sasol utilisé pour Oryx GTL au Qatar et Escravos GTL au Nigeria. Les autres procédés n'ont pas encore été testés à l'échelle commerciale bien qu'un nombre croissant d'autres technologies se rapprochent de la commercialité.

Ces freins expliquent le nombre très limité de projets GTL dans le monde. Pourtant, son avenir n'est pas condamné, comme le démontrent les projets en cours.

11.4.2.3 Les accélérateurs au développement des projets

Parmi les accélérateurs du développement des GTL, il convient de noter que le *produit phare du GTL est une coupe diesel de grande qualité*, ne contenant pratiquement pas de soufre, ni d'aromatiques et bénéficiant d'un indice de cétane élevé [8]. Il résulte de ses propriétés une réduction de toutes les émissions à l'échappement par rapport à un diesel de raffinage, en particulier des NOx, du CO et des fumées. Les limites imposées dans de nombreux pays sur la teneur en soufre des carburants donnent un avantage évident au GTL par rapport au diesel de raffinage, puisqu'il

---

8. Petit bémol, la densité de ce diesel très paraffinique est de seulement 0,78, ce qui oblige à l'utiliser en mélange, au moins en Europe. Il faut noter que cette restriction est uniquement réglementaire, cette densité basse n'entraînant pas de problème technique majeur pour les moteurs diesel.

n'émet pratiquement pas de soufre. Cet avantage en fait un carburant idéal dans les pays et grandes villes cherchant à limiter les émissions de polluants dans l'atmosphère.

Il convient également de signaler l'intérêt de la filière GTL pour les pays souhaitant valoriser des ressources de *stranded gas*, trop petites pour justifier un projet GNL. Les nouveaux procédés développés par des opérateurs de taille plus modeste, tels que CompactGTL ou Oxford Catalysts et Velocys, visent en effet à développer des ressources de petite taille qui ne seraient pas monétisées autrement, les besoins en gaz pour un projet GNL étant en effet importants, de l'ordre de 7 Gm^3/an pour un train de liquéfaction. Pour des gisements de petites tailles et éloignés des réseaux gaziers, la filière GTL pourrait ainsi apparaître comme la principale voie de valorisation du gaz.

Il en est de même pour le développement des champs de gaz associé où la réinjection n'a pas comme objectif la récupération assistée. Les gisements de pétrole et de gaz associé de l'offshore profond, où la réinjection du gaz serait trop coûteuse et les quantités de gaz trop faibles pour justifier un projet GNL, sont un bon exemple. La mise en place d'unités GTL permettrait ainsi de monétiser la production de pétrole, en évitant le brûlage ou la réinjection du gaz. C'est le marché que vise la compagnie CompactGTL, en particulier dans l'offshore profond brésilien.

Les pays voulant réduire ou interdire le brûlage du gaz associé représentent un autre marché de « niche » pour la filière GTL. Le projet développé au Nigéria est une illustration de cette problématique. Au niveau mondial, bien qu'en baisse, les quantités de gaz brûlées chaque année sont encore de l'ordre de 130 Gm^3/an. En Russie, où le gouvernement prévoit d'accroître la taxe sur le brûlage du gaz à 160 \$/1 000 m^3, des compagnies telles que Infra Technology développent des procédés permettant de monétiser le gaz associé brûlé grâce à la construction de petites unités GTL compactes et modulaires. Ce marché pourrait également se développer aux États-Unis, où le brûlage du gaz sera interdit à partir de 2015. L'exploitation des liquides contenus dans les gaz de schiste ou du gaz associé des shale oil pourrait ainsi recourir à ces technologies pour récupérer le gaz qui autrement serait brûlé.

Le GTL est encore une industrie jeune et il est probable que des progrès technologiques, mais aussi de conception, permettront d'atteindre progressivement une réduction de l'investissement unitaire. Ce fut le cas pour le GNL et il y a tout lieu de penser que cette même tendance sera observée pour le GTL. La question principale réside maintenant dans la possibilité d'atteindre la faisabilité technique et économique pour des unités de petite taille (moins de 20 000 b/j) et pour des unités offshore. Une telle évolution serait de nature à favoriser l'éclosion d'un marché GTL important en dehors de la cible naturelle des grands pays gaziers producteurs (à faible coût).

En ce qui concerne les projets d'envergure, à plus long terme, un bond technologique est attendu sur la production de gaz de synthèse (*syngas*). Les espoirs se portent notamment sur les membranes céramiques, qui permettraient de réaliser simultanément la séparation de l'oxygène de l'air et la production de *syngas* à partir du méthane.

Enfin, le diesel FT, produit phare de la filière, a toutes les caractéristiques requises pour devenir le diesel propre des grandes villes. Au-delà de cet aspect environnemental, ce produit s'inscrit également dans une volonté de diversifier le secteur des transports en proposant des carburants alternatifs issus du gaz naturel ou de la biomasse.

Globalement, compte tenu des avancées technologique et économique probables à l'avenir, des qualités environnementales des diesels produits, d'une technologie en phase avec des orientations stratégiques de politique énergétique, des perspectives d'un prix du brut durablement élevé, du développement important des gaz de schiste, il y a tout lieu de penser que le diesel FT est un produit qui va se développer. Son avenir pourrait concerner deux types de projets :

- les projets de grande taille, offrant des économies d'échelle ;
- des « petits » projets adaptés à des situations particulières de niche. Des procédés visant ces marchés sont actuellement développés. Ils offrent l'avantage d'être modulables et mobiles et pourraient constituer un nouvel essor pour la production de GTL dans le monde.

Il convient également de noter qu'outre la production de diesel FT, la conversion chimique de gaz naturel permet d'obtenir une large gamme de composés chimiques, susceptibles d'être utilisés comme carburants et notamment des composés oxygénés, alcools ou éthers (cf. Chapitre 9). En outre la production de gaz de synthèse ouvre la voie à toute la chimie du gaz naturel, pour la production notamment de méthanol, d'ammoniac et d'hydrogène.

11.4.3 Le gaz naturel véhicule

Le gaz naturel pour véhicule (GNV) est une technologie éprouvée [AFGNV, 2012]. Depuis les gazogènes pendant la seconde guerre mondiale aux réservoirs sur le toit, jusqu'aux véhicules les plus optimisés d'aujourd'hui, le véhicule au gaz naturel a évolué tout en gardant le même principe de fonctionnement. Pour l'usage carburant le gaz naturel est :

- soit à l'état gazeux comprimé à 200 bars (CNG) ;
- soit à l'état liquide refroidi à $-160\ °C$ (GNL).

Dans la plupart des cas, le gaz comme carburant a été introduit comme un moyen de valoriser des ressources gazières domestiques importantes et/ou éviter une importation croissante de carburants. Plus récemment, c'est la montée des préoccupations environnementales qui alimente une nouvelle demande. Aujourd'hui, le nombre total de véhicules circulant au gaz naturel dans le monde est d'environ 15 millions [NGV Global, 2012, Figure 11.6], moins de 2 % de la flotte mondiale. Entre 2001 et 2011, le nombre de véhicules fonctionnant au GNV a augmenté d'environ 24 % par an. Ces véhicules sont alimentés par environ 18 000 stations dans le monde. Le développement actuel est important sur tous les continents pour des raisons économiques, politiques et environnementales.

L'Iran dispose du plus grand nombre de véhicules roulant au gaz naturel, suivi de près par le Pakistan (Tableau 11.6). La Chine accroît son parc très rapidement et se situe maintenant en sixième position. L'Europe détient un parc de 1,8 millions de véhicules. L'Italie est aujourd'hui le leader européen, avec près de 780 000 véhicules équipés, grâce à la mise en place de tarifs attractifs et d'une taxation favorable. L'Allemagne est un marché en forte expansion avec 96 000 véhicules en circulation. En France, 13 000 véhicules roulent au gaz naturel, dont plus de 1 400 bus (soit près de 15 %), 500 bennes à ordures ménagères, 30 poids lourds. En dehors de l'Italie, le développement du GNV est récent et répond aux réglementations environnementales plus strictes mises en place au niveau européen. Le GNV rencontre également un fort succès dans les pays en voie de développement, le carburant étant moins coûteux que l'essence ou le gazole, et n'imposant pas de construire des installations de raffinage. L'Inde et l'Égypte enregistrent de fortes progressions. Sur le continent américain, les principaux marchés sont l'Argentine, le Brésil et le Venezuela. Aux États-Unis, qui comptent déjà 123 000 véhicules, le développement du gaz naturel comme carburant est impulsé par les grandes villes américaines comme New York ou Los Angeles, qui renouvellent actuellement leurs flottes municipales par des bus au gaz naturel.

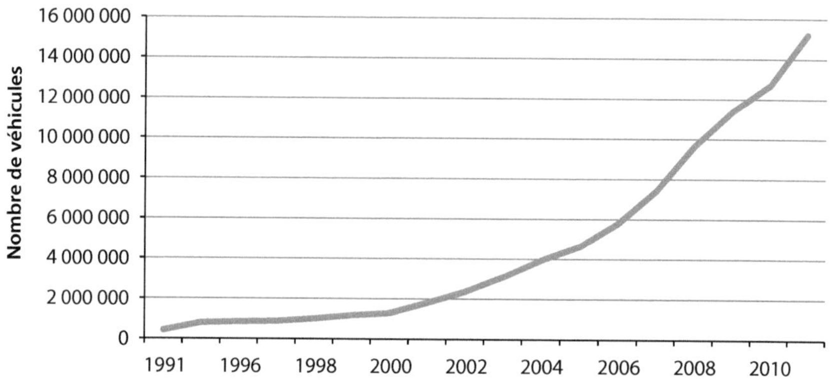

Figure 11.6

Évolution du nombre de véhicules au gaz naturel, monde 1991-2011.
Source : NGV Global

Tableau 11.6. Les dix premiers pays détenteurs de véhicules au gaz naturel à fin 2011

Pays	Nombre de véhicule	Part du total mondial
Iran	2 859 386	**18,8 %**
Pakistan	2 850 500	**18,8 %**
Argentine	1 900 000	**12,5 %**
Brésil	1 694 278	**11,2 %**
Inde	1 100 000	**7,2 %**
Chine	1 000 000	**6,6 %**
Italie	779 090	**5,1 %**
Ukraine	390 000	**2,6 %**
Colombie	348 747	**2,3 %**
Thaïlande	300 581	**2,0 %**

Source : NGV Global

À l'avenir, le développement du GNV repose sur ses nombreux avantages, couplé à l'abondance des ressources gazières et leur coût, les aides/incitations fiscales mises en place par les différents pays et le développement approprié du réseau de distribution (stations).

Le GNV offre un avantage environnemental par rapport aux carburants classiques. C'est un carburant propre qui permet une réduction des émissions de polluants :

– 95 % de réduction des émissions de particules et 85 % de réduction des NOx par rapport au diesel ;

– 25 % de réduction des émissions de CO_2 par rapport à l'essence (et 5 % par rapport au gasoil) ;

– 50 % de réduction de pollution sonore ;

– pas d'odeur des produits de combustion.

Il offre également des avantages de sécurité. Le GNV est plus léger que l'air : en cas de fuite, il n'y a pas d'accumulation. Le risque est de ce fait limité en plein air et dans des locaux ventilés. Sa température d'inflammabilité étant élevée, le GNV peut s'avérer moins dangereux que les carburants liquides classiques. Les risques d'accumulation de méthane dans un local fermé représentent néanmoins un danger potentiel en cas de fuite, nécessitant des précautions particulières (ventilation, détection). Par ailleurs toute intervention sur le véhicule doit être effectuée par du personnel qualifié.

C'est un carburant susceptible d'être utilisé sur tout type de véhicules (2-3 roues, véhicules légers, par des flottes de véhicules et taxis, véhicules utilitaires légers, engins spéciaux, bus, poids lourds, trains, bateaux, voire même petits avions).

Enfin, le GNV offre un avantage économique par rapport aux carburants classiques. Le prix du GNV est inférieur de 20 à 60 % à celui des carburants classiques, selon les pays [UIG, 2012a].

Malgré ces nombreux avantages, le développement du GNV reste entravé par des obstacles importants. Un des obstacles réside dans le stockage du CNG. À une pression de stockage de 200 bars, il faut multiplier par quatre le volume du stockage pour embarquer la même quantité d'énergie qu'un carburant classique. Le stockage limite l'autonomie des véhicules et explique que les développements se soient focalisés sur des flottes captives urbaines. L'alternative est la liquéfaction du gaz (GNL), qui permet d'augmenter sa densité. Cette alternative offre de bonnes perspectives pour les poids lourds. En effet, 1,8 litres de GNL sont nécessaires pour garantir la même autonomie qu'un litre de diesel. Les poids lourds développés actuellement par les constructeurs automobiles européens permettent une autonomie de 1 100 km [NGVAEurope, 2012]. Le GNL ouvre ainsi la voie à l'utilisation du gaz naturel sur des distances plus longues.

La nécessité de construire un réseau de distribution spécifique constitue un autre obstacle majeur. Le coût d'un tel réseau n'offre pas d'attractivité particulière en l'absence de politiques volontaristes visant à développer le GNV.

Il convient de mentionner à ce sujet le projet américain *Interstate Clean Transportation Corridor* (ICTC) qui vise à développer un réseau de stations GNL et CNG afin de connecter les autoroutes de transport routier entre l'Utah, la Californie et le Nevada. L'objectif est de promouvoir la conversion du parc de poids lourds du diesel au gaz naturel/GNL afin de réduire les émissions, la dépendance pétrolière et les coûts en carburants. En Europe, le projet

LNG Blue Corridor poursuit le même objectif, un réseau routier offrant plusieurs stations de distribution de GNL pour les poids lourds, leur garantissant la disponibilité du gaz/biogaz.

Ces obstacles expliquent que le GNV ne puisse pas remplacer le pétrole dans les transports, même s'il constitue une alternative de premier ordre principalement face à des réglementations environnementales plus strictes. Ainsi, en Europe, les normes européennes Euro 6, applicables dès 2014, imposent un abaissement drastique des seuils d'émission de polluants locaux des véhicules terrestres (5 fois moins de NOx et 3 fois moins de particules que la Norme Euro 5), qui vont remettre en cause la suprématie du diesel. Les motorisations GNV répondent déjà aux normes Euro 6 sans adaptations techniques majeures, ce qui n'est pas le cas des motorisations diesel. Cette nouvelle réglementation pourrait encourager le développement du GNV en Europe qui jusqu'à présent marque un retard par rapport aux autres régions du monde.

L'UIG prévoit qu'en 2020, il y aura 65 millions de véhicules au GNV dans le monde (correspondant à une consommation de 106 Gm^3) et 104 millions en 2030, soit 7 % du marché des véhicules (correspondant à une consommation de 207 Gm^3). Dans un scénario plus volontariste incluant des mesures réglementaires en faveur du GNV, l'UIG estime que le nombre de véhicules au GNV pourrait atteindre 145 à 200 millions en 2030, selon la croissance du parc automobile total [UIG, 2009]. La consommation de gaz du secteur, environ 24 Gm^3 en 2011, atteindrait 200 à 400 Gm^3 en 2030, près de 5 à 10 % de la consommation mondiale de gaz à cet horizon.

11.4.4 Le GNL dans le transport maritime

Au-delà de son utilisation dans le transport routier, le GNL pourrait trouver un nouveau débouché comme combustible des navires assurant le commerce international. L'émergence de solutions GNL comme carburant maritime est liée à une évolution de l'annexe VI de la convention Marpol (convention internationale pour la prévention de la pollution par les navires) de l'Organisation Maritime Internationale (OMI), qui a considérablement abaissé les limites d'émissions d'oxydes de soufre et d'azote des navires. La teneur en soufre des carburants utilisés par les bateaux devra être de 0,1 % à compter du 1er janvier 2015 contre 1 % aujourd'hui. Ces mesures sont uniquement appliquées dans des zones spécifiques appelées SECA (Sulphur Emission Control Areas). Les zones SECA concernent actuellement la Manche, la Mer du Nord et la Baltique, et à terme une zone s'étendant jusqu'à 200 milles au large des côtes américaines. Dans les zones « normales », cette teneur est de 3,5 % et devra passer en dessous de 0,5 % en 2020.

Cette nouvelle réglementation impose des choix stratégiques et technologiques difficiles au secteur maritime qui utilise actuellement du fuel lourd à 3,5 % de teneur en soufre. Il faudra soit désulfurer sur le bateau à l'aide de scrubbers, soit utiliser du gazole à faible teneur en soufre, soit encore recourir à du GNL.

Les différentes études réalisées sur la propulsion des navires montrent que le GNL permet de réduire les émissions d'oxydes de soufre quasiment à zéro, ce que ne permettent pas les autres combustibles. Il en va de même pour les émissions d'oxydes d'azote. Le GNL permet également de supprimer l'émission de particules. L'efficacité est moindre quant à la réduction des émissions de CO_2 même si la performance du GNL reste supérieure à celle du fuel conventionnel.

Un second facteur en faveur du GNL est le prix du fuel lourd, aux alentours de 700 dollars par tonne en 2012, et dont l'évolution montre une tendance à la hausse qui paraît inéluctable. Or le marché des soutes représente une consommation de 350 Mtep dans le monde, offrant un débouché majeur au GNL : cette consommation dépasse le marché du GNL actuel.

La propulsion au GNL devrait donc se développer rapidement au cours des prochaines années, le GNL permettant au secteur maritime de réduire fortement son empreinte environnementale tout en réduisant le coût du combustible. La compagnie norvégienne DNV a réalisé une étude qui évalue le potentiel du GNL comme combustible des navires [Maury Jacques, 2011]. Elle montre que le GNL pourrait gagner une part de 19 à 45 % du marché du transport maritime, selon les hypothèses retenues en matière de développement économique (fort ou faible) et de réponse environnementale (faible ou forte). Compte tenu de la consommation actuelle du secteur, 350 Mtep, cela représenterait une demande de GNL de 67 à 158 Mtep (l'équivalent de 75 à 175 Gm^3 de gaz). Par ailleurs, DNV prévoit qu'en 2020 la flotte de navires inclura 1 000 navires à propulsion GNL ou à propulsion mixte GNL/fuel (soit 10 à 15 % des nouvelles commandes attendues entre 2012 et 2020) et qu'en 2020 30 % des nouveaux navires utiliseront la propulsion GNL [Svensen Tor E., 2012].

11.5 LE COMMERCE INTERNATIONAL DE GAZ NATUREL

11.5.1 Évolution des échanges de gaz naturel dans le monde

Le déséquilibre croissant entre zones de production et de consommation a entraîné un fort développement du commerce international de gaz naturel, renforcé par la volonté d'un nombre croissant de pays d'accéder à cette énergie, ce qui a principalement profité au GNL (Figure 11.7). En 2011, les quantités de gaz échangées dans le monde atteignent 1 030 Gm^3, soit 31 % de la production commercialisée. Le commerce par gazoduc s'établit à 707 Gm^3, celui du GNL à 324 Gm^3 [CEDIGAZ, 2012].

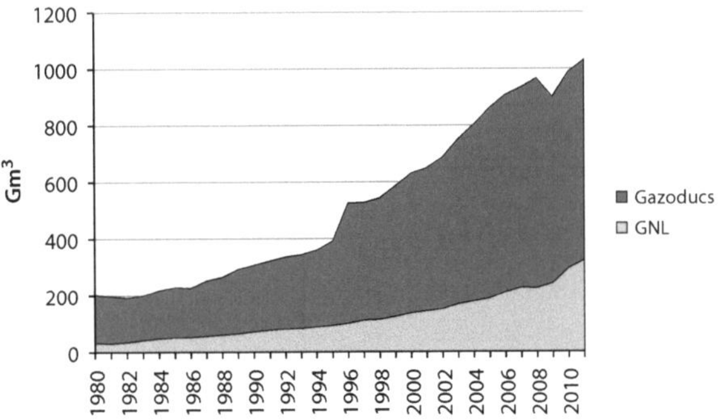

Figure 11.7

Évolution des échanges gaziers dans le monde.
Source : CEDIGAZ

11.5.2 Les échanges par gazoduc

Les distances qui séparent les régions de production de gaz naturel de celles où il est consommé impliquent le recours à des infrastructures lourdes pour son transport. Parce que l'essentiel des volumes transite par eux, les gazoducs jouent un rôle clé dans l'approvisionnement des clients finaux. Le réseau de gazoduc dans le monde dépasse le million de km, dont 250 000 km pour la seule Union Européenne. Historiquement, le marché gazier s'est structuré selon une logique régionale de production pour servir trois pôles principaux de consommation : l'Amérique du Nord, l'Europe et l'Asie. Depuis, les échanges par gazoduc se sont étendus à l'ensemble des continents mais l'Europe demeure la zone prédominante de ce type de commerce (Figure 11.8), bien que l'Asie (Chine) ait de plus en plus recours à ce type d'importation.

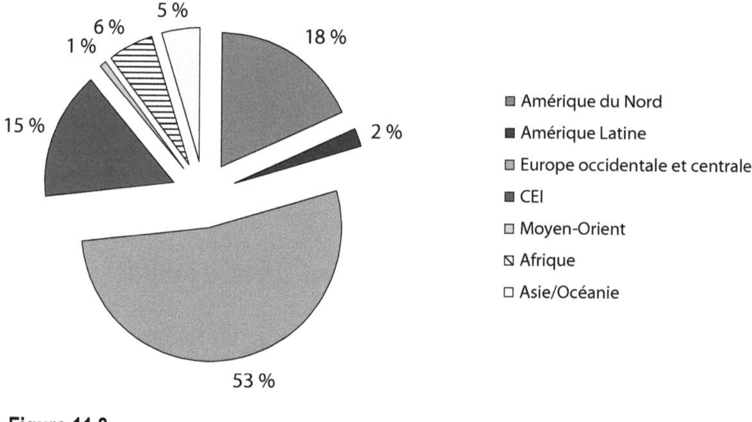

Figure 11.8

Échanges de gaz naturel par gazoduc par grande région [a], 2011.

a. Inclut les échanges intra-régionaux, par exemple entre le Canada et les États-Unis.
Source : CEDIGAZ

L'Europe est la principale zone où les échanges par gazoduc ont une importance stratégique pour l'approvisionnement gazier, complétés par des importations de GNL croissantes ($91\ Gm^3$ en 2011). 71 % de la demande est couverte par les importations par gazoduc (CEDIGAZ, le total des importations comprend les échanges entre pays européens), $129\ Gm^3$ depuis la Russie, $93\ Gm^3$ de Norvège, $33\ Gm^3$ d'Algérie et $2,3\ Gm^3$ de Libye (pour ce dernier pays il faut noter que les exportations en 2011 sont largement en baisse par rapport à leur niveau normal, environ $10\ Gm^3$/an, suite à la guerre civile qui a sévi dans le pays et l'arrêt des exportations *via* le Greenstream).

C'est à partir de 1960 et la signature des premiers contrats internationaux de gaz naturel portant sur l'exportation du gaz de Groningue, que la constitution d'un réseau de gazoducs interconnecté a commencé en Europe. Dès les années 70, plusieurs artères majeures ont été posées entre l'Union européenne et l'ancien bloc de l'Est. Le développement s'est poursuivi avec les gazoducs sous-marins depuis la Norvège, l'Algérie et la Libye, permettant la constitution d'un réseau européen intégré nord/sud et est/ouest. Dans les années 2000, le modèle économique historique, basé sur des contrats long terme, indexés sur le pétrole, a peu à peu laissé la place à des contrats à plus court terme, où le prix est déterminé non plus par le prix du pétrole mais, de plus en plus, par l'équilibre offre-demande du gaz naturel. Dans ce contexte, les nouvelles infrastructures gazières se sont multipliées pour permettre les nouveaux schémas d'approvisionnement souhaités par les acteurs du marché : plus de flexibilité et une possibilité de réversibilité des flux (Interconnector, BBL, etc).

La production européenne étant en déclin, une part croissante des besoins européens est couverte par les importations, en partie par de nouveaux gazoducs. En 2011, des projets d'infrastructures majeurs sont entrés en fonctionnement :

- Medgaz : ce gazoduc offshore relie l'Algérie à l'Espagne. Sa capacité est de 8 Gm^3/an ;
- Nord Stream : ce gazoduc relie directement la Russie à l'Allemagne par la mer Baltique. La mise en service de la Phase 1 d'une capacité de 27,5 Gm^3/an a eu lieu fin 2011, le second gazoduc de capacité identique est en construction et pourrait être mis en service d'ici 2013. Le gazoduc Nord Stream ayant comme point d'atterrage le nord de l'Allemagne, de nouveaux ouvrages sur le réseau allemand sont nécessaires : il s'agit des gazoducs NEL (capacité de 20 Gm^3/an et mise en service fin 2013) et OPAL (capacité de 35 Gm^3/an et mise en service fin 2011).

Par ailleurs, de nouveaux projets d'investissements pour développer les infrastructures d'importation du gaz en Europe sont actuellement en cours d'étude (Figure 11.9), en particulier pour relier les champs de la mer Caspienne à l'Europe du sud et centrale :

- Nabucco West : ce projet a pour but d'acheminer en Europe le gaz de la mer Caspienne, par un gazoduc entre la Turquie et l'Autriche. La capacité initiale de 8 Gm^3/an, annoncée pour 2016, pourrait à terme être portée à 31 Gm^3/an ;
- South Stream : ce gazoduc devrait permettre de diversifier les voies d'importation du gaz russe, en reliant la Russie à l'Europe (Italie, Grèce, Autriche) *via* la Bulgarie avec un gazoduc d'une capacité de 63 Gm^3/an pour une mise en service prévue fin 2015 ;
- South East European Pipeline (SEEP) : autre projet pour amener le gaz de la mer Caspienne vers l'Europe, ce gazoduc d'une capacité de 16 Gm^3/an initialement est proposé par BP pour une mise en service en 2018 ;
- Trans Anatolian Gas Pipeline (TAGP) : ce projet, proposé par SOCAR, vise également l'exportation du gaz d'Azerbaijan vers la Turquie. D'une capacité de 10 Gm^3/an, il pourrait entrer en service en 2018 ;
- Trans Adriatic Pipeline (TAP) : d'une capacité de 10 Gm^3/an, ce projet prévoit de relier la Grèce et l'Italie *via* l'Albanie ;
- GALSI : ce gazoduc d'une capacité comprise entre 8 et 10 Gm^3/an reliant l'Algérie à l'Italie *via* la Sardaigne est étudié pour une mise en service en 2015.

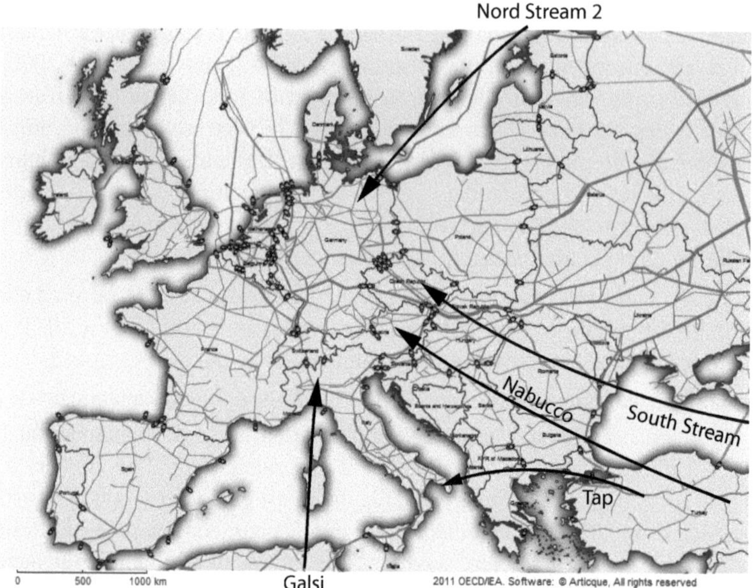

Figure 11.9

Principaux projets de gazoducs vers l'Europe.

Tous ces projets ne verront pas le jour, étant en concurrence les uns avec les autres, en particulier ceux du sud de l'Europe depuis la mer Caspienne. Toutefois, l'Europe poursuit la diversification de ses approvisionnements et l'accès aux réserves de la mer Caspienne permet cette diversification. L'Europe vise à assurer la sécurité de son approvisionnement et palier à tout risque de crise comme cela s'est produit en 2006 et 2009, lorsque la Russie a temporairement arrêté ses exportations vers l'Ukraine (et donc l'Europe), suite à un différend sur les prix du gaz. Plus récemment, en février 2012, la vague de froid qui a sévi en Europe, a entraîné un arrêt des exportations russes vers l'Europe, le gaz étant redirigé vers les consommateurs russes, conduisant les acheteurs de l'Union Européenne à utiliser les autres moyens de flexibilité de l'approvisionnement gazier dont ils disposent (stockage, effacement de la demande, substitution de la production d'électricité gaz par d'autres moyens de production, échanges d'approvisionnements gaziers et électriques entre pays voisins).

L'Asie/Océanie est la deuxième grande région où les échanges par gazoduc se développent rapidement. La Chine, en effet, fait de plus en plus appel aux importations par gazoduc pour alimenter ses besoins croissants en gaz. En 2011, elle a importé 31 Gm^3 de gaz, un doublement par rapport à 2010, dont 14 Gm^3 par gazoduc en provenance du Turkménistan, *via* le gazoduc Central Asia Gas Pipeline, qui relie le Turkménistan à l'est de la Chine. Sa capacité est actuellement augmentée de 30 Gm^3/an à 40 Gm^3/an et pourrait être portée à 65 Gm^3/an. Un autre gazoduc reliant Myanmar à la Chine d'une capacité de 12 Gm^3/an est actuellement en construction et devrait entrer en service en 2013. Le formidable accroissement de la demande chinoise entraîne une vive concurrence entre exportateurs potentiels vers ce marché, en particulier entre la Russie et le Turkménistan. Ainsi, la Russie projette également de construire un gazoduc vers la Chine. D'une capacité de 70 Gm³/an, ce gazoduc relierait les réserves de la Sibérie occidentale ou celles de la Sibérie orientale aux provinces chinoises. Les négociations entre la Russie et la Chine, entamées depuis une dizaine d'années, butent toujours sur le prix du gaz. Les besoins additionnels de la Chine sont également encore incertains, face à la concurrence du GNL et au développement possible des gaz de schiste dans le pays.

La construction de nouveaux gazoducs laisse augurer une croissance significative des échanges internationaux de gaz par gazoducs. L'AIE [AIE, 2012b] prévoit une croissance des échanges inter-régionaux de gaz par gazoduc de 41 % au cours des cinq prochaines années, boostés par la forte croissance des importations de la Chine et par celles de l'Europe. La Chine importerait 50 Gm³ de gaz par gazoduc en 2017, contre seulement 14 Gm³ en 2011. En Europe, les importations inter-régionales (hors Norvège) s'accroîtraient d'environ 26 % à 236 Gm³ en 2017. Il convient de rappeler que les importations européennes ont chuté en 2011, suite à la baisse de la demande. Une large part de l'accroissement s'explique donc par un effet de rattrapage.

Même si l'accroissement du commerce international par gazoduc est important, il apparaît limité par rapport au développement fulgurant des échanges internationaux de GNL.

11.5.3 Le commerce international de GNL

11.5.3.1 L'essor du commerce international de GNL

Le marché du GNL est en plein essor. Il a atteint 324 Gm³ en 2011 et concerne maintenant 25 pays importateurs et 18 pays exportateurs [CEDIGAZ, 2012]. Il occupe une place de plus en plus importante sur le marché du gaz naturel : 31 % des échanges internationaux et 10 % de la consommation mondiale.

Démarré en 1964, ce commerce a d'abord permis d'exporter du gaz vers des marchés non atteignables par gazoduc (commerce entre l'Algérie et l'Europe, à une époque où la construction de gazoducs sous-marins n'était pas encore maîtrisée). Depuis cette date, il a connu un essor fulgurant (Figure 11.10). Il présente en effet de nombreux avantages, aussi bien pour les pays importateurs que pour les pays exportateurs. En assurant le transport du gaz sur de longues distances à un coût compétitif, il permet d'approvisionner des régions reculées, dépourvues en ressources gazières ou éloignées des grands réseaux de transport (le Japon est ainsi le premier importateur mondial), de diversifier l'approvisionnement gazier d'une région (l'Europe en est un bon exemple), de limiter les risques de rupture d'approvisionnement, un même terminal pouvant être alimenté par de multiples fournisseurs et de valoriser des réserves de gaz éloignées des grands marchés de consommation. Sa flexibilité, permise par la possibilité de rediriger des cargaisons, accroît la sécurité de l'approvisionnement gazier pour les pays importateurs et l'attrait économique du GNL pour les pays exportateurs. Cette flexibilité s'étend également aux contrats de vente et d'achat, avec un accroissement des ventes spot de GNL et des durées plus flexibles pour les contrats long terme. La flexibilité et la sécurité d'approvisionnement que permet le GNL ont pleinement fonctionné en 2011 et permis l'accroissement des importations japonaises après la catastrophe de Fukushima et le remplacement des capacités nucléaires perdues par le GNL. Les quantités redirigées vers le marché asiatique en 2011 sont estimées à 14 Mt [GIIGNL, 2012].

Cependant, la mise en place d'une chaîne GNL a un coût relativement élevé en raison des installations qu'il faut construire pour sa mise en œuvre, en particulier pour la liquéfaction. Elle intervient quand la construction d'un gazoduc n'est pas envisageable, le plus souvent du fait d'une trop grande distance ou bien de coûts de construction de gazoducs trop élevés. L'investissement nécessaire par une usine de liquéfaction est élevé (plusieurs milliards de dollars) et nécessite au préalable la signature de contrats de long terme avec des pays intéressés par les échanges.

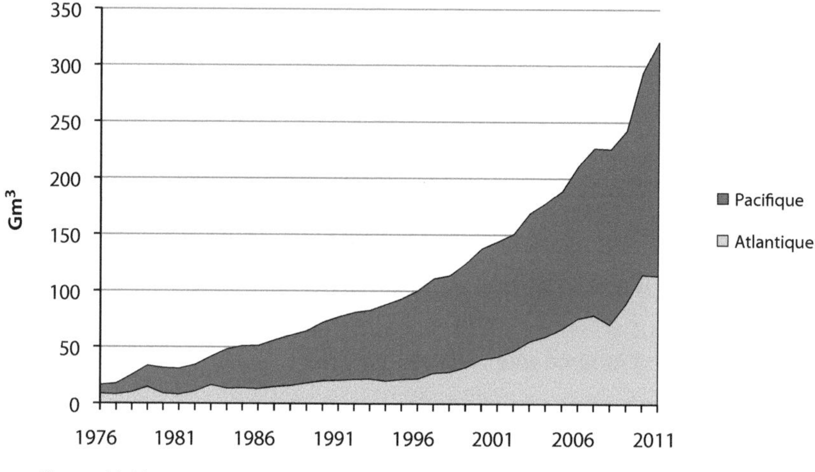

Figure 11.10

Importations de GNL par bassin [a].

a. Les importations sud Moyen-Orient (5 Gm³ en 2011) ont été comptabilisées avec celles du bassin Pacifique.
Source : CEDIGAZ

11.5.3.2 Les importations de GNL

On peut distinguer deux bassins d'importation du GNL : le marché du Bassin Atlantique (Europe, Amérique du Nord et Amérique Latine) et celui du Bassin Pacifique (Asie/Océanie). En dehors de ces deux bassins, deux pays du Moyen-Orient (Koweït et Dubaï) sont récemment devenus importateurs de GNL (5 Gm³ en 2011), pour faire face à leurs besoins croissants en électricité.

Le marché du **bassin Atlantique** est le plus ancien, avec des premières importations dès 1964, mais son véritable essor n'est intervenu que récemment. Jusqu'au début des années 2000, les pays de la zone avaient des approvisionnements abondants en gaz naturel grâce à leurs réserves domestiques ou à leurs importations par gazoducs. Le marché du Bassin Pacifique est apparu au milieu des années 70 dans les pays asiatiques qui manquaient cruellement de ressources naturelles, tels que le Japon ou la Corée du Sud. Le GNL représentait alors une alternative au pétrole, avec comme objectif de sécuriser les approvisionnements, même à un coût relativement élevé. Le dynamisme des importations de la zone Pacifique et l'apparition d'un nombre croissant d'importateurs ont permis d'absorber la surcapacité de l'offre apparue à la fin des années 2000, suite à l'arrivée concomitante de larges volumes sur le marché (Qatar) et la quasi-disparition du marché américain.

L'importation de GNL est une option choisie par un nombre croissant de pays, 25 en 2011 (Figure 11.11).

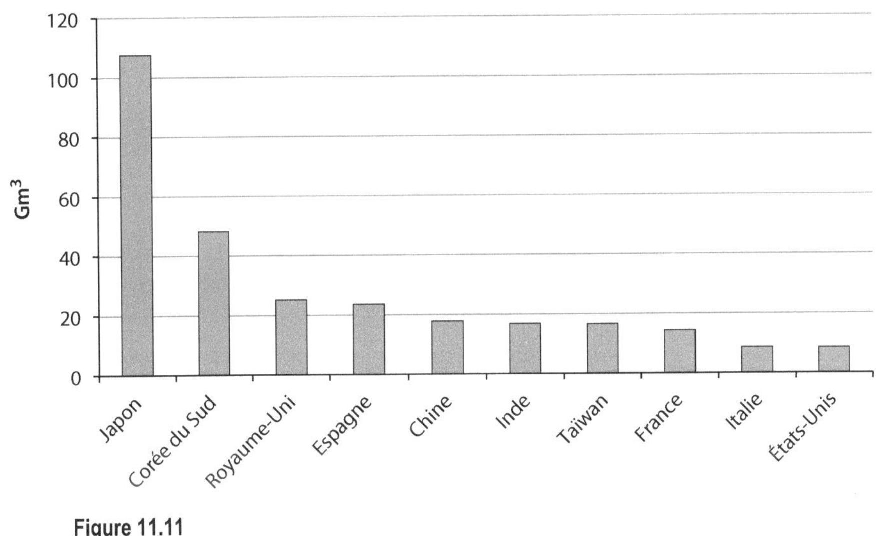

Figure 11.11

Dix premiers pays importateurs de GNL en 2011.
Source : GIIGNL

La montée en puissance et la suprématie du **bassin Pacifique** se confirment d'année en année. En 2011, ce bassin a importé les deux tiers des volumes mondiaux de GNL (207 Gm³) et accru ses importations de 15 %. Le rôle du Japon a été déterminant : ses importations ont augmenté de 12 % à 107 Gm³, le GNL ayant remplacé les capacités nucléaires perdues après la catastrophe de Fukushima. À côté des deux autres grands importateurs traditionnels du bassin (Corée du Sud et Taïwan), ce sont les importations de la Chine et de l'Inde (17 Gm³ chacune) qui connaissent le plus fort développement avec des taux d'accroissement de plus de 30 % en 2011. La Chine a inauguré deux nouveaux terminaux de regazéification en 2011 et accru la capacité d'un troisième, portant ses capacités d'importation à 29 Gm³/an. L'Inde compense la baisse de sa production par des importations accrues de GNL. Un nouveau pays, la Thaïlande, a commencé à importer du GNL en 2011.

Le bassin Pacifique est principalement alimenté par les exportateurs de la zone (47 %) et par le Moyen-Orient (35 %).

Avec 121 Gm^3 importés en 2011, les importations du **bassin Atlantique** ont stagné en 2011. La situation est contrastée entre l'Europe, où les importations stagnent après leur vif rebond de 2010, les États-Unis où elles chutent et l'Amérique Latine où les nouveaux importateurs confirment leur intérêt pour le GNL.

En Europe, les importations de GNL s'élèvent à 91 Gm^3 et représentent 18 % de la demande de la zone. Le Royaume-Uni devient le premier importateur européen de GNL, avec des importations de 25 Gm^3 en 2011, en hausse de 36 % par rapport à 2010, principalement en provenance du Qatar. À l'opposé, les importations de l'Espagne chutent, tout comme celles de la Turquie. En Espagne, un recours plus important aux énergies renouvelables et au charbon (subventionné) et la mise en service du gazoduc Medgaz ont considérablement réduit les besoins en GNL. Les Pays-Bas ont commencé leurs importations de GNL en 2011 avec la mise en service du terminal Gate LNG.

En Amérique du Nord, et principalement aux États-Unis, les importations de GNL chutent (17 Gm^3 en 2011). L'accroissement de la production de gaz non conventionnel et la baisse des prix du gaz n'encouragent pas les importations. Au contraire, les projets d'exportation de GNL se multiplient aux États-Unis et au Canada.

L'Amérique Latine augmente ses importations de GNL en 2011 (11 Gm^3), mais avec des divergences marquées entre pays. Le Brésil réduit fortement ses importations suite à une production d'hydroélectricité en hausse, alors que l'Argentine et le Chili augmentent les leurs.

Les importations du bassin Atlantique proviennent principalement du Moyen-Orient (46 %) et d'Afrique du Nord et de l'Ouest (34 %).

L'attrait exercé par le GNL dans un nombre grandissant de pays a conduit à une forte expansion des capacités de GNL dans le monde. La capacité des 89 terminaux atteint 868 Gm^3/an à la fin 2011 [GIIGNL, 2012]. Le taux d'utilisation est de 37 % en moyenne : 45 % en Asie, 46 % en Europe et seulement 5 % aux États-Unis. La plupart des terminaux américains ont été construits avant la révolution des gaz de schiste, à une époque où la plupart des experts prévoyaient une forte augmentation des importations de GNL du pays. Aujourd'hui, certains terminaux sont transformés en terminaux d'exportation.

Au cours des cinq dernières années, 29 terminaux ont été construits rajoutant 330 Gm^3/an de capacité et rien qu'en 2011, sept nouveaux terminaux sont entrés en service (50 Gm^3/an de capacité). Les progrès technologiques réalisés sur les terminaux en mer permettent à un nombre croissant de pays d'accéder au GNL. Les avantages des terminaux méthaniers flottants sont nombreux : flexibilité accrue, temps de construction réduit, rapidité d'exécution, coût maîtrisé et une acceptabilité parfois meilleure, compte tenu de la localisation de ces terminaux au large des côtes [CEDIGAZ, 2012]. Les terminaux de regazéification flottants (au nombre de 10 fin 2011) ont permis à des pays tels que l'Argentine, le Brésil, le Koweït, ou encore Dubaï de devenir importateurs de GNL.

11.5.3.3 Les exportations de GNL

A. Les principaux exportateurs

Le Moyen-Orient, avec le Qatar, est la première zone exportatrice de GNL au monde, avec une part de 40 % en 2011. Le Qatar, leader mondial, a accru ses exportations de plus de 60 Gm^3 au cours des cinq dernières années et en 2011 a mis en service le dernier train de liquéfaction de son programme de construction de mega unités de liquéfaction. Les trois autres producteurs de la zone (Oman, Yemen et Abu Dhabi) ont exporté près de 30 Gm^3 en 2011.

L'Asie est la deuxième grande zone exportatrice de GNL, avec une part de 28 % en 2011. La Malaisie et l'Indonésie sont les deux plus gros exportateurs avec 33 et 29 Gm^3 exportés en 2011, mais tous deux réduisent leurs exportations face aux besoins croissants de leur marché national. L'Australie a exporté 25 Gm^3 et n'est actuellement que le quatrième exportateur mondial. Toutefois, les nombreux projets d'exportation développés par le pays vont modifier profondément cette donne.

L'Afrique a exporté 57 Gm^3 en 2011 (17 % du total mondial). Le Nigeria est le plus gros exportateur de la zone (26 Gm^3 en 2011). La Libye a pratiquement stoppé ses exportations en 2011 suite à la guerre civile qui a sévi dans le pays. Les exportations de l'Algérie et de l'Égypte sont en baisse face à la montée des besoins domestiques.

La CEI (Russie), l'Europe (Norvège) et l'Amérique Latine (Trinidad, Pérou) ont exporté 42 Gm^3 en 2011. Enfin, les exportations des USA ont porté sur 2 Gm^3, principalement du GNL réexporté vers l'Asie.

Augmentation des capacités de liquéfaction

La capacité des 24 unités de liquéfaction s'élève à 378 Gm^3/an fin 2011 (Tableau 11.7). Au cours des cinq dernières années, la capacité de liquéfaction mondiale s'est accrue considérablement : + 52 %, la majeure partie de cet accroissement étant attribuable à l'augmentation des capacités qataries. Le Qatar a mis en service en 2011 le train de Qatargas IV, terminant son programme de construction de capacités de liquéfaction et portant la capacité du pays à 77 Mt/an (105 Gm^3). Par ailleurs, cinq nouvelles unités sont entrées en production durant la période (Guinée-Équatoriale, Norvège, Russie, Yémen et Pérou), portant le nombre de pays exportateurs à 18. Les économies d'échelle se sont poursuivies avec des trains de plus en plus larges : 7,8 Mt/an pour les derniers trains construits au Qatar.

Alors qu'une bulle gazière était apparue en 2009, suite à la baisse de la demande et l'entrée concomitante de nouvelles capacités, l'accroissement du commerce en 2010 et 2011 a largement réduit les surcapacités de production. Le taux d'utilisation mondial des capacités atteint 88 % en 2011.

Tableau 11.7. Capacités des unités de liquéfaction de GNL par pays, 2011

	Capacité annuelle (Gm³/an)	Date de démarrage
Bassin Atlantique	**104,6**	
Arzew GL1Z (Algérie)	11,2	1981
Arzew GL2Z (Algérie)	10,9	1972
Skikda GL1K (Algérie)	4,2	1981
Marsa El Brega (Lybie)	0,8	1970
Damietta (Égypte)	6,8	2005
Idku (Égypte)	9,8	2005
Bioko Island (Guinée Eq.)	5,0	2007
Bonny Island (Nigeria)	29,5	1999-2008
Hammerfest (Norvège)	5,8	2007
Pont Fortin (Trinidad et Tob.)	20,5	1999
Moyen-Orient	**136,0**	
Das Island (Abu Dhabi)	7,6	1977
Qalhat (Oman)	14,6	2000 et 2006
Ras Laffan (Qatar)	104,7	1999-2011
Balhaf (Yemen)	9,1	2009 et 2010
Bassin Pacifique	**137,4**	
Wittnell Bay (Australie)	22,3	1989 et 2008
Darwin (Australie)	4,6	2006
Lumut (Brunei)	9,8	1973
Arun (Indonésie)	6,4	1978-1979
Bontang-Badak (Indonésie)	30,2	1977-1983
Tangguh (Indonésie)	10,3	2009
Bintulu (Malaisie)	32,9	1983-2003
Kenaï (États-Unis)	1,9	1969
Peru LNG (Perou)	6,0	2010
Sakhalim 2 (Russie)	12,9	2009
Capacité mondiale	**378,1**	

Source : GIIGNL

B. Développement des ventes spot et à court terme de GNL

L'accroissement des ventes spot et à court terme (moins de 4 ans) de GNL est un changement majeur intervenu dans l'industrie du GNL au cours des dix dernières années, permettant une grande flexibilité des stratégies d'achat et de vente de GNL. Après un bond de 40 % en 2010, ces ventes ont de nouveau explosé en 2011, avec une augmentation de 50 %, suite à l'accroissement des achats spot des compagnies asiatiques et japonaises plus particulièrement

(Figure 11.12). Elles ont porté sur 83 Gm^3 en 2011, et représentent 25 % du commerce total (GIIGNL). Un tiers des ventes spot provenait du Qatar, 12 % du Nigéria et 11 % de Trinidad et Tobago. Le Qatar a ainsi exporté 27 % de sa production sur une base spot. Par ailleurs, les échanges spot du bassin Atlantique vers le bassin Pacifique ont doublé atteignant 17 Gm^3.

Les ventes spot représentaient moins de 10 % du commerce avant 2005 et explosent depuis. Elles permettent aux producteurs d'écouler leur surcapacité de production et d'accéder aux marchés présentant la plus haute valeur à un moment donné et aux acheteurs une optimisation de leurs achats ainsi qu'une plus grande sécurité de leur approvisionnement. Ces ventes n'ont toutefois pas conduit à une globalisation du marché, les prix restant très différents selon les régions du monde.

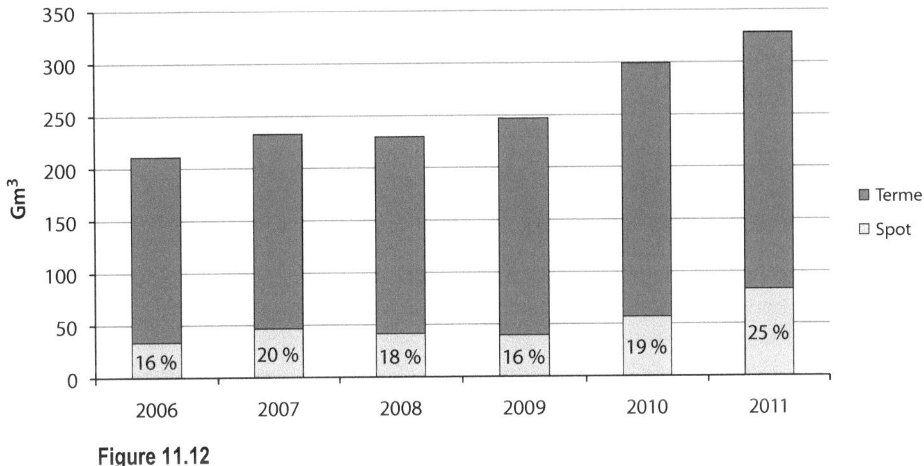

Figure 11.12

Évolution des ventes spot dans le commerce international de GNL.
Source : GIIGNL

11.5.3.4 Évolution future du commerce de GNL

Grâce à ses atouts et l'intérêt croissant de nombreux pays pour le gaz naturel, l'industrie du GNL est promise à un bel avenir. L'AIE prévoit un accroissement du commerce de 30 % au cours des cinq prochaines années [AIE, 2012b]. En 2017, les échanges atteindraient 426 Gm^3. De nombreuses opportunités, mais aussi des défis, s'ouvrent ainsi à l'industrie du GNL. Les principales tendances pourraient être les suivantes :

A. Fort accroissement du nombre de pays importateurs

24 terminaux de regazéification sont actuellement en construction et devraient entrer en production d'ici fin 2016, portant le nombre de pays importateurs de GNL à 50 et la capacité mondiale de réception à 700 Mt (environ 950 Gm^3/an). Une dizaine d'autres pays ont également annoncé leur intention d'importer du GNL.

Environ la moitié des projets en construction et annoncés utilise des terminaux flottants, permettant une grande flexibilité et des temps de construction très courts (un an). Clairement l'avènement de cette nouvelle technologie a créé un nouveau marché pour le GNL. La réalisation de ces terminaux et de cette nouvelle demande provenant d'un nombre impressionnant de nouveaux pays importateurs restent toutefois conditionnées au développement des prix du GNL et à la capacité de ces pays émergents à payer un prix de 16-17 \$/MBTU.

B. Poursuite de la suprématie du bassin Pacifique

Malgré le nombre considérable de nouveaux importateurs, la majeure partie de l'accroissement de la demande de GNL est attendue en Asie, Chine et Asie du sud est plus particulièrement. La Chine est en train de construire sept nouveaux terminaux d'importation de GNL, dont un flottant. Le pays devrait rajouter 26 Gm^3 à sa capacité actuelle d'importation d'ici 2018. Le GNL est toutefois en concurrence avec les importations par gazoduc et le développement possible des gaz de schiste dans le pays. Il est donc assez difficile de prévoir quelle sera l'importance des importations de GNL de la Chine. L'AIE prévoit des importations de 63 Gm^3 en 2017. Au total, l'Asie importerait plus de 300 Gm^3 en 2017, 72 % du total mondial.

C. Hausse des capacités de liquéfaction

De nombreux projets de liquéfaction sont en construction ou annoncés, augmentant la capacité d'exportation de GNL de 94 Mt/an (127 Gm^3) d'ici fin 2016. La capacité mondiale atteindrait 500 Gm^3/an. Six nouveaux projets ont été annoncés en Australie, qui devient le pays où la majeure partie de l'accroissement des capacités est attendue, prenant le relais du Qatar. D'autres terminaux sont également construits en Angola, en Algérie et en Papouasie Nouvelle Guinée. Toutefois, le nombre de nouveaux pays exportateurs s'amenuise et l'expansion prévue est moins rapide que celle observée au cours des cinq dernières années. Seulement trois nouveaux terminaux sont attendus sur la période 2012-2014 : Pluto LNG (qui a démarré en 2012), Angola LNG (attendu fin 2012) et deux trains en Algérie (Arzew et Skikda en 2012 et 2013). Alors que l'expansion rapide des capacités au cours des cinq dernières années avait conduit à une bulle gazière, l'offre pourrait être tendue en 2012/2014, avant que les nouvelles capacités australiennes ne démarrent. Toute l'incertitude sur la capacité de liquéfaction développée à court terme réside dans la capacité de l'Australie à construire ses projets en temps voulu et au rôle que les États-Unis pourraient prendre sur le marché. À moyen terme, d'autres exportateurs devraient rejoindre le club des exportateurs : Israël et l'Afrique de l'Est avec le Mozambique et la Tanzanie. La Russie devrait également lancer de nouveaux projets d'exportation de GNL.

D. Des projets impressionnants en Australie

L'Australie prévoit de construire sept nouvelles unités de liquéfaction, représentant une capacité de 77 Gm^3/an d'ici 2018, certains projets basés sur les ressources en charbon du pays (CBM, désigné en Australie sous le nom de CSG, Coal Seam Gas). D'autres projets pour une capacité de plus de 100 Gm^3/an ont également été annoncés [BREE 2012].

La réalisation de ces projets présente toutefois de nombreux défis. Les projets sont très coûteux (43 milliards de dollars pour Gorgon LNG) suite à leur complexité, l'éloignement des champs alimentant les nouvelles unités, le coût du travail en Australie et la hausse du prix des équipements intervenus au cours des dernières années (acier et fuel). Les défis environnementaux liés à ces projets constituent également un facteur d'accroissement des coûts. Le manque de main-d'œuvre qualifiée est également une barrière à la réalisation en temps voulu de ces projets. La complexité technique des projets est également à souligner. Sur les sept projets en cours de construction, trois utilisent le CBM comme source de gaz, une première dans l'industrie du GNL et un véritable défi pour l'industrie amont australienne : la production de CBM dans le pays était de seulement 6 Gm^3 en 2011 [BREE, 2012]. Un projet, Prélude LNG, est une unité de liquéfaction en mer. Cette unité, développée par Shell, sera ainsi la première au monde à utiliser la technologie des terminaux de liquéfaction en mer (FPSO). Enfin, un projet, Gorgon LNG, est basé sur les ressources du champ de Gorgon qui contient un pourcentage élevé de CO_2 et nécessite le captage et la réinjection du CO_2.

D'un autre côté, l'Australie présente l'avantage d'être un pays politiquement très sûr offrant un cadre réglementaire favorable aux investissements étrangers. Le pays possède des réserves de gaz conventionnel et non conventionnel très importantes, situées à proximité des grands marchés asiatiques, lui donnant un avantage en terme de transport par rapport aux exportateurs du Moyen-Orient et de la côte est des États-Unis. Les projets sont menés par des compagnies internationales renommées et rompues à la complexité de telles unités. Ainsi, bien qu'il apparaisse pratiquement certain que la plupart des projets connaîtront des retards dans leur mise en œuvre et présenteront des coûts plus élevés que ceux développés dans d'autres pays, l'Australie devrait devenir le premier exportateur mondial de GNL d'ici la fin de cette décennie.

E. Le changement de statut des États-Unis : nouvel exportateur de GNL ?

Les États-Unis devraient également apparaître comme un nouvel exportateur important sur le marché du GNL au cours des prochaines années, suite au développement de leur production de gaz de schiste. Les projets de nouveaux terminaux d'exportation ou de transformation des terminaux d'importation en terminaux d'exportation se multiplient : ils représentent une capacité de 140 Gm^3/an à la mi 2012. L'incertitude principale réside dans le nombre de projets qui seront autorisés à exporter du GNL. À l'heure actuelle, seul le projet de Cheniere (Sabine Pass) a obtenu cette autorisation. Les ressources ne constituent pas une barrière à l'exportation, mais un niveau élevé d'exportation fait peser le risque d'une augmentation des prix du gaz sur le marché américain, alors que leur baisse a permis une diminution de la facture pour les consommateurs et une nouvelle compétitivité de l'industrie américaine aboutissant à la relocalisation d'industries dans le pays (pétrochimie, engrais, par exemple) et au développement de nouveaux marchés pour le gaz naturel (secteur des transports). Ainsi, malgré le nombre important de projets considérés par les producteurs de gaz de schiste, les exportations de GNL des États-Unis devraient être plus limitées. Le DOE [AEO, 2012] prévoit des exportations à partir de 2016 (11 Gm^3/an), auxquelles se rajouteraient 11 Gm^3 à partir de 2019 et environ 20 Gm^3 dans les années 2020.

F. À terme, deux nouveaux exportateurs importants et inespérés

Les découvertes réalisées au large d'Israël (champs de Tamar et Levathian recelant des réserves d'environ 800 Gm^3) ont conduit le pays à envisager l'exportation d'une partie de ce gaz sous forme de GNL. Plusieurs solutions sont envisagées (gazoduc et GNL) et plusieurs localisations de l'unité de GNL sont également considérées. La compagnie Noble et ses partenaires prévoient l'exportation de 4,5 Gm^3/an dans un premier temps. La géopolitique de la région n'est toutefois pas la plus facile pour mettre en place de tels projets.

Le développement des réserves géantes découvertes au large du Mozambique et de la Tanzanie va permettre à l'Afrique de l'est d'entrer sur la scène internationale du GNL. Plusieurs projets sont envisagés par les compagnies exploratrices : ENI, Anadarko, Statoil, ExxonMobil. Anadarko est la plus avancée avec un projet prévoyant l'exportation de 14 Gm^3/an de GNL et une décision d'investissement pourrait intervenir en 2013. La Tanzanie est moins avancée puisque son potentiel gazier est cours d'évaluation.

G. Le GNL ne sera pas bon marché

À court/moyen terme, l'accroissement de l'offre GNL va provenir des nouveaux projets développés par l'Australie. Or ces projets ont des coûts d'investissement gigantesques. L'augmentation des coûts de la chaîne GNL est un phénomène mondial : depuis 2003, les coûts ont doublé [AIE, 2012b]. Mais cette augmentation est encore plus marquée en Australie où les coûts ont triplé. Les formules de prix adoptées pour ces projets GNL, indexation sur le prix du pétrole avec des courbes de lissage des prix de 13 à 15 %, aboutissent à des prix de 10,6 à 12 \$/MBTU pour un prix du brut de 80 \$/b et de 16,9 à 19,50 \$/MBTU pour un prix du brut de 130 \$/b [AIE, 2012b].

Le GNL américain ne sera pas bon marché non plus, malgré le prix peu élevé du gaz aux États-Unis. La formule de prix développée pour le projet Cheniere base le prix du GNL sur celui du prix spot américain auquel une prime fixe est ajoutée, correspondant à l'utilisation de la capacité de liquéfaction (le prix est ainsi indexé à 115 % sur le prix spot américain Henry Hub plus une prime fixe correspondant à la liquéfaction de 2,25 à 3 \$/MBTU selon les acheteurs). Cette formule aboutit à un prix rendu du GNL au Japon de 12 à 12,5 \$/MBTU, avec l'hypothèse d'un prix Henry Hub de 3 \$/MBTU (niveau actuel sur le marché américain), et de 14 à 14,8 \$/MBTU, avec l'hypothèse d'un prix Henry Hub de 5 \$/MBTU (niveau attendu en 2020).

Si l'incertitude porte sur le niveau futur des prix du GNL, traduisant la volatilité des prix du pétrole et du gaz, il apparaît clairement que ce nouveau GNL ne sera pas bon marché.

11.6 LES PRIX DU GAZ NATUREL

11.6.1 Accentuation des différentiels de prix entre les régions

La révolution des gaz de schiste a complètement modifié la structure des prix du gaz. Elle a conduit à un effondrement des prix sur le marché américain et un découplage entre prix du gaz et prix du pétrole. Cette situation ne s'est pas propagée aux autres régions aboutissant à des divergences de prix très fortes entre les trois grands marchés internationaux : Amérique du Nord, Europe et Asie. En moyenne en 2011, le prix du gaz aux États-Unis s'établissait à 4 $/MBTU, le prix européen à 9-11 $ et le prix du GNL importé en Asie à près de 15 $ (Figure 11.13).

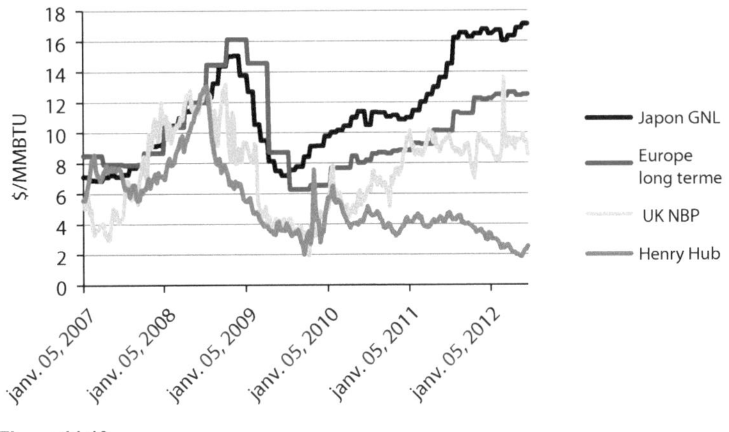

Figure 11.13

Évolution des prix du gaz sur les grands marchés régionaux.
Source : World Gas Intelligence

11.6.1.1 Amérique du Nord

Alors que les prix aux États-Unis étaient fortement corrélés à ceux du pétrole, l'explosion de la production de gaz de schiste a entraîné une surcapacité de production conduisant à une forte chute du prix du gaz. Cette baisse a entraîné un regain de compétitivité du gaz pour les consommateurs américains et une décorrélation des prix par rapport au pétrole. Le prix du gaz Henry Hub aux États-Unis est maintenant cinq à six fois moins élevé que celui du pétrole (West Texas Intermediate), (Figure 11.14). Cette tendance devrait se poursuivre, bien que le très bas niveau observé en 2012 (environ 2,5 $/MBTU) ne soit pas soutenable à terme pour les producteurs de gaz de schiste dont le coût de production est estimé entre 3 et 7 $/MBTU. Les producteurs de gaz à condensat peuvent continuer de produire à un niveau bas de prix du gaz grâce à la meilleure valorisation des liquides. Mais les producteurs de gaz sec ont besoin d'un niveau de prix estimé à 4-5 $/MBTU. Dans son dernier rapport, le DOE américain prévoit des prix de près de 5 $/MBTU en 2020 [DOE, 2012].

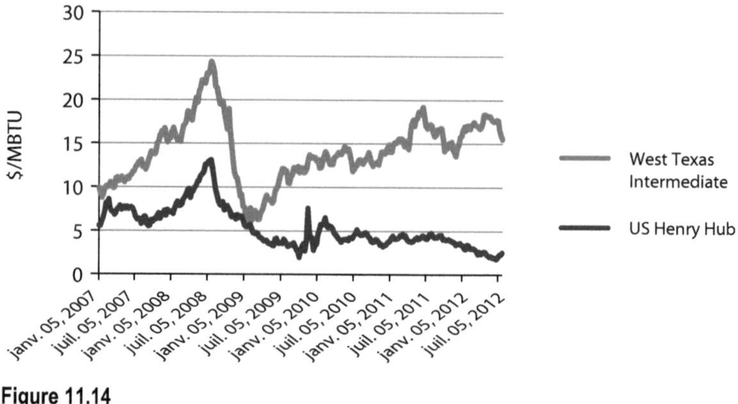

Figure 11.14

Évolution du prix du gaz et du pétrole aux États-Unis.
Source : EIA, World Gas Intelligence

11.6.1.2 Europe

La détermination des prix sur le marché européen est très différente. Traditionnellement, les prix étaient liés aux prix du pétrole, par des formules d'indexation du prix du gaz aux prix du pétrole et des produits pétroliers. Cette indexation, qui ne veut pas dire une parité des prix du gaz et du pétrole, s'expliquait historiquement par la signature de contrats de long terme liant le prix du gaz à son principal concurrent de l'époque, le pétrole. Aujourd'hui, cette philosophie est en train d'éclater face au développement de places de marchés pour le gaz naturel, où le prix est déterminé par l'offre et la demande de gaz. Ainsi, deux prix coexistent en Europe : des prix liés au pétrole et des prix de marché.

Les grands exportateurs de gaz vers l'Europe (Russie, Algérie, Qatar) affichent leur volonté de maintenir le lien avec le prix du pétrole, seule référence transparente d'un marché très liquide. Face à la hausse des prix du pétrole, cette indexation conduit à des prix du gaz élevés : environ 12 $/MBTU en 2012 (l'équivalent de 70 $/b), conduisant à une perte de compétitivité du gaz vis-à-vis du charbon, son principal concurrent sur le marché électrique européen. Elle a ainsi conduit à une baisse de la consommation de gaz naturel du secteur électrique européen en 2011 et 2012 et paradoxalement à une hausse de la demande de charbon, aidée par la chute des prix de la tonne CO_2.

Face à cette situation, les pays exportateurs ont consenti quelques arrangements avec leurs plus gros clients, incluant une part d'indexation des prix sur les prix de marché. En 2012, on estime la part du spot dans les prix européens à 45 %, cette part étant en augmentation régulière [Bros, 2012]. Les indexations pétrole représentent toujours la majorité avec 55 %. Le prix européen reste un sujet de débat très vif entre producteurs et consommateurs : l'avènement d'un prix de marché revendiqué par les grands consommateurs continuant à se heurter à la volonté des pays exportateurs de maintenir la liaison avec les prix du pétrole.

Toute la question à l'avenir est de savoir combien de temps cette méthode d'indexation pourra perdurer avec les divergences qu'elle entraîne entre les prix indexés et les prix de marché et la perte de compétitivité du gaz en Europe. Avec une surfacture gazière de l'ordre de 155 milliards de dollars en 2012, l'Europe fait face à une récession alors que les États-Unis retrouvent le chemin de la croissance et de l'emploi [Bros, 2012].

Bien que les places de marché soient relativement récentes en Europe continentale, elles se développent rapidement offrant aux opérateurs une référence de prix de plus en plus fiable et transparente. En 2011, on a observé une hausse très significative des volumes échangés sur tous les hubs gaziers. Il y a huit places de marché principales en Europe : NBP (Royaume-Uni), Zeebrugge (Belgique), TTF (Pays-Bas), NCG et Gaspool (Allemagne), PEG (France), PSV (Italie) et CEGH (Autriche). Le trading du gaz a porté sur 1 600 Gm^3 et le churn ratio, qui caractérise le volume de transactions opérées par rapport aux quantités physiques de gaz échangées, varie de 2,5 à 14 (Figure 11.15).

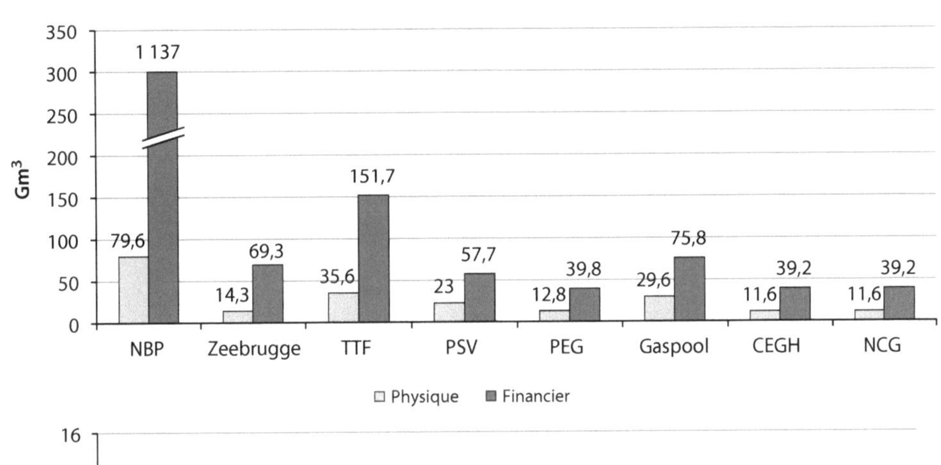

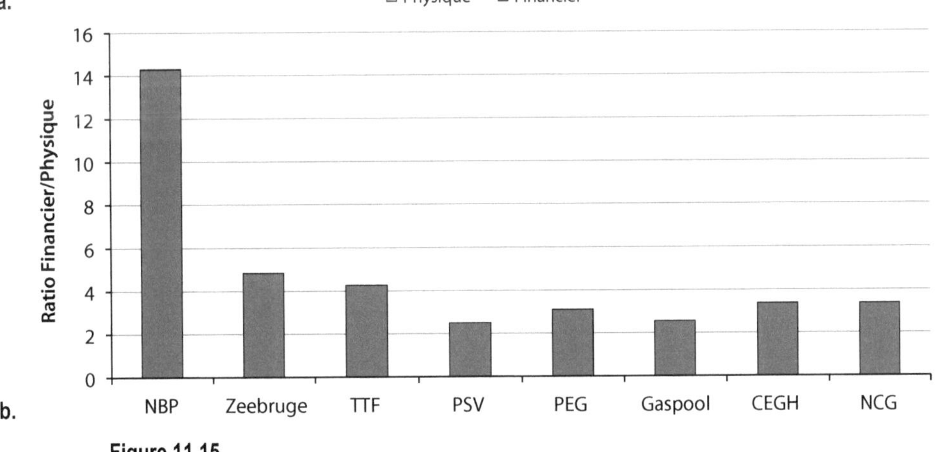

Figure 11.15

Volumes traités sur les hubs européens et churn ratio en 2011.
Source : AIE, 2012b

L'augmentation de la liquidité des marchés de gros a ainsi renforcé la concurrence : de nouveaux acteurs apparaissent et prennent des parts de marché tant pour des opérations de trading que pour la fourniture de gaz à des clients finals. Ces derniers ont par ailleurs accès directement à ces places de marché. Le rôle des places de marché devrait continuer à se développer fortement dans un horizon proche et à terme les prix de marché pourraient constituer la référence principale des contrats gaziers européens.

11.6.1.3 Asie

Les prix en Asie sont largement plus élevés que sur les deux autres grands marchés : 17-18 $/MBTU en 2012 pour le GNL importé au Japon et reflètent la hausse des prix du pétrole auxquels ces prix sont liés dans les contrats à long terme d'importation. En 2011, la surprime payée par les acheteurs asiatiques s'est élevée à près de 5-6 $/MBTU par rapport aux importateurs européens. L'indexation au prix du pétrole est certainement appelée à perdurer plus longtemps dans cette région qu'en Europe. Bien que des places de marché voient le jour en Asie, elles n'en sont encore qu'à leur premier balbutiement, ne pouvant offrir une référence fiable aux prix des contrats. Le prix élevé du GNL sur le marché asiatique présente un véritable défi pour les acheteurs européens qui sont en concurrence avec les consommateurs asiatiques pour leur approvisionnement en GNL, en particulier du Moyen-Orient.

11.6.2 Rôle du développement du GNL et des gaz de schiste dans les prix

Le développement spectaculaire des échanges intercontinentaux de GNL n'a pas jusqu'à présent permis l'apparition d'un prix mondial du gaz naturel. Cette perspective ne semble d'ailleurs pas susceptibles d'être modifiée à court terme. Les prix restent fixés par des déterminants locaux et historiques sur les trois grands marchés. Après la surcapacité de production observée au cours des quatre dernières années, le ralentissement de l'expansion de l'offre de GNL face à une demande toujours très dynamique fait peser un risque de hausse des prix.

Le développement des gaz de schiste dans les régions autres que l'Amérique du Nord pourrait modifier cette donne à l'avenir. Le potentiel de la Chine en particulier, s'il était développé d'une manière similaire à celle des États-Unis, bouleverserait la donne gazière internationale : il réduirait les besoins en importations du pays au minimum contractuel, privant les exportateurs du débouché le plus dynamique au monde. Une telle hypothèse ferait baisser les prix du gaz mais cette hypothèse apparaît aujourd'hui encore très spéculative, étant donné le degré d'incertitude portant sur le développement des gaz de schiste et leur coût en Chine et dans le monde.

11.7 DÉVELOPPEMENT DURABLE DU GAZ NATUREL

11.7.1 Utilisation du gaz naturel dans une perspective de développement durable

11.7.1.1 Protection de l'environnement à l'échelle locale

Le gaz naturel est un combustible très propre, qui émet des niveaux très faibles de polluants et en particulier d'oxydes de soufre (SOx). La combustion du gaz naturel émet toutefois des oxydes d'azote (NOx) en quantité variable selon le type de brûleur. En particulier, des combustions opérées à haute température peuvent conduire à des niveaux de NOx excessifs. Il existe de nombreuses technologies pour abaisser la teneur en NOx des fumées ou gaz de combustion, soit à la source, en utilisant des brûleurs à bas NOx (voire des brûleurs catalytiques), soit en traitant les fumées.

Ainsi, les brûleurs standards de turbine à gaz produisent environ 100 ppm de NOx. Les brûleurs DLN (*Dry Low Nox*) permettent de réduire les émissions à 20 ppm. Cela reste insuffisant pour des régions comme la Californie, où la législation impose une limite à 2,5 ppm. Ce type de contrainte impose un traitement par SCR (*Selective Catalytic Removal*), qui permet d'atteindre ce niveau d'émission. Des brûleurs catalytiques sont également à l'étude pour limiter l'émission de NOx au niveau du ppm.

11.7.1.2 Efficacité énergétique

Comme cela a déjà été signalé, le gaz naturel se prête à des utilisations très performantes. Dans les secteurs résidentiel/commercial et industriel, des rendements proches de 100 % (sur PCI) peuvent être atteints sur des chaudières à condensation gaz. De nouveaux équipements encore plus performants sont développés : les pompes à chaleur gaz. En associant les performances du gaz naturel et l'utilisation d'une part d'énergie renouvelable, elles permettent d'atteindre un niveau d'efficacité énergétique encore plus élevé, supérieur de 30 à 40 % à celui des chaudières à condensation. Autre exemple de développement d'utilisations toujours plus performantes : la micro-cogénération destinée aux particuliers. Ce système capable de produire à la fois du chauffage et de l'électricité offre également une économie d'énergie pouvant atteindre les 30 %. À terme, l'utilisation des piles à combustibles pourrait également se développer.

Dans le secteur électrique, des rendements de 60 % sont déjà atteints avec les cycles combinés et les fournisseurs d'équipements visent les 62-65 %.

Le gaz naturel est donc une énergie particulièrement bien adaptée pour une politique de maîtrise de l'énergie.

11.7.1.3 Utilisation en association avec les énergies renouvelables

Les énergies renouvelables telles que le solaire et l'éolien sont par nature intermittentes. La production d'électricité par ces énergies nécessite soit la mise en œuvre d'un système de stockage d'énergie très coûteux, soit la combinaison avec un système de production d'énergie facilement modulable. Les cycles combinés fonctionnant au gaz naturel sont les mieux adaptés pour cela et se combinent donc particulièrement bien avec une production d'électricité par des énergies renouvelables, notamment l'énergie éolienne. Le gaz permet en effet d'assurer la continuité et la sécurité de l'approvisionnement électrique grâce à la conception de centrales performantes et flexibles. Ces centrales sont capables de conserver des rendements élevés même à charge partielle et offrent des vitesses de montée en charge très rapides (35 MW/min), deux avantages que le charbon, principal concurrent du gaz comme back-up de l'électricité d'origine renouvelable, ne peut égaler.

11.7.2 Gestion durable des ressources de gaz : les gaz de schiste

La production de gaz non conventionnel, et de gaz de schiste en particulier, est appelée à jouer un rôle croissant dans l'approvisionnement gazier mondial. Toutefois, ce rôle ne pourra se réaliser que si l'exploration et la production de ce gaz sont gérées de manière durable et responsable. Le sujet est source d'un vif débat, passionnel et même politisé dans certains pays.

La production de gaz de schiste est un processus industriel intensif, présentant une empreinte environnementale plus marquée que l'exploitation de gaz conventionnel : le nombre de puits nécessaires est plus important (1 puits/km^2) et leur durée de vie étant très courte (2 à 3 ans), il faut sans cesse forer de nouveaux puits pour maintenir la production. Les surfaces concernées sont très larges puisque l'exploitation concerne la roche et non un réservoir bien précis. Ceci a des implications majeures pour les communautés locales et l'occupation des terres. La fracturation hydraulique nécessite des ressources en eau ainsi que des proppants utilisés afin de maintenir ouvertes les fissures créées dans la roche. Dans le fluide de fracturation, on rajoute des additifs chimiques principalement destinés à limiter la croissance des bactéries, réduire la corrosion, modifier le comportement des proppants au cours du temps.

Ces besoins expliquent que la production de gaz de schiste préoccupe le public et qu'elle présente un véritable défi d'acceptabilité environnementale et sociale. Pourtant les technologies et les savoir-faire existent pour produire le gaz non conventionnel d'une manière environnementale et responsable mais il est nécessaire de gagner la confiance du public.

L'AIE a publié un rapport énonçant des règles d'or à respecter lors de la production de gaz non conventionnels [AIE, 2012c]. Ces règles soulignent que la transparence, la mesure et le contrôle des impacts environnementaux de la production des gaz de schiste et la communication avec les communautés locales sont essentiels pour répondre aux préoccupations du public. La prévention des risques de pollution atmosphérique et de contamination des eaux à la surface ou des nappes phréatiques, doit être prise en compte pour une exploitation durable. Les émissions de gaz à effet de serre doivent être réduites au minimum. Si ces préoccupations ne sont pas traitées, elles risquent de freiner, voire stopper, le développement des ressources non conventionnelles.

En particulier, l'AIE recommande la complète transparence et la publication obligatoire des volumes et choix des additifs chimiques utilisés pour la fracturation. Le choix judicieux des sites de forage réduit les impacts en surface et permet de cibler plus efficacement les secteurs productifs (*sweet spots*), tout en minimisant les risques de tremblements de terre ou d'écoulement des fluides entre les strates géologiques. Le risque de pollution des nappes aquifères est supprimé grâce aux normes strictes de conception, de construction et d'intégrité des puits. Une évaluation et un suivi rigoureux des besoins en eau et de la qualité des eaux rejetées permettent d'assurer des décisions appropriées concernant le traitement de l'eau et son recyclage. Les émissions de gaz à effet de serre peuvent être réduites en investissant dans des équipements de traitement du gaz permettant d'éliminer l'envoi de gaz dans l'atmosphère et son brûlage au début de l'opération (quand le flux contient encore une partie des fluides de fracturation).

Les besoins en eau nécessaire à la fracturation hydraulique, qui varient d'un puits à un autre, sont d'environ 10 à 20 000 m^3 par puits. Ces besoins peuvent être contraignants dans certains pays/régions dépourvus de ressources en eau (bassin de Tarim en Chine par exemple). Des procédés sont actuellement testés afin d'utiliser d'autres ressources : Baker Hughes, la troisième compagnie de services au monde pour la fracturation, a développé un fluide appelé « VaporFrac » pour remplacer l'eau nécessaire à la fracturation par une mousse à base d'azote.

Une partie de l'eau (20 à 50 %) utilisée pendant l'opération de fracturation revient à la surface pendant les premiers jours/semaines de production du puits. Ces rejets en eau sont chargés d'une partie des additifs chimiques utilisés, de minéraux, métaux et d'hydrocarbures provenant de la roche. Par ailleurs, ces rejets d'eau sont saumâtres. Ces rejets peuvent être recyclés pour une utilisation future sur un autre puits, ou si cela est possible, réinjectés dans un aquifère salin si ce moyen est disponible à proximité. Autrement, ces eaux doivent impérativement être traitées dans des usines de traitement de l'eau avant d'être envoyées dans les cours d'eau ou utilisés par l'agriculture.

Les additifs chimiques utilisés dans le fluide lors de la fracturation étaient considérés comme un secret de fabrication par les opérateurs. L'insistance du public à savoir ce qui était injecté, a permis de mieux connaître la liste des additifs utilisés. Cette liste est maintenant publiée par plusieurs opérateurs et a même un site Web dédié (FracFocus) où sur une base volontaire les opérateurs américains peuvent enregistrer les additifs utilisés sur chaque puits.

Les opérateurs américains sont également en train de développer le concept de « *Green Fracking* ». Chesapeake, deuxième opérateur américain pour les gaz de schiste derrière ExxonMobil, vient d'annoncer que la compagnie testait actuellement des fluides neutres pour l'environnement. Halliburton, première compagnie de services au monde pour la fracturation hydraulique, a également développé une marque « CleanStim » qui n'utilise que des ingrédients alimentaires comme additif pour réduire la croissance des bactéries.

L'industrie de la fracturation hydraulique est encore jeune et on peut espérer de nombreux progrès technologiques permettant de répondre aux préoccupations environnementales des populations. Les risques liés à la production de gaz de schiste sont maîtrisables à condition de respecter les bonnes pratiques industrielles et les règles strictes d'encadrement des opérations.

11.7.3 Réduction de l'empreinte carbone

11.7.3.1 Les émissions de CO_2

La croissance des émissions de CO_2 liées à l'utilisation de combustibles fossiles (31 Gt en 2011) pose des problèmes majeurs. On sait que la teneur en CO_2 dans l'atmosphère s'est déjà sensiblement accrue, passant de 280 au début de l'ère industrielle à plus de 390 ppm aujourd'hui. On a observé une augmentation de la température moyenne à la surface du sol de 0,74 °C depuis le début du XXe siècle, l'élévation de température étant plus marquée dans l'hémisphère nord. Les nombreuses perturbations climatiques observées au cours de ces dernières années paraissent également largement corrélées à cette évolution.

Pour limiter l'élévation de température moyenne à 2 °C, qui parait la limite supérieure tolérable, au-delà de laquelle interviendraient des catastrophes majeures, on considère, sur la base des modèles établis par le GIEC (Groupement international pour l'étude du changement climatique), qu'il faudrait limiter la teneur en gaz à effet de serre dans l'atmosphère à 450 ppm. Ceci implique de passer par un maximum d'émissions d'ici 2020-2030 et de diviser par un facteur 2 les émissions en 2050, par rapport aux émissions en 2002. Si l'on considère qu'il faut viser dans le futur une convergence des niveaux d'émissions par habitant sur la planète, cela conduit pour les pays industrialisés au facteur 4 de réduction visé par la France en 2050.

11.7.3.2 Remplacer les énergies les plus émettrices

Le gaz naturel émet moins de gaz à effet de serre par unité d'énergie produite au cours d'une combustion stœchiométrique que le charbon (de l'ordre de 2 fois moins). Le tableau 11.8 montre comment les émissions de CO_2 par unité d'énergie produite se comparent pour les trois principales formes d'énergie fossile : gaz naturel, pétrole et charbon.

Tableau 11.8. Comparaison des émissions de CO_2 pour différentes énergies fossiles

	Pouvoir calorifique (kJ/kg)	Émissions CO_2 par unité de masse (kg/kg)	Émissions CO_2 ramenées au pouvoir calorifique (kg/GJ)
Gaz naturel	58 500 (PCS)	2,75	47
Pétrole	41 900	3,12	74,5
Charbon	35 100	3,67	104,6

Dans ces conditions le remplacement du charbon par le gaz naturel représente le moyen le plus direct et le plus simple pour réduire de manière importante les émissions de CO_2.

Le secteur électrique est le plus gros émetteur de gaz à effet de serre et également le secteur dont la demande va croître le plus rapidement au cours des 25/30 prochaines années. Il est responsable de 40 % des émissions mondiales de CO_2, dont 70 % proviennent des centrales au charbon. Un moyen simple de réduire les émissions de CO_2 est donc de remplacer les centrales au charbon par des centrales au gaz. Au-delà du contenu moins élevé en carbone du gaz, les réductions de CO_2 sont encore plus importantes du fait que les rendements des centrales au gaz sont supérieurs à ceux des centrales au charbon (60 % dans le cas du gaz, contre 45 % dans le cas de la houille pour les dernières centrales construites). L'UIG [UIG, 2012a] a calculé que le remplacement de toutes les centrales au charbon lorsqu'elles ont atteint 25 ans d'âge par des CCGT permettrait de réduire les émissions de CO_2 de 40 % à l'horizon 2050 (l'horizon de son étude), soit une réduction de plus de 10 Gt.

Le secteur des transports est le deuxième plus gros émetteur de CO_2 dans le monde. Il est responsable de plus de 20 % des émissions de CO_2 mondiales. Le potentiel de réduction des émissions par substitution au gaz naturel du pétrole est plus limité comme cela a été signalé dans la section 4 de ce chapitre. Toutefois, le remplacement de toute la flotte de poids lourds et des navires lorsqu'ils ont atteint leur fin de vie par des véhicules et navires au GNL permettrait une réduction des émissions du secteur de 6 %. De même, le remplacement des véhicules utilitaires légers essence ou diesel par des véhicules au gaz naturel (GNC) engendrerait une réduction des émissions du secteur des transports de 23 % [UIG, 2012a].

11.7.3.3 Réduire les émissions du secteur gazier

Le méthane fait partie des gaz à effet de serre et peut contribuer de manière notable au réchauffement climatique, étant donné que son pouvoir de réchauffement global est supérieur à celui du CO_2 (72 fois plus élevé sur une période de 20 ans, 25 fois plus sur 100 ans et 7,6 fois plus sur 500 ans). Comme le CH_4 est rapidement éliminé dans l'atmosphère, le GIEC considère que son pouvoir de réchauffement global est de 21, c'est-à-dire que l'émission ponctuelle de 1 tonne de CH_4 a une influence sur le climat équivalente à celle d'une émission ponctuelle de 21 t de CO_2 sur la période de 100 ans suivant ces émissions. La teneur de l'atmosphère en méthane est passée de 0,4 ppmv à 0,8 ppmv au cours des 400 000 dernières années, puis à 1,7 ppmv en moins de 100 ans.

Le rôle du CH_4 reste sensiblement moindre que celui du CO_2, puisque les émissions mondiales anthropiques de CH_4 sont de 7,5 Gt eq. CO_2 en 2004 [GIEC, 2007] et qu'il ne contribue qu'à hauteur de 15 % aux émissions de GES dans le monde, contre 76 % pour le CO_2. Il doit toutefois être pris en compte. Les principales émissions de méthane sont liées aux activités agricoles (38 %). Les trois autres émetteurs sont les activités énergétiques (fuites, grisou, etc., 33 %), les déchets ménagers (23 %) et l'industrie (6 %).

Les émissions de méthane du secteur gazier sont principalement dues aux émissions fugitives lors de la production, la liquéfaction et le transport de gaz (gaz envoyé à l'atmosphère, fuites, accident). Les quantités de gaz perdues et envoyées dans l'atmosphère sont estimées à 95 Gm^3 en 2010 [AIE, 2011]. La production de gaz associé donne également lieu à des émissions de CO_2, suite au brûlage du gaz (140 Gm^3 en 2011, Banque Mondiale, 2012). Les émissions de GES dues à la production et au transport du gaz sont difficiles à estimer du fait de la nature fugitive de ces émissions. Le GIEC estime ces émissions à 630 Mt eq. CO_2 en 2010 pour un groupe de pays, pour lequel des données sont disponibles (États-Unis, Canada, Norvège, Pays-Bas, Royaume-Uni et Australie). Ces pays représentent 54 % de la production mondiale.

Les fuites, notamment dans le réseau de transport peuvent être rendues très faibles : c'est aussi une nécessité sur le plan de la sécurité. Un tel résultat peut être obtenu sans difficulté majeure sur un réseau entretenu normalement. Par ailleurs, l'augmentation de la performance des installations de compression permet de diminuer la consommation de gaz utilisé lors de son transport par gazoduc.

De même, l'utilisation de procédés de plus en plus performants permet de réduire les émissions dues à la liquéfaction du gaz. Alors que les unités existantes consomment en moyenne 10 % du gaz, les nouvelles unités en consomment 8 % (6 % pour celles utilisant une réfrigération à l'eau), réduisant d'autant les émissions de GES [UIG, 2010].

Les fuites lors de la production, en particulier celles intervenant lors des premiers jours de complétion des puits de gaz de schiste, peuvent également être évitées. L'administration américaine (EPA) vient de promulguer une nouvelle réglementation pour récupérer le gaz perdu ou brûlé des champs de pétrole et de gaz de schiste. Les nouvelles normes visent à réduire globalement de 95 % les émissions toxiques (principalement composés organiques volatils, COV, à l'origine du smog urbain) et de GES de l'industrie pétrolière et des gaz de schiste. La nouvelle réglementation devrait permettre d'éviter annuellement l'émission de 190 000 à 290 000 tonnes de COV, de 12 000 à 20 000 tonnes de contaminants atmosphériques et entre 1 et 1,7 Mt de méthane. Selon la nouvelle réglementation, dans un premier temps, les deux secteurs industriels devront installer des torchères pour brûler les émissions fugitives à la tête de leurs puits, en particulier lors du refoulement d'eaux et de gaz divers qui fait suite aux opérations de fracturation hydraulique. Dans un deuxième temps, après 2015, les opérateurs des puits de pétrole ou de gaz de schiste devront installer des équipements qui vont récupérer à 95 % ce méthane pour son usage ou sa vente.

La diminution des quantités de gaz brûlé est également activement poursuivie au niveau mondial. Depuis 10 ans, la Banque Mondiale a lancé un programme (*Global Gas Flaring Reduction*) afin de réduire le brûlage du gaz associé dans le monde. Les quantités de gaz brûlé sont surveillées par satellite et des programmes de réduction sont mis en place dans les pays concernés. Le brûlage du gaz a ainsi diminué de 20 % entre 2005 et 2010, permettant une réduction de 100 Mt des émissions de gaz à effet de serre.

11.7.3.4 Capter et stocker le CO_2

Pour atteindre un niveau d'émissions proche de zéro, il est nécessaire d'avoir recours au captage et stockage de CO_2 (CSC).

Le CO_2 est capturé à la source, transporté et injecté dans le sous-sol pour un stockage permanent pour des milliers d'années. Une telle opération se pratique déjà industriellement depuis 1996 sur le champ de Sleipner, en Mer du Nord : 1 Mt/an de CO_2 provenant d'une unité de traitement de gaz naturel sont injectés. D'autres projets ont été développés, en particulier l'injection de CO_2 dans des gisements pétroliers, permettant au cours d'une première phase de réaliser une récupération assistée d'hydrocarbures. De telles opérations sont couramment pratiquées aux États-Unis et peuvent être combinées avec un stockage de CO_2 dans le gisement épuisé.

À l'heure actuelle, cinq projets à grande échelle (dont Sleipner) permettent de réinjecter 7 Mt/an de CO_2 et 75 projets sont en cours d'étude dans le monde. La chute des prix du CO_2 (7 à 8 €/t pour les permis d'émissions européens en 2012) n'encourage pas le développement des projets CSC. Pourtant le développement à grande échelle de cette technologie est primordial pour assurer la transition énergétique vers des énergies moins carbonées. Cette transition nécessite en effet un développement colossal des énergies renouvelables qui ne peut pas se faire rapidement (rappelons que les énergies renouvelables, hors hydroélectricité, représentent actuellement 1,6 % de la production d'énergie primaire commerciale mondiale). Par ailleurs, les énergies renouvelables intermittentes nécessitent un back-up que seules les énergies conventionnelles, et le gaz naturel en premier lieu, peuvent leur procurer.

11.7.3.5 Conduire la transition énergétique

Comme toute énergie fossile, le gaz est appelé à voir sa contribution au bilan énergétique décliner à long terme, même si ses ressources sont abondantes. Il convient donc d'intégrer dès à présent les formes de substitution possibles qui pourraient émerger à l'avenir et pour lesquelles des investissements consentis aujourd'hui permettraient leur émergence demain. Il faut noter que l'industrie du gaz a connu dans un passé pas si éloigné une mutation majeure avec le passage du gaz de synthèse produit à partir du charbon au gaz naturel. Aujourd'hui, le gaz est bien placé pour préparer les énergies de demain et constitue ainsi un pont vers un monde énergétique durable.

A. Injection de biogaz

L'injection de « gaz verts » dans le réseau gazier est un exemple de cette préparation. Le gaz vert (*Green gas*) est l'appellation générique donnée au biogaz, gaz de synthèse et gaz de décharge.

Le biogaz est produit par fermentation anaérobie à partir de déchets. Il peut être produit par des unités de méthanisation (usines de traitement des ordures ménagères, stations d'épuration, digesteurs agricoles). Il peut être aussi récupéré dans les décharges de déchets urbains, dans lesquelles il se forme naturellement. Différents procédés permettent de produire et d'utiliser le biogaz à l'échelle industrielle et en font une énergie performante et innovante destinée à compléter le mix énergétique. Il peut être utilisé directement pour produire de l'électricité, de la chaleur ou les deux simultanément. Après un traitement plus poussé d'épuration, il atteint la qualité du gaz naturel et peut être utilisé sous forme de carburant ou injecté dans le réseau de gaz naturel.

Le biométhane de synthèse est produit *via* la production de gaz de synthèse à partir de biomasse (bois, paille). Le gaz de synthèse est ensuite transformé en biométhane par synthèse catalytique. La production de biométhane permet d'améliorer le bilan carbone, le carbone contenu dans la biomasse pouvant être considéré comme recyclé (le carbone est fixé grâce au mécanisme de photosynthèse à partir du CO_2 contenu dans l'atmosphère). Une plate-forme de recherche et de démonstration préindustrielle, coordonnée par GDF SUEZ, sera mise en service à Lyon en 2013. À terme, il s'agit de mettre en place à l'échelle industrielle une filière de production performante aux niveaux technologique, économique et environnemental.

En Europe, le marché du biogaz diffère d'un pays à l'autre. Les pays les plus avancés sont l'Allemagne, la Suisse, les Pays-Bas, la Suède et l'Autriche. Ils ont développé une bonne expérience de l'injection de biogaz dans le réseau gazier. En France, cette utilisation a commencé récemment, en novembre 2011, avec l'injection de biogaz dans le réseau de gaz naturel à Lille. Cette utilisation est appelée à se développer grâce au potentiel élevé de production en France et au cadre réglementaire très favorable mis en place en 2011.

B. Le réseau gazier comme moyen de stockage d'électricité

Au-delà des « gaz verts », il est envisageable d'incorporer dans le réseau de gaz naturel une certaine proportion d'hydrogène. Dans le cas de réseaux existants la proportion d'hydrogène est limitée à 5 % ; elle pourrait aller largement au-delà dans le cas de lignes nouvelles. Le transport d'un tel mélange est étudié dans le projet européen Naturhally. Cette solution sera par ailleurs expérimentée en 2013 (360 m³ d'H_2 injectée par heure) par le groupe E.ON dans le nord-est de l'Allemagne (à Falkenhagen *via* une installation pilote).

Ce concept est particulièrement prometteur puisqu'il permettrait de stocker le surplus d'électricité produit à partir des énergies renouvelables intermittentes. Désigné sous le nom de « *Power to Gas* », il utilise les synergies entre réseaux électrique et gazier. Il vise à transformer de l'électricité en gaz combustible (hydrogène ou méthane) facile à transporter et à stocker dans les infrastructures gazières. L'idée est de tirer parti des surproductions intermittentes d'électricité d'origine renouvelable à faible coût marginal de production pour produire de l'hydrogène par électrolyse de l'eau. L'hydrogène ainsi obtenu peut être facilement stocké, mais également transporté dans les réseaux existants de gaz naturel. Du fait des réglementations du gaz, pour l'instant on ne peut injecter qu'une petite quantité d'hydrogène dans l'infrastructure gazière. Afin d'augmenter le potentiel de stockage d'énergie, l'étape suivante consiste à convertir l'hydrogène en gaz de synthèse en faisant réagir l'hydrogène produit avec du CO_2 capté sur des installations industrielles. En théorie, toute la capacité de stockage du réseau gazier pourrait ainsi être mise à profit. La technologie « Power to Gas » est particulièrement attractive au vu de l'importante capacité de stockage qu'offre l'infrastructure gazière existante.

11.8 CONCLUSION : NOUVELLES PROMESSES, NOUVEAUX DÉFIS

Le gaz naturel est promis à un bel avenir : sa consommation devrait s'accroître de plus de 50 % au cours des 25 prochaines années et sa place dans le mix énergétique augmenter à 25 %. Ses usages se multiplient, en particulier, le secteur des transports offre un potentiel énorme de développement de la consommation gazière.

Ses atouts en termes d'efficacité énergétique et environnementale, sa flexibilité, en font une énergie privilégiée pour accompagner le développement des énergies renouvelables intermittentes. Les innovations technologiques réalisées dans tous ses secteurs d'utilisation lui permettent de s'adapter aux besoins énergétiques de demain.

Le commerce gazier devrait également poursuivre son expansion, tiré par le dynamisme des pays asiatiques et l'apparition d'un nombre croissant d'importateurs de GNL. La technologie des terminaux flottants a en effet créé une nouvelle demande pour le GNL permettant à de nouveaux pays un accès rapide et facilité au gaz. L'Australie a engagé un programme d'investissement gigantesque pour accroître ses capacités de liquéfaction et devrait devenir le premier exportateur mondial de GNL d'ici la fin de cette décennie, devant le Qatar. À terme, d'autres pays exportateurs vont apparaître sur la scène internationale, parmi eux les États-Unis.

L'expansion de l'offre reste toutefois soumise à des défis majeurs, aussi bien en termes d'investissement que de technologies. Les projets qui alimenteront le commerce et la demande sont de plus en plus capitalistiques et les développements concernent des zones de plus en plus difficiles (offshore profond, Arctique, gaz acide). L'expansion des gaz de schiste pourrait modifier radicalement cette donne, mais leur potentiel et leurs coûts en dehors de l'Amérique du Nord sont encore mal connus. L'inconnue majeure est leur développement en Chine susceptible de transformer la donne gazière et énergétique mondiale.

L'évolution des prix demeure incertaine. Leur divergence entre les trois principaux marchés régionaux s'est accentuée en 2011 et 2012. L'explosion de la production de gaz de schiste aux États-Unis et la chute des prix qu'elle a entraînée ont permis à l'industrie américaine de retrouver une compétitivité que l'industrie européenne peut lui envier. En Europe, même si les prix sont de plus en plus déterminés par le marché, la majorité des prix contractuels restent indexés au prix du pétrole. Ceci se traduit par des prix du gaz élevés et une perte de compétitivité du gaz vis-à-vis des énergies concurrentes, charbon en premier lieu. Les prix européens sont toutefois inférieurs aux prix d'importation en Asie, indexés sur le pétrole, ce qui pose un autre problème : comment attirer de nouveaux flux GNL quand les acheteurs asiatiques sont prêts à payer une surprime de 5 à 6 \$/MBTU ? Si l'avenir du gaz est prometteur, l'industrie a de nombreux défis à relever afin d'assurer ce nouvel âge d'or.

BIBLIOGRAPHIE

AFGNV (Association Française du Gaz Naturel pour Véhicules) (2012) *Les perspectives du GNV en France*, AFGNV, Paris, mars.http://www.afgnv.info

AIE (Agence Internationale De L'Énergie) (2012a) *Natural Gas Information 2012*, OCDE/AIE, Paris. www.iea.org

AIE (2012b) *Medium-Term Gas Market Report 2012*, OCDE/AIE, Paris.

AIE (2012c) *Golden Rules for a Golden Age of Gas*, OCDE/AIE, Paris.

AIE (2011a) *World Energy Outlook 2011*, OCDE/AIE, Paris.

AIE (2011b) *Are we Entering a Golden Age of Gas ?*, OCDE/AIE, Paris.

AIE (2011c) *Electricity Information 2011*, OCDE/AIE, Paris.

AIE (2011d) *Power Generation from Coal, Ongoing Developments and Outlook*, OCDE/AIE, Paris.

AIE/ETSAP (Energy Technology Systems Analysis Programme) (2010) *Gas-Fired Power*, AIE/ETSAP, 2010.

Appert Olivier (2012) *La nouvelle dynamique de l'industrie gazière internationale*, Revue de l'Énergie N° 607, Paris, mai-juin.

BP (2012) *Statistical Review of World Energy*, BP, Londres, Juin.www.bp.com

BREE (Bureau of Resources and Energy Economics, Australian Government) (2012) *Gas Market Report 2012*, BREE, Canberra, Mai.www.bree.gov.au

Bros Thierry Dr. (2012) « *Gaz : une énergie très mal "pricée"* », Gaz d'Aujourd'hui n° 2012-3, AFGAZ, mai-juin 2012.

CEDIGAZ.http://www.cedigaz.org

CEDIGAZ (2012) *Natural Gas in the World, 2012 Edition*, Centre International D'Information Sur Le Gaz Naturel, Rueil-Malmaison, Octobre.

CRE (Commission de Régulation de l'Énergie) (2012) *Observatoire des marchés du 1er trimestre 2012*, CRE, juin.http://www.cre.fr/

Daly John (2011) *Iran, Besieged by Gasoline Sanctions, Develops GTL to Extract Gasoline from Natural Gas*, Oilprice.Com, 13 Décembre.

De Klerk Arno (2012) *Gas-to-Liquids Conversion*, Natural Gas Conversion Technologies Workshop of ARPA-E, US DOE, Houston TX, 13 Janvier.

DOE/EIA (US Department of Energy/Energy Information Administration) (2012) *Annual Energy Outlook 2012*, US DOE/EIA, Washington DC.http://www.eia.gov/

DOE/EIA (2011) *International Energy Outlook 2011*, US DOE/EIA, Washington DC, 2011.

ENEA Consulting (2012) *Le Biométhane, Enjeux et solutions techniques*, ENEA, Paris, juin. www.enea-consulting.com

Enerzine (Quotidien).www.enerzine.com

EPA (US Environmental Protection Agency) (2012) *EPA Issues Final Air Rules for the Oil and Natural Gas Industry*, EPA, Washington, DC.www.epa.gov

EUROGAS, www.eurogas.org

FracFocus, http://fracfocus.org

Fenwick Samuel (2011) *GTL : Friend or Foe ?*, Global Technology Forum (GTF), 25 Juillet.

Fenwick Samuel (2012) *Access to GTL Technology is Key : World XTL Summit*, GTF, 25 Mai.

Florette Marc (2012) *Dossier : Le Gaz Innove*, Gaz D'Aujourd'Hui n° 2012-5, AFGAZ, Septembre-Octobre.

Forbes Alex (2012) *Shell'S Pearl Proves its Worth, but it'S Early Days Yet for Gas-to-Liquids*, European Energy Review, 10 Septembre.http://www.europeanenergyreview.eu

Gaz d'Aujourd'hui n° 2011-6 (2011) *Congrès du Gaz Paris 2011*, AFGAZ, novembre-décembre. http://www.afgaz.fr

GIEC (Groupe d'experts intergouvernemental sur l'évolution du climat) (2007) Quatrième Rapport d'évaluation du GIEC, Changements climatiques 2007, GIEC, Genève.http://www.ipcc.ch

GRTgaz, *Plan décennal de développement de GRTgaz 2011-2020 du réseau de transport*, Bois-Colombe, Octobre 2011http://www.grtgaz.com/

GIIGNL (Groupe International Des Importateurs De GNL), *The LNG Industry in 2011*, GIIGNL, Paris. www.giignl.org

Heather Patrick, *2012 Continental European Gas Hubs*, OIES (Oxford Institute for Energy Studies), Oxford, Juin.www.oxfordenergy.org/gas-programme/

Heisch Philippe (2012) *Equipement pour la chaîne d'approvisionnement en GNL*, Gaz d'Aujourd'hui n° 2012-5, AFGAZ, septembre-octobre.

Lecarpentier Armelle (2012) *Perspectives à court terme de l'industrie gazière*, Panorama 2012, IFPEN, janvier.http://www.ifpenergiesnouvelles.fr

Linke Gerald Dr. (2012) *Gas and Renewables : Combining Forces to Achieve the Energy Roadmap 2050*, European Parliament Hearing, Bruxelles, 25 Avril.

Maisonnier Guy (2006) *GTL : Prospects for Development*, IFPEN Panorama 2006, IFPEN, Rueil-Malmaison.

Maury Jacques (2011) *Le GNL comme combustible*, Congrès du Gaz, AFGAZ, Paris, 14 septembre 2011.

NGV Global (International Association for Natural Gas Vehicles) http://www.iangv.org

NGVA Europe (Natural and Bio Gas Vehicle Association) http://www.ngvaeurope.eu/european-ngv-statistics

NPC (National Petroleum Council) (2007) *Gas to Liquids (GTL)*, Working Document of the NPC Global Oil and Gas Supply, NPC, Washington DC, 18 Juillet. www.npc.org/

Rogers Howard (2012) *The Impact of a Globalising Market on Future European Gas Supply and Pricing : the Importance of Asian Demand and North American Supply*, OIES (Oxford Institute for Energy Studies), Oxford, Janvier.

Sasol (2011) *Gas-to-Liquids*, http://www.sasol.com

Svensen Tor E (2012) *Shipping 2020*, DNV, www.dnv.com/press_area/press_releases/2012/dnv_reveals_technology_uptake_towards_2020.asp

Svensson Bent, Ríos Mauricio, *GGFR Celebrates 10th Anniversary and Progress on Gas Flaring*, International Gas, Avril-Septembre, IGU.

UIG (Union Internationale Du Gaz) (2012a) Global Vision for Gas, The Pathway Towards a Sustainable Energy Future, IGU. http://www.igu.org

UIG (2012b) *World LNG Report – 2011*, UIG, 2012.

UIG (2010) *Natural Gas Unlocking the Low Carbon Future*, Septembre 2010.

UIG (2009) *Natural Gas as a Transportation Fuel. An Alternative Choice for Cleaner Energy*, UIG, 2009.

World Economic Forum (WEF) (2011) *Energy Vision Update 2011 : A New Era for Gas*, WEF, Genève, www.weforum.org

World Gas Intelligence (Hedomadaire), Divers Numéros.

Zennaro R In *Greener Fischer-Tropsch Processes*, Maitlis P, De Klerk A Eds. ; Wiley-VCH (À Paraître).

Annexes

Unités et équivalences énergétiques

1. GÉNÉRALITÉS

Le gaz naturel est généralement comptabilisé en unités de volume (m^3), ce qui implique de définir les conditions de température et de pression de référence.

Il est parfois comptalisé en unités de masse (t), notamment dans le cas du GNL

Il peut être enfin comptalisé en unités énergétiques (J, kWh), sur la base de son pouvoir calorifique.

Il faut donc souvent établir des correspondances entre ces différentes unités, sachant que la masse et le pouvoir calorifique d'un m3 standard ou normal de gaz naturel dépend de sa composition. Une difficulté supplémentaire réside dans le fait que les unités anglo-saxonnes restent encore d'usage courant. Ainsi le prix du gaz naturel est souvent libéllé en \$/MBtu

2. UNITÉS DE VOLUME

Dans le système International – SI, on se réfère soit aux conditions normaleq, soit aux conditions « standards » :

Conditions « normales » : Température : 0 °C Pression 101,3 kPa

Conditions « standards » : Température : 15 °C Pression 101,3 kPa

1 m^3 (n) = 1,057 m^3 (st)

Il est à noter qu'en unités anglo-saxonnes, les conditions « standards » sont définies en considérant une température de 60 °F (15,56 °C) et une pression généralement fixée à 14,73 psia (recommandations AGA et API), soit 101,56 kPa

En unités anglo-saxonnes, le pied cube est d'usage courant :

1 m^3 = 33, 315 standard cubic feet (scf)

3. POUVOIR CALORIFIQUE

On distingue le pouvoir calorifique inférieur (PCI) et le pouvoir calorifique supérieur (PCS). On se réfère généralement au pouvoir calorifique supérieur. Ce pouvoir calorifique, qui devrait être exprimé en J (Système SI) est encore souvent exprimé en :

kWh = 3,6 106 J

th = 1 000 kcal = 4,18 106 J

Btu = 1 055 J

L'énergie libérée par la combustion du gaz naturel peut être également chiffrée en tonnes d'équivalent pétrole (tep).

1 tep = 41,8 GJ

Le pouvoir calorifique dépend de la composition du gaz naturel. Les ordres de grandeur suivante est souvent retenue

1 000 m^3 # 0,9 tonne d'équivalent pétrole (tep)

4. GAZ NATUREL LIQUÉFIÉ (GNL)

Le GNL est comptabilisé en m^3 ou en tonnes. L'équivalence entre des quantités de GNL ainsi comptabilisées et des quantités de gaz exprimées avec les unités précédentes dépend du gaz considéré.

À titre indicatif, on peut retenir les équivalences approchées suivantes :

1 tonne de GNL = 2,2 m^3 GNL = 1 350 m^3 (n) gaz = 1,2 tep

Liste des figures

Liste des tableaux

Index

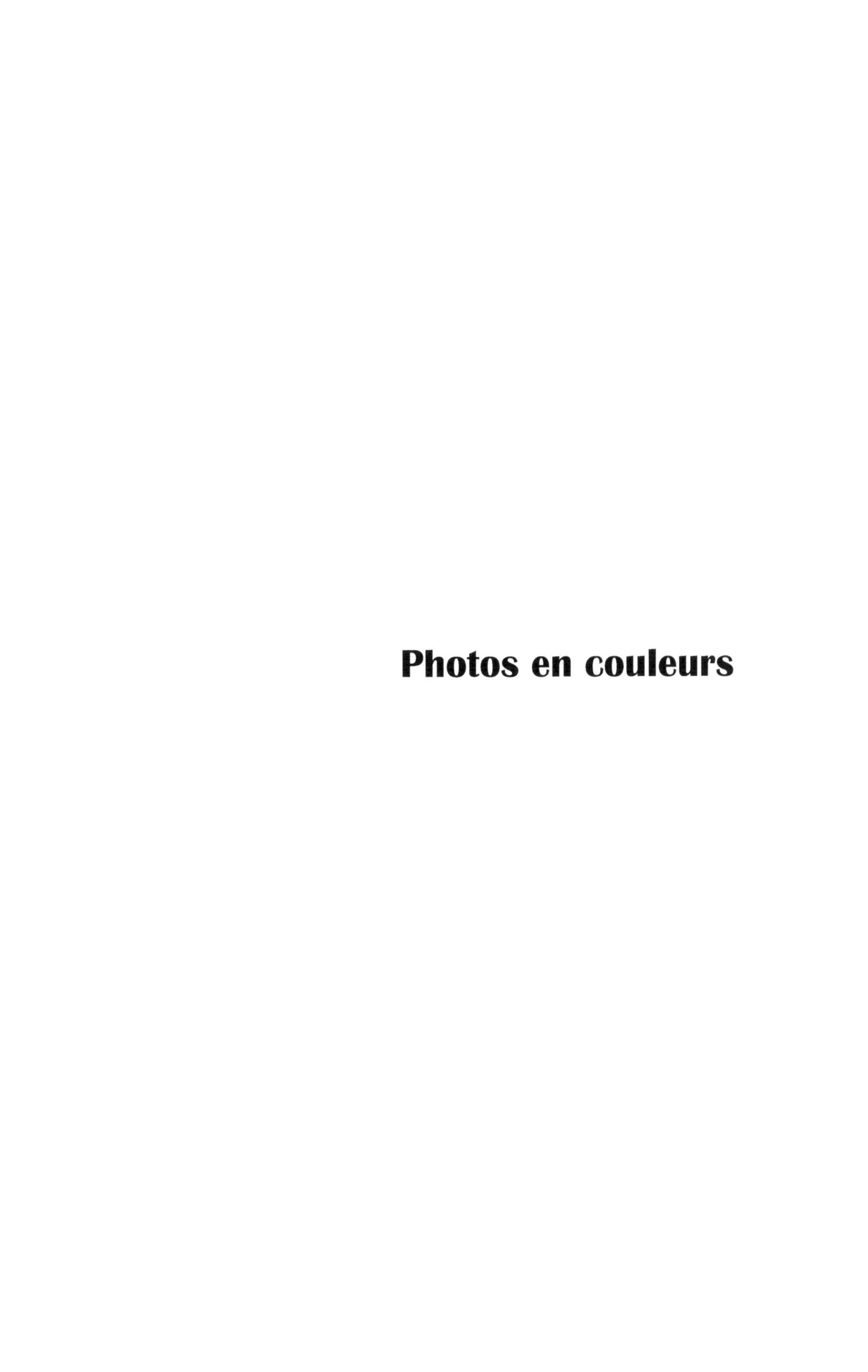

Photos en couleurs

Figure 4.16

Équipement utilisé pour l'étude des gaz à condensat.
Source : Photothèque IFPEN – Studio Humphrey

Figure 6.24

Plate-forme d'Elgin en mer du Nord (photo de Ken Taylor).
© Total E&P UK limited

Figure 8.26

Unité AdvAmine™ *energized* MDEA fournie par PROSERNAT – Saqqara (Egypte).

Figure 9.11

Intérieur d'une cuve à membrane GTT NO 96.
Crédit photo : GTT

Figure 9.14

Vue aérienne du terminal méthanier de Montoir de Bretagne (GDF SUEZ).
Crédit photo : André Bocquel

Figure 10.7

Tube en PE sur touret.

Figure 10.8

Machine à forer horizontalement.